U0731348

中国城市规划学会学术成果

迈向高质量空间发展

2025 年中国城市规划学会空间发展理论和分析技术学术专班年会

段进　盛强　主编

北京交通大学出版社
·北京·

内容简介

本书是"2025年中国城市规划学会空间发展理论和分析技术学术专班年会"的会议论文集,会议主题为"迈向高质量空间发展"。本次会议共征集到论文摘要193篇,经评审后有94篇被全文收录。会议下设7个分议题,对应本书的7部分内容:经济活力与空间联系、城乡环境与时空行为、人本城市与空间营造、文化传承与空间记忆、数字技术与空间转型、规划实践与空间干预、规划教学与空间研究。

本书适合城乡规划学、建筑学、社会学等学科领域的专业人士和学生阅读。

图书在版编目(CIP)数据

迈向高质量空间发展 :2025年中国城市规划学会空间发展理论和分析技术学术专班年会 / 段进,盛强主编. -- 北京 : 北京交通大学出版社,2025. 7. -- ISBN 978-7-5121-5548-0

Ⅰ. TU984.2-53

中国国家版本馆CIP数据核字第2025A9E843号

迈向高质量空间发展
——2025年中国城市规划学会空间发展理论和分析技术学术专班年会
MAIXIANG GAOZHILIANG KONGJIAN FAZHAN
——2025 NIAN ZHONGGUO CHENGSHI GUIHUA XUEHUI KONGJIAN FAZHAN LILUN HE FENXI JISHU
  XUESHU ZHUANBAN NIANHUI

责任编辑:韩素华
出版发行:北京交通大学出版社　　　　　电话:010-51686414　　http://www.bjtup.com.cn
地　　址:北京市海淀区高粱桥斜街44号　　邮编:100044
印　刷　者:北京虎彩文化传播有限公司
经　　销:全国新华书店
开　　本:185 mm×260 mm　　印张:25.125　　字数:627千字
版　印　次:2025年7月第1版　　2025年7月第1次印刷
定　　价:98.00元

本书如有质量问题,请向北京交通大学出版社质监组反映。对您的意见和批评,我们表示欢迎和感谢。
投诉电话:010-51686043,51686008;传真:010-62225406;E-mail:press@bjtu.edu.cn。

2025 年中国城市规划学会空间发展理论和分析技术学术专班年会组织委员会

主　席：

段　进（东南大学教授、中国城市规划学会空间发展理论和分析技术学术专班主任、中国科学院院士、全国工程勘察设计大师、东南大学城市空间研究院院长）

委　员：（按音序排列）

柴彦威（北京大学教授）

戴晓玲（浙江工业大学副教授）

陆邵明（上海交通大学教授）

邵润青（中国城市规划学会空间发展理论和分析技术学术专班负责人助理、东南大学城市空间研究院教授级高工）

盛　强（北京交通大学教授）

王浩锋（深圳大学教授）

杨　滔（清华大学副教授）

卓　健（同济大学教授）

2025 年中国城市规划学会空间发展理论和分析技术学术专班年会论文集编审委员会

主任委员：

段　进（中国科学院院士、全国工程勘察设计大师、东南大学教授、城市空间研究院院长）

委　员：（按音序排列）

柴彦威（北京大学教授）

陈明星（中国科学院地理科学与资源研究所教授）

戴晓玲（浙江工业大学副教授）

何莲娜（北京市城市规划设计研究院教授级高工）

李冰心（吉林建筑大学副教授）

李志明（南京林业大学教授）

凌晓红（华南理工大学副教授）

刘　淼（上海市城市规划设计研究院高级工程师）

路晓东（大连理工大学教授）

陆邵明（上海交通大学教授）

陆　毅（香港城市大学教授）

缪杨兵（中国城市规划设计研究院教授级高工）

邵润青（东南大学城市空间研究院教授级高工）

盛　强（北京交通大学教授）

童滋雨（南京大学教授）

王浩锋（深圳大学教授）

吴龙峰（北京大学研究员）

解　扬（北京清华同衡规划设计研究院教授级高工）

杨　滔（清华大学副教授）

叶　宇（同济大学教授）

苑思楠（天津大学副教授）

张　佶（广州市城市勘察设计研究院高级工程师）

卓　健（同济大学教授）

前　言

本书是"2025年中国城市规划学会空间发展理论和分析技术学术专班年会"（UPSC-SDTA2025）的会议论文集。中国城市规划学会空间发展理论和分析技术学术专班（简称学术专班）由中国城市规划学会于2024年批准设立，东南大学建筑学院为学术专班支撑单位。学术专班是中国城市规划学会着眼于分支机构孵化的新举措，是学会更好地服务学科建设、支持重点前沿领域、推动交叉融合、托举青年人才的新机制。空间发展理论与分析技术学术专班是学会设立的第一个学术专班，在学会发展和学科发展历史上具有重要的象征意义。学术专班聚焦城乡规划学"空间发展与规划理论"二级学科的发展，促进空间发展与规划理论的建设和发展，以科学探索和认知空间发展规律、提高空间规划理论和技术水平为核心，通过平台组织学术交流、科研、咨询、教育和科普等活动，促进空间发展与规划理论建设，为做好城市工作和空间规划夯实科学基础。

本次会议是学术专班成立以来首次以公开征稿的方式举办的学术年会。会议的主题为"迈向高质量空间发展"，旨在围绕当代城乡空间发展策略，探讨信息技术对产业发展和日常生活的影响，应用空间分析技术揭示城镇演进规律，聚焦空间、精准营造，支撑空间资源精准流动，通过空间虚实相生，创造空间价值合理倍增，展望空间发展教学，引领城市学科重焕新生，从空间发展的新视角，共商如何获得高质量的新动能、新方向、新理念。

本次会议下设经济活力与空间联系、城乡环境与时空行为、人本城市与空间营造、文化传承与空间记忆、数字技术与空间转型、规划实践与空间干预、规划教学与空间研究7个分议题。会议通知发布后，得到了国内外学术同行的积极响应和踊跃投稿。大会征集到论文摘要193篇，经评审后有94篇被全文收录。衷心感谢提交摘要和全文的全体作者！正是各位作者的积极参与，使大会的论文征集工作得以顺利完成。组委会相信本届会议的论文集，必将成为展现近年来空间发展理论和分析技术发展的窗口。同时，组委会也衷心感谢北京交通大学承办本届国际会议！衷心感谢北京交通大学建筑与艺术学院领导和师生给予的大力支持！衷心感谢北京交通大学出版社编辑付出的大量心血！组委会诚挚地希望各位专家和学者能够在未来继续大力支持和关注空间发展理论和分析技术学术专班的年会！在此对诸位表示衷心的感谢！预祝 UPSC-SDTA2025 圆满成功！

2025 年中国城市规划学会空间发展理论和分析技术学术专班年会主席

中国城市规划学会空间发展理论和分析技术学术专班主任

中国科学院院士

全国工程勘察设计大师

东南大学教授、博士生导师

东南大学城乡规划学科学术带头人

东南大学城市空间研究院院长

2025 年中国城市规划学会空间发展理论和分析技术学术专班年会执行主席

中国城市规划学会空间发展理论和分析技术学术专班成员

北京交通大学建筑与艺术学院建筑系系主任、教授、硕士生导师

2025 年 5 月

目　　录

03　人本城市与空间营造

04　文化传承与空间记忆

05　数字技术与空间转型

06　规划实践与空间干预

07 规划教学与空间研究

01

经济活力与空间联系

使用点评数据与空间句法分析澳门餐饮业的时空逻辑

张苓琳（澳门城市大学；U24092110216@cityu.edu.mo）
周峻岭*（广东技术师范大学；sevencatcat@gpnu.edu.cn）

摘　要：使用 2012—2023 年百度地图餐饮业兴趣点数据分析澳门餐饮业的时空演变逻辑；使用 2023 年大众点评餐饮业数据及空间句法参数分析 5 个案例区域餐饮业的空间分布逻辑，以及不同城市形态（历史城区、新建填海区）与功能（旅游区、居住区、办公区）对餐饮业空间分布的作用。结果表明，2012—2023 年间，澳门餐饮业呈由中心向外扩展、整体增量、空间聚集的趋势，新马路逐渐成为核心。5 个案例区域的点评数据与空间句法参数相关性显著，但在不同区域的影响尺度存在差异：历史城区相较新建填海区，同档次、类型餐饮的可达性分布更集中；居住区以中低档餐饮为主，旅游区餐饮类型多元且高档占比较高，办公区则以快消类、体验类为主。本研究揭示了澳门餐饮业的时空逻辑，以及城市形态与功能对餐饮业空间分布的双重作用，为精细化城市设计与商业布局优化提供理论参考。

关键词：网络开放数据；大众点评；空间句法；商业街区；数据化设计

1　引言

餐饮业的空间分布不仅反映城市经济活力，也揭示城市空间结构对商业活动的影响[1]。近年来，空间句法作为量化城市形态与空间可达性的工具，被广泛应用于商业业态分布规律的研究[2-3]。同时，网络点评数据与大数据分析方法的快速发展，为城市研究提供了更高时效性与精细化的分析手段，助力对餐饮业空间分布进行动态解析与精准评估[4-6]。

本文以澳门特别行政区（下文简称"澳门"）为案例，基于 2012—2023 年百度地图餐饮业兴趣点（point of interest，POI）数据、2023 年大众点评餐饮业数据，从三方面补充现有研究。

（1）纵向分析澳门餐饮业的时空演变逻辑，从城市尺度揭示其在 2012—2023 年长期发展趋势。

（2）横向分析 5 个案例街区餐饮业的空间分布逻辑，基于高精度、多维度的点评数据，从街区尺度对点评数据与空间句法参数进行相关性分析。

（3）对比不同城市形态（历史城区、新建填海区）与空间功能（旅游区、居民区、办公区）对餐饮业空间分布的作用。

2　研究数据与方法

2.1　纵向分析澳门餐饮业的时空演变逻辑

本部分选取澳门作为研究区域。使用分别在 2012、2017、2023 年抓取的全澳门范围百度餐饮业 POI 数据。使用 GIS 技术常用平台 Arc Map 软件对各年份数据分别进行核密度分析，并进行信息的叠加与可视化。

2.2　横向分析 5 个案例区域餐饮业的空间分布逻辑

本部分选取澳门餐饮业分布较聚集的 5 个街区（佑汉区域、黑沙环区域、新口岸区域、新马路区域、高士德区域）作为研究区域［见图 1（a）］。

使用 2023 年百度地图道路网数据地图

3

截图为底图，在 CAD 软件中绘制澳门范围的街道网络空间句法轴线图，通过 Depthmap+ Beta1.0 将轴线图处理为线段模型，覆盖 6 017 条有效街道段。计算近期常用参数（Integration、Choice、NACH、NAIN 参数）[7]，以评估街道的中心性和通达性，从而量化描述城市空间形态［见图 1（c）］。根据澳门实测结果选择 300、600、900、1 200 m 作为步行出行尺度，1 200、1 500、2 000、5 000、10 000 m 及更远距离作为车行出行尺度。

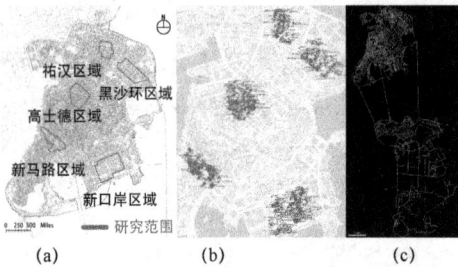

图 1　5 个案例区域

使用截至 2023 年 9 月抓取的 5 个街区范围大众点评网餐饮数据［见图 1（b）］，包括店铺名称、位置、评论数量、菜品类型和人均消费信息，结合实地调研对数据进行修正。确认有效数据为：祐汉 113 家，黑沙环 101 家，新口岸 145 家，新马路 126 家，高士德 191 家。随后，在 Depthmap 中对点评数据采用综合可达性（距离衰减）和可视性（角度衰减）的方式进行标尺均匀化处理[6]并取对数。

通过 Excel 对点评数据（包括店铺数量和评论数量）与空间句法参数（包括各尺度的 Integration、Log Choice、NACH、NAIN 参数）进行相关性分析，获取相关性系数（r），并使用折线图对相关性系数进行统计。

2.3　对比不同城市形态与空间功能对餐饮业空间分布的作用

本部分从城市形态差异与空间功能差异（见表 1）两个维度对比 5 个案例区域的餐饮业空间分布特征，比较不同消费档次和菜系类型餐饮的空间分布规律。

表 1　研究区域的空间类型分类

城市形态		空间功能		
历史城区	新建填海区	旅游区	办公区	居住区
新马路	祐汉	新马路	新口岸	高士德
高士德	黑沙环	新口岸	—	祐汉
—	新口岸	—	—	—

结合澳门本地餐饮业的特征与前人研究[5]进行分类。在消费档次方面，将餐饮店铺划分为高档（＞300 MOP）、中高档（120～300 MOP）、中档（60～119 MOP）、中低档（30～59 MOP）和低档（＜30 MOP）5 个层级；在菜系类别方面，划分为"餐饮业种类""细分种类"（见表 2）。

表 2　餐饮店铺菜系类型分类

餐饮业种类	细分种类
快消类	快餐盒饭、饮料小吃、面包甜点、茶餐厅
聚餐类	中餐、西餐、海鲜
体验类	酒吧、咖啡厅、葡国菜、东南亚菜、日本菜、韩国菜

在数据整理与指标选择方面，通过 Excel 对点评数据根据消费档次和菜系类型进行分类。选取相关性相对稳定的空间句法参数 NACH 600 m（步行尺度的局域可达性）和 NACH 10 000 m（车行尺度的城市可达性）衡量街道网络对不同类型餐饮业的支持作用，并评估不同尺度下的空间结构对餐饮业分布的影响。

在数据可视化方面，使用箱线图通过四分位距（interquartile range，IQR）衡量不同类型餐饮在步行与车行尺度下的可达性特征；使用饼状图统计不同消费档次餐饮在各区域的占比；使用条形图统计不同菜系餐饮在各区域的数量。

3 研究结果

3.1 澳门餐饮业时空演变逻辑

选择 2012 年、2017 年、2023 年作为切片，以揭示 2012—2023 年间餐饮业的时空演变规律。

由图 2 可见，2012—2023 年，澳门餐饮业分布呈现由中心向外扩展、整体增量和空间聚集的趋势（见图 2）。2012 年，餐饮业主要集中于祐汉、黑沙环、高士德、新马路、新口岸及官也街，其中居民区、办公区和游客区各具特点。2017 年，随着线上平台对实体商业的推动，餐饮业规模和密度显著提升，高士德和新马路区域最为集中。至 2023 年，餐饮业分布趋于聚集，核密度边界更加连贯，

新马路区域成为规模最大、密度最高的核心，反映出澳门旅游餐饮经济的持续增长。

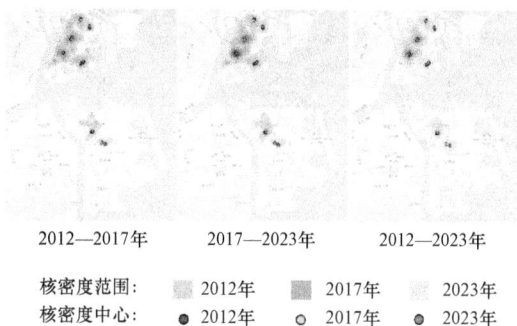

图 2 各年份澳门餐饮业分布叠加比较

3.2 5 个案例区域餐饮业的空间分布逻辑

结合空间句法参数与点评数据解读 5 个案例区域的餐饮业空间分布规律（见图 3）。

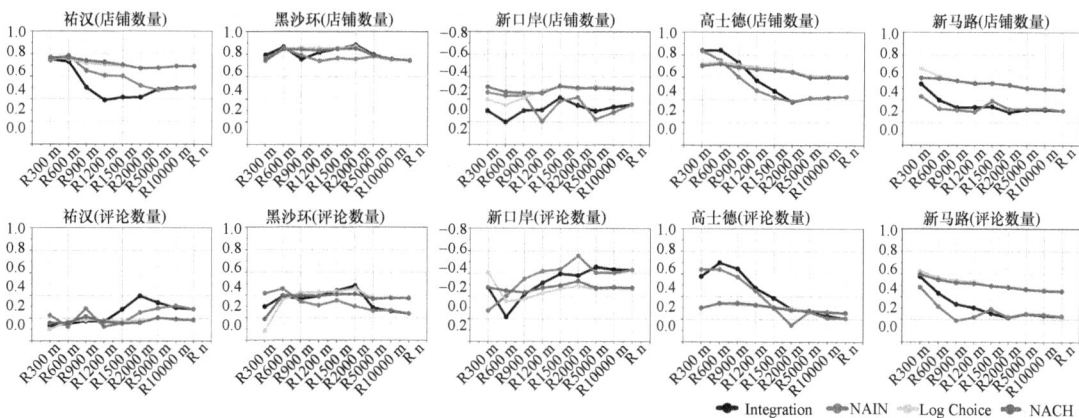

图 3 点评数据与空间句法参数的相关性（r）统计

结果显示，餐饮店铺的空间分布在不同区域与不同尺度的句法参数显著相关。祐汉、高士德、新马路区域主要受小尺度参数控制，峰值半径分别为 600 m、600 m、300 m；黑沙环在 600 m 和 2 000 m 尺度上均表现出较强相关性；而新口岸呈现微弱负相关。

评论数量的空间分布与店铺分布趋势大致一致，但不同区域也有差异。祐汉的评论数量受大尺度整合度影响（2 000 m，$r=0.4$），黑沙环的评论数量与餐饮店铺分布相似，但相关性较低（600 m/2 000 m，$r=0.5$）。新口岸的评论数量与整合度呈更强负相关

（2 000 m，$r=-0.6$）。高士德的评论数量受小尺度整合度影响（600 m，$r=0.7$），而新马路的评论数量受小尺度选择度影响（300 m，$r=0.6$）。

3.3 不同城市形态与空间功能对餐饮业空间分布的作用

不同城市形态和空间功能共同影响澳门餐饮业的空间分布特征（见图 4）。

城市形态方面，新建填海区层级结构简单，同档次、类型餐饮的可达性分布较分散。如黑沙环，中低档餐饮可达性 IQR 为 0.18/0.15（城市/局域层级），晶须间距较窄（0.33/0.39）。

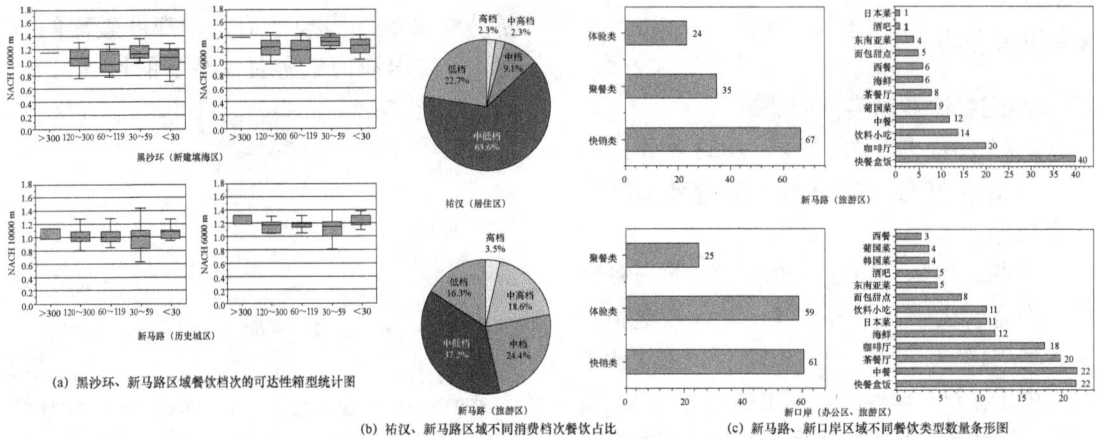

(a) 黑沙环、新马路区域餐饮档次的可达性箱型统计图

(b) 祐汉、新马路区域不同消费档次餐饮占比

(c) 新马路、新口岸区域不同餐饮类型数量条形图

图4 不同城市形态与空间功能下的餐饮业空间分布比较

而历史城区层级结构复杂，同档次、类型餐饮的可达性分布较集中。例如新马路，中低档 IQR 为 0.29、0.21（城市/局域层级），晶须间距较宽（0.82、0.57）。

空间功能方面，居住区餐饮业以中低档为主，符合居民日常消费需求，如祐汉的中低档餐饮占比达 63.6%，旅游区（新马路、新口岸）餐饮类型丰富，葡国菜、咖啡厅等体验类餐饮数量较多，中高档餐饮比例明显高于居住区。办公区（新口岸）兼具快消与体验属性的餐饮（如咖啡、简餐）数量较多，与工作需求匹配。

4 结论

研究结果显示，澳门餐饮业在 2012—2023 年呈现由中心向外扩展、整体增量、空间聚集的趋势，新马路区域逐步成为核心。5 个案例区域点评数据与空间句法参数相关性显著，但不同区域、尺度存在差异；历史城区同档次、类型餐饮的可达性分布较集中，体现出对城市网络结构依赖性较强，而新建填海区则较分散，对城市网络结构依赖性较弱；居住区以中低档餐饮为主，旅游区餐饮类型多元，办公区则以快消类、体验类为主。

本研究从城市尺度和街区尺度系统揭示了澳门餐饮业的时空逻辑，为精细化城市设计与商业布局优化提供理论支持。

参考文献

[1] 杨滔. 基于大数据的北京空间构成与功能区位研究[J]. 城市规划，2018，42（9）：28-38.

[2] 盛强，许泽阳. 零售收缩背景下商业稳定性的空间规律：以北京前门地区为例[J]. 南方建筑，2024（4）：12-19.

[3] SCOPPA M D，PEPONIS J. Distributed attraction: the effects of street network connectivity upon the distribution of retail frontage in the city of Buenos Aires[J]. Environment and planning B: planning and design，2015，42（2）：354-378.

[4] 张恩嘉，龙瀛. 城市弱势区位的崛起：基于大众点评数据的北京休闲消费空间研究[J]. 旅游学刊，2024，39（4）：16-27.

[5] 胡彦学，盛强，郭彩萍. 基于大众点评数据对餐饮业分布的空间句法分析：以北京前门、东四、南锣鼓巷街区为例[J]. 南方建筑，2020（2）：42-48.

[6] 盛强，杨滔，刘星. 酒香不怕巷子深？：基于大众点评数据对王府井街区餐饮业分布的空间句法分析[J]. 新建筑，2018（5）：124-129.

[7] HILLIER B. Studying cities to learn about minds: some possible implications of space syntax for spatial cognition[J]. Environment and planning B: planning and design，2012，39(1)：12-32.

图片来源

图1～图4 均为作者自绘。

基于多源数据的城市低效用地评价指标
体系构建与驱动因素探索
——以北京市为例

王之轩（北京城垣数字科技有限责任公司；wzx_5279@163.com）

郭冬雪（北京城垣数字科技有限责任公司）

孙道胜*（北京市城市规划设计研究院）

摘　要： 随着城市化进程加快，目前土地利用效率正在下降，给城市生活质量的发展带来了前所未有的挑战。为了提高居民的满意度和幸福感，并有效激活现有的土地资源，准确识别各类低效用地成了一个关键问题。现有研究主要集中在考察土地利用的总体效率，而没有充分考虑用地类型的异质性和综合特征；此外，对于导致土地低效的因素的进一步分析也相对不足。为解决这一问题，本研究尝试构建综合评价体系来识别低效居住、商业和工业用地，此指标体系综合多源数据，考虑多维度指标，降低数据的多重共线性和维数后利用综合权重法识别出低效用地聚类。随后，采用随机森林模型对上述维度的各驱动因素的相对贡献进行定量分析，发现建筑老化、绿地不足和设施不足等因素是导致土地利用效率低下的主要因素，为后续更新项目提供科学依据。该方法可以精确识别城市低效用地，挖掘关键影响因素，在城市存量更新和资源优化研究中具有广泛的应用前景。

关键词： 低效用地；城市更新；多源数据；随机森林；北京市

1　研究背景

自 20 世纪 70 年代末以来，中国经历了快速和持续的城市化，成了全球领先的发展中国家。然而，长期的规划不足引发了许多城市问题[1]，这些问题不仅危及生态平衡和生活环境，而且阻碍了土地资源的高效和集约利用[2]。2023 年，自然资源部就重新开发低效用地的试点项目发布了通知，明确建议激活现有土地资源，提高土地利用效率[3]。关于识别低效土地，目前学术界主要有两种方法：一种是基于卫星遥感影像，利用多尺度分割和分类技术提取低效用地信息[4]；另一种是基于统计调查分析，构建一个评价指标系统对低效用地进行识别和评价[5]。此外，随着信息技术的发展，新兴大数据逐渐融入城市土地研究。百度热力图[6]、POI 数据[7]、手机信令数据[8]等为城市分析提供了更加动态、精确、可靠的数据支持。

2022 年，北京市人民政府正式印发《北京市城市更新专项规划（北京市"十四五"时期城市更新规划）》与《北京市城市更新条例》，有效区分了存量空间更新类型，并明确了城市更新途径，但仍缺少准确评估存量低效空间的技术与标准。在存量空间的表征方面，缺乏系统性、全覆盖、针对存量空间的精细化表征体系；在存量空间评估方面，缺乏知识化、多元价值导向的评估理论-技术-标准体系；在低效空间识别方面，缺乏大范围、高精度、因地制宜、因类制宜的精准研判技术。

2　研究方法

梳理有关低效空间识别的现有研究，提

取评估指标、合并含义相同的指标项，得到了基于研究现状的低效空间识别指标库。对指标库统计分析，发现建筑密度、容积率、地均税收、固定资产投资强度、相关规划符合度是应用频次排在前五的指标，表明此前低效空间识别指标体系更侧重低效产业用地，特别是工业用地的识别[9-11]。

本研究参考《北京市城市更新条例》的细分城市更新对象类别，基于指标体系基本框架，通过能反映存量空间表征的关键指标评估存量空间特征，确定包括空间形态、配套设施、经济发展、社会活力、文化风貌、生态宜居、安全韧性、社区参与、运营管理等9个方面的二级指标和对应的三级指标。同时，细分城市更新对象类别，具体包括居住、商业、工业用地三大类。最终形成3个表征体系层级，构建场景要素、邻域关系、时序变化的立方体分析结构（见图1）。

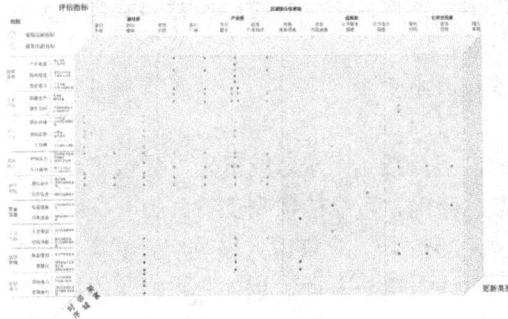

图1 指标体系框架

多要素评价法是此前研究中评估低效用地最常用的方法，即首先构建评价指标体系，计算每项指标值，然后通过专家估测法、层次分析法、主成分分析法、因子分析法、变异系数法、熵权法等方法确定各项指标权重，最后通过加权线性求和得到多指标综合评价结果，采用自然断点法对评价结果进行分类并人工判断低效用地阈值，或者采用聚类的方法。此外，也有学者尝试应用随机森林、人工神经网络等机器学习方法识别低效用地[12-14]。本研究形成区域、地块、建筑3

层级底图，汇聚多源社会大数据、传统数据资源按不同用地类型对应其指标体系，计算各项指标，并在得出低效用地分布的基础上，进一步尝试采用随机森林模型对各维度的驱动因素进行挖掘，以发现低效关键因素（见图2）。

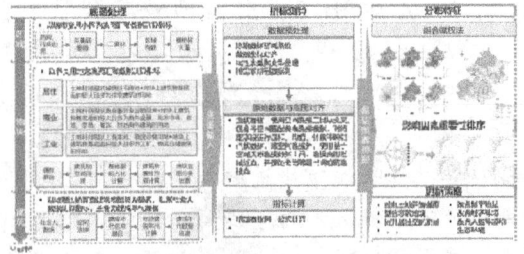

图2 存量低效空间表征指标
数据库构建技术流程图

3 数据分析

3.1 区域层级数据库

目前区域层级数据库以交通小区为单元，以地理信息系统为工具，完成经济发展、宜居宜业、社会活力、安全韧性4个维度中10项三级指标的初步测算。根据《城市综合交通体系规划交通调查导则》，交通小区是结合交通分析和需求预测模型将研究区域划分成的若干地理单元。以交通小区为区域层面的基础研究单元，一方面可以将交通需求的产生、吸引与一定区域的评估指标联系起来，另一方面地块内用地性质、交通特性等基本保持一致，便于指标落位和计算。

指标测算具体情况如下：在经济发展方面，以写字楼租金、四经普三大产业收入为原始数据，测算地块单位面积租金值、地块产业收入总值以刻画产出效率子维度；以天眼查、企查查的工商注册资金、四经普三大产业资产为原始数据，测算地块工商注册资金总值和地块三大产业资产总值以刻画投资强度子维度。在宜居宜业方面，以联通手机信令提取出的职住人口情况为原始数据，测算地块居住人口密度以刻画居住环境子维度；以全市域地理国情数据、土地使用规划数据为原始数据，提取建筑基底面积、总建筑面积、用地面积，测算地块平均容积率和平均建筑密度以刻画空间形态子维度。在社会活力方面，以百度地图POI为原始数据，测算地块POI密度和地块使用功能混合度以刻画空间活力子维度。在安全韧性方面，综合地理国情普查建筑现状数据、建筑证书、贝壳网等原始数据，形成全市域建筑年代数据底盘，测算老旧建筑占比指标，用于刻画建筑安全子维度。在数据落位后通过权重计算、指标归一化、综合分数计算，得到综合评价分数数据库（见图3）。

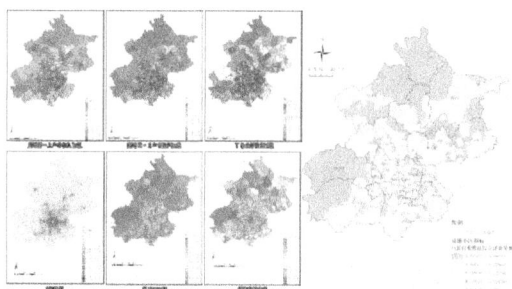

图3 区域尺度：区域层级数据库及低效区域识别

3.2 地块、建筑层级数据库

以居住用地为底图，测算了建成年代、人均居住面积、居住人口密度等3项指标；以商业用地为底图，目前已测算建成年代、建筑密度、容积率、单位租金、POI密度、POI信息熵、空置率、地块到访人口、工作人口密度9项指标；以工业用地为底图，目前已测算建成年代、建筑密度、容积率、工作人口密度4项指标。低效居住用地主要集中在城市中心，而较小部分分布在城市边缘，这表明了从市中心向城市边缘扩散的趋势；交通不发达的地块低效商业用地较为聚集，且多为低层大型贸易市场；大量非低效的工业用地分布在城市边缘，集中在工业园区内，这种分布特征主要由于工业的郊区化现象（见图4）。

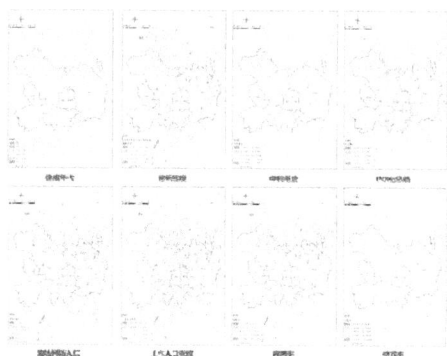

图4 地块尺度：商业用地指标测算结果

3.3 低效用地的影响因素重要性排序分析

为了解决导致土地效率低下的各种因素的相对贡献不清这一问题，本研究建立了一个基于随机森林的分类模型，以低效用地和非低效用地的标签为因变量，以每个指标的值为自变量。主要结果如下：对于低效的住宅用地，受影响最显著的指标是建筑条件、绿地率和医疗、教育设施不足和容积率。在社会方面，社区缺乏足够的基础设施和公共服务设施，阻碍了对居民生活质量的有效保证。商业用地的效率主要受到设施覆盖率和绿化率的影响。低效工业用地的问题主要受到建筑条件、生产总值和人口流动等关键指标的影响。

（a）低效居住用地（b）低效商业用地（c）低效工业用地

图5 不同类型低效用地的影响因素重要性排序

4 结论与讨论

本文提出了一种新的方法来识别现有城市低效居住、商业和工业用地。为了评估这些土地利用的特征，综合多个维度的评价指标，并运用多源数据对这些指标进行测量计算。然后使用综合权重法进行层次聚类，提取出效率低下的地块作为识别结果。该方法相较先前的研究主要的提升体现在3个方面：首先，该方法采用不同的指标框架评价不同的用地类型，反映了城市土地利用的内在多样性和复杂性；其次，该方法采用综合权重方法来确定指标权重，最大限度地减少主观偏差，提高了科学的严谨性和可靠性；最后，该方法利用地理大数据进行高精度、大规模、高效率的定量评估，而以往研究的空间精度通常仅限于行政区域或同质化网格单元，空间精度较低。

本文仍有一些局限性，后续需要进一步提升。首先，由于数据收集的局限性，许多重要的指标，如个体感知、工业用地的实际劳动力投入等未被加入到评价体系。这可能导致将别墅区、高档商业区和高科技工业区误识别为低效用地。这些地区在人口密度、建筑密度、绿化率等指标上可能得分较低，但在居民满意度、商业活力、产业创新等方面也可能具有较高的价值和潜力。因此，该方法需要进一步的细化和优化，提高识别结果的准确性和可信度。

参考文献

[1] HAN B，JIN X，WANG J, et al. Identifying inefficient urban land redevelopment potential for evidence-based decision making in China[J]. Habitat international，2022，128：102661.

[2] HASSE J E, LATHROP R G. Land resource impact indicators of urban sprawl [J]. Applied geography，2003，23（2-3）：159-175.

[3] 阳建强，孙丽萍，朱雨溪. 城镇更新区的识别与划定[J]. 城市规划，2024，48（5）：4-14.

[4] 崔成，赵璐，任红艳，等. 耦合 GF-2 遥感影像与街景影像的广州市城中村识别[J]. 遥感学报，2022，26（9）：1802-1813.

[5] 丁一，郭青霞，陈卓，等. 系统论视角下欠发达县域城镇低效用地识别与再开发策略[J]. 农业工程学报，2020，36（14）：316-326.

[6] SONG Y，LYU Y，QIAN S, et al. Identifying urban candidate brownfield sites using multi-source data: the case of Changchun City，China[J]. Land use policy，2022，117：106084.

[7] WANG Z，WANG H，QIN F, et al. Mapping an urban boundary based on multi-temporal Sentinel-2 and POI data: a case study of Zhengzhou City[J]. Remote sensing，2020，12（24）：4103.

[8] 李滨，崔景春，陈思琪，等. 手机信令数据在西安市国土空间规划中的适配性与应用[J]. 规划师，2024，40（S1）：20-28.

[9] 杨少敏，李资华. 城镇低效用地类型和认定标准探讨[J]. 中国国土资源经济，2021，34（2）：42-48.

[10] 罗遥，吴群. 城市低效工业用地研究进展：基于供给侧结构性改革的思考[J]. 资源科学，2018，40（6）：1119-1129.

[11] 刘生军，赵嘉兴，麦霆锋，等. 城市低效用地识别与统筹更新：以沈阳市沈河区为例[J]. 华中建筑，2022，40（4）：117-121.

[12] 蔡志磊，邓雨晴，刘雨飞，等. 基于存量空间资产的城市更新评估方法探索：以江门市中心城区为例[J]. 南方建筑，2024（10）：37-48.

[13] 詹子歆，戴林琳，叶子君. 区县工业用地绩效评价与优化路径研究[J]. 南方建筑，2023（2）：98-106.

[14] 许雪琳，马毅，朱郑炜，等. 厦门市滨海空间更新潜力评估及更新策略研究[J]. 规划师，2022，38（2）：121-126.

图片来源

图1~图5均为作者自绘。

产业大数据在区域产业创新链的研究实践

——以上海及周边城市为例

邹伟（上海市城市规划设计研究院；zouwei@supdri.com）

摘 要：近年来，"新质生产力"成为党和国家的政策制定和战略实施的重点着力点，战略性新兴产业是其重要组成部分。研究围绕新一代信息技术、生物医药、高端智能装备、绿色化工、汽车制造、航空航天、新能源等七大战略产业，依托企业大数据等核心数据，开展区域产业创新链的空间布局特征、创新环节分布与创新空间尺度的分析与探索。研究显示，相关战略产业存在"近域圈层化""大空间、长距离转换"等差异化创新链特点。研究初步提出差异化产业空间政策制定、多尺度产业创新协同网络建设等策略，为上海及周边城市战略产业的协同优化提供支撑。

关键词：战略产业；创新链；企业大数据；上海及周边城市

1 引言

近年来，"新质生产力"成为党和国家的政策制定和战略实施的重点着力点，明确其以战略性新兴产业和未来产业为主要载体形成高效能等内涵特征[1]。当前，都市圈、城市群等区域重大战略进入深化实施建设阶段，区域战略产业布局与发展成为支撑区域协同发展的重要抓手。基于"新质生产力"和区域重大战略发展要求，有必要对区域战略产业创新链与空间组织特征及策略进行深入研究，从而指引区域单元的产业空间布局规划与实施，进一步支撑新质生产力建设与发展。

2 技术思路与数据

2.1 技术思路

基于"新质生产力"、战略新兴产业分类文件等，研究将新一代信息技术、生物医药、高端智能装备、绿色化工、汽车制造、航空航天、新能源等七大产业类型作为区域战略产业分析内容。

借鉴已有创新链空间分析案例[2-5]，研究将创新链界定为基础研发、技术转化、规模产出3个环节：基础研发创新环节是以重点实验室、高校等要素为主的基础性研究阶段，包括国家重点实验室、大科学装置、高校等；技术转化创新环节是将基础性研究转换为初步技术成果的阶段，包括发明授权、发明专利等；规模产出创新环节是以制造业企业为核心的规模化产品生产阶段，主要涉及创新企业等。其中，研究使用"每平方千米发明授权、发明专利数量"指标表征"'基础研发'创新环节向'技术转化'创新环节"的转换成效；"每平方千米创新企业数量"表征"'技术转化'创新环节向'规模产出'创新环节"的转换成效，并按照不同单元区间汇总统计平均转换成效数值。

2.2 研究对象与数据

研究以上海、无锡、常州、苏州、南通、宁波、湖州、嘉兴、舟山等9个战略产业联系紧密的城市为范围，主要使用企业大数据、专利数据、基础性研究机构数据等开展分析研究。

3 区域产业创新链总体特征

3.1 创新环节一："基础研发"

上海及周边城市区域战略产业的"基础研发"创新环节总体呈现上海市区一枝独秀，苏锡常通甬等主要城市市区高值集聚，上海郊区、临沪区县等逐量发展分布特征（见图1）。

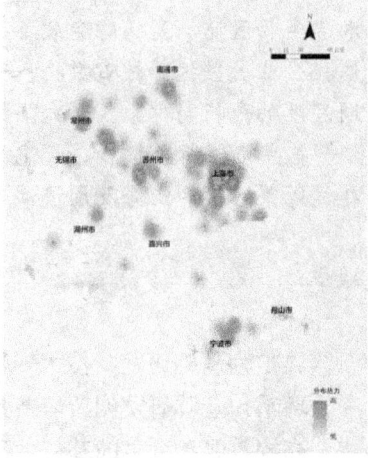

图1 区域产业创新链"基础研发"环节空间分布

3.2 创新环节二："技术转化"

上海及周边城市区域战略产业"技术转化"创新环节总体呈现沪苏锡常甬市区为主要集聚单元，基础研发与技术转化成效近域圈层化分布特点（见图2）。

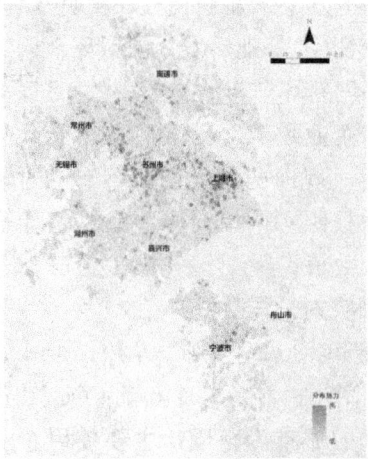

图2 区域产业创新链"技术转化"环节空间分布

3.3 创新环节三："规模产出"

上海及周边城市区域战略产业"规模产出"创新环节总体呈现沪苏锡常甬市区为规模产出主要集聚单元，35 km 为技术转化与规模产出极限区间分布特点。

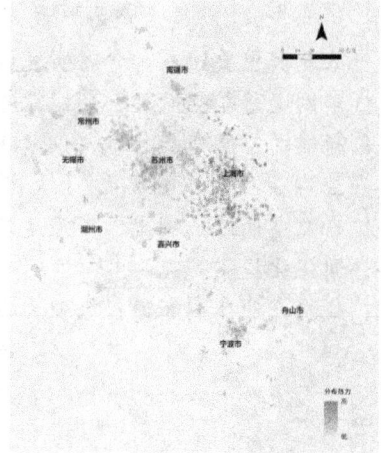

图3 区域产业创新链"规模产出"环节空间分布

4 区域战略产业创新链布局特征

按照"基础研发""技术转化""规模产出"3个环节的创新链技术思路，研究进一步细化各个战略产业门类的创新环节布局、创新转化空间尺度特征。

"高端智能装备"产业创新链布局总体呈现"上海市区形成密集科研型集群、沪苏锡常甬等综合型、园区型集群与转化特征明显"特征。

"绿色化工"产业创新链布局总体呈现"上海市区形成密集科研型集群、沪苏锡常甬等集群与转化特征明显"特征。

"新能源"产业创新链布局总体呈现"上海市区形成密集科研型集群、上海市区郊区集群与转化特征明显"特征。

表1 区域各战略产业创新环节分布与空间尺度分析

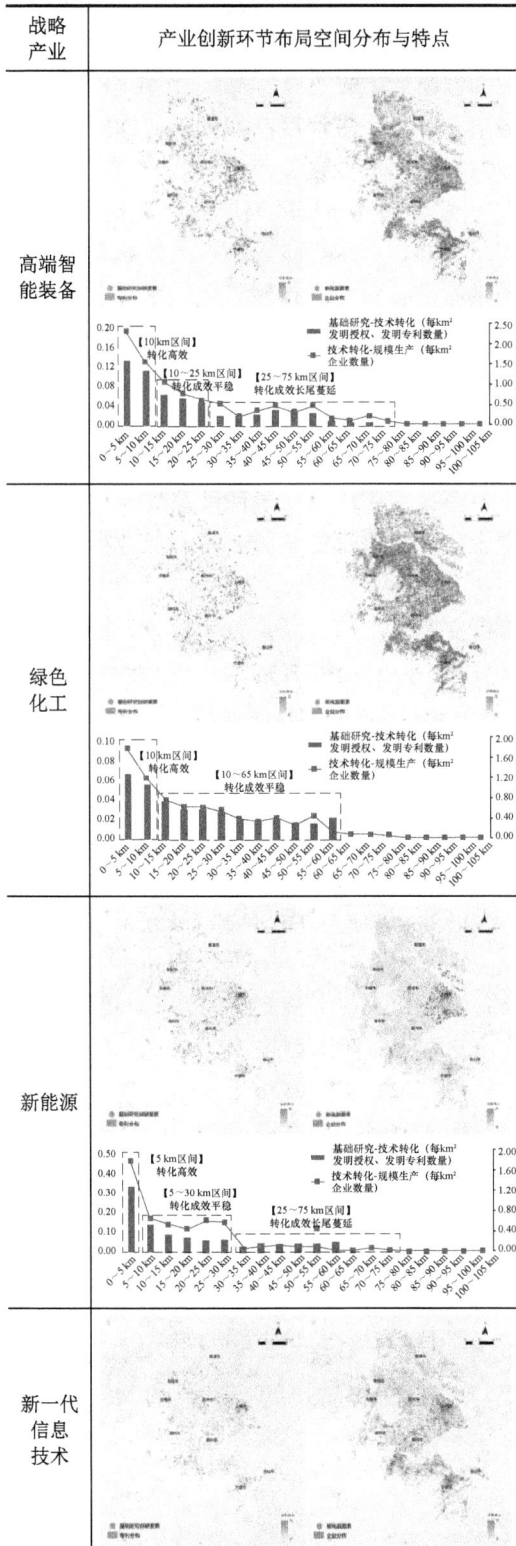

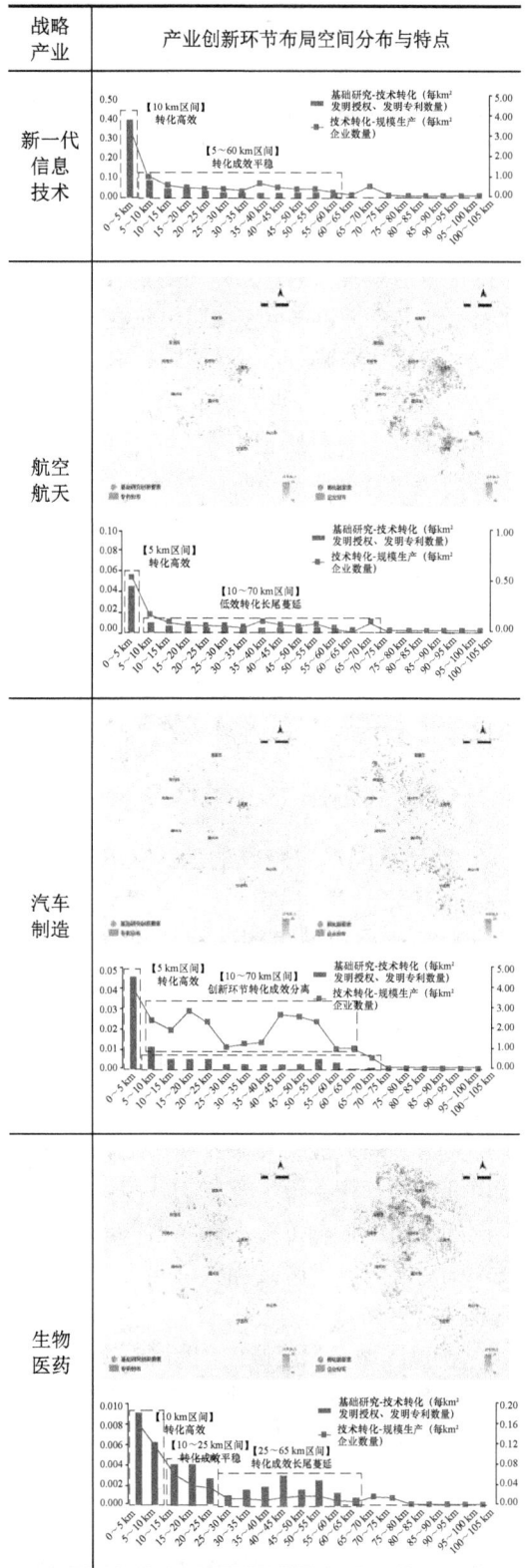

战略产业	产业创新环节布局空间分布与特点
高端智能装备	
绿色化工	
新能源	
新一代信息技术	

战略产业	产业创新环节布局空间分布与特点
新一代信息技术	
航空航天	
汽车制造	
生物医药	

新一代信息技术产业创新链布局总体呈现上海市区科研型集群密集、成效显著，苏锡嘉甬等产业集群与转化逐步发展特征。其中，上海市区以工业机器人、数控机床、智能工厂、工业互联网等作为"新一代信息技术"产业重点领域布局。

航空航天产业创新链布局总体呈现上海市区形成密集科研型集群、沪甬嘉等集群与转化特征明显特征，重点包括通用航空的设计、研发、使用、维护、回收等不同技术分工。

汽车制造产业创新链布局总体呈现上海市区形成密集科研型集群、沪苏锡常甬等集群与转化特征明显特征，主要涉及主要汽车企业整车厂、总部、研发中心等。

生物医药产业创新链布局总体呈现上海市区形成密集科研型和创投型集群，苏通常等综合型、园区型集群与转化明显特征。其中，上海市区以科研型、创投型、综合型、园区型等多类型构建"生物医药"产业集群。

5 区域产业创新优化策略

5.1 推动不同产业空间的差异化布局与效能转化

上海及周边城市的区域战略产业在创新链转换效能及创新空间尺度存在一定的差异性，如绿色化工产业的"中长距离错位转化"特点、高端智能装备产业"大空间、长距离"创新转化特点等。基于新时期新质生产力的"高效能"发展要求，上海及周边城市通过"一产一策"等方式，差异化布局不同的战略产业，可将不同类型的战略产业在空间尺度、城市区县优势单元等维度形成高效创新转化。

5.2 构建区域多尺度产业创新协同网络

上海及周边城市区域战略产业的创新转化效能在空间尺度上存在不同结果效应，如在5～10 km空间尺度上新一代信息技术、生物医药、高端智能装备、新能源等战略产业的创新转化成效极为显著，可构建"区域—城市—区县"多尺度产业创新协同网络，有效发挥战略产业创新尺度效应。

5.3 逐步超前布局战略产业所需要素

交通、市政等设施支撑区域战略产业的要素流动与转移，按照"新供给与新需求高水平动态平衡"的新质生产力建设要求，上海及周边城市在战略产业和产业支撑核心要素方面可逐步适度超前布局。

注：文中所有图表所涉及矢量边界均来源于自然资源部等官方共享开放数据。

参考文献

[1] 习近平经济思想研究中心. 新质生产力的内涵特征和发展重点[J]. 中国信息界, 2024（2）: 5-8.

[2] 褚思真, 万劲波. 创新链产业链的融合机制与路径研究[J]. 创新科技, 2022, 22（10）: 41-51.

[3] 张振广, 马璇. 上海大都市圈产业空间组织特征及其规划建议[J]. 规划师, 2023, 39（4）: 28-35.

[4] 袁奇峰, 李刚, 薛燕府. 产业集群视角下广州开发区的科创转型与空间响应[J]. 城市规划学刊, 2022（4）: 95-102.

[5] 袁满, 张璇, 单卓然, 等. 产业组团视角下武汉都市圈产业空间组织特征及优化策略[J]. 城市规划学刊, 2024（1）: 63-73.

图片来源

图1~图3及表1均为作者自绘。

基于城市未来学空间适配视角下循环经济体制的探讨

单颖（沈阳市规划设计研究院有限公司；153927910@qq.com）

摘　要：城市如何迈向高质量空间发展，与其发展过程及其所处社会生产力水平、生产关系等都有密切的关系。社会生产力的每一次突破升级，都会在很大程度上催生出新的城市生产方式、交通运行方式、居民生活方式等，城市形态也会随新技术发展产生潜移默化的改变，并最终投射到城市的物质表征——城市空间上。城乡规划的未来不是技术的叠加，而是技术的集成，不是简单的二维或四维，而是多维度的突破演化。城市未来学是人类的理想。在把理想转变为现实的过程中，可以有多种不同的行动方案。新技术在改变着人们的社会关系、就业结构、生活方式的同时，也正在极大地影响着城市的塑造过程。发展循环经济（circular economy，CE）可以促使社会达成一个共同的目标，呼吁企业和政府等加强协调，共同努力，减少自然资源的使用，同时增加效益，为更多人提供更有用的服务。探讨基于城市未来学空间适配视角下的循环经济体制显得不可或缺，城市未来的发展可以预计但又无法确定，本文唯愿作为一种未来学视角下的体制探讨，以推动城市向更加美好的方向发展。

关键词：未来学；城市未来学；空间适配；循环经济体制；零碳

1　城市未来学的空间适配

"一个人能够想象出来的东西，另一个人都能把它变成现实"。这就是人类未来学的源头。城市是由人类组成的复杂巨系统，人类未来学与城市未来学是密不可分的。城市未来学是在生态文明时期的背景下，以可持续发展为第一价值取向，在城市未来建设使用中，综合采用了当今时代经济技术可行的集成技术群并给未来技术的创新和升级留有接口，以不增加原有基底和节约资源为根本目的，使城市规划设计一开始就以环境为主的整体性出发，以技术集成为平台，实现了整体资源消耗的最小化目标的技术集成体系，贯彻城市未来发展的生态、包容、循环、创新四大理念。社会生产力的每一次突破升级，都会在很大程度上催生出新的城市生产方式、交通运行方式、居民生活方式等，城市形态也会随新技术发展产生潜移默化的改变，并最终投射到城市的物质表征——城市空间上。智能技术在改变着人们的社会关系、就业结构、生活方式的同时，也正在极大地影响着城市空间的适配。

在空间聚散方面，城市空间发展趋势不是简单的集聚或分散，而是一个动态过程。智能技术的普及会降低人们对中心区域的依赖，促进城市分散发展。同时，新技术革命通常伴随着创新经济和就业机会的增长，进一步吸引科技企业和创新型人才的集聚。在空间规模方面，不同等级的城市将呈现出不同的趋势：科技的进步和创新的集聚通常会带动经济增长和就业机会的增加，城市空间规模将会继续扩大，但考虑到智能技术对城市空间资源利用率的提升，城市空间增长速率会减缓。未来城市在空间规模上将呈现出"大城增、小城消"两极分化的趋势特征。在空间功能方面，移动性和数字化技术的发展将促进城市功能的混合和有机化。共享经济的兴起和出行服务的改变将使人们更容易在城市中进行多种活动，并实现资源共享和效率提高。

2 循环经济体制的作用和导引

循环经济作为一种发展模式和思维范式，不仅可用于产品开发、分析和生态设计，还可通过技术选择、组织结构、人员竞争及法规建立，促进企业低成本发展。国民经济良性循环有利于打通生产、分配、流通、消费等环节，也有利于资源有效利用和高效配置。循环经济可以扩展到资源利用、生态经济和环境保护等不同角度。一方面，循环经济强调实现资源最优配置和效用最大化，以满足人们的生存和发展，其核心是充分考虑在社会和环境因素影响下的资源节约；另一方面，循环经济的运行机制与传统经济有着根本的不同，它强调信息流、物质流和价值流的协同运行。

循环经济体制所强调的是系统性、整体性、结构性和动态性的节约，循环经济是按照自然生态物质循环方式而运行的经济模式，它遵循城市未来学规律发展并以生态理念来指导人类社会的经济活动，能够促进物质和能量在自然社会经济大系统内高效循环和流动的功能体系与物质产业生态系统构建。在整个循环经济产业循环过程中，减量化的主体部分在于企业的清洁生产，再利用的主体部分在于建立废旧产品回收体系，再循环的主体在于发展资源再生产业，三大产业体系构成循环经济的物质流和价值流平台。

3 零碳经济——城市未来学循环经济体制理论样本

零碳经济建设的意义不仅在于减少碳排放，更在于推动经济社会的全面绿色转型。通过优化能源结构、提高能源利用效率、推广绿色建筑和绿色交通等措施，零碳经济可以显著提升城市的生态环境质量和居民的生活质量，还可以带动绿色低碳产业的发展，创造新的经济增长点，为城市的可持续发展注入新的动力。

许多城市在零碳经济建设方面取得了显著成效。像丹麦首都哥本哈根，通过控制进入市中心的机动车数量，建设高效的公共交通系统，降低交通领域的碳排放。美国波特兰市通过设定城市增长边界，有效降低了城市扩张对环境的影响。英国伦敦则通过引进碳价格制度、征收二氧化碳税等措施，降低了地面交通运输的碳排放，推动了交通领域的绿色转型。实例证明，通过合理规划和科学管理，实现零碳经济并不是遥不可及的梦想（见图1）。

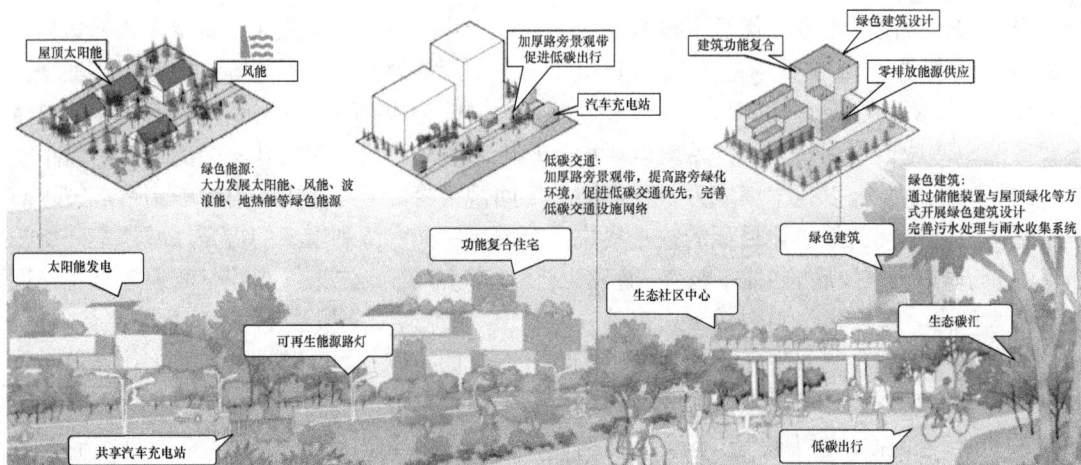

图 1 城市未来学零碳经济实现路径分析图

4 零碳城市、产业园及社区——城市未来学循环经济体制实践样本

近期中国围绕零碳园区建设出台了一系列国家和部委层面的政策，形成了从顶层设计到具体实施的政策体系，为2025年零碳园区建设全面拉开帷幕奠定了基础。2024年12月12日召开的中央经济工作会议首次明确提出"建立一批零碳园区"，并将其作为2025年的重点任务之一，强调了"协同推进降碳、减污、扩绿、增效"的要求，明确推动全国碳市场建设，建立产品碳足迹管

理体系和碳标识认证制度，为零碳园区建设提供了顶层设计的方向和战略指引。2024年12月13日，工业和信息化部召开党组扩大会议，传达学习中央经济工作会议精神，并提出"深入推动工业绿色低碳发展，实施工业节能降碳行动"，明确要求建设一批零碳工厂和零碳工业园区，促进工业资源规模化、高值化利用，将零碳园区纳入工业绿色发展的重点工作（见图2）。零碳园区在国内已初具规模。截至2023年底，全国已创建6个低碳省、81个低碳城市、51个低碳工业园区及400余个低碳社区。

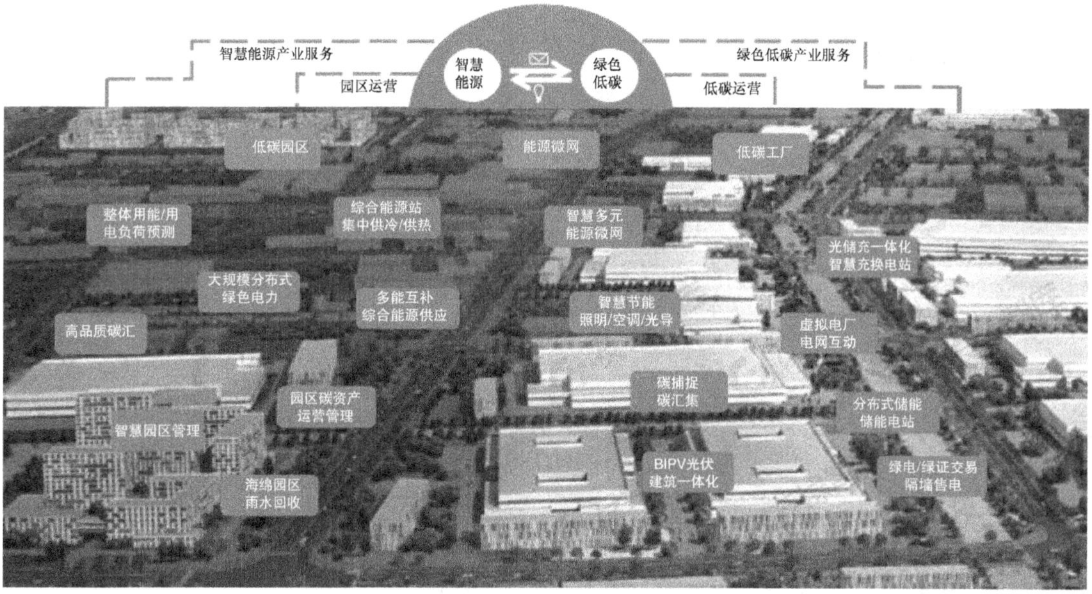

图2 零碳产业园区实现路径分析图

5 结论与未来展望

应对充满不确定性的未来，城市规划行业长期处于一种矛盾境地：一方面，其对象是最复杂的巨型系统——城市；另一方面，城市规划和公共政策的强绑定属性及其处于技术应用下游的定位使得行业对新技术的敏感度较低，这就导致规划从业者往往采用传统方法来解决城市发展中的新挑战。

因此，建设一个强有力的多学科交叉研究的团队，构建一个空间适配视角下的城乡

规划和循环经济体制体系，是城市高质量发展的根本保障。当然，在整个过程中，管理和组织能力也是至关重要的，政府、学术团体、社会职能部门是最直接面向居民的协调者和建设者，其决策直接决定了城市规划建设和发展的质量与效果。

参考文献

[1] 中国城市科学研究会. 城市科学与未来城市[M]. 北京：中国科学技术出版社，2015.

[2] 里德，罗斯曼，范埃尔迪约克. 未来城市[M].

曹康，张艳，朱金，等译. 北京：中国建筑工业出版社，2016.

[3] 凯普里奇，曹宇，邹欢. "未来系统"的最新计划[J]. 世界建筑，2001（4）：27-30.

[4] LONCA，LESAGE，MAJEAU-BETTEZ, et al. Assessing scaling effects of circular economy strategies: a case study on plastic bottle closed-loop recycling in the USA PET market[J]. Resources，conservation and recycling，2020，162（11）：105013.

[5] 杨俊宴，郑屹. 城市：可计算的复杂有机系统：评《创造未来城市》[J]. 国际城市规划，2021，36（1）：124-130.

[6] 梅多斯. 增长的极限[M]. 于树生，译. 北京：商务印书馆，1984.

[7] 巴蒂. 创造未来城市[J]. 决策，2020（10）：80.

[8] RATTI C，CLAUDELM. The city of tomorrow: sensors，networks，hackers，and the future of urban life[M]. New Haven：Yale University Press，2016.

[9] 武廷海，宫鹏，郑伊辰，等. 未来城市研究进展评述[J]. 城市与区域规划研究，2020，12（2）：5-27.

图片来源

图1来源于网络《城市设计联盟》

图2来源于网络——施耐德电气、阿里云

基于空间句法的历史文化街区空间活力研究

——以呼和浩特市塞上老街-大召历史文化街区为例

张亚文（内蒙古工业大学建筑学院；1627675111@qq.com）

摘　要：历史文化街区的空间活力研究能够揭示主体活动对街区空间的偏好与选择，指导历史街区保护与更新，向以人为本的方向转变，同时对街区历史文脉和场所精神的传承具有重要意义。本文通过空间句法及商业 POI 数据，从整合度、选择度、可理解度、商业核密度 4 个方面对呼和浩特市塞上老街-大召历史文化街区进行空间量化特征分析。研究发现，街区历史建筑的空间结构对街区活力的整体性、人群分布均衡性及人群聚集度具有显著影响，街道选择度也与历史建筑分布相关，而街区的可理解度相对较低；整体空间结构与局部空间较为协调，商业结构依附于空间结构。

关键词：历史文化街区；空间句法；空间活力；呼和浩特市

1　引言

历史文化街区作为地域文明传承与集体记忆维系的重要载体，在城市化进程中面临活力衰退挑战。本研究以塞上老街-大召街区为例，运用空间句法理论解析其空间结构特征与活力分布规律，为商业空间优化及城市更新提供理论依据。

在相关研究领域，学界已取得诸多成果。钟行明从复兴理念与方法论视角切入，系统解析了济南芙蓉街活力衰减的成因，并提出了相应的复兴策略[1]；邓啸骢则运用空间句法工具，通过历史地图的线段模型计算，揭示了历史文化街区活力的历时性演变规律[2]；陆明基于当地居民空间融合的角度，以哈尔滨中华巴洛克历史文化街区为例，探讨基于当地居民空间融合的街道空间活力提升策略[3]。但少有文章从历史文化街区的空间结构出发，从空间结构的量化分析维度切入，本研究以定量的角度，结合商业 POI 分布，研究街区活力，探究历史文化街区内活力提升策略。

2　研究对象与方法

2.1　街区概况

塞上老街-大召历史文化街区位于呼和浩特玉泉区西南部，已有 400 多年发展历史。其核心保护区包含大召、塞上老街等历史建筑群，完整保留了多民族交融的建筑形式。

塞上老街-大召历史文化街区是呼和浩特城市发展的活态见证，占地 35.28 hm²，范围东至大南街、南抵鄂尔多斯大街、西达西顺城街、北接三关街。其传统街巷网络保留独特空间尺度与肌理，延续地域商业文化传统。核心商业区通过建筑立面、空间布局与业态的有机融合，集中呈现草原丝绸之路节点的商贸文化特质。

随着城市化的快速推进，塞上老街-大召历史文化街区面临活力分布失衡的困境。部分区域因功能单一、业态同质化等问题导致商业吸引减弱，空间使用效率降低，难以充分彰显其深厚的历史文化底蕴。这种空间活力的衰退不仅影响了街区的整体风貌，也制约了作为城市文化地标的展示功能。基于此，亟须对街区的空间形态特征进行系统性解析，通过量化研究深入把握其空间结构规律与活力分布机制。

2.2 空间句法

空间句法理论由比尔·希列尔（Bill Hillier）于20世纪70年代提出，通过轴线分析、视域分析等模型解析空间构型特征。该理论广泛应用于城市规划、文化遗产保护和传统聚落研究等领域[4-6]，为空间优化、历史街区保护及乡土空间研究提供了量化支撑，具有重要的方法论价值。空间句法通过构建城市空间模型，解析复杂空间关系。其核心是运用拓扑学原理，将空间系统转化为离散网络，计算整合度、连接值等参数，实现空间构型的定量分析，为空间-社会互动研究提供新范式[7]。空间句法中的"空间"概念强调拓扑关系，而非欧氏几何的物理尺度。它关注空间单元间的连接性、可达性等内在特征，通过建立拓扑网络模型揭示空间系统的深层结构，为理解空间的社会功能与行为模式提供新视角[8]。

2.3 POI 核密度分析法

本研究运用核密度估计法对商业POI数据进行空间分析，通过ArcGIS平台生成核密度分布图，并与空间句法计算的全局整合度进行分析，以探究商业分布与空间结构的关联性，为活力空间评价提供依据。

3 街区的空间量化特征分析

3.1 空间句法分析

整合度分析：整合度（integration）表示某空间在整个系统中的中心性，是衡量空间吸引人流能力的关键指标。由图1分析可得街区整合度呈东南高、西北低的网状分布，均值为1.054 23，极差达1.258 77。高值区集中于南北干道大南街（1.857 23）和大召前街（1.723 62），这两条干道串联街区南北，承载主要客流并分布历史街区入口，与大召寺站前广场构成整合度核心区。内部组团及西侧道路整合度多分布于0.7~1.2区间，因

出入口多毗邻核心路段，组团间差异较小。最低值0.598 46位于中部组团末端，可达性较弱。空间上形成以大召寺站前广场为核心，沿大南街、大召前街向南延伸的商业旅游功能集中区。

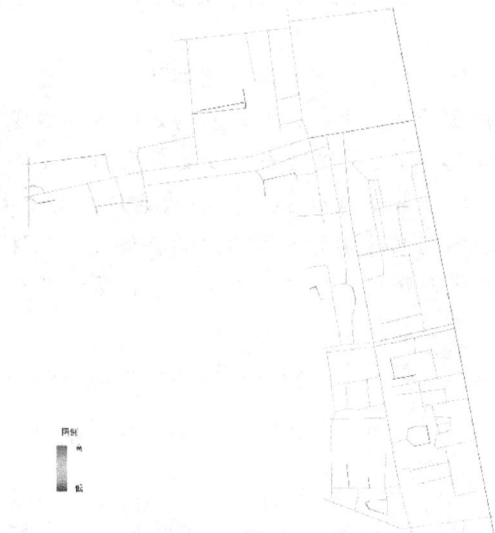

图1 塞上老街-大召历史文化街区全局整合度分析图

在局部（r3）尺度下，街区的整合度布局相对变化较低，街区整合度布局变化较小（见图2），均值升至1.500 38（差距扩大），最高值仍为东侧大南街与大召前街（3.089 77）。大召寺站前广场整合度地位下降，其他组团水平上升，整体未现显著波动。高整合度区域表明：局部交通效率提升，居民活动联系紧密，公共设施可达性增强。街区空间中心从大召寺转向步行尺度，形成多节点联动特色。

选择度（choice）表示路网被选择的容易程度，反映了道路的便捷性。图3表面街区选择度与整合度分布类似，选择度均值为722.418，最高值10 185仍为东侧大南街，次高值仍为大召前街（8528），为街区选择度核心区；与局部整合度布局相似，街区未形成统一选择度核心，但是在大南街、大召前街与塞上老街附近都形成了局部选择度核

20

心，事实上也与局部整合度类似，是街区局部的活动中心区。

图2 塞上老街–大召历史文化街区局部
整合度分析图

可理解度（intelligibility）通过连接度与整合度的相关性（r^2）反映空间认知难易程度。$r^2>0.3$ 存在相关性，$r^2>0.5$ 为强相关，$r^2>0.7$ 为极强相关。由图5分析可得，案例街区 $r^2=0.342$，表明居民可通过局部感知整

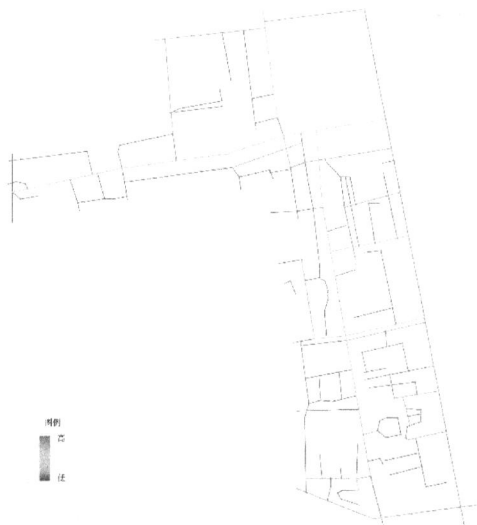

图3 塞上老街–大召历史文化街区选择度分析图

体布局，形成归属感。空间分析显示两条异常道路（大召前街南段与塞上老街西段）呈现高连接度低整合度特征，此类道路多为城市次干道或支路，承担区域连接功能。其中大召前街偏离拟合曲线，主因其东侧大南街的高整合度与可达性优势替代了其交通功能。

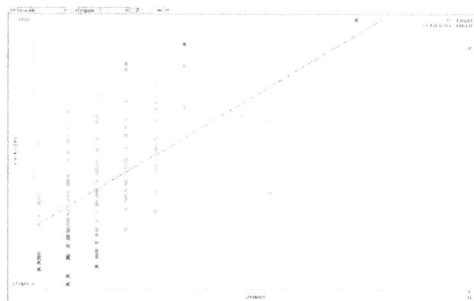

图4 塞上老街–大召历史文化街区
可理解度分析图

3.2 POI数据分析

由图5分析可得，核心集聚区集中在大南街、大召前街及塞上老街沿线，依托大召寺历史文化街区在寺南、寺西形成两个商业中心，沿街商铺密集分布，涵盖餐饮、零售、工艺品等多元业态，兼具旅游服务功能。次

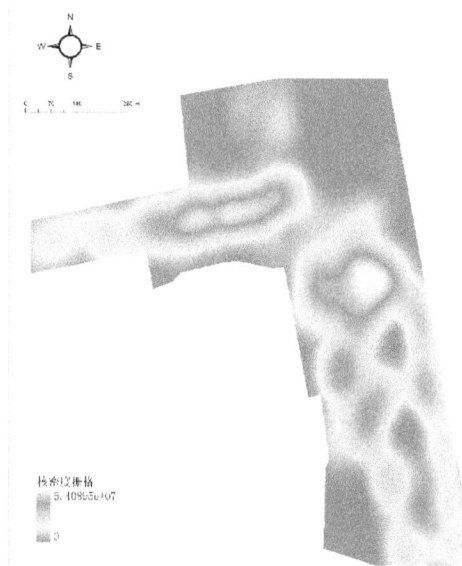

图5 商业POI核密度分析图

级扩散区则围绕核心区向外延展，包括通顺路小学周边、玉泉区民族实验小学等地，表现出社区型商业设施的均衡布局，服务于居民日常生活需求。

4 结语

本研究运用空间句法，从整合度、选择度和可理解度 3 个维度分析了塞上老街-大召历史文化街区的空间结构，并结合商业 POI 核密度分布进行分析。结果表明：街区空间结构清晰，与城市环境协调；大召寺前广场商业 POI 核密度与整合度正相关。

本研究通过分析揭示了塞上老街-大召历史文化街区商业设施与空间结构的关系，识别出高低整合度区域为商业集聚区。研究建议优化高整合度区域的商业配置，在低选择度区域植入特色商业节点，以提升街区活力。

然而，空间句法分析存在主观性局限，难以完全客观反映街区空间特征。为提高研究科学性，后续将采用多源数据融合方法：如引入百度热力图反映人群活动，通过多样本分析验证结论普适性，为空间优化策略提供更坚实的实证基础。

参考文献

[1] 钟行明. 历史文化街区的活力复兴：以济南芙蓉街历史文化街区为例[J]. 现代城市研究，2011，26（1）：44–48.

[2] 邓啸骢，范霄鹏. 八廓街历史文化街区空间联系与内在活力研究[J]. 规划师，2016，32（S2）：215–218.

[3] 陆明，蔡籽焓. 原住民空间融合下的历史文化街区活力提升策略[J]. 规划师，2017，33（11）：17–23.

[4] 希利尔. 空间是机器：建筑组构理论[M]. 3 版. 杨滔，张佶，王晓京，译. 北京：中国建筑工业出版社，2008.

[5] 罗文静，方可，吴啸，等. 以活力为导向的第三空间城市设计模式研究：以武汉为例[J]. 城市规划，2023，47（7）：64–75.

[6] 田佳呓. 基于空间句法的敦煌历史文化名城保护规划中的空间优化策略研究[D]. 兰州交通大学，2019.

[7] 戴晓玲，浦欣成，董奇. 以空间句法方法探寻传统村落的深层空间结构[J]. 中国园林，2020，36（8）：52–57.

[8] 吕明扬. 内外之际与空间格局：基于空间句法的苏州汪宅空间布局研究[J]. 建筑学报，2020（6）120–123.

图片来源

图 1～图 5 均为作者自绘。

语言景观视角下的空间使用差异化研究

——以北京前门餐饮业为例

宋齐豫*（北京交通大学；songqy6699@126.com）

盛强（北京交通大学；66334133@qq.com）

摘　要：多元文化在构成城市活力方面起着非常重要的作用。以往研究通常从功能格局的角度来分析城市的文化空间分布。然而，城市并非纯粹的功能聚合体，基于功能来定义文化空间归属具有一定程度的随意性和模糊性。因此，本文从语言景观的角度出发，从语言维度重新定义城市文化空间，为区分城市活力及公共空间利用提供了新视角。本文分析了北京前门地区餐饮业的语言景观空间分布及使用模式。为实现研究目标，本文采用空间句法和多重对应分析法（MCA），通过对调研收集的 193 条街道上 479 家店铺语言景观数据进行分析，从新的层面上探索，为传统居民生活与旅游商业的空间划分边界。书法语言景观大量分布的区域恰恰是居民生活与旅游商业的交界处，作为桥梁沟通两种不同的业态。为后续的城市片区更新与开发提供新的方法参考。

关键词：语言景观；空间句法；可达性；城市更新

基金号：北京市社科基金（22GLB027）；北京旧城商业聚散机制研究

1　标题内容

北京前门地区始建于 1436 年，保留了北京的传统历史脉络，胡同文化显著。游客与本地居民在前门地区这一场所中共存互现，前门也初步呈现了空间使用差异性的特征。空间差异化研究作为建筑学、社会学领域下的热门议题，已经被不少学者研究过，例如，蒋鑫等学者便通过多方面的人群实地调研探究济南曲水亭街空间异化现象的原因[1]。而王浩锋学者更在研究云南丽江古城四方街时便验证了全局整合度等空间句法参数是观察社会空间异化与变迁的重要工具[2]。但北京前门地区空间使用差异化现象成因复杂，观察视角多样，单就人群构成而言便极其复杂，其本地居住者来自全国各地，而游客更是涵盖国内外的情况下，单单有关于句法参数的文已经无法解决实际问题的需要，因此本文还引入语言景观这一因素进行分析（见图 1）。

中文　　中文繁体　　英文

中文流行　　中文书法

招牌采用除了宋体和黑体以外的字体　　招牌采用手写体

图 1　语言景观分类示意图

语言景观（linguistic landscape）是指在公共空间中可见的语言元素的集合，包括标志、广告、路标、店名、公共服务信息等。这一概念作用于北京前门餐饮业即是商铺用来招徕顾客的店铺招牌。在本次研究中，根据调研主要将语言将景观分为5大类：英文及外文、中文繁体、中文普通（采用黑体和宋体）、中文流行（招牌采用除了黑体、宋体以外的特殊设计字体）、中文书法（采用书法手写体）。这种分类依据主要是基于不同类型的语言景观与空间使用差异化现象的关联，英文及外文主要代表外来游客对于空间的使用，中文流行代表年轻人，中文繁体和中文书法代表老年人和传统文化在空间中的影响。有关语言景观的研究最早始发于国外，是用来研究社会文化变迁的重要手段。例如，Nikolaou学者便在有关希腊的研究中，利用语言景观分析外来文化对于本地文化的冲击[3]。这有效地证明了语言景观这一工具在处理餐饮业、商业与社会学议题上的可行性。在关于北京本地语言景观的研究上，卢德平等学者也对社区商业、酒吧、底商店铺等多种业态的语言景观进行了分析，深度反映了语言景观与本地社会文化和商业行为之间的强绑定性[4]，为后续利用语言景观研究前门餐饮业打下了深厚的基础。

但是上述关于语言景观的研究绝大多数由语言学家和社会学家为主导进行研究，所以仅仅停留在语言学本身的语义与表征上面来，未落实到实际的地理空间主体上面。而将北京前门的餐饮商业落实到地理空间上来，可以借助空间句法这一参数化评价空间的载体。例如，封晨等学者已经在澳门的研究中证实商业业态与空间句法参数之间紧密相关的联系[5]。综上，本研究通过语言景观反映社会异化现象有一定的理论基础，并且可以通过空间句法这一工具与其在城市地理空间进行对照分析，使关于前门餐饮业的分析可以跨学科、多方面进行表达，便于后期分析客观规律。

2 研究方法与数据获取

2.1 现场调研统计-实地数据获取

笔者及团队通过实地走访调查的方式，

统计位于北京前门地区的语言景观分布。通过调研发现：语言景观分布总体来说在前门地区呈现出多样化的趋势；在永安路、北纬路、肝儿胡同、新农街不仅数目最多，而且语言种类更加丰富，在宣武门、果子巷、永光东街、椿树街道、陶然北岸虽然数量不多，但是语言种类也很丰富。

如果仅按照语言景观分类来看：中文普通招牌在虎坊路、留学路、香厂路、北纬路这类道路间距适中、周边本地居民社区较多的道路上分布数量最多；中文繁体招牌则常见于留学路、仁寿路、腊竹胡同这些城市支路上；中文书法字体与中文流行字体实地分布则呈现比较明显的互斥性，中文书法在虎坊路、留学路、香厂路等路分布较多，而中文流行在北纬路、天桥南大街等路分布较多；至于外文和英文字体多见于腊竹胡同、宣武门内大街和虎坊路（见图2）。

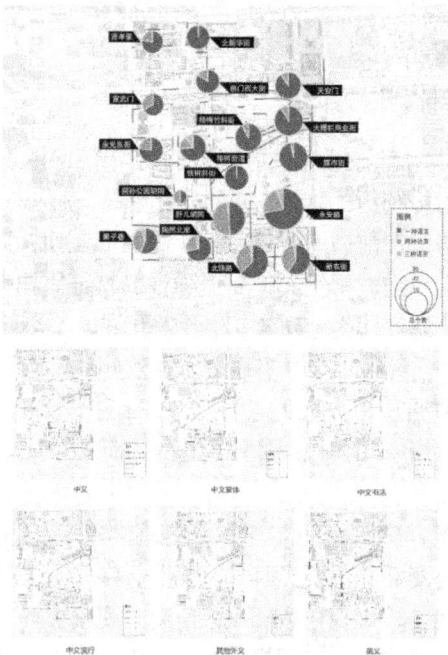

图2 语言景观总体与分类分布

2.2 语言学分析-语言学数据获取

近年来，语言学已经由单纯地研究语言文字本身，开始引入数理学的科学统计方法，如 MCA 分析[16-17]。MCA 指多重对应分析（multiple correspondence analysis）通过将多个分类变量映射到一个低维空间中，使得变量之间的关系更加直观和易于理解。在语言学研究中，MCA 分析已经较为普遍，例如研究不同社会群体（如年龄、性别、职业等）在语言使用上的差异并进行关联分析，从而揭示社会因素对语言变异的影响等[16-17]。故本研究路径也采用 MCA 的分析方法来分析语言景观本身之间的关联及同社会异化间的现象解释。

本文中，将每个街道上的语言景观进行统计，同时对于其语言学特征（如是否为繁体，是否为英文）进行记录，最后在表格中以独热编码的形式进行呈现，方便进行 MCA 分析。在 MCA 的变量因子分析中，中文繁体字与中文书法字的语言景观语言学在 Dim$_1$（维度 1）与 Dim$_2$（维度 2）所构成的坐标系中呈现比较相近，中文流行与英文的语言景观呈现比较接近，这说明单纯基于数理统计、不涉及地理空间分布的情况下，中文繁体景观与中文书法有比较强的相近性，而中文流行与英文有比较强的相近性，并且还可以从图表上看出中文书法与中文流行偏向坐标的两极，说明二者呈现了比较强的互斥性（见图3）。

从前门的语言景观实地分布和上述语言学的分析可以看出两种分析数据在结果呈现上的差异：中文流行和中文书法在语言学分析和实地分布上都具有比较互斥性；而关于语言学分析中的中文繁体与中文书法景观相似性和中文流行与英文景观的相似性却并未在实地分布中得以体现。因此研究后续在 MCA 分析的基础上，为每条街道生成 cos 值（cos 值在 mca 中通常用于表示变量之间的相似性或相关性，范围为-1～1），去表明该街道有多大可能存在何种种类的语言景观。

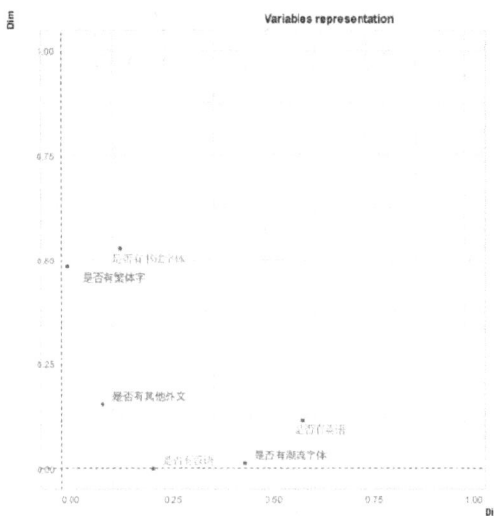

图3　MCA 语言景观分类分析

3　结论

因中文书法在实地调研和 MCA 分析中既与中文流行形成互斥性，也与中文繁体等语言景观有相近性，故研究以中文书法这一语言景观作为代表研究语言景观的地理学分布特征。研究结果将之前 MCA 分析所产生的 cos 值表达在地理空间上，因为 cos 值属于0～1 之间的数值，这里选取 cos 中文书法前 50%cos 值反映在地图上，代表该街道相比于北京前门整个研究地区更有可能出现中文书法的语言景观（见图4）。最后结果呈现上，研究发现前 50% 的 cos 值（有）与 nach r1500 的前 20% 区域几乎不重叠，故研究反取 nach 值低于 1.25 的区域，发现与前 50% 的 cos 值区域基本重叠（见图5）。实际上本文所选取的区域为实际产生语言景观的区域，nach 值普遍高于 0.4,这说明在 0.4～1.25 的中数值 nach r1500 分布区域基本涵盖了所有中文书法语言景观可能产生的地理空间。研究说明中文书法语言景观的产生往往不在可达性最高的区域，反而是在 0.4～1.25 这类中等区间的可达性区域更能产生像中文书法这样城市传统文化景观。而 r1 500 m 基本代表了行人步行的活动范围，也说明行人的参与对于城市商业活力的重要影响，同之前学者的研究得出了相似的结论[13]。

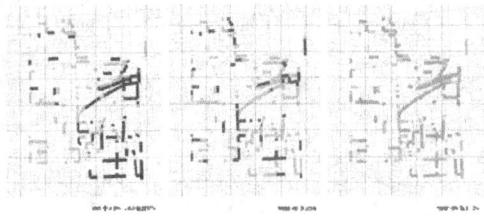

图4　cos 值与 nach 值可视化分析

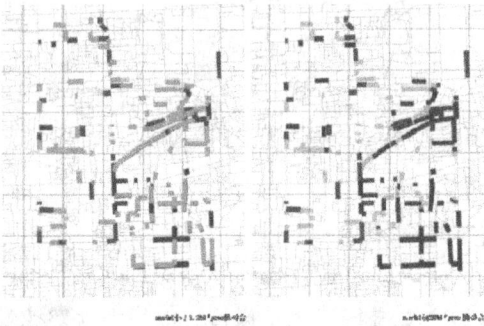

图5　cos 值与 nach 值叠加分析

4　讨论与展望

研究从语言景观的角度进行切入，以前门地区的餐饮业为研究对象，揭示了北京前门餐饮语言景观的地理空间分布与人群使用之间的复杂关系。具体到中文书法这一特定的语言景观时会发现，中文书法语言景观

的分布与一定范围的句法参数（0.4～1.25 nach r1500）分布基本耦合。而这一区域恰恰是居民生活与旅游商业的交界处，作为桥梁沟通两种不同的业态。为后续的城市片区更新与开发提供新的突破口。

参考文献

[1] 蒋鑫，张文海，李鑫，等. 割裂与融合：日常生活视角下基于人群活动的济南老城区公共空间异化与互融更新研究[J]. 中国园林，2022，38（2）：93–98.

[2] 王浩锋，饶小军，封晨. 空间隔离与社会异化：丽江古城变迁的深层结构研究[J]. 城市规划，2014，38（10）：84–90.

[3] NIKOLAOU A.Mapping the linguistic landscape of Athens: the case of shop signs [J]. international journal of multilingualism, 2017, 14（2）：160–182.

[4] 卢德平. 城市社区的语言表征：基于北京市"月亮河休闲小镇"的分析[J]. 全球城市研究（中英文），2024，5（2）：86–99.

[5] 封晨，王浩锋，饶小军.澳门半岛的街网结构与商业密度分布研究[J]. 南方建筑，2016（3）：122.

图片来源

图1～图5均为作者自绘。

基于行人轨迹识别的复合商业空间行为偏好研究

——以漳州市某复合商业街区为例

吴限（天津大学建筑学院；3018206055@tju.edu.cn）

张桓嘉（天津大学建筑学院；zhanghj_13@tju.edu.cn）

苑思楠（天津大学建筑学院；yuansinan@tju.edu.cn）

摘　要：商业空间是城市公共生活的重要载体。相较于一维步行空间，立体复合空间为使用者提供更丰富的活动和路径选择，其空间特征深刻影响行人行为与偏好。针对该类空间的研究需要更高精度的行为数据，且目前关于行人轨迹与商业空间偏好关联性的研究仍较为局限。为此，本文通过采集漳州市某复合商业街区典型点位周中与周末的视频数据，利用计算机视觉算法识别并跟踪获取行人轨迹，提供高定位精度的行人活动数据，基于轨迹可视化结果分析居民行为活动特征及人群聚集原因，为构建行人轨迹特征量化分析数据库奠定基础。研究结果表明：（1）轨迹时空特征，周中与周末晚间行人轨迹数量差异较小，部分地块周中行人更多，体现周边居民区影响，（2）空间功能影响，商业类型和密度是激活街道活力的关键因素，驻留设施和地面导引铺装对轨迹多样性有显著影响，（3）道路结构影响，高连接度和视线开放的区域通常伴随较高的行人流量和活动多样性，街道宽度对行人聚集具有非线性影响。本文基于计算机视觉技术，深入分析行人行为特征与时间、空间、环境特征的关联性，为商业街区设计优化和管理策略提供了理论支持与实践依据。

关键词：复合商业空间；行人轨迹；轨迹识别；空间偏好；出行影响因素

基金号：国家重点研发计划课题（2023YFC3804103）：基于垂直分层和动态要素的建筑城市一体化与立体化交通组织技术体系

1　引言

商业街区不仅是商业空间，也是重要的公共空间[1]。随着立体复合商业空间作为新兴公共空间的发展，其丰富的空间和多层次街道布局形成的复杂活动系统，为人群带来更多活动选择，进而使其行为模式及成因也变得复杂。

在微观尺度上，传统活力研究方法如基于吞吐量调查、大数据分析或 Wi-Fi 探针轨迹跟踪，通常难以适用于小型立体商业公共空间。对于该类型公共空间，有必要使用高精度的系统化活力分析框架，以更全面理解其中动态行为特征。

人群轨迹反映活动人群的空间分布和行为状态，提供对人群动态连续行为的反馈。基于视频记录的行人轨迹分析通常侧重讨论轨迹自身特征，针对行人轨迹特性与商业空间偏好之间的关系尚未得到充分关注。

在此背景下，本文聚焦于立体复合商业街区中的人群行为选择，基于高精度轨迹数据分析人群的运动模式，揭示人群在不同时空条件下的动态特征。通过增强对商业空间使用情况的理解，旨在为此类空间的可持续设计与发展提供理论依据和实践参考。

2　研究区域、数据与方法

2.1　研究区域及对象

漳州市 T-ONE 商业街区为新兴立体化

开放式商业区，融合水乡与桥梁的闽南特色，形成了漫游式滨水商业空间。该区域与周边住宅小区及写字楼相连，构成了集商业、居住与交通功能于一体的高利用率公共商业空间。

本文以 T-ONE 商业街区为对象，分析行人在该区域的活动及轨迹特征，探索人群聚集原因，识别周边商业热点。研究选取了街区内 5 处典型道路节点，包括主街、次街道、广场中心和主要出口空间点位，以涵盖人群对不同空间的使用需求研究（见图 1）。

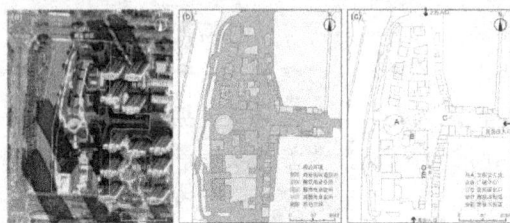

（a）卫星图　（b）场地区域一　（c）视频拍摄点位
　　　　　　　层功能分区
图 1　T-ONE 商业步行街

2.2　数据来源及研究方法

本文通过行人轨迹识别与可视化，结合时空及环境特征，分析行人活动模式。研究采用的技术方法和数据库包括以下两项。

1）行人轨迹记录与识别

于 2024 年 7 月在周中和周末晚间的正常天气条件下，分别在各采样点拍摄 3 min 视频。为减少遮挡和拍摄抖动误差，视频从建筑物二层固定点位俯视拍摄，分辨率为 1 920×1 080 像素，确保视频质量一致。

视频数据处理流程如下：① 抽取视频帧；② 使用 YOLOv8 定位每帧图像中的多个行人，结合 BoT-SORT 模型将行人关联至 ID，进而获得人数、轨迹坐标等数据；③ 根据识别结果绘制行人轨迹图，分析轨迹分布与活动模式。

2）空间功能与结构量化

本文主要从路径选择和空间配置与设施利用程度两个方面分析人群活动与周围

空间特性的关系。其中，空间结构量化采用空间句法中的连接度（space connectivity）与视域整合度（visual integration）指标。

3　行人轨迹识别与空间分析

3.1　人群活动的时空特征

本部分基于 BoT-SORT 模型，识别行人轨迹并将其可视化，重点探讨行人数量、运动时间、轨迹特点 3 个方面特征。

（1）在各时段行人数量方面，T-ONE 商业街街区周间活力变化不大，整体活力较高。如图 2（a），A 点位主街交会处行人流量最大，其次为次街道 D、E 点位。

（2）在行人运动时长方面，如图 2（b），各点位的运动时长相似，但标准差差异较大。B、C 点位标准差较低，表明此范围内行人活动类型较为一致；A、D 点位轨迹运动时长较长，且 A 点位的标准差略高，显示出更多样的活动类型和行为差异。

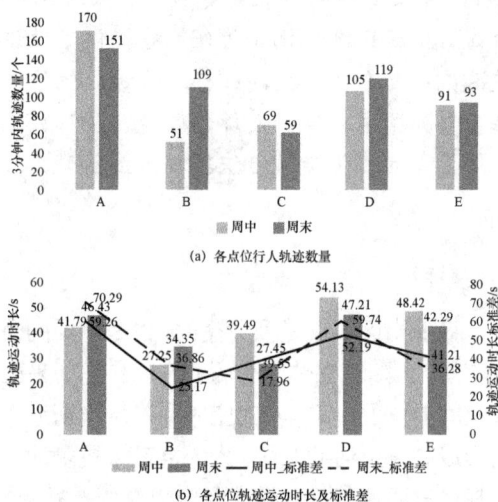

（a）各点位行人轨迹数量

（b）各点位轨迹运动时长及标准差
图 2　行人数量、运动时间、轨迹特点

（3）在行人轨迹空间分布方面，如图 3 所示，A、B 点位均为广场空间，但 A 点位的活动轨迹更为丰富，而 B 点位则主要表现为多终点直线穿越。D、E 点位为通道性空间，轨迹走向相似且有集中。C 点位居民区出入口轨迹复杂，包含骑行、滑板等多种活动，且周中晚间轨迹显著聚集在一侧商铺前。

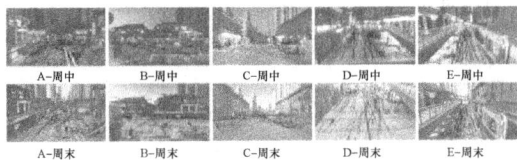

图3 5个观测点位分时段行人轨迹可视化

3.2 空间功能与道路结构对人群活动的影响

结合区域内空间功能和结构，分析行人轨迹与商业功能布局、街道连接度及视觉开放度的关系，讨论各点位行人活动的空间趋向性。

在空间功能方面，A点位主街交会处和B点位街区广场空间开阔，主要为零售店和餐饮，广场设施完善。结合视频分析，A点位活动主要为直线穿越和广场游玩，B点位则表现为人群在店铺间的直线轨迹；广场底商的座椅和娱乐设施提高了广场使用效率。C点位位于居民区出口，街道宽度适中、夜间照明良好，行人数量较少。D与E点位街道较窄、无可坐设施，轨迹聚集明显，行人更倾向于走在更活跃、明亮的街面附近。地面指引和路灯引导人流至活跃区域，反映了空间布局对人流的影响。

结合空间连接度与视觉整合度观察（见图4），A、B点位空间连接度与整合度均有差距，能够解释尽管A、B点位位置相近，但A点位较高的空间连通性使区域具备更高的行人活力和多样的活动。D、E点位空

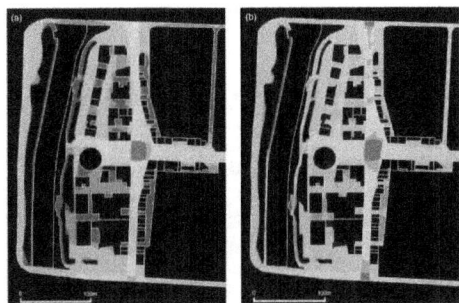

（a）全局空间连接度　（b）全局视觉整合度

图4 空间连接度与视觉整合度观察

间结构参数相似，D点位东侧的连接度和视觉整合度更高，加之道路标识的引导作用，右侧人行流量较大；而E点位连接度较低，且一侧界面有装修围挡，使道路更加狭窄，导致其行人数量较少，人群轨迹趋向单一。

4 讨论与结论

4.1 各类型点位行人活动与空间特性的关系

差异化的功能设施和道路结构是影响轨迹差异的主要因素：① A点位于主街交会处，环境设施丰富、空间连接度高，行人数量和活动类型最多；② B点位于广场中心，品牌店吸引人群，流线数量少且集中；③ C点位连通居民区出入口，周中晚间行人流量较大，表现出更多样的聚集现象；④ D、E点位于次级商业街，空间连接度和开阔街道界面是吸引行人轨迹的重要因素。在复合商业空间中，空间结构的中心性是影响行人活跃度和轨迹类型的关键因素，且这些位置通常配备更丰富的功能和设施，易形成人群聚集和多样化轨迹。

4.2 总结与未来设计建议

人群活动是衡量商业街吸引力和发展潜力的关键指标[2]，本文通过高精度轨迹可视化分析，探讨商住混合复合商业街区内空间特性对行人活动模式的影响，并为未来量化分析数据库构建奠定基础。总结如下：

（1）轨迹时空特征：街区内周中与周末晚间行人轨迹数量差异较小，部分点位周中行人略多，表现出周边居民区的影响[3]。不同点位行人数量及运动时长有差异，体现各点位人群画像及活动类型差别。

（2）空间功能影响：商业类型和密度均是激活街道活力的关键因素。高商业密度促进了频繁和多样化的行人活动[4]。首层商业品牌和驻留设施有效吸引人流。同时，行人活动趋光性显著，地面铺装、灯光及导引设施对活动边界和路线选择有显著影响。

（3）道路结构影响：高连接度和视线开

放的区域通常伴随较高的行人流量和活动多样性。开放空间有助于社交互动，成为街道的社交节点和休息场所[5]。宽敞街道促进行人活动多样性[6]，但影响并非线性相关。

综上所述，复合商业街区的空间结构和功能在不同时间和空间维度上对行人活动产生重要影响。开放式商业街道设计应优化街道层次结构、店铺布局、景观绿化和休息设施，以提升街区环境和行人活力。未来研究将通过建立更完整的数据库和量化框架，全面分析行人轨迹与环境因素的关系。

参考文献

[1] 韦金妮. 步行商业街区空间布局模式研究[D]. 西安：西安建筑科技大学，2010.

[2] LI Y，YABUKI N，FUKUDA T. Exploring the association between street built environment and street vitality using deep learning methods[J]. Sustainable cities and society，2022，79（4）：103656.

[3] HU X，REN Y，TAN Y，et al. Research on the spatial and temporal dynamics of crowd activities in commercial streets and their relationship with formats: a case study of Lao Men Dong Commercial Street in Nanjing[J]. Sustainability，2023，15（24）：16838.

[4] GEHL J，GEMZOE L. Public spaces, public life[M]. Copenhagen：Danish Architectural Press，1996.

[5] YIN L，WANG Z. Measuring visual enclosure for street walkability：using machine learning algorithms and Google Street View imagery[J]. Applied geography，2016，76：147-153.

[6] JIANG Y，HAN Y，LIU M，et al. Street vitality and built environment features: a data-informed approach from fourteen Chinese cities[J]. Sustainable cities and society，2022，79（6）：103724.

图片来源

图1～图4均为作者自绘。

基于多源数据解析空间经济活动

——以广州流花片区更新为例

张佶*（广州市城市规划勘测设计研究院有限公司；dangdangww@qq.com）

黎子铭（广州市城市规划勘测设计研究院有限公司；zimili@foxmail.com）

摘　要：经济活动活跃的空间往往伴随较高的经济产出与较密集的社会交往，能为城市发展提供重要的动力，是城市更新试图激活衰败地区时关注的重点设计内容。为此，识别城市空间中的经济活动成为规划设计做出更合理和科学研判的重要依据。以往工作中，城市更新片区改造项目一般采取部门座谈、统计报表梳理、用地与建筑信息梳理、现场环境踏勘评估等方式开展空间的经济活动识别，容易出现信息不全，分析片面，深度不足等问题。研究利用多元数据，以不同尺度的空间组构分析为基础，叠加地均经济产出数据、POI 信息点数据、社交媒体网络打卡数据、人群 OD 调查数据等，结合传统规划工作对现状与数据调查的综合分析方法，对位于广州市历史城区西北廊道的流花片区进行经济活动分析，提供更深入全面的解析。研究发现了该片区的经济活动以服装批发产业外贸熟客网络为基础、中低端商贸服务配套设施、地标空间与网络感知互动程度低、人群活动空间分层显著等特征，从更深入的经济活动层面支撑空间规划设计策略的提出与优化。

关键词：多源数据；空间组构；地区活力；片区更新

1　前言

经济活动活跃的空间往往伴随较高的经济产出与较密集的社会交往，能为城市发展提供重要的动力，是城市更新试图激活衰败地区时关注的重点设计内容。为此，识别城市空间中的经济活动成为规划设计做出更合理和科学研判的重要依据。

实际工作中，城市更新片区改造项目一般采取部门座谈、经济指标统计、用地与建筑信息梳理、现场环境踏勘评估等方式开展空间的经济活动识别[1]。有研究提出以夜间灯光强度代表经济活力[2]，也有学者以商铺密度、人均消费水平和人均消费水平多样性代表地区经济活力[3]，或基于百度热力图动态数据和业态 POI 静态数据，采用数据转换与赋值、GIS 空间分析、SPSS 数理分析等方法识别和界定活力空间[4-5]。由众多学者开发的多种经济活力和活力空间评价方法一定程度上提高了对城市更新片区空间经济活动识别的准确性和深度。但这些方法往往从单一尺度获取数据开展研究分析，忽视了综合多尺度的经济活动空间特征评价，容易出现信息不全、分析片面等问题，导致对城市更新片区实际经济活力问题的洞察存在局限性。

本文以广州市历史城区西北廊道的流花片区为实证，利用多源数据，以不同尺度空间结构分析结合传统调查分析方法，深入分析城市更新片区的空间经济活动。

2　广州流花片区空间经济活动分析

2.1　研究范围

研究范围位于越秀区，毗邻广州火车站、广东省汽车客运站、广州市汽车客运站，与广州市历史城区北部重叠，东至小北路，南至东风西路，西至广湛高铁线，北至站西路、广州火车站、环市中路，面积 455 hm²（见图 1）。它是国内规模最大、成交额最高的服装批发贸易集散地，是中国服装品牌的孵化地和国内外知名品牌的交流地。

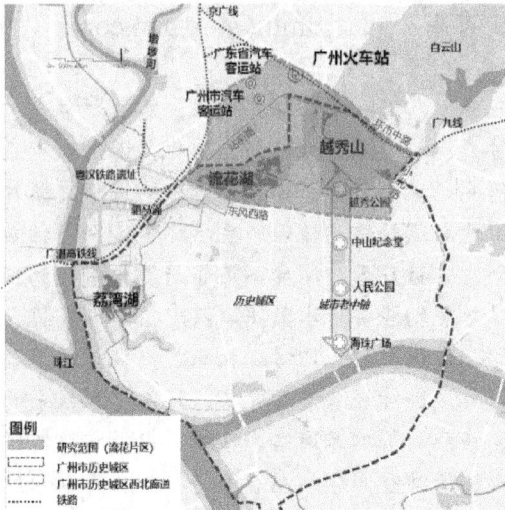

图 1　流花片区研究范围

2.2　小标题内容

1）生产企业特征研究

根据主管部门与龙头企业座谈、统计报表梳理、用地与建筑信息梳理，研究区域内生产企业的数量、类型、结构，龙头企业分布、营收及产品特征。

2）经济产出空间地理信息

采用 POI 数据揭示经济活动载体在空间上的分布特征与规律，通过分析生产服务业 POI 的数量、密度及空间聚类情况，反映片区内不同场所的经济活力与发展水平。

3）经济主体活动特征分析

经济主体访谈有助于深入了解城市更新片区的经营行为和决策逻辑，并结合行动路线分析，揭示经济主体活动的时空特征与规律，为激活片区经济活力提供实证依据。

4）人流活动特征分析

运用人群 OD 调查的方法收集分析人群在不同时间和地点的轨迹数据，结合建成环境视觉信息的叠加分析，全面剖析人流活动的时空特征与路径选择。

5）线上空间感知

利用小红书的打卡数据，进行网络虚拟空间对现实空间的感知研究，通过热度分析、偏好趋势分析和空间分布分析等方法，揭示公众对该片区的关注热度、地标认知与情绪。

3　经济活动特征分析结果

3.1　生产企业特征

研究范围中，批发零售业占比最高（55%），在 408 家批发和零售业企业中，批发类企业有 335 家，占 82%，其中以纺织服装批发类企业为主，主要集聚在火车站—站前路一带。服装批发商场建筑面积约为 45 万 m²，商铺档口超过 8 700 个（见图 2）。

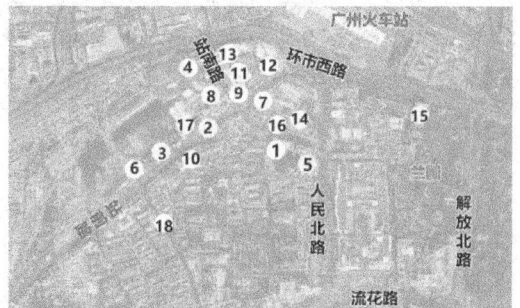

序号	名称	建筑面积/m²	商铺总数/个	产权属性
1	富丽服装批发市场	15 835	165	部队+民营
2	广州地一大道服装商业街	49 512	1 064	市属
3	广州广安服装城	8 500	77	民营
4	广州壹马服装广场	42 562	608	市属
5	广州长江国际服装城	50 000	1 600	民营
6	广州金祥内衣城	38 938	520	民营
7	广州高氏皮草时装商场	3 607	161	市属
8	越秀区明珠服装城	2 250	53	国有
9	西郊商场	5 600	374	区属（村社）
10	新大地服装城	40 000	560	央企
11	广州白马服装市场	50 000	810	市属
12	红棉国际时装城	44 244	874	市属
13	天马国际时装中心	30 000	540	民营
14	广州流花服装批发市场	20 000	662	市属
15	广东美博运动城	36 800	77	民营
16	越秀区升都针织内衣服装城	2 000	71	市属+区属（村社）
17	锦都服装城	2 037	24	国有
18	广东成人用品市场	2 042	100	民营

图 2　主要服装批发商场分布

批发商品以中高档服装为主，兼营国内及进出口贸易，影响力辐射到全球 100 多个国家和地区，年销售量大约在 12 亿~13 亿件，总成交量约为 330 亿元。

3.2 经济产出空间特征

在广州市亿元以上纺织服装专业市场中，流花片区的档口以15%左右的占比产生了26%的交易额，日均客流约20万人次，成为批发市场中用地效益最高的片区。以500 m×500 m的网格进行计算，最高的网格地均产值达46.6万元/m²（见图3）。但根据POI分布可看出，住宿与餐饮服务方面供给品质较差，以简易旅馆、快餐为主，未能利用交通站点与公园资源的触媒效应（见图4）。

图3 流花片区在批发市场用地中突出的经济贡献

(a) 住宿服务设施分布

(b) 餐饮服务设施分布

图4 配套服务设施分布情况图

3.3 经济主体活动特征

根据实地调研与企业主们访谈得知，从业人员主要为批发商、搬货工、货运公司，经济活动以熟客网络为基础开展，呈现24 h运转、一周无双休的状态，形成各自准时上下班的行为模式。批发市场营业时间规律，9:00—19:00，但搬货工人工作时长远超此范围，从10:00至夜深，持续分拣、打包、搬运。而货运公司则午后开门营业，等待19:30当日采购活动完成后组织货运，22:00按时装车，确保物流顺畅，体现了流花片区经济主体间的高效协作（见图5）。

图5 流花片区经济活动的24 h工作模式

3.4 人流活动特征

梳理用地产权数据及现场核查发现，研究区域的封闭大院占比40%，形成割据局面，导致内向封闭（见图6）。基于人群OD调查和建成环境视觉信息叠加分析，结果表明片区内批发市场从业人员、车站旅客、白领、老年人和特殊人群等，有着各自较为固定的行动流线，在片区内形成明显的分区（见图7）。

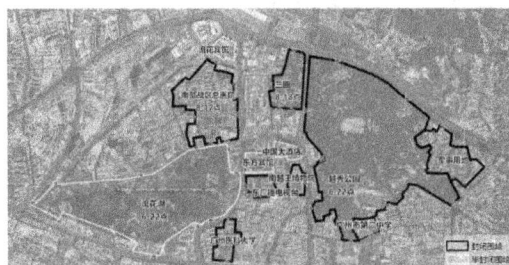

图6 封闭大院分布图

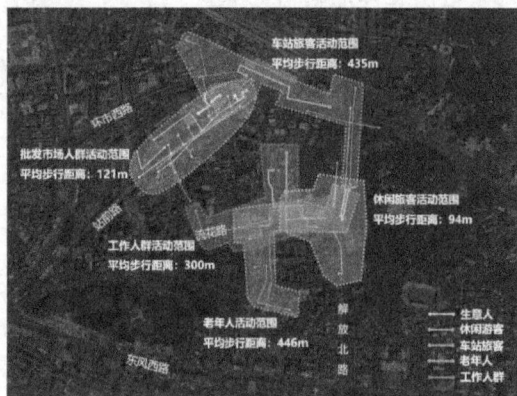

图7 不同人群的流线分区

3.5 线上空间感知特征

根据主流社交媒体平台的打卡信息，发现除火车站、东方宾馆、兰圃、流花中心、南越王墓、流花湖外，其余地标网络认知反馈基本为0，整体印象不鲜明，对火车站地区还有情绪负面（环境落后、步行不便、体验不好）。流花片区虽然在线下具有强大的经济活力和影响力，但地标空间网络感知反馈强度低，缺乏显著的时尚消费IP（见图8）。

图8 地标空间网络感知

4 研究结论

研究综合质性研究与定量研究方法，基于多源数据，从多尺度深度剖析流花片区的经济活动，深度识别经济活动的实际分布情况与空间特征。发现了该片区的经济活动以服装批发产业外贸熟客网络为基础、中低端商贸服务配套设施、地标空间与网络感知互动程度低、人群活动空间分区显著等特征，为该片区的城市更新策略提供更深入的经济活动空间理解。

参考文献

[1] 吴海平，杨瑛，毛磊，等. 面向更新片区的城市体检评估指标体系构建与实践：基于长沙市31个城市更新片区的实证分析[J]. 南方建筑，2024（7）：11-21.

[2] 王娜，吴健生，李胜，等. 基于多源数据的城市活力空间特征及建成环境对其影响机制研究：以深圳市为例[J]. 热带地理，2021，41（6）：1280-1291.

[3] 单瑞琦，张松. 历史建成环境更新活力评价及再生策略探讨：以上海田子坊、新天地和豫园旅游商城为例[J]. 城市规划学刊，2021（2）：79-86.

[4] 张程远，张淦，周海瑶. 基于多元大数据的城市活力空间分析与影响机制研究：以杭州中心城区为例[J]. 建筑与文化，2017（9）：183-187.

[5] 徐清，周璇，周思文. 基于多源数据的城市边缘区范围识别与城市活力评价：以杭州市主城区为例[J]. 城市发展研究，2024，31（1）：80-88.

图片来源

图1～图8均为作者自绘。

空间句法视角下受公共空间率约束的轨交上盖地块开发规模对活力坪效影响的指标机制研究

——以上海 33 个站域开发地块为实证基础

吴安琪（深圳大学建筑与城市规划学院；2021090215@email.szu.edu.cn）

徐磊青（同济大学建筑与城市规划学院；leiqingxu@tongji.edu.cn）

言语*（深圳大学建筑与城市规划学院；yimvu@szu.edu.cn）

摘　要：针对轨交上盖地块受公共空间率约束忽视开发规模而导致的活力坪效衰减问题，本研究基于上海 33 个站域地块数据，构建耦合空间句法的活力与规模的多元线性回归模型。通过计算与解析各公共空间率下的面积起征点，并通过实证检验。研究同时揭示了商业面积临界阈值及其与公共空间的动态博弈关系，并构建权衡曲线供实践参考。

关键词：公共空间；轨道综合体；活力坪效；空间句法

基金号：国家自然科学青年基金：公共空间活力导向下地铁上盖地块开发立体街区导控指标研究（52408029）；高密度人居环境生态与节能教育部重点实验室（同济大学）开放课题基金资助：轨交地块基面公共空间疏解及其规模置换导控研究（20220107）；深圳大学高水平大学三期建设项目基金（000001032138）

1 公共空间率约束下的规模效能矛盾

随着 TOD 模式的推进，轨交上盖综合体已成为城市活力的关键载体。以上海徐家汇商圈为例，依托地铁 1 号、9 号、11 号线交会的客流优势，港汇恒隆广场 2024 年第一季度日均客流量达 15 万人次。研究表明，真正驱动空间价值的并非穿行量，而是驻留行为密度[1]，这使得"活力坪效"（单位面积停留人数）也相应成为空间质量的核心评估指标。

杨·盖尔提出的公共空间活动三类型（必要性、社交性、自发性活动），其发生频率与质量直观反映空间活力水平[2]。而在立体多基面轨交站域内空间面积量化研究上，已有学者进行了探索。徐磊青、卢济威等界定了轨交综合体立体基面的公共空间范畴并首度探讨公共空间系数及密度[3]，徐宁则进一步明确公共空间的率指标定义[4]。

然而，当前实践多聚焦于项目开发阶段的容积率导控及奖励机制，少有对规模值域上的建议。因此，在公共空间率约束下，极有可能出现因忽视规模差异而导致的活力坪效衰减问题。与此同时，城市结构动态演化（如地铁线路调整、副中心崛起）正加剧这一风险——依赖交通区位红利的综合体，一旦遭遇客群分流极易出现价值滑坡。

由此引申出研究的核心命题：如何在公共空间率的约束下，通过规模值域优化实现地铁上盖地块高活力坪效，并在外部环境变迁时通过面积配比调整来缓解活力的衰减。

本文构建了相应指标，并通过建立活力与规模指标之间的多元线性回归模型，介入空间句法协同调控，为轨交上盖地块可持续发展提供量化指标和导控策略。

2 活力坪效下的数据收集与指标构建

2.1 站域地块取样及方法

本文对上海日均客流量在 3 万~17 万人

次的 11 个站域进行取样，涵盖其 500 m 半径内的 33 个站城一体开发地块，并包括多个轻轨与地铁接驳站点的案例。

研究采用言语、徐磊青的杨·盖尔式方法调研[5]，通过快照法统计数据并记录行为特征。

2.2 指标构建

根据立体多基面轨交综合体特性，研究中活力坪效体系的指标构建包含以下两个维度。

活力维度选取立体全基面下的商业停留量、非商业停留量及总停留量为核心指标，并同步采集对应面积及率指标（商业面积、室内公共空间面积、室内公共空间率：室内公共空间面积/商业面积）。商业面积定义为商业综合体裙房建筑面积，而室内公共空间面积定义为与面层相连接的楼层中，供公众使用的室内走道和中庭区域的面积总和。

交通潜力维度采用标准化处理的双阶段穿行度指标（TPBt）[6]，且使用 500 m 半径下穿行度中值来表征在轨道交通接驳条件下立体基面的网络均好性。

2.3 相关性检验及指标效益验证

活力指标与面积指标呈现显著相关性，而与率指标、sDNA 指标相关性弱（见表 1），验证了前文公共空间率约束下，规模差异而影响活力坪效，同时也回应了杨·盖尔关于"优质公共空间应促进驻留而非穿行"的核心论断[2]。

表 1 变量相关性检验

		面积指标		率指标	SDNA 指标
		商业面积	室内公共空间面积	商业公共空间率	TPBtA500_median|
活力指标	SB_UB 总基面停留人数	0.817**	0.866**	0.052	−0.07
	NCSB_UB 总基面非商业停留	0.788**	0.866**	0.083	0.016
	COM_UB 总基面商业停留	0.782**	0.796**	0.014	−0.159

**表示相关性系数在 0.01 水平上具有显著性（双尾检测）

为验证网络均好性和室内基面公共空间规模扩张对活力的增益与边际效益，绘制活力-室内公共空间面积散点拟合图（见图 1）。分析可知：① 函数整体呈现上升趋势，活力坪效斜率（单位面积的停留量变化量）显示室内公共空间与停留行为呈正向关联，但在 6 000～18 000 m² 区间呈现商业停留增长迟滞，存在需要优化的面积值域区间；② 路径网络优化对活力指标产生正向增益效应，剥离网络均好性将导致整体活力基准值下降。

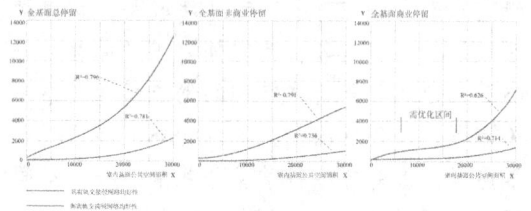

图 1 活力指标整合前后散点拟合对比

3 等值法分析

3.1 多元线性拟合

研究以活力指标为因变量，面积参数与率指标为自变量，并分别耦合穿行度，建立多元线性回归模型，如以下 6 个公式所示。（x=室内公共空间面积，y=商业面积，x/y=室内公共空间率）

（1）SB_UB

$$=764.26+0.32x-8338.66\frac{x}{y} \quad (r^2=0.825)$$

（2）SB_UB/TPBtA500_median

$$=123.02+0.05x-1619.69\frac{x}{y} \quad (r^2=0.664)$$

（3）COM_UB

$$=423.70+0.15x-4336.01\frac{x}{y} \quad (r^2=0.707)$$

（4）COM_UB/TPBtA500_median

$$=66.73+0.03x-834.94\frac{x}{y} \quad (r^2=0.583)$$

（5）NCSB_UB

$$= 340.56 + 0.17x - 4002.65\frac{x}{y} \quad (r^2=0.808)$$

（6）NCSB_UB/TPBtA500_median

$$= 56.29 + 0.03x - 784.75\frac{x}{y} \quad (r^2=0.701)$$

3.2 不同公共空间率下的规模起征点及类型递推

基于室内公共空间率的瓦尔德聚类分析表明，轨交综合体可粗略划分为3类开发模式：① 体验型综合体（公共空间率=0.35），以室内大型中庭空间为流量引擎，体现"体验优先"的开发逻辑；② 均衡型综合体（公共空间率=0.15），寻求公共活动与消费行为的协同增效；③ 效率型综合体（公共空间率=0.06）依托区位交通优势，侧重客群快速周转。

将3类公共空间率代入多元线性回归模型，生成活力–室内公共空间面积图（见图2）。

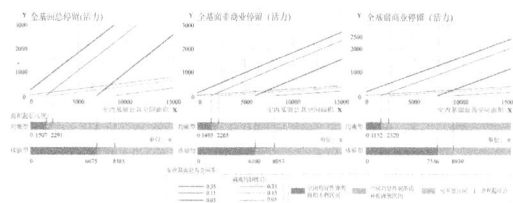

图2　3类公共空间率下面积起征点

解析函数与X轴交点（纵坐标零点）发现：① 效率型综合体无与X轴交点，因在其低公共空间率下，必要通道即可维持基础活力，表明小规模开发应优先保障商业功能；② 均衡型与体验型综合体存在明确的室内基面公共空间面积起征点，且在路径网络劣势下需相应扩大规模补偿效能。

基于此，当室内公共空间规模未达规模起征点时，应避免开发与之对应的高公共空间率的复合功能地块。

比对3类停留量的面积起征点发现，均衡型（0.15）与体验型（0.35）的室内基面公共空间的起征值呈近4倍级差关系，揭示了高公共空间率开发下，需通过相应率指标下空间规模扩张，来抵消因纯商业面积占比缩减而导致的活力稀释效应（见图3）。

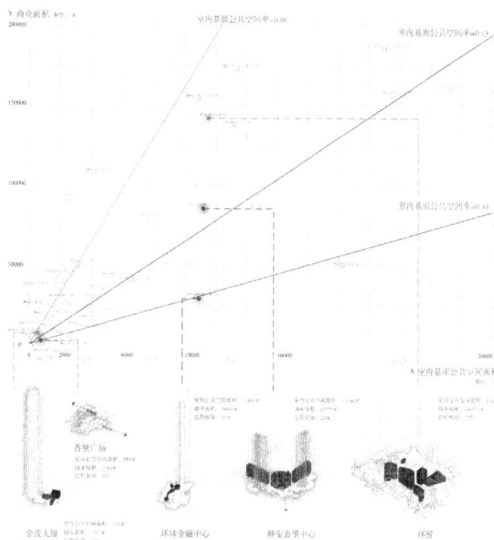

图3　33个开发地块散点分布及典型分析
（黑色实心体块为室内公共空间中庭）

按公共空间面积起征点，室内基面公共空间开发可分为极小型至极大型5类。其中极小型开发未达体验型综合体面积标准，对比体验型综合体（香黛广场）与效率型综合体（金茂大厦）：前者公共空间率较高但规模不足，难以形成流量引擎；后者虽面积大但凭借区位和客群优势，通过商业快速周转实现更高活力坪效。

而在起征点以上室内公共空间开发区域中，高公共空间率作用显著。同为大型开发的环球金融中心、静安嘉里中心及环贸基面停留总量相近，但公共空间率更高的环球金融中心以较小开发规模实现远高于后两者的活力坪效。

4 不同规模下的活力坪效分析

4.1 阈值

选取总停留量相关公式进行对轨交上

盖地块全局分析。

对公式进行同类项合并发现活力存在阈值，即当商业面积小于 25 836.3 m² 时无论增加室内公共空间面积，活力均无法突破阈值，而当剥夺空间网络均好性后，阈值提高至 32 393.8 m²（见图4）。因此当商业面积不足时，需对室内公共空间开发实施刚性约束。

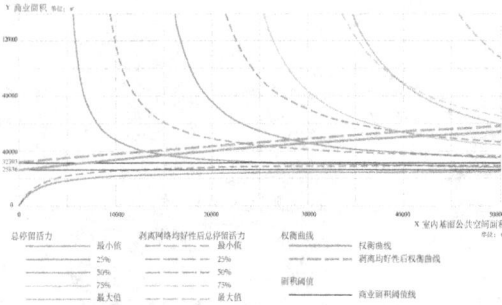

图4　商业面积–室内公共空间面积图

4.2　多需求博弈下的权衡开发

基于活力指标五等分法构建的等活力曲线呈现双曲函数特征（见图4），揭示当商业面积超过临界阈值时，任意活力下均对应明确的室内公共空间面积起征点。

综合体开发中活力坪效、商业规模与公共空间形成动态博弈体系：通过构建等活力曲线与线性约束方程 $y = -x + c$（c 为常数）的交点模型，可拟合出三者权衡曲线。其中，在等活力下，权衡曲线左侧区间公共空间缩减 1 单位需补偿 ＞1 单位商业面积，导致活力坪效与空间公共性同步衰减；权衡曲线右侧区间公共空间缩减 1 单位需减少 ＜1 单位商业面积，但引发商业收益边际效益递减开发调控应选择适配区间，通过空间要素配比优化实现活力与效能的策略性平衡。

5　总结与展望

5.1　总结

研究统计并分析上海 33 个站域开发地块数据，耦合空间句法构建了活力与规模的活力坪效模型，解析了不同公共空间率下的面积起征点并以实证检验。

研究发现轨交上盖地块存在明确的商业面积阈值，并通过拟合博弈权衡曲线辅助开发。

5.2　展望

存量开发下轨交上盖综合体存在极大潜力，而实际轨交上盖地块活力坪效受其复杂区位因素影响大，后期可介入机器学习对特征贡献值分析进行公共空间率优化调控。

参考文献

[1] WHYTE W H. The social life of small urban spaces [M]. New York：Covservation Foundation Press，1980.

[2] GEHL J. Life between buildings [M]. Copenhagen：Danish Architectural Press，2008.

[3] 徐磊青，刘念，卢济威. 公共空间密度、系数与微观品质对城市活力的影响：上海轨交站域的显微观察[J]. 新建筑，2015（4）：21-26.

[4] 徐宁. 效率与公平视野下的城市公共空间格局研究：以瑞士苏黎世市为例[J]. 建筑学报，2018（6）：16-22.

[5] 言语，徐磊青. 效率与公平协调的公共空间导控值域研究：以 TOD 地块公共空间供应指标为例[J]. 新建筑，2021（4）：40-47.

[6] 古恒宇，孟鑫，沈体雁，等. 基于 sDNA 模型的路网形态对广州市住宅价格的影响研究[J]. 现代城市研究，2018（6）：1-8.

图片来源

图1～图4均为作者自绘。

以多维产业图谱支持因地制宜发展新质生产力的实践探索

崔喆（北京市城市规划设计研究院；cuizhe@bjghy.com）

黄明睿（北京城垣数字科技有限责任公司；huangmingrui@bjghy.com）

吴兰若（北京城垣数字科技有限责任公司；wulanruo@bjghy.com）

何莲娜*（北京市城市规划设计研究院；helianna@bjghy.com）

摘　要：因地制宜是新质生产力布局的核心问题，产业协同是新时期区域协同发展的重要方向。针对产业规划与空间规划相互脱节，产业策划盲目追新追热、盲目补链扩链等问题，从产业与空间互促的角度切入，提出了包括空间组织图谱、投入产出图谱、专利创新图谱、综合产业图谱的"3+1"多维产业图谱框架，以全国 2 895 个县级行政单位为基础样本进行了多维产业图谱建模与分析，在都市圈规划、城市产业体检等不同尺度的规划项目中进行了实践应用。

关键词：多维产业图谱；产品空间；投入产出表；专利共现分析

基金号：国家自然科学基金项目（42430106）

1　引言

在发展新质生产力的背景下，部分地区在新质生产力的产业策划上出现了过度追新追热、盲目补链扩链等问题。部分地区提出发展"高端"的信息技术、高端装备、新材料等领域，这些领域既与这些地区的资源禀赋和产业基础关联性弱，也未充分利用其区位条件，一厢情愿的新质生产力发展蓝图最终造成一地鸡毛。也有部分地区在产业链"强链、补链、扩链"的工作中，为了补链而补链，忽视地区协同，将单独一个地区的产业链韧性与全国的产业链韧性混为一谈，力图打造"独立王国"。

上述问题的成因在于地方难以做到因地制宜，难以做到全面系统客观认识自身的优势产业与发展方向，看不清自身哪些产业有优势，哪些尚未形成规模的产业具有较强的发展潜力，哪些尚未引入的新产业与本地已有的产业基础可以形成较好的联动关系。从规划引导的角度看，上述问题又与空间规划与产业规划脱节，缺乏指导性有关。产业规划关注资本、创新、技术等经济要素，忽视了地理视角下的地方根植性、区位黏性等。而空间规划局限于空间共划、环境共保、设施共建等方面，忽视区域间产业协调。

可见，通过科学手段挖掘产业空间规律、识别地方的产业发展特质与条件，强化空间与产业相融合的实用性区域规划，依托规划引导地方走因地制宜、本土化、地区化的产业发展路径，促进区域内产业链、供应链的优化重组，打破市场与要素流动、配置的门槛制约[2]，是新时代区域规划的重中之重。

2　政策背景与文献回顾

2.1　政策背景

在中央对新质生产力建设的部署中，因地制宜被置于突出位置。习近平总书记强调，要因地制宜发展新质生产力。各地要坚持从实际出发，先立后破、因地制宜，根据本地的资源禀赋、产业基础、科研条件等，有选择地推动新产业、新模式、新动能发展。

各国、各地区也强调制定本土化、地区化的产业政策。欧盟委员会于 2010 年提出智慧专业化战略，这一战略强调以本地资源禀赋为基础，将资源集中在优先领域。

2.2 文献回顾

"产品空间"理论由物理学家、网络学家、经济学家 Hidalgo 与 Barabási 在 *Science* 杂志上提出，该理论基于"相似产品更容易在同一地区生产"的基本原则，根据产品在同一地区共现的概率计算产品间邻近性指数，构建产品空间网络[3]。之后，有学者进一步拓展其内涵，将"产品"拓展至"产业"视角，提出了产业图谱的修正构造方法[4]。在发展新质生产力背景下，单纯的空间组织关系图谱不考虑创新链、资本链的关系，难以对产业空间规律的挖掘提供支持，在实践应用中也存在预测结果精度较低，模型可解释性弱等问题，制约了产业图谱的推广应用。

3 技术框架

3.1 总体技术框架

考虑地理邻近性、技术邻近性、资本邻近性，在空间组织图谱的基础上，引入投入产出图谱、专利创新图谱与综合产业图谱，形成"3+1"的图谱底板。进而在图谱模型的基础上通过画像提炼概括抽象复杂网络，评估地区产业现状；通过网络链路预测算法预测未来产业发展方向，指导地方产业策划。

3.2 图谱建模

构建"3+1"多维产业图谱底板（见图1）。空间组织图谱表达产业要素在空间上的映射关系；专利创新图谱表达单个环节的原始知识创新、技术突破与产业转化的创新链关系；投入产出图谱表达生产环节的资本流动，从生产要素到中间产品，再到消费市场的资金链关系；综合产业评价图谱是空间组织、专利创新和投入产出 3 张图谱的综合评价关系。

（a）空间组织图谱　　（b）专利创新图谱

（c）投入产出图谱　　（d）综合产业图谱

图1　产业图谱分析底板

3.3 图谱挖掘

以产业为研究对象，依托多维产业图谱，结合产业基础属性、产业链区位属性、技术创新属性、经济属性等，开展各类产业特征进行识别与产业画像聚类模型算法研发，为产业生态挖掘提供支撑。

以地区为研究对象，构建涵盖经济、创新、空间的多维度产业图谱画像的规范化指标体系，支撑产业与空间协同发展水平的监测和预测分析。根据画像结果，通过融合多种产业图谱预测方法，基于研究区县现状优势产业，根据全国 2 895 个县级样本涌现出的规律，预测其未来优势产业，为产业策划工作提供科学支撑。

4 实践案例

4.1 产业生态挖掘——以通信设备制造为例

基于多维产业图谱，可识别在同一地区有高度协同联系的纵向一体化与横向一体化产业组合。纵向一体化产业组合如石油钻采产业，其产业链与地区生态链有较高重合度，在同一产业集群内进行全产业链纵向布局符合发展规律。

但并非所有产业在空间分布上都遵从纵向一体化规律，也并非所有产业链的全环节都适合布局在同一地区，如通信产业并不遵从基于产业链投入产出关联的纵向一体化规律，而是依托技术邻近性，联合计算机、电子制造等相关产业，在地区内形成了横向一体化生态（见图2）。这体现了产业图谱相比于产业部门制定的"产业链图谱"的优越性："产业链图谱"所反映的是单纯的产品上下游联系，这种关系对于地方产业招商而言缺乏参考性，而多维产业图谱则通盘考虑了空间组织与资本链、创新链的关系。

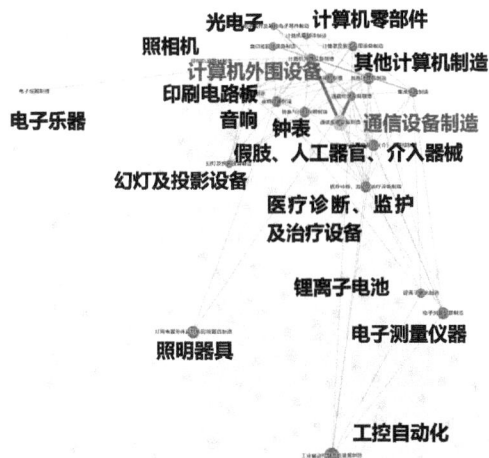

图2 通信设备制造业在空间组织图谱中的关联节点

4.2 城市产业体检——以北京副中心为例

在北京城市副中心建设中，避免新城演化为"睡城"，构建人口、产业、活力要素多元集聚的复合型"反磁力中心"是一项重要任务。使用多维产业图谱，从基本经济部类和非基本经济部类的视角，基于在全国对比中找准相对位置的研究思路，对副中心的产业生态做了针对性的产业体检。研究发现北京城市副中心与对标地区相比，在基本经济部类产业集群化发展，制造业与服务业融合发展等方面有一定提升空间（见图3）。

进一步通过智能预测算法结合人工质性分析，给出了依托北京资源发展辐射全国的科技服务"路由器"与承载朝阳区文化娱乐业外

溢打造大文娱集聚区两条发展路径建议。

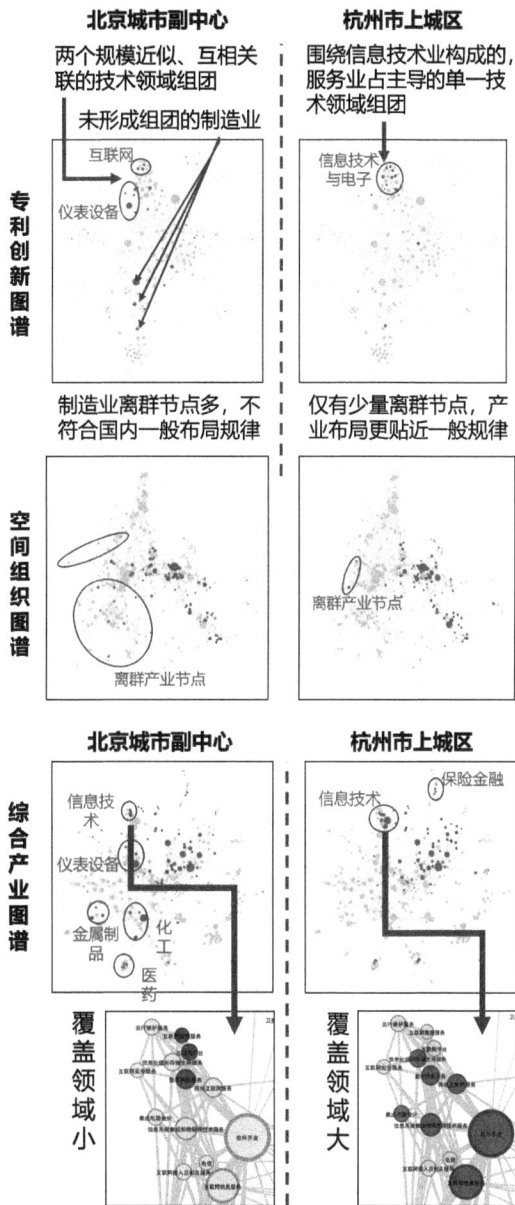

图3 副中心产业图谱与对标地区对比案例

4.3 区域产业画像——以首都都市圈为例

应用多维产业图谱技术，基于"从全国看京津冀"的研究思路进行了京津冀县域产业画像。京津冀区域依托京津、京唐秦、京保石等发展轴的产业发展腹地格局初显，沿海临港产业板块与冀中南制造业板块已形成了一定的区域协同分工区域。但与长三角、粤港澳大湾区

相比较，区域腹地县域产业的画像成色较低，在以区域城市网络核心带动区域腹地"借用规模"发展，形成区域产业协同发展新格局方面有一定提升空间。

参考文献

［1］ 罗小龙，沈建法."都市圈"还是都"圈"市：透过效果不理想的苏锡常都市圈规划解读"圈"都市现象[J]. 城市规划，2005（1）：30-35.

［2］ 唐子来，段进，王凯，等."长三角高质量一体化：规划能做什么？"学术笔谈[J]. 城市规划学刊，2024（2）：1-11.

［3］ HIDALGO C A，KLINGER B，BARABÁSI A L，et al. The product space conditions the development of nations[J]. Science，2007，317（5837）：482-487.

［4］ 林文棋，吴梦荷，郝新华. 采用大数据构建产业图谱进行产业发展预测的系统及方法：CN116502755A [P]. 2023-07-28.

图片来源

图1～图3均为作者自绘

02

城乡环境与时空行为

基于空间句法的南京主城区路网形态百年演变研究

吕明扬（南京工业大学建筑学院，

自然资源部国土空间文化遗产保护与再生工程技术创新中心；

lvmingyang@njtech.edu.cn）

摘　要： 在城市形态学领域，对于路网形态演变的探讨一直是城镇演进规律研究的重要分支。近年来，随着量化分析技术迅速发展，更大尺度的区域或城市路网研究兴起，该领域研究在空间尺度上得到拓展。但是，受限于矢量历史地图获取、多个时期地图空间校准困难、量化技术适应性探讨相对不足等问题，基于长时间跨度路网形态量化分析进而探讨大城市演进规律的研究不多见。基于空间句法的路网分析侧重于对道路空间拓扑结构的探讨，在多个时期地图空间校准上有天然优势。本文依据南京主城区 1903 年、1928 年、1946 年、1967 年、1995 年、2020 年地图中的路网信息，基于空间句法分析南京城市演进过程。研究有两个核心议题，一是对比多年代路网的空间句法度量结果，分析南京城市百年发展的"中心—边缘"生长和演变；二是通过相邻时期历史地图叠加，明确各道路的出现或消失的年代，分析贯穿于相邻年代道路单元空间句法度量结果变化，归纳南京主城区关键道路在不同时期所承担的角色及其对路网整体结构的影响。

关键词： 空间句法；南京；百年演变；路网结构

基金号： 同济大学建筑与城市规划学院建成环境技术中心 2024 年度校外开放课题——自然资源部国土空间文化遗产保护与再生工程技术创新中心开放基金资助（20240401）

1　南京城市百年发展概述

南京坐落于长江中下游，是我国东部地区重要的中心城市，也是国家历史文化名城。尤其是过去百年间，南京发展历程复杂[1]，城市由封建清王朝省城江宁府（1645—1911 年），到民国时期的国家首都（1912—1937 年），到战争时期城市（1938—1949 年），到社会主义新中国的江苏省会（1949—1980 年），最后到改革开放以来的长三角中心城市（1980 年至今）。其间，南京城市历经多种社会制度和城市身份转变，并在此过程中完成了城市的现代化。南京城市发展受到时代变迁的影响，并反映在城市路网结构变化中。

南京城市过去百年的历史遗留极为丰富，既有大量保护良好的遗迹遗存，又有丰富的文献地图资料；其中，历史地图资料极为丰富，地图良好反映当时的城市建设情况、遗迹路网的形态和结构。当前，南京历史演变研究多依托历史地图做定性的演绎和推断[2-3]，基于历史地图路网、地块、关键节点的定量研究则较为少见。

多个时期的大尺度历史地图研究一直是城市历史发展研究中的一个难点。图解分析、演绎、对比等定性研究方法更多偏向于认知城市宏观结构，历史地图中微观层面丰富的信息则难以被充分发掘。近年来，随着城市量化研究技术发展成熟，GIS 和空间句法等工具在城市变迁研究的应用越来越广泛。其中，空间句法擅长于拓扑网络研究，对于精度相对较低的历史地图交通系统有较好的适配性[4-5]，这为城市结构演化研究提供了新机遇。

2 历史地图来源及其分析方法

为研究南京城市百年发展变迁，本文选取了6张历史地图作为研究对象（见图1）。分别为：1903年清政府陆师学堂新测金陵省城全图；1928年民国南京共和书局发行的最新首都城市全图；1946年中外史地编译社编制的南京全图；1967年南京市城市建设局勘察测量大队制作的南京市街道图；1995年版南京市区图；2020年南京市区百度地图。

本文以历史地图中南京主城区范围内的路网为研究对象，由历史地图提取道路中心线矢量图，并将相邻时期未曾变化道路做空间对位和关联标记。研究基于空间句法的线段模型[6]（segment model），以角度中介中心性[7]（angular betweenness centrality）作为核心研究指标，以全局尺度（$r=n$）作为讨论范围。

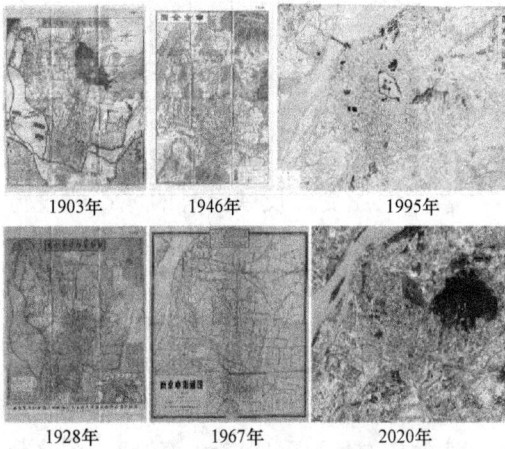

图1 各个时期的南京地图

3 南京百年路网数据分析结果

3.1 南京百年路网规模统计

南京百年路网规模统计详见表1。表中 N 为路段（segment）单元数，1967年以前

路网单元数在3 000左右，变化不大，1995年和2020年，单元数提升明显。道路总长度方面，与路段单元数类似，1967年前发展缓慢，至1995年后，增长迅速，每隔20年会有约400 km增长。路段的平均长度则呈现年代越晚，长度越大的情况，尤其在1995年和2020年以后，路网平均值超过200 m，比1928年前的路段长度多出一倍，这从侧面反映了更高时速的机动车对于城市交通网络的影响。

表1 南京百年路网规模统计

年份	1903年	1926年	1946年	1967年	1995年	2020年
N	3 214	3 093	2 774	2 563	3 672	5 044
总长度/m	395 612	391 970	395 321	472 333	851 329	1 320 484
平均值/m	123	121	142	184	231	261

3.2 南京百年路网结构分析

基于中介中心性的百年南京路网结构详见图2。图中红色越深，代表路段单元的中介中心度越高。1903年和1928年情况类似，中南部为网络中心。1946年和1967年较为类似，城市核心路段北移，新修的中山路和中央路成为中心。1995年和2020年，随着外环路建设完成，城市交通网络框架发展成熟，城市路网向外高速扩张。

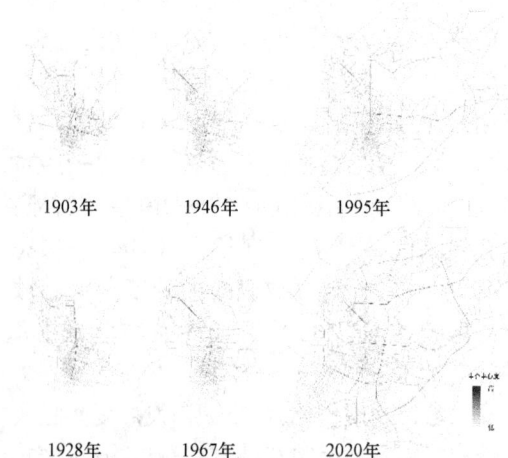

图2 各个时期南京路网中介中心性表现

3.3 南京路网中心演变讨论

南京路网相邻年代生长过程如图3所示，图中红色和橙色代表重要度上升巨大的既有和新建道路；蓝色和绿色代表重要度下降明显的既有和新建道路。中山路、中央路、绕城路、内环路一经建成就发挥着重要作用，建邺路、洪武路、中华路等城南道路的重要度则有明显下降。从路网相邻年代的长度变化情况来看（见表2），相邻年份重合部分路网中介中心性的相关性表现上，1928—1946年及1967—1995年的相关性相对较低，说明路网结构有一定变化。其余年份之间路网相关性均在0.74以上，路网结构变化不大。

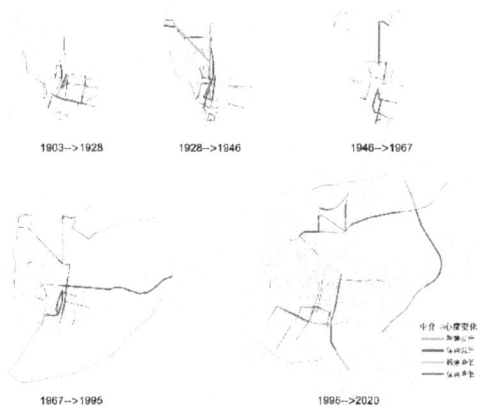

图3 相邻时期南京路网中介中心性变化

表2 相邻时期保留路网相关性表现

相邻年份	1903—1928年	1928—1946年	1946—1967年	1967—1995年	1995—2020年
道路重叠/m	240 766	163 348	259 073	403 015	631 005
r^2	0.870 4	0.628	0.744 1	0.632 9	0.832 2

4 南京路网百年演变规律

1）路网规模角度

南京的路网发展并非一帆风顺，1946年以前南京路网规模整体发展缓慢。即使在民国期间作为首都，其路网搭建更多偏向于主干道建设，这对于路网规模影响有限。说明社会制度骤变或城市地位变化对于路网规模的影响并非立竿见影，需要综合考虑当时的政府组织力、财力和社会安定程度等多方面因素。

2）城市中心演变

仅从路网结构预测南京的交通流量历史演变，南京的城市中心经历了由南向北的发展历程。1928年以前，南京城市中心位于老城南升州路—中华路交叉口，即夫子庙和内秦淮河一线。中山路建设完成后（1928年至今），新街口成为南京一以贯之的城市中心，这里也是南京的地理中心位置和延续至今的商业中心。除此之外，2000年以后，江东中路沿线河西中心（奥体中心）作为南京副中心在城市总规中的地位不断升高。但是，该区域的中介中心性表现与新街口差距明显。这与河西中心的高活力仅能维持在白天[8]相对应，并决定了河西中心仅能作为城市副中心存在。

3）路网结构调整

路网结构变化受到高中介中心性道路建设的影响，在百年南京路网发展过程中，有两次大的调整。一是1928—1946年中山路和中央路的建设，造成路网结构中心由南部迁移至新街口区域。二是1967—1995年环城路和城中干道连接，促成了南京主干道和快速路共同组成突出的前景网络[9]（foreground network），形成区域连接交通网络框架，并对后来（2020年）南京路网形态结构的发展成熟起到决定性作用。

5 问题和展望

（1）空间句法的多半径分析在城市局部中心十分有效，但该讨论会受到测绘精度的影响。本研究中城南区域历史地图道路精度不足，造成了数据分析有明显问题。由此可以延伸出基于空间句法在城市路网形态演变研究中的局部半径设定及其方法适应性讨论。

（2）各时期历史地图中尚有丰富的地块信息未被整合，历史地图中路名和地名在多年代路网或地块映射中的参考作用未被充分发掘。

（3）该研究中的路网建模计算方法能否作为未来路网发展或历史路网考古的推断基础[10]。

（4）基于空间句法的城市路网演化应该如何用于实践。如何在历史街巷探索，城市街巷文化历史格局评判，城市未来结构发展规划等议题中发挥作用。

参考文献

[1] 薛冰. 南京城市史[M]. 南京：东南大学出版社，2015.

[2] 杨俊. 南京城市历史景观特征识别与层积认知研究[J]. 西部人居环境学刊，2023，38（5）：117-124.

[3] 李百浩，熊浩. 近代南京城市转型与城市规划的历史研究[J]. 城市规划，2003（10）：46-52.

[4] LU M, LI X, LIAO Y. Neglected vertical linkage: a study on the form of the canal network in the Huainan salt area during the Ming and Qing dynasties using space syntax measurements[J]. Frontiers of Architectural Research，2025，14（3）：825-845.

[5] 陈慧，侯龙龙，付光辉. 基于空间句法的南京老城街道网络百年演变[J]. 长春师范大学学报，2022，41（10）：127-136.

[6] 赛义德，阿拉斯代尔，希利尔，等. 线段分析以及高级轴线与线段分析：选自《空间句法方法：教学指南》第5、6章[J]. 城市设计，2016（1）：32-55.

[7] PONT, STAVROULAKI, MARCUS. Development of urban types based on network centrality, built density and their impact on pedestrian movement [J]. Environment and Planning B：Urban analytics and city science，2019，46（8）：1549-1564.

[8] KIRKLEY, BARBOSA, BARTHELEMY, et al. From the betweenness centrality in street networks to structural invariants in random planar graphs [J]. Nature Communications，2018，9：2501.

[9] HILLIER, YANG, TURNER. Normalising least angle choice in Depthmap and how it opens up new perspectives on the global and local analysis of city space[J]. Journal of Space Syntax，2012，3（2）：155-193.

图片来源

图1～图3为作者自绘

表1与表2为作者自制

基于 LMCM 模型的南京市土地利用变化多情景预测

何业成（深圳市蕾奥规划设计咨询股份有限公司；2877957327@qq.com）
景鹏*（深圳市蕾奥规划设计咨询股份有限公司；82304982@qq.com）

摘　要：土地利用和土地覆被变化（LUCC）的监测及其未来预测已成为合理管理土地资源的一个关键问题。本文以南京市为研究区，对 2010 年、2015 年和 2020 年三期 Landsat 遥感影像进行土地利用分类并对 2010—2020 年土地利用变化进行分析；结合 Logistic-MCE-CA-Markov（LMCM）混合模型设定了自然发展、生态保护、经济发展和综合发展 4 种不同的情景，分别对研究区 2030 年的土地利用格局进行模拟。结果表明：（1）2010—2020 年期间研究区内建设用地增加了 384.73 km²，耕地面积减少了 399.71 km²，其他土地利用类型变化程度较为缓和；（2）从面积变化看，建设用地在生态保护情景中面积占比最低，在经济发展情景中增长面积最多，而耕地、水体与林地面积变化呈现相反的趋势，综合发展情景中各地类面积变化居于 3 种情景中间；从空间分布格局看，南京市出现主要变化的区域集中在北部六合平原地区、中部主城与郊区接壤区域及丘陵与平原的过渡区域；整体而言，综合发展情景中各地类的面积变化趋势相比其他情景更加缓和，土地利用结构更加稳定，从长远来看，综合发展情景模拟的结果更符合研究区实际发展情况和政策引导方向。

关键词：南京市；土地利用格局；LMCM 模型；情景设置

1　引言

1995 年，IGBP 和 IHDP 启动了土地利用/土地覆盖变化（LUCC）项目，使其迅速成为全球环境研究的热点[1-3]，该项目对气候变化、生物多样性保护、环境保护和社会经济可持续发展产生了重要影响[4-5]。中国作为人口大国，在城市化进程加快的背景下，LUCC 成为环境研究的重点，尤其在中东部地区，土地利用矛盾日益显著。因此，分析 LUCC 特征并预测其发展趋势是至关重要的，有助于土地的可持续利用和管理。当前，LUCC 模拟预测的模型众多，CA 模型和基于 Agent 的模型最为常用。南京市社会经济快速发展引发土地矛盾和生态环境问题，但相关研究较少。因此，本文选取南京市为研究区，通过解译 2010 年、2015 年、2020 年的遥感影像，并借助 LMCM 模型预测 2030 年 4 种情景下的土地利用覆盖情况，以期为南京市经济环境协调发展和国土空间格局优化提供参考。

2　数据源与研究方法

2.1　研究区概况

南京是江苏省省会，地理坐标为东经 118°22′至 119°14′，北纬 31°14′至 32°37′，面积约 6 587 km²，包含 11 个市辖区。年均降雨 1 106.5 mm，气温 15.4 ℃，地貌多样。2020 年常住人口 931.97 万，城市化率达 86.8%。产业结构调整为 2.0/35.2/62.8，城市化和产业优化导致土地利用格局显著变化。

2.2　数据来源及预处理

本文主要包括遥感、地形、社会经济、地理信息与规划限制数据等。通过对驱动因子与不同土地利用类型进行共线性诊断后，确定了 12 个驱动因子。其中，地形因子为高程与坡度；社会经济因子为 GDP、常住人口与固定资产投资；基础地理信息因子包括到高速公路、铁路、干线公路、机场/客运站的距离、到河流的距离、到湖泊/水库的距离及到城镇行政机构的距离。此外，根据南京市城市总体规划与土地利用规划相关要求，确定了 11 个底线数据作为限制因子，主要分为 4 类，包括水体、建设用地、耕地与林地限制因子。限制因子是布尔型的，即 0 或 1，"0"代表禁止开发的区域，"1"代表可开发的区域（见图 1）。

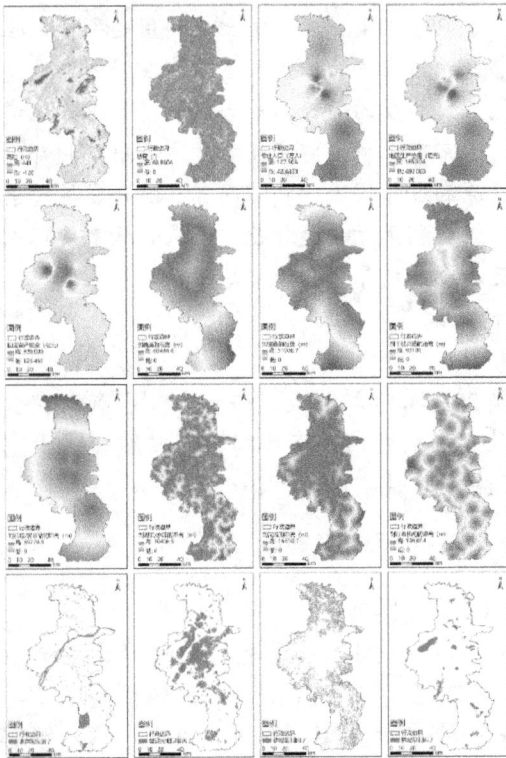

图 1 土地利用模拟的驱动因子及限制因子

2.3 研究方法

1）土地利用分类

根据第三次全国土地调查的土地分类系统与实地调查，定义了 21 个初始类别的样本，通过最大似然法进行监督分类。为便于进一步研究，所有的初始类别合并为 6 大类，即水体、建设用地、耕地、林地、草地和裸地。最后，通过混淆矩阵进行精度评价。

2）LMCM 模型

LMCM 模型是通过引入完全标准化逻辑回归系数，将 Logistic 模型、MCE 模型和 CA-Markov 模型重新组合得到。相较于 CA-Markov、MCE-CA-Markov 与 Logistic-CA-Markov 等模型，LMCM 模型可以有效减少对专家经验等主观性因素的依赖，并能对驱动因子与限制因子进行更具科学性的综合性研究，在一定程度上完善和提高了土地利用变化模型的模拟与预测能力。

3）多情景设置

对于研究区 2030 年的土地利用变化情景模拟，本研究通过 LMCM 模型并修改 2015—2020 年 Markov 生成的转移矩阵来实现。为此，本研究设计了 4 种不同的情景，即自然发展、生态保护、经济发展和综合发展情景，以其为研究区未来土地可持续发展提供决策依据。① 自然发展情景：按照 2015—2020 年土地利用结构变化趋势发展，各地类之间转移概率不变；② 生态保护情景：该情景旨在保护生态环境与耕地，限制建设用地不断扩张，在转移矩阵中规定耕地、林地、草地转成其他用地的速率减缓；③ 经济发展情景：依据《南京市城市总体规划》中加快南京中心城市建设，扩大建设用地空间布局，加大耕地、林地、草地的转出比例，并增加其他用地转为建设用地的可能性；综合发展情景：综合考虑社会经济和环境保护之间的相互利益，确保经济发展与生态保护相协调，在转移矩阵中规定降低耕地、林地、水体和草地向建设用地的转化率，并不再向裸地进行转化。

3 结果分析

3.1 遥感解译结果

基于 ENVI5.6 软件的最大似然法，得到南京市 2010 年、2015 年和 2020 年的土地利用分类图（见图 2）。经混淆矩阵验证，三期影像的总体精度分别为 92.56%、96.16% 和 92.76%，kappa 系数分别为 0.87、0.91 和 0.88，均满足精度要求。

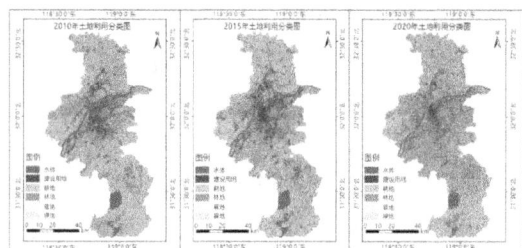

图 2　2010 年、2015 年、2020 年土地利用分类图

3.2　2030 年多情景模拟结果

利用 LMCM 模型预测研究区在 4 种情景下的 2030 年土地利用格局，生成不同情景下的土地利用分布图（见图 3）。在自然发展情景下，2030 年耕地面积最大，为 3 055.22 km²，其次为建设用地和林地，面积分别为 1 896.30 km² 和 943.43 km²。总体来看，南京市未来发展逐步从中心城区向外围扩张，主城八区中江宁区和浦口区扩张最明显，雨花区和栖霞区次之；相比之下，高淳区、溧水区和六合区的扩张较小。

在经济发展情景下，2030 年建设用地面积达到 2 121.06 km²，增加 437.69 km²，占总面积的 32.19%。在此情景中，耕地面积大幅减少，累计减少 398.98 km²，大部分转化为建设用地。与自然发展情景相比，该情景优先发展建设用地，导致部分区域的耕地和生态环境受到破坏。溧水区市区变化最为明显，除部分林地外，其他土地利用类型均转为建设用地，导致耕地和生态空间面积缩减，不利于社会经济的可持续发展。

在生态保护情景下，2030 年建设用地增速明显下降，面积为 1 795.39 km²，占比仅为 27.25%，是 4 种情景中最小的。耕地、水体、林地和草地的比例则最大，分别为 47.86%、5.66%、14.46% 和 4.83%。从空间分布来看，浦口区的老山、六合区的灵岩山、玄武区的钟山和江宁的牛首山等生态区域

得到较好保护。城区周边建设用地扩张幅度减小，如浦口区的桥林街道，大部分空间未转化为建设用地。

在综合发展情景下，面积变化趋势较其他 3 种情景更为缓和，各地类占比更均衡。建设用地面积为 2 004.87 km²，增加 321.50 km²；耕地面积为 2 956.25 km²，减少 308.86 km²，其他地类变化较均匀。该情景的变化趋势更接近南京市过去十年的实际发展情况。从空间分布来看，主城区扩张幅度有所下降，郊区的耕地未大面积转为其他地类。总体而言，该情景在社会经济发展与生态环境保护之间取得了一定的平衡，更贴近南京市未来的发展格局。

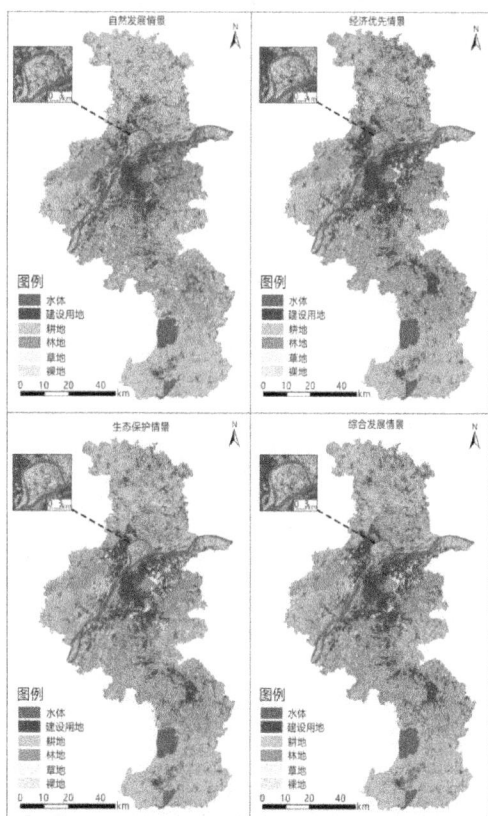

图 3　2030 年不同情景土地利用分类图

4　结论与讨论

三期土地利用分类数据的总体精度均

超过 92%，kappa 系数大于 0.87，显示出高准确度。在面积变化上，建设用地在生态保护情景中占比最低（27.25%），在经济发展情景中增长最多（437.69 km²）。空间分布显示，长江流域、固城湖及老山等生态空间变化不大，主要变化集中在北部六合平原、中部主城与郊区交界及丘陵与平原过渡区域。综合发展情景的模拟结果最贴近实际发展和政策方向。

鉴于未来情况可能更复杂，土地利用变化不一定如情景预测，因此建议：① 获取更高分辨率遥感数据，提高分类精度；② 整合更多驱动因子和政策数据，应用人工智能技术以提升建模和预测精度；③ 比较类似城市的政策和发展趋势，设计更真实的土地利用情景进行模拟。

参考文献

[1] TURNER B L, SKOLE D, SANDERSON S, et al. Lnad-use and land-cover change science/research plan: IGBP Report No.35 and IHDP Report No.7[R]. Stocholm: IGBP，1995.

[2] LAMBIN，BAULIES，BOCKSTAEL，et al. Land-use and land-cover change (LUCC): implementation strategy. IGBP Report 48 and IHDP Report 10[R]. Stocholm: IGBP，1999.

[3] LAMBIN E F, TURNER B L, GEIST H J, et al. The causes of land-use and land-cover change: moving beyond the myths[J]. Global environmental change，2001（11）：261–269.

[4] WU W C. Application de la geomatique au suivi de la dynamique environnementale en zones arides [D]. Paris: Université Panthéon-Sorbonne-Paris，2003.

[5] TURNER B L, LAMBIN E F, REENBERG A. The emergence of land change science for global environmental change and sustainability[J]. PNAS，2007，104（52）：20666–20671.

商场火灾场景下引导人员救援空间优化研究

王益（合肥工业大学建筑与艺术学院）

肖昊煜*（合肥工业大学建筑与艺术学院；2023110787@mail.hfut.edu.cn）

摘　要： 本文探讨商场火灾场景下的引导人员救援空间优化问题。基于改进的元胞自动机模型，结合遗传算法优化引导人员的分配策略，以提高疏散效率。本文提出了改进静态场、危险场的元胞自动机疏散模型，并采用遗传算法优化引导人员的数量。研究发现，优化引导人员的空间分配可有效减少恐慌扩散与局部拥堵，提升整体疏散效率，尤其在高压力区域可显著降低疏散时间。优化后的引导策略在有限资源下能显著提高火灾应急疏散效果。

关键词： 恐慌情绪；救援空间分配；遗传算法；仿真模拟；引导者

基金号： 安徽省社会科学创新发展研究课题（2020CX033）；中国-葡萄牙文化遗产保护科学"一带一路"联合实验室 2022 年度开放课题（SDYY2205）

1　引言

随着商业综合体的迅速发展，商场内部人流密度显著增加，尤其在促销活动和节假日期间，高峰期的人员聚集使得疏散管理面临更大挑战。与此同时，商场建筑结构复杂，不同功能区域间的人流交叉加剧了疏散路径的不确定性，而封闭环境则进一步放大火灾、烟雾扩散及恐慌情绪对人员逃生的不利影响，使得高效疏散对紧急出口和消防通道的依赖程度极高。在此背景下，如何在突发火灾情况下有效引导人群疏散，减少恐慌扩散和局部拥堵，成为紧迫的安全管理问题。

在这一领域，研究者更关注疏散引导员的位置、数量和影响半径[1]，但往往忽略了外部引导人员的介入，也缺乏对多引导人员相互协作引导疏散的讨论。因此，本文以商场火灾为案例，基于改进的元胞自动机模型，结合遗传算法优化引导人员的空间分配策略。通过仿真分析不同引导方案对疏散效率的影响，探讨最优救援布局方式，以期提升人员疏散效率，并为大型商场等复杂建筑环境下的应急疏散提供科学依据。

2　研究方法

2.1　疏散模型及优化

本文在前序研究[2]的元胞自动机模型基础上对静态场、危险场进行了适应性改进。其余部分与前序研究保持一致。

本文采用 0.4 m×0.4 m 的 Moore 邻域单元格描述行人移动范围。行人在每个时间步内根据移动概率矩阵决定前进方向，模拟建筑环境下的真实疏散场景。疏散速度设为 2.0 m/s[3]。

静态场优化：采用广度优先搜索（BFS）算法，重新计算不同区域的静态场值，以更符合现实疏散路径的选择特征。此外，研究引入两阶段静态场设定，模拟人员在紧急情况下的行为模式，即疏散初期主要依赖熟悉的出入口[4]，而后在救援人员的引导下，逐步调整撤离策略。

火灾扩散场改进：本文参考 Sigmoid 函数来构建火灾危险场，并根据与火灾源的距离将空间分为低压力区域-过渡区域-高压力区域[5]。其次，本文引入蔓延扩散系数，评估火灾的蔓延扩散过程。本文还参考 Li

等人[6]的模拟，设定行人每 1 个时间步移动 1 次，火灾范围每 15 个时间步扩展 1 次，以控制火灾在时间维度上的发展，使模拟更具现实意义。

考虑到行人疏散受应急广播等信息传播速度影响，疏散启动存在延迟。模型通过设定响应时间=10 个时间步以模拟该时间差。

2.2 遗传算法

在本文的仿真优化过程中，采用了遗传算法来优化救援人员的调度和疏散路径规划。遗传算法是一种基于自然选择和遗传变异机制的优化方法，广泛应用于组合优化、路径规划及智能决策等领域。其核心思想是模拟生物进化过程，通过选择、交叉和变异等操作，不断优化解的质量，从而找到近似最优解。

2.3 研究对象

本文以合肥市淮河路步行街的尚街商场作为研究对象，该商场是一座集购物、餐饮、娱乐于一体的高人流量综合百货商场，日常客流量较大，尤其在节假日期间，人群密度进一步增加。其内部结构较为复杂，各楼层的布局设计相似，但由于第三层位于最高楼层，一旦发生紧急情况，其疏散难度相较于其他楼层更大，垂直疏散难度大。同时，以服装销售区为主，该业态商品多为可燃材料，一旦发生火灾，火势蔓延速度较快，威胁人员安全。基于上述因素，本文决定选取第三层作为模拟研究的重点，并通过实地调研，对节假日期间商场的人流量及人群分布情况进行统计分析。研究者采集了高峰时段的行人分布数据，并选取最高峰流量作为模拟输入，以确保研究结果能够反映极端情况下的人员疏散效率。

3 结果

3.1 疏散模拟

根据商场场景和人群分布，模拟中共设 1 000 名行人，6 个出入口，其中 Exit 1 和 Exit 2 作为主要疏散出口计算第一阶段静态场。火

灾起始点位于场景中部，共设置 50 个救援吸引点和 6 名引导人员。通过多次模拟对比，确定遗传算法参数设置：交叉概率 P_c=0.8，变异概率 P_m=0.1，种群大小 30。当最优个体在连续 15 代内的疏散时间差小于 4 个时间步时，视为算法收敛，满足终止条件。

3.2 近似最优救援空间分配策略分析

近似最优的救援空间分配如图 1（a）所示，称之为方案 A。方案 A 的疏散过程显示（见图 2），引导人员的加入使大部分出入口在疏散初期能有效发挥作用，特别是 Exit 1 附近的恐慌传播被及时阻断，减少了局部拥堵。然而，商场上方区域因空间狭窄和火势阻隔，部分区域的引导效果受限，恐慌仍然广泛传播。

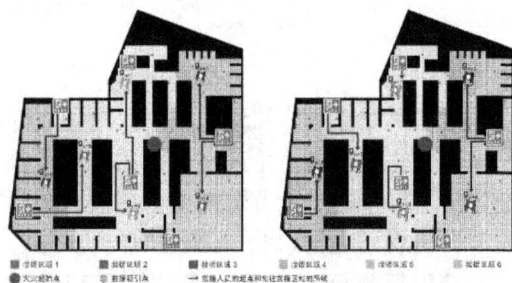

（a）方案A   （b）方案B

图 1 救援空间分配策略

遗传算法结果表明，引导人员的分布方式并非简单地均匀分配至每个出入口，而是基于环境复杂性进行优化。为进一步探究其影响，本文提出方案 B［见图 1（b）］，将 6 名引导人员初始位置固定在 6 个不同的出入口，并就近引导人群。对比方案 A，方案 B 主要调整了 gn+1、gn+4 的初始位置，并重新分配 gn+5、gn+6 的救援区域。

对比发现，方案 B 在初期疏散效率高于方案 A，但中后期效率显著下降，最终导致整体疏散效率低于方案 A。分析其中原因，研究绘制了 B 方案的疏散过程（见图 3），发现方案 B 缺乏引导人员从 Exit 1 向上搜索，导致火灾初期该区域恐慌未能及时阻断，恐

慌扩散形成局部拥堵。随着火势蔓延，Exit 1 周围的疏散效率大幅下降，使得方案 B 在中后期疏散效果不及方案 A。

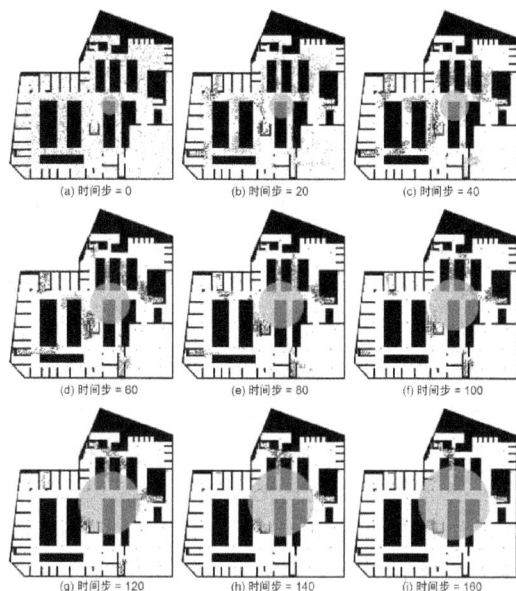

图 2 方案 A 在不同时间步长的模拟场景

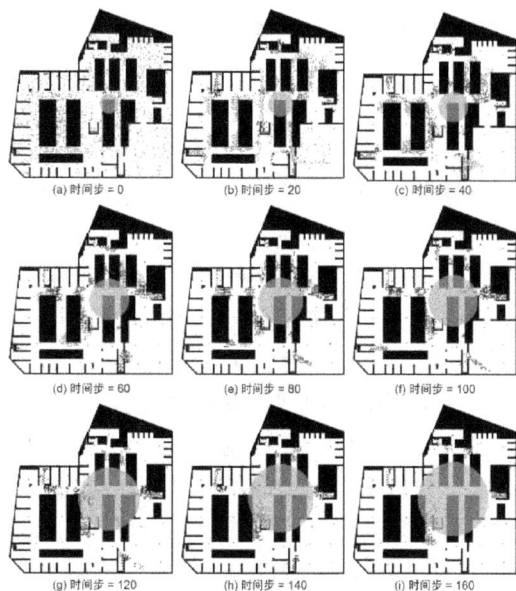

图 3 方案 B 在不同时间步长的模拟场景

4 结论

研究结果表明，优化救援资源配置对于提高疏散效率至关重要。在资源有限的情况下，科学规划引导策略能够显著缩短疏散时间。此外，救援人员的到达时间直接影响疏散效果。若能迅速进入现场，整体疏散过程将更加高效，而在合理时间范围内的细微时间差影响不大；但若抵达时间延迟过长，疏散效率将受到严重削弱。同时，出入口的清晰标识与人群对出口分布的熟悉程度也是影响疏散成效的重要因素。行人对出口位置认知度越高，疏散过程越顺畅，进而提升整体效率。

参考文献

[1] YU R，MAO Q，LV J. An extended model for crowd evacuation considering rescue behavior [J]. Physica A：statistical mechanics and its applications，2022，605：127989.

[2] 王益，朱佳波，胡义. 考虑恐慌行人和多救援人员分区引导的疏散研究[J]. 安全与环境学报，2024，24（5）：1955–1964.

[3] SEIKE M，KAWABATA N，HASEGAWA M. Experiments of evacuation speed in smoke-filled tunnel[J]. Tunnelling and underground space Technology，2016，53（3）：61–67.

[4] CHEN A，HE J，LIANG M，et al. Crowd response considering herd effect and exit familiarity under emergent occasions：a case study of an evacuation drill experiment [J]. Physica A: statistical mechanics and its applications，2020，556：124654.

[5] 杨晶. 大型商场的行人疏散仿真方法研究[D]. 西安：西安建筑科技大学，2020.

[6] LI X J，CHEN W B，CHEN R X，et al. Evacuation-path-selection model of real-time fire diffusion in urban underground complexes[J]. Computers & industrial engineering，2023，177（3）：109014.

图片来源

图 1～图 3 为作者自绘。

多尺度空间结构对寒地城市河流水质的作用机制

——以松花江流域城市为例

李冰心（吉林建筑大学；libingxin@jlju.edu.cn）

娄善昱*（吉林建筑大学；1959434007@qq.com）

摘　要：化解城镇建设与水质改善之间的冲突矛盾是流域经济和城镇化高质量发展正在面临的关键任务，提升严寒地区城市水环境品质是流域综合治理规划需要补齐的主要短板。针对以往研究存在的城市水质冻融性问题重视不足、空间结构对水质变化的作用机理不清、面向工程实践需求的应对路径欠缺问题，项目以松花江流域寒地城市为研究对象，利用 2020—2024 年的水质监测和路网测绘数据，依托空间句法进行空间结构对河流水质的尺度差异效果分析，对寒地城市水资源环境保护和空间资源规划策略制定具有重要意义。研究发现：（1）寒地城市河流水质的综合水平提升了 7.802%，其中冰封期与融雪期的河流水质差异增加了 31.97%；空间自相关性减少了 1.37%，其中融雪期减少了 4.61%，冰封期增加了 3.48%；（2）寒地城市空间结构的整合度呈现下降趋势，其中市区尺度下降最为明显；选择度呈现上升趋势，其中街区尺度上升最为显著；（3）寒地城市的河流水质受市区尺度整合度和片区尺度选择度的影响最为明显，冰封期的空间结构解释水平是融雪期的 2.42 倍。

关键词：寒地城市；河流水质；空间句法；多尺度空间结构；作用机制

基金号：① 吉林省住房城乡建设厅科学技术项目（2023-R-07）；② 吉林省科技厅重点研发项目（202403044142SF）

1　引言

城市水环境是"三水"统筹格局建设的主战场，流域低碳转型城市水环境治理水平提升提供了重要机遇。高密度的人类活动和高强度的土地开发以非点源污染的形式直接威胁城市河流水质，化解城镇建设与水质改善之间的冲突矛盾是流域经济和城镇化高质量发展正在面临的关键任务。我国水资源空间分布呈现"南多北少、南优北差"的区域不协调特征[1]，且松花江流域水资源供需矛盾日益突出，重型化的产业结构和严酷的寒地气候致使水环境恶化成为顽瘴痼疾。

目前国内外相关领域研究主要涉及水质评价与模拟、水质变化驱动因素与作用机制、城市水系理论体系及其技术方法、水

环境治理策略与优化路径四方面内容。对比国内外研究动态发现，我国对城市河道水质的研究成果已相对成熟，但现有研究仍存在以下 3 点不足：① 对寒地城市水环境冻融性问题的重视程度不足；② 尚未厘清城镇建设对城市河流水质变化的作用机理；③ 缺少与我国国土空间规划体系相对接的实施性应对路径。本文以松花江流域寒地城市为实证对象，分析多尺度空间结构对寒地河流水质的作用效果，为我国松花江流域寒地城市水环境的高质量发展提供理论和实践依据。

2　研究数据与方法

2.1　研究范围

松花江是我国七大江河之一，流域面积 56.12 万 km²，地处高纬度寒冷地区，有明显

冻融周期（冰封期为 10—2 月、融雪期 3—5 月、非冻融期 6—9 月），且冰封期长，年均气温-3~5℃，降水量约 500 mm，是生态文明建设的重要阵地。研究区包括松花江流域 10 个城市和 37 个国控水质监测断面。

2.2 数据来源

研究数据主要采用 3 个数据：① 城市行政区划数据，来源于 EasyMap，Json 格式；② 采用 2020—2024 年水质数据，来源于国家地表水水质自动监测系统，包括 pH、溶解氧（DO）、高锰酸盐指数（COD$_{Mn}$）、氨氮（NH$_3$-N）、总磷（TP）；③ 选取 2020 年、2022 年、2024 年的开源路网测绘数据（Open Street Map）。

2.3 研究方法

（1）城市综合水质指数评价：采用原环境保护部《城市地表水环境质量排名技术规定（试行）》中规定的河流水质指数，结合蔡建楠[2]提出的城市综合水质指标（city water quality index, CWQI）算法进行水质指数量化。

（2）季节性肯德尔（SEN）分析：对序列性指标进行量化[3]，并分析河流水质的冻融性时间演变特征。

（3）空间自相关（Moran）分析：采用莫兰指数进行量化，分析河流水质的冻融性空间演变特征[4]，利用局域自相关分析工具（Anselin Local Moran's I）进行相关性水平计算，按照高-高、高-低、低-高、低-低 4 种类型进行分析。

（4）空间句法分析（space syntax, SSx）：分析不同尺度空间结构特征拆解[5]，利用选择度（choice, ch）指标和整合度（integration, int）指标，进行街区、片区、市区 3 个尺度共计 30 个连续米制半径的角度分析从而识别空间结构演变规律。

（5）多元线性回归：分析因变量和自变量之间的关系，根据影响因子的变化预测用水量的变化。

3 结果分析

3.1 寒地城市的河流水质演变特征

1）时间演变特征

寒地城市河流水质的综合水平提升了 7.802%，其中冰封期与融雪期的河流水质差异增加了 31.97%，整体水质好转。各指标逐年波动下降，其中 NH$_3$-N 改善最显著，提升了 81.168%，浓度值持续低于地表Ⅲ类水标准限值。DO 虽有改善，但仍超出地表Ⅲ类水标准限值（见图 1）。

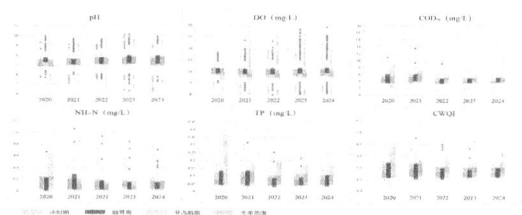

图 1 松花江流域水质指标变化统计

通过季节性 Kendall 检验发现，在检测期时间内，河流水质的 CWQI 值以及除了 DO 外的其他 4 项指标 p 值均小于 0.01，具有高度显著性水平；其中 CWQI、COD$_{Mn}$、NH$_3$-N 和 TP 的 z 值小于 0，呈显著下降趋势。冰封期与融雪期水质差异增加 31.97%。冰封期，CWQI 和 COD$_{Mn}$ 浓度显著下降，分别下降 24.23% 和 68.48%；融雪期，TP 浓度显著下降，相较冰封期下降 13.19%（见表 1）。

表 1 季节性 Kendall 检验下各水质指标统计量

时期	全阶段		冰封期		融雪期	
	z	p	z	p	z	p
pH	3.39	0.00	0.85	0.40	1.09	0.27
DO	0.68	0.50	0.00	1.0	0.00	1.0
COD$_{MN}$	-2.6	0.00	-2.4	0.02	-0.8	0.44
NH$_3$-N	-4.0	0.00	-0.8	0.40	-1.4	0.15
TP	-3.5	0.00	-1.9	0.06	-2.2	0.03
CWQI	-3.2	0.00	-2.2	0.03	-1.6	0.10

注：质量浓度变化率（z）、显著性水平（p）。

2）空间演变特征

2020—2024 年期间，整体空间自相关性减少了 1.37%，其中融雪期全局 Moran's I 下降，空间自相关性减少了 4.61%。冰封期全局 Moran's I 在波动中上升，空间自相关性增加了 3.48%。空间分布上，融雪期"高–高聚类"主要分布在中部，"低–低聚类"集中在南部，四周均有分布；冰封期"高–高聚类"主要在中部并向东北部偏移，"低–低聚类"集中在南部（见图 2）。

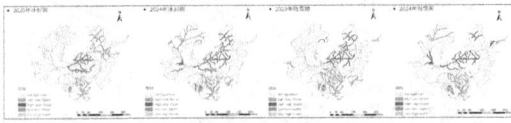

图 2　不同时期寒地城市河流空间分布图

3.2　寒地城市的空间结构演变特征

1）空间结构的整合度变化情况

提取研究期内的街区、片区、市区 3 个尺度下整合度的最大值，发现城市空间结构的整合度整体呈现轻微的下降趋势，反映出城市空间结构的多中心化趋势，市区尺度的整合度数值下降比例是片区尺度的 2.45 倍。其中，街区尺度的整合度以 9.38×10^{-2}/年的速率上升且在 0.6 km 时最为显著，片区尺度以 -4.02×10^{-2}/年的速率下降且在 7.0 km 时最为显著，市区尺度则以 -9.88×10^{-2}/年的速率下降且在 16.0 km 时最为显著。可见，0.6 km、7.0 km、16.0 km 能够作为整合度的代表性半径（见图 3）。

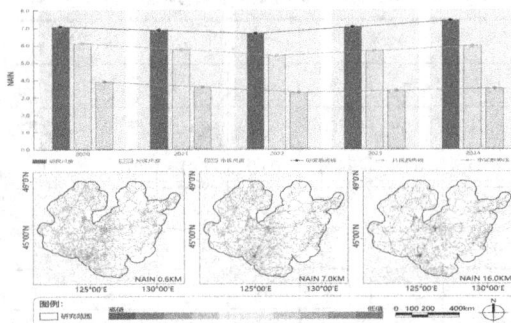

图 3　2020—2024 年空间结构整合度变化

2）空间结构的选择度变化情况

在整合度分析的基础上，提取研究期内的街区、片区、市区 3 个尺度下选择度的最大值，发现城市空间结构的选择度整体呈上升趋势，市区尺度的选择度数值上升比例是街区的 1.73 倍。其中，街区尺度的选择度以 1.35×10^{-2}/年的速率上升且在 1.2 km 时最为显著，片区尺度以 2.30×10^{-2}/年的速率上升且在 2.5 km 时最为显著，市区尺度则以 1.19×10^{-2}/年的速率上升且在 28.0 km 时最为显著。可见，1.2 km、2.5 km、28.0 km 能够作为选择度的代表性半径（见图 4）。

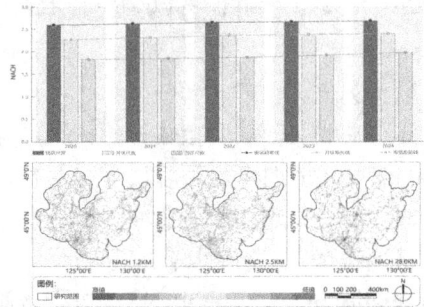

图 4　2020—2024 年空间结构选择度变化

3.3　空间结构对河流水质的作用效果

1）空间结构与河流水质的相关性水平

通过相关性回归发现，寒地城市河流的水质受空间结构 22 km 尺度的整合度和 9.5 km 的选择度影响最为突出。其中在冰封期，以 28 km 尺度的整合度和 0.6 km 的选择度影响最突出；融雪期，以 1.8 km 尺度整合度和 0.6 km 的选择度的影响最突出（见表 2）。

表 2　河流水质与空间结构相关性指标统计

尺度		时期					
		冰封期		融雪期		非冻融期	
		NAIN	NACH	NAIN	NACH	NAIN	NACH
市区尺度	0.6	0.38	0.36	0.28	0.25	0.17	0.51
	1	0.36	0.29	0.35	0.19	0.2	0.59
	1.8	0.26	0.21	0.36	0.19	0.11	0.48

续表

尺度		冰封期 NAIN	冰封期 NACH	融雪期 NAIN	融雪期 NACH	非冻融期 NAIN	非冻融期 NACH
片区尺度	4.5	0.18	0.09	0.3	0.14	−0.4	−0.1
	7	0.09	0	0.22	0.03	−0.4	−0.5
	9.5	0.1	0	0.2	0.02	−0.4	−0.6
街区尺度	14	0.25	0.04	0.24	0.03	−0.4	−0.6
	22	0.35	0.12	0.31	0.09	−0.4	−0.4
	28	0.43	0.19	0.33	0.12	−0.4	−0.4

注：尺度单位为 km。

2）空间结构对河流水质的解释水平

通过多元线性回归分析发现，寒地城市河流的水质与多空间结构呈现显著相关性（$p<0.05$），线性拟合的 r^2 在 0.429~0.566 之间，说明计算结果较为可靠，并且冰封期是融雪期作用效果的 2.42 倍。其中，在冰封期空间结构对河流水质具有较高的解释水平，且大于融雪期，表明不同尺度下的空间结构对寒地城市冰封期的河流水质影响较大。

4 结论

研究发现 2020—2024 年寒地城市河流水质有所改善，冻融期河流水质差异显著增大。空间结构整合度下降，选择度上升，其中市区尺度的整合度和片区尺度的选择度对水质影响最为显著。研究为寒地城市水环境治理和国土空间规划提供了理论和实践参考。

参考文献

[1] 李原园，李云玲，郭旭宁，等. 1956—2016 年中国水资源总量时空分布规律及变化特征[J]. 水科学进展，2025，36（1）：18–27.

[2] 黄华，李茂亿，陈吟晖，等. 基于 PLSR 的珠江口城市河流水质高光谱反演[J]. 水资源保护，2021，37（5）：36–42.

[3] KENDALL M G. Rank correlation methods[M]. New York：Oxford University Press，1975.

[4] 徐克立，吕伟才，汤连盟. 基于改进遥感生态指数（MRSEI）的淮河流域生态环境质量评价[J]. 中国环境监测，2025，41（1）：225–234.

[5] HILLIER B，HANSON J. The social logic of space[M]. Cambridge：Cambridge University Press，1984.

[6] 盛强，方可. 基于多源数据空间句法分析的数字化城市设计：以武汉三阳路城市更新项目为例[J]. 国际城市规划，2018，33（1）：52–59.

[7] 王伊倜，杨滔. 空间句法在城市规划实施评估中的应用探索：以云南省玉溪市总体规划为例[J]. 城市规划，2018，42（11）：71–78.

[8] 邵润青. 空间句法轴线地图在方格路网城市应用中的空间单元分割方法改进[J]. 国际城市规划，2010，25（2）：62–67.

图片来源

图1~图4为作者自绘。

基于社区发现算法的城市自组织社区识别

——以深圳市为例

潘可恩（深圳大学建筑与城市规划学院；pankeen2023@email.szu.edu.cn）
李家源（深圳大学建筑与城市规划学院；lijiayuan2023@email.szu.edu.cn）
王浩锋（深圳大学建筑与城市规划学院；whf@szu.edu.cn）

摘　要： 社区具有自组织特性，其空间界定源于居民的自主行为及局部单元之间的相互作用。本研究旨在通过手机信令数据与街道组构揭示城市中自组织社区的涌现机制，解析其作为非正式社区单元的形成逻辑。通过分析深圳市短距离非通勤出行数据，利用 Infomap 算法识别居民出行的聚集区域，并结合全市道路线段模型利用最大化模块度算法识别出街道网络紧密连接的局部区域，最后进行两者的叠加与对比分析。实验结果表明，基于街道结构和居民出行行为识别的局部区域边界具有较高的相似性，存在重叠、嵌套或错位等空间关系，这表明居民日常出行所形成的行为社区内部通常具有更紧密的街道连接。行为社区与形态社区显现出层级关系，二者共同定义了自组织社区的空间模式。此外，所识别的社区展现出不同的规模和形态特征，反映了城市社区的多样性，这些特征与传统方法所定义的社区边界存在显著差异。本研究的主要贡献在于，一是结合居民行为与空间组构视角分析自组织社区，剖析其作为自下而上涌现出的非正式生活单元，分析了居民出行行为与城市空间之间的互动模式。二是扩展了街道对偶图的构建方法，使其更贴合居民的实际生活范围与空间认知。未来的研究可进一步整合更多地理空间与社会经济数据，推动更具差异化的人本生活圈规划，并结合居民的主观评价对社区边界进行调整，进而为更人本的生活圈理论提供支持。

关键词： 自组织社区；社区发现算法；生活圈规划；手机大数据

1　研究背景与问题

过去的以"地"为中心的规划实践中便于生产管理，主要用行政边界划分社区的边界。2018 年《城市居住区规划》提出要基于人步行出行的可达能力划分生活圈层级，使得社区生活圈边界突破了行政边界的桎梏，而是强调按照社区居民的真实生活空间对社区空间进行再界定[1]。而科学地划定社区边界是社区生活圈规划的重要基础，这对构建社区生活圈规划方法论与设施配置、公共服务供给等具有重要意义。随着多源大数据

的广泛应用，为社区生活圈的人本规划提供了数据支撑。

社区识别算法为识别复杂网络数据中密切连接的节点集合提供基础。目前运用大数据的社区识别算法主要有基于居民行为和街道组构两种分型，前者较多研究运用手机位置服务[2]、GPS[3]、手机信令[4]等行为数据等从宏观尺度分析通勤社区。有学者在中观尺度利用 LBS 数据识别城市的社区生活圈做出探索[2]。后者是基于社区街道网络对偶图运用社区发现方法识别城市中街道连接关系的局部区域。LAW 等在街道对偶图中

应用社区发现有效识别出了伦敦和阿姆斯特丹的局部社区[5]。

然而，目前较少研究将基于城市形态与居民行为的社区识别进行比较和综合性研究。自组织社区是由居民行为与建成环境互动关系所共同塑造的，是自发且非正式的社区空间单元。其识别应考虑到居民行为的聚集模式与城市空间单元之间由于内部紧密联系而涌现出的自然分区。因此本文将运用居民行为与街道组构社区发现的结果进行对比与综合分析，以理解居民行为模式和由空间组构关系涌现出自然分区的互动关系。

2　研究方法

本文基于城市街道的空间组构分析涌现出的自组织社区，在社区检测算法中运用LAW 等在街道对偶图的模块化函数优化方法[6]，并扩展了街道对偶图的构建方法。对偶图的构建结合了自组织社区的特性与人在社区的出行能力限制与空间认知。具体而言，结合居民的空间认知设置角度阈值，增加了距离与拓扑限制表征居民出行能力构建街道对偶图（见图 1）。

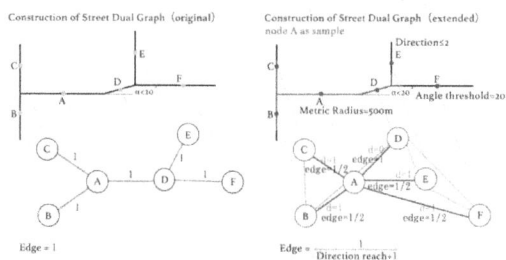

图 1　扩展的对偶图构建

本文使用加权模块度优化识别形态社区。模块度是社区发现质量常用的参考指标，它通过计算子图中观察到的边数与期望的边数之间的差，计算公式如下[7]：

$$Q = \frac{1}{2m} \sum_{i,j} \left[A_{ij} - \frac{2m}{k_i k_j} \right] \delta(c_i, c_j)$$

利用手机信令数据构建居民的生活出行网络分析出行社区。出行起讫点视为节点，出行的累计频次则视为节点间的边，表示为生活空间联系的强弱。Infomap 算法已被证明在小型社区发现方面更为稳定[2]，它是基于信息论的社区发现算法，通过最小化信息流动的描述长度寻找网络中的社区结构[8]。本文利用该算法来识别居民在社区中的出行规律。

3　数据分析

根据居民出行规律，米制距离阈值设置为 500 m、1 000 m、1 500 m。基于空间句法的"两步理论"设定拓扑限制为 2。根据深圳市道路形态特征，设置 20°为转向角度阈值，构建街道对偶图并进行拓扑倒数为加权的模块度最大化算法（见表 1）。

表 1　街道对偶图

半径/m	模块度	社区数量/个	平均规模/km²
500	0.928	285	7.4
1 000	0.888	206	10.4
1 500	0.841	156	14.9

深圳 3 个半径的街道对偶图社区发现识别出百余个社区（见图 2），模块度稳定在 0.8 以上。该方法较好地划分街道紧密连接的社区。在半径增大的时候，社区之间有的趋于合并、有的保持不变。其次，关内的社区相较于关外规模更小，更高的街道密度与更成熟城市的街道连接形成更紧密连接的小规模社区。形态各异的社区表明街道的紧密连接具有方向性。

基于街道空间组构关系的社区发现较好地划分出空间上紧密联系的社区，具有距离与拓扑限制的对偶图比纯道路拓扑构建的对偶图应用社区发现在深圳数据集更具合理性。

（a）Metric radius=500 m,Direction=2,Angle threshold=20

（b）Metric radius=100 m,Direction=2,Angle threshold=20

（c）Metric radius=1 500 m,Direction=2,Angle threshold=20

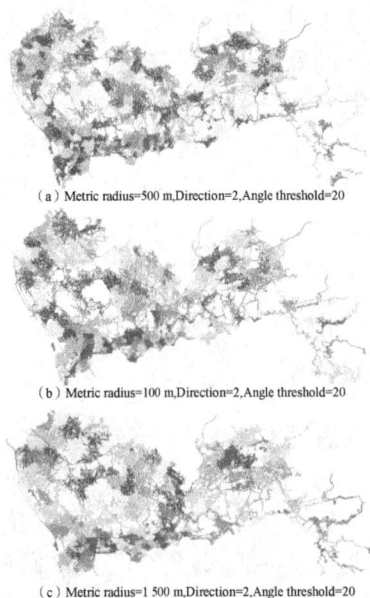

图2　街道形态的社区发现

根据居民在 5 min、10 min、15 min 生活圈内的出行能力筛选、提取居民两月度短距离非通勤出行的 OD 数据，利用 Infomap 算法训练 10 次编码长度趋于稳定，选取编码长度最小的结果并筛选掉规模过小的社区。15 min 行为生活圈修正后得到 77 个社区（见图3），

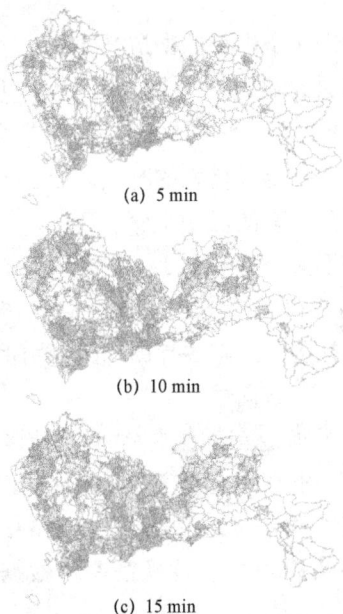

(a)　5 min

(b)　10 min

(c)　15 min

图3　居民出行行为社区发现

其规模最小为 1.27 km²，最大为 28.2 km²，平均值为 10 km²。社区发现结果的平均规模大于 15 min 生活圈的规模。该方法较好地识别出居民行为紧密连接的社区，居民行为模式具有空间异质性，与行政社区与等时圈有差异。

街道空间组构关系与居民出行数据社区检测的可视化结果叠加后（见图4），发现两者存在嵌套、重叠、局部错位的空间关系，这种空间模式刻画了自组织社区的空间规律。

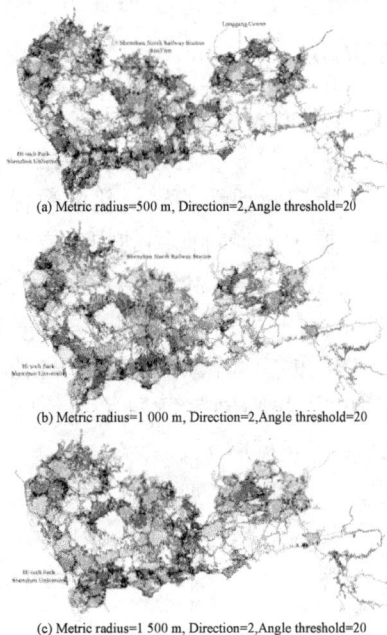

(a) Metric radius=500 m, Direction=2,Angle threshold=20

(b) Metric radius=1 000 m, Direction=2,Angle threshold=20

(c) Metric radius=1 500 m, Direction=2,Angle threshold=20

图4　形态社区与行为社区的叠加分析

行为社区与形态社区的相似性体现在两者多以嵌套和重叠关系而存在，一是前者与后者出现高度的重叠关系，尤其是在 1 500 m 半径的形态社区中，如图4中的深大、高新园社区。二是形态社区嵌套在行为社区中，尤其体现在小半径对偶图识别出的形态社区中，如图4中的深圳北站、坂田、龙岗中心社区。

其次，两者的差异性体现在规模与层级、模糊地带方面。形态社区相较于行为社区规模更小，基于空间组构关系识别出进一步细分的社区，并获得更好的空间精度。二者的层级关系体现在当对偶图半径增大的时候，社区合并的趋势大多符合行为社区的空间形态，如图4中形态社区识别出高新中与高新南片区，其嵌套在行为社区所识别的高新园片区中。而少部分社区的边界出现了模糊地带，这符合有学者提出不同分区中空间组构关系对于行人的影响是不一致的空间逻辑[5]。

4 小结

本文的主要贡献在于提出一种空间形态与居民行为结合基于社区发现算法自下而上刻画非正式社区单元的方法，并结合居民出行能力与空间认知视角扩展了街道对偶图的构建方法。该方法帮助有效识别出了街道空间组构关系与居民行为所涌现出的自组织社区。

行为社区和形态社区大多以重叠、嵌套关系存在，这表明空间组构与居民行为模式是高度关联的，由空间组构产生街道网络的可达性引导着人的活动，影响城市生活功能的相对聚集，进而使得城市自然涌现出自组织社区。这表明社区应由居民行为与空间组构的互动关系所共同塑造，由此形成了自发且非正式的自组织社区。本文为社区生活圈规划的边界划分提供了新的视角，辅助其划定更贴合居民的实际活动范围与空间认知。

本文存在一些不足。一方面，受限于行为数据的空间精度，行为社区结果相对比较粗糙。另一方面，自组织社区的形成是复杂的，基于空间组构关系识别的形态社区仅提供了一种视角，在未来进一步的研究中，需要进一步叠加更多元的地理空间数据或社会经济数据进行社区检测分析，进而认识社区生活圈真实的空间规律，完善社区生活圈

的规划理念。

参考文献

[1] 孙道胜, 柴彦威, 张艳. 社区生活圈的界定与测度: 以北京清河地区为例[J]. 城市发展研究, 2016, 23 (9): 1-9.

[2] 杨辰, 辛蕾, 马东波, 等. 基于位置服务数据的社区生活圈测度方法及影响因素分析[J]. 同济大学学报（自然科学版）, 2024, 52 (2): 232-240.

[3] 申悦, 柴彦威. 基于GPS数据的北京市郊区巨型社区居民日常活动空间[J]. 地理学报, 2013, 68 (4): 506-516.

[4] 王德, 傅英姿. 手机信令数据助力上海市社区生活圈规划[J]. 上海城市规划, 2019 (6): 23-29.

[5] LAW S, SHEN Y, PENN A, et al. Identifying street-character-weighted local area using locally weighted community detection methods[C]// Proceedings of the 12th International Space Syntax Symposium, 2019.

[6] LAW S. Defining street-based local area and measuring its effect on house price using a hedonic price approach: the case study of metropolitan London[J]. Cities, 2017 (60): 166-179.

[7] GIRVAN M, NEWMAN M E J. Community structure in social and biological networks[J]. Proceedings of the national academy of sciences, 2002, 99 (12): 7821-7826.

[8] ROSVALL M, BERGSTROM C T. Maps of random walks on complex networks reveal community structure[J]. Proceedings of the national academy of sciences, 2008, 105 (4): 1118-1123.

图片来源

所有图、表均由作者自绘。

基于手机信令数据的自组织社区识别方法及出行特征分析
——以深圳市为例

李家源（深圳大学；lijiayuan2023@email.szu.edu.cn）

潘可恩（深圳大学；pankeen2023@email.szu.edu.cn）

李金鑫（深圳大学；156054652@qq.com）

王正午（深圳大学；517331018@qq.com）

王浩锋（深圳大学；whf@szu.edu.cn）

摘　要：社区既是地理概念也是社会概念，具有自组织性。现有社区生活圈边界划定大多基于行政社区范围，有悖于社区作为聚居在一定地域范围内的人们所组成的社会生活共同体的概念。识别自组织社区边界，有利于把握居民出行规律，优化社会空间结构。现有研究大多关注宏观尺度绿色出行视角下的公交社区或骑行社区，鲜有回归人本尺度关注步行社区。本文以深圳市为例，选取150 m精度格网，以15 min、10 min与5 min步行距离3个层次为手机信令出行距离阈值，提取2023年9月、10月的非通勤步行的手机信令数据，建立"出行起讫点及权重"的复杂网络结构，采用社区发现算法（Infomap）对深圳市市域范围的自组织社区进行识别，根据自然山水要素与交通道路元素进行边界修正，并进一步分析社区出行特征与建成环境要素的关系。结果表明：（1）通过以上研究方法，可获得3种层次自组织社区识别结果，它们并不是完全等同或按级包含的关系；（2）基于手机信令数据划分的自组织社区自身面积规模差异较大，但大多数规模处于3～8 km²，与现有行政社区相比也存在差异，其边界并不总以城市主要道路为边界，也存在以次级道路为边界的情况；（3）基于手机信令数据可明显发现出行模式呈现地域性差异。地铁出行占所有出行的比例整体呈现"关内高，关外低"的情况，而机动车出行占比与慢行出行占比则表现为相反；步行出行占比则整体较为均衡。基于手机信令数据的社区识别方法可以为社区识别提供新路径，在社区生活圈规划与城市精细化治理方面具有一定的理论意义与实践价值。

关键词：自组织社区识别；复杂网络分析技术；生活圈；手机信令数据

1　引言

　　自组织指的是在没有外部指令的情况下，系统内部的各个组成部分能够按照某种相互默契的规则，各自履行职责，同时又协调一致地自动形成有序结构。在城市生活中，居民出行行为就是一个典型的自组织现象。城市居民的出行行为呈现出丰富多样的特征，这主要体现在时间分布、空间分布及出行方式的多样化上。居民在出行过程中，往往能够根据自身需求、交通状况、环境因素等，自发地调整出行策略，从而在空间上形成不同的自组织社区。这些自组织社区可能是基于地理位置、交通枢纽、功能区划等因素形成的，它们在一定程度上反映了居民的生活习惯、出行需求和社会交往。然而，目前关于自组织社区的研究尚处于起步阶段，相关研究成果较少。研究并识别这些城市自组织社区的边界，对于我们了解居民出行特征、把握居民实际需求具有重要意义。

2　基于手机信令的自组织社区识别

本文所使用数据为联通公司手机信令数据，处理平台为极智（daas.smartsteps.com）。手机信令字段包括出行距离、出行时间、出行速度、交通方式（1-公路、4-地铁、0-其他）、驻留类型（原则上用户在同一位置停留超过 30 min 则形成驻留，1-居住地、2-工作地、0-到访地）等字段。表 1 划分 3 个层次，提取非通勤出行的手机信令数据，作为基础数据。

表 1　3 种层次筛选指标

起点驻留类型	终点驻留类型	出行时间/min	出行速度/（km/h）	出行距离/m	交通方式
1	0	5	4	500	1 或 0
1	0	10	4	800	1 或 0
1	0	15	4	1 200	1 或 0

复杂网络可以表示为 $G=(V, E, W)$，其中 V 指的是节点集合，$V=\{v_1, v_2, ..., v_n\}$；E 指的是连接节点间边的集合，$E=\{(v_i, v_j)\}$；W 指的是边的权重的集合，$W=\{w_{ij}\}$，w_{ij} 表示边 (v_i, v_j) 的权重值[1]。复杂网络具有小世界效应、无标度特性、社区结构等特性。其中社区结构指的是复杂网络中存在的紧密连接的子群（社区），社区内部节点间连接密集，而社区之间连接稀疏的特性[2]。

根据复杂网络的特征对手机信令数据进行处理，以步行出行轨迹作为起讫点之间的有向边，从而构建复杂网络。由于手机信令数据的隐私保护，无法提取精确点位数据，因而将深圳市全市域划分为 150 m×

150 m 的网格，将原本的出行轨迹转化成起讫点落在的网格间的复杂网络[3]，其数据结构表达为 G=（O 点网格编号，D 点网格编号，出行次数），图示表达如图 1 所示。

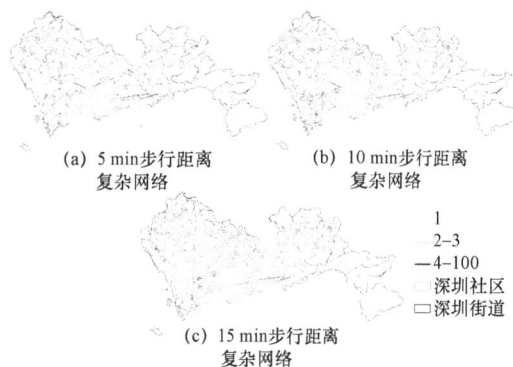

(a) 5 min 步行距离复杂网络　(b) 10 min 步行距离复杂网络　(c) 15 min 步行距离复杂网络

图 1　复杂网络示意

针对自组织社区识别，本文采用社区发现算法（Infomap），它是一种基于信息论的社区发现算法，由 Martin Rosvall 和 Carl T.Bergstrom 于 2008 年提出。其核心思想是通过最小化描述网络信息流的编码长度来识别最优社区结构，特别适合处理有向、加权网络及层级社区[4]。Infomap 算法一般使用模块度和平均最小编码长度来衡量社区划分的优劣。模块度的范围从 0 到 1，值越高代表社区划分的结果越好，即社区内部联系紧密，反之则联系较弱，典型值分布在 0.3～0.7[5]。本研究利用 Python 中的 infomap 库进行计算，该算法根据复杂网络将相互联系紧密的网格识别为同一社区，并赋予其相应的社区编号代码。

3　深圳市自组织社区识别结果及分析

经处理筛选后共获得 2023 年 9 月 1 日至 10 月 31 日的手机信令数据共 1 454 699 条。构建复杂网络后共得到 974 386 条带有权重的有向边数据，并将其导入 Infomap 算法，所得结果如图 2 所示。本文针对 15 min、10 min 与 5 min 步行距离 3 个层次分别进行了 Infomap 算法计算，删去了面积小于 22.5 ha（10 个 150 m×150 m 网格面积）的社区，数量分别为 122 [见图 2（a）]、138 [见图 2（b）]、211 [见图 2（c）]，最小编码长度分别为 9.491、9.257、8.643，模块度分别为 0.528、0.647、0.556，这意味着算法表现良好。

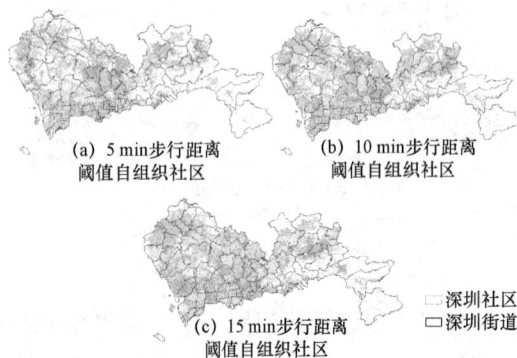

(a) 5 min步行距离
阈值自组织社区

(b) 10 min步行距离
阈值自组织社区

(c) 15 min步行距离
阈值自组织社区

□ 深圳社区
□ 深圳街道

图 2　算法识别社区结果

15 min、10 min 与 5 min 步行距离 3 个层次计算结果划定的社区边界稳定性较高，少数边界受数据量与步行距离阈值控制而有所不同，并非完全相等或层层包含的关系。如图 2 所示，宝安新安六路在 15 min 自组织社区中形成了边界，但在 10 min 与 5 min 自组织社区中并未成为边界；深圳大学周边在 15 min 与 10 min 层则形成了自组织社区，其面积大致与学校占地面积吻合，但是在 5 min 层则没有形成。在龙华清湖片区的 15 min 与 10 min 层形成了完整的自组织社区，然而的 5 min 层则分裂为 3 个社区。

考虑到差异性较小和研究数据样本量的关系，以 15 min 层次社区作为基础，参考 10 min 与 5 min 层次的社区，且根据自然山水要素与交通道路元素进行边界修正，最后对属于同一个自组织社区的格网进行融合，并对其进行边缘平滑处理，可以得到最终的自组织社区结构，形成了 101 个自组织社区，如图 3 所示。

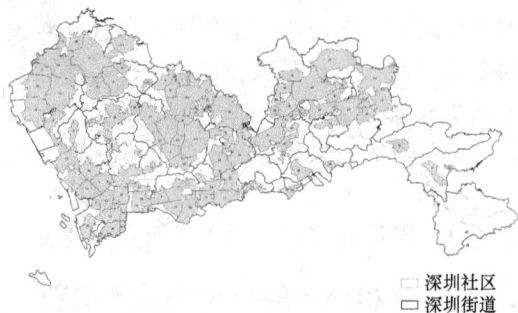

□ 深圳社区
□ 深圳街道

图 3　修正后自组织社区

101 个自组织社区的平均面积为 8.79 km^2，相当于半径为 1.67 km 的圆的面积，稍大于日常 15 min 步行的距离。其中，38% 的自组织社区面积大于平均值，且主要分布在深圳市的关外地区。另外，大鹏新区山体要素繁多，且整体数据量较小，导致社区面积较小。自组织社区与现有行政社区相比也存在差异，经修正后结果并不总是以城市主要道路为边界，存在以次级道路为边界的情况。

4　深圳市自组织社区出行特征分析

基于已修正的自组织社区边界重新提取居民各类出行数据，包括机动车、地铁、步行、慢行等类型，并将其进行可视化处理，可以明显发现每个社区地铁出行占所有出行的比例整体呈现"关内高，关外低" [见图 4（a），已删去无地铁站社区] 的情况，最高值位于福田华强片区，占比为 21.3%；最低值位于坪山燕子湖片区，占比为 2.4%。纵观全市，高值区域主要为福田中心区、华强片区、罗湖中心区、莲塘口岸、前海片区、宝安国际机场片区、深圳北片区。着眼关内，福田整体高于其他三区。从空间规划视角，高值区域或依托高密度轨道交通网络，或处于成熟交通换乘体系所在地区，地铁成为通勤人群短距离通勤及市外人群深入市中心的最优选择；其次，关内交通潮汐现象明显、机动车限行及高停车成本等政策调控，更是促进关内人群倒向地铁出行。

机动车出行占比 [见图 4（b）] 与慢行

出行占比［见图4（d）］则呈现"关内低，关外高"的情况。机动车出行最高值出现在龙岗吓坑片区，占比为44.8%；最低值出现在福田华强片区，占比为21.6%，低值主要出现在关内地区以及关外公共交通较为方便的区域。着眼关外，相对高值区域出现在无地铁经过社区以及郊外工业园区附近。慢行出行占比最高值为41.5%，出现在坪山比亚迪片区，整体高值区域主要集中在如宝安沙井、光明公明等深圳北部区域；最低值为4.7%，出现在南澳西涌片区。步行出行占比［见图4（c）］则整体较为均衡。整体而言关外区域受制于轨道交通覆盖不足与产城空间分离，长距离通勤人群则主要依赖机动化交通。其次城中村密集带来的低成本慢行适应性，共同推高电动自行车等慢行出行比例。而深圳以其高混合用地与完备的生活圈设施，能够支撑居民短途的步行需求，使得整体关内关外的步行占比较为趋同。

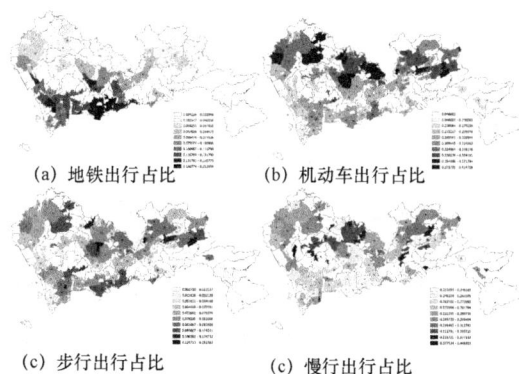

(a) 地铁出行占比   (b) 机动车出行占比

(c) 步行出行占比   (c) 慢行出行占比

图4   自组织社区出行方式占比

5   结论

本文基于手机信令数据，通过复杂网络分析和Infomap算法识别深圳市自组织社区，揭示了步行行为的空间集聚特征。结果显示，自组织社区边界与行政社区差异显著，且出行模式呈现"关内地铁主导、关外机动化为主"的地域分异。该方法为社区生活圈规划提供了人本化视角，不足之处是在数据获取与算法调试方面仍有缺陷。未来会结合多源数据优化以上问题，以期推广至其他城市，助力精细化治理与交通系统优化。

参考文献

［1］辜智慧，叶凡，崔志祥，等. 基于Infomap算法的城市骑行社区结构及活力影响因素分析：以深圳市为例[J]. 住区，2022（1）：43–50.

［2］杨辰，辛蕾，马东波，等. 基于位置服务数据的社区生活圈测度方法及影响因素分析[J]. 同济大学学报（自然科学版），2024，52（2）：232–240.

［3］牛强，牛雪蕊，唐蕾，等. 基于社区发现算法的宏中观通勤交通分析单元划分方法探索：以武汉市中心城区为例[J]. 交通信息与安全，2020，38（4）：95–103.

［4］ROSVALL，BERGSTROM. Maps of random walks on complex networks reveal community structure[J]. Proceedings of the national academy of sciences，2008，105（4）：1118–1123.

［5］M. E. J. NEWMAN. Modularity and community structure in networks[J]. Proceedings of the national academy of sciences，2006，103（23）：8577–8582.

图片来源

文中图片与表格均为作者自绘。

休闲骑行的空间分布影响因素研究

任英豪（北京交通大学；578580376@qq.com）
盛强（北京交通大学；66334133@qq.com）

摘　要：在"双碳"目标背景下，城市慢行系统的优化成为实现可持续发展的重要路径。随着近些年骑行爱好者数量的增多，其选择的路线也呈现多样化，调研发现休闲骑行与日常骑行存在显著的空间差异性。现有文献多关注骑行的舒适评价等，对城市路网特征和骑行偏好的多维度关联研究较少。并且实地调研的方法难以将日常骑行与休闲骑行区分开，从而获得的规律难以具有针对性，无法体现休闲骑行与日常骑行的空间分布影响因素差异。本文选取北京市北下关街道为实证对象（行政区域面积 6 km²），通过两步路 App 轨迹大数据筛选，建立包含 300 条有效休闲骑行轨迹的多元数据库，与实地调研的 32 个测点流量进行对比。将其与空间句法可达性参数、道路周围绿地面积、手机信令人口密度等参数进行相关性分析，评估不同类型空间因素对休闲骑行的影响权重。研究发现：（1）休闲骑行在闭环率与出行距离等行为特征方面存在一定规律性；（2）拓扑可达性对两类骑行均有显著解释力，但是休闲骑行与大尺度半径的句法参数匹配度更高；（3）休闲骑行更依赖连通性更好、折转角更小的道路，并且在此基础上绿地会对路线的选择产生吸引力。本研究基于城市路网结构的视角，揭示了休闲骑行特有的空间选择机制，为骑行网络分级设计提供量化依据，助力低碳导向的精细化空间治理策略制定。

关键词：慢行系统；休闲骑行；路网结构；精细化设计；路线偏好

基金号：北京市社科基金（22GLB027）；北京旧城商业聚散机制研究

1　研究背景

在实现碳达峰碳中和的进程中，交通领域的节能减排至关重要，而非机动车交通凭借零排放的显著优势成为助力实现双碳目标的关键一环。学界对于非机动车交通的认知处于不断完善的状态，早期 Raford 提出个体的路线选择较为多样化，结果也会受到不同个体偏好的影响，但总体来看骑行流量与角度最小化路径呈现强相关性[1]；Broach 等人基于 GPS 数据，开发了一个自行车路线选择模型，发现骑行者对骑行路线的选择与交通信号、坡度变化和机动车流量有关，并将骑行者分类，发现通勤者对距离较为敏感而非通勤者对基础设施质量较为敏感[2]。

Saelens 等人发现居住在高密度、高连接度的居民更倾向于使用非机动车出行的方式，并指出景观对于骑行也许会有一定影响，但并未对其进行更进一步的解释[3]。Garrard 发现不同性别对于路线的选择会有一定差异，且女性更倾向于短距离出行[4]。人们越来越认识到，各种影响因素并非单独存在，单一的影响因素并不会对路线产生强有力的吸引，而是需要各种影响因素相互配合[5]。

杨振盛等人研究了街区功能布局和路网结构对骑行行为的影响，认为功能空间和交通站点对骑行量的影响尤为重要[6]。在近期的研究中盛强以天津为研究案例提出了"小街区、顺路网"的街道拓扑结构特征，更适宜支持骑行[7]。

随着大数据的发展，Peter 等人在 2024 年强调了开源数据、代码和软件的重要性，以使研究人员能够有更方便快捷的方法来进行相关研究[8]。而近期两步路 App 作为骑行兴趣社区的记录平台，拥有大批开源且分层的数据可供调研。

2 数据获取

2.1 案例街区获取

本文选取北京市海淀区北下关街道作为研究对象。北下关街道处于北京市二环路与三环路之间，位于北京市老城区的西北侧，共有 34 个社区，面积共计 6 km²，总人数 158 776 人，2021 年 GDP 达 1 952 045.41 元，该街道在面积、人口、经济发展实力等方面均为北京市中等水平，且该区域交通便利，商业活动适中，街道类型多样，避免了十分繁华和十分单一的街道，是研究休闲骑行分布差异与影响因素的代表性理想区域。

2.2 骑行数据筛选

通过定位筛选的方式选取穿过北下关街道的多条骑行数据，同时进行真伪验证留存 300 条有效数据，数据横跨 2017—2024 年，包括长途与短途多种骑行种类。每条数据包括其 GPS 记录的全程骑行轨迹、骑行速度、骑行时间、爬坡高度等骑行行为数据，以及骑行者的等级、性别等个人特征数据。

2.3 实地调研数据获取

调研数据由北京交通大学 2019 年的建筑学专业学生实地记录，选取 2019 年 9 月份天气较好的周中与周日各一天，分 4 个时段（8:00—9:00, 11:00—12:00, 14:00—15:00, 17:00—18:00,），每个时段采用手机视频拍摄街道特定截面 5 min，统计双向非机动车数量。因为休闲骑行一般很少涉及社区内的道路，所以本文选取其中 32 个代表性点位来进行分析。

3 数据分析

3.1 休闲骑行空间分布规律

将数据用箱型统计图的方式整合后发现，两步路 App 记录的休闲骑行数据均速集中在 11.9～16.8 km/h 平均值为 14 km/h，骑行时间集中在 1～3 h，平均值为 1.4 h，骑行路程集中在 15～39 km，平均值为 17 km，并且明显发现夏秋出行人数远高于春冬出行人数，休闲骑行人群男性普遍要多于女性，约为 5:1。并发现有以下 3 个以休闲为目的的骑行者的行为规律。

规律 1：从表 1 中可得闭环骑行者（出发点与结束点为同一位置）更倾向于远距离骑行，而这一现象在以小区为起始点的闭环骑行中更为明显。全部样本中，闭环出行占比为 43.3%；长距离出行（出行距离大于 17 km）的 62 个样本中，闭环出行占比为 67.6%，可见长距离出行的骑行者更青睐于闭环骑车。

规律 2：由表 2 可得，有坡度爬升（＞100 m）的骑行者均速为 13.5 km/h，低于全部样本的 14.4 km/h，由此可见有爬升的骑行速度会相对较慢，但不明显，但是爬升者的平均骑行路程为 66.2 km 远高于全部样本的 35.8 km，可见爬升者骑行距离会普遍变长，并且爬坡骑行者中，男女比为 12.6:1，远高于全部样本的 5:1，高等级的人群占比会更大。

规律 3：由表 3 可得，不绕路的人（与 GIS 首尾最短角度折转综合最短距离折转轨迹重合度＞70%则认为不绕路[1]）普遍的骑行速度为 15.9 km/h，略高于全部样本的 14.4 km/h，在路程上不绕路的骑行者的平均出行路程为 21.4 km，远低于全部样本的 35.8 km，而在不绕路的 50 个样本中男女比例为 1.38:1，远低于全部样本的 5:1，由此可见，男骑行者相对于女骑行者更倾向于绕路骑行。

表 1　闭环轨迹规律

	全部样本	闭环轨迹	以小区为起始点的闭环轨迹
平均路程/km	35.8	50.0	54.3
平均时间/h	2.3	3.1	3.3

表 2　骑行爬坡者规律

	有爬坡（>100 m）	全部样本
平均速度/（km/h）	13.5	14.4
平均路程/km	66.2	35.8
平均时间/h	4.27	2.3
男女比例	12.6∶1	5∶1
10级以上占比/%	68	41.6

表 3　绕路者骑行规律

	不绕路出行	全部样本
平均速度/（km/h）	15.9	14.4
平均路程/km	21.4	35.8
平均时间/h	1.2	2.3
男女比例	1.38∶1	5∶1
10级以上占比/%	18	41.6

3.2　休闲骑行更倾向于走大路

通过句法参数 NACH 和 NAIN 的相关性对比可看出，休闲骑行的流量与 NACH15000 的相关性达到了 0.41，则代表大尺度半径的句法参数更能解释休闲骑行的空间分布规律。

休闲骑行与日常骑行的相关性仅有 0.23，并无明显相关性。相关线以上偏离的点 A_1～A_6，意味着相较日常骑行该处点对休闲骑行的吸引力更大，而该部分点对应在地图上多为主干道或道路等级较高、道路宽度更宽的大路。相关线以下偏离的点 B_1～B_7 代表"相比于休闲骑行，该点对日常骑行的吸引力更强"，该部分大多对应道路等级较低、道路宽度较窄的小路，且多为社区内的道路。由此可见相比于日常骑行而言，以休闲为目的的骑行会更倾向于走大路。这在一定程度上也揭示了休闲骑行与大尺度半径的句法参数更为相关的现象。

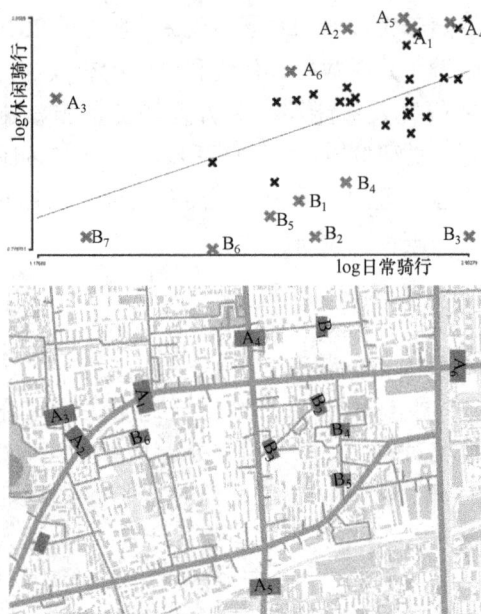

图 1　偏离点位与对应道路

3.3　景区或公园对休闲骑行空间的吸引

景区的存在会在一定程度上使得休闲骑行的占比增加。在散点图中 C_1～C_7 点的位置明显向上偏离相关线，表明该点具有一定程度的差异性，休闲骑行模型中的流量相对来说远大于该点日常骑行模型中的流量。在实证数据中，可发现 C_1 点的非机动车流量占总测点的 0.13%，而在网络休闲骑行数据中，该点的流量占总测点流量的 2.5%，这一现象在一定程度上证明，景点对以休闲骑行为目的的骑行者来说更具有吸引力，而这一现象也切合早期 Saelens 等人的研究发现[3]。

通过对比 C_1～C_4 4 个点来看发现，C_1 偏离相贯线程度最大，但是其并非距离景区最近，因此可知尽管绿地对骑行者有一定的吸引力，但它并不是唯一因素，而需要多重因素综合作用才会产生较强的吸引力，这与 Steven 等人得出的多元因素共同影响非机动车的路线选择的结论类似。因为同时 C_1 的连通性要优于 C_2～C_4，所以我们可以合理地认为街道连通性对非机动车路线的选择影响程度要大于绿地对非机动车道的影响。

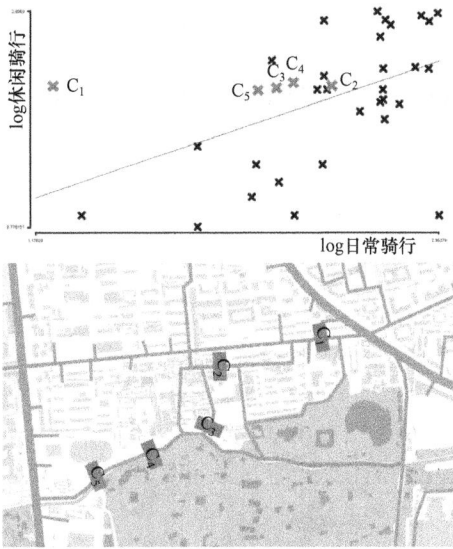

图2　景区点位与对应道路

4　结论

　　综上所述，人们更喜欢夏秋出行，且骑行爱好群里男性居多，长距离出行的骑行者更青睐于闭环骑车；有爬坡的骑行者速度会更慢，但行驶距离也会更长，男性和高等级骑行者占比更多；不绕路的骑行者速度会更快，但出行距离也会更短，女性与低等级骑行者占比更大；对比来看，以休闲为目的的骑行相比于日常骑行会更注重大尺度半径的连通性即更倾向于走大路，在此基础上，有景点或公园存在的道路对骑行者也会更有吸引力。

　　实证研究可得，在未来的交通基础设施建设中，主干道的非机动车道设计具有重要的意义。与此同时，道路周边绿化设施的合理布局在一定程度上也可以优化骑行环境，从而提高非机动车道的体验感，最终达到鼓励骑行来促进双碳目标的实现。

参考文献

[1] BROACH J，DILL J，GLIEBE J. Where do cyclists ride? A route choice model developed with revealed preference GPS data[J]. Transportation Research Part A：Policy and Practice，2012，46（10）：1730-1740.

[2] SAELENS B E，SALLIS J F，FRANK L D. Environmental correlates of walking and cycling：findings from the transportation，urban design，and planning literatures[J]. Annals of behavioral medicine，2003，25（2）：80-91.

[3] GARRARD J，ROSE G，LO S K. Promoting transportation cycling for women: the role of bicycle infrastructure[J]. Preventive medicine，2008，46（1）：55-59.

[4] GEHRKE S R，AKHAVAN A，FURTH P G，et al. A cycling-focused accessibility tool to support regional bike network connectivity [J]. Transportation research part D: transport and environment，2020（85）：102388.

[5] 杨振盛. 共享单车时代的宜骑行城市空间结构研究[D]. 北京：北京交通大学，2019.

[6] 盛强. 街道拓扑形态与宜骑行性：天津多年跨度截面流量数据分析[J]. 西部人居环境学刊，2024，39（6）：106-111.

[7] SCHON P，HEINEN E，MANUM B. A scoping review on cycling network connectivity and its effects on cycling[J]. Transport Reviews，2024，44（4）：912-936.

图片来源

图1、图2为作者自绘。

山地聚落中街道坡度对人寻路行为的影响机制探究

——以山西省晋城市高平市良户村为例

苑思楠（天津大学建筑学院，建筑文化遗产传承信息技术文化和
旅游部重点实验室；yuansinan@tju.edu.cn）

杨宇奇（天津大学建筑学院，建筑文化遗产传承信息技术文化和
旅游部重点实验室；yangyuqi1112@163.com）

刘芷若（天津大学建筑学院，建筑文化遗产传承信息技术文化和
旅游部重点实验室；zruoliu@163.com）

安振广（天津大学建筑学院；3021206101@tju.edu.cn）

闫奕成（天津大学建筑学院；1922915322@qq.com）

史家荣（天津大学建筑学院；3021002126@tju.edu.cn）

摘　要： 山地聚落作为传统村落的重要组成部分，其街道坡度变化对人的空间认知和寻路行为产生重要作用。然而，现有研究对坡度变化如何影响空间认知的解释尚不充分，且在真实环境中难以控制变量。本文旨在解答如何在更接近真实环境的山地聚落虚拟空间中相对地控制变量，来探讨山地聚落街道的坡度变化对人寻路行为的影响机制。研究选取山西省晋城市良户村为实验对象，利用点云生成的真实环境模型，通过 Unity3D 平台，构建虚拟现实（VR）实验场景，使用头戴式虚拟现实设备进行导航识路、定向寻路及认知地图绘制等任务，收集被试者的眼动、脑电及皮电生理数据，并结合主观问卷与认知地图进行分析。实验发现，不同坡度会影响寻路方式，陡坡路段受试者更倾向于向远处观察以寻路，平缓路段则更多依赖近处环境标志物辅助寻路。同时，上述坡度的变化与寻路节点等空间要素会显著影响视距范围、生理唤醒与认知负荷，表明了这些区域能激发视觉探索欲。上述内容进一步拓展了山地聚落空间认知实验的研究方法，为未来山地聚落空间形态认知机制研究提供了参考。

关键词： 山地聚落；空间认知；寻路行为；虚拟现实实验

基金号： 国家自然科学基金《太行八陉线路传统村落类型谱系量化研究》（51978441）

1　引言

1.1　研究背景

2024 年，《中共中央 国务院关于学习运用"千村示范、万村整治"工程经验有力有效推进乡村全面振兴的意见》颁布，强调要加强传统村落建设。在传统村落中，街道空间作为居民生产生活、交往和游憩的重要场所，不仅是功能载体，更是承载记忆的核心要素之一[1]。山地聚落作为传统村落的典型类型，其空间格局深受地形特征影响[2]，如坡度

等因素决定了聚落的空间形态与街道布局[3]，并进一步影响空间认知与寻路行为。研究表明，街道坡度对寻路行为的影响主要体现在坡度感知高估[4]、坡度辅助重新定位[5]及坡度认知对寻路行为产生引导作用上[6]。然而山地聚落环境复杂，坡度与其他环境因素如何协同影响寻路行为的机制尚不明确。

1.2　研究目的与意义

本文为探讨山地聚落街道坡度变化对人类寻路认知与行为的作用机制，重点分析坡度因子在寻路认知中的影响路径。其理论

价值与实践意义体现在以下三方面：其一，明确坡度对寻路行为的影响方式及其作用规律；其二，推动空间认知理论的深化，突破传统实验模型的局限，完善空间认知基础性理论解释；其三，揭示传统村落街道空间对村落氛围的塑造机制，为村落保护、修复及街道空间优化设计提供理论支撑，助力文化传承。

1.3 研究方法与创新点

本文基于 Unity3D 平台构建虚拟现实山地聚落场景，开展导航与寻路实验。既往研究表明皮电和脑电对导航与寻路之间存在关联性[7]，一定程度上可以反映大脑的活动状态[8]，因此同步采集了被试者的眼动、脑电信号及皮电反应等生理数据。创新点在于：其一，采用相对控制变量法，在近似真实环境的虚拟空间中实现对坡度及其他环境要素的控制，有效解决了传统研究中变量控制不足的问题；其二，将点云模型与虚拟现实技术结合，构建高度真实的山地聚落环境，为空间认知研究提供了新方法范式。

2 研究对象与方法

2.1 研究对象

本文选取山西省晋城市高平市良户村作为研究对象（见图1）。该村具有典型的山地聚落特征，且古建筑和街道保存较为完整，具有较高的历史文化价值，为实验提供了理想的场景和丰富的视觉参照物。

图1 村落三维图片

2.2 虚拟现实实验平台构建

为模拟真实的山地聚落环境，本文采用虚拟现实技术构建实验平台[9]（见图2）。

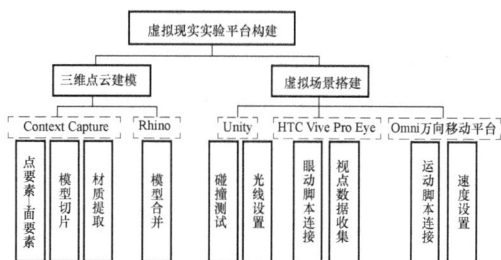

图2 实验平台构建

2.3 实验设计

导航漫游实验阶段：在正式寻路实验前，引导受试者在虚拟环境中进行导航漫游，建立空间认知框架，为后续认知地图绘制与寻路实验奠定基础。

寻路实验阶段：设置 A、B、C 3 条具有差异化坡度特征与标志物分布的路径（见图3）。通过记录受试者在路口择路的决策行为，探究坡度与道路特征对寻路行为的影响。

数据收集：实验过程中，通过 ErgoLAB 平台实时采集受试者的脉搏、皮电和脑电信号，并利用工作室自主编写的 C#脚本收集视点数据。

认知地图绘制与问卷填写：实验结束后，受试者绘制认知地图并填写问卷，标注有助于寻路的标志物。

图3 实验路径

3 实验结果与分析

实验阶段共招募志愿者 58 人，其中男

生 30 名，女生 28 名，获得有效数据 56 组。

3.1 主观评价分析

主观评价基于调查问卷与认知地图绘制结果。问卷数据经信度与效度检验，具有可靠性与一致性。调查显示，64%的受试者曾探访过传统山地聚落，61%为首次参与 VR 实验［见图 5（a）］，表明实验初期受试者普遍存在适应过程。

问卷中空间辨识维度分析显示，有 51.78%的受试者认为良户村方位辨识较为容易，有 75.0%的受试者认为空间辨识物特征显著［见图 5（a）］。参照物选择统计表明，节点建筑与道路因直观性与可辨识性成为主要空间参照。

认知地图绘制结果进一步揭示了空间认知特征［见图 5（b）］。受试者重点标注了 B_3（C_3）、C_2、A_2 及 A_1 等街道空间及标志物与节点，这些区域寻路正确率超过80%，错误人数少于 5 人，表明其空间要素特征较为显著。同时研究发现，受试者对村落整体空间结构的认知弱于特定区域，这与山地聚落的坡度变化密切相关，即坡度较大区域往往形成显著认知节点，而平缓区域则呈现认知模糊性。此外，个别特殊情况与空间其他要素的相互影响有关。

3.2 视觉行为特征分析

基于眼动数据的视觉行为特征分析通过 Unity 平台自主编写视点与视距可视化分析进行［见图 5（c）］，对 3 条实验路线共 12 个路段展开空间特征耦合分析，揭示坡度与视觉行为的内在关联（见图 4）。

路线	路段编号	坡度	道路宽度	道路长度	D/H比	空间特征	标志物	视点分布特征	视距范围
A	A1	-4.6	5.2	40	0.87	空间连贯且半开放	有	较为分散，主要聚集在两侧建筑立面及标志物上	较小
	A2	5.7	3.5	50	0.85	空间转折且封闭	有	主要集中在一侧的建筑立面及前方高点节点建筑	较大
	A3	5.2	2.8	40	0.47	空间连贯且封闭	无	主要集中在道路及道路两侧建筑立面	适中
坡度变化显著	A4	7.5	4.6	70	0.66	空间转折且封闭	有	主要集中在街道及前方高点节点建筑上	较大、显著增加
B	B1	0	4	40	0.8	空间连贯且半开放	有	比较分散，主要依据周边空间环境信息辅助寻路	较小
	B2	-1.1	3.2	40	0.46	空间连贯且封闭	无	主要集中在周边环境	较小
	B3	5.7	9.8	100	1.4	空间连贯且开敞	有	主要集中在高点节点建筑和道路上	适中，有所提高
坡度变化平稳	B4	-1.1	2.5	50	0.5	空间转折且半开放	有	主要集中在两侧转折点建筑及周边环境上	较小
C	C1	-4.8	3.5	60	0.88	空间连贯且封闭	有	比较分散，主要集中在道路尽头，部分视点集中在道路两侧及标志物	较小
	C2	-6.3	3.5	65	0.47	空间连贯且封闭	无	较为分散，主要集中在远方开阔区域，部分视点会集中在道路两侧	较小
	C3	6.3	5.8	55	0.83	空间连贯且开放	有	视点分布主要集中在道路及高点节点建筑，部分聚集在街道两侧	较大
坡度变化显著	C4	-1.1	2.5	50	0.5	空间转折且开放	有	较为分散，依据转折点及道路两侧的空间环境信息辅助寻路	较小

图 4 12 个路段信息

视距分析表明，受试者视觉注意力主要集中于 20～50 m 范围，该区间可以有效支持空间认知与环境感知。高视距区域（超过 50 m）多出现在路线转折点或开阔地段，与空间结构特征密切相关［见图 5（d）］。具体而言，路线 A 的视距波动较小，反映出空间连贯性和界面连续性较高；路线 B 视距波动显著，对应多样化空间结构；路线 C 视距较短且波动平缓，体现了封闭空间对视距的限制作用。

当坡度陡峭且上坡时，受试者倾向于注视高点节点建筑与街道以辅助导航；当下坡时则更多参考周边及远景环境；平缓路段视线集中于近处路面，依赖周边标志物导航。

空间开放性同样影响视觉行为：半开放空间促使视线分散至道路两侧建筑与标志物，利于方位确认；封闭空间则限制视线，使受试者集中注视前方道路。

此外，标志物对寻路行为有显著影响。有标志物的路段便于受试者确认方向与路径，体现其参照价值，而无标志物路段则需依赖周边环境元素进行方向判断。

3.3　生理信号特征分析

皮电数据显示，路径选择（select）阶段皮电波动最剧烈，表明该阶段生理唤醒与认知负荷达到峰值。当上坡坡度增大时，皮电值亦普遍升高，进一步验证了坡度对生理状态的显著影响［见图5（e）］。

脑电数据由于受限于实验过程中的运动干扰，信号收集不稳定，因此仅分析其中部分数据。分析显示，Beta波与Gamma波呈现高频高能量特征，反映受试者在复杂任务中注意力高度集中，大脑皮层处于兴奋态。时频分析表明，脑区活跃峰值集中在路径选择节点及寻路错误时刻，进一步印证方位确定过程伴随认知活动增强［见图5（f）］。

综合表明，坡度变化显著影响生理唤醒与认知负荷，空间要素如寻路节点也会加剧认知负荷。

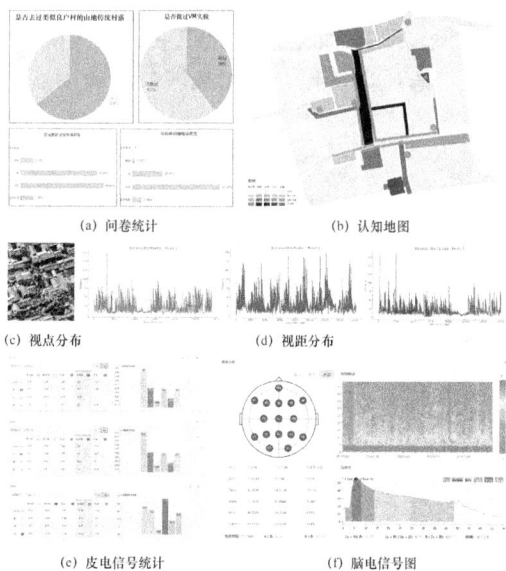

图5　问卷和生理数据

4　结论与讨论

本文通过虚拟现实实验揭示了山地聚落中坡度因子对人寻路行为的影响机制。上述内容进一步拓展了山地聚落空间认知实验的研究方法：在更接近真实环境的山地聚落空间中相对的控制变量，对今后的山地聚落空间研究及空间形态认知机制研究具有借鉴价值。

参考文献

［1］ LIU Y，LI Z，TIAN Y，et al. A study on identifying the spatial characteristic factors of traditional streets based on visitor perception: Yuanjia Village, Shaanxi Province[J]. Buildings，2024，14（6）：1815.

［2］ 原广司. 世界聚落的教示100[M]. 北京：中国建筑工业出版社，2003.

［3］ 葛敬天，张玥，赵森，等. 南太行山区聚落空间格局特征及其影响因子：以河南新乡地区为例[J]. 风景园林，2024，31（12）：96–104.

［4］ PROFFITT D R, STEFANUCCI J K, BANTON T, et al. The role of effort in perceiving distance[J]. Psychological science，2003，14（2）：106–112.

［5］ NARDI D，NEWCOMBE N S，SHIPLEY T F. The role of slope in human reorientation[R]. Charleston: Eastern Illinois University，2010.

［6］ NARDI，NEWCOMBE，SHIPLEY.The Role of Slope in Human Reorientation[M]// HOLSCHER，SHIPLEY，BELARDINELLI. Spatial cognition VII. Berlin：Springer，2010：32–40.

［7］ PROFFITT D R，CREEM S H，ZOSH W D. Seeing mountains in mole hills: geographical-slant perception[J]. Psychological Science，2001，12（5）：418–423.

［8］ 王忠民，冯璐，贺炎，等. 基于脑电信号因效性脑网络的情感状态分析[J]. 西安邮电大学学报，2020，25（2）：35–40.

［9］ 纪伟洁. 认知视角下的太行八陉山地聚落空间形态与类型划分研究[D]. 天津：天津大学，2022.

图片来源

图1～图5均为作者自绘

多源数据下的乡村自然景观对人群步行舒适性测度研究

——以门头沟上苇甸村为例

李勤，陈宗浩，刘文奥，杨镇泽

（北京建筑大学建筑与城市规划学院）

摘　要： 乡村自然景观是展现乡村生态、文化记忆与历史见证的核心载体，其发展与保护的程度将会直接关系到乡村人居环境质量与村民生活品质。然而，传统研究多依赖于人群主观指标与单一数据源，同时乡村数据普遍较为缺乏，想要将高精尖的城市测度数据应用于乡村之中颇为困难，当前测度研究普遍难以精准刻画游客在步行观赏过程中所体现出的空间复杂性与时间动态性变化。因此，本研究以门头沟上苇甸村为例，通过实地采集街景图像、POI数据点等应用数据的方式，构建多源数据融合的"自然生物-非生命体-主观感知"协同评价模型，旨在应用量化分析揭示乡村景观对人群步行舒适度的多维影响机制，并提出地域适应性优化策略。

关键词： 多源数据；乡村景观；步行舒适性

基　金： 促进首都功能核心区高质量发展的城市更新课程教、研协同发展优化研究（MS2022276）；北京市教育科学"十三五"规划课题"共生理念在历史街区保护规划设计课程中的实践研究"（CDDB19167）；中国建设教育协会课题"文脉传承在'老城街区保护规划课程'中的实践研究"（2019061）

作为乡村振兴战略的重要一环，乡村景观的塑造与更新成了当前重点关注与建设的部分，而在乡村设计愈发趋同的当下，不做或者少做修饰的自然景观更加能够体现不同地域文化之下乡村的差异化特征[1]，相较于人工塑造的产业化旅游模式，未加雕琢的自然景观普遍是更加吸引市民前来乡村旅游与消费的金字招牌[2]。根据前期调查，游客们普遍愿意远离代步工具，通过徒步的方式亲近自然景观，感受其所带来的愉悦之感[3]，"徒步游览路线""自然景观探访路线"等旅游名词也应运而生，因此，如何塑造令游客感到舒适的乡村景观、将自然景观通过最佳方式呈现出来，成了当下设计师们亟待解决的问题之一。

然而随着科技的进步，传统的营造手段与设计手法愈发无法满足当下乡村景观的氛围营造需求，需要更加量化的分析手段让设计者能够更好地根据自然景观因地制宜地选择发展道路，但是囿于乡村基础数据的缺失，传统村落的数字化分析也普遍要少很多[4-5]。

因此，本文以北京市门头沟区妙峰山镇的上苇甸村为试点基地，通过现场拍摄街景图像、制作POI点位矩阵等多源数据分析方式，针对乡村自然景观对步行舒适性的影响开展多源数据下的测度研究，并通过差异化的分析研究各个自然景观之间的影响，为接下来的系统化研究提供试点与参考。

1　基础概念与研究现状

1.1　基础概念

本文中所研究的"乡村自然景观"指的是：能够体现村庄特色、没有或者少有人工修饰痕迹的非人类自然景象，其中"少有"指的是不改变景观本身的整体形象与时空属性（如河道、坡道等），仅规划出相应的行走路径或游览河道等。此外，太阳、天空、山峦等更大属性的自然景观仍会当作区域内的研究对象。

1.2 研究现状

上苇甸村位于门头沟区妙峰山镇西北部苇甸沟域内，具体范围如图 1 所示，村庄规划范围为 16.66 hm²，村庄气候年际变化和年内变化都比较强烈，内部河流与山坡交织，步行时景观变化较为明显，具有较为明显的京西传统村落特色。

近年来，上苇甸村积极配合妙峰山镇进行文旅协同开发，游客数量相较以往有所增加，但其山水自然景观资源并未很好利用，缺乏村庄独有的景观产业 IP 效应，有待进一步规划与挖掘。

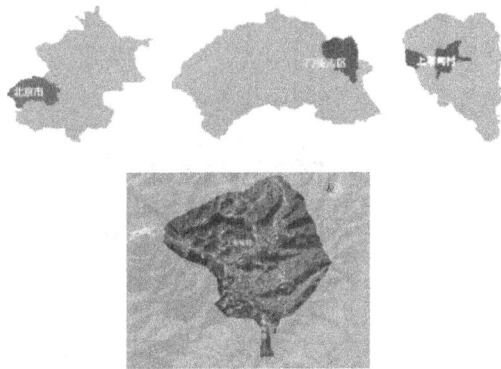

图 1 研究区域

2 研究方法过程

2.1 研究框架

本次研究首先运用 AHP 层次分析法提取乡村自然景观对游客步行舒适度影响因子权重，再通过不同方式获取街景图像数据、POI 兴趣点等数据，通过深度学习等分析手段对上苇甸村游客步行舒适度进行测度评价，最后研究不同因子间的差异性与协

同性表现，为乡村自然景观的量化研究提供技术支撑与决策参考，具体研究框架如图 2 所示[6]。

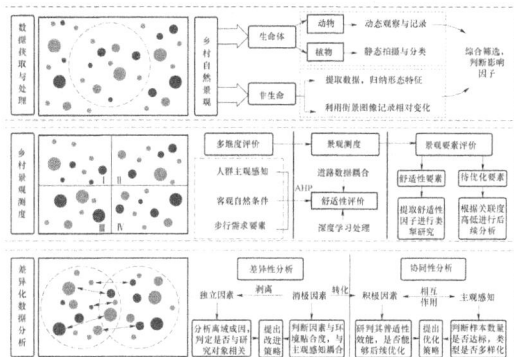

图 2 技术路线

2.2 数据提取

在街景图像获取方面，研究小组于 2024 年秋季开始对研究区域内 22 段街道和 3 条山路的街景图片开展了收集。步行道路总长约为 10.5 km，拍摄采用 Insta 360 X4 相机，在 ArcGIS 中导入数据采集路径并结合卫星遥感底图进行校正，取 50 m 作为密集式采样间隔，工作持续到了 2025 年 2 月，跨越秋冬两个季节，共收集了 226 个采样点上 1 432 张百度街景图片数据。此外，研究还抓取及记录了 POI 数据点 34 个，采访游客 255 人。研究收集的路网基础数据来源于北京市规划设计研究院，POI 兴趣点来源于实地走访调研，游客皆为自愿无偿参与，研究过程中无强迫性行为。

3 研究结果

3.1 权重统计

研究运用 AHP 层次分析法，共邀请 30 位具有景观、规划、建筑背景的专家及硕士、博士研究生，从自然生命景观、非生命体景观、游客主观感知 3 个维度进行打分，具体的判断矩阵见表 1。

表1 文化探访路街区空间使用后评价指标权重

一级指标	二级指标	权重
A 自然生命景观	A1 类别多样性	0.093 2
	A2 区域特色性	0.106 6
	A3 植被覆盖率	0.115 4
	A4 色彩丰富度	0.047 2
B 非生命体景观	B1 季节差异	0.095 9
	B2 天空占比	0.079 2
	B3 地势斜度	0.054 4
	B4 水域面积	0.040 5
C 游客主观感知	C1 步行顺畅度	0.041 1
	C2 切身距离/临场感	0.091 4
	C3 人工环境交叉度	0.126 0
	C4 全龄段接受度	0.109 1

3.2 多源数据评价

本次研究使用 U-net 深度学习神经网络对所获取街景图像中的天空占比、地势斜度、水域面积、绿率等进行关键因子提取，之后通过邀请从业专家对图片进行对比的方式校正，将训练之后的模型计算方法应用于上苇甸村，最后与 POI 数据及游客主观感知访谈数据进行耦合，得到总体视觉感知、植被覆盖率、步行顺畅度、人工环境交叉度、色彩丰富度、区域特色感知六类分析要素结果，如图3所示[7]。

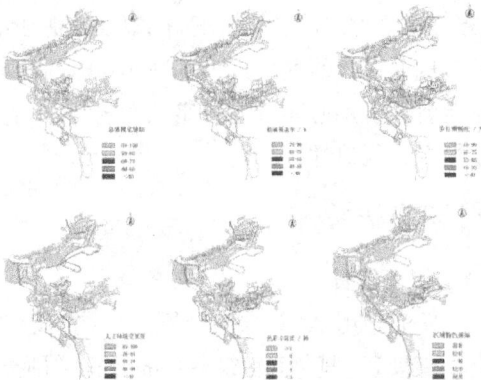

图3 上苇甸村研究结果

最终将得到的影响因子评价通过雷达图的方式进行绘制，以便更加明晰地看出相关影响，如图4所示。从中可以看出季节性差异的影响较大，植被覆盖率是影响游客徒步的最重要因素之一，而与人工环境的交叉则会在很大程度上影响游客对该地区自然景观的评价[8]。

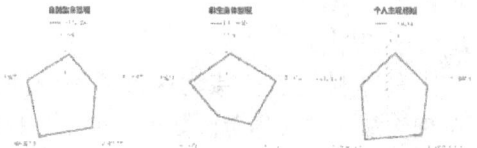

图4 上苇甸村自然景观影响评价雷达图

4 差异性分析

运用 SPSS 分别对早秋和晚秋的滨水空间活力与秋季景观特征指标之间的相关性进行 Spearman 相关性分析。结果见表2。可以看到季节对生命体影响相对较大，同时由于京西传统村落的地势相较于南方较为平坦，且鲜少有动物出没，因此动物与非生命体的影响相对较少。而季节则对于游客的切身体验拥有较大的相关，适宜相关从业者在季节环境上进行差异化的处理与设计[9]。

表2 乡村自然景观与步行舒适性
影响因子的相关性分析

乡村自然景观对步行舒适性影响因子		秋季步行	冬季步行
生命体影响因子	类别多样性	.121**	0.482
	区域特色性	.103**	.082*
	植被覆盖率	.152**	−.312**
非生命体影响因子	色彩丰富度	0.031	0.021
	天空占比	0.028	0.007
	地势斜度	−0.042	−.103**
	水域面积	0.042	.091*
主观指标影响因子	步行顺畅度	0.022	−0.030
	切身距离/临场感	.142**	.129**
	人工环境交叉度	−.101**	−0.032
	全龄段接受度	0.002	−0.026

注：*在 0.05 级别（双尾），相关性显著；**在 0.01 级别（双尾），相关性显著。

5 结语与展望

本文以门头沟区上苇甸村为研究对象，通过街景图像实拍+深度学习的方式将乡村自然景观对步行舒适性的影响进行量化分析，可以看到总体感知评分与乡村自然景观的影响整体上呈现正相关，季节性要素对人群步行舒适性影响大于生物类景观，同时步行者更乐于在两侧见到绿色植物，上苇甸村的四周绿视率较高，对人群徒步心情改善较为友好。而动物类景观对人群步行影响较弱。当自然景观优美时会在一定程度上提升游客满意度，同时也会发现，当拥有历史或人文景观时游客并不会特别关注其余自然景观的成分，需要在后续研究中对相关成分进行补充。

在以后的研究中，将会更多思考人文景观与自然景观的叠加，以及相似自然景观在通过改造之后对游客的影响对比，并将传统村落的景观要素进行整体化、区域化的对比，为多源数据下的乡村规划研究提供更多理论上的策略引导。

参考文献

[1] 张立，谭添，李雯骐，等. 21世纪初东亚乡村发展和规划实践及若干启迪[J]. 国际城市规划，2024，39（4）：118-126.

[2] 吕光耀，蒋红缘，李雪萍，等. 行动者网络理论视角下乡村景观演化解析：以大理市喜洲村为例[J]. 南方建筑，2023（12）：58-67.

[3] 李晓颖，王志东，汤羽成. 基于主客感知视角的南京市传统村落景观基因评价[J]. 南京林业大学学报（自然科学版），2025，49（1）：255-264.

[4] 王玮，韦姿言，张嘉龙，等. 基于KANO模型分析的生态乡村景观设计需求聚类研究：以长三角地区乡村聚落为例[J]. 现代城市研究，2024（8）：120-125.

[5] 刘颂，柳迪子，杜守帅. 基于多模型和权衡矩阵法的乡村生态：游憩景观安全格局重构[J]. 风景园林，2024，31（3）：99-105.

[6] 郭倩钰，孙威，孙涵. 北京市制造业与生产性服务业协同集聚的测度方法与时空演变[J]. 地理学报，2025，80（2）：415-432.

[7] 叶宇，黄镕，张灵珠. 多源数据与深度学习支持下的人本城市设计：以上海苏州河两岸城市绿道规划研究为例[J]. 风景园林，2021，28（1）：39-45.

[8] 樊钧，唐皓明，叶宇. 街道慢行品质的多维度评价与导控策略：基于多源城市数据的整合分析[J]. 规划师，2019，35（14）：5-11.

[9] 汪洁琼，江卉卿，陈俊延，等. 人工智能赋能城市滨水空间秋季景观特征识别与活力提升：以上海市黄浦江为例[J]. 中国园林，2024，40（9）：15-21.

图片来源

图1~图4均为作者自绘。

地铁公交换乘率的影响因素分析

——以南京市柳州东路站和天润城站为例

王兴宇（南京大学；1031094319@qq.com）

童滋雨（南京大学；tzy@nju.edu.cn）

摘　要： 公共交通体系对城市居民出行有着至关重要的影响，地铁公交的换乘成为城市公共交通体系中的重要环节，也是发挥公共交通效率的关键因素。然而在南京的公共交通系统中，换乘率的变化存在较多的突变，即便是紧挨着的两个地铁站点，其换乘率也有很大的差异。本文以柳州东路站和天润城站两个换乘率差异较大的站点为例，对这两个站点相关的公交线路、地铁线路、居民住区等因素进行了深入分析，尤其是经过这两个地铁站的公交线路走向和站点分布，提出了影响地铁公交换乘率的关键因素，并为改善天润城站的公交换乘率提出了相应的策略和建议。

关键词： 地铁公交换乘率；公共交通体系；城市交通；共线率

基金号： 国家自然科学基金国际（地区）合作与交流项目（72361137008）

1 引言

在大中型城市的公共交通体系中，地铁承担的作用越来越大，但对于城区面积来说，地铁的覆盖范围依然有限。尤其在城市郊区，依然需要大量的公交线路来填补空白，为满足居民的出行需求，形成了"地铁到站、公交到家"的出行模式。因此，地铁公交的换乘成为城市公共交通体系中的重要环节，也是发挥公共交通效率的关键因素。

在现有研究的结论中，地铁公交换乘率的变化多是沿地铁线路的连续变化，然而在南京的公共交通系统中，换乘率的变化存在较多的突变，例如，柳州东路站和天润城站，这两个紧挨着的地铁站每日换乘率相差数十倍。针对这一特殊现象，本文对这两个站点的相关公交线路数量与长度，轨道交通与相关公交线路的空间形态关系，公交线路分布与居住区的关系进行了深入分析和对比，旨在揭示两站地铁公交换乘率差异较大的

原因，为优化天润城换乘率提供参考。

2 研究现状

近年来，城市多源交通大数据的轨交公交换乘客流识别技术蓬勃发展，在建筑与城市规划领域，国内外学者对公交地铁换乘率的研究主要集中在空间关系与用地性质两方面。

在空间关系方面，Yang Sun 分析了轨道交通与公交的空间关系，将公交线路进行了分类，针对与轨道交通共线的公交线路，通过遗传算法提出了城市出行时间最短的模型，得到公交线路的优化方案[1]。高悦尔等人通过计算换乘站点的共线关系，得到了是否保留低效用站点的评价模型[2]。徐泽达将公交车站分为竞争车站和非竞争车站来对竞争车站所在线路采取分割、转向、撤销等操作来优化公交线路[3]。

在用地性质方面，主要集中在线路周边POI 数据的统计分析方面，Gan Z 等人研究了居住、商业、工业用地比对公交换乘率的

影响[4]；Chen E 等人先是研究了医疗购物旅游等设施密度对公交换乘率的影响，后续又增加了居住、工作的设施数据[5]。

既往的研究取得了较为丰硕的成果，但是还无法直接说明两站换乘率差异较大的原因，因此本研究在先前学者的基础上对两站进行了进一步分析。

3 研究实例

3.1 研究区域与线路状况

南京市地铁共有 13 条线路，本文所选取的柳州东路地铁站和天润城地铁站隶属浦口区，位于主城区西北方向 10 km 左右。两站位于 3 号线北段，相距 1.6 km，前者 500 m 范围内有公交站点 7 个，后者 500 m 范围内有公交站点 6 个（见图 1），然而前者每日换乘人数超过 2 000 人，后者不到 100 人，有巨大反差。研究采取了南京市浦口区的部分区域作为研究区域，该区域主要包括 3 号线局部（柳州东路—林场），S8 号线局部（高新开发区—长江大桥北）及南部居住区。

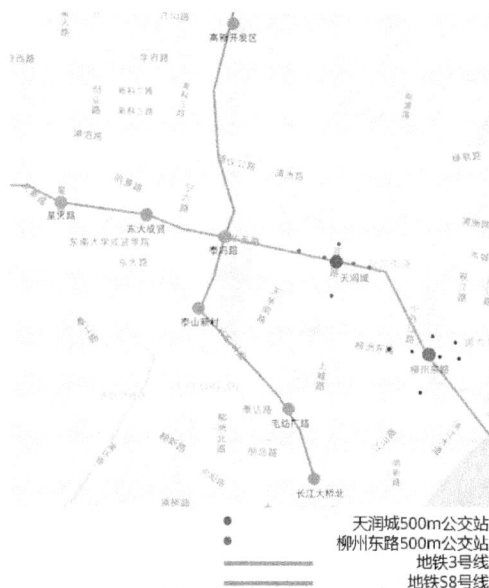

图 1　两个地铁站点周边的公交线路情况

本文根据已有公交线路信息计算得到了以下数据：柳州东路站 500 m 内相关公交

线路 20 条，相关公交线路长度 115.70 km，独有公交线路长度 54.20 km；天润城站 500 m 内相关公交线路 13 条，相关公交线路长度 100.20 km，独有公交线路长度 38.70 km（见图 2）。在 ArcGIS 中将范围内的道路分割后得到线段 152 段，其中柳州东路独占 52 段，天润城独占 31 段。

图 2　两个地铁站点周边的公交线路情况

3.2 公交线路与轨道交通空间形态分析

本文的分析思路是从公交线路与轨道交通线路的拓扑关系入手，计算二者的共线率，其计算公式为：共线率=（该地铁站相关公交线路与地铁线共线部分的总长度/该地铁站相关公交线路总长度）×100%，共线率衡量了公交线路与地铁线路的重合程度，共线率越高说明存在重叠的服务区域，关系越差[6]。在 ArcGIS 中可以通过计算几何的方式计算出轨道交通的线路长度与公交线路的长度，并计算共线率，其数据如下：柳州东路站线路与地铁线共线率为 3.75%，与 3 号线的共线长度为 1.71 km，与 S8 号线的共线长度为 2.63 km，共线总长度 4.43 km。天润城站线路与地铁线共线率为 11.21%，与 3 号线的共线长度为 3.12 km，与 S8 号线的共线长度为 8.11 km，共线总长度 11.23 km（见图 3）。因此，天润城站周边公交线路的共线率约为柳州东路站的 3 倍，共线长度约为 2.6 倍。

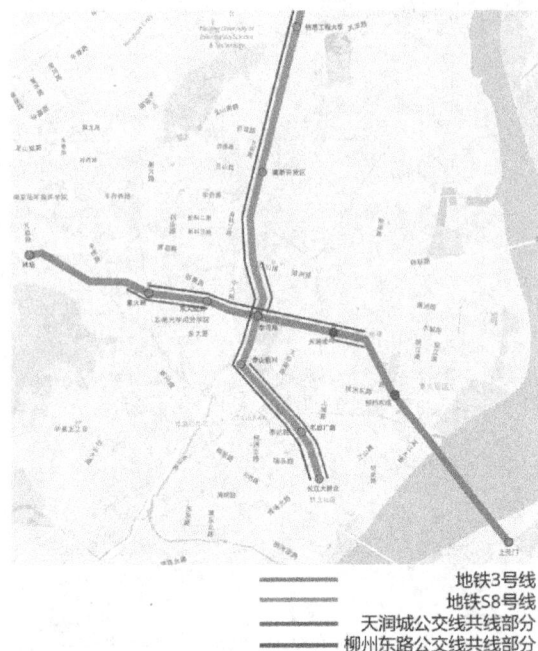

图 3　两个地铁站点周边公交与地铁共线情况

从上述数据可以看出，无论是 S8 号线还是 3 号线，天润城站的公交线路与轨道交通线路的共线率远大于柳州东路的共线率。除此之外，作者还统计了共线最严重的 3 条公交线路，从共线长度由高到低分别是：656 路、608 路、605 路，它们的共线长度分别为 4.015 km、3.738 km、3.619 km。656 路与 605 路隶属于天润城站，608 路隶属于柳州东路站，它们是最需要改进的 3 条公交线路。

3.3　居民区对公交换乘率的影响

首先在 Mapbox 中获取了研究范围内的住宅建筑 shape 文件，将该文件叠加在公交线路文件中，通过公交线路生成缓冲区（缓冲距离 100 m）的方法筛选出公交线路周边所服务的住宅区，计算所选公交线路沿线住

宅区的数量与面积，来判断哪个地铁站周边的公交线路所服务的住宅区更多。计算结果如下：范围内的住宅区有 1 083 km²，柳州东路站与天润城站独有服务住宅面积分别为 290 km² 和 123 km²，独有服务住宅区场地面积占全部住宅区面积的 26.8% 和 11.4%。（见图 4）由于住宅区会由地铁承担，因此在上述数据的基础上去掉 3.2 共线部分周边的住宅区，可得到柳州东路公交独自所服务的住宅区为 290 km²，天润城公交独自所服务的住宅区仅为 57 km²，前者约为后者的 5 倍，差异很大。同时站点与主城区的位置关系也可能导致离两站居住距离相等的居民会选择柳州东路站换乘。

图 4　两站点周边的住宅区分布情况

4　总结与讨论

综上所述，柳州东路站和天润城站公交换乘率差异较大的原因可总结为以下几点：① 公交线路数量长度因素，柳州东路公交比天润城多 7 条线路，长度多 15.5 km，在

长度数量方面有优势；② 公交线路与轨道交通空间形态因素，柳州东路公交线路与地铁共线率是天润城的三分之一，与地铁竞争关系较弱；③ 沿线居民区体量因素，柳州东路公交服务的住宅区面积约为天润城的 5 倍，服务居民数量较多。此外，还有可能存在一些其他因素，例如，从家抵达两站消耗时间近似的居民，由于柳州东路更靠近主城办公区，人们往往会选择少乘一站从柳州东路站上车。

本文还有很多不足之处，首先在共线率计算时，由于地铁线路的实际形态与公交线路并不完全重合，且计算机无法判断两条线路的关系，因此需要人工去判断是否共线。其次在计算周边住宅区面积时，仅计算了住宅区的场地面积，没有考虑实际的建筑面积与楼层高度，无法反映实际居住人数，因此结果可能有误差。后续研究可以在此次基础上进一步改进算法与评价机制，使结果更严谨完善。

参考文献

[1] SUN Y，SUN X，LI B，et al. Joint optimization of a rail transit route and bus routes in a transit corridor[J]. Procedia - Social and Behavioral Sciences，2013，96（4-5）：1218-1226.

[2] 高悦尔，崔洁，王成，等. 基于站点重要度的轨道交通沿线常规公交线路调整[J].长安大学学报（自然科学版），2020，40（6）：97-106.

[3] 徐泽达，姚敏峰. 轨道交通与常规公交共线关系下的常规公交优化方法[J]. 华侨大学学报（自然科学版），2018，39（4）：562-568.

[4] GAN Z，YANG M，FENG T，et al. Examining the relationship between built environment and metro ridership at station-to-station level[J]. Transportation research part d：transport and environment，2020，82：102332.

[5] CHEN E，YE Z，WU H. Nonlinear effects of built environment on intermodal transit trips considering spatial heterogeneity[J]. Transportation research Part D: transport and environment，2021，90（1）：102677.

[6] 雷羽. 常规公交与轨道交通共线条件下线路及站点优化研究[D]. 重庆：重庆交通大学，2021.

图片来源

图 1～图 4 为作者自绘。

皖西南大屋的失序与革新

——岳西县李冲下屋的空间演变研究

陶曼丽（同济大学建筑与城市规划学院；tml525@163.com）

陈泳（同济大学建筑与城市规划学院；03026@tongji.edu.cn）

摘　要：皖西南大屋是位于明清移民通道上祠居一体的聚居建筑，具有与家族-房支-家庭的亲属结构相互建构的空间秩序。随着新中国成立后农村改革的推行，大屋建筑的空间组织发生变化。本文通过空间句法对岳西县李冲下屋空间结构的演变过程展开考察，得出以下结论：组构核心东移表达出东西房支力量的变化和家族整合能力的维持，但家族空间神圣性减弱；各功能全局整合度平均值排序变化表达出家族与家庭间公私秩序的弱化；新型庭院的出现促进了东头堂厅中心性的保持，但表达出神圣性和世俗性、血缘性和地缘性融合的新居住模式。

关键词：皖西南大屋；家族社会；空间句法；乡村社会变迁

1 皖西南大屋：家族社会的投影

皖西南位于安徽省西南部，为安徽省安庆市属地，处鄂赣皖三省接壤处。该地区的主体族群大部分是元末明初自江西迁入的移民群体[1]。受宗法社会结构和防御性移民文化的双重影响，当地发展出祠居一体的聚居型民居——皖西南大屋。该民居以家族祭祀空间为纵轴，以巷道空间为横轴，将不同房支、家庭的生活空间组织起来，部分房支内设有独立的房支交往空间。体现了与家族-房支-家庭的亲属结构相互建构的层级性空间秩序。随着新中国成立后社会改革的推行，家族制度受到冲击，大屋空间组织也发生诸多变化。本文以岳西县李冲下屋为例，通过空间句法考察皖西南大屋空间结构的演变规律及其社会成因。

李冲下屋坐落于安庆市岳西县河南村，始建于清代，为蒋氏家族祖屋。建筑坐东南朝西北，为双祖堂两进式格局，东头堂屋先于西头堂屋建造，总面积 2 666 m² （见图 1）。2019 年被列入安徽省第八批文物保护单位。本文通过空间句法与田野调查结合的方法，

将封建时期、20 世纪 50 年代、20 世纪 70 年代及 20 世纪 90 年代的李冲下屋平面图转译为凸空间模型，以整合度为指标考察其空间演变特征。

图 1　李冲下屋鸟瞰图

2 李冲下屋的空间演变

2.1 家族空间偏移

从封建时期的全局整合度核心（见图 2）来看，核心位于东西堂厅之间，且到东头祖堂的步数较西头祖堂略少。说明东西堂厅统辖的居住领域形成相互平衡的力量，但东侧的整合能力略胜一筹。东西堂厅的建造者分别是蒋氏明龙公和其重孙。东西堂厅是举办各自房支的红白喜事的场所，但东头堂厅还

承担家族祭祖、议事等全体居住者参与的活动。东西祖堂的建造者关系、举办活动类型反映出东头堂厅较西头堂厅更高的等级地位。这种长幼尊卑的社会逻辑与组构特征一致。

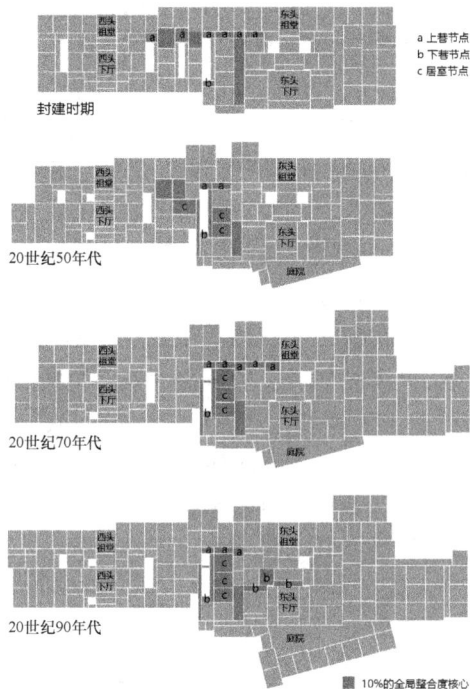

图2 不同时期李冲下屋的全局整合度核心

核心主要由巷道构成。巷道多呈狭长形，促进穿越行为发生，难以开展聚集活动，因此核心未表达出促进家族交往的社会内涵。实际上，对于移民社会，防御性是族人安全需求的基本保障，如何快速传递信息确保全族统一行动是抵御外敌的关键策略。因此东西祖堂间的巷道作为核心可以确保行动指令快速到达各房间。

位于上巷的核心节点较下巷多，说明上巷较下巷重要性更高，更靠近内部与后方的下巷具有更高的重要性，表达了以后为尊、内外有别的居住观念。祖堂是供奉祖先牌位的神圣场所，祖先是家族的根源，因此祖堂具有至高无上的地位。祖堂所在之处位于后和内，传统的居住观念实际上受祖先崇拜的

影响，体现了家族社会的溯源性特征。

新中国成立后全局整合度核心（见图2）发生以下变化：① 核心从中间向东侧偏移；② 从上巷向下巷偏移。核心的横向偏移受东西房支繁衍能力差异的影响，东侧房支人丁兴旺，扩建的居室数量较西侧多。为了实现对全族的管理，组构核心东移。核心的纵向移动使大屋公共中心更容易从外部到达，反映了内向居住观念的转变。此外，位于核心的居室增多，因为家庭开启或关闭居室门扇对空间连通关系影响较大，导致核心的整合能力实际减弱，进一步促使信息传递效率降低。结合社会环境来看，家庭联产承包制的实行促进了小家庭的独立，乡村出现个体户、乡镇企业等多种经营方式，家庭不再依赖家族获得经济支持，家庭与外部空间的联系增多，改变了以防御为主要需求的居住模式。

2.2 公私秩序错动

从各功能空间全局整合度平均值的数值变化来看（见图3）：① 除东头堂厅和庭院外，各功能全局整合度平均值从封建时期至20世纪70年代一直降低，90年代回升；② 东头堂厅从封建时期至20世纪50年代先降低，50年代后持续增长；③ 庭院在20世纪50年代出现，并一直增长。总体上，大部分功能空间先隔离后整合，转折点出现于20世纪70年代；东头堂厅和庭院整合能力的增强早于其他空间，发生于20世纪50年代。从各功能空间全局整合度平均值的数值排序来看（见图3），封建时期的序列关系发生较大改变，巷道从封建时期的第一排序逐渐下降至90年代的第三排序；东头堂厅和庭院的排序上升，从70年代起超过巷道，分别成为第一和第二排序；天井排序降低，至90年代低于厨房。总体上，东头堂厅序列取代巷道成为最整合的功能类型；公私分明的空间秩序开始弱化，表现于作为家庭私密空间的厨房的全局整合度超过作为家族

公共空间的天井。

整体上,李冲大屋的空间秩序在全局层面发生较大改变,公私关系错动,东头堂厅和庭院的重要性大幅增加。土地改革后,家族和房支力量的削弱导致大屋扩建缺乏层级化的统一管理,各小家庭根据自身发展需求自主扩张家庭领域,挤压天井、巷道等公共空间,基于家庭流线改变空间组织关系,产生了大屋空间公私错动的结果。

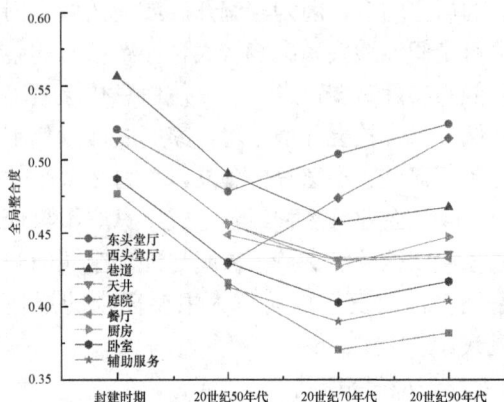

图3 不同时期李冲下屋各功能全局整合度平均值

2.3 新型庭院引领

庭院是李冲下屋新出现的功能类型,这种功能类型对空间组构产生了怎样的影响?是什么原因导致该功能类型出现?20世纪 90 年代新型庭院的全局整合度大幅增长,排序逐渐靠近第一的东头堂厅,说明 90年代时庭院对大屋组构产生重要影响。对新型庭院的局部组构进行分析,可以发现:20世纪 50 年代和 70 年代,庭院是 c 型空间,连接度为 3,连接 2 个家族空间和 1 个家庭空间;90 年代时,庭院转变为 d 型空间,连接度增长为 11,连接 2 个家族空间及多个家庭空间。从全局组构来看,90 年代庭院连接关系改变,增加了 2 个经过庭院的基础环(无法拆解出其他环的环形结构),进一步产生了环形结构的多种组合方式,大大提高了全局组构的通达性。反观 90 年代东头堂厅的 1步连接关系保持不变,可以说,20 世纪 90

年代与之连接的新型庭院较强地影响了东头堂厅的中心性,表现为东头堂厅全局整合度的增加。

但是新型庭院产生了不同于传统空间的居住观念。首先,20 世纪 90 年代组构中连接度最高的空间是庭院,是聚集性空间,而传统组构中连接度最高空间的是巷道,是穿越性空间。其次,庭院作为堂厅序列的一部分将家族空间和家庭空间直接串联;又作为家庭空间或邻里空间将家庭内部和不同家庭联系起来,不同于传统时期家族空间与家庭空间或家庭空间与家庭空间通过巷道连接的方式,使得祭祀空间的神圣性降低,但促进了家庭之间、家庭内部的交往。此外,庭院与外部空间仅 2 步深度,多个家庭围绕庭院建房也印证了居住观念由内向到外向转变。总而言之,庭院作为一种新型空间模式引领了神圣性和世俗性、血缘性和地缘性融合的居住模式(见图4)。

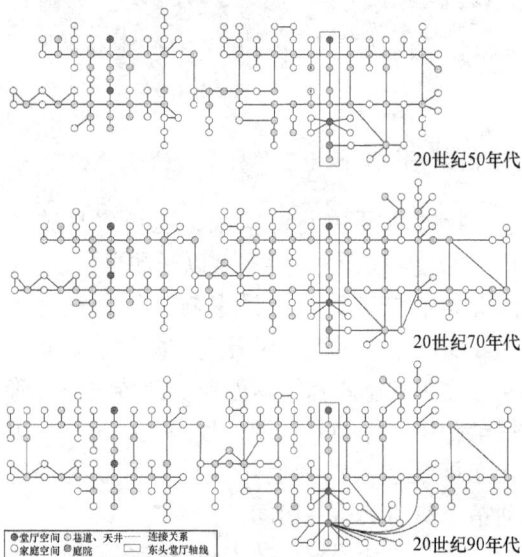

图4 新型庭院的局部拓扑关系及
对全局组构的影响

3 结论

本文揭示出封建时期至 20 世纪 90 年代,李冲下屋空间结构呈失序和革新的变化规律。首先，组构核心从东西堂厅之间向东头堂厅偏移，既显示了东西房支繁衍能力的差异，又强化了东头堂厅作为大屋公共中心的地位，说明核心对家族凝聚仍然发挥作用，但东头堂厅轴线上的家庭扩建使家族空间的秩序性和神圣性减弱。其次，各功能全局整合度排序显示出大屋空间结构特征从公私分明向公私错动转变。最后，新型庭院的出现加强了家庭之间、家庭内部的情感联系，也促进了神圣性和世俗性、血缘性和地缘性融合的外向型居住模式的出现。

参考文献

[1] 葛剑雄，吴松弟，曹树基. 中国移民史：第五卷 明时期[M]. 福州：福建人民出版社，1997.

[2] 麻国庆. 家与中国社会结构[M]. 北京：文物出版社，1999.

[3] 希利尔，汉森. 空间的社会逻辑[M]. 杨滔，封晨，盛强，等译. 北京：中国建筑工业出版社，2019.

[4] HANSON J. Decoding homes and houses[M]. Cambridge: Cambridge University Press，1998.

[5] TURGUT H，MEHMET E. Ş. Changing houshould pattern, the meaning, and the use of home：semantic and syntactic shifts of a century-old house and its journey through generations[C]. Proceedings of the 12th International Space Syntax Symposium，2019：486.

图片来源

图 1～图 4 均为作者拍摄。

基于声事件检测的城市公共空间使用模式研究

张伟（大连理工大学；zw12416008@163.com）

路晓东*（大连理工大学；lxd3721@dlut.edu.cn）

摘　要：评估公共空间的使用模式对城市规划与管理具有重要意义。传统评估方法难以捕捉长期动态行为规律。为解决这一问题，本文提出一种基于声事件检测解析公共空间使用模式的新方法。以中国大连市为例，构建公共空间声音数据集并采用深度学习模型实现声事件检测。通过序列相似性算法建立事件类型-强度的规律活动评估框架，研究发现：公共空间可聚类为社区型（人类声占比 58.6%～64.6%）与交通型（交通声占比 64.5%～70.1%）两类；社区型空间的使用模式受生活节律影响显著，呈现晨间与傍晚的双峰结构，高强度时段主要由音乐声和儿童活动主导；交通型空间位于主干道旁受交通噪声影响，人类活动强度较低但规律性更强，受通勤潮汐效应影响明显。两类空间在凌晨均呈现低强度共性规律，反映城市夜间静默共性。研究揭示了公共空间使用的时间分异特征，为空间优化配置和精细化管理提供了数据支持，同时验证了声学感知技术在城市研究中的应用潜力。

关键词：声事件；公共空间；使用模式；深度学习；时间序列

1　引言

公共空间是供所有市民停留与活动的开放场所[1]，对居民的社交锻炼、心理健康和整体幸福感具有重要促进作用[2]。近年来，公共空间使用模式的挖掘已成为城市研究的重点[3-4]。使用后评估（post occupancy evaluation，POE）方法通过分析建成环境使用后的表现，帮助了解人们实际上如何使用空间[5]。然而，传统 POE 依赖访谈、行为观察与录像等，难以获得长期、连续的观察数据[6]。声事件检测正成为城市研究中的关键技术，能够客观且不引人注目地识别空间中自然发生的事件，能够用于解译空间的使用模式[7]。本研究以中国大连市为例，提出了一种基于声事件解译人类行为的新方法，用于评估公共空间的使用模式。研究分为 3 个步骤：首先，在公共空间录音并构建数据集，建立声事件与人类活动的映射关系；其次，基于深度学习识别录音中的事件；最后，分析活动的规律性特征，总结空间使用模式。研究能够为城市公共空间的配置、布局优化及精细化管理提供支持。

2　方法

2.1　研究区录音

大连市中心城区的 15 个公共空间被选中作为数据获取的代表性样本（见图 1）。选择标准是：① 覆盖中心城区，以表征城市宏观环境的空间变异性；② 样本具有不同区位特征，暗示不同的交通、绿化等条件。随后，在每个采样点进行现场录音。本文在 2024 年 10 月录制了 7 000 余小时音频，平均气温 14.6 ℃，天气为晴天。本研究选取了具有地区代表性（见表 1），规模相似，录音数据连续且时长一周以上的 4 个站点作为范例。

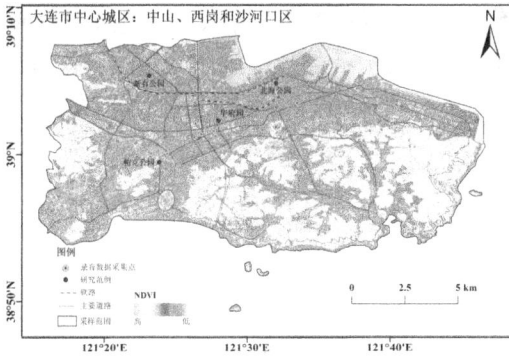

图1 研究区范围与采样点分布

表1 典型公共空间特征

名称	北海公园	新有公园	华府园	帕克公园
缩写	BH	XY	HX	PK
面积/hm²	1.20	1.26	0.95	0.66
NDVI	0.32	0.41	0.41	0.36
道路	次干道	居住区	主干道	主干道
区位	临近居住区	临近小学	临近行政区	临近商业

2.2 声事件检测

研究基于收集的录音数据构建标签数据集，并进行模型训练与分类。具体来说，第一，从音频中抽样提取标签样本（10 s）[8]，提高人工标注创建标签数据集；第二，采用ECAPA-TDNN 模型架构[9]进行深度学习训练，实现声事件的批量识别；第三，使用十折交叉验证方法评估模型性能。

2.3 序列相似度计算

本文采用事件类型和强度的序列相似性评估方法分析公共空间使用模式的相似性特征。其中，莱文斯坦距离（Levenshtein distance，LD）[10]用于量化序列间事件类型分布差异；动态时间规整（dynamic time warping，DTW）算法[11]用于评估时段强度的相似性；最小二乘法用于处理两者的相似性评估结果，划分日均相似时段，从类型、强度两个方面相似度定义时段的规律特征。若同一时段两类均为相似，则为规律时段，

反之为不规律，两类评价结果相反则为不显著时段。

3 结果

3.1 标签数据集与模型训练结果

研究从录音中识别了 22 种声音类型，这些类型在 2 个以上的地点被重复识别，并且样本数量接近或大于 100，用来表征公共空间中的日常声音。图 2 显示了标签分布共3 094 条，包含单一声源与混合声源标签。混合声源标签共 1 346 条，标签以显著事件的形式标注。此外，声音分类为二级结构，一级分类分别为自然声（NS，547 种）、宁静（QT，112）、人类声（HS，1 083 种）、交通声（TS，1 076 种）和机械声（MS，276 种）。模型的十折交叉验证结果显示平均正确率为91.0%，表明 ECAPA-TDNN 分类模型具有良好的性能，能够满足声事件分类任务。

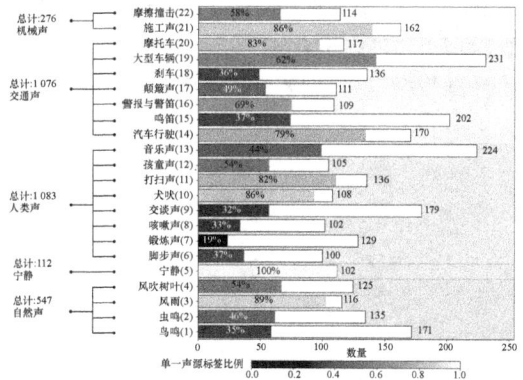

图2 标签数据集分布

3.2 声事件检测结果

研究检测了 4 个典型公共空间一周的声事件，发现事件分布存在显著差异（见图3）。结合 T 检验（T=23.98，P<0.001，Cohen's d=1.85）结果将公共空间划分为两类：社区型（BH/XY）以 HS 主导（58.61%～64.55%），事件类型分布波动显著（标准差 0.3381）；交通型（HX/PK）则以 TS 为核心（64.49%～70.11%），使用模式更稳定（标准差 0.1577）。

此外，交通型 NS 优于社区型，HS 与 NS 的负相关性揭示了居民活动对自然的影响。QT 的分布特征则相反，不同社区型间也存在显著的 QT 差异。

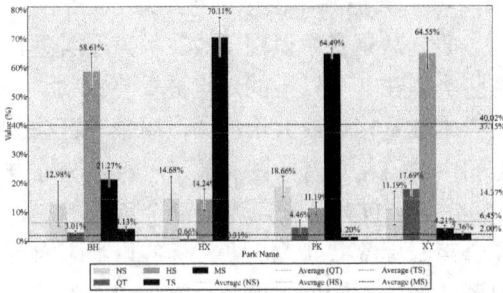

图 3 公共空间声事件分布

3.3 时间序列分析结果

基于 LD 和 DTW 的相似度分析表明（见图 4 与表 2，值越低相似度越高）：公共空间事件类型日均呈现 10±1 个高相似度时段（LD 范围 137.8±25.2），0:00—1:00 和 20:00—21:00 为共有相似时段，而 14:00—15:00 普遍低相似。DTW 分析进一步揭示，交通型因通勤潮汐效应，强度相似度更高，高相似度时段达 15 个以上。两类空间功能分化显

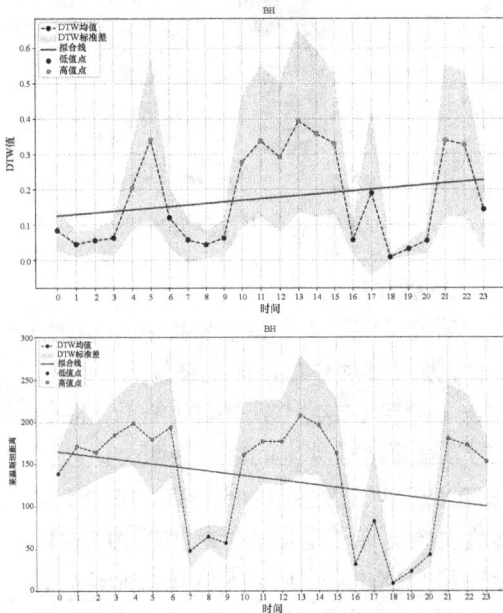

图 4 序列相似度分析结果（以 BH 为例）

著，社区型人类声事件强度受生活节律扰动剧烈，交通型活动强度规律性强但事件组合复杂度更高，印证了使用模式与空间功能的深度关联。

表 2 相似度分析结果

名称	BH	XY	HX	PK
LD 高相似	9	11	10	10
LD 低相似	15	13	14	14
LD 均值	132.4	112.7	126.1	133.2
LD 标准差	42.24	35.67	35.73	21.50
DTW 高相似	14	10	16	15
DTW 低相似	10	14	8	9
DTW 均值	0.18	0.12	0.10	0.07
DTW 标准差	0.12	0.09	0.08	0.06

3.4 公共空间使用模式规律

基于相似度分析，研究进一步揭示公共空间使用模式的规律性特征（见图 5 与表 3）。社区型空间受生活节律驱动形成双峰结构，晨间以音乐声（BH 7:00—8:00 63.69%）、锻炼声（BH 8:00—9:00 37.62%）和早间交谈声（XY 5:00—6:00 26.75%）开启活动周期，傍晚至夜间则被音乐声（18:00—21:00 占比超 67%）与儿童活动主导（XY 午后孩童声占比最高 66.44%）；交通型空间活动强度显著低于社区型，（19:00—20:00 出现规律音乐声 <20%）。两类空间在凌晨均呈现低强度共性规律，但社区型空间夜间稳定性弱（仅维持 0:00—1:00），且日间 13:00—14:00 时全域存在使用动态异质性，印证公共空间使用模式受属性约束的时间分异规律。

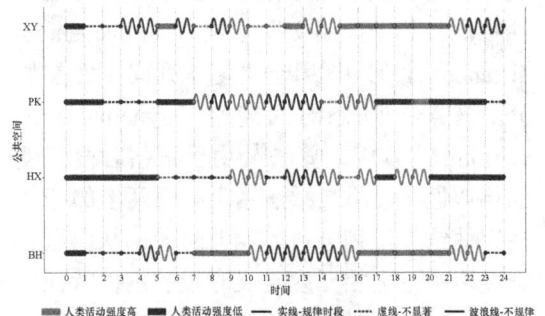

图 5 公共空间时段特征

表3　高强度规律时段主要人类活动事件

公共空间	高强度规律时段	事件（占比/%）
BH	7:00—8:00	音乐声（63.69）
	8:00—9:00	锻炼声（37.62）
	9:00—10:00	音乐声（28.36）
	16:00—18:00	孩童声（45.99）
	18:00—21:00	音乐声（68.60）
XY	5:00—6:00	交谈声（26.75）
	12:00—13:00	孩童声（58.41）
	15:00—18:00	孩童声（66.44）
	18:00—21:00	音乐声（67.51）
PK	19:00—20:00	音乐声（<20%）

4　结论与讨论

本文基于声事件检测与深度学习技术，揭示了大连市公共空间使用模式的规律特征。社区型空间以人类声主导，呈现晨间与傍晚双峰活动特征，高强度时段以音乐声和儿童活动为主；交通型空间则以交通声为核心，人类活动强度低且规律性较社区型高。序列相似度分析揭示了社区型时段波动性与交通型强度规律性的显著差异，为差异化空间、时段管控提供了依据。本研究的核心在于通过声学感知技术解析公共空间使用动态，其优势在于突破传统方法的短期、侵入性观测的局限，但需正视技术不足。尽管模型达到91.0%的精度，但对混合声源中的事件识别仍存在一定误差，可能与数据集覆盖场景的不全面有关。未来研究需扩充数据集的覆盖面，并融合多源数据进一步提升声学监测的推断能力，并通过长时序的规律分析解析不同时间尺度的公共空间使用模式。

参考文献

[1] CAO J，KANG J. Social relationships and patterns of use in urban public spaces in China and the United Kingdom[J]. Cities, 2019, 93（3）：188−196.

[2] FRANCIS，GILES-CORTI，WOOD，et al. Creating sense of community：The role of public space[J]. Journal of Environmental Psychology, 2012, 32（4）：401−409.

[3] HADAVI，KAPLAN. Neighborhood satisfaction and use patterns in urban public outdoor spaces：Multidimensionality and two-way relationships [J]. Urban Forestry & Urban Greening, 2016, 19（9）：110−122.

[4] VIDAL，TEIXEIRA，FERNANDES，et al. Patterns of human behaviour in public urban green spaces：on the influence of users' profiles, surrounding environment, and space design[J]. Urban Forestry & Urban Greening, 2022, 74：127668.

[5] BEUTEL，DALTON. Post-occupancy evaluation：A case study of a public space[J]. Australian Planner, 2022 38：178−181.

[6] JACK L，NASAR A，YURDAKUL R. Paiterns of behavior in urban pulic spaces [J]. The Journal of Architectural and Planning Research, 1990（7）：71−85.

[7] OLDONI，COENSEL，BOCKSTAEL，et al. The acoustic summary as a tool for representing urban sound environments[J]. Landscape and Urban Planning, 2015, 144：34−48.

[8] ARTIN-MORATO, MESAROS A. Strong labeling of sound events using crowdsourced weak labels and annotator competence estimation[J]. IEEE/ACM Transactions on Audio Speech and Language Processing, 2023, 99：1−13.

[9] DESPLANQUES B，THIENPONDT J，DEMUYNCK K. ECAPA-TDNN: Emphasized Channel Attention，Propagation and Aggregation in TDNN Based Speaker Verification[J]. Interspeech, 2020：3830−3834.

[10] LI Y J，LIU B. A normalized levenshtein distance metric[J]. IEEE Transactions on Pattern Analysis and Machine Intelligence, 2007, 29（6）：1091−1095.

[11] WANG H R，ZHANG H P，SHEN N Z. A time-series-based model to detect homogeneous regions of residents' dynamic living habits[J]. Geo-spatial Information Science, 2024：1−18.

图片来源

图1～图5均为作者自绘。

建成环境与老年人步行频次的非线性关系与协同效应

魏东（西南交通大学建筑学院；weidong09@my.swjtu.edu.cn）
杨林川*（西南交通大学建筑学院；yanglc0125@swjtu.edu.cn）

摘　要： 步行对老年人的身心健康至关重要。在积极应对人口老龄化和健康中国两大战略背景下，构建满足老年人步行出行需求、支持老年人步行活动的空间，已成为城乡规划学科的一项紧迫任务。现有研究已广泛证实了社区建成环境与老年人步行行为的密切关联，但大多未能充分考虑变量之间可能存在的非线性关系及其协同效应。本文以成都市为例，借助 POI 和街景图像等多源大数据,运用前沿的可解释机器学习方法(融合 LightGBM 和 SHAP 模型)，分析了社区建成环境与老年人步行频次之间的非线性关系和变量之间的协同效应。结果表明，对老年人步行频次影响最大的 3 个建成环境变量是人行道占比、归一化植被指数和休闲娱乐设施可达性。SHAP 模型进一步揭示了社区建成环境对老年人步行行为存在阈值效应，并详细描述了变量之间的协同效应。最后，提出了完善社区服务设施建设、提高社区步行道通达性、营造高品质公共空间，以及考虑建成环境要素的交互作用 4 个方面的规划建议。本文为城乡规划学科参与老年人活动研究展现了新的视角，并为以支持步行活动为导向的适老步行环境规划设计提供了科学支撑。

关键词： 建成环境；物质环境；步行行为；人口老龄化；健康老龄化；可解释机器学习

基金号： 国家自然科学基金面上项目（52278080）

1 引言

步行作为最为基本且易于融入日常生活的交通和体力活动方式，具有经济方便、环境友好、低碳节能和健康舒适等特点。它是对老年人健康进行主动干预的关键着力点。因此，鼓励老年人积极步行对实现"健康老龄化"和"积极老龄化"具有重要意义[1]。因此，如何优化城市空间，以更好地适应并支持老年人的步行行为，已成为城乡规划领域中亟需解决的重要问题。

国内外学者已对建成环境与老年人步行行为之间的关系进行了深入探讨，并取得了丰硕成果[2]。然而，现有研究仍存在以下不足之处。第一，尽管一些研究利用"黑箱"机器学习模型揭示了建成环境和步行行为之间的非线性关联，但这些模型的内部决策过程复杂且缺乏透明度。尽管其预测性能较为优越，但如何解释其输出结果仍然是一大挑战；第二，现有研究较少深入分析影响老年人步行的建成环境变量之间的交互作用，且考虑的建成环境变量较为有限[3]。第三，国内研究主要集中在东部沿海城市（如香港、南京、大连），而对于西部地区的关注相对不足。

为了解决上述问题，本文采用了多源大数据，包括成都市综合交通调查数据、兴趣点（point of interest，POI）、遥感影像和街景图像，对成都市老年人步行行为与社区建成环境特征进行了量化分析。同时，结合了机器学习模型（light gradient boosting machine，LightGBM）和可解释机器学习（shapley additive explanations，SHAP）模型，深入解析了成都社区建成环境与老年人步行频次之间的复杂非线性关系及协同效应。本文不仅为理解老年人活动行为提供了新的视角，还为城乡规划和公共健康政策制定提供了数据支持和科学洞见。

2　数据与方法

2.1　综合交通调查数据

2016 年，成都市开展了一项大规模综合交通调查，覆盖了 11 万户家庭、约 34 万人口，抽样率约为 2.5%。本文选取了该调查中有关居民出行情况的数据，包括家户特征、个人特征、过去 24 h 的出行情况及出行意愿调查等内容。本文将步行频次定义为 60 岁及以上老年人过去 24 h 的总步行次数。需要注意的是，该调查未涵盖 5 min（或 300 m）以内的步行数据。在剔除变量信息不完整的样本后，本文最终筛选出 10 208 个来自五城区的老年人样本。此外，作为控制变量的个人/家庭社会经济属性（如年龄、性别、个人年收入、家庭年收入、是否拥有小汽车和家庭规模）均来自综合交通调查数据。

2.2　社区建成环境数据

准确测度社区建成环境要素是本文的基础。多源大数据和计算机科学技术的应用提高了建成环境要素测度的精确性和可靠性，为揭示社区建成环境如何影响老年人步行行为提供了坚实的基础。本文基于"5Ds"指标框架和现有研究，选择了人口密度、道路密度、公交站点数量、绿视率和天空率等12 个变量作为社区建成环境指标进行分析。其中，人行道占比、绿视率、天空率和围合度 4 个指标是通过应用 HRNet 深度学习框架，对百度街景图像进行语义分割和一系列计算得出的[4]。基于街景图像的建成环境指标测度流程如图 1 所示。

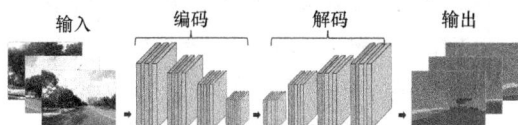

图 1　基于街景图像的建成环境指标测度

2.3　研究方法

为了深入研究社区建成环境变量与老年人步行行为之间的复杂非线性关系和协同效应，本文采用 LightGBM 构建了老年人步行频次、个人/家庭社会经济属性与社区建成环境之间的关联模型，并使用 SHAP 模型对机器学习结果进行了解释[5]。具体而言，首先在 Python 中导入数据并将其划分为训练集和测试集，为模型的训练和评估做好准备。接着，选择 LightGBM 模型，并通过贝叶斯优化（Bayesian optimization）调整超参数（hyperparameter），以确保模型与数据特征的适配。随后，确定优化后的模型并生成预测结果，确保其在测试集上的性能达到标准。最后，使用 SHAP 模型对预测结果进行分析，并通过可视化手段深入解读模型的决策过程（见图 2）。

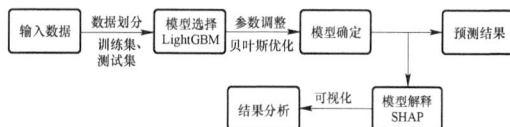

图 2　可解释机器学习分析流程

3　研究结果

图 3 呈现了各个自变量对老年人步行频次影响的重要度（SHAP 值绝对值的平均值）排序。结果显示，家庭规模对步行频次的影响最大。此外，重要度最大的 3 个建成环境指标依次为人行道占比、归一化植被指数和休闲娱乐设施可达性。

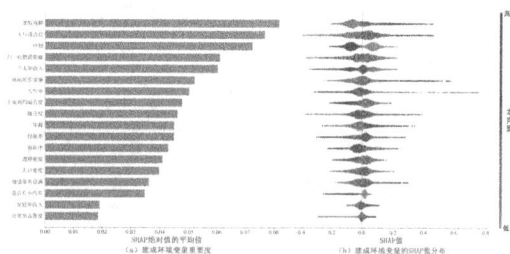

图 3　自变量重要度和 SHAP 值分布

当年龄介于 70~92 岁之间，性别为女性，个人年收入不超过 3 万元，家庭年收入在 5 万~30 万元区间、无小汽车及家庭规模为 3~7 人时，可观察到它们对老年人步行频次预测起到了正向推动作用。

图 4 展示了建成环境变量对老年人步行频次的非线性影响。归一化植被指数在 0.06~0.12 这一范围对步行频次预测有正向贡献。但超过这一范围后，其对步行频次的正向贡献不复存在。

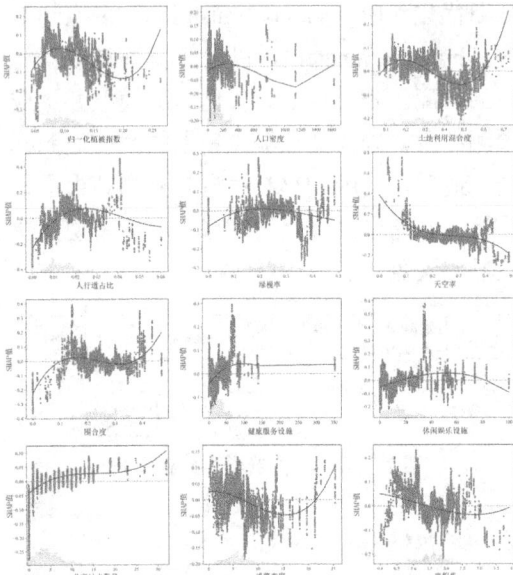

图 4　社区建成环境变量的非线性结果

人行道占比在 0.01~0.04 的区间内对步行频次预测具有正向贡献，但超过该范围后，进一步增加人行道占比对步行频次预测的提升作用有限。其次，绿视率和步行频次之间呈倒 U 形关系——当绿视率小于 0.23 时，二者呈正相关；而当绿视率大于 0.23 时，二者呈负相关[6]。当其超过一定阈值（分别为 100 和 50）后，正向影响不复存在，甚至转变为负向影响。而公交站点数量则与步行频次整体呈正相关。

图 5 显示，低围合度（小于 0.20）与低容积率（小于 1.25）的组合（见灰色框）对步行频次表现出负向交互作用。其次，当绿视率大于 0.25 且容积率大于 1.50 时，它们对步行频次产生正向交互作用（协同作用）。此外，当土地利用混合度和天空率同时超过特定值（分别为 0.40 和 0.30）时，它们之间的协同作用较为明显。

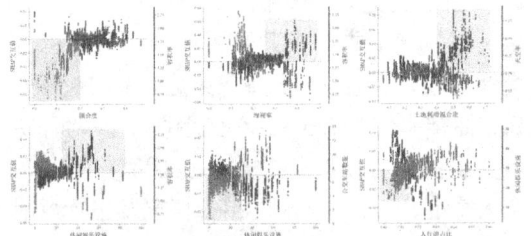

图 5　部分变量的局部交互效应

4　结语

深入理解老年人步行行为与社区建成环境之间的复杂关系，是实现社区适老化步行环境精准规划与干预的关键。研究结果显示：第一，人行道占比、归一化植被指数和休闲娱乐设施是影响老年人步行行为的三大建成环境变量；第二，社区建成环境变量与老年人步行行为存在显著的非线性关系和阈值效应，例如，当人行道占比和归一化植被指数分别位于 0.01~0.04 和 0.06~0.12 范围内时，它们对步行频次预测有正向贡献；第三，某些建成环境变量之间存在明显的协同效应，例如，当绿视率大于 0.25 且容积率超过 1.50 时，两者对步行行为的促进作用显著增强，即呈现出协同效应。

本文具有重要的实践价值。首先，它表明单纯提升或降低某一建成环境变量或一组变量可能并非最优策略。相反，将这些变量维持在特定范围内可能更为有效。这一发现有助于优化资源配置，使有限资源得以高效应用于关键领域。其次，协同效应分析结果显示，同时改善一组建成环境变量比单独优化某一变量更能有效促进步行行为。最后，基于实证结果，本文从完善社区服务设施建设、提高社区步行道通达性和营造高品质公共空间等方面提出了具体的规划策略。

参考文献

［1］杨林川，唐祥龙，杨皓森，等. 机器学习支持下的老年人步行环境满意度与适老环境改善策略研究[J]. 西部人居环境学刊，2024，39（2）：35-40.

［2］魏东，喻冰洁，杨林川. 社区建成环境对老年人步行时长的影响及优化策略：以成都市为例[J]. 新建筑，2024（1）：98-103.

［3］YANG L，YANG H，CUI J，et al. Non-linear and synergistic effects of built environment factors on older adults' walking behavior：An analysis integrating LightGBM and SHAP[J]. Transactions in Urban Data，Science，and Technology，2024，3（1-2）：46-60.

［4］杨林川，喻冰洁，梁源，等. 多源大数据支持下的共享单车出行与空间品质耦合研究[J]. 西部人居环境学刊，2023，38（4）：47-54.

［5］LUNBERG S M，ERION G，CHEN H，et al. From local explanations to global understanding with explainable AI for trees[J]. Nature Machine Intelligence，2020，2（1）：56-67.

［6］YANG L，AO Y，KE J，et al. To walk or not to walk？ Examining nonlinear effects of streetscape greenery on walking propensity of older adults[J]. Journal of Transport Geography，2021（94）：103099.

图片来源

图1~图5均为作者自绘。

多尺度社区生活圈测度与比较研究

——以北京市为例

肖苗苗（北京大学城市与环境学院；2401112298@stu.pku.edu.cn）
罗雪瑶（北京大学城市与环境学院 2201112251@stu.pku.edu.cn）
柴彦威*（北京大学城市与环境学院；chyw@pku.edu.cn）

摘　要： 社区生活圈逐渐成为中国国土空间规划的核心概念，作为社区生活圈规划的前置性问题，生活圈的测度备受学者们关注。本文以北京市为例，基于手机信令大数据和活动日志调查小数据，提出了行为视角下城市尺度和社区尺度的社区生活圈测度方法体系。研究结果表明，基于手机信令数据的城市尺度及社区尺度的生活圈划分能够有效识别居民长时序近家活动空间的结构特征，而基于活动日志的小样本调查数据则能够更精细地刻画居民的实际活动范围与设施使用特征。通过多尺度、多源数据的结合，本文为深入理解社区生活圈的划分与居民日常出行行为的关系提供了新思路。

关键词： 社区生活圈；手机信令数据；活动日志调查；居民时空间行为；北京市

基金号： 国家自然科学基金面上项目"中国城市社区生活圈的新时间地理学研究"（42071203）

1　引言

随着中国城市化进程的加快，城市发展逐渐从"以地为本"转向"以人为本"，社区生活圈作为满足居民日常生活需求的基本空间单元，逐渐成为国土空间规划的核心概念。社区生活圈的规划与建设旨在通过合理的设施配置和空间布局，提升居民的生活质量，减少日常出行成本，促进城市的可持续发展[1]。然而，作为社区生活圈规划的前置性问题，如何科学、准确地测度社区生活圈的范围和结构，仍然是学术界和规划实践中的难点[2,3]。

既有研究在社区生活圈的概念、内涵界定和范围划分方法等方面取得了一定的成果，但仍存在诸多不足[4-5]。传统的划分方法多基于行政边界、路网数据或设施可达性，缺乏对居民实际行为需求的考虑。近年来，随着大数据技术的发展，手机信令数据和GPS数据等行为数据的应用为社区生活圈的测度提供了新的视角和方法[6-7]。其中，手机信令数据可以提供长时序、大范围的居民出行记录，有效识别居民近家活动空间的结构特征；而活动日志调查数据则通过小样本的精细化调查，可以直接反映居民的实际活动模式与设施使用偏好。

现有研究多局限于单一尺度或单一数据源，缺乏多尺度、多源数据的综合应用。基于此，本文以北京市为例，结合手机信令大数据和活动日志调查小数据，提出了城市尺度及社区尺度的社区生活圈测度方法体系，旨在为社区生活圈的规划与优化提供科学依据。

2　研究方法与数据

2.1　研究方法

1）基于手机信令数据的城市尺度生活圈划分

首先，通过识别全市居民的常住人口和

居住单元，识别整月居民近家活动空间的范围。然后，构建居住单元之间的联系度指数，使用 Leiden 算法识别具有相似活动特征的居住单元组团，最终划分出城市尺度的社区生活圈。

2）基于手机信令数据的社区尺度生活圈划分

首先，提取居民从居住地出发到达非工作地的有效出行记录，建立居民出行的 OD 关系矩阵；然后，结合 POI 数据，将出行目的地的栅格单元精细化为其内部的 POI 设施并将出行频数分配至各类设施；最后，利用高德地图开放 API 的步行路径规划接口获取基于真实路网的居民出行轨迹，最终获得 15 min 社区生活圈范围。

3）基于活动日志调查数据的社区尺度生活圈划分

首先，采用结晶生长模型，结合真实地理环境数据，模拟居民在 15 min 步行范围内的理想生活圈范围。其次，基于居民与活动日志匹配的 GPS 数据刻画居民的实际活动空间与设施使用特征，通过集中度、共享度指标，划分出基本生活圈、弹性生活圈，揭示居民活动与设施供给之间的匹配关系。

2.2 研究数据

本文采用的数据包括手机信令数据、活动日志调查数据和 POI 数据等。手机信令数据由中国联通智慧足迹平台提供，涵盖了北京市六环内 2 200 万联通用户的出行记录，数据精度为 250 m 格网。活动日志调查数据来源于北京大学行为地理研究团队在北京市清河街道当代社区和怡美社区的调查，共收集了 149 个居民的活动日志和 GPS 轨迹数据。POI 数据通过高德地图 API 爬取。

3 多尺度社区生活圈测度结果与分析

3.1 基于手机信令数据的北京市社区生活圈划分结果

基于手机信令数据，本文识别出北京市

六环内 405 个社区生活圈，平均面积为 4.69 km²，略大于《城市居住区规划设计标准》中规定的 15 min 生活圈半径。结果表明，城市尺度的社区生活圈呈现出"城区小、郊区大"的特征，五环内的社区生活圈人口密集，而五环外的社区生活圈面积较大，反映了郊区居民活动范围的扩大（见图1）。

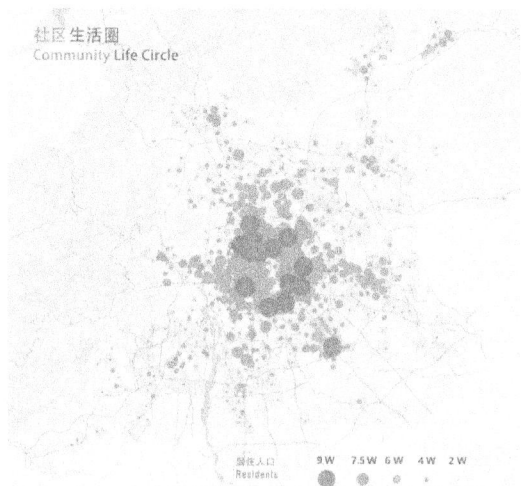

图1 北京市社区生活圈划分结果

3.2 基于手机信令数据的当代-怡美社区生活圈划分

基于手机信令数据，提取出清河街道整月居民出行活动记录共计 77 854 条出行记录，通过高德 API，最终获取 15 min 内当代-怡美社区居民的出行活动记录各 901 条、528 条，在 50 m×50 m 栅格网汇总后，得到当代怡美社区生活圈。

其中，根据生活圈居民活动出行频次汇总，当代社区生活圈延伸范围更广，居民使用频次较高的区域主要集中在当代社区内部及其西南两侧的安宁庄西路与安宁庄南路；相对而言，怡美社区生活圈范围较为集中，居民使用频次较高的区域主要集中在社区内部，同时，二者生活圈范围有较高的共享范围，当代社区生活圈范围延伸至怡美社区内部比例更高（见图2）。

97

图2 当代–怡美社区生活圈划分结果

从设施类型上，当代社区生活圈居民设施使用排名前三的为交通设施、生活服务、购物设施，怡美社区生活圈的则为生活服务、交通设施、交通和餐饮设施（见图3）。

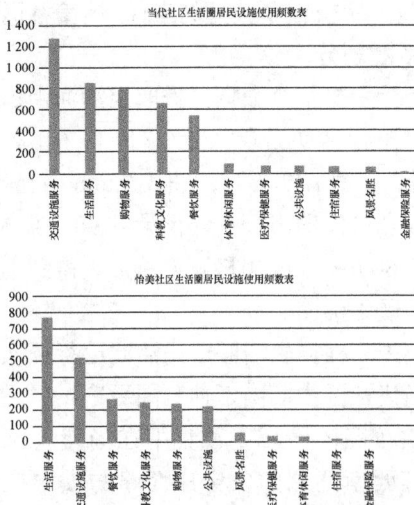

图3 当代–怡美社区生活圈居民设施使用

3.3 基于活动日志的当代–怡美社区理想生活圈与实际生活圈划分结果

基于结晶生长模型的理想生活圈划分

结果显示，当代社区 15 min 理想社区生活圈比怡美社区更大，当代社区与怡美社区 15 min 步行可达范围高度重合，这是由于当代社区与怡美社区在空间上邻近，理想社区生活圈的面积差异也反映出了当代社区步行可达性优于怡美社区（见图4）。

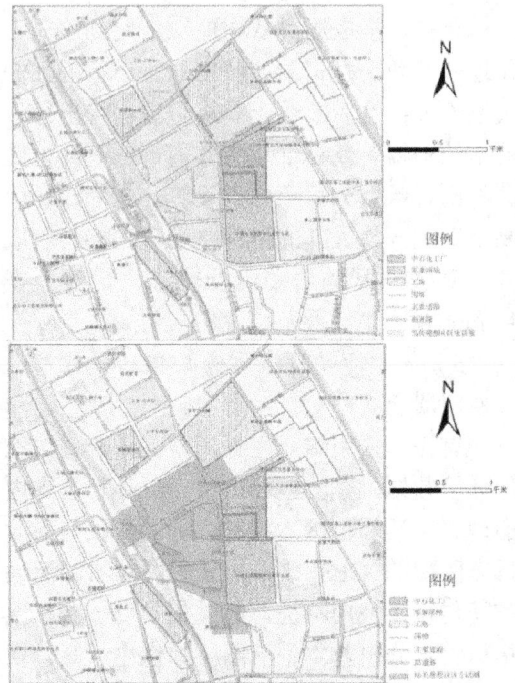

图4 当代–怡美理想社区生活圈

基于活动日志调查数据，识别出当代社区和怡美社区的基本生活圈、弹性生活圈和共享生活圈。基本生活圈与社区边界高度重合，反映了社区内部设施的自足性；弹性生活圈则沿主要道路向街道商服中心延伸，反映了居民在社区外部的活动需求。共享生活圈主要集中在社区周边的主要道路和商服中心，表明居民的活动空间具有显著的共享性。通过理想生活圈与实际生活圈的对比发现，理想生活圈基本涵盖了居民的基本生活圈，但弹性生活圈的范围远大于理想生活圈，表明居民的实际活动需求与设施供给之间存在一定的空间错配（见图5）。

图5　当代-怡美实际社区生活圈

4　总结与讨论

本文基于手机信令大数据和活动日志调查小数据，提出了多尺度的社区生活圈测度方法体系，不仅从宏观层面识别了北京市六环内居民近家活动空间的结构特征，还从微观层面刻画了居民的实际活动范围与设施使用特征。研究结果表明，城市尺度的社区生活圈划分能够有效识别居民近家活动空间的结构特征，而街区尺度和社区尺度的划分则能够更精细地刻画居民的实际活动范围与设施使用特征。通过多尺度、多源数据的结合，本文揭示了居民活动与设施供给之间的匹配关系，为社区生活圈的规划与优化提供了新的思路。

未来的研究可以进一步深化大小数据的结合使用，通过更为精细化的小样本调查数据补充居民行为偏好、行为与企划组织之

间的关系等信息。同时，结合长时间维度的行为数据，深入分析居民活动的时空变化特征，揭示不同群体（如老年人、儿童、女性等）的活动需求与设施使用特征，为社区生活圈的精细化规划提供科学依据。

参考文献

[1] 柴彦威，李春江. 城市生活圈规划：从研究到实践[J]. 城市规划，2019，43（5）：9-16.

[2] 柴彦威，李春江，夏万渠，等. 城市社区生活圈划定模型：以北京市清河街道为例[J]. 城市发展研究，2019，26（9）：1-8.

[3] 张文佳，李春江，罗雪瑶，等. 机器学习与社区生活圈规划：应用框架与议题[J]. 上海城市规划，2021（4）：59-65.

[4] LI C，XIA W，CHAI Y. Delineation of an urban community life circle based on a machine-learning estimation of spatiotemporal behavioral demand[J]. Chinese Geographical Science，2021，31（1）：27-40.

[5] 徐铭声，周颖. 社区生活圈划定方法相关标准及研究综述[C]//人民城市，规划赋能：2023中国城市规划年会论文集（04城市规划历史与理论）. 北京：中国城市规划学会，2023：12.

[6] JIAO H，XIAO M. Delineating urban community life circles for large Chinese cities based on mobile phone data and POI data-The case of Wuhan[J]. Isprs International Journal of Geo-Information，2022，11（11）：548.

[7] 杨辰，辛蕾，马东波，等. 基于位置服务数据的社区生活圈测度方法及影响因素分析[J]. 同济大学学报（自然科学版），2024，52（2）：232-240.

图片来源

图1～图5均为作者自绘。

西方行为地理学的形成与理论贡献

柴彦威*（北京大学城市与环境学院；chyw@pku.edu.cn）

摘　要： 西方行为地理学经历了半个多世纪的发展，引入中国也有 30 多年，但对西方行为地理学的形成过程、概念范畴、哲学方法论特点及与人文主义、结构主义地理学的异同等仍然存在理解上的歧义。本文梳理西方行为地理学的形成与发展历程，厘清行为地理学的概念与范畴，讨论行为地理学的哲学立场与方法论特点，展望行为地理学的未来发展。

关键词： 行为地理学；形成过程；概念辨析；理论争论

基金号： 国家自然科学基金面上项目"城市实虚活动系统的理论构建与北京实证研究"（42271199）

1　引言

　　西方行为地理学起源于地理学的计量革命，经历半个多世纪的发展演变，成为人文地理学的重要分支学科（Golledge 和 Stimson，1997）。中国引入行为地理学也有 30 多年，从基本概念的介绍，到核心理论与方法的中国式应用，逐步成为中国人文地理学的重要分支，这具体表现在中国学者翻译了行为地理学教材与著作，承担了许多中国行为地理学应用研究的课题，成立了行为地理学专业委员会等学术组织（柴彦威和塔娜，2022）。但是，中国学界对行为地理学的理解仍然很不充分，厘清西方行为地理学的形成过程与哲学方法论特点，对未来中国行为地理学的创新发展极为重要。

　　因此，本文梳理西方行为地理学的形成历程、概念界定、学科争议与最新进展，从学科发展史与国际比较的视野对西方行为地理学的研究脉络与学科边界进行思考，以期为中国行为地理学未来发展提供启示。

2　西方行为地理学的形成与概念

2.1　西方行为地理学的形成过程

　　西方行为地理学的形成经历了多个重要阶段。20 世纪 20 年代以前，西方行为地理学主要聚焦于描述工业革命与城市化进程中的欧洲城市社会，形成了经典城市思想。而在 20—40 年代，美国现代城市思想兴起，形成了芝加哥城市社会生态学派。进入 50—60 年代的计量革命，行为地理学引入因子生态分析，深化现代城市社会空间结构。70—80 年代，行为主义与结构主义、人文主义一起掀起了地理学的行为革命，行为主义地理学与时间地理学大放异彩。但经过 20 多年的主义之争，20 世纪 90 年代迎来了相对主义、多元主义的过渡阶段，后现代主义思潮影响下的行为地理学走向了空间中的行为研究。目前，行为地理学与大数据、人工智能等不断结合，正在迈向时空间整合的人类行为与多元环境交互的创新阶段，行为地理学也成为探索移动性数据范式的开拓者。

2.2 行为地理学的概念理解

行为地理学在形成发展过程中产生了很多相互关联但又模糊、难以理解的概念体系。广义的行为地理学与理论、计量地理学、人文主义地理学及环境知觉研究相关联；狭义的行为地理学与行为主义地理学和时间地理学相关联，也可被理解为能动的方法与被动的方法（若林，2024）。

3 西方行为地理学的理论争论

3.1 英语圈行为地理学的理论形成

在 20 世纪 60 年代，行为地理学的前身研究主要集中在灾害认知、最大满意化模型、意象地图等领域，这些研究共同探讨了人类与环境的关系，并突出了环境意象在人类行为中的重要性。这些研究不仅重新审视了地理学中的"人-地"关系，还为后来的行为地理学奠定了理论基础。

进入 20 世纪 70 年代，以认知和行为为研究对象的地理学研究逐渐成为主流，并统一被称为行为地理学。这一时期的研究虽然方法论日益多样化，领域逐渐扩展，但并未带来理论与方法的创新，反而导致了研究的混乱，缺乏统一的理论框架和共识。

20 世纪 70 年代后期至 80 年代，行为地理学进入批判期（Cox 和 Golledge，1981），集中在两个方面：哲学层面的批评指责行为地理学过于依赖实证主义，忽视了对人类行为复杂性的深刻理解；方法论层面的反思强调需要调整行为地理学的研究路径，以适应社会的复杂性和变化。

3.2 行为地理学哲学层面的争论

行为地理学在哲学层面的争论主要集中在主体与客体、个人与社会的关系及其认识论立场的问题上。这些争论与 20 世纪 70 年代欧美人文地理学的学术争论密切相关，主要体现为人文主义与结构主义之间的批判与对立。在 20 世纪 50 年代计量革命之前，地理学主要采取朴素经验主义的态度，而计量革命后则逐渐转向实证主义和科学主义，这一转变为行为地理学的发展提供了理论延续的背景。进入 20 世纪 70 年代后，行为地理学面临来自人文主义与结构主义的批判。

3.3 行为地理学方法层面的争论

行为地理学在方法层面也经历了诸多争论，主要集中在环境意象、尺度问题上。首先，环境意象方面的行为地理学研究过于偏重对环境意象的描绘与测定，尽管对个体行为进行了详尽的分析，但往往缺乏对这些行为的法则和理论的深入探讨。因此，这种研究方法难以达到对人类行为的解释和预测目标，未能提供系统的理论框架来支持实际应用。

其次，尺度问题是行为地理学面临的重要挑战。行为地理学通常从微观个体层面出发，但要将这种微观分析扩展到宏观地理学现象，必须依赖汇总方法。然而，这一方法面临困难，特别是当传统的自然科学方法，如机械论方法和方法论个人主义，无法有效适用于复杂的人文社会现象时。为此，行为地理学需要超越个体层面的分析，将其融入更广泛的社会和地理背景中。这一过程中，尺度转化和方法适应性问题仍然亟待解决。

3.4 行为地理学者的反论

Golledge（1981）针对这些争论提出了重要的反思，指出了行为地理学中常见的误解和曲解,进一步推动了该领域理论和方法的深化。

首先,关于主客体分离的问题,Golledge认为,主体并非单纯的习惯形成者,不能将其视为对客体的机械性反应者。相反,主体是一个具有主体性动机的行为者,是问题的解决者。这一观点强调了人类行为的主动性和目的性,反对将个体行为视为对环境的被动反应。

其次,广义行为地理学与行为论研究的关系常常引发误解。许多人将行为地理学与行为论研究混为一谈,这种误解源于两者在研究内容和方法上的不同。Golledge指出,行为地理学不仅仅是行为论的扩展,它更多地涉及人与环境之间的复杂互动和地理空间的影响,因此不能简单地将其归结为行为论的范畴。

关于汇总尺度问题,Golledge强调,通过有意义的汇总过程,可以找到适合各种汇总尺度的研究方法。然而,具体的实施方法仍然是一个挑战,特别是在将微观个体行为与宏观地理现象之间建立有效联系时,如何找到适当的汇总尺度和方法仍然是行为地理学需要解决的难题。

4 行为地理学的理论贡献

首先,行为地理学让人文地理学者重新认识到理论的重要性,强调了严密的理论框架在学术研究中的核心地位。其次,它揭示了地理学各分支领域之间界限的不自然性,推动了不同学科领域之间的跨界合作和思想交流。此外,行为地理学还强调了行为公理的重要性,强化了计量革命,推进了严密的概念化与理论精致化;同时,通过决策过程与空间行为的理论化,行为地理学建立了一个横跨各地理学领域的基础框架,突破了传统学科的局限性。行为公理的这些贡献与

理论的精致化结合,形成了行为地理学的独特特点(若林,2024)。

除此之外,行为地理学还在多个领域作出了积极贡献。它与人文主义地理学一道,推动了地理学对人类心理领域的研究,拓展了地理学的研究视野。同时,行为地理学促进了地理学微观尺度的空间研究。这些贡献无疑推动了地理学的多样化发展,也使得行为地理学逐渐从边缘学科走向主流。

行为地理学的初心之一是通过环境认知与决策过程修正空间分析中使用的环境决定论社会模型,从而使空间分析更加关注个体与环境的互动。此外,行为地理学还参与了跨学科的共同研究,尤其是在解决环境问题等社会问题时,展现了它的社会责任感。通过参与这些跨学科合作,行为地理学为公共政策的制定提供了新的视角,推动了环境教育和理解的行为论立场。

目前而言,行为地理学的贡献与初心基本完成,但仍然面临许多未解的问题。尽管如此,行为地理学已经不再是地理学的边缘学科,而是逐渐成为地理学及相关领域的重要组成部分。

参考文献

[1] 若林芳樹. 行动地理学研究[M]. 东京:古今书院,2024.

[2] 柴彦威,塔娜. 行为地理学[M]. 南京:东南大学出版社,2022.

[3] GOLLEDGE R G Misconceptions, misinterpretations, and misrepresentations of behavioral approaches in human geography [J]. Environment and Planning A,1981,13(11):1325-1344.

[5] 戈列奇,斯廷森. 空间行为的地理学[M]. 柴彦威,曹小曙,龙韬,译. 北京:商务印书馆,2013.

基于虚拟现实技术的后工业区街道界面色彩与行人情绪感知研究

——以北京市首钢园为例

王妍（北方工业大学；2023315040129@mail.ncut.edu.cn）

李靖翾（北方工业大学；2021315040132@mail.ncut.edu.cn）

梁汉雄（北方工业大学；2022315040120@mail.ncut.edu.cn）

关雪楠（北方工业大学；guanxn@mail.ncut.edu.cn）

黄骁然*（北方工业大学；xiaoran.huang@ncut.edu.cn）

摘 要：随着城市更新的推进，社会对健康人居环境的构建给予了更多关注，其中街道作为物质空间的重要组成部分，在促进行人心理健康方面扮演关键角色。特别地，在工业历史街区中，其街道界面色彩设计对行人情绪感知具有显著影响。

本文以北京市首钢园为案例，利用虚拟现实技术，探讨了工业区街道界面色彩与行人情绪感知之间的关联。研究首先通过实地调研，使用 Insta360 全景相机记录首钢园的街景图像，确保色彩数据可靠性。接着，通过语义分割技术提取建成环境因子，并运用 K-means 聚类算法识别街道界面的基色，进而利用 Unity3D 构建虚拟场景。随后，33 名参与者体验了 4 个虚拟场景，实验过程中配合可穿戴式生理传感器，实时监测并记录了被试者的生理数据，并辅以调查问卷，增强研究的准确性。通过层次分析法对数据进行统计分析，构建了街道界面色彩对行人情绪感知影响模型。

研究结果表明：（1）灰色系作为主导色彩，与红色、橙色、绿色等色彩的融合，共同构成首钢工业街区的色彩景观；（2）问卷结果表明，虚拟现实技术能够有效模拟现实环境，证实其技术可行性；（3）建立主客观评价体系，发现行人在邻近色街道界面色彩关系中展现出最积极的情绪反应。

关键词：街道环境；工业街区；色彩；情绪感知；虚拟现实技术

基金号：国家自然科学基金（52208039），北京市教委科学研究计划一般项目（KM202210009008）

1 绪论

1.1 工业区街道色彩研究现状与挑战

在城市更新的大背景下，我国北方地区大量重工业建筑及厂区急需转型改造。其中街道色彩设计，已成为后工业区更新的重要内容之一。当前我国工业建筑及改造后街道界面普遍存在色彩单一、对比度失衡、主题缺失等问题，亟待更新提升。传统建筑界面色彩研究方法在面对大尺度、复杂结构的工业建筑时，存在数据收集方式陈旧、色彩描述主观性强等问题。而借助新兴数字技术和量化方法，我们可以更客观地认知色彩与情绪感知的关联，助力相关的更新实践和研究。

1.2 研究的方法与范畴

首钢园作为工业遗产更新示范项目、混合功能空间样本、色彩矛盾集中场域典型案例，具有较高的研究价值。基于已有研究，本文创新性地构建 VR 环境下的色彩–情绪交互实验框架，通过多模态数据（EEG、GSR、眼动数据等）采集与层次分析法（analytic hierarchy process，AHP）的结合，建立工业遗产色彩感知评价模型。

2　街道界面色彩要素分析与提取

2.1　研究对象

研究聚焦首钢园冬训中心的 7 条街道（秀池南路、动力东街等），该区域融合工业遗址、冬奥场馆、商业综合体等多元功能，街道界面包含历史建筑、现代玻璃幕墙等元素，具有后工业街区典型特征。

2.2　街道界面调研方法

采用 Insta360 全景相机采集街景图像（见图 1），相比传统相机其具有 360° 覆盖宽幅街道与大体量建筑；持多视角重构；可在后期多视角观察街道的优势。将首钢园冬训中心区域划分为6个地块,选择太阳高度角30°～60° 时段（上午 9:00—11:00/下午 2:00—4:00）分别进行拍摄，共获取有效图像数据56 组。

提取街景图像中街道界面色彩，比对 CBCC 中国建筑色卡，最终梳理出现状色彩如图 1 所示。

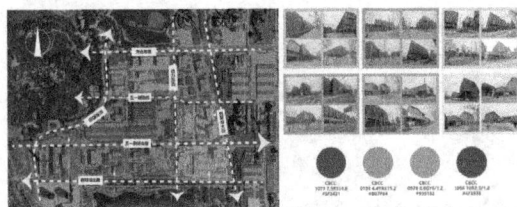

图 1　首钢园冬训中心街道界面色彩现状色彩

2.3　街道界面色彩基色提取

在图像预处理时，本文采用 DeepLabV3+ 模型进行语义分割，基于 CamVid 数据集迁移学习提升街道场景适应性，实现建筑与其他元素（植被、天空等）的精准分离，解决非目标元素干扰问题。利用 Grey World 算法对分割图像进行白平衡处理，消除晴天强光

照（照度＞80 000 lx）造成的色彩偏移，生成建筑（白）与背景（黑）二分图，获得纯净建筑色彩数据，为后续聚类提供标准化输入以提高效率。

由于街道界面色彩复杂度高，通过 K-means 聚类方法归纳基色。K-means 聚类方法的优势在于无须人工标注，自动处理语义分割后的 N 个 HSV 像素点，误差率低，场景适配等优势。在 HSV 空间计算像素距离（Hi，Si，Vi）并迭代优化至类内差异＜5%，输出基色 RGB 值。

城市规划领域普遍采用孟塞尔体系（如杭州导则规定 HVC 容差±1.5），本文通过 CMC 软件将 RGB 转换为 HVC 值，分离色相 H、明度 V、彩度 C，生成与《城市色彩规划导则》兼容的数据格式。

最后，通过对比 CBCC 中国建筑色卡国家标准色卡，可以得出首钢园冬训中心的基色（见图 2）。这些基色不仅能够体现现代化建筑的风格，还能够符合后工业街区的氛围和要求。

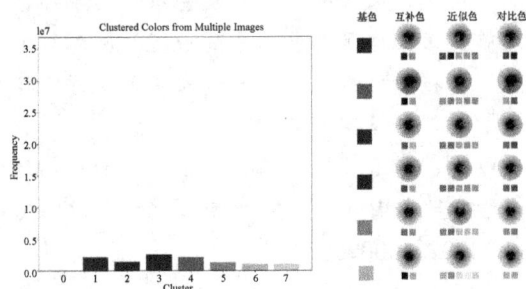

图 2　首钢园 K-means 聚类基色提取

基于提取的 7 种基色，在 HSV 色环中按色相差 ΔH 定义三类关系，分别为对比色、互补色、邻近色。在后续实验中 4 类 VR 场景，基于原场景，用三类色彩关系置换场景，形成色彩干预实验组。该设计可量化不同色彩关系对行人情绪的影响，为虚拟环境参数化提供数据支撑。

3 基于 VR 的街道界面色彩关系与情绪感知研究实验设计

3.1 实验场景

本文基于实地全景照片，使用 SketchUp 2019 构建 1∶100 比例模型，精确还原街道尺度与建筑形态，并将前期提取的 7 种基色映射至模型材质。在新建模型中保留了植物元素，移除其余人文元素干扰。

随后将 FBX 格式的 SketchUp 模型导入 Unity3D 以确保与后续 VR 实验设备的兼容，在 Unity3D 中通过 Shader 脚本批量替换材质，生成了基色场景、互补色场景、邻近色场景、对比色场景 4 类实验场景模型（见图 3）。

图 3 4 类实验场景模型

3.2 实验设备与指标

在设备方面，实验使用搭载眼动追踪系统的 HTC Vive Pro Eye 头戴式移动显示器，提供 90 Hz 刷新率、110° 视场角的沉浸式 VR 体验，结合 ErgoLAB 生理传感器。Unity 引擎与 ErgoLAB 2.0 软件可通过时间戳同步数据。

ErgoLAB 生理传感器可记录皮肤电导水平（SCL）、非特异性皮肤电导反应（NS-SCR 频率）与心率变异性（HRV），量化交感神经激活程度。HTC Vive Pro Eye 搭载的眼动仪可识别基色区域注视时长与首次注视时间，助于评估情绪效价极性。

3.3 实验对象

本文招募 33 名健康成年被试者（矫正视力≤600 度，无色盲/神经疾病），性别非均衡分配，涵盖多学科背景，经 VR 适应性筛选无不适反应。

3.4 实验设计

实验流程（见图 4）采用双阶段筛选（SSQ 量表+VR 适应性测试），33 名被试依次体验 4 类色彩场景，同步采集生理数据并填写 PANAS 量表，试验结束后填写后测 PANNAS 量表与主观问卷，全程约 30 min。

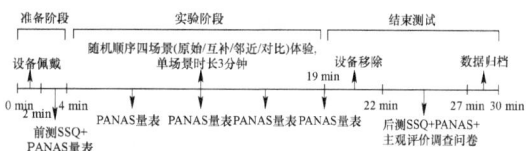

图 4 实验流程图

4 评价体系构建与实验结果

4.1 评价体系架构

本文构建 3 层街道界面色彩情绪感知综合评价体系（见图 5）。

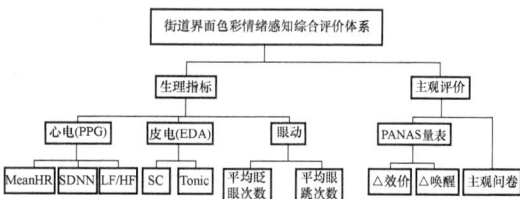

图 5 街道界面色彩情绪感知综合评价体系

组合权重采用 AHP-熵权耦合模型确定权重。首先对正向指标（如 LF/HF）与负向指标（如 MeanHR）构建标准化矩阵 X_1。随后，计算指标熵值并得出客观权重。采用专家打分对生理数据与主观评价比较建构判断矩阵，经一致性检验（CR=0.07<0.1）得出组合权重。生理数据与主观评价权重分别为 0.58 与 0.42。最后，通过 Cronbach's α 系数（生理指标 $\alpha=0.83$，主客观间 $\alpha=0.79$）与三角验证法确认体系信效度。时序校正模型（衰减因子 $\alpha=0.63$）消除 VR 累计效应，最终建立预测公式：

$$\text{Preference}=0.58\sum_{i=1}^{7} w_i^{phys} \cdot C_i + 0.42(0.25\Delta V + 0.17\Delta A)$$

该模型可解释 76.3% 的方差变异（r^2=0.763），为工业区色彩设计提供量化决策工具。

4.2 实验结果

本次实验成功收集了 30 份有效问卷，客观指标方面，场景四（邻近色）总评分最高（1.86±0.38），LF/HF 均值（1.21）显著低于其他场景（F=6.32，$p<0.01$），皮电 SC 均值达 2.36±0.25。主观情绪方面，重复测量方差分析显示场景 Δ 效价差异显著（F=53.63，$p<0.001$），邻近色 Δ 效价均值 +0.67（SD=0.48），与皮电指标强相关（r=0.82，$p<0.01$）。问卷结果显示 94.29% 被试可识别色彩变化，场景四主观评分达 4.2/5.0，与生理总评分呈显著正相关（r=0.71，$p<0.001$）。

5 结论与展望

本文的主要结论有：（1）首钢园区的基色为灰色系，作为主导色彩，与红色、橙色、绿色等色彩融合；（2）问卷数据验证了 VR 技术在该研究中的可行性；（3）邻近色场景引发最高情绪效价（ΔV=+0.67）与最低 LF/HF 值（1.21）。

后续研究可扩展样本多样性，纳入不同年龄层与文化背景群体以验证色彩感知的普适性规律；融合脑电与面部表情识别技术；探索动态色彩交互机制从而建立基于光照、季节变化的适应性色彩系统。研究成果可为工业遗产设计与保护提供量化决策支持，助力可持续城市更新进程。

参考文献

[1] SCALI R M, BROWNLOW S, HICKS J L. Gender differences in spatial task performance as a function of speed or accuracy orientation[J]. Sex Roles, 2000, 43（5）：359–376.

[2] AIPING GOU.Method of urban color plan based on spatial configuration[J]. Color Research & Application, 2013, 38（1）：65–72.

[3] 于华. 首钢园：新时代首都城市复兴新地标[J]. 城市开发, 2023（7）：112–113.

[4] 吴泽宇, 张愚. 基于大规模街景图像的城市色彩量化方法研究[C]// 共享与品质：2018 中国城市规划年会论文集（05 城市 规划新技术应用）. 北京：中国建筑工业出版社, 2018：252–259.

[5] 傅倩, 王暄, 黄钰靖, 等. 长沙市主城区建筑色彩基因提取与分析研究[J]. 长沙大学学报, 2021, 35（4）：30–37.

[6] 许志榕. 纽约曼哈顿中城建筑色彩特征研究[J]. 城市建筑, 2022, 19（11）：142–145.

[7] LEAN Y, SHAN F. Brief review on physiological and biochemical evaluations of human mental workload[J]. Human Factors and Ergonomics in Manufacturing & Service Industries, 2012, 22（3）：177–187.

[8] 郭晓轩. 针对高压人群视觉疗愈导向的街道步行空间营造策略研究[D]. 北京：北方工业大学, 2023.

图片来源

图 1～图 5 均为作者自绘。

基于空间句法的西安西仓花鸟集市历时性演变分析

李旭（湖南大学建筑与规划学院；leexu_2004@163.com）

许珩玥*（湖南大学建筑与规划学院；350914214@qq.com）

摘　要： 文章以西安北院门历史街区内的西仓花鸟集市为例，借助空间句法的模型对不同历史时期集市所在片区的空间特征进行分析。基于现场调研和当地志书等文献资料，在明晰不同历史时期自发性集市空间功能和文化感知信息的基础上，结合空间句法理论中线段模型分析得出的连接度（connectivity）和可理解度（Integration）数值，尝试总结城市肌理的客观特征、历史文化因素及集市中具体感知和行为等不同影响因素对历史街区中空间自组织的作用。

关键词： 历史街区；自组织空间；西仓；空间句法

基金号： 湖南省自科基金–企业联合基金项目（2024JJ9068）

1　引言

历史街区中的自发性集市在不同时期的图层积累下逐渐形成。目前历史街区自发性集市空间的相关研究开始逐渐关注行为与空间的关系，主要包括：总结自发性空间中的行为特征[1]；研究自发性空间与居民行为生活之间的关联性[2]；结合自发性空间产生机制中环境感知的作用效应提出空间提升的对策[3]；以自发性空间的正、负效应为突破口，探讨街道空间的在地更新策略[4]；分析影响自发性商业空间活力的因素，进而提出历史风貌街区保护更新的策略[5]；结合自发性的更新改造行为探索适应历史街区新发展的"计划性"活化策略[6]。也有部分研究者意识到空间中感知与行为和空间的交互影响作用，对城市公共空间进行进一步研究。主要包括历史城区公园感知可达性[7]、街道空间品质[8]、景观环境视觉感知[9]及城市空间意象[10]等。

但现有研究多重视自组织空间的现状，对历史街区中自发性集市不同历史发展阶段和空间演变的梳理较少。

2　研究方法

文章以西安北院门历史街区内的西仓花鸟集市为例，在空间句法定量分析的基础上，讨论历史文化因素及行为和感知在集市空间自组织中的作用，研究不同因素之间的相互影响及自发性集市演变对不同要素的反作用。尝试分析不同时期历史街区空间自组织的规律。

3　西仓花鸟集市不同时期的历史文化要素和空间特征

西仓花鸟集市位于西安北院门历史街区内，集市现状空间范围包括永丰仓旧址四周的西仓东、南、西、北四巷及附近的劳武巷和教场门巷。

集市所在区域在唐朝的长安城中属于宫城，到唐末长安城缩建才逐渐从衙署转变为居民区，成为回族的聚居地。到宋末，区域内设秦川驿，负责向外传达公文，为来往官员提供食宿和车马。元朝时期，回族的政治地位仅次于蒙古族，片区内回族交易频繁，商业繁荣。

据嘉靖《陕西通志》中所示，明朝时设

永丰仓和屯田道。永丰仓偏西，屯田道偏东，永丰仓即现在所称的"西仓"。片区历经唐宋元不同时期的发展，回族逐渐聚集，社会经济促进城市结构进一步发展（见图1）。

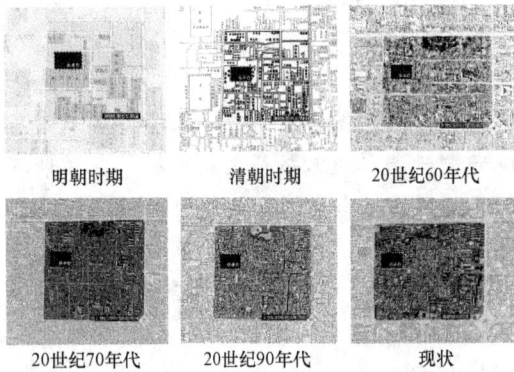

图1 集市所在历史街区不同时期的城市肌理

3.1 明清时期：空间封闭性与社会等级的双重制约

明清时期西仓片区街巷整合度呈现"单核集中"特征，仅庙后街与西大街的整合度值较高，其余街巷连接度较低，形成以军事仓储永丰仓为中心的封闭式空间结构。这种低连接度的街巷网络限制了商业活动的自由蔓延，集市商业仅在少数高整合度节点（如西仓南巷）零星出现。重农抑商的社会政策影响下商业业态的集市尚未形成（见图2）。

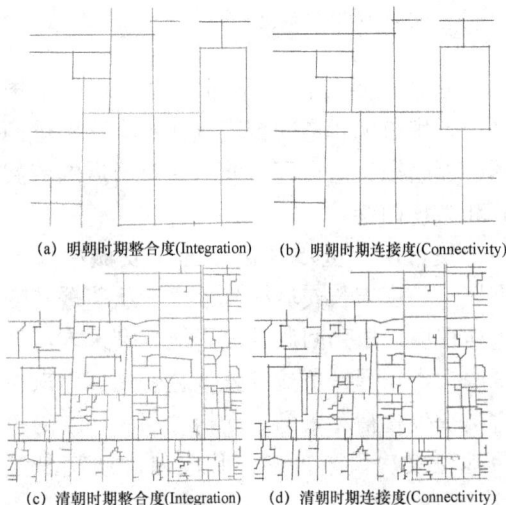

图2 明清时期街巷的整合度和连接度

封建社会的重农抑商政策和衙署驻地的强制性功能通过空间治理手段抑制了商业空间的自然生长。但到清末时，旗人遛鸟、斗蛐蛐相关行为和世俗文化的兴起为西仓注入了独特的文化空间需求，形成以花鸟交易为核心的微型自组织单元。这一阶段，社会等级制度通过空间封闭性主导集市形态，而特定群体的行为需求则在有限范围内突破政策和城市空间结构的约束。

3.2 20世纪70—90年代：道路连通性与经济自由化的协同驱动

20世纪70—90年代，经济快速发展，城市迅速扩张，片区北侧增加大量单位大院形式的多层住宅。与明清时期相比城市功能发生较大变化。西仓集市作为西安城内少有的集中贸易市场之一，延续其传统市集的功能。

对比明清时期，20世纪70年代片区北侧莲湖路整合度和连接度都比之前更高（见图3），道路网络贯通，北侧单位大院与主街的连接使西仓集市的辐射范围从南巷扩展至北巷及劳武巷。

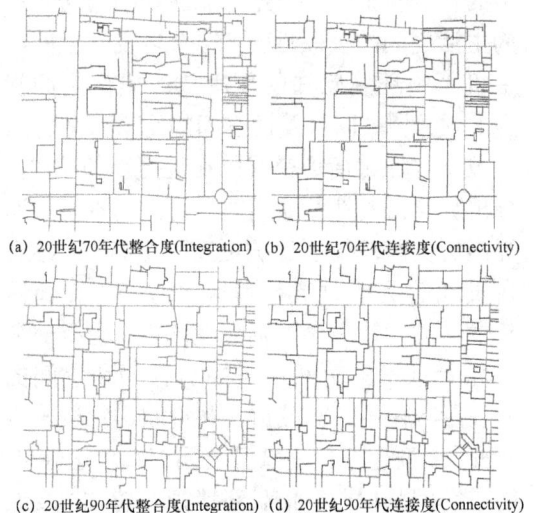

图3 20世纪70—90年代街巷的整合度和连接度

至20世纪90年代，洒金桥成为片区内整合度最高的空间节点，吸引文玩、二手交易等业态沿其轴线密集分布。随着城市经济的发展，道路空间结构进一步完善，单位大院的兴建虽改变了原有肌理，但其内部道路的连接度反映出其空间的封闭性，反而促使摊贩向公共性更强的洒金桥聚集。摊贩通过"占道经营"自发填补了规划缺失的商业空白，形成"边缘—中心"的业态梯度，核心区以花鸟为主，外围以日用品为辅。空间结构的开放为自组织提供基础，而经济自由化则通过商业活动中的弹性行为实现空间功能的再定义。

3.3 20世纪90年代至今：交通割裂与旅游经济的空间博弈

20世纪90年代末，北院门一带开始出现租赁门市的餐饮经营。为配合旅游产业发展，相关部门在现状基础上将其打造为美食一条街，旅游影响下片区内外来人口增加，城市道路增建，城市肌理复杂化。旅游消费重构空间意义，西仓集市的辐射范围增加。高连接度区域的旅游化改造挤压了本土摊贩的生存空间，低连接度街巷因可达性不足沦为"被遗忘的角落"（见图4）。直至近年来城市更新实践的过程中通过空间重构中嵌入地方文化主体性，使自组织空间得以在当代城市中得以存续与再生。

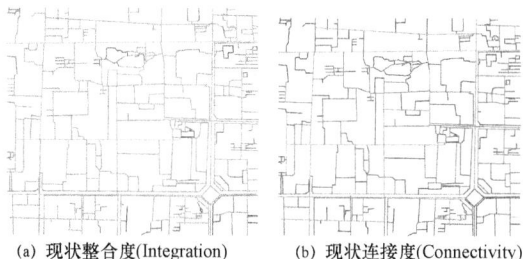

(a) 现状整合度(Integration)   (b) 现状连接度(Connectivity)
图4 现状街巷的整合度和连接度

4 历史街区自组织空间中的不同影响因素

历史街区中的自发性集市是物质空间、精神空间和社会空间的辩证统一体。城市空间结构特征提供物质空间的可供性；精神空

间是人的主观感知和行为，影响自发性集市空间的功能；社会空间则涉及一定时期内的社会历史因素。

自发性集市的产生基于空间和社会历史现状，与人紧密联系。历史文化因素影响下对空间的感知影响社会行为，行为影响空间的自组织。集市历时性发展的过程中，社会文化的客观因素、城市空间结构特征和使用人群感知和行为的主观因素以"介入式-半自主"的方式影响自组织空间的同时，也受到空间的影响（见图5）。

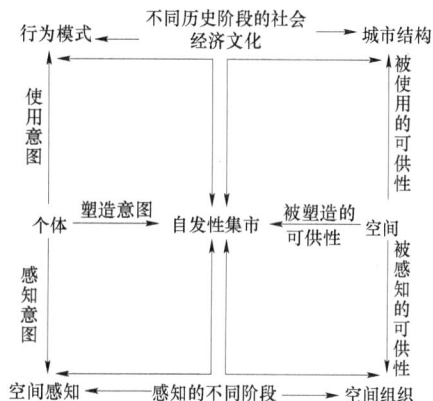

图5 历史街区自发性集市中不同要素的影响

5 结论

物质空间是自发性集市发展的可供性基础，街巷整合度与连接度的动态变化为集市提供了空间载体。高整合度区域（如西大街、洒金桥）始终是商业活动的核心轴线，而连接度的阶段性波动（如20世纪90年代北侧道路贯通）直接影响了集市的辐射范围与业态分布。社会文化在其中发挥隐性框架作用，不同时期的文化要素通过塑造人群需求与行为模式，间接调控空间功能。社会文化既是自组织空间的"催化剂"，如清末花鸟交易，也可能成为"抑制器"，如重农抑商政策。人群行为完成适应性反馈的循环，使用者通过日常实践（如摊贩自发聚集、游客路径选择）不断重塑空间结构，形成"行

为一空间一文化"的动态闭环。

综上，西仓集市的历时性演变表明，历史街区的自组织空间是物质、社会与行为要素复杂互动的产物。其产生机制既非完全自发，亦非全然规划，而是在"结构约束"与"主体能动"的辩证关系中动态演进。

参考文献

[1] 方奕璇，张玲玲，徐佳楠. 历史街区公共空间休闲行为研究：以苏州平江历史街区为例[J]. 华中建筑，2020，38（10）：135-139.

[2] 尚伟，何聪，兰海峰，等. 历史文化街区自发性空间研究：以武汉市昙华林自发性空间功能及形式为例[J]. 中国名城，2022，36（3）：53-59.

[3] 陈明达，黄勇，孙洪涛，等. 自发性建造现象下的鼓浪屿内厝澳片区建筑空间环境感知与更新策略研究[J]. 城市建筑空间，2023，30（6）：67-70.

[4] 张若彤，李昊. 自发性建造视野下的内城街道空间感知与更新策略研究：以西安回坊片区为例[J]. 当代建筑，2021（2）：134-138.

[5] 尚伟，张金海，吴子悦. 历史街区自发性商业空间特性及其对街区活力提升研究：以汉正街为例[J]. 中国名城，2020（11）：34-37.

[6] 王迪. 自发性与计划性：后城市化背景下荆州历史街区微空间活化策略研究[J]. 中外建筑，2020（2）：78-81.

[7] 戚迪. 人本尺度下街道空间品质多维测度与综合评价[D]. 济南：山东建筑大学，2023.

[8] 张一. 景观环境视觉感知空间量化研究[D]. 天津：天津大学，2021.

[9] 李飞. 历史城区公园感知可达性的影响因素及提升策略研究[D]. 南京：东南大学，2021.

[10] 王宁. 城市空间意象识别与感知谱系研究[D]. 南京：东南大学，2021.

图片来源

图1～图5均为作者自绘。

基于时空行为分析的儿童友好型社区空间研究

——以北京市房山区 FCC 中央城社区为例

孙有群（北京理工大学设计与艺术学院；411630442@qq.com）

熊捷（北京理工大学设计与艺术学院；jie.xiong@bit.edu.cn）

孙子文*（北京理工大学设计与艺术学院；Ziwen.sun@bit.edu.cn）

摘　要：我国儿童体力活动不足致肥胖症发病率上升，成为重要公共卫生议题。在新型城镇化背景下，"儿童友好型城市"建设已成为我国空间高质量发展的重要议题。社区公共空间作为儿童体力活动的主要场所，其环境要素对儿童行为的影响机制已成为学界关注的重点。然而，在不同性别、年龄维度下的时空行为差异，以及监护人对儿童行为的潜在影响机制等方面仍缺乏精细化研究。本研究聚焦北京市房山区 FCC 中央城社区为研究对象，采用时空行为地图（*n*=987）和量表（*n*=302）混合方法，分析了儿童及其监护人在性别、年龄、行为类型、活动时段的时空行为规律，并深入探讨了儿童与监护人之间的复杂关系。研究发现：（1）年龄显著影响儿童行为，0～7 岁儿童依赖监护人，8～18 岁儿童趋向独立；（2）男孩活动频次高于女孩，尤其在 14:00—18:00 时段，且活动区域有性别差异；（3）监护人性别影响其参与模式，男性受通勤时间制约，女性承担主要照护职责，且参与时段有差异。研究表明：监护人与儿童互动存在双向影响，性别差异影响陪伴频率、时段及儿童活动选择。建议设计儿童友好社区时，充分考虑性别和年龄差异的空间需求，以提高儿童户外活动质量及监护人参与度。

关键词：日常活动空间；儿童友好社区；时空行为；GIS；性别差异

基金号：XSQD–202018001

1　背景

近年来，我国儿童健康水平下降[1-2]，为此联合国提出建设"儿童友好型城市"[4]，通过优化空间增加儿童户外活动场所。已获全球 400 余城市响应，我国深圳、武汉等城市重点推进[5]。

社区空间，特别是儿童娱乐空间[6]，对儿童健康成长至关重要。首先，从宏观层面，社区环境因子，如功能设施、建筑密度[8]等均影响儿童活动。其次，从微观层面，娱乐空间常面临场地匮乏等问题降低了儿童参与度[3]。再次，儿童户外行为受年龄、性别、监护人参与及时间性影响。年龄差异导致活动内容差异，而性别差异影响活动范围和强度。监护人在这一过程不仅是安全守护者，也是行为模式塑造者。此外，儿童户外活动还受到时间性的显著影响。最后，城市远郊社区对儿童的户外活动和行为也有显著影响，这导致儿童的娱乐场地和监护方式与市区儿童有所不同。同时，监护人的监督方式也呈现出与市区不同的特点。因此，优化远郊社区规划，对提升儿童户外活动水平具有重要意义。

2　研究问题

本文探讨中国特大城市远郊社区儿童空间行为的性别、年龄及时间差异，围绕 4

个问题：① 儿童年龄对社区空间需求及活动选择的差异；② 性别对儿童户外活动模式及空间使用的影响；③ 监护人介入对儿童行为模式的影响及其与社区环境的关系；④ 家庭中监护人性别及照护时段差异。

3 研究内容

3.1 研究场地

本文聚焦北京市房山区长阳 FCC 中央城社区，作为特大城市远郊社区代表，其"睡城"现象为探讨儿童空间行为提供了案例。该社区通勤长，形成早晚高峰人流密集、白天稀疏的时空格局，影响儿童户外活动。

3.2 研究方法

本文通过现场观察与时空行为地图（STBM）方法探索儿童与监护人的时空行为规律。共分为 4 个阶段[7]，分别为：试点研究、数据收集、GIS 地理信息系统数据库建立和数据分析（见图1）。

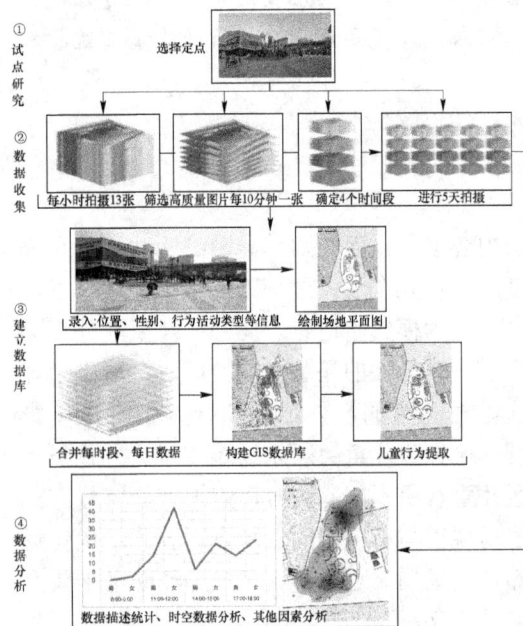

图1 STMB 研究方法流程图

为深入探索，还开展了儿童及其监护人对社区空间环境的感知与评价量表，为后续分析提供定量基础。

4 研究结果

4.1 年龄与性别因素对儿童在社区空间内活动参与的差异

0～7 岁儿童户外活动参与度显著高于 8～18 岁儿童，占总样本 92%。在 8～18 岁年龄段，男孩户外活动频率是女孩的 1.8 倍。时间节奏上，下午女孩增多，傍晚男孩活动显著上升。为进一步探索性别差异在空间动态范围上的影响（见图2），发现部分儿童活动已超出常规娱乐设施范围，且男孩占比较大。这些发现揭示了年龄与性别对儿童社区活动参与模式的显著影响。

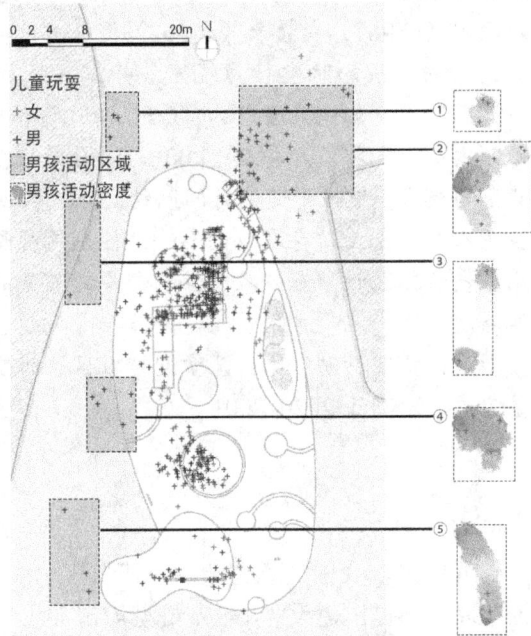

图2 空间活动分布图

4.2 社区娱乐空间中监护人与儿童互动的时空关系

基于不同时间段监护人陪同儿童户外活动的数量分布（见表1），发现中午和傍晚为陪同高峰期。周末户外活动更集中，中午和傍晚为高峰，周中则傍晚为主。时空行为地图（见图3）显示，监护人与儿童空间重叠率随时间变化，11:00—12:00 重叠度高，集中在场地南北边界（见图3-①）；14:00—15:00重叠度降低（见图3-②），儿童独立活动增多（见图3-③），互动减弱；17:00—18:00重叠度再升高（见图3-④），监护人照看更紧密。

表1 监护人带儿童户外活动的时段对比

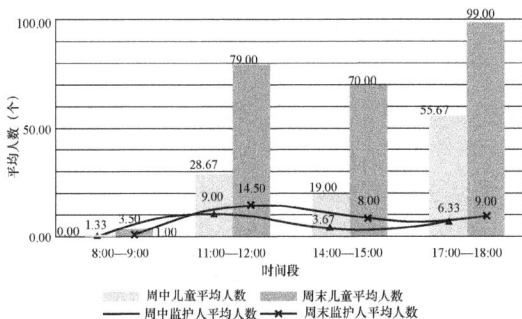

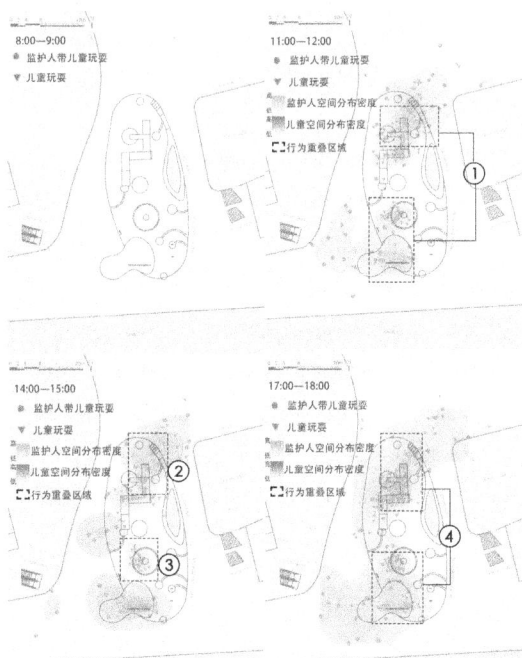

图3 不同时间段内监护人与儿童空间分布核密度对比分析

4.3 社区娱乐空间中监护人的性别差异

在全时段对比分析中，女性监护人在带领儿童外出活动中占主导。周中男女监护人数量均低于周末。女性监护人数量普遍高于男性，尤其在中午和傍晚，表明女性更可能承担监护职责；周末男性监护人数量上升，但仍低于女性。一天内，中午和傍晚显著增多，尤其是晚间男性增加。独立样本 t 检验分析显示，性别在"交通出行"（t（286）=3.177，$p=0.002$）和"出行动机"（t（286）=−3.462，$p=0.001$）维度上存在显著差异。男性受通勤时间长影响，参与子女照护程度受限；女性在家庭内部更多承担儿童活动或娱乐责任。

5 讨论

5.1 儿童个体差异影响下的儿童-监护人互动模式

本文发现儿童年龄差异导致其对社区环境感知、需求及行为变化。0～7岁儿童偏好简单游戏，活动依赖监护人，范围受限；8～18岁儿童则情况相反。此外，本文引入时间维度，发现男女儿童活动参与在早上和中午时段均衡，性别差异被弱化；下午女孩活动增加，傍晚男孩活动上升，显示环境设施与时间段结合对儿童性别差异表现有重要塑造作用。时空行为地图分析显示，监护人对男孩宽容，对女孩限制，反映性别角色认知的社会建构特征优化社区空间应分区设计适应各年龄段，用可变边界、多功能区减少性别差异，促进平等空间体验。

5.2 儿童与监护人互动模式的时空特征与双向影响

研究发现，中午和傍晚是儿童玩耍及监护人散步高频时段，这一现象受气候、社会文化及监护人行为习惯影响。同时，周末活动参与度高，周中集中于17:00—18:00，此现象受家庭作息制约。此外，监护者活动动机影响儿童活动参与度、频率及类型，儿童偏好亦反作用于监护者决策。这一双向互动关系展示了家庭成员之间在户外活动中的相互作用和影响，从而形成动态的正向循环。

5.3 时间因素下的儿童与监护人活动空间分布及其互动影响

通过时空行为地图分析，时间成为影响儿童与监护人行为空间分布的关键因素。中午时段，监护人适度保持距离，为儿童创造自由空间，权衡安全性与自主性。下午时段，监护人对直接干预依赖降低，倾向休息设施或边缘区域，体现行为模式调整。傍晚时段，天色暗与人流增，监护人行为集中，互动增强，安全性因素显著，积极参与儿童活动降风险。综上，儿童与监护人外出动机与空间分布相互影响，监护人选择区域与时间创造儿童活动机会，儿童需求亦影响监护人决策。

5.4 中国社会背景下家庭的性别角色差异

通过独立样本 t 检验分析，本文发现男性监护人因较长通勤时间导致照顾儿童时间减少，而女性监护人因社会文化期望更多承担家庭责任，受通勤时间影响较小。此性别差异反映了社会对男女角色的长期固化。同时，男性监护人主要在非上班时段带领儿童外出，呈现明显的时间段差异。这要求社区娱乐空间设计需考虑性别差异。但单纯依赖设计不足，应从"自上而下"制定平等政策，打破传统性别角色认知，以及"自下而上"提高空间使用效率和舒适度。

6 结论

本文结合时空行为地图法与定量分析法，突破静态框架，揭示儿童行为与监护人互动的动态特征，为儿童与物质空间互动提供新视角，为城市高质量空间发展理论发展贡献微观数据与新视角。

参考文献

[1] 刘秀英. 中国儿童少年营养与健康报告发布[J]. 少年儿童研究，2016（6）：62.

[2] SONG C，GONG W，DING C，et al.Physical activity and sedentary behavior among Chinese children aged 6–17 years: a cross-sectional analysis of 2010–2012 China National Nutrition and health survey[J]. BMC Public Health，2019，19：936. DOI:10.1186/s12889-019-7259-2.

[3] 盛强，胡彦学，宋阳. 空间形态与绿化因素对夏季胡同居民社会聚集的影响[J]. 风景园林，2019，26（6）：23–28.

[4] FULLER D，STANLEY K G. The future of activity space and health research[J]. Health & Place，2019（58）：1–3.

[5] 刘堃，万心怡，周佩玲. 儿童友好型社区公园对户外活动多样性的影响研究：基于深圳市红荔社区自然实验[J]. 上海城市规划，2022（6）：111–118.

[6] 刘堃，高原，李茹佳，等. 建成环境对儿童独立活动性的影响综述及研究趋势探索[J]. 上海城市规划，2020（3）：8–13.

[7] SUN Z W，BELL S，SCOTT I，et al. Everyday use of urban street spaces: the spatio-temporal relations between pedestrians and street vendors: a case study in Yuncheng, China[J]. Landscape Research，2020，45（3）：292–309.

[8] 刘星，盛强，杨振盛. 步行通达性对街区空间活力与交往的影响[J]. 上海城市规划，2017（1）：56–61.

图片来源
图1~图3均为作者自绘。
表1为作者自绘。

老年人冬夏季节户外感知水平与行为特征研究

——以北京潘家园旧货市场为例

孙佳淳（北京理工大学；sunjc@bit.edu.cn）

熊捷（北京理工大学；jie.xiong@bit.edu.cn）

孙子文*（北京理工大学；Ziwen.sun@bit.edu.cn）

摘　要： 户外公共空间作为老年人日常生活的重要载体，对于老年人健康促进具有重要意义。现有研究关注到了老年人对于户外环境的感知水平和在空间中的行为偏好，这对老年人身体和心理健康层面起到了指示，然而其在不同季节的差异与背后共同的影响机制依旧有待被阐明。为了解老年人在冬夏季节的户外感知与行为差异，本文选择涵盖多种功能的户外公共空间——北京潘家园旧货市场作为研究对象，采用时空行为地图、微气候数据采集作为研究方法，探索场地内老年人在冬夏季节的感知水平与行为特征，并分析其背后的影响机制。研究结果表明：（1）不同年龄段人群对于气候的感知具有明显差异，其中，相对于夏季气候炎热，老年人对于冬季的寒冷气候反应更加敏感；（2）老年人在冬夏的活动频率高峰均集中在早晨时段，且冬季时在场地内的活动强度与停留时长相对夏季有所下降；（3）当空间变得寒冷时，老年人更倾向于选择空间边缘与介质柔和的空间。研究认为老年人的感知水平与日常需求共同导致了在感知水平与行为特征上的差异。该研究旨在通过将以时空行为地图为主的混合研究法结论运用于设计指导实践，并为我国公共空间治理与更新提供新的实践视角，同时对面向健康化、包容化的高质量空间发展起到借鉴作用。

关键词： 老年人；冬夏季节；微气候；时空行为；潘家园旧货市场

基金号： SQD-202018001

1 引言

1.1 研究背景

随着中国城市化的快速发展及人口老龄化程度的不断加剧，老年人的身心健康逐渐受到越来越多的关注。面对退休后生活节奏的巨变和身体机能的衰退，许多老年人会产生诸多生理和心理困境，反映在城市建设层面，对如何建设老年友好型的公共服务设施提出了挑战，如何通过优化面向老年人的户外公共空间，从而促进高质量空间发展成为重要议题。通过探索老年人对于户外热环境感知水平和行为偏好，有助于从多重维度对面向老年友好的户外公共空间设计产生协同作用。潘家园作为以商业空间为主要功能的户外公共空间，承担了周边老年人的日常生活需求，具有研究意义。

1.2 研究问题

基于以上研究背景，本文提出以下研究问题：① 老年人在冬夏的感知是否具有差异和具体体现；② 老年人在冬夏的行为特征和活动节奏是否具有差异和具体体现；③ 导致老年人冬夏感知与行为差异背后的原因与共同作用机制。

2 研究场地与方法

2.1 研究场地

研究选择了潘家园旧货市场内 3 个空间

构成要素具有明显差异且在市场内具有代表性的空间作为观测场地（见表1）。

表1 场地特征

场地要素/编号	场地一	场地二	场地三
场地位置	西地摊区	丁排	大棚区
观测面积	约250 m²	约134 m²	约176 m²
空间特征	开敞广场空间 光照充足 通达性高 地面平坦 人流量较高	丁字路口街道较窄，两侧遮挡 通达性较高 两边有房屋台阶 人流量较低	四周开敞、顶棚 内部道路狭窄 通达性一般 场地设有台阶 人流量密集
观测定位			
场地照片 夏天（照片拍摄于2021年7月17日12:00）冬天（照片拍摄于2024年2月24日12:00）			

2.2 研究方法

1）时空行为地图法

时空行为地图（STBM）主要基于Sun等人提出的方法[1]。研究共分为3个阶段：① 试点研究阶段；② 正式采集阶段：分别于夏季和冬季开展，每天分4个时段进行，每次持续1 h，每5 min于固定高点拍摄1张照片；③ 数据录入阶段：将定点观测照片通过GIS软件进行编码化录入，将每个个体进行性别、年龄以及行为3类特征编码，通过地图投影确定具体位置并进行记录。

2）微气候数据采集法

微气候数据采集部分与时空行为地图数据采集同时进行，沿用Han等人提出的研究方法[2]，分为客观数据与主观问卷两部分。客观数据使用自建小型气象数据站进行采集，收集场地中的客观气象数据，并在后续计算平均辐射温度与通用热舒适指数；主观

问卷部分，借鉴ASHRAE导则[4]，即对于个人热感知与热舒适的5项量化表达，由热感知投票、湿度感知投票、风流感知投票、辐射感知和整体舒适度投票构成。

3 研究结果与讨论

3.1 老年人在冬夏季节的户外感知差异

研究结果表明，老年人对于空气温度、风速、湿度和太阳辐射的感知水平普遍弱于其他群体，与Krüger等人的研究结论相符[4]。然而，尽管研究场地中老年人对于冬季户外环境的接受度相对夏季更高（$\mu_{OCV夏}$=-1.22，$\mu_{OCV冬}$=0），但他们对于冬季气候的反应却更加敏感，这与Nikolopoulou, M. 等人的研究结论相反[5]。老年人对冬季寒冷空气温度与平均辐射温度的反应更为敏感，可以解释导致他们在冬季出行频率降低的原因，这同样体现在老年人在户外的出现频率与冬季微气候指数的变化呈现相关趋势（$p<0.05$），同时体现在他们在冬季的出行频率显著下降，即他们选择冬季更少出行。

本文认为，该现象更多出于他们对于健康层面的考虑。在冬季空气污染与寒冷干燥空气的共同作用下，老年人心血管疾病等慢性疾病发作率与呼吸道感染的概率均随之升高[6]，这些潜在的危险导致老年人选择减少冬季出现在户外的频率。同时，这也与老年人的日常需求有关，冬季会出现与老年人相关的户外活动设施和地面面临冻结、过于冰冷、不便使用等变化，导致无法满足老年人的使用需求。

3.2 老年人的差异性行为特征与活动节奏

场地中的老年人在夏季时的流动性高于冬季，与其他年龄段群体的特征不同。其次，老年人的空间聚集行为相对其他年龄段群体较多（见图1），且交谈行为也在老年人行为中的占比较高。尽管盛强等人提出街道通达性会影响人群聚集性，而研究场地内的高密度并未显著影响老年人的聚集行为[7]。在活动节奏方面老年人同样体现出特殊性，老年人在冬夏的活动频率高峰均集中在早

晨，与翟宇佳等人的研究结论相符[8]。

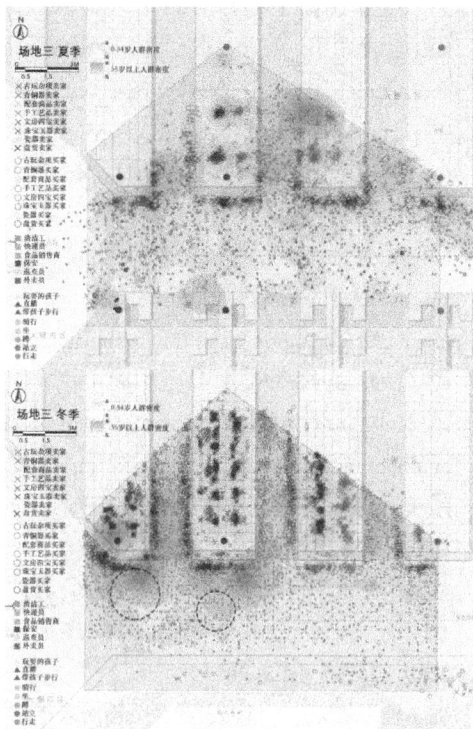

图1 场地三中冬夏全部行为的行为映射

老年人具有更为明确的驻足交谈等聚集需求[9-10]，同时老年人相对于其他群体具有更为规律的晨练等体力活动行为[11]，这说明研究场地在一定程度上承担了周边老年人的日常需求。在开阔广场空间的场地一和通行功能占比较高的场地二，老年人在冬夏季节的活动峰值均在早晨，而以商业功能为主的场地三则受其他场地因素影响更多，说明在具有满足老年人晨练活动等需求潜质的场地，如空间开阔、具备休息设施，老年人会偏好来此进行日常活动。这也说明相对其他群体，老年人虽然体力水平受限，但对于公共空间的空间认知与空间属性认定上比其他群体更加灵活。

3.3 老年人在多重因素影响下的空间偏好

尽管现有研究指出老年人在冬季倾向于更多的阳光照射[12]，但是本文发现场地中冬季的老年人则更倾向于在阴影下进行休闲活动，在较为炎热的夏季反而会相较更多

出现在阳光直射区域（见图1），这与过往的研究结论相反。在最受老年人休闲行为偏好的场地二的早晨和中午时段，其平均辐射温度明显高于其他场地以及其他时段（T_{mrt1}=2.52℃，T_{mrt2}=21.13℃，T_{mrt3}=1.58℃），表明该场地中具有反射率较高的空间介质，为场地提供了更多非阳光直射的光源，营造出明亮的环境。同时，场地三中的老年卖家在夏季时相比更高风流，更加偏好具有天窗的内部空间，冬季时更加偏好部分阳光照射、风流适中的边缘空间，也表明了他们更加偏好适中、温和的微气候条件。

在夏季，老年人会在地面的石质台阶上落座，而在冬季则更倾向于寻找市场专门设置的木质座椅进行休息（见图2），这代表着他们对于如石材等比热容较小的空间介质接受度较低，他们更偏好更加柔和的公共设施类型。He，X.等人通过对比研究指出金属与石材在户外空间均相比木材具有更高的身体损伤风险[6]，进一步印证了上述推论。

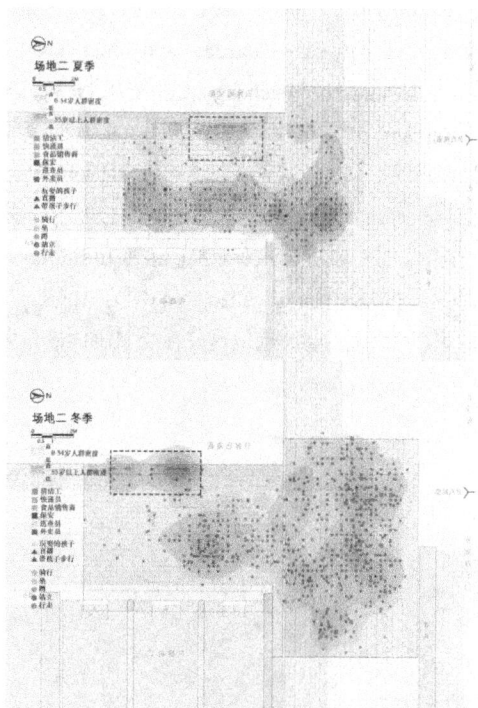

图2 场地二中冬夏休闲行为的行为映射

4 结论

回顾本研究的3个研究问题，首先，本文证明了老年人对于冬夏季节的气候感知与接受程度在热感知、风感知上具有明显差异。其次，本文通过交叉分析证明了老年人具有受气候影响的行为和活动节奏规律特征。最后，本文通过老年人体力水平和日常需求两个方面对上述研究结果背后的原因与共同作用机制进行了分析。

本文的贡献在于通过时空行为地图与微气候的混合研究法关注老年人受季节影响的行为特征与户外感知水平之间的关系。研究进一步探讨了其背后蕴含的包含体力水平与日常需求的共同作用机制。研究结论可以为城市管理者提供参考，为迈向高质量空间发展的城市更新策略作出贡献。

参考文献

[1] SUN Z W，BELL S，SCOTT I，et al. Everyday use of urban street spaces: the spatio-temporal relations between pedestrians and street vendors: a case study in Yuncheng, China[J]. Landscape Research，2020，45（3）：292-309.

[2] HAN M，FANG Y，YI L，et al. Impact of microclimate on perception and physical activities in public spaces of new urban areas in Beijing, China[J]. Buildings，2024，14（4）：1095.

[3] 周燕珉，王春彧. 营造良好社交氛围的老年友好型社区室外环境设计研究[J]. 上海城市规划，2020（6）：15-21.

[4] KRUGER E L，ROSSI F A. Effect of personal and microclimatic variables on observed thermal sensation from a field study in southern Brazil[J]. Building and Environment，2011，46（3）：690-697.

[5] NIKOLOPOULOU，LYKOUDIS. Use of outdoor spaces and microclimate in a mediterranean urban area[J]. Building and Environment，2007，42（10）：3691-3707.

[6] HE X，SHAO L，TANG Y，et al. Understanding outdoor cold stress and thermal perception of the elderly in severely cold climates: A case study in Harbin[J]. Land，2024，13（6）：864.

[7] 盛强，胡彦学，宋阳. 空间形态与绿化因素对夏季胡同居民社会聚集的影响[J]. 风景园林，2019，26（6）：23-28.

[8] 翟宇佳，黎东莹，王德. 社区公园对老年使用者体力活动参与和情绪改善的促进作用：以上海市15座社区公园为例[J]. 中国园林，2021，37（5）：74-79.

[9] MOTOMURA，KOOHSARI，ISHII，et al. Park proximity and older adults' physical activity and sedentary behaviors in dense urban areas[J]. Urban Forestry & Urban Greening，2024，95：128275.

图表来源

表1为作者自绘；图1、图2为作者自绘。

基于 SD 法的陕西省图书馆长安馆使用后评价

安冬琪（长安大学建筑学院）

摘　要： 随着城市的演进，图书馆历经时光的洗礼，承载城市的往事和文明，随着城市的发展不断壮大。它不仅是城市的重要组成部分，也是体现和提升城市文化品位的场所。图书馆建筑的建成环境直接影响读者的阅读感受。本文以陕西省图书馆长安馆区为研究对象，采用发放调研问卷的方式收集读者对该馆使用后的心理感受和空间评价。采用 SD 语义分析法建立评估标准体系，对得出的结果总结给出改善意见。为未来图书馆设计和相似类型空间的评估提供参考。

关键词： 陕西省图书馆长安馆区；SD 法；使用后评价

1　背景介绍

公共图书馆作为城市文化殿堂，面向公众开放，是城市文献资源的"馆藏中心"，同时也是人们获取信息知识与文化交流的场所[1]。随着时代的发展，公共图书馆从单一馆藏模式向"以人为本"的多元功能模式转变，单一馆藏模式的图书馆已经不能满足读者的需求，因此大量的图书馆正在进行改建或扩建。

本篇论文选取了于 2001 年启用并具备深厚的历史文化的陕西省图书馆长安分馆为研究目标，对其进行了功能使用的评价分析，旨在进一步充实和提升城市的公共图书馆体系，以便更好地满足读者多样化的阅读需求，同时对现有的图书馆设施提出改进意见，以提高其利用率与效果。

2　研究方法

2.1　使用后评价理论

建筑学领域中的后评价（POE）是从 20 世纪 60 年代的环境心理学中起源的一种评估方式，指的是在建筑物建成并投入使用一段时间后，对其进行评估和分析，形成一套评价体系和方法理论。这一过程包括数据的搜集、统计与分析，以及将评价结果与建筑物及建成环境性能指标进行对比[2]。

此项研究采用了语义分析方法，即所谓的心理体验法（semantic differential，SD），并结合了实际考察和问卷调查来获取对产品使用的反馈。

2.2　SD 法理论

SD 法也称语义分析法，是由查尔斯·埃·杰顿·奥斯古德于 1957 年提出的一种心理测定方法[3]，SD 法应用在图书馆这一对象中可以概括为读者在馆内各个空间中的心理感受，从而作出一些心理反应，根据读者的反应制定出特定的尺度，而后对描述参量进行分析[4]。在此基础上运用 SPSS 27.0 软件对调查的结果进行了因子分析，并对评价的结果进行了探讨，最后给出了陕西省图书馆长安馆区的优化设计方案。

3　基于 SD 法的调研分析

3.1　评价因子的确定

依据陕西省图书馆长安馆内部空间环境的特性，以人们在此空间中的心理体验为基础，针对各种评价目标，设定了以下空间描述评价词汇[6]，总共构成了 15 个正反义相对的形容词（宽敞-拥挤、明亮-昏暗、华

丽–朴素、功能合理–功能不合理、安静–嘈
杂、学习气氛浓厚–学习气氛淡薄、温度适
宜–温度不适宜、空气清新–空气浑浊、造型
传统–造型新颖、统一–凌乱、通风好–通风
差、色彩丰富–色彩单调、绿化率高–绿化率
低、设施完善–设施不完善、流线方便–流线
不便）。

这个试验选取了 50 位参与者，其中 45 人
有效，包括了男性、女性、老年人和青少年等
各个年龄层次的人群。所有被测试者均为西安
市民，因此具备一定的随机性和可信度。

评价尺度采用李克特五级量表，依据图书
馆环境的特性和研究目标，将评价等级设定为
5 个级别。以 0 作为中心对称点，2 代表最高
分数，–2 则是最低分数，作为评价标准。

4　调查结果分析

4.1　效度检验分析

经过 SPSS 软件进行了因子的可行性分
析，得出 KMO 值超过 0.6，同时 Bartlett 球
形度检验的显著性小于 0.5，这表明各个评
价因子之间存在很强的相关性，因此这份数
据适合进行因子分析（见图 1）。

克隆巴赫信度分析-简化格式		
项数	样本量	克隆巴赫系数
15	45	0.939
	显著性	—
KMO 取样适切性量数		0.856
Bartlett 球形度检验	上次读取的卡方	485.769
—	自由度	105

图 1　可靠性统计及 KMO 和 Bartlett 检验

4.2　评价因子及折线图分析

所有的评估指标都获得了正面的反馈，
这表明用户对陕西图书馆长安馆总体上持
积极态度（见图 2）。相较于其他方面，如内
部装修、颜色搭配和绿植覆盖率等方面的评
级略低，应进一步优化这些设施的环境状
况；而在声音质量、照明效果及空气流通等
方面则表现出较高的分数。同时对于图书馆

室内空气质量及阅读的学习氛围有很好的
体验感。

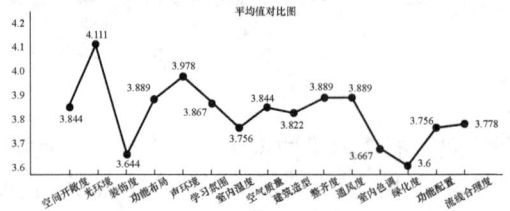

图 2　SD 折线图

碎石图（见图 3）显示在第 3 个因子后
开始明显平缓，在第 12 个因子之后曲线基
本归 0，提 12 个因子后可以得到全部数据。
结合总方差解释（见图 4）可得，此项目提
取 3 个因子比较合适。

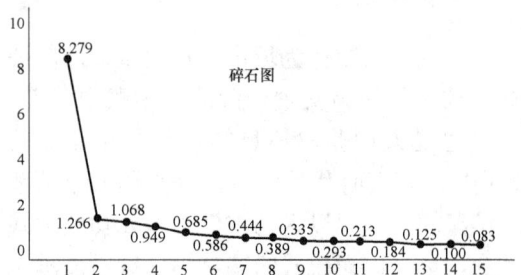

图 3　碎石图

方差解释率表格									
成分	总计	初始特征值方差百分比	累积/%	总计	提取载荷平方和方差百分比	累积/%	总计	旋转载荷平方和方差百分比	累积/%
1	8.279	55.193	55.193	8.279	55.193	55.193	4.062	27.08	27.08
2	1.266	8.439	63.632	1.266	8.439	63.632	3.327	22.18	49.261
3	1.068	7.121	70.753	1.068	7.121	70.753	3.224	21.493	70.753
4	0.949	6.326	77.079	—	—	—	—	—	—
5	0.685	4.565	81.645	—	—	—	—	—	—
6	0.586	3.907	85.552	—	—	—	—	—	—
7	0.444	2.963	88.515	—	—	—	—	—	—
8	0.389	2.596	91.111	—	—	—	—	—	—
9	0.335	2.233	93.344	—	—	—	—	—	—
10	0.293	1.951	95.295	—	—	—	—	—	—
11	0.213	1.419	96.714	—	—	—	—	—	—
12	0.184	1.225	97.939	—	—	—	—	—	—
13	0.125	0.837	98.776	—	—	—	—	—	—
14	0.1	0.668	99.444	—	—	—	—	—	—
15	0.083	0.556	100	—	—	—	—	—	—

图 4　方差解释率

4.3 因子轴的输出

根据因子分析结果（见图5），q6变量因效度不达标被剔除，最终提取出3个维度："直观体验因子"（55.193%），主要涉及外形设计、空气品质、室温等视觉感知；"规模装饰因子"（8.439%），关注空间尺寸、颜色多样性和装饰细节；"感官感受因子"（7.121%），涵盖内部流线、功能配置和声环境等感官体验。研究表明，视觉感知因子对读者评价影响最大，空间功能和感官感知因子也不可忽视，三者共同构成对陕西省图书馆长安馆品质评价的核心维度。

因子	1	2	3
Q9 建筑造型不传统的	0.85	—	—
Q8 空气质量清新的	0.816	—	—
Q7 室内温度适宜的	0.729	—	—
Q5 声环境安静的	0.606	—	0.517
Q3 装饰华丽的	0.596	—	—
Q4 功能布局合理的	0.593	—	—
Q11 馆内通风良好的	—	0.825	—
Q1 空间开敞的	—	0.728	—
Q12 室内色调丰富的	—	0.665	—
Q6 学习氛围浓厚的	0.504	0.568	—
Q2 光环境明亮的	—	0.501	—
Q13 绿化度高的	—	—	0.915
Q15 内部流线合理的	—	—	0.778
Q14 功能配置完善的	—	0.541	0.701
Q10 馆内布置统一的	—	—	0.506

图5 旋转后的成分矩阵A

5 基于SD法的综合分析及优化策略

5.1 综合分析

通过问卷和调研分析，读者对陕西省图书馆长安馆的整体环境较为满意，空间密度和功能配置得分较高，表明整体空间体验良好，仅需局部优化。然而，绿化度得分仅为3.6分，馆外绿化不足，馆内仅一楼有集中绿化，其他楼层仅靠盆栽点缀，导致阅览空间单调，易引发视觉疲劳。此外，装饰丰富度得分仅为3.644分，馆内灯光单一，缺乏区域引导，装饰仅中庭有书法作品，其余空间观赏性较低，未能满足读者情感需求。

5.2 优化策略

通过对陕西省图书馆长安馆使用后的评价及问卷调研分析，提出以下优化方案。

1）提高装饰丰富度

根据不同阅览区域需求布置多样化环境，如儿童区增设变换灯光和活动场地，普通区增加图案指引和名人雕像，融入西安历史文化元素，并设置专题展览和艺术品，增强文化氛围。

2）增加绿化

植物是垂直绿化的主体，有了植物的艺术设计，才是对建筑艺术更好的诠释[7]。在角落、窗台等位置放置美观植物，增设垂直绿化，提升空气质量和空间活力，可在非书籍区域增加喜阴、耐旱的植物，在建筑的外墙设置垂直绿化，提高绿化度[3]。

3）完善公共服务设施

增设智能指引和常温水饮水机，提高保洁频率，增加智能馆员虚拟助手，提升服务效率，满足不同读者需求。

6 结语

本文采用SD方法对陕西省图书馆长安分馆的阅览空间使用情况做了全面的研究与评估，利用问卷调查和实地考察的方法，收集到了关于图书馆现状的信息及其对于空间用户的直观反馈评分。根据问卷统计结果和实际观察数据，笔者对图书馆的空间环境进行了使用效果评定，并提出了相应优化建议。这种评估方式既能给陕西图书馆长安分馆未来的改建工作提供基于用户体验的建设方向，也能作为其他类似场所后期评估的借鉴案例。

参考文献

［1］ 王瑞英. 公共文化服务体系中公共图书馆的服务定位[J]. 图书与情报，2009（5）：122-126.

［2］ 于斐，孙莉梅，王少飞. 基于使用后评价的青岛滨海步行道优化策略研究[J]. 城市建筑，2023，20（21）：69-72.

［3］ 李娜. 基于 SD 法的中国国家图书馆总馆北区使用后评价[J]. 城市建筑，2021，18（22）：150-153.

［4］ 沈海泳，吴岚. 基于 SD 法的图书馆阅览空间环境设计研究：以沈阳建筑大学图书馆为例[J]. 工业设计，2024（2）：77-81.

［5］ 张博文，刘佳琦. 基于 SD 调查法的现代图书馆建筑空间评价研究：以西安市曲江书城为例[J]. 城市建筑，2023，20（4）：84-87.

［6］ 冯翠，于汉学，史珂，等. 基于 SD 法的图书馆使用后评估研究：以韩城司马迁图书馆为例[J]. 城市建筑，2020，17（33）：91-93.

［7］ 陈飞，林慧颖. 垂直绿化在室内公共空间中的设计应用[J]. 工业设计，2021（2）：89-90.

图片来源

图 1～图 5 均为作者自绘。

游戏环境中路径选择的影响因素研究

——以黑神话悟空为例

王旭（北京交通大学；18526526507@163.com）

盛强*（北京交通大学；qsheng@bjtu.edu.cn）

万博*（北京交通大学；wanbocn@163.com）

摘　要：虚拟游戏空间为环境行为学提供了新的研究平台和应用场景，现有的研究中单一的计算机显著性模型，不能完全预测，同时在空间中路线角度性、地方方向、路线复杂性、视线长度等，存在多种逻辑相互作用。本研究锁定中国首款3A游戏《黑神话：悟空》，鉴于玩家频繁反映游戏中迷路问题，且考虑到玩家既有经验会干扰路径决策，以游戏发售日网络直播录屏为数据根基，精准选取开篇"从林外到幽魂"路径中的28个典型岔路口，详细记录40名玩家按预设方向首次过岔口的选择行为；同时设计调研问卷，收集204位普通人面对岔路口图片时的抉择信息。随后整合这两类数据，深入挖掘其与道路宽窄、原始道路夹角、视觉显著性、空间句法参数等要素的内在联系，运用SPSS、空间句法理论与Matlab视觉显著性算法等方法。结果显示，在全部岔路口网络问卷数据里，空间颜色视觉显著性与岔路口选中概率呈弱线性关系，r^2为0.13。

关键词：路径选择；视觉显著性；空间句法；环境行为学；游戏空间认知

基金号：北京市社科基金（22GLB027）；北京旧城商业聚散机制研究

1　研究对象与研究方法

在迈向高质量空间发展下，虚拟空间作为新型空间载体的规划价值日益凸显，本文对虚拟空间下路径选择进行研究，为空间发展提供一种新思考。本研究聚焦于中国首款3A游戏——《黑神话：悟空》。在游戏体验过程中，玩家反映游戏内存在迷路现象。本研究以该游戏发售当日的网络直播录屏作为数据来源，选取"丛林外到幽魂"路径之中的28个岔路口，为排除多次选择的影响，记录了40名玩家在预设行进方向下，首次经过岔路口时所做出的动态情况下的路径选择。

为研究在岔路口处于动态游戏环境与静态环境下两类数据之间的区别，本研究设计了一套调研问卷，收集到204位普通人在面对岔路口静态图片时的选择。

现有研究中Dalton探讨了道路夹角对路径选择的影响，Zacharias讨论了视觉刺激及人类活动和建筑的标志对路径选择的影响。王子铭在文中指出，二战后中国改为右侧通行，右侧通行下右转更加方便。本文将探究是否虚拟环境下右转概率更高。

本文运用Matlab代码对图片进行显著性检测并获取数据，运用Depthmap软件获取空间句法数据。

2　数据收集

2.1　岔路口选择概率

统计40位玩家在完成此章节下，首次经过岔路口时的选择。每一位玩家在完成此部分章节，可能并不会完全路过所有的28个岔路口，只记录他们经过的岔路口。对每个岔路口选择概率进行计算，结果如图1所示。

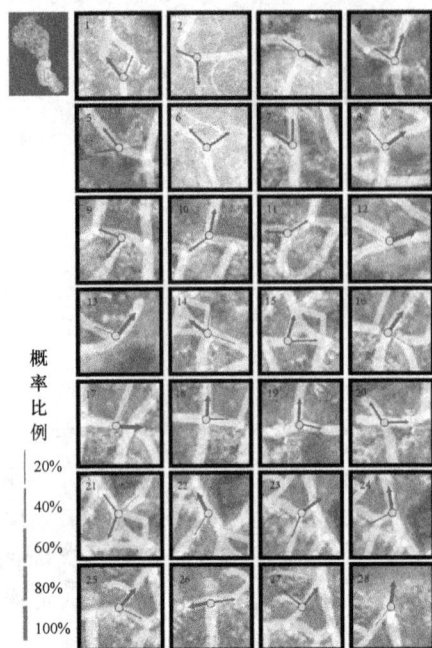

图 1　玩家岔路口选择概率

网络问卷共收集到 204 份有效数据，这些数据记录了参与者们在面对一张张静态图片时，在每一个岔路口所做出的抉择。对每个岔路口的选择概率进行计算，结果如图 2 所示。

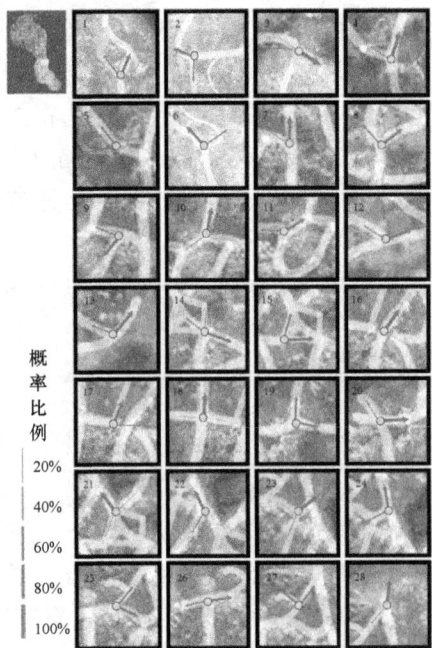

图 2　网络问卷岔路口选择概率

2.2　影响因素数据

本文根据上述文献中影响因素为基础，对以下影响因素进行探讨：道路夹角、道路宽窄、空间句法视域模型数据——Isovist Area、Isovist Occulusivity、Isovist Perimeter、Visual Integration［HH］、空间句法轴线模型数据——NACH300、NACH500、NACH1000、NAIN300、NAIN500、NAIN1000 和视觉显著性数据——亮度显著性、亮度显著性平均值、空间颜色显著性平均值。

道路夹角、道路宽窄：根据第三方游戏网站及实际游戏体验选取绘制地图。道路夹角为岔路口道路与原始道路中心线的夹角；道路宽窄为模型数值。

空间句法视域模型、轴线模型数据：视域模型数据为可能选择岔路口数值的平均值与原始岔路口数值的平均值的差值。轴线模型的数值为可能选择的道路与原始道路数值的差值。

视觉显著性数据：① 亮度显著性：通过 Matlab 代码对图片进行分析，将图片输出为一个一个区域赋予亮度值，读取岔路平均值。② 半侧亮度显著性平均值：将岔路口图片均匀分成两部分和三部分，两岔口分为两部分，三岔口分为三部分，Matlab 代码输出图片的数据集，读取平均值。③ 空间颜色显著性：通过 Matlab 代码对图片进行分析，输出颜色和空间显著性数据，读取岔路口范围平均值。

3　数据分析

把玩家行为选择概率、网络调研选择概率与上述影响因素进行分析，结果见表 1，空间颜色的显著性与网络问卷概率之间呈现弱线性关系，其中 r^2 值为 0.13，$p=0.005$。数据表明随着空间颜色显著性的提升，网络问卷中该岔路口选择概率亦随之有较弱的增高。经研究分析发现，玩家行为概率与所涉上述因素之间未呈现出明显的线性关系。

表 1 网络主播概率模型回归分析结果

模型	r	r方	调整后r方	标准估算的错误	德宾–沃森
1	.360ª	.130	.115	.253572460323635	1.796

a. 预测变量：（常量），空间颜色显著性。

b. 因变量：网络概率。

网络主播选择概率

模型	未标准化系数		标准化系数	t	显著性	共线性统计	
	B	标准错误	Beta			容差	VIF
1 （常量）	.183	.102		1.804	.076		
空间颜色显著性	.005	.002	.360	2.941	.005	1.000	1.000

a. 因变量：网络概率。

为研究在岔路口处于动态游戏环境与静态环境下两类数据概率之间的区别，将两组数据进行对比，如图 3 所示，排除编号为 14、16、18、21 的三岔路口，研究聚焦于 24 个两岔路口。以选择概率为核心指标，分别计算每个两岔路口处左转与右转的概率差值。若差值大于 0，表示此岔路口左转发生的概率高于右转；若差值小于 0，则表明此岔路口左转概率低于右转概率。

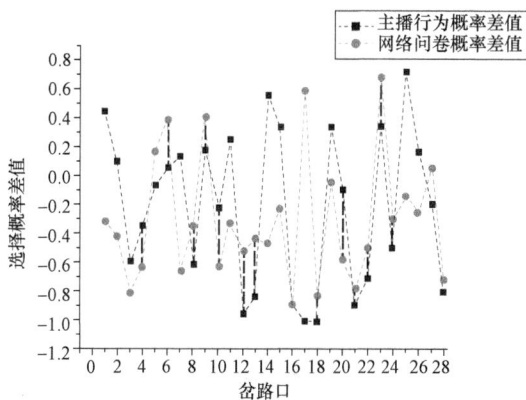

图 3 两类概率区别图

对两组独立数据比对分析发现，在全部 24 个两岔路口样本中，45.83% 的岔路口呈现

出一组差值大于 0、另一组差值小于 0 的鲜明对比态势，数据表明动态与静态环境下在岔路口的选择存在较大的波动性。在玩家行为概率的分析中发现，71.43% 的岔路口有明显的选择倾向（岔路口所有选择概率不处于 0.4~0.6）。同样，在网络问卷概率分析中，有 85.71% 的岔路口有明显的选择倾向。基于这些数据，可以初步推断，玩家在动态环境下相较于静态环境，更容易出现迷路行为。

对有明显的选择倾向的岔路口进行分析，结果显示：在网络问卷数据中，右转概率（岔路口右转概率大于 0.6 的情况）达到了 70.83%，居于首位，而左转和直行概率分别为 16.67% 和 17.50%；在玩家行为数据中，右转概率同样最高为 57.14%，左转和直行概率依次为 33.33% 和 9.50%。这些数据表明，无论是在静态还是动态环境下，玩家和普通人均更倾向于选择右转，但在静态环境下普通人选择右转的趋势更加明显。

在有明显选择倾向的岔路口中，对玩家行为概率与各影响因素进行回归分析，未发现明显的显著性关系。网络问卷数据在相同概率区间的岔路口中，空间颜色显著性与选择概率之间的线性关系增加，r^2 从 0.13 提升至 0.145。当剔除 0.3~0.7 概率区间的岔路口后，空间颜色显著性与网络问卷的选择概率之间的线性关系进一步增加，r^2 增加至 0.228。这些数据说明，在选择倾向越明显的岔路口下，空间颜色显著性与网络问卷选择概率的线性关系越大。

此外，在排除玩家行为概率样本数量少于 10 人的岔路口后，进行回归分析，未发现存在明显相关的影响因素。而针对玩家行为概率处于 0.4~0.6 区间的岔路口，与各影响因素进行回归分析，未发现存在明显相关的影响因素。

4 结论

实验结果证明了网络问卷选择概率与

空间颜色显著性为线性关系，r^2 为 0.13，随着岔路口选择倾向的增加（岔路口选择范围从 0.4～0.6 变为 0.3～0.7），r^2 值在不断变大，说明静态下，人们更倾向于选择更显著的路径。同时，静态与动态下，玩家与普通人都更倾向于右转，可能与右侧通行的习惯有关。其次，动态环境与静态环境下玩家和普通人在岔路口选择的波动性较大，同时在动态环境下人们更容易出现迷路行为。游戏中的环境、物品或者剧情可能会对玩家路径的选择造成影响，使得玩家更容易迷路。

本文探究了虚拟环境下路径选择的影响因素，分析了动态与静态下人们选择的差异。同时为建筑学、规划学及环境行为学在虚拟环境中路径选择的研究提供了一种新思路。

参考文献

[1] DALTON R C. The secret is to follow your nose: Route path selection and angularity[J]. Environment and behavior，2003，35（1）：107-131.

[2] ZACHARIAS J. Path choice and visual stimuli: signs of human activity and architecture[J]. Journal of environmental psychology，2001，21（4）：341-352.

[3] 牛力. 建筑综合体的空间认知与寻路研究：以商业综合体为例[D]. 上海：同济大学，2007.

[4] 钱晨，祖永昶，顾金刚，等. 基于前景理论的路径选择方法研究[J]. 中国公共安全（学术版），2018（4）：71-74.

[5] 许玉庆. 诗意与涅槃：新时期山东文学中的村庄意象[M]. 桂林：广西师范大学出版社，2018.

[6] 叶英奇，屈海燕，马艺萌，等. 基于眼动分析的个人与环境因素对寻路行为的影响研究：以沈阳建筑大学校园为例[J]. 华中建筑，2022，40（7）：83-89.

图片来源

图 1～图 3 均为作者自绘。

03

人本城市与空间营造

基于 GIS 分析的国家文化公园步道选线设计及空间贯通研究

——以苏州大运河段为例

卢波（苏州市规划编制信息中心；836800265@qq.com）

摘　要： 建设大运河国家文化公园是"十四五"党中央的重大部署。高连续性滨水步道是构建国家文化公园的重要抓手。在当前建设中，滨河步道受发展阶段差异、片区功能阻隔和权属关系分割等影响，致使呈现空间碎片化现象。国家文化公园导向下亟需在现有大运河滨河空间中进行高连续性的步道贯通构建。本文以苏州大运河为例，基于滨水步道贯通目标，通过对多源数据（POI、路网、文化遗产、三调数据、规划数据）的收集及整理，综合考量交通可达、生活便捷、景观宜人等相关要素，构建步道链接建设的适宜性评价体系。同时在识别现有断点、断带的基础上，运用 ArcGis 网络计算最少阻力路径分析，提出涉及断点和断带贯通的可实施选线方案，并从城市发展战略视角上进行了整体线路优化设计。该选线不仅有助于为大运河国家公园步道贯通提供技术可行性建议，而且有助于促进区域一体化慢行交通链接，并探索高连续性人本公共空间的实现。

关键词： 国家文化公园；步道连续性；空间贯通；选线设计；苏州大运河

基金号： 江苏省自然资源厅 2023 年科技计划项目（2023054）

建设大运河国家文化公园是"十四五"时期党中央部署的重大文化工程[1]。高连续性滨水步道是构建国家文化公园的重要抓手。然而，当前运河沿线城市步道建设因区域统筹不足、城市发展差异及土地权属分割等问题而碎片化[2]。因此，亟需在大运河滨河空间中构建高连续性步道。

当下在大数据技术的推动下，如何运用数据分析技术优化网络化步道选线，成为当前研究重点。目前学界在线路构建上大多采用"最小累积阻力模型"和网络模型两种方式来构建绿道选线。其中最小累积阻力模型是耗费距离模型的衍生应用；网络模型的数据基础是将若干线性实体通过节点连接而成，比较常见的包括 ArcGIS 网络分析工具、百度和高德等地图平台工具等[3-4]。尽管两种模型在线路构建上有进展，但针对大运河这一文化遗产区域的步道连接研究尚处初级阶段，还没有从大数据角度探讨其步道选线与贯通的研究[5-7]。

鉴于此，本文以苏州大运河为实证分析，尝试通过收集多源数据，构建一个综合考量的步道建设适宜性评价体系，利用 ArcGIS 网络分析工具进行最少阻力路径分析，提出了断点、断带的贯通方案，以期为苏州大运河滨水步道的整体连接提供支撑，并为其他类似建设地区提供参考与借鉴。

1　研究范围及数据来源

1.1　研究区域概况

苏州大运河是大运河江苏段乃至全国的关键段。随着城市化的推进，它逐渐融入苏州主城区。本文范围北起相城区望虞河，向东南延伸至石湖北，再转向东行至苏州城东宝带桥后折向南行至吴淞江约长 36.9 km 区域，该区域涵盖了相城、高新、姑苏、吴中 4 个行政区（见图 1）。

总体来看，目前苏州大运河步道长度共为 46.9 km（两岸已建），建设率为 63.57%，两侧断点有 37 个。大运河两岸低效的工业与仓储用地、断头路与历史文化、景观资源并存的现状，给未来的步道贯通带来一定的挑战。

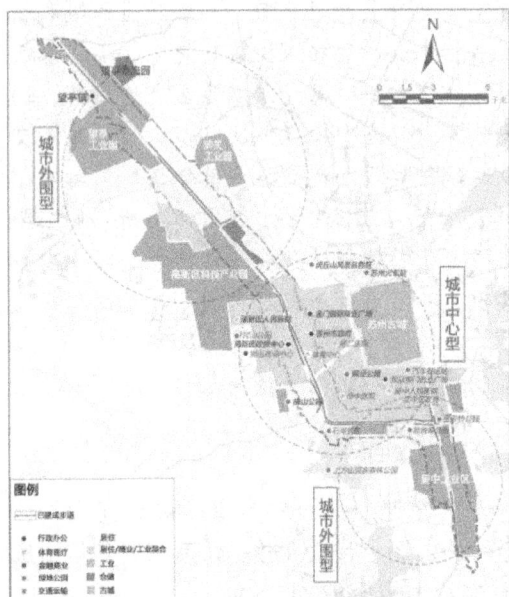

图 1 苏州大运河周边用地现状图

1.2 数据来源

本文采用数据有 POI 数据、道路数据、文化遗产数据、第三次国土调查数据、控规、影像图等，数据所选取的范围位于大运河 1 km 核心范围区内。

2 研究设计

2.1 研究思路

首先确定研究方法。其次，结合大运河实际与综合需求，确定相关的分析指标。再次，开展步道建设适宜性评价，寻找步道连接与贯通的潜力空间，提出初步选线路径。最后，考虑现状的可行性，通过人工修正完

善选线方案（见图 2）。

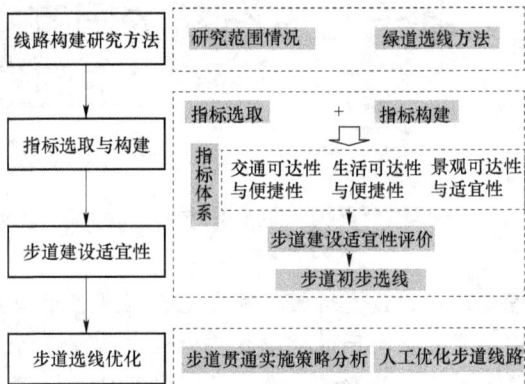

图 2 研究思路

2.2 研究方法

考虑到研究范围包括郊野、城市边缘和中心区，且道路网络简单，故采用最小累积阻力模型（MCR）[5]来规划大运河苏州段两岸 1 km 核心区的步道线路。

2.3 步道建设评价指标及适宜性评价

基于前人研究，研究选定交通、生活、景观三大可达性与便捷性为一级指标。二级指标涵盖交通方式便捷性、生活设施密度、景观资源分布，具体考量道路距离、交通设施密度、生活商业设施密度、绿地广场密度、滨水距离及用地适宜性。评价旨在全面评估运河两侧步道建设的适宜空间。

3 研究过程分析

3.1 各维度综合性评价

大运河周边道路与交通评价显示：道路分布合理，高分区域交通便利，但部分区域受工业及物流影响得分低；公交站点密度高值区集中城市核心及部分行政区，出行便捷，中低分区域分散。

大运河周边设施评价显示：商业设施主要集中在城市核心区及望亭镇等地，商业氛围浓厚；公共设施密度较高区域位于虎丘区狮山片区、吴中区五龙桥公园附近及望亭镇，但运河核心区整体密度较小；居住区密度高分区域位

于城市核心区及虎丘区浒墅关镇等地，低分区域主要受工业及物流用地影响。

大运河周边景观资源评价显示：绿地广场密度整体偏低，但城市核心区及望亭镇等地有高密度分布。滨水距离方面，运河核心区水系密集，便于步道亲水体验。用地适宜性方面，绿地与开敞空间用地得分最高，兼具生态与公共特性；公共类用地公共性好但生态稍逊；居住用地生态佳但开放性不足；工矿及物流仓储用地则生态与公共特性均较差。

3.2 选线初步方案

大运河两侧 1 km 范围内步道建设适宜性评价显示，高分区域集中在苏州中心城区、望亭镇和浒墅关镇，这些区域人口密集，步道需求高。同时，文昌桥—鹿山桥段、石湖东路大桥—尹山大桥段等地也存在高分区域。已实施的步道路段通过最小成本路径法得到初步选线，但并未完全贯通运河两侧。综合考虑最终贯通线路可通过跨河大桥的下河梯道实现，促进两侧居民互动（见图 3）。

图 3 步道建设适宜性图

3.3 选线优化

针对大运河沿线 9 段长距离缺失的步道（见图 4），依据区域规划、用地类型、步道需求强度及战略性目标进行了综合评估与选线优化。其中，第 5 段（部分）、第 6 段和第 7 段因同时满足步道建设的可行性和必要性，被视为建议贯通步道；而第 1、2、8、9 段虽具备可行性但必要性相对较低，被归类为有条件贯通步道。

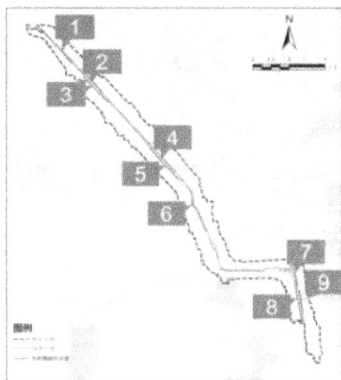

图 4 步道长距离缺失分布图

4 步道贯通方案

4.1 进一步分析

依据《苏州市大运河管控细则》[8]，大运河步道贯通方案注重环境优化，通过清理用地、整治企业、更新工业和保护历史建筑等措施实施。同时，综合考虑了实地探勘、土地利用和未来规划因素进一步优化选线。贯通措施主要包括 3 项：一是通过跨河大桥增设下河梯道，实现大运河两侧步道的连接；二是具体涉及 6 条断带和 13 个断点的贯通，其中包括直接贯通 3 处、增设桥梁 3 处及在 7 座大桥增设下河梯道；三是针对长浒大桥至鹿山桥段西侧等关键区域，利用内部道路进行贯通，并在窄河道上建设步行桥。

4.2 步道最终选线

最终选线综合考虑了规划实施可行性及必要性，结合现状形成已建步道、建议贯通步道、有条件贯通步道和城市织链步道 4 种步道形态（见图 5）。现状建成步道东侧较西侧连续度高，断点少。因西侧贯通成本高、难度大，本文建议以东侧步道为主线，西侧为辅，通过下河梯道连接两侧，实现大运河步道贯通。

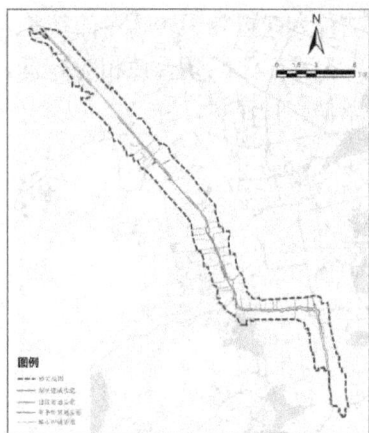

图 5　步道最终选线图

5　结论与展望

本文用 GIS 手段探索大运河苏州段滨水步道选线方案，构建了贯通方法，助力步道连接的科学决策。

国家文化公园大运河滨水步道贯通的提升，标志着苏州大运河两岸开发建设进入品质提升、文化传承和人性关怀的新阶段[9]。这对于当前存量发展下滨水公共空间的建设，更大程度上是新一轮发展契机和战略升级[10-11]，将会带动苏州城市更新滨水行动，进一步彰显"水城苏州，福地苏州"特有的魅力和价值[12]。

参考文献

[1] 刘奇葆. 大运河画传[M]. 南京：江苏凤凰科学技术出版社，2023.

[2] 邹钧文. 黄浦江 45 公里滨水公共空间贯通开放的规划回顾与思考[J]. 上海城市规划，2020（5）：46-51.

[3] 胡剑双，戴菲. 我国城市绿道网规划方法研究[J]. 中国园林，2013（4）：115-118.

[4] 周聪惠. 基于选线潜力定量评价的中心城绿道布局方法[J]. 中国园林，2016（10）：104-109.

[5] 郑段雅，周星宇，何迎佳，等. 基于多源大数据和网络模型的城市绿道精细化选线研究：以武汉市城市绿道为例[J]. 现代城市研究，2003（8）：113-118.

[6] 蔡瀛，何昉，李颖怡，等. 融入城乡的绿道网选线思路与规划方法[J]. 规划师，2011（9）：32-38.

[7] 赵阳，刘德明. 基于户外步行健身选择联合分析的路径环境偏好及影响机制研究[J]. 建筑学报，2022（S1）：158-163.

[8] 苏州市人民政府. 苏州市关于印发大运河苏州段核心监控区国土空间管控细则的通知[EB/OL]（2022-11-09）[2025-05-20]. http://www.suzhou.gov.cn/szsrmzf/zfwj/202211/ab91afe4082a46aabf08a74139a2ff00.shtml.

[9] 段进，易鑫. 以人为本的城市设计[M]. 南京：东南大学出版社，2021.

[10] 邵润青，段进，钱艳，等. 空间基因：驻留地方记忆的规划设计新途径：南京原近代民国首都机场案例[J]. 规划师，2020（19）：40-46.

[11] 朱小卉，尹维娜，靳文博，等. 杭州余杭塘河滨水地区转型提升的规划思考[J]. 城市规划学刊，2022（S2）：167-173.

[12] 施嘉泓. 苏州以城为始共融未来[J]. 城乡建设，2024（2）：36-39.

图片来源

图 1～图 5 均为作者自绘。

资源型城市建成环境与街道活力的非线性关系研究

——以徐州市为例

冯浚洋（中国矿业大学；2301083731@qq.com）

薛德福（东北林业大学；2081527411@qq.com）

常江（中国矿业大学；changjiang102@163.com）

摘　要：资源型城市的高质量转型需要提升街道活力作为支撑。随着人工智能技术的发展，机器学习算法开始应用于对建成环境与街道活力的非线性关系研究，旨在解决线性回归在处理复杂非独立关系问题的不足。本文以资源型城市徐州为例，采用街景图像、POI、建筑矢量数据及百度慧眼活力数据等多源大数据，利用 GBDT 机器学习算法和 SHAP 可解释性方法，探讨资源型城市建成环境与街道活力之间的非线性关系。研究表明：街道接近度是影响街道活力的主导因素；建成环境与街道活力之间存在非线性关系与阈值效应，且不同特征之间存在交互效应；资源型城市因结构空间松散导致建筑密度不能对活力起促进作用，而提高容积率与功能密度可明显促进活力；开发市区旅游业与餐饮业一定程度上可促进活力。研究结果不仅有助于理解资源型城市的独特性，也为资源型城市的街道空间优化提供了科学依据。

关键词：资源型城市；街道活力；多源大数据；非线性关系；机器学习

1　引言

　　资源型城市作为以资源开发为主导的城市类型，面临着资源枯竭、产业转型和环境压力等多重挑战。为解决这些问题，转型是必由之路，而城市活力能够很好地体现城市转型的质量和潜力[1]。街道作为城市空间的重要组成部分，其活力直接影响城市生机与发展质量[2]。既有研究表明，街道活力与建成环境存在显著关联，但传统研究多基于线性回归模型解析其作用机制[3]。这类方法虽能识别因素的主效应，却难以描述复杂的非线性关系与交互作用，这种线性假设的简化可能导致规划决策偏差。

　　近年来，机器学习方法为突破线性回归的局限提供了新路径。学者通过 GBDT、XGBoost 等算法揭示了建成环境对街道活力影响的非线性特征[4]，强调不同因素之间的交互效应，并借助 SHAP 进行分析解释[5-6]。现有研究多聚焦东南沿海城市，对资源型城市关注不足，且缺乏街道功能类别因素对活力影响的研究。资源型城市普遍存在结构分散、功能杂糅等情况[7]，增添功能维度指标可以更加全面地对资源型城市街道活力的生成机制进行解析。

　　本文以徐州市三环内区域为实证对象，采用非线性方法，结合 GBDT 机器学习模型与 SHAP 解释方法，探讨资源型城市建成环境对街道活力的非线性影响。通过对多源大数据的分析，本文旨在揭示建成环境对街道活力的复杂影响机制，并为资源型城市的街道空间优化提供理论指导。

2　研究设计

2.1　研究区域

　　徐州作为典型资源型城市，正经历城市转型发展阶段，其建成环境特征具有资源型城市的普遍性与地域特殊性。本文选取徐州市三环内为研究范围。三环内作为城市核心区，面积约 110 km²，是研究资源型城市街道活力影响机制的理想样本。研究范围涵盖鼓楼区、云龙区、泉山区 3 个城区，共 2 054 条街道作为研究单元。

2.2 研究数据与变量

本文使用多元大数据进行研究，数据类型、来源、获取时间、预处理见表 1。

表 1 研究数据说明

数据类型	数据来源	获取时间	数据预处理
路网数据	Open Street Map	2023 年	经过提取道路中心线与拓扑检查，通过比对卫星影像进行人工筛选核对，最终获得 2 054 条街道
街景数据	百度地图开放平台	2019 年	按照 100 m 间隔生成 8061 个街景坐标点，爬取每个坐标点的全景照片，通过分割与裁切生成大小为 1 024×800 像素的街景图片。使用 Mask2 Former 工具进行语义分割，并通过 Mapilary Vistas 数据集进行要素标注与统计，结果包含 66 类，如道路、建筑、交通标志和行人等
POI 数据	百度地图	2023 年	经过筛选核对后共获得 66 962 条 POI 数据，分为餐饮服务、购物服务、公共设施、公司企业、住宿服务、风景名胜等 17 类
建筑矢量数据	百度地图	2023 年	包括建筑平面形状及高度，结合卫星地图对数据进行筛选核对，最终获得 63 244 条单体建筑矢量数据
人口活力数据	百度慧眼平台	2023.7.15	调用百度慧眼城市人口地理大数据 API，采集人口位置数据。采集时长从 8:00—22:00，每间隔 1 h 采集 1 次

以往研究在建成环境指标设计时多采用 5D 理论即密度、多样性、设计、交通便利性和街道可达性[5]。本研究在 5D 理论基础上做出调整，以"功能"代替"多样性"，并设置 14 个二级指标，详见表 2。

表 2 建成环境指标设置

维度	指标	计算方法
密度	功能密度	街道周边 55 m 缓冲区内 POI 点的数量/面积（个/m²）
	建筑密度	街道 100 m 缓冲区内建筑基底面积占范围面积比值/%
	容积率	街道 100 m 缓冲区内建筑总面积占范围面积比值/%

续表

维度	指标	计算方法
功能	功能混合度	街道 55 m 缓冲区内 POI 功能多样性。采用香农多样性指数计算
	餐饮类密度	街道周边 55 m 缓冲区内餐饮类设施 POI 点的数量/面积（个/m²）
	零售类密度	街道周边 55 m 缓冲区内零售类设施 POI 点的数量/面积（个/m²）
	生活服务类密度	街道周边 55 m 缓冲区内生活服务类设施 POI 点的数量/面积（个/m²）
交通便利性	公交站点密度	街道周边 55 m 缓冲区内公交站点数量/面积（个/m²）
	地铁站可达性	街道中心点到最近地铁站点的最短直线距离（m）
设计	绿视率	街道中绿植占比之和/街景图片数量/%
	天空开敞度	街道中天空占比之和/街景图片数量/%
	街道设施可视率	街景中小品设施占比之和/街景图片数量/%
可达性	街道接近度	1 km 半径内，一条路径到其他任意路径的距离的平均值
	商业中心可达性	街道中心点到最近商业综合体的最短直线距离（m）
	旅游景点可达性	街道中心点到最近旅游景点的最短直线距离（m）

2.3 研究方法

本文采用 GBDT 机器学习模型来分析建成环境对街道活力的非线性影响。

GBDT 由多棵决策树组成，通过不断拟合之前的残差提高结果的精度，能够处理大规模数据并有效揭示变量间的复杂关系。通过 GBDT 模型，能够捕捉到建成环境与街道活力之间的非线性特征，避免传统线性回归模型在处理此类关系时出现的过度简化问题。

本文还采用 SHAP 方法来解释 GBDT 模型的预测结果。SHAP 通过计算每个特征对模型输出的边际贡献，揭示各建成环境特征在不同条件下对街道活力的具体影响。通过对不同特征的贡献度进行分析，可以深入了解建成环境要素如何协同作用，影响街道活力的形成机制。

3 研究结果

3.1 特征变量重要性

各特征对街道活力的贡献度大小如图 1

所示。街道接近度贡献度最高，其次是功能密度、容积率，最低的是旅游景点可达性、天空开敞度、公交站点密度。5 个维度中，密度与可达性整体贡献较高。在功能维度中，餐饮类密度具有较高贡献度，其次是购物类、生活服务类。可达性维度中，商业综合体比旅游景点贡献度更高。与以往研究结论不同的是，建筑密度、天空开敞度的贡献度在本研究中的贡献较低。

3.2 非线性关系与阈值效应

建成环境特征与活力的非线性关系与阈值效应如图 2 所示，y 轴为 SHAP 值，大于 0 表明该特征对活力起促进作用，小于 0 则起抑制作用。

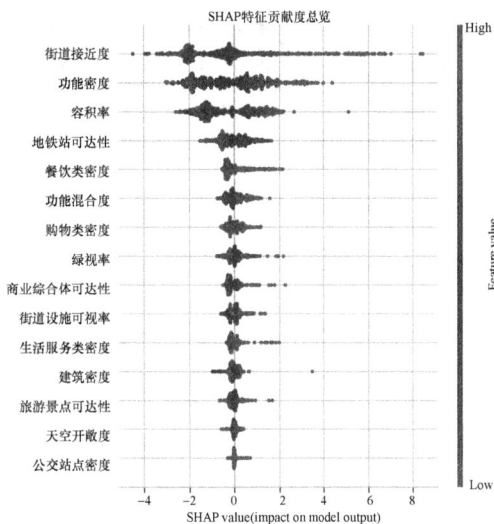

图 1 SHAP 特征贡献度

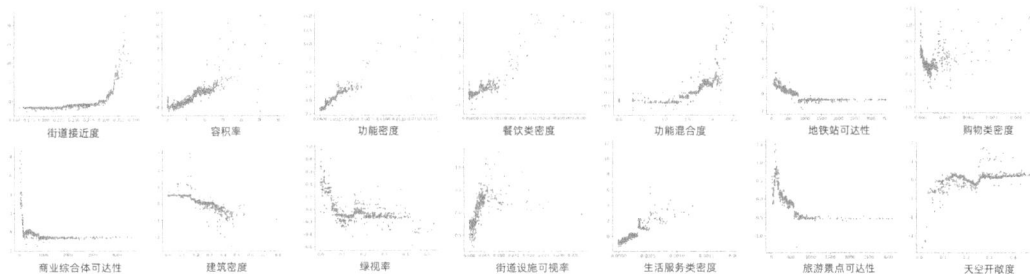

图 2 建成环境特征对活力的非线性影响

密度维度中，功能密度和容积率整体都呈上升趋势，建筑密度则呈负相关，这与以往研究的结论不一致，建筑密度没有成为强相关且促进活力的特征[5-6]，可能因为徐州三环内存在较多城中村及城边村，这些村庄建筑密度极高但活力较低，而活力最高的区域如彭城广场、火车站区域又恰好是开阔的空间设计，综合导致建筑密度对活力抑制作用。

功能维度中，功能混合度先平缓再逐渐上升，当小于 1.8 时，提高功能混合度对活力几乎没有促进作用，当大于 1.8 时，对活力起促进作用。3 类功能中，餐饮与生活服务呈正相关，而购物类呈 U 形，先急剧下降，再缓慢上升。

交通维度中，当距离地铁站距离小于 800 m 时，对活力起促进作用，超过 800 m 后趋于平缓，说明超过该阈值后，更远的距离不会产生更多抑制作用。

设计维度中街道设施可视率呈明显的正相关性，当大于 0.003 时对活力起促进作用，但超过 0.008 后，促进程度变得不规则。绿视率先下降再上升最后趋于平稳，0.1 左右是最低谷。天空开敞度对活力没有明显的促进抑制作用，该特征经已有研究证明与建筑密度高度相关，因此其反常原因与建筑密度一致，为徐州城建的特殊性所致。

可达性维度中，商业中心在 200 m 内对活力有极高促进作用，超过 200 m 后转为抑制，但不会随着距离变远而加深抑制。旅游景点可达性呈倒 U 形，先上升再下降，最后趋于平稳。200 m 左右达峰值，500 m 后促进转为抑制。

3.3 交互效应

图 3 展示了 7 组交互效应明显的变量关系。功能密度与建筑密度共同促进街道活力，高建筑密度的同时，增加功能密度才可促进活力。同为高建筑密度的商业区与城中村，前者促进活力，后者抑制活力。随着容

积率增大，功能混合度越高活力越高。距离地铁站 1 000 m 内，提高功能混合度可明显提高活力。景点可达性、商业综合体可达性、商业综合体与街道接近度的交互作用类似，

当接近度较高时，距离越近（密度越高）才可促进活力，即距离市中心越近的景点、餐饮业、商业综合体越促进活力（见图4）。

图3 建成环境特征的交互效应

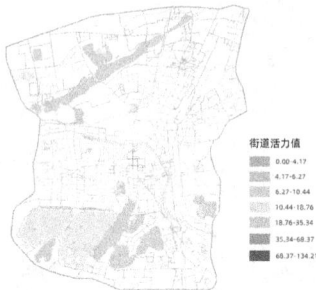

图4 徐州三环内街道活力

4 结论与建议

4.1 建成环境对街道活力的非线性影响

本研究通过 GBDT 机器学习和 SHAP 方法探索建成环境对街道活力的非线性影响，弥补了线性回归处理复杂关系问题的不足。且创新性地设置功能维度指标，更加全面地分析了资源形城市街道活力影响要素。最终发现：接近度是影响街道活力的主导因素；建成环境与街道活力之间存在非线性关系与阈值效应，且不同特征之间存在交互效应；建筑密度不能对活力起促进作用，而提高容积率与功能密度可明显促进活力。

4.2 对提升街道活力的启示与建议

资源型城市空间结构松散，缺乏整体性，城区道路密度不高，地块划分较大，交通较依赖主干道，缺少窄小精致且高活力的街道[7]。针对如何提升资源型城市街道活力，根据研究结果提出建议如下：通过不同层级的规划引导城市形成紧凑式组团格局，整合功能杂糅板块；对于城市中的特殊街区如城中村、工人村等，可在保留原有肌理与高建筑密度的情况下进行适度的开发，通过微更

新打造高品质街道；发掘市区旅游资源，并加强周边配套设施；优化餐饮消费场景，打造美食街；加强 TOD 开发，公共交通站点周边完善功能配套。

参考文献

[1] 冯超，赵军，卿苗，等. 城市活力视角下全国地级资源型城市转型效率评价研究[J]. 资源开发与市场，2022，38（9）：1043-1051.

[2] MONTGOMERY J. Making a city: Urbanity, vitality and urban design[J]. Journal of Urban Design, 1998, 3（1）：93-116.

[3] 张雨洋，杨昌鸣，齐羚. 历史街区街巷活力评测与影响因素研究：以什刹海历史街区为例[J]. 中国园林，2019，35（3）：106-111.

[4] 汪成刚，王波，王琪智，等. 城市活力与建成环境的非线性关系和阈值效应研究：以广州市中心城区为例[J]. 地理科学进展，2023，42（1）：79-88.

[5] 吴莞姝，马子迎，郭金函，等. 建成环境对街道活力的非线性效应：基于 XGBoost 模型的多源大数据分析[J]. 中国园林，2022，38（12）：82-87.

[6] 杨东峰，王晓萌，韩瑞娜. 建成环境对街道活力的非线性影响和交互效应：以沈阳为例[J]. 城市规划学刊，2023（5）：93-102.

[7] 周敏，陈浩. 资源型城市的空间模式、问题与规划对策初探[J]. 现代城市研究，2011，26（7）：55-58.

图片来源

所有图片均为作者自绘。

面向城市历史片区更新的空间诊断工具

——以两个浙江省历史资源型旅游休闲街区为例

王臻禹（浙江工业大学；1311189246@qq.com）

戴晓玲*（浙江工业大学；dai_xiaoling@hotmail.com）

摘　要： 我国的城市建设进入了存量时代，在大中型城市中，其历史核心片区往往成为城市更新的对象。空间句法作为一种定量分析工具，已经支持了很多城市更新设计的决策。但是，既有的分析模型和指标都存在较大的改进空间。本研究以浙江省两个历史资源型旅游休闲街区为例，总结了线段角度模型建模存在的 3 点难度，并提出经典空间句法的指标难以被决策者所理解，有必要研发更有效的空间诊断工具。作者设计了一个四步走的流程，选用 UrConnect 分析软件，最终生成的指标集包括 3 项：能横向对比的 800 m 和 3 km 的路程半径（2 个大于 20°的转弯次数）的可达量、相配套的街坊尺度可视化分析图及量化的片区指标。与传统空间句法指标相比，这些指标是有量纲的，能直接理解其含义，且其值在横向案例比较时，更为准确。因而，能更有效地支撑城市更新的空间决策。

关键词： 历史街区；空间句法；可达量；空间结构；街坊尺度

1　支持城市更新的空间句法研究

珍妮特·桑迪可汗指出："我们相信上帝，而其他人则必须提供数据。"数据是布隆伯格决策的核心依据[1]。

在城市街道网络改造及新决策的落地中，空间句法的线段角度模型可提供理论支持。通过 Urconnect 分析软件生成的量化指标（如触及度），能够为决策提供科学依据，优化空间结构合理性[2]。

1.1　历史街区建模存在的问题

1）建模精度一致性问题

在历史片区的空间句法线性模型构建中，准确性难以保证，主要原因是历史片区的街道分级体系不够清晰。历史片区边缘通常与新兴城市肌理相接，道路形态较为规整；然而，片区内部的街道等级却难以界定，除有机城市形态外，缺乏明确的判断依据。若将内部所有小路纳入模型，历史片区的路网密度会显著高于外围新城区域，导致建模深度不一致，进而影响空间结构计算结果的可靠性[3]。

在建模过程中，若仅纳入城市支路及以上等级的道路，虽能保证模型的一致性，却会遗漏历史地段中关键的狭窄街道（如街坊路或小区路），无法真实反映空间结构特征。封晨以瑞典乌普萨拉市为例，指出增加小路的建模会显著缩小特定点位在一定方向或角度变化范围内的可达性范围[4]。

主观判断对模型科学性的影响：若以更详细的地图为基础建模，难以区分公共路径与内部道路，只能依赖建模者的专业经验进行判断，主观性较强，易引发对模型科学性的质疑。例如，在临海紫阳街的案例中，300 m 半径下的选择度中心显示为一个普通小区附近。这一异常现象的原因在于绘图人员对该小区内部道路的过度表达，导致模型结果偏离实际（见图 1）。

图1　临海紫阳街及周边建模和标准地图

在温州五马街的空间句法建模中，地图层级的选择对模型准确性具有显著影响。若采用高德标准地图15级显示，会导致关键空间联系（如温州艺术学校北部的车行道路）被遗漏，从而削弱模型的完整性。然而，若提升至17级显示，虽能避免关键空间联系的遗漏，却会引入大量非公共街道的内部道路，增加模型的冗余数据，影响分析结果的精确性（见图2）。这种两难局面凸显了地图层级选择在历史片区建模中的重要性，同时也反映了建模过程中在细节表达与数据精简之间的平衡难题。

图2　温州五马街周边17级地图和15级标准地图

公园在空间句法建模中同样面临矛盾：若完全忽略公园区域，则无法体现其对休闲空间及行人活动的贡献；然而，若将公园内部路径建模得过于详细，则会因路网密度过高而导致权重分配失衡，进而扭曲空间结构的计算结果（路网密集导致权重过高，影响空间结构计算的准确性）。

2）原有空间句法的指标无量纲

depthmap 的计算结果缺乏直接的实际意义，无法比较指标数据绝对意义上的高低。

3）缺乏量化街道尺度的指标

街道划分出来的片区才是城市更新研究的主要对象，而非独立的道路。传统空间句法的指标都是赋予到道路而非街区。亟需有衡量街道片区的指标。

2　线性模型的4步建模法——以金华婺州的建模为例

2.1　基本构思

（1）路网构建与Block图生成：将高德地图的详图图层（精度为15级，可表达所有双车道道路）导入GIS，构建主要车行路网，并基于路网生成Block图，同时赋予色阶以区分不同区域。

（2）路网修正与内部道路补充：在Block图中，检查面积过大的区块是否存在内部重要公用车行道路的缺失，并结合17级标准地图对原路网进行修正，确保关键道路的完整性。

（3）街道与步行路径的补充：在模型中补充必要的街道，包括双车道以下的车行道路及重要的步行路径（如连接两条车道的功能区块之间的步行路）。对于开放公园内的路径，采用主要道路建模策略，按100 m左右的尺度进行分隔建模。具体而言，若两条公园步行道间距在20~30 m且中间为大面积开敞空间，则忽略较细小的道路；若间距超过60 m，则予以保留。

（4）模型检查与修正：利用 UrConnect 中的"interactive reach"功能，通过"directional reach"命令［选择一根线段，设置转弯次数（directional changes）和最小角度值（angle threshold），识别并标记从该线段出发、未超过设定转弯次数的所有线段］，检查线段间的未相交状况并进行修正。若两根连接偏差角度小于20°的线段在识别过程中出现中断，则表明建模存在断点未连接问题，需予以调整。

4 个步骤过程如图 3 所示。

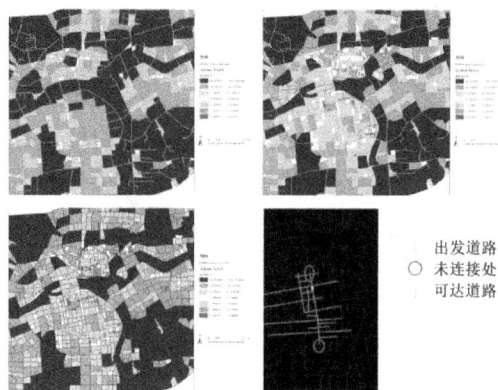

图 3 4 个步骤过程图

2.2 效果检验

通过 UrConnect 计算 800 m 半径下两次转弯可达的路程总长，对修改前后的路网进行对比分析，发现前后结果存在显著差距。在修改前的模型中，仅婺州古城东部少数道路在步行范围内的可达范围较好；而修改后，婺州古城周边道路及江南新城区的部分道路均在步行范围内表现出较高的可达性（见图 4）。

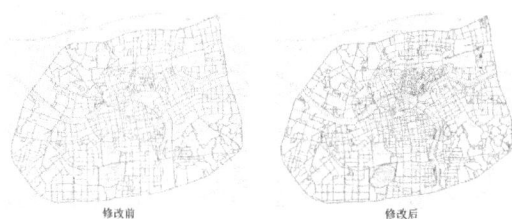

图 4 婺州古城及其周边修改前后对比

3 空间诊断指标解释

3.1 指标含义与解释

（1）基于 800 m 和 3 km 半径的可达量对比：计算在 800 m 和 3 km 半径内（允许 2 次大于 20°的转弯）的可达量，评估 1 500 m 范围内可到达的街道总长平均值。该指标反映路网密度，值越高，路网密度越大，区块

步行可逛性越强。

（2）街坊尺度指标：基于 GIS 平台，通过车行路网生成 Block 图，本文设计了 7 个层级的色彩图例，以面积为阈值，分别对应 1～36 hm² 的面积范围，直观展现街坊尺度的空间特征，为街区尺度的空间分析提供可视化支持。

3.2 两案例发现

1）温州五马街不同半径对比

全局范围内 800 m 半径下五马街附近的公共空间系统，可步行性高。空间优势核心在街区附近的东门商业步行街、府前街、解放路、人民中路。

3 km 半径下五马街附近不变，空间优势核心新增了西南侧的锦绣路与车站大道。

10 km 半径下空间优势核心从老城区转移到新城，而当下这个核心的确有重要的商业设施。

图 5 为温州五马街及其周边 800 m、3 km、10 km 半径。

图 5 温州五马街及其周边 800 m、3 km、10 km
半径（可达的街道总长 10%以上加粗显示）

2）金华与温州对比

通过对比温州五马街与金华婺州古城两个历史街区及其周边道路网络的可达性，研究发现两者在 800 m 和 3 000 m 半径范围内的平均可达路程长度存在显著差异。温州五马街周边道路网络的可达范围明显大于金华婺州古城，800 m 半径建模下平均单位长度下可达路程长度较后者高出 862 m，约为 14%；3 000 m 半径建模下平均单位长度下可达路程长度较后者高出 8 500 m，约为 32%。二者建模对比如图 6 所示。

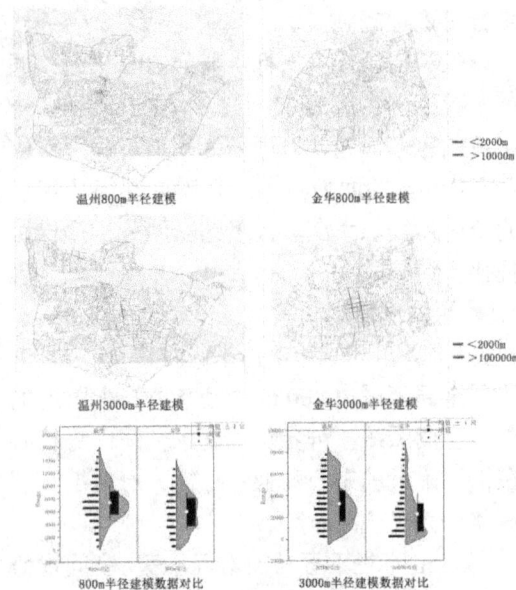

温州800m半径建模　　　　金华800m半径建模

<抓街>　—— <2000m
　　　　　—— >10000m

温州3000m半径建模　　　　金华3000m半径建模

　　　　　—— <2000m
　　　　　—— >100000m

800m半径建模数据对比　　　3000m半径建模数据对比

图6　温州五马街与金华婺州古城周边
800 m、3 km 半径建模对比

通过对比温州五马街与金华婺州古城两者的 Block 尺度，发现每个 Block 平均面积较后者小 1.83 hm²，约为 22%，如图7所示。

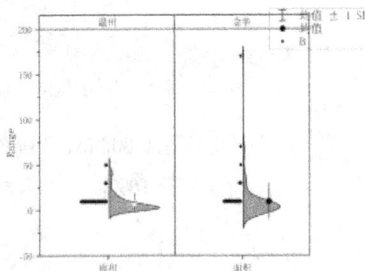

图7　温州五马街与金华婺州古城 Block 对比

分析表明，五马街及周边区域因更高的空间可达性和可逛性，为游客提供了便利的步行体验与丰富的商业选择；而婺州古城的商业活力则主要源于其独特的旅游资源与高效的运营管理。

4　结论

本文采用了一种新的空间句法建模方法，以对比指标为数据支撑，借鉴医院诊疗的步骤思路——初稿—测试—修改—再检验的迭代过程，构建高空间精度的线段模型。该方法通过提供可量化、可认知的数据，弥补了传统空间句法在城市空间感知与决策支持方面的不足。

参考文献

[1] 桑迪–汗，所罗门诺. 抢街[M]. 宋平，徐可，译. 北京，电子工业出版社，2018.

[2] 希列尔，盛强. 空间句法的发展现状与未来[J]. 建筑学报，2014（8）：60–65.

[3] 戴晓玲，李立，陈泳. 组构视野下的城镇空间结构分析：以三个江南市镇为例[M]//段进. 空间句法在中国. 南京：东南大学出版社，2015：70–94.

[4] FENG C，KOCH D，LEGEBY A. Accessibility patterns based on steps, direction changes，and angular deviation: Are they consistent?[C]// Proceedings of the 13th International Space Syntax Symposium. Bergen：Western Norway University of Applied sciences，2022：534.

图片来源

图1～图7均为作者自绘。

重庆渝中半岛养老设施空间分异特征及优化策略研究

邱新媛（重庆交通大学；614670676@qq.com）
董莉莉*（重庆交通大学；12798062@qq.com）
李开厚（重庆交通大学；1518384577@qq.com）

摘　要：人口老龄化是全球面临的共同问题，养老设施配置的合理性对城市品质提升、城市可持续发展至关重要。本文以重庆市渝中区为例，基于老年人口数据、养老设施POI数据，利用核密度估计、克里金插值等方法对渝中区养老设施空间分异特征及影响因素进行研究。研究结果显示：（1）重庆市渝中区养老设施总体呈现大分散、小聚集的多核分布特征；（2）不同类型的养老设施空间分异较大，根据各自独特功能需求和分布差异在山地生活圈形成多个高值点聚集；（3）养老设施的分布与老年人口密度分布整体呈现正相关关系，但部分地区存在供需错配现象，城市地价、交通便捷程度是养老设施分布的主要影响因素。未来应依据国家"十四五"养老规划战略，推动养老设施按需配置，推动内涵式发展。

关键词：养老设施；空间分异；影响因素；渝中区

基金号：重庆市城市管理科研项目（城管科字2024第34号）

1　引言

在新时代的发展背景下，城市正逐渐从外围扩展转向内涵式发展。过去城市的大规模增加已成过去，如今城市已趋向包容发展和存量转型。目前，我国正处在实现城市高质量发展的关键阶段，而老龄化率却已提升至 11.9%[1]。以老龄化为标志的人口结构性转变，必将对我国社会经济、城镇化、城市更新产生巨大影响。以重庆市为例，之前的城市扩张虽成为城镇化发展的主要动力，但也导致许多城市问题，加上山地高差阻隔等影响，更加加剧了适老化建设的难度。因此，合理规划养老服务设施将成为推动适老化建设和城市更新的重要手段。2023 年 5 月，中共中央办公厅和国务院办公厅发布了《关于推进基本养老服务体系建设的意见》，进一步强调了提高基本养老服务便利性和可及性的重要性。因此，针对高度老龄化的人口趋势，养老设施建设已成为民生事业的重点任务。

国外学者对养老设施的研究起步较早，Handy 在建成环境要素研究中，主要考察密度、土地使用混合度等要素对老年人活动的影响。其中，人口密度是主要指标，住区周边服务设施密度越大，老年人的活动强度也越高[2]。Lee 提出老年人的步行活动不仅与密度或混合度有关，商店、文娱场所及公交站等对老年人的出行也具有影响[3]。此外，Ribeiro 等人分析了道路连通性和可达性等因素对老年人活动的影响[4]。国内学者对养老设施的研究多集中于三方面：一是养老设施均等化研究[5]，通过对人口分布和使用需求的分析，提出相应设施布局规划策略[6]；二是设施可达性，学者多采用两步移动搜索法（2SFCA）、核密度法[7]、对可达性进行测算[8]，从而提出养老设施优化布局建议；三是从微观设施出发，强调通过设施优化来提高养老服务能力[9]。

综上所述，国内外学者为养老设施建设

提供了宝贵经验，但缺乏大中尺度生活圈研究。方法多为定性，对环境影响因素探讨不足。基于此，本研究以现实问题为导向，探索综合要素影响下的养老设施布局，实现"空间-人居"的双重可持续。

2 数据来源与研究方法

2.1 研究区域

重庆市渝中区面积约为 19 km²，人口近 60 万，境内主要以条状低山与丘陵谷地排列分布，根据七普数据统计，全区老龄化率为 19.76%。作为典型的高密度山地城市，其适老化改造面临着地形起伏大、城市空间资源紧张、等众多挑战。因此，选择渝中区展开养老设施研究具有重要的现实意义。

2.2 研究数据

通过高德地图 API 获重庆市养老设施七类型 POI 数据，利用 ArcGIS 软件实现空间数据的可视化，并深入分析养老设施空间分布的影响因素，参考已有研究，发现养老设施的空间分布主要受人口、经济、交通等因素的影响。结合重庆市渝中区实际情况及数据可获取性，本研究从选取了老龄人口密度、路网密度和地价 3 个指标作为自变量，构建了重庆市养老设施空间分布的影响因素分析体系。

2.3 研究方法

核密度分析主要用于计算要素在其周围邻域中的密度，可以较为直观地反映养老设施在空间上的分布密度和集散程度。

叠加分析：对渝中行政区界线、交通、等空间要素进行提取，生成行政区划图层作为底图。通过 ArcGIS 软件提取渝中区三级道路，人口密度根据六普人口数据以街道为划分单位绘制而成，渝中区地价图层则依据安居客网站得到，通过计算各街道的几何中心点，并进行反距离加权插值，得到地价分布图层。

3 养老设施空间分异特征

3.1 总体空间布局

养老设施在解放碑、石油路、大溪沟街道出现 3 个区域性集聚核，呈"品字形"分布格局（见图1），解放碑街道养老设施集聚中心面积最大，与大溪沟街道养老设施融合成片，再是七星岗、大坪街道，空间上具备明显的等级性。

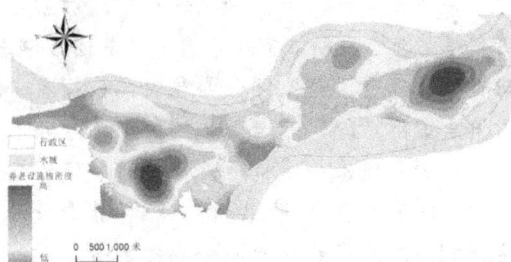

图1 重庆市主城区养老设施核密度

3.2 不同距离的养老设施空间分异特征

利用多环缓冲区分析。以解放碑为圆心 1 km 为间隔建立多环缓冲区，对缓冲区各类型养老设施 POI 数据进行统计（见图2）。结果显示，商业服务和金融服务在 0～2 km 范围内的集中度最高，超过30%，表明这些服务设施倾向于集中在城市中心或人口密集区域，同时，文化教育和生活服务在 2～4 km 区间的分布较为集中，显示出这些设施在城

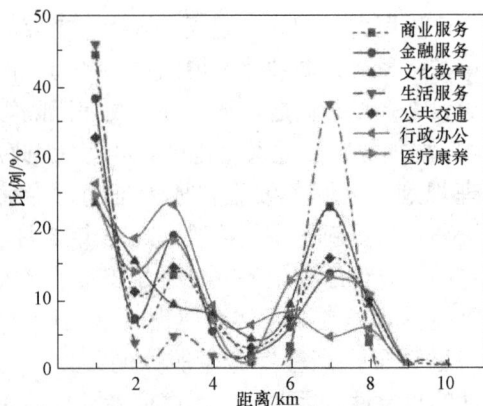

图2 不同距离的各类型养老设施计数

市次中心区域的分布特征。医疗康养设施在 6～8 km 区间的占比增高，显示出在城市边缘区域的集中分布趋势，不同类型养老设施在城市空间中的分布特征差异较大。

4 养老设施空间分异影响因素

4.1 老年人人口分布与养老设施空间关系

将养老设施密度分布图层（见图 3）与市区老年人口密度分布图层（见图 4）进行对比分析，结果显示，渝中区人口密度最大的 3 个街道为（解放碑、大溪沟、七星岗），老年人密度最小的 3 个街道为（化龙桥、菜园坝、石油路）。人口密度最为密集的七星岗、大溪沟街道，高需低配养老资源不足，相反，一些低密度地区，如石油路街道存在低需高配，养老资源过剩。总体来看，养老设施分类与老年人口的空间分布存在失衡，表现为"高需低配"和"低需高配"现象突出。主城区各街道的老年人口密度不均，养老设施的数量和布局也存在显著差异。

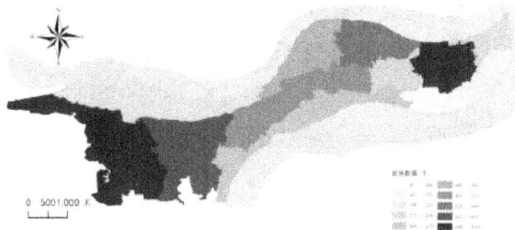

图 3 渝中区各街道养老设施密度分布

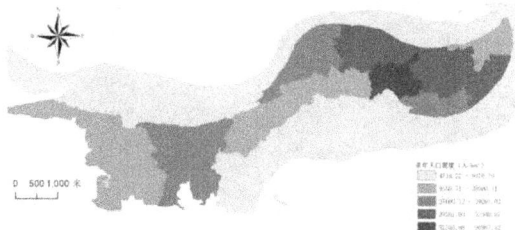

图 4 渝中区各街道老年人口密度分布

4.2 道路交通与养老设施空间关系

通过对渝中区道路网与街道的空间叠置分析，并结合主次道路 250 m 和 100 m 缓冲区的分析，发现解放碑综合管理区以

22.18 km/km² 的道路密度位居首位，同时其养老设施分布也最为密集。相比之下，两路口、南纪门及化龙桥街道的道路连通性较弱，其道路密度依次为 10.12、11.96 和 13.07 km/km²，养老设施数量亦相对匮乏。

在服务范围方面，商业与生活服务设施受交通影响最为显著，紧随其后的是交通、行政、医疗、金融及教育设施，它们沿主要交通干线分布的比例分别为 27.33%、26.22%、21.20%、12.50%、5.86%、3.62% 和 2.45%。商业与生活服务类养老设施更倾向于沿主干道两侧布局，得益于交通干线完善的过街设施，提供了较高的可达性和安全性吸引了大量商业设施的聚集。相对而言，教育和医疗设施对主干道的依赖程度较低，这主要是由于主干道和交叉口区域地价较高，多为商业繁华地段，考虑到容量限制更倾向于在次干道或支路交叉口进行混合布局。此外，距离主要交通线越近，设施的数量和类型越丰富，这进一步证实了交通条件是影响渝中区养老设施布局的关键因素。

4.3 地价与养老设施空间关系

地价数据源自安居客网站，通过计算街道几何中心点并进行反距离加权插值，生成地价分布图层。结果显示，地价呈多中心分布，由高值中心向外递减（见图 5）。养老设施在七级地价区的分布比例分别为 15.12%、31.67%、30.84%、19.49%、1.12%、1.13%、0.59%。前三级地价区设施较少，四～六级地价区设施密集，占总数的 62.48%，而第七级地价区设施分布较少。

从设施类型看，商业类养老设施在前三级地价区分布较多；文化教育设施主要集中在四～六级地价区，其中第六级占比最高（34.69%）；生活服务设施覆盖全部地价级别，第五级数量最多（33.28%），第六级次之。第一级地价区设施占比不足 1%，高地价区主要集中在城市东西部：东部以朝天门、解放碑、三峡博物馆等商业文化核心区为代表，西部则以佛图关公园等文化景观资源为亮点。中部地价较低，受地形、交通条件及历史发展等因素影响多聚集了老年人及双下岗职工等高老龄化群体，而高地价区通常拥有优越的自然和人文资源。

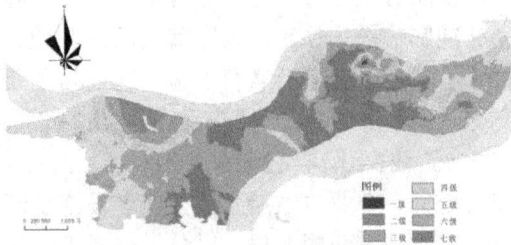

图5　渝中区地价分布

5　养老设施空间布局优化策略

随着深度老龄化的加剧，未来养老需求将持续增长，养老设施的建设与完善迫在眉睫。基于现有研究成果，提出以下建议：一是优化养老设施资源配置，构建养老服务评估体系。根据不同地区的资源现状，针对性地调整投入策略。在资源超前型地区，注重优化设施配置，避免资源浪费；在基本匹配型地区，着力提升服务水平；在资源滞后型地区，加大公办养老设施投入。二是响应国家"十四五"养老规划战略，强化重庆市渝中区养老设施的分级分类建设。三是通过注入配套技术、资金及完善基础设施，加强养老服务建设，扩大各级各类养老设施的覆盖范围，以满足未来养老需求。

参考文献

[1] 李媛媛，李晋轩，曾鹏. 基于适老化社区支持体系的社区更新实施路径初探[J]. 现代城市研究，2022（1）：15-23.

[2] L S H，G M B，Reid E，et al. How the built environment affects physical activity: views from urban planning[J]. American journal of preventive medicine，2002，23（2 Suppl）：64-73.

[3] LEE C，MOUDON V A. Physical activity and environment research in the health field: Implications for urban and transportation planning practice and research[J]. Journal ofPlanningLiterature，2004，19（2）：147-181.

[4] RIBEIRO I A，MITCHELL R，CARVALHO S M，et al. Physical activity-friendly neighbourhood among older adults from a medium size urban setting in Southern Europe[J]. Preventive Medicine，2013，57（5）：664-670.

[5] 唐瑞雪. 基于POI数据的老年人口密度与老年服务设施空间匹配研究：以成都市青羊区为例[J]. 城市观察，2022（2）：99-112.

[6] 汪晓春，熊峰，王振伟，等. 基于POI大数据与机器学习的养老设施规划布局：以武汉市为例[J]. 经济地理，2021，41（6）：49-56.

[7] 魏楚天，杨翠霞，田涛，等. 基于POI提取的大连市中心城区无障碍设施空间分布特征研究[J]. 绿色科技，2021，23（12）：202-206.

[8] 许昕，赵媛. 南京市养老服务设施空间分布格局及可达性评价：基于时间成本的两步移动搜索法[J]. 现代城市研究，2017（2）：2-11.

[9] 胡雪峰，夏菁，王兴平，等. 城市社区无障碍设施空间错配与优化策略研究：以南京市为例[J]. 残疾人研究，2019（3）：63-70.

图片来源

图1～图5均为作者自绘。

空间句法视角下的老旧社区街巷空间优化

——以南京市玄武区四牌楼社区街巷空间为例

朱怡然（南京东南大学城市规划设计研究院有限公司；382150569@qq.com）

摘　要：城市街巷空间，作为城市居民日常休闲互动和交往的重要场所，是城市人居生活环境的重要组成部分。当前，在存量规划的时代背景和高质量发展的时代需求下，城市老城区的众多街巷公共空间亟需精准识别评估与更新优化。本文选取南京市玄武区四牌楼社区街巷空间为研究对象，应用空间句法理论，针对其空间环境条件和人群活动特征进行调研，分析并揭示了社区街巷空间场所存在的活力不佳、体验失序等问题。进而提出了梳理空间肌理、提升空间节点及重塑空间序列等优化策略，满足了市民对活动空间的需求，并激发空间活力。

关键词：老城社区；街巷空间；空间句法

1　引言

　　进入 21 世纪以来，中国的城镇化进程逐步转向存量更新阶段。2021 年，"实施城市更新行动"被列入国家第十四个五年规划[1]。其中加强老旧小区改造和基层社区建设是实施城市更新的重要行动内容。街巷空间作为老旧小区居民社交互动、休憩娱乐的重要场所，如何激发城市街巷空间活力、改善人居环境，最终实现社区场所记忆的重塑，是老旧小区改造的必由之路。

　　空间句法理论已被广泛应该用于针对城市空间及要素的连接关系研究中，并形成了完整的空间计算分析模型[2]。我国学者运用空间句法工具，对城镇街巷空间进行了大量研究。包括赵万民、李苗壮、姚宏、梅丰仪等学者运用空间句法工具[3-4]，以重庆寸滩历史文化街区、工业园区城边村及合肥淮河路步行街为研究对象[5]，对历史城区、商业业态和步行空间匹配度进行分析。然而对老城区街巷空间的空间分析和改善策略的研究相对较少。因此，本研究以南京老旧小区——四牌楼社区及所在街区为研究对象，通过空间句法理论，结合社区物质空间结构和居民活动特点，揭示街巷空间中存在的问题，针对问题提出相应的改造策略，以期为老旧小区改造研究提供借鉴。

2　研究对象及方法

2.1　研究对象

　　南京作为首批城市更新试点城市之一，其老旧社区的改造具有代表性[6]。四牌楼社区位于南京市玄武区，自明朝以来，四牌楼社区的街巷空间结构发生了 3 次主要变动，形成了以 6 条主要街道为基础的街巷结构[7]。

　　研究区域为核心居住片区，北起北京东路、南至珠江路，东临太平北路，西至中山路，占地面积约 96 hm²，距南京市中心新街口广场最近直线距离仅 0.8 km（见图 1）。研究区域内用地功能以居住性质为主，学府路以南、成贤街以东集中了大量 20 世纪八九十年代建造的居民楼，同时街区内有包括东南大学、南师附小在内的多处教育机构，有南京科学会堂、南京图书馆等公共文化设施，以及东方珍珠饭店、百脑汇商城等大型商业服务设施。

图1 四牌楼社区位置示意图

2.2 研究方法

本文选用空间句法分析工具 Depthmap 软件对片区街巷空间进行转译，结合实地调研，采用轴线地图（Axial Map）分析方法绘制街巷空间的轴线模型，通过整合度、可理解度、协同度等空间衡量指标来判断街巷空间的活力程度。

3 四牌楼社区现状空间解析

3.1 整合度衡量——空间活力缺失

整合度是用来衡量图形网络中不对称性的指标，体现了街巷空间中某一空间与其他空间的聚集或者离散的程度。由四牌楼社区的全局整合度可见，社区内主要4条街道的整合度均高于全局整合度平均值。四牌楼社区的主要公共活动聚集于传统街巷结构中，表现为四条主要街道的整合度均值与全局整合度平均值相差高达51%。

从单独街道角度分析，社区中全局整合度最高的街道为中山路，但其沿线用地以办公类型居多，人群聚集较少。丹凤街、进香河路、学府路3条街道沿线用地类型多样，虽然3条街道全局整合度弱于中山路，但是沿线产生了较多的人群聚集。

从局部整合度的角度出发，局部整合

最低的街道为沙塘园（Integration［HH］r^3=1.57），结合实地调研发现，沙塘园沿街基本为居住小区的围墙，仅中部部分区段布置部分商业店铺，空间活力差。局部整合度最高的街道为珠江路（Integration［HH］r^3=3.58），表明珠江路与区域内其他街道连接性最好，与社区主要出入空间联系密切。丹凤街、进香河路与北京东路在全局整合度与局部整合度方面都表现为较高，表明现实空间使用率与数据分析吻合度较高。

3.2 协同度现状——空间场景杂糅

在空间句法理论中，衡量局部空间与全局空间的核心重合度的指标被称为协同度。四牌楼社区的协同度 r^2 值约为 0.97，表明外来人群和本地居民的日常使用空间高度杂糅，通行性空间和休憩停留空间大量重合，缺乏针对人群分类的有效空间引导，空间利用效率低，人群冲突时有发生（见图2）。

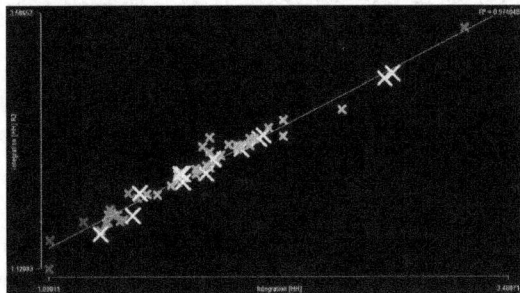

图2 四牌楼社区现状协同度分析图

3.3 可理解度现状——空间体系尚存

在空间句法理论中，可理解度反映了空间的复杂性，通过整合度与连接度的回归分析，推断空间到达的难易程度。四牌楼社区的可理解 r^2 数值为 0.75，显示身处社区内部的行人个人，可比较容易形成清晰的空间形态认知，不容易迷路（见图3）。该现象表明，主要道路体系联系度较好，内部道路断头路较少。

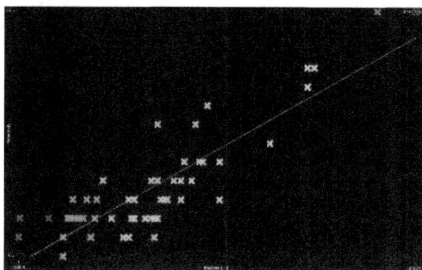

图 3 四牌楼社区现状可理解度分析图

4 优化对策

4.1 梳理空间特质，重构空间体系

针对小区内断头路和消极空间，建议对居住小区中部分居民私自搭建的简易板房进行拆除或修缮，联通居住区域内交通系统，还居民通畅的步行空间体系（见图4）。同时，对集中连片的居民小区内部围墙进行打通，形成内部完整的步行系统。

图 4 四牌楼社区进香河菜场门禁开放改造图

4.2 梳引导空间分流，满足场景需求

针对空间场景杂糅问题，建议通过空间分流满足不同人群的需求（见图5）。例如，在人流密集区域设置通行专用道，在休闲区域设置座椅等设施，引导人群合理分布。

图 5 四牌楼社区蓁巷节点改造意向图

4.3 提升空间节点，激发社区活力

规划针对现有 4 处社区休闲空间，结合社区文脉元素，打造富有社区共同记忆的文化休闲节点（见图6）。在北京东路与进香河路交会处，依托梅庵和进香河历史文脉，打造进香河节点。在蓁巷与进香河菜场交会处设有小型座椅等供居民休闲的设施，规划以老南京记忆为特色的居民交流节点。在成贤街和北京东路交会处，结合成贤街国子监历史文脉，打造大学记忆节点（见图7）。

图 6 四牌楼社区进香河路节点改造图

图 7 四牌楼社区成贤街节点改造意向图

4.4 优化前后对比结果

采用上述优化策略，社区空间沟通情况得到了以下的变化，主要体现在：连接度平均值从 4.61 提高到 4.64，标准差下降 2.4%，表明居民通行的便捷度得到大幅提高，个别街巷拥堵情形有所缓解。全局整合度得到提高，新增加的公共空间节点与街巷结合，强化了居民的社区归属感。同时，场地可理解度从 0.745 提升至 0.751，提升了 8.1%，社区居民更容易判断社区的整体空间结构（见图8）。

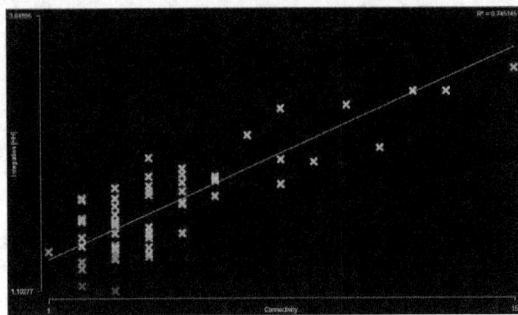

图8 四牌楼社区改造后可理解度分析图

5 结语

　　旧城街道空间是市民生活环境的反映，也是实现城市文脉延续、建设健康城市的重要手段。本文通过对南京四牌楼社区的街巷梳理，利用空间句法理论模型指出了社区存在的空间问题，并提出了提升空间品质和重建空间系统的建议。通过空间分流、节点贯通等措施，激发社区活力，优化和完善社区设计，以期为相关设计的研究和实践提供参考。未来，应进一步关注社区居民的实际需求，结合科技手段，不断提升老旧社区的人居环境质量。

参考文献

[1] 中华人民共和国中央人民政府. 中华人民共和国国民经济和社会发展第十四个五年规划和2035年远景目标纲要[EB/OL]（2021-03-13）[2025-05-19]. https://www.gov.cn/xinwen/2021-03/13/content_5592681.htm?eqid=bb1334d5000a15c300000002646732f0.

[2] HILLIER B. Space is the machine: A configurational theory of architecture [M]. Cambridge: Cambridge University Press，1996.

[3] 赵万名，朱柯睿，孙爱庐. 西南山地历史城镇空间形态保护策略研究[J]. 小城镇建设，2022，40（2）：21-178.

[4] 李苗壮. 西安工业园区型城边村空间特征及更新改造方法研究：以西安市杨官寨村为例[D]. 西安：西安建筑科技大学，2023.

[5] 姚宏，梅丰仪. 商业步行街空间与业态分布关联研究：以合肥淮河路步行街为例[J]. 城市建筑，2022，19（11）：89-92.

[6] 中华人民共和国住房与城乡建设部. 住房和城乡建设部办公厅关于开展第一批城市更新试点工作的通知[EB/OL].（2021-11-05）[2025-05-19]. https://www.mohurd.gov.cn/gongkai/zhengce/zhengcefilelib/202111/20211105_762839.html.

[7] 陆涵. 大事件视角下的南京城市空间演进研究（1840—1936）[D]. 南京：东南大学，2018.

图片来源

　　图1～图8均为作者自绘。

叙事视角下巴黎塞纳河滨水空间场景序列测度研究

秦云鹏（上海交通大学设计学院；stonecutter123@sjtu.edu.cn）

陆邵明*（上海交通大学设计学院；shaominglu@sjtu.edu.cn）

摘　要： 既有研究对建筑场景叙事的探讨着重强调叙事的具体信息、内容及最终的社会认同目标，而忽视了场景间的序列与线索。本文从场景序列的角度出发，以巴黎奥运会开幕式运动员入场路径为场景线索，首先基于场景叙事的相关理论梳理出场景序列的视线可达性、交通可达性指标，以此建构量化测度路径，其次采用 Depthmap 整合度、Isovist 可视域分析方法，完成奥运会开幕式运动员乘船入场背景下巴黎塞纳河滨水空间测度，进而梳理出场景"起—承—转—合"的叙事体验特征。研究结果可以为场景叙事设计视角下的空间可感知性测度提供参考。

关键词： 巴黎奥运会；场景序列；城市历史街区；场景测度

基金号： 艺术学一般项目，中外空间叙事设计比较研究（24BG121）

1　引言

存量发展的语境下，城市更新不仅仅针对城市土地利用方式的转变，还对应着城市品质的提升及功能、活力的创造[1]，不仅需要经济价值，还要具备丰富的社会、文化内涵，而以后者为代表的城市软性价值却恰恰是设计中容易忽略的[2]。空间叙事设计为城市软性价值的提升提供了一条有效的路径。在此背景下，巴黎政府借助奥运会申办这一媒介为我国新时期城市更新中通过空间叙事设计实现文化、功能的提升提供了有力的借鉴[3]。一方面巴黎奥运会将原本位于固定场馆的比赛场地转移到城市开放空间，避免了新建场馆，同时以此为契机整治巴黎城市空间的生态环境，在物质层面实现了经济与生态的双赢；另一方面，奥运会场景布置输出了奥运文化与法国历史文化，传达出绿色宜居与经济适用，满足各种身份人群的"空间正义"[4]理想，强化了法国人民对本土文化的认同感、世界人民对奥运文化、女性价值的认同感。

2　场景叙事与序列测度路径

在城市设计中，往往不仅要关注物理空间的布局与功能，更要重视人们如何在这些空间中生活、互动及其意义。这种方法利用叙事将个人记忆、集体历史和社会关系编织在一起，增进对城市复杂性和多样性的理解。为城市设计中社会文化内涵等隐性信息的挖掘提供一条有力的路径。

2.1　场景叙事价值内涵

场景叙事主要涉及 3 个方面的内容，即表达、建构与诠释场所的信息、秩序与意义。其主要目的是赋予场所物质要素以文化内涵、场所精神，在人与场所、场所与场所之间建构和谐的关联关系。这一研究范式涉及层面有建筑学、人文地理学、语言学等领域[5]。目前场景叙事在城市设计领域的主要侧重点于 3 个方面：第一，城市历史空间社会意义的认知、诠释与考察；第二，空间场景主题文化语境的塑造及其空间编排；第三，多媒体虚拟表现、计算机辅助设计及其相关的拓展设计探索[6]。从叙事视角来看，当下针对空间结构与序列编排的研究相对较少，存在更大的潜在研究价值（见图1）。

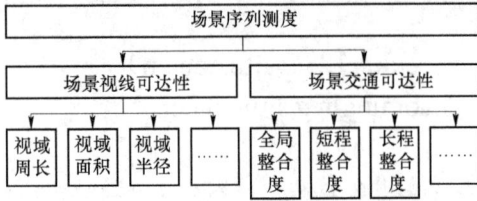

图 1　场景序列测度路径

2.2　场景序列测度路径

当下场景序列的测度研究大致可分为以下 3 个方面：① 围绕实际的宜居性问题，如空间步行适宜性、场景景观的疗愈潜力等[7]；② 立足场景的保护与历史文化价值、内涵[8]；③ 剖析场景的美学与艺术价值，往往围绕更为主观的审美与艺术视角[9]。

从以上 3 个主要研究方向中不难看出，不论研究的落脚点如何，无外乎围绕可达性、历史或美学价值两大方面，从数据源来看，但凡涉及美学或历史价值，多数研究需围绕问卷或访谈，往往带有个体的主观偏见或偶然性，因此本文围绕可达性展开场景序列测度，测度方法对比后做以下选择（见表1）。

表 1　测度方法对比

对象	指标	可应用工具	工具优势
场景序列	交通可达性	ArcGIS	适合大尺度规划领域可达性测度
		Depthmap	准确且操作更简单易上手
	视线可达性	ArcGIS	适合大尺度规划领域可达性测度
		Depthmap	操作更简单易上手
		Grasshopper	协同性与兼容性好，可做3D模拟

3　巴黎塞纳河滨水空间场景序列测度

测度整体空间序列之前，首先要设定线索与节点上的观测点，观测点太少不利于完整呈现空间特征，太多又会对算力资源产生太大压力，综合考虑后，在整体空间序列线索上，每隔 50 m 设置一处观测点，总共 130 处观测点，具体线索观测点分布如图2所示。考虑到人眼生理机能与观景条件，视线最远距离设置为 1 000 m；最后视域细分（Counts）设置为 1 000，从而尽可能提升模拟准确性[10]。

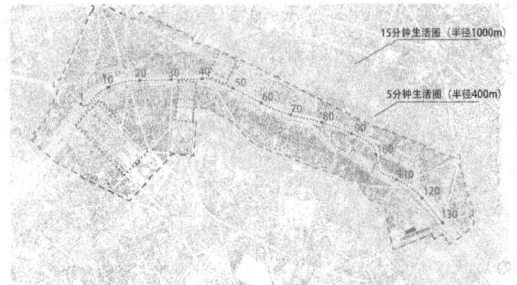

图 2　研究区域与观测点分布

3.1　视线可达性

1）视域半径

视域半径在战神广场、荣军院广场附近达到最大值，在圣母院附近达到最低值；从波动情况来看，该项指标波动并不剧烈（见图3）。

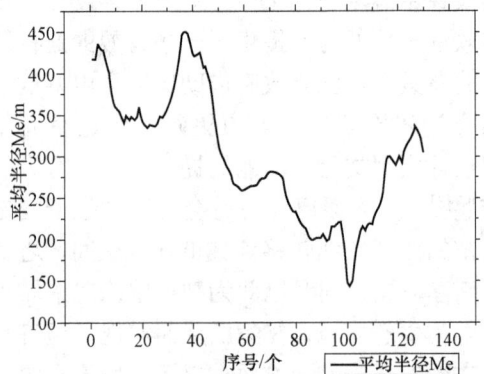

图 3　场景序列视域半径变化趋势

2）视域面积

视域面积在战神广场附近达到峰值，在巴黎古监狱—西岱岛附近达到谷值；从波动情况来看，视域面积整体较平稳（见图4）。

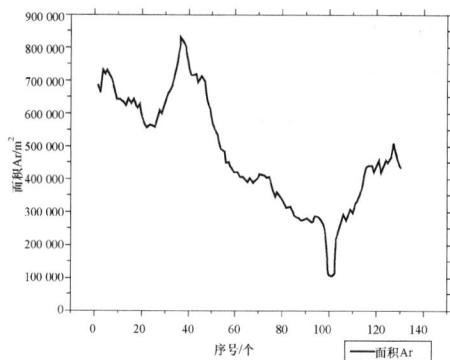

图4 场景序列视域面积变化趋势

3）视域锯齿度

视域锯齿度在奥斯特里茨桥与巴黎古监狱—西岱岛附近达到峰值，在荣军院广场及附近区域达到谷值；从波动情况来看，视域锯齿度波动较为剧烈（见图5）。

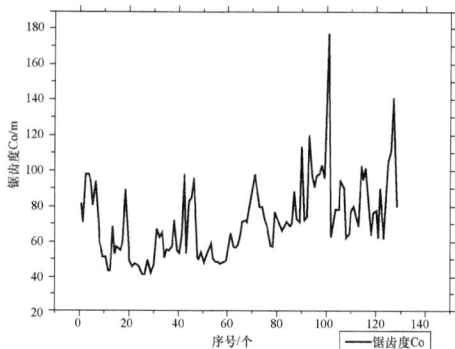

图5 场景序列视域锯齿度变化趋势

4）视域锯齿度与偏离度

视域偏离度在巴黎圣母院附近达到峰值，在战神广场、荣军院广场、奥斯特里茨桥附近达到谷值。从波动情况来看，偏离度相对平稳（见图6）。

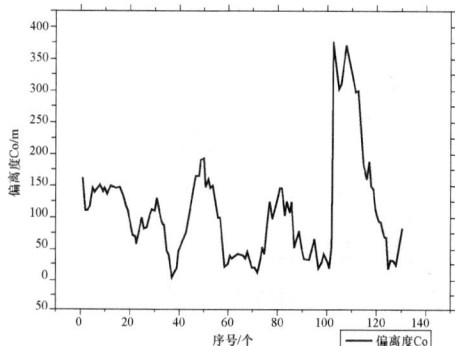

图6 场景序列视域偏离度变化趋势

3.2 交通可达性

根据 Depthmap 轴线整合度分析结果，从 R=3 短程整合度来看，圣日耳曼大道、香榭丽舍大道附近具备最高的局部整合度，较适合行人步行，有利于行人完成近距离的互动；此外，战神广场、协和广场、荣军院广场周边道路的局部整合度适中；卢浮宫、奥斯特里茨桥附近的局部整合度相对较低（见图7）。

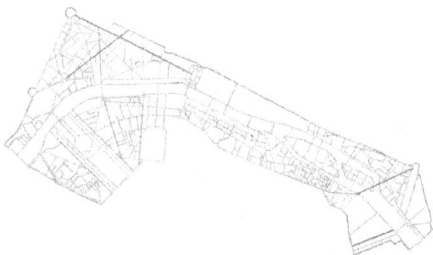

图7 研究区域短程整合度（R=3）

从 R=9 长程整合度来看，圣日耳曼大道附近的支路可达性有所提升，尤其是圣路易斯岛与西岱岛两座岛屿的整体可达性提升到了中等水平，此外巴黎圣母院、北侧的歌剧院以及战神广场、协和广场、荣军院广场的可达性也进一步提升，但奥斯特里茨桥附近可达性依旧处于较低水平（见图8）。

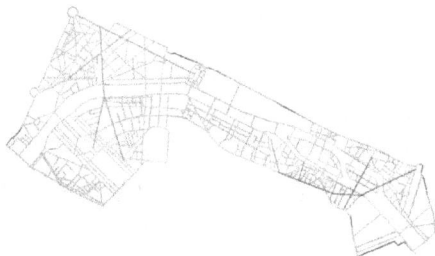

图8 研究区域长程整合度（R=9）

从全局整合度来看，运动员行进的整体路线沿线的空间可达性都处于较高水平，有利于人群的参观与通行，从可达性的变化趋势来看，自奥斯特里茨桥出发，经过圣路易斯岛与西岱岛，相继路过卢浮宫、协和广场、荣军院广场、战神广场，可达性变化趋势为由低变高，在协和广场附近达到顶峰（见图9）。

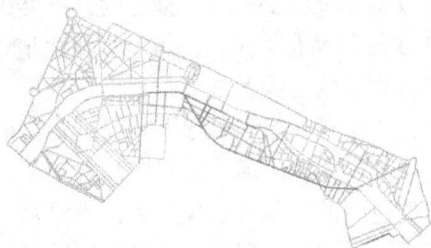

图9　研究区域全局整合度

4　结论

在空间叙事设计中，较大的情节、视觉落差可以给人以更深刻的空间体验，进而便于参观者理解主题。因此视觉的峰值、谷值或者落差处具备更好的视觉体验，可用作典型空间。通过城市空间视线可达性分析可以判断场景序列的叙事效果。从纯粹的空间角度来看，奥运会开幕式的运动员进场路径的视线可达性呈现出较大的视觉落差，从奥斯特里茨桥开始，到西岱岛的法国古监狱附近整体视线与交通可达性呈现降低态势，在法国古监狱附近降到整个路径的最低点；从西岱岛到荣军院视线可达性呈现出过渡性的提升，最终在荣军院前达到入场路径的第一个高点，之后通过大皇宫后出现了一定程度的下降，最终在战神广场前达到全局的高潮，整体呈现起承转合的空间态势。

根据整体序列的视线分析结果，可大致提取出6个典型场景，分别是奥斯特里茨桥附近空间（起点、峰值）、巴黎古监狱（谷值）、法国学术院（过渡）、协和广场（第一个小高潮）、荣军院广场（谷值、过渡）、战神广场（高潮）。

参考文献

[1] 邹兵. 存量发展模式的实践、成效与挑战：深圳城市更新实施的评估及延伸思考[J]. 城市规划，2017，41（1）：89-94.

[2] 陆大道. 我国的城镇化进程与空间扩张[J]. 城市规划学刊，2007（4）：47-52.

[3] 黄全乐，李芃. 以庆典缝合日常：以2024奥运会为契机的巴黎塞纳河滨水公共空间整合与创新[J]. 装饰，2024（3）：124-126.

[4] WOLCH J R，BYNNE J A，NEVELL J P. Urban green space，public health，and environmental justice：The challenge of making cities 'just green enough'[J]. Landscape and urban planning，2014，125：234-244.

[5] 陆邵明. 场所叙事：城市文化内涵与特色建构的新模式[J]. 上海交通大学学报（哲学社会科学版），2012，20（3）：68-76.

[6] 陆邵明. 场所叙事及其对于城市文化特色与认同性建构探索：以上海滨水历史地段更新为例[J]. 人文地理，2013，28（3）：51-57.

[7] 施澄，袁琦，潘海啸，等. 街道空间步行适宜性测度与设计导控：以上海静安寺片区为例[J]. 上海城市规划，2020（5）：71-79.

[8] 翟斌庆，等. 历史建筑活化项目中的社区参与和社区评价：以香港前北九龙裁判法院（NKM）为例[J]. 城市规划，2014，38（5）：58-64.

[9] 安淇，肖华斌，郭研馨，等. 山城一体背景下街道步行空间景观视觉美学质量测度、评价与优化：以山东省济南市旧城片区为例[J]. 景观设计学（中英文），2022，10（1）：9-27.

[10] 陆伟，毕海，顾宗超. 基于可视域分析的展示空间测度研究：以大连城市规划展示中心为例[J]. 新建筑，2022（3）：15-20.

图片来源

图1~图9均为作者自绘；
表1为作者自绘。

城市肌理数据来源

OSM（Open Street Map）获取。

空间句法驱动下的历史街区步行化策略

——以昆明市东西寺塔历史街区为例

韩国栋（昆明理工大学建筑与城市规划学院；han03407@163.com）

郭小强（昆明理工大学建筑与城市规划学院；1299901844@qq.com）

谭良斌（昆明理工大学建筑与城市规划学院；tan.liangbin@kust.edu.cn）

摘　要：随着城市机动化进程加速，历史街区步行环境品质提升成为城市更新的重要议题。本文以昆明市东西寺塔历史文化片区为例，基于空间句法理论和实测交通数据，探讨了片区内道路网络结构与人流、机动车流量之间的空间关联性。通过对不同半径下的路网整合度和选择度进行分析，利用 GeoDa 和 Depthmap 软件构建空间自相关模型，识别出人流聚集的 4 种模式。进一步，通过回归分析确定机动车流量与 5 000 m 半径下选择度之间存在显著关系，并提出了敬德巷两种改造方案。模拟结果显示两种方案对整体路网流量影响较小，论证了道路步行化改造的可行性。为历史街区的微更新与步行环境优化提供了量化依据和实践参考。

关键词：空间句法；步行友好型城市；空间自相关；交通流量；历史街区更新

1　引言

随着人口密度的增长与城市机动化的不断加速，交通拥堵和环境污染等问题日益凸显。为引导绿色出行，国家和省市层面都颁布了相关的法规政策[1-2]。然而城市步行环境仍面临严峻挑战。同时历史街区步行街道普遍存在被占用、通过性不足等现象，街道与交通之间矛盾较为突出，如人车混行、机动车在狭窄路段形成拥堵等。这些问题不仅影响居民出行质量，也对城市的可持续发展构成制约。

空间句法理论由 Hillier 于 20 世纪 70 年代提出[3]，认为空间形态与结构会影响人的行为与活动。通过分析道路网络、建筑布局、绿地分布等，空间句法可评估步行便利性，帮助理解城市结构、识别步行路径、优化规划并促进可持续交通。

既有研究表明，空间句法在解析步行活动与空间结构关联中有显著的价值。Baran 等揭示了社区中步行效用与全局整合度的正向关联[4]；Jung 与 Choi 基于街道整合度构建了行人流量估算模型[5]；饶传坤等融合多源数据探讨了路网可达性优化路径[6]。上述研究为历史街区步行系统研究提供了方法论支撑，但针对历史街区的"机动车道转型"策略模拟仍待深化。

本文以昆明市东西寺塔历史片区为研究对象，首先对现状路网的空间句法参数与步行流量之间的空间关联性进行分析，随后探讨"机动车道转非机动车道"策略在特色街区改造中的可行性。最后，通过城市商业 POI 核密度分析对上述结果进行验证与补充。

2　研究方法与数据来源

2.1　研究区域

昆明市东西寺塔历史文化片区位于市中心，拥有悠久历史与丰富文化遗产，以东西寺塔为核心，涵盖周边历史街区和古迹遗址，具有较高的旅游价值。根据 Walk Score 评估，该片区步行指数为 89（非常适合步行），但实地调研却发现片区步行条件较差，制约了旅游业发展与居民生活质量。尤其在敬德巷历史街区，道路狭窄、人车拥挤、步行空间不足，因此有必要对该片区交通流量进行深入分析，以提升步行友好度并促进片区的整体优化。

2.2 研究方法

本文基于空间句法理论，利用 Depthmap 软件构建线段模型，对研究片区的街道结构和特征进行定量分析，重点分析整合度与选择度等句法参数，以探讨城市路网的空间关系及路径规划。随后，将片区交通流量数据与空间句法参数相结合，进行空间自相关分析，检验二者在空间上是否存在依赖性或异质性，为后续改造措施提供科学依据。最后，通过对敬德巷道路非机动车化的可行性进行探讨，为城市设计、交通网络优化与用地功能布局提供量化支持。

2.3 数据来源

路网数据主要来源于 OpenStreetMap，并通过谷歌地图的卫星影像与街道现状进行人工校准后，导入 Depthmap 进行分析。交通流量数据则通过现场调研获取：2023 年 4 月 16 日与 4 月 27 日分别在 10:00、12:00、14:00、16:00 这 4 个时段，对东西寺塔历史街区布设 16 个监测点，每点测量 5 min，共进行 4 轮人流量与机动车流量统计。商业 POI 数据则利用百度地图 API 接口获取片区范围内的点位信息，并在 ArcGIS 10.8 中进行可视化处理。

3 结果分析

3.1 片区整体路网空间句法参数分析

通过对 2 000 m 和 5 000 m 半径下的整合度与选择度分析可知（见图1），无论半径大小，东西寺塔片区内金碧路与东寺街的整合度始终最高，书林街次之。巡津街由于受

盘龙江阻隔，2 000 m 半径下整合度相对较低，半径增大后整合度提升。在线段模型中，东寺街呈单一线段，而书林街则由多条曲折线段构成，导致书林街整合度低于东寺街。

在 2 000 m 半径（人行范围）内，金碧路、环城南路、东寺街、书林街的选择度基本相当，均为该片区内最高值。而连接书林街与巡津街的 3 条支路（后新街、敬德巷、铁皮巷）中，后新街选择度最高，敬德巷次之，铁皮巷最低。在 5 000 m 半径（车行范围）下，东寺街的选择度明显高于书林街，主要由于书林街在模型中线段较多且受盘龙江隔绝影响，其中段选择度略有下降。支路方面，后新街、敬德巷与铁皮巷在半径扩大后选择度趋于接近。

图 1　东西寺塔片区 2 000 m、5 000 m 整合度与选择度

3.2 自相关分析

基于对片区空间句法参数的空间特征分析，进一步进行局部空间自相关分析，来揭示路网结构与流量分布的非均衡关联模式。选择书林街西侧敬德巷历史片区选择度与步行流量进行分析。首先对道路实测交通流量进行梳理（见图2）。

路段标号	车流量	人流量
1	188	261
2	678	102
3	1965	153
4	700	90
5	1884	84
6	222	90
7	1908	66
8	282	158
9	200	174
10	621	129
11	211	115
12	2994	362
A	138	153
B	115	71
C	120	84
D	72	102
E	54	90
F	183	183
G	56	66
H	15	38
I	8	44

图 2　片区流量实测

其次对实测人流量数据和 2 000 m 半径内的路网选择度数据进行标准化处理后,导入 GeoDa 软件,利用局部 Moran's I(LISA 指数)对两者的局部空间关联特性进行定量分析。得到 Moran's I 为 0.312,属于强正相关,但仍有其他因素影响,如商业 POI 分布等。进一步进行显著性检验,其 p 值为 0.004,通过蒙特卡罗模拟验证($p<0.05$),说明结果具有统计学意义,空间模式非随机产生。结合片区商业 POI 核密度图进行分析,将区域内的人流聚集现象归纳为 4 种模式(见图 3),具体如下。

图 3　LISA 分析空间自相关模式与 POI 核密度图

(1)高-高(HH)模式:该道路的人流量高,且路网选择度也高。图 3 中显示,HH 模式主要集中于城市道路等级较高的路段,如金碧路、书林街和后新街,构成城市道路明显的"热点"聚集区。

(2)低-低(LL):指该区域内人流量与路网选择度均处于较低水平。LL 模式主要分布于敬德巷内部的居民区道路,如 H 路和 I 路;同时,B 路处于东寺塔花园后路且缺乏商业设施,导致人流量较少,形成"冷点"聚集区。

(3)低-高(LH):该区域内的人流量较低,但其周边区域的路网选择度却较高,反映出低人流量建筑或道路被高选择度区域所包围。图 3 中,LH 模式主要出现在书林街南端和巡津街。书林街虽整体选择度较高,但南端因老旧小区、商业 POI 分布稀疏而导致人流量不足;而巡津街作为城市主干道,由于沿线商业分布较少,尽管车流量较大,但人流量相对偏低。

(4)高-低(HL):指区域内人流量较高,但路网选择度却相对较低,表现为高人流量区域被低选择度区域所环绕。A 路与 F 路为主要代表,其作为进出敬德巷历史街区的重要通道,尽管人流量较大,但因周边路网选择度偏低而形成 HL 模式。

3.3　交通路网改造可行性分析

针对自相关分析中识别的高潜力区与矛盾节点(HL/LH 模式),结合实地调研,对敬德巷进行聚焦分析,并提出相应的改造策略。敬德巷作为串联东寺街历史街区主要历史建筑的纽带,具有环境静谧、城市微气候舒适及街区尺度适宜人行等优势。此外,沿街两侧丰富的墙画资源为街区增添了浓厚的文化艺术氛围,吸引了大量游客。结合半径 2 000 m 下路网选择度分析,结果显示敬德巷在支路中具有较高的选择度。基于上述优势,本文以敬德巷为核心进行城市微更新及特色历史街区打造可行性的探讨,并将其改造为特色步行街进行论证。

当前，敬德巷为机动车道，人行道较窄，若将其改造为步行街，需评估其对东西寺塔片区机动车流量的影响。本研究基于实测数据与空间句法参数（5 000 m/10 000 m 半径选择度）构建回归模型进行分析。结果表明，机动车流量与半径 5 000 m 下的选择度呈较高相关性，回归系数 r^2 为 0.67。

基于回归方程预测敬德巷改为非机动车道后对整体街区机动车流量的影响，本研究提出两种改造方案进行对比分析：方案一仅将敬德巷设为非机动车道；方案二同步新增书林街—后新街连接道路以分流车流。通过对比两种方案对整体街区机动车流量的影响，综合评估敬德巷改造为步行街的可行性。

基于回归方程 $y=0.542\ 133x-0.512\ 788$（其中 x 为半径 5 000 m 下的选择度），计算不同方案下的机动车流量 y 值。对比分析结果表明，两种方案对整体街区机动车流量影响较小（见图 4）。由此可推断，敬德巷改为非机动车道对整体交通流量无显著影响。尽管方案二通过新增道路进一步降低周边流量压力，但模拟显示其改善幅度有限且新增道路可能破坏历史街区的空间肌理。因此，建议优先采用方案一，通过交通管控与慢行设施优化实现微更新目标。

图 4　道路交通改造

4　总结与讨论

本文系统地分析了东西寺塔片区内道路网络与交通流量的空间关联，验证了空间句法在城市规划中的作用。研究结果表明，通过对片区内关键道路敬德巷进行步行化改造，不仅能够改善步行环境，还能在不显著影响整体机动车流量的前提下提升区域空间品质。未来工作将进一步结合动态交通模型与多时段、多情景下的模拟分析，为历史街区的持续优化提供更精细化和动态化的规划建议。

参考文献

[1] 饶传坤，许琼怡. 基于空间句法的道路可达性和城市交通的相关性研究：以杭州城市为例[J]. 建筑与文化，2022（11）：94–96.

[2] 昆明市自然资源和规划局. 昆明市城市设计导则（试行）[EB/OL]（2020–02–07）[2025–05–19]. https://zrzygh.km.gov.cn/upload/resources/file/2020/02/07/3120675.pdf.

[3] HILLER B. Space is the machine[M]. Cambridge：Cambridge University Press，2007.

[4] BARAN PK，GUEZ DA，KHATTAK AJ. Space syntax and walking in a new urbanist and suburban neighbourhoods [J]. Urban Des，2008（13）：5–28.

[5] KANG C D. Measuring the effects of street network configurations on walking in Seoul，Korea[J]. Cities 2017，71：30–40.

图片来源

图1～图4均为作者自绘。

长春市社区生活圈公服设施供需关系研究

骆玉岩*（长春市规划编制研究中心；yuyanluo0228@gmail.com）
周扬（长春市规划编制研究中心；7879694@qq.com）
梁岩（长春市规划编制研究中心；29893968@qq.com）
李冰心（吉林建筑大学；libingxin@jlju.edu.cn）
王翰文（中国建筑第八工程局有限公司东北分公司；977573806@139.com）

摘　要：社区生活圈公服设施供需匹配研究已成为近年研究热点。以长春市老城区为例，首先基于"规划师进社区"调研获取的人口、设施、交通数据，构建"人群需求度—设施可用性—设施可达性"3 个系统的评价体系，其次运用耦合协调发展评价方法解析 3 个系统的作用关系，最后识别供需匹配关系。研究结果发现，45%的社区生活圈具有较高的设施需求度，但设施可用性整体偏低，72%的社区生活圈达到初级协调及以上，但需大于供型社区生活圈占 88%。综上，长春市城区社区生活圈公服设施资源配置不均，应优化供需关系。

关键词：社区生活圈；耦合协调发展评价；供需匹配

1　引言

随着城镇化进入下半场，存量更新和城市中心城区精细化治理成为未来发展的重点，社区生活圈作为居住功能的最小单元，也是现代化治理的基层环节。具有公益性的社区级公服设施提供了人民需求的基本服务，其供需匹配问题日益受到关注[1]。早期研究多聚焦于设施的分布和可达性，而近年来，研究方向逐渐转向设施与居民需求之间的动态互动关系，部分学者采用耦合协调发展指数测度社区级基本公服设施的供需均衡性[2]，为精细化治理对策提供依据。

2　研究方法及数据来源

2.1　研究范围

长春市控制性详细规划单元类型划分为城镇单元、城乡单元、乡村单元、特殊单元，以城镇单元覆盖的社区作为研究区域划定的基本原则，选取中心城区三环路内经济活跃度高、居住用地集中分布的老城区为研究范围（见图 1），研究区域面积 154.73 km²，常住人口约 229 万人，共包含 283 个社区，最大的社区 0.342 km²，最小的社区 0.079 km²。

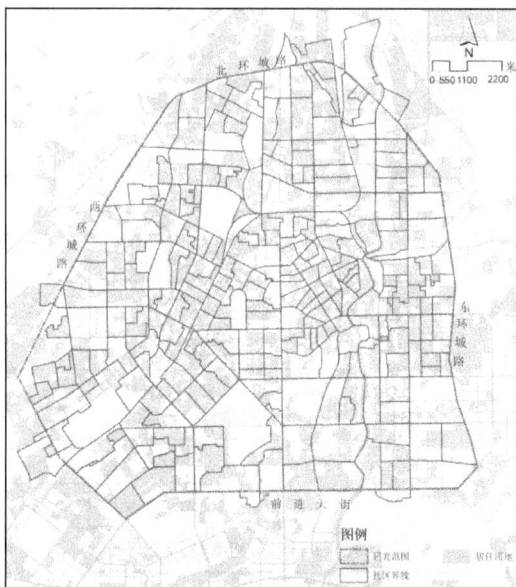

图 1　研究范围及居住用地分布图

2.2　数据来源

人口和公服设施数据来源于"规划师进

社区"现场调研及社区反馈，其中人口数据包含常住人口数、年龄结构、性别结构，设施数据包含医疗、教育、养老、体育、公园等设施数量、面积和质量数据。整合度为基于 2024 年现状路网绘制的线段模型计算求得，公交站及轨道交通站点来源于高德地图，停车场地为现状调研获取。

2.3 评价指标及权重

根据国内已有的研究成果及相关规范[3-4]，总结归纳影响社区生活圈公服设施的可用性与需求水平耦合协调程度的影响因子，共确定一级指标 3 个、二级指标 7 个、三级指标 15 个，综上，初步构建社区生活圈供需匹配影响因子指标体系，并运用熵值法确权，对最终的影响指标进行权重计算（见表 1）。

表 1 评价指标权重表

一级	二级	权重	三级	权重
人群需求度	人口数量	0.44	常住人口	0.19
			人口密度	0.25
	人口特征	0.56	老幼人口	0.24
			劳动力人口	0.17
			男女比例	0.15
设施可用性	基本公共服务设施	0.63	幼儿园密度	0.17
			中小学密度	0.13
			卫生站密度	0.16
			老年人日间照料中心密度	0.17
	绿地运动场地	0.37	公园密度	0.18
			运动场地密度	0.19
设施可达性	空间网络	0.23	空间可达性（整合度 1 000 m）	0.23
	交通设施	0.51	公交站点密度	0.18
			轨交站点密度	0.33
	静态交通	0.26	停车场站点密度	0.26

2.4 研究方法

耦合协调评价方法理论主要研究不同系统或要素间的相互作用与依赖程度。通过

构建耦合度模型，可以定量分析系统间的相互影响[5]。耦合协调评价方法由系统耦合协调指数（C）和发展指数（D）共同构成，耦合协调度指数（CD）用于表明"可用性—需求度—可达性"系统间的互相作用和协调发展程度，为 0~1 之间的数值，以 0.1 为梯度，划分为 10 个协调等级，为极度失调（1 级）至优质协调（10 级）。

3 结果与分析

3.1 需求度-可用性-可达性特征

计算得到的人群需求度标准化数值为 0~1 之间的小数数值，按自然间断分类为 6 个等级，其中需求度最高的社区数量为 19 个，主要沿轨道交通 1、2、3 号线两侧分布，周边聚集大量居住小区，人口密度较大。需求度最小的社区数量为 35 个，主要为西环城路—北环城路—东环城路沿线以工业企业为主的社区，常住人口较少，同时市中心内南湖公园、文化广场、红旗街商圈等以公园绿地、商业为主的社区，需求度同样较低。整体上 45%的社区具有较高的需求度，主要分布在长春火车站以南区域。

设施可用性整体偏低，其中可用性最高的社区数量为 8 个，分散分布于轨道交通 2 号线南北两侧，可用性最低的社区数量为 36 个，主要为面积较大的社区生活圈，面积相对偏小的生活圈，公共服务设施布局也较为紧凑，设施可用性也相对较高，空间上，设施可用性与需求度的分布有较大差异，轨道交通 2 号线以南区域需求较高的社区但设施可用性较低，公服设施的空间布局错位导致居民需求无法满足，又造成资源浪费。

长春市老城区路网以小街区密路网为主，人民广场周边区域，以"方格网+放射"为主，由二环快速路向外地块划分逐渐变大，道路以交通性道路为主，路网密度降低。设施可达性较高的社区数量为 35 个，集中在人民广场周边和轨道交通 3 号线沿线，设

施可达性最低的社区数量为 49 个，主要沿西、东环城路等交通性干道两侧分布的社区，整体上与设施可用性分布有较多重叠（见图 2）。

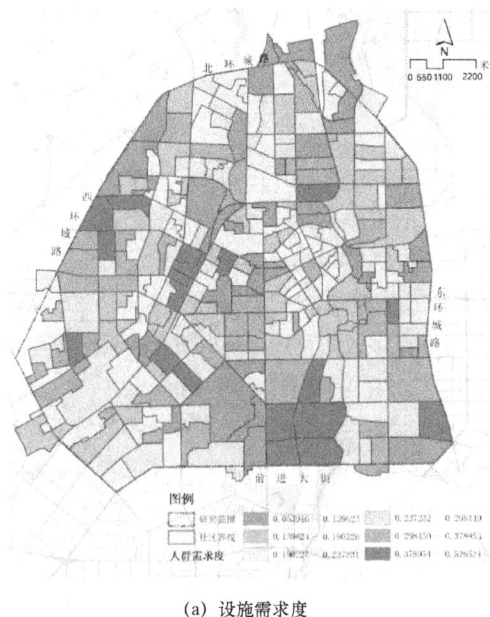

(a) 设施需求度

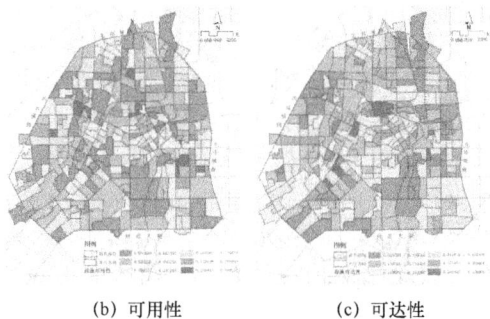

(b) 可用性 　　(c) 可达性

图 2　老城区路网

3.2　社区生活圈耦合协调程度

根据人群需求度、设施可用性和设施可达性计算得到每个社区的耦合协调发展指数（CD），达到初级协调及以上的社区数量为 203 个，约占总体的 72%，以大型医院、商业、工业、大学校园和公园绿地为主的社区，地块分割较大，耦合协调度较低（见图 3）。研究范围内的社区生活圈中，3 级中度失调的生活圈有 1 个，4 级轻度失调的生活

圈有 19 个，5 级濒临失调的生活圈有 15 个，6 级勉强协调的生活圈有 45 个，7 级初级协调的生活圈有 98 个，8 级中级协调的生活圈有 83 个，9 级良好协调的生活圈有 22 个（见表 2）。

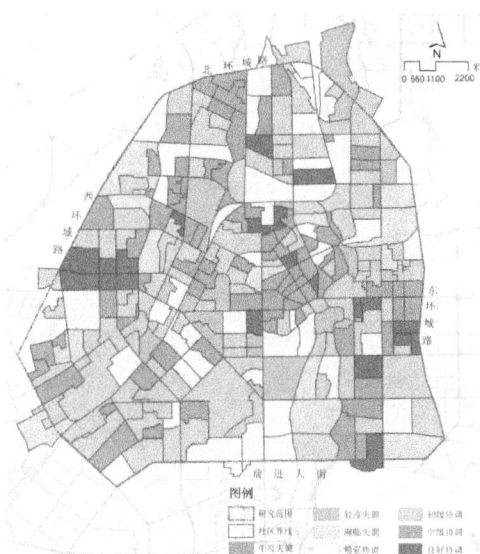

图 3　耦合协调指数评价分布图

表 2　社区耦合协调程度统计表（部分）

社区	可用性	可达性	需求度	协调等级	耦合协调程度
凯旋路社区	0.001	0.162	0.054	3	中度失调
南泉社区	0.019	0.024	0.157	4	轻度失调
光明社区	0.045	0.353	0.076	5	濒临失调
北安社区	0.064	0.175	0.083	6	勉强协调
新华社区	0.061	0.191	0.233	7	初级协调
抚松社区	0.076	0.292	0.201	8	中级协调
惠民社区	0.152	0.273	0.325	9	良好协调

3.3　社区生活圈供需关系识别

利用人群需求度（Y）与设施可用性（X）得分之间差值关系，将供需关系划分为 3 种：供大于需（$X > Y$）、需大于供（$Y > X$）、供需平衡（Y 与 X 的差值在 6% 之内）。将社区生活圈耦合协调程度重分类，将协调等级 1~5 的归纳为失调型社区，6~10 的为协调型社区。

整体以需大于供型社区生活圈为主，约占总体的 88%，供需平衡型仅有 18 个，占比 6.36%，供大于需型 16 个，占比 5.65%（见图 4）。

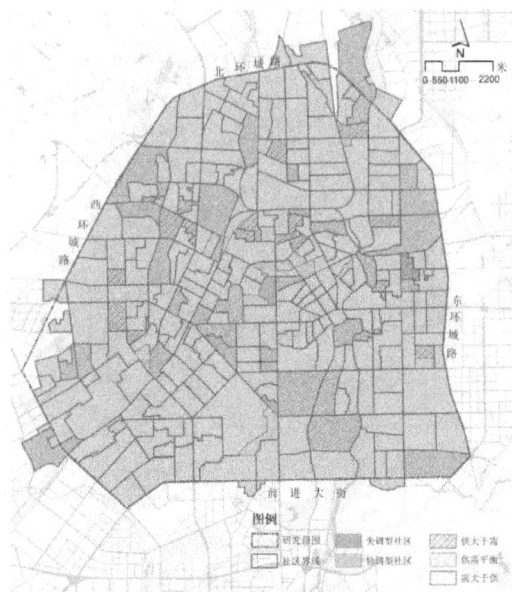

图 4　供需匹配关系分布图

供大于需型社区生活圈主要位于轨道交通 2 号线北侧，生活圈面积较小，需求度低但公共服务设施布局紧凑可用性较高，多为协调型。需大于供型社区生活圈常住人口数普遍较高，且面积较大的生活圈占比高，虽大部分具有较好的协调程度，但仍存在需求缺口和濒临失调潜在风险。

4　结论与展望

本文以社区生活圈为基本单元，基于调研数据，构建覆盖长春市老城区的"需求度-可用性-可达性"评价体系，并进行耦合协调评价，划定社区协调类型，并将供需匹配划分为 3 种类型，为长春市及同类型城市社区生活圈公共服务设施精准配置与品质提升提供参考。研究受限于数据采集难度较大，未来考虑拓宽数据来源，结合未来乡村振兴发展趋势[6]，进行覆盖城乡的生活圈公共服务供需匹配研究。

参考文献

[1] 李亚洲，张佶，毕瑜菲，等."人口—设施"精准匹配下的公共服务设施配置策略[J]. 规划师，2022，38（6）：64-69.

[2] 詹庆明，李淼，陈萧羽，等. 基于公服设施供需耦合协调的村庄分类研究[J]. 测绘地理信息，2024，49（5）：104-110.

[3] 康江，杨昊彧，田康. 社区生活圈视角下城市基本公服设施空间配置研究：以贵阳市中心城区为例[J]. 国土资源导刊，2024，21（2）：125-134.

[4] 周波，廖元培，周玥姮，等. 老城区社区生活圈测度及公共服务设施优化研究：以宜宾市为例[J]. 西部人居环境刊，2024，39（2）：112-118.

[5] 于洋，杨仙，李想，等. 城市公园绿地生态系统文化服务供需匹配评价与耦合协调[J/OL]. 风景园林，2025，32（3）90-99.

[6] 蔡靓，胡一诺，王立颖. 上海乡村公共服务设施供给特征、问题分析与对策建议[J]. 上海城市规划，2024（5）：63-71.

图片来源

图 1～图 4 均为作者自绘。

城市消费空间分布的性别差异研究

——以北京太平桥地区为例

陈珺瑶（北京交通大学；24126432@bjtu.edu.cn）

盛强*（北京交通大学；66334133@qq.com）

摘 要：城市空间的性别失衡对城市发展造成了挑战，然而由于微观数据和本地化研究的不足，空间规划长期以来忽视了城市的性别需求。本文聚焦个体性别差异对城市空间使用的影响，以北京市丰台区太平桥地区为研究对象，选择烟酒类和美业类业态映射男女性人群的消费行为，借助空间句法模型对业态的分布特点进行分析，并通过数据分析对分布差异的原因进行探讨。研究结果揭示了两种类型消费空间之间的明显差异：分布上烟酒类业态分布呈"针灸混合"式，美业类呈现为"群聚专类"式；供需上男性低消费人群的烟酒需求能得到基本满足，而女性低消费人群基本没有美业类消费。性别的特定空间行为进一步解释了这些差异：女性优先考虑安全性和开放性，喜欢高能见度的空间；而男性优先考虑可达性，较少考虑环境的优劣。回归分析表明，美容服务的分布与社区富裕程度密切相关，而烟酒店依赖街道的可达性指标。本文将微观消费模式与性别空间的不平等联系起来，为女性主义城市理论作出了贡献。它提倡促进性别平等的城市设计——优先考虑女性常去地区的安全，并为边缘化群体提供平等的机会。

关键词：空间句法；性别差异；空间平等；行为地理学

基金号：北京市社科基金（22GLB027）；北京旧城商业聚散机制研究

1 引言

城市空间本质上是性别化的[1]。传统的父权意识形态长期以来一直影响城市规划，将性别偏见嵌入建筑环境中。城市的性别失衡体现在空间隔离、公共资源获取的不平等及对女性的限制中。例如，工作和家庭分离的持续挑战、安全问题导致的流动性有限及公共空间中的"男性凝视"限制了女性的自主权和对城市生活的参与，最终阻碍了社会公平和城市发展[3]。

20世纪70年代兴起的女权主义地理学批判性地研究了这些问题，从早期的性别隔离研究转向对城市环境如何重现性别权力结构的细致分析。西方学术广泛探索了空间安全、健康公平及性别与种族和阶级的交叉性等主题。相比之下，中国女权主义地理学仍处于萌芽阶段，尽管社会文化背景不同，但在很大程度上依赖于西方理论框架。尽管中国的性别不平等可能看起来不那么明显，但城市空间仍然反映了系统性偏见——表现在女性流动性受限、获得高质量公共服务的机会有限及商业化、高成本地区以女性为导向的便利设施集中[2]。

现有的研究方法，包括调查、认知映射和空间句法模型，揭示了性别空间偏好：女性优先考虑安全、开放和社交互动，通常偏爱购物中心等聚集、光线充足的区域，而男性则表现出更广泛的空间灵活性，将便利性置于环境属性之上。然而，关于本地化性别特定行为的微观尺度经验数据仍然稀少，特别是在非西方背景下。这一差距凸显了微观尺度的、基于地点的研究为包容性城市设计提供信息的必要性。

本文将通过关注性别化的商业类型（男性主导的烟酒零售和女性主导的美业服务）来填补这些空白，利用空间句法和数据统计分析来解码城市消费空间的性别差异及其影响因素。研究结果旨在推进对性别敏感的规划范式，确保城市发展成为所有人的公平、包容的空间。

2 案例街区选取与对象选择

本文选取北京市丰台区北京西站以南的太平桥地区作为案例区域。基于《中国吸烟危害健康报告 2020》《中国成年人饮酒习惯及影响因素》和美团平台数据，烟酒类业态和美业类业态对男女性消费行为有较强解释力和代表性。通过分析烟酒类和美业类业态的空间分布，能够有效展现城市中男女性消费者在行为模式和空间倾向方面的差异（见图 1 与图 2）。

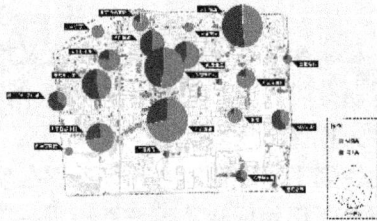

图 1 案例街区业态分布示意图

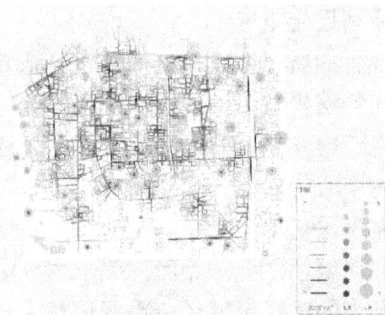

图 2 自变量分布示意图

在研究过程中，对地块内涉及烟酒类和美业类的共计 209 个店铺进行统计分类，将其划分为 3 个等级形式：低等级（非正规形式）、中等级（与其他功能混合消费的混合形式）以及高等级（单一类型消费的专卖形式）。

3 两种消费模式的数据空间分析

图 3 为覆盖率和供需比分布图。

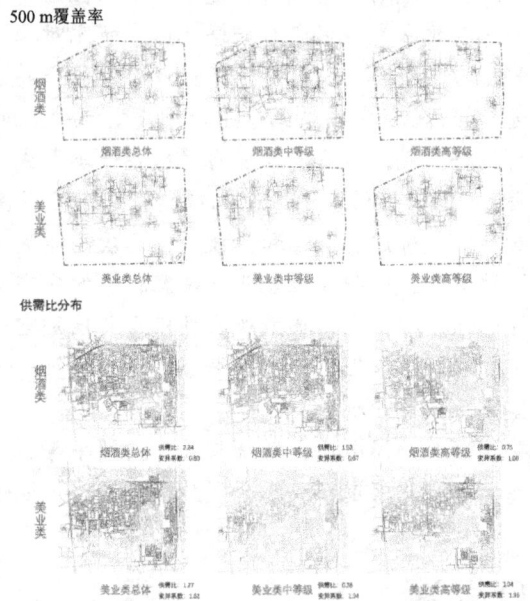

图 3 覆盖率和供需比分布图

3.1 覆盖率分析

通过 500 m 距离衰减分析业态覆盖特征发现：正式住区覆盖率普遍高于城中村，其中烟酒类在覆盖广度与均匀性上均优于美业类，且受学校、城中村等区域干扰较小。横向对比显示，烟酒中等业态覆盖更广且均匀，美业则呈现高等级覆盖优势。

这表明：男性业态分布普遍性与城市功能兼容性强，较少与行政、教育等区域冲突；女性业态则以"群聚"模式集中于消费区，回避混合功能区。此外，男性跨阶层消费需求可通过多等级业态满足，而女性低中等业态的缺失导致底层群体消费需求被系统性忽视。

3.2　供需比和变异系数

研究使用供求比来量化商业服务的平衡，并使用变异系数（CV）来评估分布均匀性，其中较低的 CV 值表明空间分布更均匀。比较分析揭示了明显的性别差异：面向男性的烟酒业态的供需比是面向女性的美业业态的两倍，同时空间均匀性也更好。横向比较进一步突出了对比模式：中等级烟酒商店比高等级表现出更高的供需比和更均匀的分布，而高等级美业服务的供需比超过中等级，但在空间上仍然集中。

实地观察将这些发现联系在一起：尽管产品多样性有限，但通常与便利店和超市结合在一起的烟酒专卖店实现了广泛的可达性。相比之下，美容服务主要集中在商业综合体中作为专卖店存在，供需比和分布均匀性较低。这些模式符合女性主义空间理论——女性优先考虑安全，通过偏爱可控的高质量环境来避免"男性凝视"，而男性优先考虑消费的便利性。

3.3　可达性依赖情况

可达性依赖指相关业态所处位置的标准化选择度或标准化整合度占整个地块参数的百分比。可达性依赖程度越高，说明业态在更大程度上对于道路的可达性更敏感、一般会位于可达性高的位置。研究计算了烟酒和美业总体及各等级的可达性依赖值（见图4）。

图 4　可达性数据表

烟酒类和美业类在小尺度范围和大尺度范围的可达性依赖程度从中等级到高等级的变化都呈现出相反的趋势：男性高等业态比中等业态对可达性依赖强，而女性中等业态对可达性依赖较高等而言更强。通常来

说，高等级的专卖形式消费水平高于中等级的混合形式，那么可以推断出男女性对于高层次消费空间的不同需求：男性更追求交通的便利可达，而女性更追求消费场所的私密性。

4　数据统计分析

4.1　句法参数对业态供需比的决定性

研究通过比较句法参数对男女消费业态分布的影响，探讨其与城市交通的关联。

实证分析表明：在整体层面，句法参数对女性相关业态供需比的决定性更强（NACH R1 500/2 000/3 000、NAIN R1 000）。相比之下，句法参数对男性业态供需比的决定性较弱，但在小尺度范围内决定系数较高。这表明女性相关业态多分布于道路通畅、机动车易穿过的高可达性区域；男性相关业态与道路可达性关联较低，多在步行可达性高的地方，包括背街小巷和开放大街（见图5）。

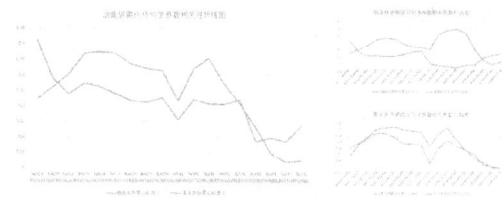

图 5　功能供需比与句法参数关系图

进一步分析显示，高端业态普遍对句法参数更敏感，且性别偏好业态呈现差异化响应特征——男性业态在 NAIN RO 1 000～2 000 尺度相关性显著，女性则在 NACH RO1 500～3 000 及 NAIN RO 1 000 尺度更为敏感。

由此可知，句法参数对女性整体业态决定性更高，男性高等业态受句法参数影响最强。这意味着男性业态分布广泛、不限定在主干道或背街小巷上，高等业态位于可达性更高的街道；女性业态普遍在高可达性的开

放街道，但高等业态会避开人流过多区域。这进一步反映出男性更追求便利性，女性更追求安全性。

4.2 多元回归分析

对测点 500 m 范围内的各类业态进行数量加总，将业态数量与句法参数、自变量进行回归分析。在筛选的模型中剔除不符合要求的因素后可以得出，烟酒类业态数量与 2 000 m、5 000 m 标准化整合度及房价有关；美业类业态数量与房价和租金有关。这说明：业态商铺的数量受到其所处区域人群的阶层的影响，尤其是针对于女性业态而言，周边房价和租金越高，女性消费的店铺数量就越多，表明城市中女性消费更受到人群阶级的限制；而男性消费业态的数量除了受房价影响外，还在很大程度上取决于其所处位置的道路便利性（见表 1 与表 2）。

表 1 烟酒类业态数量模型

决定系数	自变量名称	非标准化系数	标准化系数	显著性
Adj.R²		Coef.（B）	Beta	Sig.
0.494	MAINR2000	27.051	0.779	0.000
	NAINR5000	−20.680	−0.604	0.002
	房价	1.196	0.282	0.037

表 2 美业类业态数量模型

决定系数	自变量名称	非标准化系数	标准化系数	显著性
Adj.R²		Coef.（B）	Beta	Sig.
0.230	房价	1.569	0.372	0.019
	租金	16.386	0.311	0.047

在对供需比进行的回归分析中，模型排除了其他因素，而仅仅保留业态与公交站点距离，其中与女性消费行为相关的美业类业态受公交站距离影响更大。这可能与公交站点的高人流量所引起的店铺扎堆现象有关，但同时也能证明女性更倾向于通过公共交通进行消费，且公交站点的强开放性和安全性吸引了女性前往。

5 结果与讨论

本文基于空间句法模型，结合大数据与实地调研，系统解析了城市空间的性别差异。结果表明：男性主导的烟酒类业态呈现"针灸混合"分布模式，广泛渗透于街巷与主街；女性主导的美业类则呈"群聚专类"特征，集中于高可达性开放区域。供需层面，男性低端业态基本覆盖基础需求，而女性同类服务近乎空白。

深度分析揭示，性别化空间分布映射行为偏好差异：男性偏好便利导向的高可达性区域，而女性侧重安全舒适的高端消费空间。城市规划对男性需求侧重功能普惠，却使女性高端业态成为安全壁垒——其消费门槛将底层女性群体排除在外，凸显了城市资源配置的阶层分化矛盾。

参考文献

[1] SOUZA A C S，BITTENCOURT L，TACO P W G. Women's perspective in pedestrian mobility planning: the case of Brasília[J]. Transportation research procedia，2018，33：131-138.

[2] 柴彦威，翁桂兰，刘志林. 中国城市女性居民行为空间研究的女性主义视角[J]. 人文地理，2003（4）：1-4.

[3] 雷安妮. 女性主义地理学视角下的城市空间规划反思及启示[J]. 规划师，2022，38（11）：50-57.

图片来源

图1~图5均为作者自绘。

北京柳荫公园人群活动空间聚集
与流量分布效应研究

钟汶倩（北京交通大学；24126463@bjtu.edu.cn）
万博*（北京交通大学；wanbo@bjtu.edu.cn）

摘　要： 综合性城市公园是建成环境中重要的绿色开放空间，是城市居民日常活动的核心场所。理解公园内的建成环境要素、空间组构与公园活动人群的空间聚集、流动之间的相互作用，探讨公园内动态、静态人群活动的自组织性，对于优化公园布局、促进空间协同发展、提升城市居民的幸福感与健康指数具有重要意义。本文以柳荫公园为研究对象，建立空间组构模型，基于人流轨迹数据（VGI）和位置服务（LBS）数据信息，揭示活动人群的动态轨迹、空间聚集与空间组构之间的拟合关系，探讨了公园中的活力空间与建成环境属性的相关性。研究结果表明，公园内动态人群活动主要集中在外圈环路，偏好选择远离地标、流量较低的区域，而静态人群则倾向于聚集在特定活动场地附近。动态人群的轨迹表现出强烈的空间渗透性，且对交通的依赖性较高，倾向于选择便捷的路径。静态人群的聚集更受功能性设施的影响，受交通因素的影响较少。本文探讨了公园空间活力与人群活动模式互动之间的关联，研究结果为城市公园的规划设计和活力空间优化提供了重要参考。

关键词： 空间聚集；流量分布；空间句法；动态轨迹；自组织活动

1　引言

城市公园作为城市生态系统的关键载体，兼具社会、环境、经济与健康等多维效益，并通过其空间组织特征，深刻影响公众的社交模式、运动行为及自发性活动[1-2]。

现有研究多聚焦社区尺度或设施配置，对公园内部空间组构、建成环境与人群活动的关联机制探讨不足。本研究构建"空间特征–行为模式"双维框架，量化分析动态轨迹与静态聚集数据，结合空间句法与建成环境变量，揭示人群活动与空间特征的互馈机制。研究旨在为高活力公园设计提供数据驱动的规划策略，推动城市公共空间品质提升[3]。

2　文献综述

城市公园作为人类与自然互动的重要场所，研究多聚焦于其空间效能[4]，尤其在社区社会生态、功能分区与活动单元等维度。研究表明，活动设施（如步道、开放空间、操场）较服务设施（如洗手间、长凳）具有更强的人群聚集效应，其中步道与跑步、健身等体育活动的空间耦合度最高。同时步行活动可分为功利性步行（目的导向）和休闲步行（健康导向），深化了对公园使用行为的理解。

在方法论层面，研究已从传统小数据抽样（如问卷、闸门计数法、手持 GPS）转向多源时空大数据（VGI 轨迹、手机信令），有效推动空间行为分析在更大尺度和更精细粒度下实现。

在理论建构方面，既有研究虽证实功能设施与活动强度的梯度关联，研究表明活动设施（如足球场、球场）能够有效鼓励游客参与体育活动[5-7]，且运动场地与高强度活动相关，而开放空间和野餐区则与长时间静态活动相关。但普遍缺乏对空间行为异质性和联系性的量化解析，特别是自组织流量分布与空间组构的互动机制尚未建立。

基于此，本文拟构建城市公园公共活动空间与绿地空间的量化模型，探讨空间构成与活动人群分布规律，通过多源数据融合与空间句法建模，解译公园流动特征、功能布局与人群活动的互馈规律，建构"空间构成－行为响应"量化模型，为精细化空间治理提供数据驱动范式。

3 研究方法与数据

3.1 研究地点

本文选取北京市东城区柳荫公园为典型案例（见图 1），该公园占地 17.47 hm^2，设施完备、路径系统清晰，兼具空间组构典型性与功能复合性，满足解析人群活动空间分异规律，精细化空间行为分析的需求。

图 1　研究案例公园选址

3.2 研究框架

本文探讨人群活动的空间异质性与联系性，基于活动目的性，研究人群的流动轨迹和空间聚集，探讨公园活力与建成环境和空间组构的关系。

4 数据集

4.1 结果预测变量

本文采用多源时空数据融合分析方法，

基于"两步路"App 采集 VGI 轨迹数据与 LBS 定位数据，通过公园名称检索获取 164 条 KML 轨迹文件，经有效性筛选（剔除园内活动时长不足、轨迹过短及定位漂移 3 类低质量数据）后保留 142 条有效样本（见图 2）。

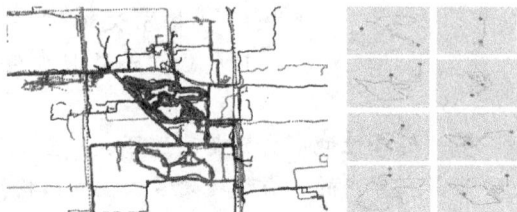

图 2　VGI 轨迹数据处理

空间使用特征研究采用快照法，在 4 个高频时段（9:00—10:00、11:00—12:00、14:00—15:00、16:00—17:00）记录 607 个样本的行为特征，其中长时驻留者 450 人，短时驻留者 157 人。观测要素包括：健身设施使用强度；功能区人流量态分布；基于驻留时长的行为模式分类。运用空间拓扑分析，解析绿地系统、广场空间与运动功能区等人口集聚区的分布特征（见图 3），并结合设施配置与活动热区分析，揭示空间布局与人群聚集的互动关系。

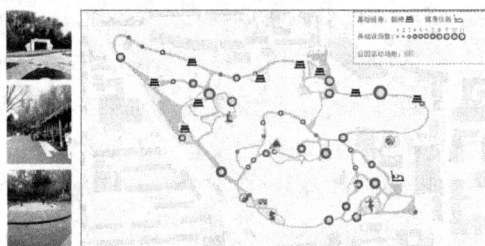

图 3　公园活动区与设施示意图

4.2 预测变量

本文基于空间句法理论，通过 Depthmap 构建公园路径线段拓扑模型，建立整合度、选择度及角度衰减参数等空间组构量化体系，系统表征路径网络的空间组织特征。

在建成环境指标体系的构建中，采用激光测距仪和猫眼象限等技术，对公园景观空间要素进行多维度测量。量化指标包括：场地几何参数（面积、道路宽度）、视觉生态指标（绿视率、天空可视度）、功能设施密度（休憩设施数量、分布间距），解析各要素间的相关性特征。

5 研究结果与分析

5.1 描述性统计

公园动态人群的空间行为呈现显著的层级扩散特征（见图4）。其移动轨迹以环状辐射模式为主导，表现为沿外环路径向内部渗透的级联扩散过程，最终形成全域覆盖的空间使用格局。这种扩散机制遵循"主环渗透—次级循环构建—全域覆盖"的三阶段演进，印证了动态人群对连续性运动空间的刚性需求。

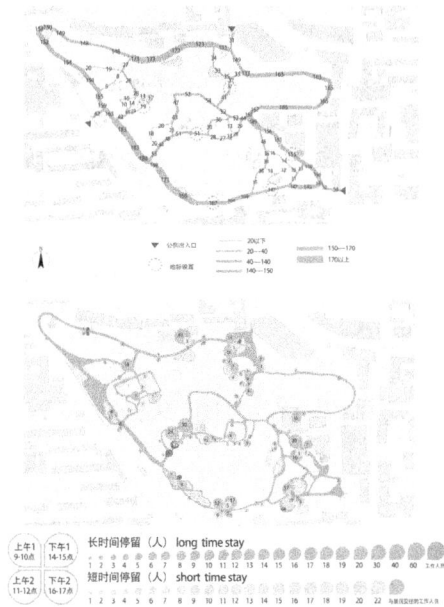

图4 公园动态与静态人群行为分布示意图

相较而言，静态人群的空间分布则呈多核集聚特征。其活动节点与绿地系统、广场空间及运动功能区的空间耦合度显著，形成以服务设施为锚点的离散型分布模式。这种空间选择偏好与静态活动的功能导向性显著相关，体现了使用者对特定设施节点的依赖。

5.2 相关性分析

本文通过分析不同人群活动空间的空间组构属性与建成环境特征之间的共线性关系，得出以下研究发现。

动态人群与静态人群的活动空间呈现较低相关性，表明公园的空间聚集与流动模式之间存在显著的空间异质性。

在建成环境方面，二者均与场地面积和道路宽度呈正相关。动态人群的轨迹分布受道宽影响显著；而静态人群的聚集与路宽的相关性较低，其聚集地点多集中于活动场地。

在空间组构方面，动态人群的轨迹与地标的距离衰减呈显著负相关，表明该群体倾向于选择远离地标、流量较低的区域活动，这一趋势体现了动态人群对静态人群的空间排斥效应。而地标对静态人群的短时间聚集表现出一定的吸引力，形成集聚偏好。此外，动态人群的轨迹与入口角度衰减呈负相关，表明该群体倾向于选择较小角度的路径形成环状运动路线，显示出较强的空间渗透性。而静态人群通常具有明确的目的性和聚集需求，受角度变化影响小。另外，研究发现动态人群的轨迹对交通可达性具有较强依赖性，倾向于选择便捷路径以提升运动效率；而静态人群的聚集模式对交通因素的依赖性较弱，主要集中于具有特定功能和设施的场所。这一系列发现为理解不同人群在公共空间中的行为模式提供了新的见解，对城市公园的规划设计和空间优化具有重要的实践指导意义。

5.3 多元回归分析

本文运用多元回归模型（见表1），解析人群动态分布与静态聚集同空间组构参数、建成环境要素的关联机制。动态轨迹模型的回归分析显示：$r^2=0.592$ 表明模型解释力较强，该结果揭示动态人群行为具有显著的空间路径依赖性，其移动模式更倾向于选择可达性优越、空间连续性强的运动路径，反映出对交通便捷性的拓扑偏好。

而静态人群的空间聚集分析得到 r^2 为

0.491，结果表明，空间的聚集模式与场地的面积，地标的距离衰减紧密相关，表明使用者对特定设施节点的强依赖性。

表1 两个多元回归模型分析

动态轨迹模型			
决定系数	自变量名称	非标准化系数	标准化系数	显著性
Adj.R²		Coef.（B）	Beta	Sig.
0.592	NAIN0500	1.134	0.274	0.033
	入口 MetricStepDepth	0.003	0.481	0.000
	入口 AngularStepDepth	−0.225	−0.572	0.000
	标准化场地面积	0.193	0.186	0.008

空间聚集分布模型			
决定系数	自变量名称	非标准化系数	标准化系数	显著性
Adj.R²		Coef.（B）	Beta	Sig.
0.491	标准化场地面积	1.182	0.633	0
	地标 MetricStepDepth	−0.004	−0.394	0.001

6 讨论

本文整合空间数据源（VGI），通过时空轨迹数据构建人流量自动采集模型，进行了基于活动主体行为特征的分类研究，通过"动态—静态人群"的时空异质性分析，结合公园中的建成环境要素，建立了从空间组构角度解析公园人群行为活动空间分布特征的研究框架，通过多元回归模型揭示公园空间特征要素与人流分布的解释模型，建立了"空间组构—行为模式—设施配置"的递进研究体系。

本文在数据维度仍存在双重优化方向：首先，样本体系受研究范式限制，虽通过VGI与建成环境要素整合拓展了数据规模，但单案例（柳荫公园）研究仍具局限性，时序数据完整性受季节性波动制约，需建立跨地域、多类型的公园对比研究框架；其次，数据精度受制于VGI定位误差引发的空间句法校准偏差，未来应融合激光点云、街景图像等多源数据，结合计算机视觉技术提升活动轨迹采集精度，并构建数据—算法协同优化的闭环验证框架。

7 结论

本文通过VGA轨迹追踪获取动态人群移动路径数据，并结合定点观测记录静态人群聚集分布图，揭示公园活力（动态流动性与静态聚集性）与建成环境要素及空间构造参数之间的耦合关系，探讨公园空间活力的关联机制。研究深入探讨公园内部的交通流动、功能布局和空间设施分布特征，为精准化的空间治理策略和数据驱动的城市设计手段提供实证支持，为未来公园规划和设计提供指南。

参考文献

[1] 盛强，等. 基于多源数据空间分析的城市体检方法与更新策略：以北京市海淀街道为例[J]. 建筑师，2024（2）：13–21.

[2] 杨滔，林旭辉，刘歆婷，等. 空间句法的流形理论探讨[J]. 城市环境设计，2023（4）：337–340.

[3] 段进. 增强空间设计思维推进城乡高品质发展[N]. 中国自然资源报，2024–10–17（003）.

[4] 王浩锋，吴昆，金珊，等. 一种改进的空间句法视域关系分析方法[J]. 新建筑，2022（4）：78–82.

[5] 盛强，庞天宇，尹雪静. 社区绿地空间使用效率综合影响因素研究[J]. 风景园林，2021，28（6）：82–87.

[6] 盛强，胡彦学，宋阳. 空间形态与绿化因素对夏季胡同居民社会聚集的影响[J]. 风景园林，2019，26（6）：23–28.

[7] 盛强，周晨. 解码白塔寺社区生活服务商业分布的空间DNA[J]. 世界建筑，2019（7）：20–27.

图片来源

文中图、表均为作者自绘。

中关村高密度街区公共活动空间人群使用差异研究

马冠宇（北京交通大学建筑与艺术学院；464326376@qq.com）

盛强*（北京交通大学建筑与艺术学院；66334133@qq.com）

摘　要：公共活动空间的建成环境品质被视为衡量空间舒适感的重要因素，城市高密度街区的高建筑覆盖率、高人口密度及交通条件等因素都会对公共活动空间活力产生一定影响，而良好的公共活动空间品质又是可持续城市设计的重要组成部分。研究选取北京市中关村东西两区为对象，综合实地调研与网络开放数据，选取绿地、人口、街道等基础要素，应用空间句法模型分析不同人群使用公共场地的行为差异，未来在于提升周边人群的生活质量。研究结果表明：使用公共活动空间的年轻人会前往可达性较高的地方休息，并不在意场地本身的属性；相反，老年人们更注重公共活动空间本身的品质，行动具有不确定性。本研究结果为高密度街区的可持续发展和低效空间再利用提供理论依据。

关键词：高密度街区；公共活动空间；白领群体；老年群体；空间句法

基金号：北京市社科基金（22GLB027）；北京旧城商业聚散机制研究

1　研究背景

我国的城市建设日新月异，经济越发达的区域高楼大厦越密集，然而，城市高密度街区的高建筑覆盖率、高人口密度，以及交通条件等因素都会对周边公共活动空间活力产生一定影响，降低周边人群的空间舒适感，导致生活体验下降。

从现有文献的研究内容来看，国内外对公共空间使用行为的研究大都关注街道本身要素产生的影响。刘常富等[1]得出空间可达性是一项具有评价社区绿化空间品质和空间分布公平性的功能指标；张灵珠等[2]从人本视角出发对休憩空间可达性进行评价，从不同社会群体的角度，认为社会可供低收入人群和老年人群有着不同的活动倾向；Neuvonen等[3]通过实地调研收集367个居民出行行为样本，发现社区绿地的使用效率受到区位选择和布局可达性的影响。

上述研究表明人群行为是影响公共活动空间活力的重要因素之一，在城市高密度街区内，笔者发现公共活动空间对街区的贡献存在着错配问题，午后时间段一些场地中白领人群使用时间短且较为拥挤，其余时间公共空间多为老年人群使用，但人群满意度不高。因此，本文从人类行为的视角出发，探究不同人群的使用差异，提升周边人群的生活质量，以求解决高密度街区公共活动空间使用效率的问题，为低效空间再利用提供理论依据。

2　研究方法

2.1　研究区域概况

本文的研究范围为西四环中关村东西两区，中关村是北京市内高密度街区的代表之一。片区共有社区30个，商务楼宇32座，科研院所23家，中小学11所，其拥有建成完备的居住区、商务区和科研院区，混合的功能组团是研究开展的基础。

2.2　调研方法与数据筛选

本文采取现场行为注记法来收集户外人群聚集数据，选取2024年秋季一天中的4

个时间段对地块进行循环调研。在数据筛选时，排除如环卫工人、外卖骑手等城市流动因素的必要性聚集；同时也考虑将 10 岁以下儿童归为老年群体。因此将公共活动空间中的人群分为了两类：白领群体以年轻人为主体，包括公司高管、职员；老年群体以老年人为主体，同时包括儿童、退休人员。经实地调研，研究范围内共 42 个公共活动空间，总计 1 420 人次的社会聚集的空间分布数据（见图 1）。

图 1　研究范围及场地现状

同时，本文采取了问卷调查法来对两类人群进行了社会学行为调研（见图 2）。问卷内容涵盖居住/工作距离、知晓情况、活动时间等与日常生活紧密相关的问题，对不同场地中相同数量的两类人群发放问卷，于中关村东西两区收回白领群体 22 张，老年群体20 张，以此深入了解不同人群的空间使用习惯和需求[4]。

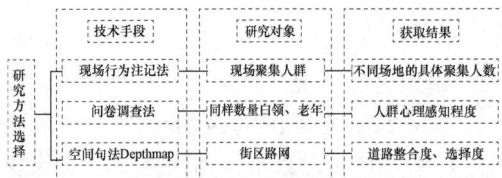

图 2　研究方法选择过程

2.3　数据的处理方法与空间形态变量选取

空间句法认为人在空间中的活动很大程度上受空间结构的影响。笔者采用的空间句法线段地图建模范围包括北京六环路以内范围的所有街道。以整合度和选择度为基础，本文选用了 1.5～15 km 共 5 个计算半径

下的 NACH 和 NAIN 这 2 种空间句法参数进行数据分析[5]。

3　研究内容——人群使用情况

3.1　不同人群使用公共活动空间的情况对比

采取现场行为注记法收集一天 4 个时间段的白领群体、老年群体在不同公共活动空间的聚集人数，并对场地基本情况进行调研，后可视化描述（见图 3）。

图 3　白领群体、老年群体聚集人数

白领群体主要聚集在西区商务区与东区的科研区，且主要聚集时间为午后，散布范围稍少，呈现出小范围聚集的特点，且这一部分区域无吸烟区、休息亭等设施，人群嘈杂反而影响了环境本身；相比于白领群体，中关村东西区都有一定比例的居住用地，使得老年群体的聚集则规律性一般，多个公园缺乏向导标识，不方便老年群体寻找。

3.2　公共活动空间使用情况与空间句法参数的回归分析

对不同人群的聚集数据进行标尺均匀

化处理后，采用不同半径的两类空间句法参数来分析，试图发现公共活动空间使用情况受空间拓扑形态影响的差异（见图4）。

动空间使用规律的解释力度（见图5）。

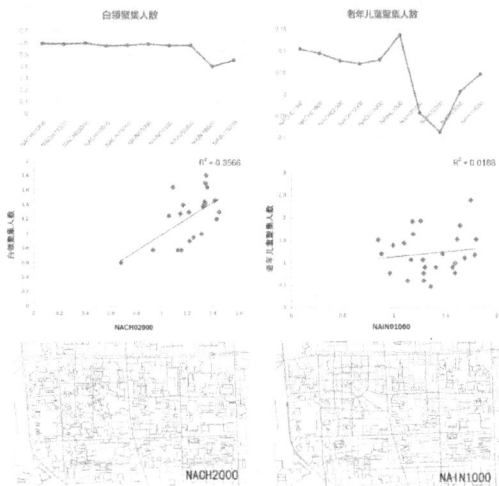

图4 场地中不同群体聚集与句法参数的相关性

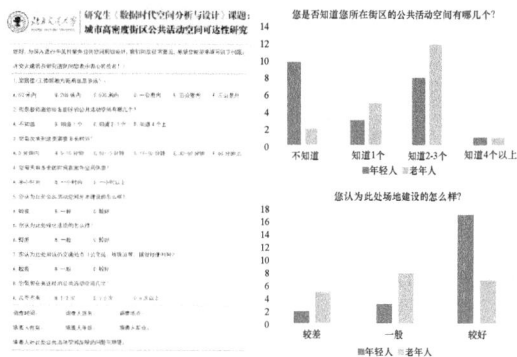

图5 期望程度、了解程度问卷情况

使用公共活动空间的白领群体人数与不同空间句法参数均有较高的相关关系，其中人数与参数 NACH 2 000 的相关系数 r^2 达到 0.356 6，说明了道路可达性越好的公共活动空间，白领群体数量越多。反映出白领群体一般会优先选择比较容易到达的地方休息。这是因为白领工作节奏快、休息时间有限，快速抵达休息场地是他们的核心理念。

与白领群体不同的是，老年人群在公共活动空间中的聚集与可达性并无明显相关关系，各半径下 NACH、NAIN 均不能解释老年群体的聚集行为，这说明老年群体的出行活动常随心而动，活动范围具有较大的不确定性。老年群体平日里休闲娱乐的时间充足，所以可达性并不是他们考虑前往与否的原因，而是会更注重公共活动空间本身的品质。

3.3 不同人群对公共活动空间的使用需求调研及思考

为了更深一步地探究不同人群使用公共活动空间的本质，设计了问卷的方式进行了社会学调研，试图增加上述提到的公共活

在笔者调研的老年群体中，仅有10%的人表示不知道周边场地情况；对于公共活动空间的期望程度，高达25%的人认为建设较差。这表明老年人对周边不同公共活动空间的了解程度相对较高，可能与他们有更多时间关注周边环境有关，且老年人群将这些空间视为日常休闲、社交的重要场所，对空间的品质和舒适性也有较高要求。

而白领群体与上述老年群体存在明显差异。白领群体中，高达45%的人对周边场地情况一无所知；且有77%的人认为建设较好，仅 9%的人认为较差。白领群体工作繁忙、活动轨迹较为单一，他们认为活动场地虽有一定绿地等基础条件，但缺少吸烟区、休息亭能够快速让人安静放松的场所。这代表白领群体对活动空间本身的属性不在意，对绿化、器材等基础需求相对较低。

3.4 从不同人群出发对公共活动空间的改进建议

基于白领群体的行为特点，在可达性较高的公园或公共活动空间中，合理布置更多符合他们需求的配套设施。例如，考虑到部分白领的吸烟需求，可设置专门的吸烟区；并设置便捷的咖啡售卖点或小型休息亭，提供舒适的休息座椅和遮阳设施，满足他们在忙碌工作间隙的放松需求[6]。

鉴于老年人群对公共活动空间品质的

高要求，在空间规划和设计时，应注重提升空间的整体品质。增加绿化面积，合理配置各类休闲设施，以满足老年人休闲、健身、社交等多方面需求。同时，可以改善场地标识系统，设置清晰、易懂的导向标识，方便老年人找到自己心仪的活动区域，增强他们在公共活动空间活动的便利性和安全性[7]。

4　研究结论

在城市高密度街区中，不同组团的建筑功能复杂，居住区、商务区和科研院区的人群都需要前往公共活动空间以满足自身的休闲需求。本研究揭示了白领和老年人群在公共活动空间使用上的显著差异，包括不同时间段群体聚集偏好、对场地的心理感知程度及活动需求等方面，以此提出了公共活动空间的改造建议。这些建议能够提高高密度街区公共活动空间的使用效率，为解决低效空间使用率低的情况做出讨论，并为空间规划和设计提供了重要依据。

参考文献

[1] 刘常富，李小马，韩东. 城市公园可达性研究：方法与关键问题[J]. 生态学报，2010，30（19）：5381−5390.

[2] 张灵珠，崔敏榆，晴安蓝. 高密度城市休憩用地（开放空间）可达性的人本视角评价：以香港为例[J]. 风景园林，2021，28（4）：34−39.

[3] NEUVONEN M，SIEVANEN T，TÖNNES S，et al. Access to green areas and the frequency of visits: A case study in helsinki[J]. Urban Forestry and Urban Greening，2007，6（4）：235−247.

[4] 陈颖. 基于紧凑城市理论的城市绿地可达性研究：以南京市中心区为例[J]. 城市建筑，2024，21（3）：199−201.

[5] 盛强，胡彦学，宋阳. 空间形态与绿化因素对夏季胡同居民社会聚集的影响[J]. 风景园林，2019，26（6）：23−28.

[6] 庞天宇. 基于街道形态的天津市商业空间分布及演变规律研究[D]. 北京：北京交通大学，2021.

[7] 樊亚明，田丽莹，郑文俊. 基于空间句法的桂林市公园绿地可达性评价与优化[J]. 桂林理工大学学报，2022，42（3）：774−782.

图片来源

图 1 作者自绘、作者现场拍摄；
图 2～图 5 为作者自绘。

基于空间句法分析下的澳门电动汽车充电设施布局规划研究

王伯勋（澳门城市大学创新与设计学院；phwang@cityu.edu.mo）

周峻岭*（广东技术师范大学；澳门城市大学创新与设计学院；531748238@qq.com）

李艳（四川科技职业学院；1297510965@qq.com）

郭依炯（广东技术师范大学；1501497761@qq.com）

摘　要： 全球"碳中和"趋势下，电动汽车应用日趋广泛，对于城市空间也产生了新的影响。在城市充电站资源的配置过程中，普遍存在规划方法较为单一和未充分考虑实际出行需求等问题。因此，本文采用多源数据融合的方式，对澳门地区公共电动汽车充电设施规划布局进行研究分析，力求在理论方法与关键技术上作出积极探索。总结出影响澳门充电设施空间分布的因素和突破点，从而为城市绿色空间规划的理论与实践研究提供基础数据和方法策略。通过澳门地区电动汽车公共充电设施空间布局优化研究，探索可持续发展的技术路径创新，有助于实现澳门节能减排，助力建设绿色澳门实现碳中和目标，对于澳门本岛与离岛充电设施现状的深入研究，为澳门填海新区的发展提供借鉴参考的意义，并可作为粤港澳大湾区城市碳中和探索和智慧城市建立的范例。

关键词： 澳门；电动汽车充电设施；多源数据；智慧城市；布局规划与设计

基金号： 教育部办公厅 2020 年度省级一流本科专业建设点（环境设计专业）省级一流本科课程《景观设计基础》；广东技术师范大学 2022 博士点建设单位科研项目——基于元宇宙构建未来城市环境色彩满意度评价研究——以大湾区为例（22GPNUZDJS59）；乡村振兴背景下岭南传统村落空间形态与建筑特色研究（22GPNUZDJS58）

1　引言

进入 21 世纪以来，中国的经济、科技和社会整体进入快速发展，全国范围内的汽车拥有量都显著增加。伴随城市的扩张，日常通勤的需求，电动汽车作为一种清洁能源的发展模式，成为生活中不可缺少的一部分。澳门特区政府积极推动使用环保车辆，其中电动汽车尤其受到关注。它对澳门城市清洁能源应用具有重要意义，同时也是特区政府建设绿色澳门和智慧城市的关键举措。

2　研究区域及研究方法

2.1　研究区域

本文以澳门特别行政区为研究区域，澳门由本岛（历史老城区）和离岛（填海新区）组成，本岛路网密集但狭窄，以商业、居住为主；离岛路网规整，以旅游、博彩及新兴住宅区为核心。本文聚焦两区域充电设施分布特征与城市背景，探讨优化路径。

2.2　研究方法

本文通过空间句法，量化路网可达性与空间结构特征，识别集聚区域。利用 ArcGIS 平台分析，可视化充电设施分布与路网、POI

数据的空间关联。使用 SPSS 进行回归分析。采集澳门 4 个区域道路数据，包括长度、宽度、位置和周边业态，记录特定路段不同时段车流量。基于此建立回归分析模型，揭示后期规划的突破点，为新区建设提供建议。

3 充电设施布局特征分析

本文通过 2008 年和 2022 年的澳门路网结构，探究城市在不同年代下活动空间的影响（见图 1）。数值反映其空间格局，为后续分析提供物质空间基础。

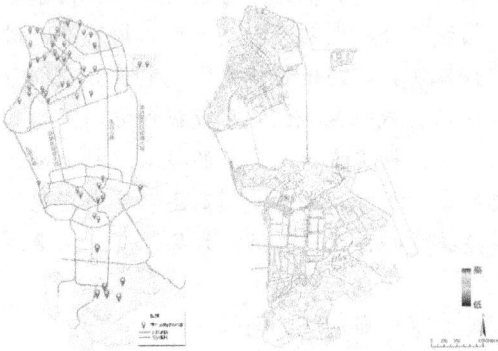

图 1 全澳现有充电设施落位分布

3.1 2008 年堂区内活动空间句法分析

1）街道协同度对堂区内路网结构的影响

在协同度上，4 个区域的局部与全域整合度协同度一般，相关性不强，呈现多中心结构。路凼填海区和圣方济各堂区协同度高于本岛区和嘉模堂区，表明前两者结构更单一（见表 1）。

表 1 2008 年道路路网结构句法分析值

	本岛范围	嘉模堂区
协同度		
可理解度		

续表

	路凼填海区	圣方济各堂区
协同度		
可理解度		

2）道路的可理解度对停车场分布的影响

4 个区域可理解度较低，从局部掌握全局空间难度大。圣方济各堂区可理解度相对较高，而本岛由于商业和人口增长，路网复杂，难以从小范围掌握全域。本岛充电设施布局老旧，多设于早期居住区停车场。相比之下，离岛充电设施布局更合理，在原有设施上加设，还需在道路旁和活力中心增设公共设施。

3.2 2022 年澳门整体空间格局句法分析

1）400 m 半径范围代表堂区活动空间相关性分析

因澳门地域有限，本文在研究电动汽车时采用 400 m 搜索半径。澳门易达区域集中在本岛区的松山隧道、塔石广场、通商新街附近，以及嘉模堂区的氹仔码头、澳门科技大学、中央公园附近片区和嘉模教堂附近片区。路凼填海区的新开发片区、路凼连贯公路周边、石排湾社区乐群楼和莲花大桥，还有圣方济各堂区莲花海滨大马路路段，是行人步行 6～8 min 内的易达区域，人流密集，使得公共设施需求迫切（见表 2）。

2）堂区活力对街道连接度的影响

街道协同度反映了人们对区域整体情况的理解能力。4 个片区的局部整合度与全域整合度协同度一般，相关性不强。这表明从局部空间掌握全域空间存在难度，需要规划提升[1]。比较 4 个片区，本岛的协同度相对较高，更易通过局部空间掌握全域空间，对人流的吸引力较大。堂区活力的提升有助于空间环境的发展，道路连接度也会变得更便捷合理。

表2　2022年道路路网结构句法分析值

	本岛范围	嘉模堂区
协同度		
	路凼填海区	圣方济各堂区
协同度		

4　充电设施布局优化

4.1　停车场分布与POI数据之间的关联

本研究建立空间业态POI数据与澳门现有充电设施停车场之间的回归分析，研究停车场数据作为空间业态POI的自变量（见表3）。

表3　POI数据与停车场的回归分析

类别	变数	因变数：停车位		
		B	t	VIF
引数	购物服务	.528	8.216***	1.183
	餐饮服务	.280	3.403**	1.168
	商务住宅	.359	4.463**	1.155
	公司企业	.194	1.843*	1.103
	生活服务	.541	4.523**	1.007
	住宿服务	.301	4.279	1.088
统计量	r^2	0.434		
	调整r^2	0.406		
	F值	12.418***		

以澳门2022年50 882条与人们日常生活空间相关的POI数据和具有充电设施的停车场数据为样本，进行回归分析。结果显示，$F=12.418$，$P<0.05$，表明其具有统计学意义。$r^2=0.434$，接近0.5，说明模型拟合度好，对

业态类型分析有指导意义。具体到各因素，购物服务（$t=8.216$）、餐饮（$t=3.403$）与充电设施分布呈正相关，说明商业活跃区域（高需求POI区域）需优先布局[2]。

4.2　澳门城区内电动汽车充电设施位置优化

ArcGIS平台分析可见（见图2），充电设施位置主要分布在澳门本岛的居住区，这是由于初期城市发展下土地资源紧张导致。新能源产业兴起后，充电设施被设计安装在现有停车场内，以节约土地成本并方便居民使用。本岛居住区与停车场的空间联系紧密，与居民职住路径高度匹配，但需通过泰森多边形分析优化服务半径（400 m），填补覆盖盲区[3]。

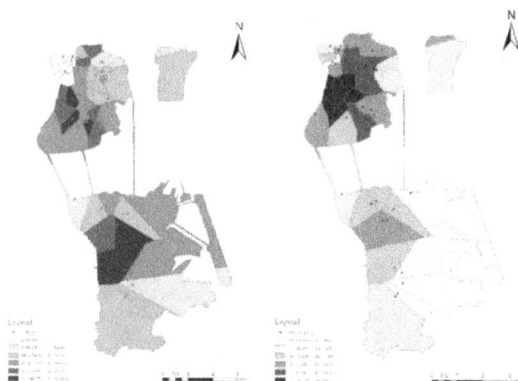

图2　澳门停车场充电设施及Voronoi图分析

4.3　分区域优化策略

1）本岛历史城区

鉴于本岛土地资源有限及城市空间保护，老城区充电设施优化可参考现有停车场分布。例如，在柏景、望贤楼等以居住、办公为主的停车场增设充电设施，可以优化居民生活环境，提升电动汽车使用率，增强居民职住空间效率。此外，挖掘现有停车场潜力来增加停车空间，并且通过放射状的道路网络向城市外围的居住区扩展，还可减轻市中心区域土地资源的压力[4]。

2）离岛新城区

新城开发区域基础设施发展缓慢，主要

业态为购物、酒店和博彩旅游。车流量数据显示，主要交通工具为旅游大巴、计程车、电召的士和少量私家车。因此，应在公用车辆停靠点进行充电设施优化。以促进城市电动化。预埋充电管线至新城规划，沿主干道布局快充桩，旅游区增设大巴专用充电站。在规划中，还需预埋充电管线，这样可以在将来需要时安装"快充桩"。

5　结论与展望

　　本文通过整合大数据分析、空间句法理论与 GIS 技术，证实了充电设施布局与城市空间结构的深层关联。澳门本岛需通过已存在的空间去挖潜提升效率，离岛则需结合新城开发规划进行设计调整。未来可进一步融合微观个体行为数据（如出行日志），构建"社会–空间"协同优化模型，推动城市交通电动化与碳中和目标的高效实现。

参考文献

[1] 盛强，夏海山，刘星. 空间句法对地铁站间截面客流量的实证研究：以北京、天津和重庆为例[J]. 城市规划，2018，42（6）：57–67.

[2] 李伟，张涵之. 基于 POI 的厦门岛常规公交线路可达性评价[J]. 城市建筑，2018（8）：112–115.

[3] 牛强. 城市规划 GIS 技术应用指南[M]. 北京：中国建筑工业出版社，2012.

[4] SCEKIC O，NASTIC S，DUSTDAR S. Blockchain-supported smart city platform for social value co-creation and exchange[J]. IEEE Internet Computing，2019，23（1）：19–28.

图表来源

　　图 1、图 2 为作者自绘；

　　表 1～表 3 为作者自绘。

立体化城市街区形态的空间效率评估与优化

郭音音（东南大学；213210850@seu.edu.cn）

赵云涛（东南大学；213213043@seu.edu.cn）

王晓萱（东南大学；213210858@seu.edu.cn）

伍若萱（东南大学；213203365@seu.edu.cn）

宋雨萱（东南大学；213211553@seu.edu.cn）

宋亚程*（东南大学；song_yc@seu.edu.cn）

摘　要：随着我国城市土地空间的集约化发展和轨道交通的规模化建设，城市街区的立体化发展将成为一种普遍模式。然而，立体化街区虽然可以有效提高步行可达性效率，但是过量的立体化设施将带来冗余的工程量，甚至碳排放的增加。本研究构建了一个投入与产出相权衡的方法评估立体形态的空间效率，即立体步行网络可达与地面步行网络可达性的差值除以立体化设施的长度。基于 sDNA 工具，立体步行可达性测量对象是地面街道与立体基面的总和，平面可达性的测量对象仅是平面街道，两者的差值代表立体化形态的"产出"效率；通过测量空中天桥、平台及地下通道广场等立体设施的长度表征"投入"成本。比值越大代表立体化的空间效率越高，反之，效率越小。本文选取国内重点城市的立体化城市街区案例，如深圳福田中心区、郑州二七广场、上海陆家嘴、上海五角场、杭州钱江新城、北京 CBD、重庆沙坪坝、成都春熙路、广州珠江新城等，通过爬取网络地图路网数据并进行立体网络建模。通过案例分析结果的比较，指出立体空间步行系统的可达性与立体化建设的内在联系，并指出立体化城市的优化建议。

关键词：立体化城市；sDNA；城市形态分析；步行可达性；空间效率评估方法

基金号："十四五"国家重点研发计划课题"建筑城市一体化与立体化地段的形态机理及其演化"（2023YFC3804101）

1　研究背景

随着城市化进程的加速，高密度建成环境下的立体化街区成为解决土地资源紧张与功能复合需求的重要形态。然而，立体化街区的复杂三维空间结构对传统二维分析方法提出了挑战，亟需结合定量工具评估其空间效率并优化设计。通过梳理近年来相关研究，本文聚焦空三维立体分析新技术（如 sDNA）的应用，总结立体化街区空间效率评估的方法与优化策略，并探讨未来的研究方向。

传统城市规划多基于平面街道网络，难以适应立体化城市的多维特征。早期的立体化城市设计方法——平面空间句法（space syntax）来自英国学者希利尔。他认为是空间布局的方式，影响了社区的行为模式，进而推动了社区的功能及其社会内涵发生了变化。辅以计算机算法与网络理论，空间句法在二维网络分析中广泛应用，但在三维网络中无法处理垂直路径的权重问题。

近年来，三维空间分析工具与数字化建模技术的应用为立体化设计提供了新的解决方案。sDNA（spatial design network analysis）通过引入高程参数，能够量化立体网络的拓扑关系。sDNA 技术兼有建模及分析步骤简单、快速量化分析三维空间等优点，使其在大范围、多基面的城市设计辅助分析中能发挥作用。基于此技术，可以对三维步行网络的可达性分析开展现状研判和优化提升，针对具体问题提出设计策略，优化重要节点之间的三维步行路径，并评价相关的功能设施与步行可达性是否均衡，据此开展空间设计优化[1]。

2 研究方法

2.1 空间效率评估方法

在立体化街区路网可达性分析研究中，sDNA 通过独特的链接分析、三维建模及灵活度量定义，为城市网络分析提供了高精度工具。其直接近性与介数公式揭示了空间网络的自身特性，而连续/离散模式与混合度量则扩展了实际应用的适应性[2]。

1）软件概述

sDNA 是一款用于三维空间网络分析的开源工具，在街道、路径及城市网络分析中具有较大优势，并利用其结果优化城市设计和决策。

2）公式选择与推导

在 sDNA 中，NQPD 是 network quantity penalized by distance 的缩写，直译为"基于距离惩罚的网络数量"。它是一种用于衡量可达性（accessibility）的指标，结合了覆盖范围（reach）和距离衰减（distance decay）的影响[3-4]。

NQPD 是重力模型（gravity model）的变体，用于量化网络中某一点的可达性。其核心思想是：

覆盖范围（reach）：衡量在给定半径内可以到达的网络数量（如路径长度、节点数量等）。

距离衰减（distance decay）：随着距离增加，可达性逐渐降低。

NQPD 的计算公式可以表示为：

$$NQPD = \sum_i \frac{W_i}{D_i^\beta}$$

式中：W_i——第 i 个目标点的权重（如人口、

设施数量等）；

D_i——从起点到第 i 个目标点的距离；

β——距离衰减参数，控制距离对可达性的影响程度。

3）NQPD 的物理意义

高 NQPD 值：表示该点在网络中具有较高的可达性，即周围有较多的目标点（如设施、人口）且距离较近。

与之相反的，低 NQPD 值则表示该点的可达性较低，可能是由于目标点较少或距离较远。一定程度比较好地表现了立体化路网的可到达性，也间接反映和评估了城市立体化的效率和影响程度。

4）数据处理与计算方法

由于样本案例中立体化设施和路网并非全部为后续建设附加（如过街天桥、过街地道等路政设施应当在原有路网上保留），所以首先对立体化前后路网合理性进行判断，对于去除立体化建设的平面路网进行拓扑修正，保证人行系统的完整性，然后进行可达性提升的计算。

在路网立体化前（$NQPDHnc_1$）和后（$NQPDHnc_2$）的可达性值进行比较，并引入单一路径长度 L_i 加权计算，得到单一路径的可达性提升率 θ_i 及总体提升率 θ：

$$\theta_i = \frac{|NQPDHnc_1 - NQPDHnc_2|}{NQPDHnc_1}$$

$$\theta = \sum_{i=1}^n (\theta_i \times L_i) / \sum_{i=1}^n L_i$$

另外，根据可达性总体提升率，并引入建设强度 Ln（新建立体路网长度），进一步计算得到立体空间效率 ε：

$$\varepsilon = \theta / Ln$$

2.2 样本选取

本文聚焦国内重点城市的典型立体化街区，选取深圳福田中心区、杭州钱江新城、北京商务中心区核心区、郑州二七广场、上海五角场等覆盖不同城市背景与立体化模式的案例，通过街区路网建模进行城市立体化街区空间效率评估实证研究（见表1）。

表1 立体化街区案例介绍

案例名称	区位	开发时间	立体化特征
福田中心区	广东深圳	1980—2004年	大尺度地上地下立体基面、空中连廊、连续的地下通道
钱江新城	浙江杭州	2001—2015年	大尺度地下立体基面、连续的地下通道
北京商务中心区核心区	北京	2009—2019年	大尺度地下立体基面、连续的地下通道
二七广场	河南郑州	2012—2020年	连续地下步行街
五角场	上海	2003—2017年	五路交叉口下环形地下广场、连续的地下通道

2.3 数据来源

首先，通过使用开源地图数据平台，如OpenStreetMap、CADMapper等，对网络开放地图进行爬取，并进一步对其进行整理，以确保数据的准确性。

其次，为了验证网络地图数据的准确性并收集更具时效性的资料，对5个案例区域进行实地调研。对街区步行系统进行现场考察，以补充网络地图数据中的缺失部分，确保研究结论的可靠性。

3 研究结果

3.1 可达性提升分析

立体化建设路网长度和可达性平均提升值之间存在一定的正相关关系（见图1）。立体化建设路网长度较长、开发强度较大的地区的立体化路网体系更为完整，有助于提升大范围区域的可达性，如福田中心区的大规模地下公共空间建设带来了最高的可达性平均提升值。而对于建设强度相当的案例，空间可达性的提升程度则因街区立体化部分的空间形态特征而异（见表2）。

总体而言，深圳福田中心区的大规模地下基面开发对街区可达性提升的效果最为显著，而结合开发强度判断，上海五角场的立体化建设具有最高的空间效率（见图1）。

表2 sDNA分析计算结果

案例名称	立体化建设路网长度	可达性平均提升值	立体化建设空间效率
福田中心区	33 112.317 0	3.497 184 7	1.056 158 26
钱江新城	13 900.127 4	1.175 815 5	0.845 902 7
北京CBD	11 184.709 2	1.216 728 7	1.087 850 1
二七广场	14 233.626 6	1.310 164 9	0.920 471 58
五角场	8 477.689 9	1.175 815 5	1.386 952 74

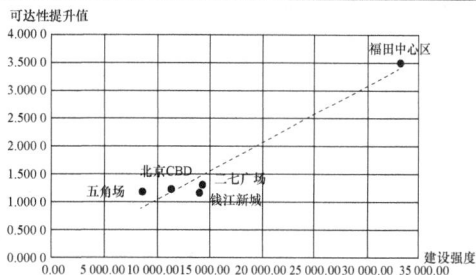

图1 立体化建设强度与可达性提升值线性关系

项目名称	立体化后可达性	立体化前可达性
福田CBD		
钱江新城		
国贸CBD		
二七广场		
五角场		

图2 立体化前后街区路网可达性

3.2 立体形态特征与空间效率的关联性分析

图3暖色部分为路网中 $\theta_i \geq 20\%$ 的区域，5个选取案例都呈现中心显著提升的特

点，有较为显著提升的道路以城市主干道为主，连接形成了可达性显著提升区域。

项目名称	地下路网	可达性提升率 ≥20%区域
福田 CBD		
钱江新城		
国贸 CBD		
二七广场		
五角场		

图 3　街区立体化建设形态与可达性显著提升区域

深圳福田中心由政府主导规划建设，特征为高开发强度、巨大的地下立体基面系统，其可达性显著提升区域以网格路网向外进行整体街块状扩展，具有最大的影响范围。

上海五角场、郑州二七广场为连续的空中或地下连廊结合部分的商业综合体构成局部的立体网络，立体建设在路网交汇处形成空间中心与枢纽，具有较强的空间中心性与导向性，其可达性显著提升区域由中心枢纽沿向多方向扩散，在较低强度的开发前提下具有较高的空间效率。

钱江新城和北京 CBD 表现出较高的开发强度，普遍特征为连续且相对较大尺度的室外或地下立体基面，与局部较大规模综合体的集成开发，但由于地下空间与地面平行发展，缺少强烈的垂直连接枢纽，且地下基面公共商圈间多被非公共地块地下室阻隔，总体表现为相对较低的立体化空间效率。

4　讨论与结论

立体化街区步行系统的设计与建设对城市空间效率及可达性的提升具有重要作用。通过对 5 个城市案例的分析，可以得出立体化建设对可达性的提升及其空间效率与整体开发强度及立体化形态特征有着较强关联。

首先，深圳福田中心区的大规模地下基面开发展现了显著的可达性提升效果。这一案例表明，政府主导的地下空间的整体开发是提升街区可达性的有效方法；与之相比，上海五角场和郑州二七广场的立体化建设虽然开发强度较低，但其立体化基面与平面城市路网的有效连接形成了空间的中心和交通枢纽，表明立体化形态特征中垂直连接的效果对于提升空间效率至关重要。

总体而言，在设计过程中，在保证立体化建设的体系化前提下，应进一步加强其与平面城市的连接，运用中心下沉广场、步行街等设计引导人流，提升步行可达性与体验，并根据不同城市的特定需求和发展潜力因地制宜，实现空间效率的优化。

参考文献

[1] 叶宇，庄宇. 新区空间形态与活力的演化假说：基于街道可达性、建筑密度和形态以及功能混合度的整合分析[J]. 国际城市规划，2017，32（2）：43-49.

[2] 杨滔. 空间句法：基于空间形态的城市规划管理[J]. 城市规划，2017，41（2）：27-32.

[3] 张烨. 图论可达性[J]. 建筑学报，2012（9）：71-76.

[4] 张灵珠，晴安蓝，卡卡尔，等. 立体化城市设计中公共空间的三维可达性评价：以香港太古坊为例[J]. 新建筑，2021（4）：48-54.

图片来源

表1、表2与图1～图3均为作者自绘。

城市更新政策供给热点与趋势

——基于 35 个城市 2021—2023 年新增城市更新类政策的分析

缪杨兵（中国城市规划设计研究院；miaoyangbing@qq.com）

王亚洁（中国国际工程咨询有限公司；392740665@qq.com）

尤智玉（中国城市规划设计研究院；245396669@qq.com）

摘　要：我国城镇化发展已进入城市更新阶段。2019 年，党的十九届五中全会首次提出实施城市更新行动，5 年来，各地积极推动城市更新工作，在政策制定、路径探索、落地实施等方面开展了一系列工作。从这一阶段的实践来看，政府、市场、社会是推动城市更新的重要主体，其中政府尤其发挥着主导作用。政策供给是政府推进城市更新的主要着力点之一，也是破解当前城市更新难点堵点的重要路径。本文以全国 35 个超大、特大和 I 型大城市为研究对象，运用多元技术手段，获取这些城市在 2021—2023 年间的新增城市更新类政策文件，并对其开展语义分析和数据统计，由此揭示当前各地政策供给的数量、强度、结构特征和热点领域等，从政策端反映城市更新的进展和趋势。分析结果表明，这 3 年是各地城市更新政策出台的高峰期。"1+N+X" 是各地构建城市更新政策体系的主体模式，即 1 个纲领性文件，N 个针对各更新对象的差异化管控政策，X 个针对堵点难点的针对性政策细则。从更新对象来看，当前政策热点集中在历史文化保护、既有建筑改造、基础设施改造、城镇老旧小区改造四大方面；从支持领域来看，政策热点主要集中在建设、财税、土地三大方面。民生导向和实施导向是这 3 年政策供给的主要趋势，反映了这一阶段各地城市更新主要聚焦在民生补短板方面，并以政府推动的项目实施为主要模式。

关键词：城市更新；政策供给；

1 引言

实施城市更新行动是国家深入实施以人为本的新型城镇化战略的重要举措。从十九届五中全会首次提出实施城市更新行动以来，中央和地方积极推动城市更新工作，不断出台政策、组织试点、推进实施，城市更新已经成为各地推动发展方式转型、实现高质量发展的重要模式和路径。

从住房和城乡建设部在北京等 21 个城市（区）开展的第一批城市更新试点成果来看，支持城市更新的政策法规不完善仍然是制约城市更新可持续发展的主要短板之一。尽管各地都在积极出台相关政策，但城市更新政策体系仍然碎片化，项目实施面临土地供给难、产权变更难、用途调整难、资金筹措难、持续收益难等堵点[1]，如土地招拍挂方式阻断一二级联动更新，土地使用功能转换缺乏弹性，存量改造工程在日照、绿化、消防等方面难以符合以新建工程为对象的标准规范要求等，需要土地、财税、投融资、规划管理、建设管理、标准规范等多方面的政策统筹完善，形成组合拳。

近年来，政策制度成为城市更新研究的热点。研究的内容包括对国家层面实施城市更新行动的政策脉络梳理[2]，对北京、上海、深圳、广州等典型城市的政策比较[3]，各地区城市更新政策差异[4]，对特定政策类型如土地政策[5]、投融资政策[6]等的评估分析，对政策执行和与更新实践的作用关系解析[7-8]等。随着各地城市更新实践不断深入，地方政府在政策供给方面的探索也日益多元。党的二十届三中全会提出建立可持续的城市更新模式和政策法规，各级政府还要进一步加大改革力度，更加系统、精准制定和完善城市更新政策。因此，城市更新政策研究不能刻舟求剑，需要加强对全国各地城市更新政策的持续跟踪，把握政策供需的平衡态势和政策制定的热点趋势，进而挖掘现有政策的优势与不足，为各地政策制定、优化、调整提供参考方向。

2 研究数据与方法

2.1 研究数据

2021 年 11 月，住房和城乡建设部发布了《关于开展第一批城市更新试点工作的通知》，决定开展为期两年的城市更新试点工作，完善配套制度政策是试点的重要内容之一。2023 年底，第一批试点进入收官阶段，有必要从全国层面对这一阶段的政策供给情况进行分析和总结。

本文以第七次全国人口普查结果为参照，选取城区常住人口超过 300 万的 35 个超大、特大和Ⅰ型大城市*作为数据采集对象，从各城市政府官方网站采集 2021—2023 年各地出台的市级城市更新相关政策文件共 331 项（见图 1）。

---

*包括：上海、北京、深圳、重庆、广州、成都、天津、武汉、东莞、西安、杭州、佛山、南京、沈阳、青岛、济南、长沙、哈尔滨、郑州、昆明、大连、南宁、石家庄、厦门、太原、苏州、贵阳、合肥、乌鲁木齐、宁波、无锡、福州、长春、南昌、常州。

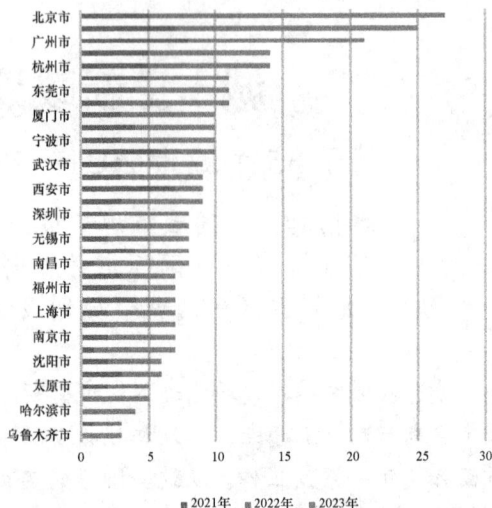

图 1　全国 35 个城市 2021—2023 年出台
城市更新相关政策数量

2.2 研究方法

文本量化分析是政策研究的重要方法。本文主要采用文本挖掘与词频分析方法，通过政策文本计量、关键词提取、词频统计、共现网络分析等技术，揭示政策文本的主题分布、热点演变及关联关系。

3 政策供给的特征与趋势

3.1 数量变化：政策出台高峰期

住房和城乡建设部在发布城市更新相关政策中，多次强调"鼓励有立法权的地方出台地方性法规，建立城市更新制度机制，完善土地、财政、投融资等政策体系"，并将建立城市更新制度机制、创新与城市更新相配套的支持政策等作为实施城市更新行动可复制经验做法清单的主要内容，有效激励了各地制定和完善城市更新相关政策。

从 35 个城市 2021—2023 年政策出台的总量情况来看，3 年各分别出台 109 项、107 项、115 项城市更新相关政策，平均每个城市超过 3 项。35 个城市横向对比来看，拥有地方立法权、行政级别高、人口规模大、治理能力强的城市政策出台速度更快。北京市政策出台显著多于其他城市，3 年一共出台

27 项政策文件，其次是重庆、广州、苏州、杭州、石家庄、东莞、青岛等城市，3 年累计均超过 10 项政策。

3.2 结构特征：形成"1+N+X"的政策体系

经过 3 年的政策体系搭建，多个城市形成了"1+N+X"的城市更新政策体系，即 1 个纲领性文件，N 个针对各更新对象的差异化管控政策，X 个针对堵点难点的支持性政策细则。

35 个城市中已有 25 个出台了管理办法等纲领性文件，北京、广州等已完成城市更新条例立法，其他如苏州等有立法权的城市，也在加紧推动地方立法工作。

服务不同更新对象的"N"类政策既因地而异又有共同热点。汇总来看，各地当前主要针对 11 类对象出台了更新政策，包括既有建筑改造、城镇老旧小区改造、保障房建设、完整社区建设、老旧街区、老旧厂区、城中村、城市功能完善、基础设施改造、城市生态修复、城市历史文化保护等方面。从同类政策的集中度来看，35 个城市的政策热点主要集中在历史文化保护、既有建筑改造、基础设施改造、城镇老旧小区改造四大方面，如《杭州市千年古城复兴试点工作方案》《贵阳市城镇危房整治实施方案》《无锡市系统化全域推进海绵示范城市建设行动计划》《东莞市老旧小区改造工作实施方案》等。

在支持性政策细则方面，35 个城市制定的政策主要针对城市更新涉及的产权、土地、规划、建设、金融、财税、运营管理等方面的堵点难点问题。从政策关键词的集中度来看，当前政策热点主要聚焦在建设、财税、土地三大方面。建设方面，主要关注消防安全、工程质量、安全排查、风貌整治等内容，如《北京市既有建筑改造工程消防设计指南（试行）》提出提出"当工程改造条件不允许或代价过大时，根据具体条件将现行标准中部分条文进行适度放宽，但以不低于原设计标准且不降低建筑原有防火性能为底线"；财税方面，主要关注住宅专项维修资金、专项资金、奖补资金的使用和管理，如《杭州市老旧小区住宅加装电梯与管线迁移财政补助资金使用管理办法（2025—2027年）》提出"对符合条件的加装电梯项目，政府给予最高 20 万元/台的补助"；土地方面，侧重低效用地再开发、零星用地整理、用地功能转换、用地功能混合等方面，如《北京市建设用地功能混合使用指导意见（试行）》提出"在保障安全、符合详细规划、城市更新等相关专项规划以及保障主体的合法权益的前提下，可结合政策导向、市场需求、物业权利人诉求及公共利益需要，对存量建筑进行用途转换"。

4 政策热点的演化动态

通过分析 35 个城市近 3 年城市更新文件的名称，可以发现，城市更新政策关键词中排在前列的有实施方案、高质量发展、保障性租赁、环境保护、全民健身、养老服务、行动计划等，展现出当前城市更新的实施导向、民生导向，以及城市更新对高质量发展的重要支撑作用（见图 2）。

图 2　2021—2023 年全国 35 个城市相关
更新政策文件名词云图

从网络分析图可以看出各个关键词之间的关系，实施方案、行动计划、管理条例、基础设施等是网络中的重要节点，能够反映出它们在城市更新政策框架中的核心地位，体现出当前城市更新政策突出对工作实施的安排和统筹，在更新对象上以基础设施为重点（见图3）。

图3　2021—2023年全国35个城市相关更新政策文件名词网络分析

5　结论与展望

当前，政府仍然是推动城市更新的主导力量。从2021—2023年间35个城市相关政策制定的情况可以看出，各地政策制度加快完善，地方立法有序推进，"1+N+X"的政策体系普遍形成，历史文化保护、既有建筑改造、基础设施改造、城镇老旧小区改造是政策出台的热点领域。

随着城市更新工作不断深入，除了政策体系完善之外，还需要加强两方面的研究。一是评估政策的效力，可以采用政策工具解析、主体观点决策法、文本层级编码与响应传导分析等量化方法，进一步深入分析政策文本。二是加强对既有政策的实施绩效评估，为进一步深化改革提供支撑。

参考文献

[1] 邓东，王亚洁，柳巧云，等. 当前城市更新实践经验、问题与思考：基于第一批城市更新试点跟踪[J]. 城市规划，2024，48（S1）：62-69.

[2] 宋昆，景琬淇，赵迪，等. 从城市更新到城市更新行动：政策解读与路径探索[J]. 城市学报，2023（5）：19-30.

[3] 唐燕，杨东. 城市更新制度建设：广州、深圳、上海三地比较[J]. 城乡规划，2018（4）：22-32.

[4] 仝德，徐珩，邱君丽，等. 地方响应国家城市更新行动的区域差异：基于LDA模型的政策文本量化分析[J]. 城市发展研究，2024，31（9）：1-6.

[5] 唐健，田甜. 城市更新中土地政策目标及政策工具的演变分析：以广东"三旧"改造为例[J]. 中国土地科学，2024，38（9）：1-10.

[6] 刘立峰，柴璐. 城市更新引入社会资本的路径及政策支持研究[J]. 中国物价，2024（9）：92-97.

[7] 孙春玲，孙立晓. 城市更新项目中地方政府政策执行偏差影响因素的实证分析[J]. 天津理工大学学报，2024，40（3）：1-8.

[8] 庞志宇，宋亚程，韩冬青，等. 主体·政策·空间：城市更新多元实施路径的解析模型[J]. 城市规划，2024，48（10）：51-63.

图片来源

图1～图3均为作者自绘。

岭南地区乡村既有建筑空间下的活化与重塑

彭双悦（广东技术师范大学；641925245@qq.com）

周峻岭*（广东技术师范大学；澳门城市大学创新设计学院；Zgpnueducn@163.com）

郭依烔（广东技术师范大学；1501497761@qq.com）

智晓妍（广东技术师范大学；1814861548@qq.com）

摘　要：近年来，乡村既有建筑因空心化加剧、旧建筑衰败等问题备受关注，使得各地加紧对其进行改造重塑。越来越多的乡村建筑重塑活动在各地进行着，然而，许多乡村建筑改造项目常忽视本土文化特征，导致建筑失去了本身的历史文化属性。本文以河江村为例，通过实地调研与空间分析法，总结岭南传统民居的冷巷、天井、绿植水体等空间特征，提出以"原真性、相融性、绿色可持续性"为核心的改造原则。研究强调在保留传统通风、遮阳、隔热特征的基础上，通过新旧共生设计、绿色节能技术引入及庭院空间优化，实现建筑活化与功能升级，为岭南乡村建筑改造提供理论与案例参考。

关键词：岭南传统民居；乡村；既有建筑；活化重塑

基金号：教育部办公厅 2020 年度省级一流本科专业建设点（环境设计专业）省级一流本科课程《景观设计基础》；广东技术师范大学 2022 博士点建设单位科研项目——基于元宇宙构建未来城市环境色彩满意度评价研究——以大湾区为例（22GPNUZDJS59）；乡村振兴背景下岭南传统村落空间形态与建筑特色研究（22GPNUZDJS58）

1　引言

在城镇化推进过程中，乡村人口外流，导致了众多建筑和土地资源闲置，进而加剧了"空心村"现象。乡村既有建筑仅靠简单的维护已难以满足现代需求，许多古建筑因此面临功能落后而被拆除的处境。然而，随着乡村旅游需求增长，对旧建筑进行活化重塑，不仅能满足乡村传承需求，同时也能促进推动乡村经济与生态可持续发展。

2　岭南乡村既有建筑空间特征

岭南，指的是五岳以南的地区，现如今通常指广西、广东、海南、澳门和香港。在岭南建筑设计中，常考虑到的因素主要有通风、遮阳、隔热等。

2.1　通风特征

在总体村落布局通风上，岭南传统民居主要依赖热压通风和风压通风两种。

由于村热压通风通过密集式布局形成"冷巷"，利用温差驱动气流，在岭南地区形成了独特的冷巷通风处理方法。

风压通风通过借助建筑高度差与细部构造，引导自然风流动。广东地区民居建筑会利用地形和建筑高度差实现垂直通风，形成空气压力差以促进空气流通。依靠不同的高差（前低后高）的建筑通风，也利用不同楼层通风。建筑内还有作为迎风口和出风口的建筑细部构建起通风作用。如屋面采用气窗、通风脊和风斗等，山墙下设风口；门常为活动木栅栏门。

天井在岭南传统建筑的通风系统中起核心作用，通过与廊道、厅堂的协同设计，形成高效的进风与出风路径。单天井建筑利用天井将风带入房间内，然后靠两侧巷道将风排出；多天井建筑利用某个天井作为入风

UPSC-SDTA2025 迈向高质量空间发展
2025年中国城市规划学会空间发展理论和分析技术学术专班年会

口，其余天井为出风口。

2.2 遮阳隔热特征

在遮阳方面，岭南地区建筑主要通过遮挡墙面通风处，造成空气压力差，加速室内外空气流动。利用建筑密集式布局，形成阴影以此降温；还会采取通过廊、檐、门窗等方式来遮阳。在防晒方面，采用坐北朝南的建筑朝向以减少阳光辐射，同时通过调整建筑物的排列、间距和高度来降低太阳辐射。还会通过选择吸热少、散热快的材料作为庭院铺地，并利用花墙阴影减少太阳辐射。此外，还通过建筑周围绿化达到降温的目的，其措施有庭院巷道、盆景、棚架绿化；也通过水面降温，村落旁设有水塘用于养鱼和蓄水并有效调节微气候[1]。在建筑中，常结合天井凿池蓄水，利用自然环境来降温。

3 改造区域既有建筑空间分析

3.1 河江村概况

本文选定的改造区域为位于广东省佛山市高明区的河江村，此村位置较为偏僻，地形呈东高西低，周边水系发达，来往车辆较少，有一个正在修建的大型商超。四周坐落大型楼盘，基础设施不是特别完善，地旷人少。村内村民少，没有小卖部等商业设施。大多为民居，只剩下少数人定居在此处。村内建筑老旧，年久失修。既有建筑多为镬耳屋，年代久远，大多为一两百年前的明清建筑，部分建筑缺乏保护和维修，墙体破损严重，成为危楼（见图1）。

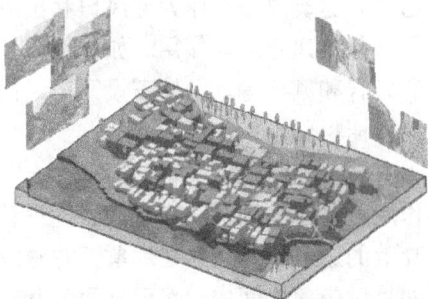

图1 河江村场地鸟瞰

3.2 河江村既有建筑类型

为了更加有针对性地对该村既有建筑进行改造，本文总结了村落内存在的几种主要建筑类型。

其中，以青砖建造的既有建筑占据最大比例，包含青砖建造楼、青砖带顶平楼、青砖带院楼、青砖骑楼下廊，其他建筑大多是在此基础上进行的增建或改建。

还有一部分保存较好的古建筑，如镬耳楼，以其高耸的镬耳山墙和雕刻装饰而著称。但也有因年久失修而遭到破坏的古建筑，多为早期建筑遗产，见证了河江村的历史变迁。通过对这些建筑类型的梳理，可以更加清晰地了解河江村既有建筑的特点和存在的问题，为后续的建筑改造与活化重塑提供有力依据。

4 改造优化策略

4.1 设计原则

1）原真性原则

基于上文分析，建筑中的冷巷、天井通风等优良特征，应保留并活化。河江村具有这些特征，需提取精华并改造不足之处。

调研显示，村庄采用密集式布局，建筑间巷道狭窄，两侧建筑较高，形成自然通风的冷巷。村内多采用天井庭院通风，建筑细部处理常见山墙下开花窗。遮阳主要通过巷道阴影实现，部分传统民居有骑楼下廊。隔热降温方面，庭院地面多用青石板，吸热少散热快。在改造设计中，这些特征需尽量进行微更新或保留[2]。

2）相融性原则

河江村的许多建筑拥有百年历史，承载着丰富的历史记忆。若采用"修旧如旧"的方式改造，虽视觉上统一，却可能掩盖建筑的历史魅力和独特性。为了使游人对建筑有着更深的感受，改造采用"新旧共生"设计，尊重原有建筑环境，通过新旧建筑对比和融合，使用现代材料和设计手法，让新旧部分形成对话，增强游客对历史文化氛围的感受。

4.2 优化方式

1）外部空间形态塑造

村内多数建筑独立，少有组合体。为适应旅游度假功能，建筑间的组合能提供更大空间，增加游客舒适度。在保护场地特征的同时，围合建筑物。可通过围合形成庭院，或在建筑间做一个纽带，让两个建筑连接产生联系[3]。

提高空间入口识别有助于游客记忆建筑，尤其在建筑布局复杂的村庄中。常用方法包括预留外部缓冲空间、确保内外空间通透和使用装饰元素，如民宿标识和外部绿化。对于建筑密集且缺少庭院过渡空间的建筑，可设置绿化、景观小品和茶座等来营造入口环境（见图2）。

河江村的建筑体现传统民居的特点，但对水体和绿植的营造不够充分。庭院中缺少绿植水池，对于村落改造为休闲旅游地而言，以岭南文化为特色的庭院改造是必要的。

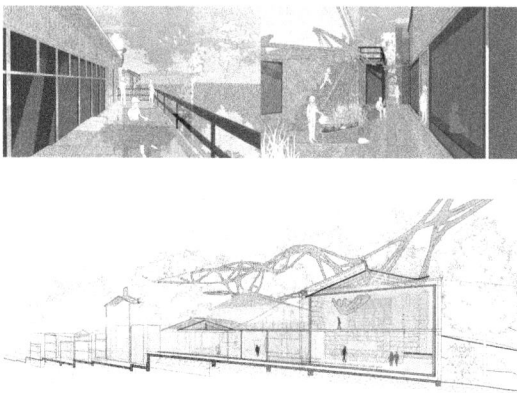

图2 庭院改造设计图

2）内部空间形态塑造

内部空间的文化氛围营造同样关键，可通过融入传统设计元素来实现。将这些元素应用于建筑改造，不仅增强文化影响力，还

能让人们对特定区域文化产生联想[4]。在河江村的建筑改造中，主要采用重组转译的设计手法。这种方法强调提取建筑基本特征，简化复杂传统元素，保留深刻印象部分，从而提升建筑趣味性和文化深度。

河江村的既有建筑多用石材，色调偏灰，给人舒适感，虽显安全稳重，却也显得冰冷坚硬。在改造时，室内设计需巧妙结合新旧材料，如使用青砖和木材，以平衡石材的冷硬感，同时引入玻璃、钢铁等现代材料，赋予建筑时代感，创造传统与现代交融的空间。

3）绿色节能技术引入

河江村的建筑虽自然通风和遮阳效果好，但普遍采光不足。过度依赖人工照明会增加资源消耗和环境污染，因此，建议通过开窗来改善采光。建筑可采用顶光、侧光和侧高光等采光方式。顶光可通过不同类型的天窗引入，但需注意避免眩光；侧窗不仅提供光线，还能改善视野；侧高窗则在保护建筑的同时满足采光需求，避免不良景观，确保光线均匀[5]。

5 结语

岭南乡村既有建筑的活化需平衡传统特征与现代需求。本文提出的"新旧共生"设计、绿色技术引入及庭院空间优化策略，不仅可提升建筑功能适应性，还能强化文化认同感。未来研究可结合其他理论方法，进一步量化改造效果，探索可持续的乡村更新模式。

参考文献

[1] 王若瑾希. 基于热舒适性的岭南传统民居腔体空间设计研究[D]. 广州：华南理工大学，2021.

[2] 陈浩. 徽州历史文化街区既有建筑民宿改造设计研究[D]. 合肥：安徽建筑大学，2020.

[3] 郑金海. 乡村建筑改造更新再利用设计研究[D]. 南京：南京大学，2016.

[4] 王一多. 文化存续下旧建筑改造的"形"与"意"形容[D]. 沈阳：鲁迅美术学院，2021.

[5] 李竹，刘晶晶，王嘉峻. 乡村振兴下的村落公共空间重塑：以李巷老建筑改造为例[J]. 建筑学报，2018（12）：10-19.

图表来源

图 1 与图 2 均为作者自绘。

基于空间句法的旧社区避险街道空间的优化策略研究

——以兴贤社区为例

张梦萦（广东技术师范大学；2661300784@qq.com）

周峻岭*（广东技术师范大学；531748238@qq.com）

郭依炯（广东技术师范大学；1501497761@qq.com）

摘　要：避险街道空间作为城市避险防灾主要空间区域，其空间分布对居民生命与城市安全十分重要。本文以兴贤社区为例，基于空间句法理论系统梳理空间形态结构，并对该社区的避险街道空间进行实地调查与居民访谈，从中进一步分析。提出避险街道空间优化策略，为防灾避难空间的规划设计提供意见，从而确保社区的可持续发展。

关键词：避险街道空间；兴贤社区；空间句法

基金号：教育部中华优秀传统文化专项课题（A类）重点项目（尼山世界儒学中心/中国孔子基金会课题基金项目）："交织与共生——澳门历史城区建筑装饰研究"（23JDTCA010）；澳门特别行政区科学技术发展基金资助（0036/2022/A）

1　引言

旧社区作为城市中形成最早的一类社区，居民构成复杂，环境杂乱，交通设施老化，使其更容易遭受灾害的侵袭。[1]但在早期城市社区规划中，往往忽视了城市防灾避难空间的重要性，在灾害来临时无法第一时间逃生，并为救援带来难度。本文根据空间句法理论，分析旧社区空间形态结构，提出避险街道空间优化策略，为城市旧社区空间布局、道路网络规划等提供参考。

2　研究概述

2.1　研究区域概述

本文选取广州市荔湾区华林街道的兴贤社区，作为社区避险街道空间的研究对象。该社区位于旧城区内，总用地 5.2 hm²，绿化面积 0.456 hm²，绿化率达 8.8%。

通过走访发现，社区道路除居民用车外，还供市场货车使用。且地下停车场少，车辆常停在道路上导致交通堵塞，影响社区居民出行。社区内虽有临时避难所（见图 1），但位置隐蔽，缺乏指引路标，不易被发现。

因此，本文区域避险用地的使用与设计还有待改进，需兼顾社区在防灾救灾过程中发挥的应急避险功能以及居民实际诉求。

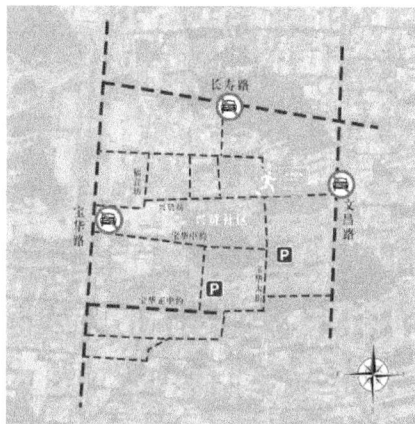

图 1　兴贤社区内标识现状

2.2 研究思路概述

本文采用空间句法理论结合分析软件Depthmap，从整合度和连接度出发，识别兴贤社区中的核心节点和流动路径，分析其周边区域的物理布局；采用软件 Department，从空间协同度与可理解度出发，分析该社区的空间认知水平，为避险街道空间的合理布局提供定量依据。

为提升避险街道空间的实际可行性，本文还通过现场走访调研，听取居民意见和建议，从而确保避险空间能够满足大多数居民需求，进一步完善避险空间的优化策略。

3 兴贤社区避险街巷空间句法分析

3.1 整合度分析

整合度反映空间内部协调性及整体性，衡量到达空间的难易程度，即可达性。通过分析街道整合度，可以识别出最优避险路径；此外，整合性好的街道空间有助于将节点连接起来，形成一个整体效能更高的避险体系。

Depthmap 软件通过颜色由冷到暖的渐变来表示空间整合度由低到高。分析可见（见图 2），宝华路、宝华正中约、宝华大街

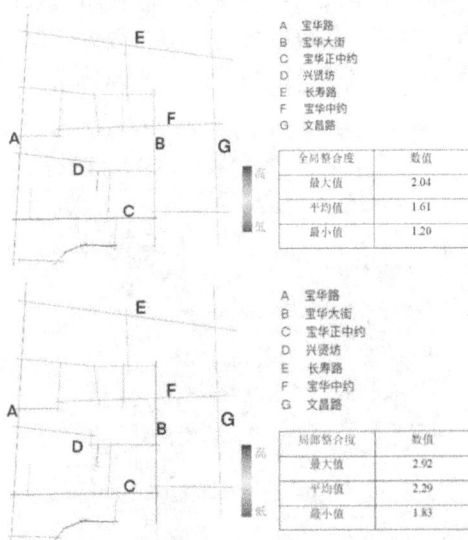

图 2 全局与局部整合度分析

的颜色较暖，综合程度均高于均值 1.61，整合度高，且通过实地调研显示，3 条道路均为主干道，交通便利，为周边居民提供了重要的避险路线和极大的通行便利。

3.2 连接度分析

空间系统的连接度指某一空间与其他空间的相交数量，反映空间的相互关系，连接度高意味着相交程度高。[2]在避险空间规划中意味着当灾害发生时，人们可以更快地通过相交的街道到达避险地点，减少拥堵和延误。

Depthmap 软件分析显示（见图 3），宝华路、宝华中约、宝华正中约的社区道路连接度较高，使得兴贤社区的各个区域间连接更加紧密，可作为紧急避险路线规划参考。

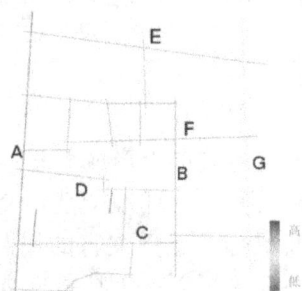

图 3 连接度分析

3.3 空间协同度分析

空间协同度反映的是某一空间的局部中心在整个空间中的融合度，协同度均值方根（R^2）＞0.5 时，说明人对于全局空间的认知水平较高，反之则说明认知水平较差。[3]

Department 软件分析显示，兴贤社区协同度值为 0.82（见图 4），数值说明社区空间的整体结构和局部结构呈现高度的相关性。空间认知水平高有助于人们在慌乱时，快速辨别方向并找到通行目标，是该社区街道的巨大优势。

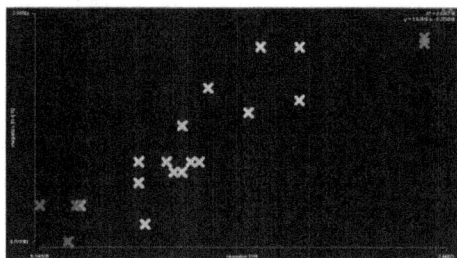

图4 空间协同度分析

3.4 可理解度分析

可理解度表现为社区的空间结构易理解性，是基于社区总体全局整合度与连接度的线性关系。

不同的颜色表现出不同的空间要素的异同。兴贤社区可理解度为 0.93＞0.45，说明社区总体与社区内部空间存在良好的关联性，小区内部道路不易迷失，居民可以更快速地找到避险安全通道（见图5）。

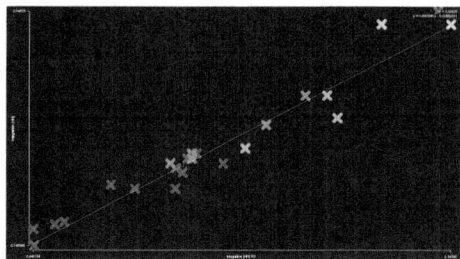

图5 可理解度分析

4 社区走访调研分析

4.1 社区居民需求调研

本研究通过线下走访，采用问卷、访谈的形式，深入了解居民的具体需求，从而确保避险空间能够满足大多数居民的需求。

从反馈的问题可见（见表1），社区居民最关心为公园附近的安全，期望能改善夜晚的灯光环境，让市民在公园里更有安全感，也为避险多一份保障。另外，部分市民对街道交通安全状况表示关切，市场门口货物、车辆都是乱停乱放，造成了交通混乱，并且由于排污不畅，常形成积水，影响了居民的正常生活，也堵塞避险路线，造成道路拥堵。

表1 兴贤社区居民反馈的问题

所处道路	问题	场地图片
宝华大街	公共空间不满足照明条件	
宝华大街兴贤坊	市场周边污水排污不畅，下雨路面易积水	
宝华正中街	车辆胡乱停放，造成交通拥堵	
	经营占道，增加交通压力	
	垃圾转运设施简陋，气味难闻	
	台阶设施老化，无无障碍通道	
	警卫亭被汽车停靠包围，变成摆设	
	公共活动花园陈设杂乱，入口被杂物封锁	

4.2 需求总结分析

居民反映问题可见已影响到社区的正常通行，也给规划避险街道空间带来不便。非机动车停放的无序、摆摊买卖、生活垃圾处理设施不完善，这是社区治理不力的一种表现，也是一个综合性问题，还要从整个社区的交通规划与整合方面进行考虑。同时，整合度较高的几条道路，在面临灾难时是最为主要的避险街道空间，但经过实地调研和居民反馈发现，这些道路呈现各种程度的占用情况，造成该路段交通压力大，大大降低了避险的可行性。

此外，兴贤社区居民也在处理避险问题方面提出了有价值的建议，如在小区中设置了醒目的路径标志，以便在紧急情况下提醒周围居民，安全疏散；对非机动车停车位、人行道被侵占问题进行治理并合理规划，从而使得保证避险道路的通畅。

5 避险街道空间优化策略

5.1 市场摊位管理，增加空间可达性

对市场摊位实行规划管理，划分摆摊区域，使居民在摆摊营业时不会占用人行通道，保障紧急疏散时通道保持畅通，确保灾难来临时可以让居民以最快的速度撤离社区或是最快地到达紧急庇护场所。

5.2 优化道路与停车区域，提高通行效率

通过优化道路，确保道路平整畅通、视野开阔；对社区内的临时停车进行合理布局，可以减少社区的出入口堵塞情况，提升通行效率，使得灾害发生时保持畅通，降低

救援难度。[4]

5.3 增加标识，增强居民避险意识

在社区周边增加标示指引，并开展社会防灾避险科普，加强市民对防灾减灾的认识及防范意识。定期开展应急避难演练，使居民对小区地形、安全出口有一定的了解，帮助居民在遇到灾难时不慌张做到迅速撤离。

参考文献

[1] 周春山, 徐期莹, 曹永旺. 基于理性选择理论的广州不同类型社区老年人独立居住特征及影响因素[J]. 地理研究, 2021, 40（5）: 1495-1514.
[2] 王柱, 张鸿辉. "时空域"视角下的控规实施评估研究: 以湖南湘江新区梅溪湖一期控制性详细规划为例[C]//中国城市规划学会, 沈阳市人民政府. 规划60年: 成就与挑战: 2016中国城市规划年会论文集（06城市设计与详细规划）. 长沙: 长沙市规划信息服务中心, 2016.
[3] 杨聆, 徐坚. 基于空间句法的历史街区空间形态研究: 以成都宽窄巷子街区为例[J]. 四川建筑, 2016, 36（5）: 16-18.
[4] 李端杰, 王梦晗, 王洁宁. 基于应急避险行为模拟的城市公园边界空间优化: 以济南市泉城公园为例[J]. 风景园林, 2022, 29（4）: 114-120.
[5] 陈业鹏. 基于有机更新理念的城中村微改造方法研究[D]. 广州: 华南农业大学, 2021.

图表来源

图1～图5均为作者自绘；
表1为作者自绘。

基于街景图像的街道绿化结构与城市空间感知分布特征

李凡（天津大学建筑学院；Melissa_li@tju.edu.cn）
张龙浩（天津大学建筑学院；muteisdope2024tju.edu.cn）
刘健琨（天津大学建筑学院；liu_jiankun@tju.edu.cn）

摘　要：城市街道绿化在生态效益与居民生活质量提升中具有重要作用，影响居民在城市空间中的感知体验。研究基于芝加哥街景数据，采用 DeepLabV3+模型对街景图像进行语义分割，提取绿化结构要素，并结合 VGGNet 与 TrueSkill 算法，量化分析居民对安全感、活力感、美观感等 6 项感知指标的空间分布特征。结果表明，绿化覆盖率与结构复杂性显著影响居民感知，高绿化区域在美观、安全、活力等维度表现更优，而低绿化区域压抑感与无聊感更强。研究为优化城市绿化布局提供了数据支持。

关键词：绿化感知；街景图像；深度学习；量化研究

基金号：国家自然科学基金青年基金项目：基于非正规性的"空间–行为"匹配关系驱动下社区公共空间形成机制研究（52308030）

1　研究背景

随着城市化进程的快速推进，街道绿化具有缓解热岛效应、改善空气质量等生态功能，是提升居民空间体验的关键要素。现有研究多通过谷歌和百度等在线地图服务提供的街景图像，利用计算机视觉技术，如卷积神经网络（CNN）进行物体识别和语义分割，计算不同景观元素的比例，以描绘特定环境下的景观感知。本研究以芝加哥为案例，融合深度学习与感知量化方法，评估街道景观要素的空间结构分布与居民视觉感知情况，从城市街道环境与居民心理感知关联性的层面加以解释，以期为城市设计与景观规划提供新思路。

2　研究方法

2.1　研究区域概况

芝加哥作为美国第三大城市，兼具多样化的社会经济背景与绿色基础设施投入，是分析城市街道绿化及其社会影响的理想案例。

2.2　街景图像数据采集

研究基于 OpenStreetMap 道路网络，道路网络使用 Python 3.8 中的 GeoPandas 库进行了处理，数据收集过程使用了 ArcGIS 10.8，以 50 m 间隔布设采样点，采集谷歌街景（GSV）图像，覆盖城市中心、边缘及乡村区域，确保数据代表性。

2.3　街景图像数据语义分割

在数据集方面，本研究采用了 DeepLabV3+模型，结合 ADE20K 与构建的 SSGS 数据集[①]［包括融合了 Cityscapes 数据、Google 街景（GSV）全景图像及人工拍摄照片］，以确保模型能够泛化到不同的城市场

---

　　① TANG FENGLIANG，ZENG PENG，GUO YUANYUAN，et al. Decoding the spatiotemporal dynamics and driving mechanisms of ecological resilience in the Beijing–Tianjin–Hebei Urban Agglomeration: a deep learning approach. DOI: 10.2139/ ssrn.5138188.

景，实现高精度街景分割，识别绿化要素的空间分布。

2.4 基于街景图像的感知量化

研究基于 MIT Place Pulse 数据集[①]，采用 VGG16 模型训练感知分类任务，并进一步应用 TrueSkill 算法对街景图像的 6 项感知指标（美观、安全、富裕、压抑、无聊、活力）进行贝叶斯排名，生成标准化感知评分。

3 街道空间绿化结构分布特征

芝加哥街道空间的绿化结构呈现出显著的空间分异。从整体来看，树木、灌木和草地这 3 种主要的绿化要素在城市的不同区域内分布不均，反映了各个地区在绿化投入和绿化结构上存在显著差异。树木分布多集中于市中心与高收入区域，覆盖率与人口密度、经济水平正相关（见图 1）；灌木多分布于公园、成熟住宅区，体现精细化绿化管理（见图 1）。

（a）树木　　　　　（b）灌木

图 1　绿化要素——树木与灌木空间分布

草地的分布情况显示在城市外围与低密度区占比较高，发挥微气候调节功能（见图 2）。这样的绿化结构体现了城市在不同区域的绿化需求和环境特征，同时也反映了城市规划和经济条件对绿化设施的影响。

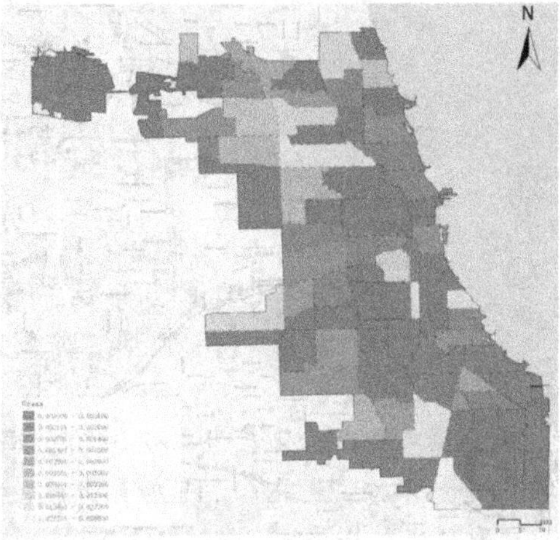

图 2　绿化要素——草地空间分布

4 街道视觉环境感知的空间分布特征

4.1 不同感知指标的综合空间分布特征

芝加哥的城市感知呈现出明显的空间分异特征。北部和市中心地区在美观、安全感、富裕程度和活力方面均表现较好，而南部和西部部分地区则在压抑感和无聊感方面得分较高（见图 3 与图 4）。

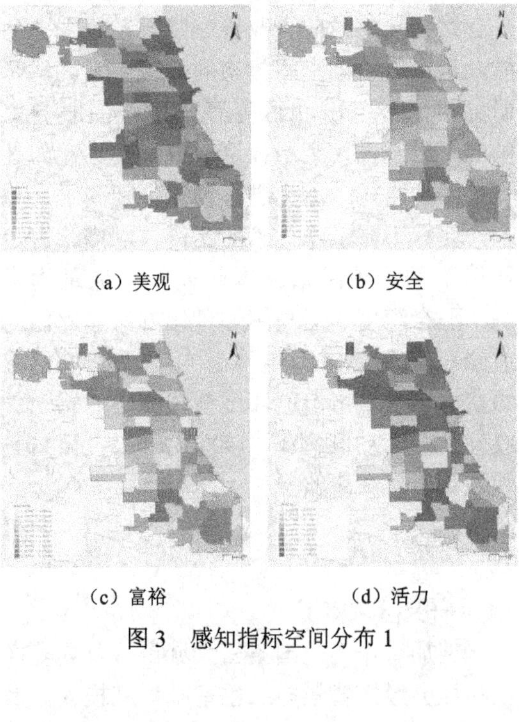

（a）美观　　　　　（b）安全

（c）富裕　　　　　（d）活力

图 3　感知指标空间分布 1

① KANG Y., ZHANG F., GAO S., et al. A review of urban physical environment sensing using street view imagery in public health studies[J]. Annals of GIS, 2020，26 (3)：261-275.
DOI: 10.1080/19475683.2020.1791954

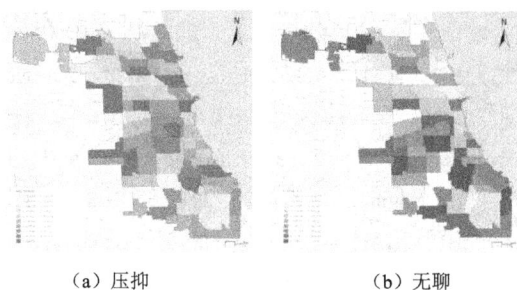

（a）压抑 （b）无聊

图4 感知指标空间分布2

这种空间分布不仅反映了城市发展的不均衡性，也为城市规划者提供了改善公共空间和提升居民生活质量的重要数据支持。

4.2 绿化结构与视觉感知关联分析

芝加哥的城市街道绿化结构与感知指标存在显著的空间关联性。美观感知与绿化覆盖率呈现强正相关关系。安全感知则通过植物屏障效应与可视性增强实现，高绿化街道（如市中心商业区）通过降低视线遮挡与提升环境整洁度。富裕感知与绿化质量密切关联，高收入社区依托精细化绿化设计与高维护投入，强化了居民对区域富裕程度的认知。压抑感与绿化缺失呈显著正相关，南部及西部老旧工业区因植被稀疏、开放空间不足，街道景观单调。无聊感则集中于低绿化、功能单一区域，社交活动匮乏与公共设施不足进一步加剧了感知负面性。活力感知则体现为绿化带与公共空间的协同效应，市中心及商业区通过绿化景观与人群活动的结合，形成高活力社交节点。

综上，芝加哥街道绿化结构通过覆盖率、空间布局与质量差异，系统性影响居民对城市的多维度感知。

5 结论

研究分析了芝加哥街道绿化结构与居民感知之间的关系，结果表明，绿化在提高街道美观、安全感、富裕感、活力感知等方面起到了重要作用。高绿化区域（如市中心、北部）在美观、安全、活力等维度表现优异，

而低绿化区域（如南部）压抑感与无聊感突出。通过量化分析街道绿化与居民感知的空间耦合关系，揭示了绿化质量与社会经济水平的显著关联。高收入区域凭借精细化绿化设计、高密度植被覆盖及优质公共绿地，显著提升了美观度、安全感与活力感知；而低收入区域因绿化资源匮乏、景观单调，导致压抑感与无聊感凸显。研究证实，绿化不仅是城市美学载体，更是调节居民心理体验的重要媒介。基于空间分异规律，建议优先针对低绿化区域制定差异化提升策略，通过均衡资源配置、优化公共空间布局，实现人居环境感知的整体优化。研究成果为城市绿化规划提供了数据驱动的决策依据，助力构建包容性、可持续的城市景观体系。

参考文献

[1] 邵润青, 段进, 姜莹, 等. 空间基因: 推动总体城市设计在地性的新方法[J]. 规划师, 2020, 36（11）: 33-39.

[2] 许伟麟, 柴彦威. 移动性地理学视角下时空间行为研究创新[J]. 地理学报, 2023, 78（4）: 1015-1027.

[3] 柴彦威, 谭一洺, 申悦, 等. 空间: 行为互动理论构建的基本思路[J]. 地理研究, 2017, 36（10）: 1959-1970.

[4] 叶宇, 戴晓玲. 新技术与新数据条件下的空间感知与设计运用可能[J]. 时代建筑, 2017（5）: 6-13.

[5] 盛强, 杨振盛, 路安华, 等. 网络开放数据在城市商业活力空间句法分析中的应用[J]. 新建筑, 2018（6）: 9-14.

[6] 赵晶, 陈然, 郝慧超, 等. 机器学习技术在风景园林中的应用进展与展望[J]. 北京林业大学学报, 2021, 43（11）: 137-156.

[7] 胡一可, 张天霖, 王磊, 等. 景观服务视角下城市街区感知测度及空间分布特征[J]. 风景园林, 2022, 29（10）: 45-52.

[8] BILJECKI F, ITO K. Street view imagery in

urban analytics and GIS: A review[J]. Landscape
and Urban Planning, 2021, 215: 104217.

［9］殷雨婷, 思韦茨, 邵钰涵, 等. 街道环境疗愈
效能及功能价值的平衡研究: 以上海市杨浦区
大学路与国康路为例[J]. 新建筑, 2021（4）:
55-60.

［10］赵景柱, 宋瑜, 石龙宇, 等. 城市空间形态紧
凑度模型构建方法研究[J]. 生态学报, 2011,
31（21）: 6338-6343.

［11］张永霖, 付晓. 基于深度学习街景影像解译和
景感生态学的视域环境定量解读[J]. 生态学
报, 2020, 40（22）: 8191-8198.

［12］刘文平. 景观服务及其空间流动: 连接风景园
林与人类福祉的纽带[J]. 风景园林, 2018, 25

（3）: 100-104.

［13］BOSCH M, SANG Å. Urban natural environments
as nature-based solutions for improved public
health: a systematic review of reviews[J].
Environmental Research, 2017, 158: 373-384.

［14］HICKMAN C. To brighten the aspect of our
streetsand increase the health and enjoyment of
our city: The national health society and urban
green space in late-nineteenth century london[J].
Landscape and urban planning, 2013, 118:
112-119.

图片来源

图 1～图 4 均为作者自绘。

基于断点回归设计的 COVID 政策调整期水体对心理健康的影响

吴龙峰*（北京大学城市与环境学院；longfengwu@pku.edu.cn）
张婕（北京大学城市与环境学院；2301213396@stu.pku.edu.cn）
贾辰婕（北京大学城市与环境学院；2401213488@stu.pku.edu.cn）
关成贺（上海纽约大学；chenghe.guan@nyu.edu）

摘　要：研究基于断点回归设计（RDD），利用京沪 2 545 份追踪数据，以流行病学研究中心抑郁量表（CES-D）、自评幸福感和健康水平为指标，通过亚组分析考察水体暴露的调节效应。研究发现：政策调整与水体空间邻近性均未显著改善居民心理健康水平。未到访滨水空间群体在转型后抑郁倾向加剧（CES-D 得分上升），窗景水体暴露增强心理韧性（CES-D 得分下降）。同时，优质水景使用者自评健康水平较低，而非使用者幸福感知显著提升。研究揭示了城市水体空间异质性在重大公共卫生政策冲击下对居民心理健康的调节价值，为蓝绿空间韧性规划提供决策依据。

关键词：心理健康；水体；断点回归设计；疫情防控隔离措施

1　介绍

新冠疫情对居民身心健康产生双重冲击，水体等自然环境通过气候调节与生理激活等路径发挥心理调节作用[1]。研究表明，疫情期间水体访问频率增加，较绿地更具心理恢复潜力，疫情初期水体视觉暴露可提升积极情绪，其质量改善能促进心理健康，且在创伤后治疗中有心理健康保护作用[2]。伴随防控阶段演变，水体使用方式从运动、摄影转向心理疗愈，成为重要避疫减压场所。研究表明其在疫情后期促进公共健康和户外活动及社交，且可作为缓解医疗压力的潜在手段[3]。

现有研究存在一些局限性：首先，目前常见横断面研究，制约因果推断有效性[4]；其次，针对防控政策转型期水体空间与心理健康的因果效应研究不足。

本文探究疫情防控转型期城市水体对居民心理健康动态影响机制。基于 2022 年末防控政策调整期京沪居民的在线问卷调查数据，政策突变为断点回归法提供准实验条件。研究提出 4 项假设：① 水体邻近性促进居民心理健康；② 亲水活动缓解心理压力；③ 居家视觉接触水体有益心理健康；④ 优质水体邻近性缓冲防控政策转型心理压力。

2　数据与方法

2.1　研究背景

2019 年末新冠疫情以来，中国实施了严格的防控政策措施，有效遏制了疫情。2022 年 11 月 21 日，中国疫情防控政策转向分级风险管理模式[5]，低风险区恢复常态化管理，高风险区精准管控。

2.2　研究设计

数据于 2022 年 10 月 11 日至 12 月 29 日政策窗口期通过京沪两地在线调查获取，

共 2 545 份有效样本（政策前 N=1 615，政策后 N=930），覆盖 18 岁以上的常住居民。采用系统抽样与性别、年龄、教育配额控制，结合经济激励提升应答率。通过逻辑测试、快速完成检查、异常问题筛查及高风险封控区样本排除来确保数据质量。

2.3 因变量与控制变量

居民心理健康状况指标及因变量为：流行病学研究中心抑郁量表（CES-D）10 项版、自评健康（SRH）及自评幸福感。控制变量涵盖标准人口学及社会经济协变量，包括性别、年龄、婚姻状况、就业状况、最高学历以及家庭收入。

2.4 亚组分析指标：水体暴露程度

研究采用 5 项指标：① 居住水体邻近性，以 400 m 直线距离阈值分组；② 社区外滨水空间利用情况；③ 窗景水体景观数量（分极低、丰富等类型）；④ 住宅区外优质水体景观公园或公共绿地；⑤ 住宅区内绿地优质水体景观。

2.5 研究过程

采用断点回归设计（RDD），以 2022 年 11 月 21 日新政策公布为干预点、日期为运行变量。此前完成问卷的居民为控制组，此后为处理组。基于 RDD "最小连续性"基本假设——即居民无法预知此类政策变化的发生[6]。采用局部线性分析方法，设定局部多项式阶数为 1，采用三角核函数，根据均方误差（MSE）准则优化带宽选择，并执行多项稳健性检验。所有分析过程通过 STATA 17.0 软件实现。

3 研究结果

3.1 变量统计描述

表 1 显示，CES-D 得分均值为 17.758（标准差=5.197），介于 10～40 分区间，与既有研究结果一致。在自评健康（SRH）与幸福感得分均值分别为 2.65 和 2.21。水体暴露特征显示：最近水体距离均值为 659 m；50.7%

的居民使用社区外滨河空间。窗户水体景观多样性分布如下：48.6%无任何水体景观，36.5%存在少量水体景观，9.6%可见人工水体，5.3%可见自然水体，26.1%邻近外部优质水景，17.1%社区内部绿地有优质水景设施。

表1 变量统计描述

变量	描述	均值	标准差	最小值	最大值
CES-D 得分		17.758	5.197	10	40
自评健康（SRB）	1=非常健康，5=不健康	2.615	1.036	1	5
乐观幸福感	1=非常幸福，5=非常不幸福	2.209	0.783	1	5
年龄		35.386	12.278	18	79
性别	男性=1，女性=0	0.463	0.499	0	1
婚姻状况	单身	0.455	0.498	0	1
	同居	0.049	0.216		
	在婚有配偶，且与配偶在一起	0.416	0.493		
	在婚有配偶，但是没有与配偶在一起	0.042	0.200		
	离婚	0.029	0.167		
	丧偶	0.010	0.101		
最高教育程度	小学及以下	0.002	0.040	0	1
	初中	0.060	0.237		
	高中	0.328	0.469		
	大学专科	0.170	0.376		
	大学本科	0.347	0.476		
	硕士研究生及以上	0.094	0.292		
就业状况	有非农工作	0.496	0.500	0	1
	务农	0.006	0.079		
	待业或求职中	0.121	0.327		
	离退休	0.083	0.276		
	丧失劳动力	0.002	0.040		
	在上学且没有工作	0.133	0.339		
	料理家务	0.033	0.178		
	其他	0.126	0.332		
家庭总收入	少于 3 万元	0.116	0.321	0	1
	3 万～4.99 万元	0.102	0.303		
	5 万～9.99 万元	0.197	0.398		
	10 万～19.99 片元	0.293	0.455		
	20 万～49.99 万元	0.237	0.425		
	50 万～99.99 万元	0.046	0.210		
	100 万元及以上	0.009	0.093		
距离水体的最近距离		659.314	616.023	0.264	3 931.28

3.2 断点回归估计结果

图 1 为分析结果。政策调整未引起心理健康显著变化（CES-D、自评健康、幸福感）。

亚组分析显示：不同水体距离居民心理健康水平无显著效应；未造访滨水空间居民CES-D得分显著升高（$p<0.05$）；水体视觉暴露程度较高居民CES-D得分显著降低（$p<0.01$）；优质水景公园使用者自评健康得分提升（$p<0.05$），非使用者自评幸福感显著改善（$p<0.05$）。研究通过包括平衡性检验、密度检验、安慰剂断点检验、敏感性检验及带宽检验的5项稳健性检验。

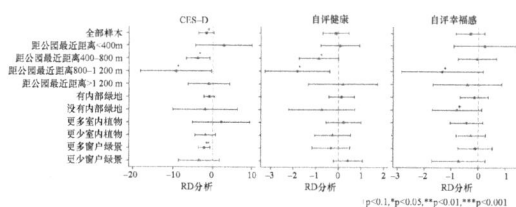

图1 绘制 CES-D 抑郁量表、自评健康（SRH）和主观幸福感的断点回归估计值

4 讨论

4.1 新冠防控政策调整对居民心理健康的影响

断点回归分析揭示防控政策调整未显著改善居民心理健康，或由于政策转型期多重压力持续，感染风险抑制户外活动，削弱自然环境或社会互动的健康效益[7]。

4.2 不同水体暴露对心理健康的缓冲效应

研究发现，疫情防控政策调整后，居民心理健康与水体邻近性无显著关联。与疫情初期研究相悖。可能因居民主观高估水体距离，认知偏差抑制亲水行为[8]。此外，中国城市普遍存在的滨水区物理围挡导致获取的效益有限[9]。

调查显示，未造访社区外滨水空间的居民在开放后 CES-D 得分显著升高，表明低水体暴露与负面情绪正相关。这可能与感染担忧加剧规避行为有关[10]。住宅水体视觉暴露充分的居民 CES-D 得分显著降低，证实水体视觉接触在转型阶段依然具有心理恢复效应。

优质水体公园访客自评健康水平下降，而缺乏水体接触者幸福感却提升，或因优质水体吸引加剧拥挤风险，促使居民主动规避。而缺乏优质水体的公园因其人流较少，居民可通过植被暴露提高幸福感[11]。

4.3 研究优势与局限性

本文验证了水体暴露与心理健康之间的关联。断点回归设计（RDD）强化了疫情后期水体短期心理缓冲效应的因果推断效度；同时多维度考察水体暴露的心理恢复效应。

然而，本文的局限性体现于：首先未考虑水体的规模、形态等自然属性指标；其次，在线数据采集或限制结论普适性；最后，聚焦政策转型窗口期短期效应，还需纵向追踪验证长期效果及外推性。

5 结论

本研究基于 RDD 准实验设计揭示疫情防控政策转型期水体暴露的心理健康效应：政策实施前后居民心理健康无显著改善。水体邻近性未显示心理健康效益。未造访滨河绿地的居民心理健康状况较差。水体视觉暴露改善心理健康。优质水体景观与居民较差的自评健康水平相关，而此类景观的缺失显著提升居民自评幸福感。发现强调了疫情转型期间，水体在城市规划中的重要性。

参考文献

[1] CRUZ J A, BLANCO A C, GARCIA J J, et al. Evaluation of the cooling effect of green and blue spaces on urban microclimate through numerical simulation: A case study of Iloilo River Esplanade, Philippines [J]. Sustainable Cities and Society, 2021, 74: 103184.

[2] POULSEN D V, STIGSDOTTER U K, REFSHAGE A D. Whatever happened to the soldiers? Nature-assisted therapies for veterans diagnosed with post-traumatic stress disorder: A

literature review [J]. Urban Forestry & Urban Greening，2015，14（2）：438–45.

［3］XUE K，YU K，ZHANG H，et al. Research on health promotion strategies of public recreation space in the coastal area of Qingdao City Center, China [J]. Sustainable Energy Technologies and Assessments，2022，52：102144.

［4］LI A，MANSOUR A，BENTLEY R. Green and blue spaces，COVID-19 lockdown，and mental health：An Australian population-based longitudinal analysis [J]. Health & Place，2023，83：103103.

［5］《新冠肺炎疫情防控核酸检测实施办法》等4个文件发布[EB/OL]（2022–11–21）[2025–05–19]. https://www.bjstb.gov.cn/bjtb/ywdt/gwyxx/1319159/index.html.

［6］VAN HAUWAERT S M，HUBER R A. In-group solidarity or out-group hostility in response to terrorism in France? Evidence from a regression discontinuity design[J]. European Journal of Political Research，2020，59（4）：936–53.

［7］BEDIMO-RUNG A L，MOWEN A J，COHEN D A. The significance of parks to physical activity and public health: a conceptual model [J]. American journal of preventive medicine，2005，

28（2）：159–68.

［8］POULSEN M N，NORDBERG C M，FIEDLER A，et al. Factors associated with visiting freshwater blue space: The role of restoration and relations with mental health and well-being [J]. Landscape and Urban Planning，2022，217：104282.

［9］DING Z，WANG H. What are the key and catalytic external factors affecting the vitality of urban blue-green space? a case study of Nanjing Main Districts，China [J]. Ecological Indicators，2024，158：111478.

［10］ZHONG Y，HUANG J，ZHANG W，et al. Addressing psychosomatic issues after lifting the COVID-19 policy in China：A wake-up call [J]. Asian Journal of Psychiatry，2023，82：103517.

［11］GRILLI G，MOHAN G，CURTIS J. Public park attributes，park visits，and associated health status [J]. Landscape and Urban Planning，2020，199：103814.

图片来源

图1为作者自绘。

基于社会记忆与空间句法分析的清东陵守陵村落空间文化特征研究

——以遵化市官房村为例

潘亮（华北理工大学；13373227553@139.com）

李晓琳（华北理工大学；3099256038@qq.com）

梁智超（华北理工大学；2071949508@qq.com）

摘　要： 本文以清东陵周边的守陵村落——遵化市官房村为研究对象，采用社会记忆理论与空间句法分析方法，探讨其空间文化特征及演变机理。研究发现，官房村的空间格局深受清代皇家礼制影响，形成了以礼制核心区为中心、向外拓展至居民生活区与生产区的层级空间结构。通过空间句法量化分析，揭示了村落空间的整合度特征及其历史功能演变，并结合村民问卷调查，探讨其空间感知模式及文化认同。研究表明，现代化进程导致礼制核心区功能弱化、街巷空间认知模糊及节点空间利用方式改变，传统空间基因正面临消解风险。为此，本文提出基于历史文脉的核心空间功能复兴、社区自主保护机制构建，以促进村落的可持续发展。研究成果可为清东陵周边守陵村落的空间保护与文化传承提供理论支撑和实践参考。

关键词： 守陵村落；社会记忆；空间句法；空间基因；文化传承

基金号： 2023 高校创新创业教学改革项目（2023CXCY096）；2024 高校教育教学改革研究项目（ZJ2322）

1　研究地区及研究框架

1.1　村落概述

官房村位于河北省遵化市，是清东陵周边的传统守陵村落之一。自清代起，村落在皇家礼制与社会功能的传承中发挥着重要作用，尤其与清东陵的祭祀活动紧密相连。村落地处清东陵南侧，紧邻皇家陵寝区域，空间格局和功能布局深受清代皇家礼制的影响，呈现出以礼制核心区为中心，向外延伸至居民生活区与生产区的功能分区结构。

随着现代化进程的推进，特别是经济发展和外部开发的压力，村落的空间形态与文化功能发生了显著变化，礼制核心区的文化功能逐渐弱化，传统空间与文化元素遭遇流失和破坏。传统村落在形态演变过程中，会形成公共空间网络与使用功能布局的同构关系，从而对深层结构的稳定性起到锚固作用[1]。面对文化与经济双重价值的提升需求，村落的可持续发展亟待依托其独特的空间基因和历史记忆进行有效保护与再生。

1.2　理论框架与方法

空间社会记忆指的是特定地区的空间形态和结构所承载的历史记忆，它随着村落历史与社会发展不断积淀和传承。空间句法分析为量化空间结构特征提供了一种有效的工具，能够揭示空间形态与功能之间的内在关系。结合这些理论，本研究采用实地调研、空间句法分析与历史文献分析相结合的方式，提取官房村的空间基因要素，量化分析空间基因的历史记忆、功能作用与保护力度，并探讨村民对空间的感知度。

2 空间基因分析

2.1 总体格局

官房村的空间布局深受清东陵皇家礼制的影响，村落的主要空间轴线与清东陵的陵区相呼应，形成了礼制功能明确的空间结构。总体格局呈现从礼制核心到居民生活空间的逐步过渡，主要空间节点围绕祭祀场所、祠堂等社会活动功能区建立。虽然现代化进程带来了生活需求与空间功能的变化，但官房村依然保留了清代时期的空间结构。

在社会记忆的传承过程中，历史遗存与现代功能的交替成为村落空间的关键特征。通过对村落的空间形态分析发现，官房村的整体布局仍然保留了清代时期的中轴空间结构如图1所示，但在现代化进程中，空间的功能性与文化性逐渐发生了转型，现代生活需求对传统空间格局的侵蚀逐步加深。

图1 官房村区域划分图

2.2 街巷空间与节点功能

街巷是传统村落中最具生活性和集体记忆性的空间单元。在官房村，街巷布局呈现明显的辐射状分布模式，围绕礼制核心区延伸，街道的方向与清东陵的祭祀路线相呼应（见图2与图3）。这种布局不仅具有功能性，也深深嵌入了历史记忆，承载着村民对皇家礼制和地方信仰的认同。

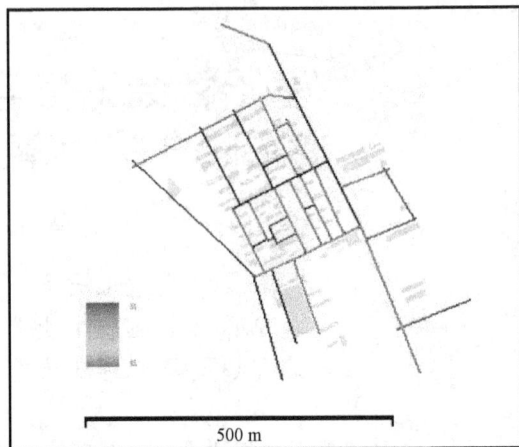

图2 全局整合度分析图

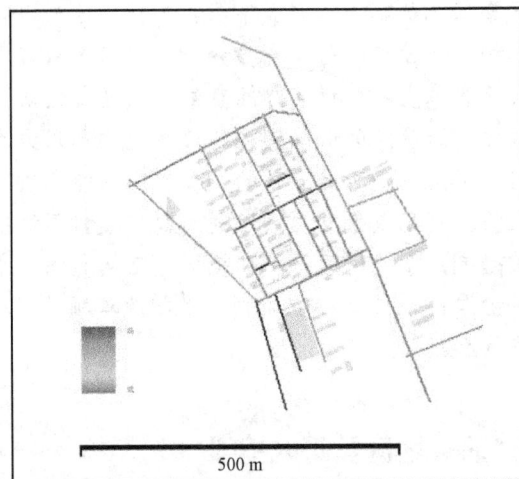

图3 局部整合度分析图

通过空间句法分析，街巷空间的连通性得到了量化。整合度反映的是研究的单元空间与系统中所有其他空间的集聚或离散程度，整合度值越高的空间，可达性越高，吸引力越大[2]。研究发现，礼制核心区的空间联系较强，而生活区与外围产业空间的连通性较弱，揭示了历史空间形态的复杂性及其在现代化进程中的边缘化趋势（见图4）。

官房村的重要节点空间（如祠堂）承载着核心社会功能，既是村民日常活动中心，也维系着宗教祭祀与社会组织。随着时代变迁，节点空间逐步由祭祀转向文化展示与旅游接待，如朝拜场所演变为博物馆和村民活动中心。尽管如此，历史遗存依然是村民文化认同的重要载体。在传统村落的保护研究和旅游开发中，应重点关注传统村落中整合度较高的核心空间[3]。因此，在传统村落保护与旅游开发中，应关注整合度较高的核心空间，以增强文化承载力，实现历史空间的活态保护与利用。

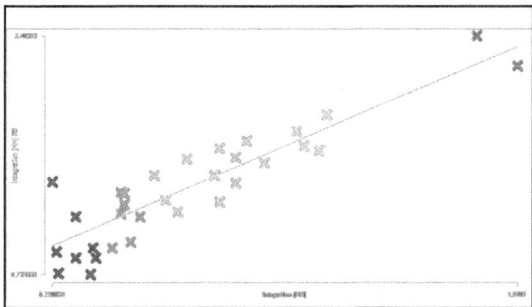

图 4　街巷空间可理解度

3　村民空间感知度与空间基因的关系

3.1　村民对空间的感知度

本文通过问卷调查，共向村民发放 100 份问卷，以确保数据的代表性与科学性。调查结果表明，村民的空间了解度在一定程度上反映了他们对村落空间功能、历史记忆及文化价值的认知，但不同类型的空间在村民感知中存在显著差异（见表 1）。

表 1　官房村调查汇总

场景类型	突出部位	传承度	了解度
村落中心	博物馆	86%	93%
公共广场	传统建筑	43%	54%
社区功能	石道	80%	90%
文化活动	庙会	46%	36%
历史文化	古老宅院	43%	50%

整体而言，村民对传统礼制空间的认同度较高，尤其是村落中心（博物馆）和社区功能区（石道）等核心场所，仍承载着重要的文化记忆。然而，现代化进程冲击了部分

空间认知，特别是在生活区与商业区交错发展的区域，空间功能的模糊性加剧了村民的认知困惑，削弱了传统空间的文化意象。

3.2　空间基因要素的历史记忆与功能作用

历史记忆对村民的空间感知至关重要。官房村的礼制核心区与重要节点空间承载着深厚的历史背景与文化功能，直接影响村民的文化认同。传统空间不仅具备社会功能，也承载地方文化记忆，构成村落认同的基础。

历史街区的韵味与氛围是在长期积累与渐进式更新中延续，而非突发式变革[4]。因此，文化特征的保留取决于空间基因的保护力度。当前，官房村的保护工作主要集中在礼制核心区和重要节点空间，但整体覆盖不足，部分空间功能因现代化开发而弱化（见图 5）。研究表明，需结合系统性保护与现代治理理念，制定合理引导措施，实现传统空间的活态传承与可持续利用。

图 5　主要街道道路图

4　传统村落空间传承策略

4.1　传统空间的保护与功能复兴

传统村落的空间基因传承，关键在于恢复历史文脉并结合现代功能。官房村应加强礼制核心区的保护与复兴，修复传统空间文化功能。通过修缮老宅与博物馆，激活文化场所，使其成为地方文化传承的重要载体，并结合现代需求引入公共服务设施，确保传统空间的可持续发展。

4.2 引导村民自主保护与文化传承

村落保护需依赖村民参与。官房村可建立村民主导的保护机制，引导他们参与历史建筑与文化遗产修复。通过文化活动、手工艺培训等增强村民认同，同时鼓励他们参与博物馆管理与文化策划，推动文化与经济融合，实现文化的持续传承。

5 结语

本文基于社会记忆理论与空间句法分析，探讨官房村的空间文化特征，揭示其空间格局、街巷连通性、节点空间功能变化及村民空间感知的关系。研究发现，村落受清代皇家礼制影响，形成以礼制核心区为中心的层级分区，但现代化进程导致礼制核心区弱化、街巷可识别度下降、节点空间向文化展示和旅游功能转型，部分传统空间基因消解。

本文提出激发空间功能、公众参与两大策略，以增强文化承载力，实现空间的保护与再利用。本文构建村落空间基因识别体系，揭示守陵村落的空间适应性特征为清东陵周边守陵村落的可持续发展提供了理论支持与实践路径。

参考文献

[1] 戴晓玲，浦欣成，董奇. 以空间句法方法探寻传统村落的深层空间结构[J]. 中国园林，2020，36（8）：52-57.

[2] 周佳颖，张景秋. 基于空间句法的历史街区空间形态研究：以北京前门地区为例[J]. 北京联合大学学报，2018，32（1）：22-27.

[3] 陈铭，李汉川. 基于空间句法的南屏村失落空间探寻[J]. 中国园林，2018，34（8）：68-73.

[4] 陈秉钊. 城市风貌与特色：从街道美学说起[J]. 规划师，2009，25（12）：8-11.

图片来源

图1～图均为作者自绘。

基于三元辩证法的特色商业街区更新策略研究

——以重庆回龙湾特色商业街区为例

李元源（重庆交通大学；1090230759@qq.com）

姚阳（重庆交通大学；66252136@qq.com）

摘　要：本文运用空间三元辩证法，以重庆回龙湾特色商业街区为例，通过空间实践、空间的表征和表征的空间这三个角度分析街区物质、精神、社会层面的问题，并据此提出在地文化挖掘应用、空间结构体系更新、业态布局规划、空间使用者体验优化和空间治理体系构建等策略，旨在提升街区经济价值和可持续发展能力，为类似街区的更新改造提供参考。

关键词：街区更新；空间三元辩证法；商业街区；可持续发展

1　引言

改革开放以来，我国城镇化率从1978年的18%上升至2023年的66%，大量农村人口涌入城市，形成庞大且多样化的消费群体，促进了商品经济的繁荣，为商业街区提供了广阔的市场空间。在这个过程中，消费不仅是一种简单的购买行为，也成为社会与空间关系建构的原因之一，同时也是保证资本主义社会空间再生产的途径[1]。特色商业街区是城市中资本积累最为集中的地方[2]，在有限的土地资源条件下，翻新与升级作为城市更新的重要一环，关乎城市的可持续发展。

本文以重庆市南岸区回龙湾特色商业街区为案例，运用空间三元辩证理论分析空间现存问题，关注特色商业街区被开发、规划、使用的过程[3]，提出旨在促进商业街区可持续发展的更新优化策略。

2　相关理论及内涵

2.1　特色商业街区

特色商业街区指具有一定历史文化底蕴、独特建筑风格、丰富业态组合及良好消费体验的综合性商业区域，是集购物、餐饮、休闲、娱乐、旅游等一种或多种功能特质的综合体[4]，不仅承载着商品交易的基本功能，还是城市形象展示、文化传承、休闲娱乐与社交互动的重要平台。依据特色商业街区的功能定位、建筑风格与特色等，可分为现代商业类、历史文化类、风味美食类和风情主题类。

2.2　空间三元辩证法

空间生产理论由法国亨利·列斐伏尔提出，他认为"当代社会已经由空间中事物的生产转向空间本身的生产"[5]。因此，街区的更新不仅是物质层面改造，更是社会结构、权力关系和文化价值在特定地域内的动态交织与重塑。

空间三元辩证法是由此衍生的空间分析方法，将空间划分为3个范畴：空间实践、空间的表征和表征的空间，分别对应物质空间、精神空间和社会空间。空间实践是指人们在日常生活中进行的各种活动，包括生产、居住、交通等。空间的表征是指规划师、城市管理者等所构想和设计的空间。表征的空间则是人们实际生活和体验的空间，是被使用者占据和改造的空间，蕴含着各种社会关系。据此，笔者构建出一个理论分析框架用于实证分析（见图1）。

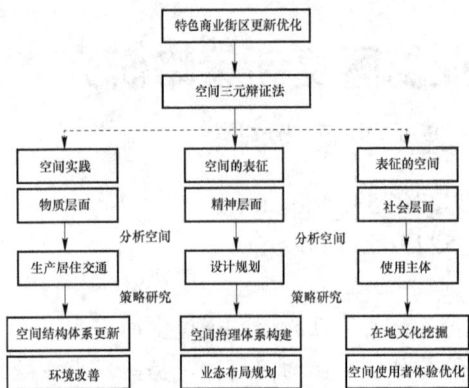

图1　理论分析框架图

3　相关理论及内涵

3.1　研究区概况

　　回龙湾特色商业街区位于重庆市南岸区回龙路76号，是集餐饮、娱乐、购物于一体的综合特色商业街区。周边资源丰富，交通便利，有10余个中高档住宅小区，集聚多个知名院校，常住人口超过20万，具备稳定客源。

　　笔者以回龙湾特色商业街区内的回龙路为主路，以回龙路和学府大道间的街道为支路，研究对象为道路两旁的店铺及摊位，绘制现状分析图（见图2）。街区共159户餐饮商铺，营业时间多为10:00至24:00。

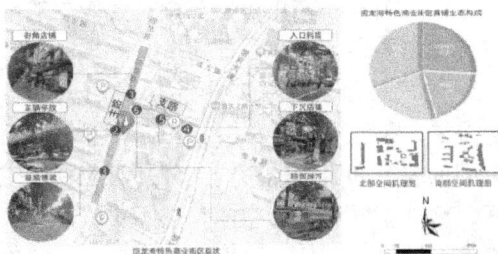

图2　回龙湾特色商业街区现状分析图

3.2　研究方法

　　本文采用文献分析法、非参与式观察法、参与式观察法、结构式访谈法、非结构式访谈法等研究方法。

　　实验初期采用文献分析法和非参与式观察法，对街区的地形、空间布局、交通状况、人流与环境、旅游发展状况、空间使用情况等进行分析，总结研究区概况；随后进行实地调研，结合现场勘测等方式记录结果；然后采用半结构访谈与非结构访谈，访谈的对象包括街道工作人员、商家、消费者等，访谈的内容包括街区基本概况、生产生活情况、发展管理现状、空间使用情况等，并对街区现存问题提出意见和建议。

4　空间三元辩证法街区问题分析

4.1　空间实践

　　回龙湾特色街区空间布局紧凑，道路狭窄曲折，空间存在利用率低、环境杂乱等问题，街区店铺及建筑存在违章建筑，属于商贩自发性建造，存在安全隐患。街区整体布局缺乏整体性和协调性。

　　街区以美食为主打业态，涵盖多种餐饮类型，消费层次中等偏低。支路靠近高校，主要消费群体为学生，主路则偏向于大众群体。由于业态分布多样，管理难度较大，确保食品安全、环境卫生、交通秩序等方面的有效管理成为重要挑战。

4.2　空间的表征

　　政府高度重视特色商业街区的发展，出台了一系列扶持政策。回龙湾商业街区原有的商铺、建筑等建成年代主要集中在2004—2017年，最早建成建筑距今已20多年，景观与环境逐渐落后。

　　近年来，南坪镇多次开展城管执法行动，加强城市管理，对回龙湾特色商业街区进行城市管理综合整治，一定程度上提升了街区的环境秩序，但执行力度和效果有待加强。

4.3　表征的空间

　　回龙湾特色商业街区早期自发形成商业点，相关部门对街区进行规范管理后，知名度不断提升，逐渐转变为特色商业街区。

调研结果发现，街区学生消费群体居多（见图 3），19:00—21:00 时间内路段较为拥堵，周末和节假日人流量激增，道路交通严重拥堵，噪声污染加剧，影响消费者体验。此外，街区还存在环境卫生问题，影响街区形象和商业氛围。

群体	占比	消费频次	消费偏好	消费时段	消费金额
附近居民	约35%	高	性价比高	晚饭和夜宵时间	中等
学生群体	约40%	较高	快捷方便	工作日	中偏低
上班族	约20%	较高	新奇潮流	放学、周末、节假日	中等
游客及休闲群体	约5%	较低	本地特色	不固定	较高

图 3 街区消费群体分析图

5 回龙湾商业街区空间更新优化策略

5.1 在地文化挖掘应用

挖掘街区特色节点，在铺装、墙壁、转角、入口等街区特征空间处融入艺术装置、构筑物等；打造全新街区 IP 形象，赋予属地化的特征活力；创造情感链接，让公众可参与。同时，设计艺术微空间节点，将文化元素融入街区空间设计和业态布局中，提高街区辨识度和特色文化内涵。

5.2 空间结构体系更新

针对街区空间利用率低、环境杂乱等问题，进行空间结构体系的更新和优化。重新对街区进行科学合理的规划布局，提高空间利用效率和整体品质；拆除违章建筑、拓宽道路、增设公共设施等，改善街区环境和道路交通现状；重新规划地下管网系统，将污水引流集中区域处理；根据现场空间分析，可在店铺门口设置一些微型绿化花坛等，提高街区的绿化率；通过新建地下停车场或与周边小区共享停车位，确保高峰期车辆停放问题。

5.3 业态布局规划

根据街区特点和消费者需求，引入多元化、差异化的业态类型，满足不同消费者的需求。加强业态之间的联动和互补关系，形成错位竞争和协同发展的良好态势。

5.4 空间使用者体验优化

通过改善街区环境、提升服务质量、丰富业态种类等方式，提高街区的吸引力和竞争力。可加强交通管理，引导车辆有序停放；加强环境卫生管理，保持街区干净整洁；对建筑外立面进行统一规划和改造，提升街区整体形象；加强宣传力度，开展促销活动和文化活动，吸引消费者体验和消费。

5.5 空间治理体系构建

构建科学合理的空间治理体系，实施针对性管理。通过加强对基础设施的规范管理与维护，提高环境卫生标准；加强环境监管力度，引入环保的污水处理与排放系统。通过政府引导、法律法规完善、社区自治等方式，形成政府、市场和社区共同参与的治理格局，建立健全的监督机制和评估体系。

6 结语

本文通过空间三元辩证法深入分析街区，从空间实践、表征的空间、空间的表征 3 个角度分析现存问题，提出街区的更新优化策略，提高回龙湾特色商业街区的经济价值和可持续发展能力。同时，本文也为其他类似街区的改造提供了参考和借鉴。未来，随着城市化进程的不断推进和消费者需求的不断变化，特色商业街区的更新优化将成为一个持续关注和研究的领域。

参考文献

[1] 张京祥，邓化媛. 解读城市近现代风貌型消费空间的塑造：基于空间生产理论的分析视角[J]. 国际城市规划，2009，23（1）：43-47.

[2] 孙九霞，周一. 日常生活视野中的旅游社区空间再生产研究：基于列斐伏尔与德塞图的理论

视角[J]. 地理学报，2014，69（10）：1575-1589.

［3］周阳. 社会—空间视角下北京历史街区更新策
略研究[D]. 北京：北京建筑大学，2023.

［4］刘旭. 城市特色街区建设与发展探析[J]. 红旗
文稿，2008（8）：21-23.

［5］ LEFEBVRE H. The production of space[M].
Oxford：Wiley-Blackwell，1974.

图片来源

图1~图3均为作者自绘。

基于三维步行网络模型的地铁口出站客流分布研究

——以上海市徐家汇地铁站为例

翟茂君（同济大学建筑与城市规划学院；2330097@tongji.edu.cn）

张灵珠（同济大学建筑与城市规划学院；zhanglz@tongji.edu.cn）

摘　要：研究以上海市徐家汇地铁站为例，以轨道交通站点内部三维步行网络为基础，通过逐步引入地面街道与站域商业综合体两级城市步行网络，探究轨道交通站域多层级立体步行系统的耦合作用对地铁出口处客流分布模式的影响。结果表明，随着站外步行网络的纳入与模型计算方式的优化，地铁出口处出站客流量与其中介中心度的相关性显著增强。此外，连接不同站厅的出口在出站客流的分布模式上亦存差异。基于此，研究进一步提出优化地铁出口布局的策略。

关键词：轨道交通站域；站城一体化；立体步行系统；地铁站出口；空间句法

1　研究背景

在城市轨道交通系统由高速建设向高质量发展转型的时代背景下，站城一体化开发已成为当下城市设计领域的热门议题。其中，在空间层面整合站点与城市要素，构建具有层级结构的站域三维步行网络体系，是实现站城一体化开发的核心策略之一[1]。而在这一体系中，地铁出口作为衔接站点与城市空间的重要节点，其合理设计在提升轨道交通系统运行效率、优化乘客出行体验、促进站域可持续发展等方面均具有关键作用，因而具有重要的规划价值。

目前，已有部分学者从空间构型角度对地铁出口及其周边区域的客流分布模式展开分析，但多基于单一层级的空间构型，如轨道交通站域地下步行系统、街道步行系统等[2-4]。少有研究关注轨道交通站域多层级步行系统的耦合作用对地铁出口处客流分布模式的影响。因此，本文以地铁出站乘客为例，在轨道交通站点内部三维步行网络模型的基础上，逐步引入地面街道与站域商业综合体两级城市步行网络，探究轨道交通站域多层级立体步行系统的耦合作用对地铁出口处客流分布模式的影响。从而为地铁出口的合理布局提供量化评估依据。

2　研究对象

本文选择上海市徐家汇地铁站为研究案例（见图1），具体原因如下。首先，徐家汇地铁站位于上海市四大副中心之一徐家汇的核心区域，且是上海地铁1号、9号、11号线的换乘枢纽，站域客流量充足。其次，徐家汇地铁站目前共设有19个开放出口（包含9号线站厅东南角连接港汇恒隆的地下通道），是上海出口最多的地铁站之一。在站城一体化开发模式下，其站域步行网络层次丰富，空间立体。

3　研究方法

研究主要包括3个步骤。首先，依据徐家汇地铁站域现状，依次建立：① 仅包含地铁站点；② 包含站点与地面街道；③ 包含站点、地面街道与站域商业综合体的3类三维步行网络模型。其次，通过线下调研收集徐家汇地铁站 19 个出口的出站客流量数据。最后，逐一分析并对比三类模型中地铁出口处空间构型指标与出站客流量间的相关性，从而探究轨道交通站域多层级立体步行系统的空间构型对地铁口出站乘客分布模式的影响。

图 1　徐家汇地铁站域现状

3.1　三维步行网络模型

3 类三维步行网络模型所含内容与相关图层划分见表 1 与图 2。模型空间组构指标的计算基于 sDNA 软件展开[5]。

表 1　三类三维步行网络模型

模型编号	包含图层
模型 1	站点
模型 2	站点+地面街道
模型 3	站点+地面街道+商业综合体

图 2　三维步行网络模型图层划分

中介中心度是本文关注的主要构型指标，用于衡量路段发生穿越性活动的潜力。在 sDNA 软件中，相比 Betweenness 指标，Two Phase Betweenness（TPB）通过调整路径权重的分配方式，有助于减少模型中因连线数量不同而引起的空间构型指标差异，便于模型间的对比分析，因此更适用于本研究。

3.2　客流量调研

研究团队于 2024 年 11 月 30 日（工作日）和 12 月 6 日（休息日）在徐家汇地铁站开展客流观测，分别选取 8:00—9:30、10:00—11:30、14:00—15:30、17:00—18:30 这 4 个时段，在 19 个地铁出口处进行连续 6 min 的出站客流量计数（在徐家汇地铁站内，同一方向两班列车之间的最长发车间隔为 6 min），最后取平均值作为各出口的出站客流量。

4　数据分析

逐一分析 3 类模型中地铁出口位置在不同分析半径下的中介中心度指标与出站客流分布间的相关性，结果如图 3 与图 4 所示。在仅包含站点的三维步行网络模型中，地铁口的出站客流量与其中介中心度指标仅表现出较低的相关性，峰值出现于分析半径 300 m 处（$r^2=0.324$，$P=0.011$），该半径与乘客在徐家汇地铁站内，不经过站厅间换乘通道情况下的出站距离相似。

在同时包含站点与地面街道步行网络的模型 2 中，地铁口出站客流量与中介中心度指标的相关性进一步提升。其中，分析半径在 300～500 m 之间的相关性相对较高。虽然其峰值依旧出现在分析半径 300 m 处（$r^2=0.465$，$P=0.001$），但对比模型 1、2 表现可以发现，模型 2 在较大分析半径下的相关性增幅更加显著，尤其是在分析半径 500 m 处。这一范围与徐家汇地铁站的步行服务半径类似。表明站点与城市街道步行网络的空间构型共同影响了出站乘客对于地铁出口的选择。

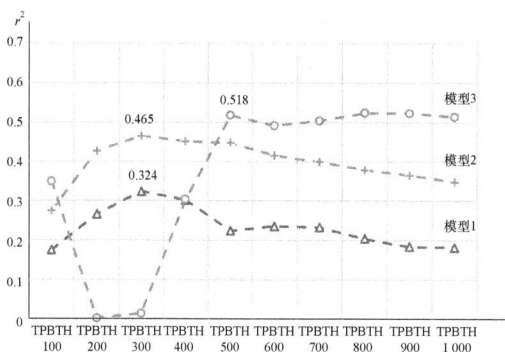

图 3　出站客流量与 TPBTH 指标相关性

图 4　三维步行网络模型的穿行潜力分析

在同时包含站点、地面街道与站域商业综合体步行网络的模型 3 中，地铁口出站客流量与中介中心度指标的相关性表现最好。在除 200～400 m 外的其他范围内，二者相关性均高于模型 1 和模型 2，峰值出现于分析半径 500 m 处（r^2=0.518，P<0.001）。对模型 3 中各地铁出口在搜索半径 200～400 m 范围内的中介中心度指标进一步分析，发现

受百脑汇与徐家汇书院步行网络影响，地铁 3 号、4 号口之间路径在小范围分析半径下的中介中心度指标较其他出口急剧增加，因而削弱了整体相关性。

总而言之，通过对比分析三类模型表现可得，随着地面街道与站域商业综合体步行网络的纳入，地铁出口处出站客流量与中介中心度指标的相关性不断提升，在模型分析半径接近徐家汇地铁站的实际步行服务半径时表现尤为显著。由此可见，城市步行网络空间构型在出站乘客对地铁出口的选择中发挥着举足轻重的作用。

在此基础上，考虑到在城市步行网络中，步行路径长度的增加通常伴随着其可达吸引点或潜在目的地数量的提升。例如，较长的街道路径往往连接更多的建筑，而商业综合体内部的较长步行路径则可通达更多店铺。因此，采用 Weight by length 计算方式对模型 3 进行加权计算，结果如图 5 所示。与未经加权处理的 TPBTH 指标相比，TPBTHWI 指标与地铁口出站客流量的相关性进一步提升，峰值依旧出现于分析半径 500 m 处（r^2=0.603，P<0.001）。

随后对散点图进一步分析（见图 5）。发现连接 1 号线站厅的出口数据点与 9/11 号线站厅出口的数据点大致被回归线划分为上下两簇。因此尝试引入出口位置变量，将连接 1 号线站厅的出口赋值为 1，9/11 号线站厅的出口赋值为 2，得到二元线性回归方程：

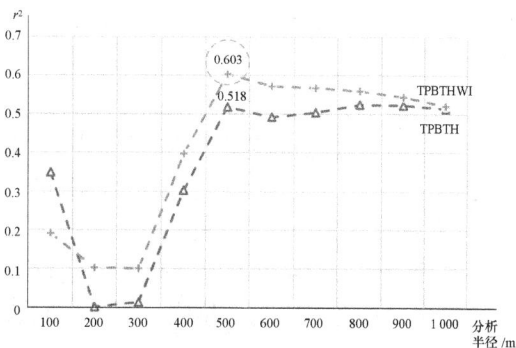

图 5　出站客流量与 TPBTH/TPBTHWI
指标相关性（模型 3）

211

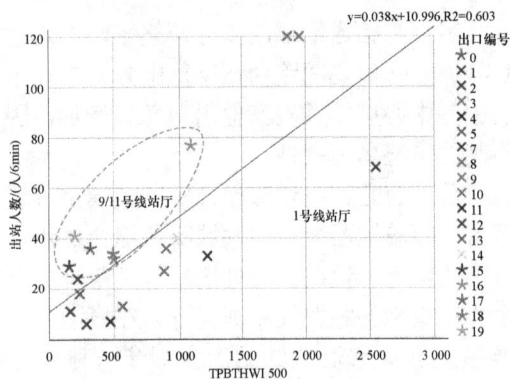

图 5　出站客流量与 TPBTH/TPBTHWI
指标相关性（模型 3）（续）

$$P=0.043T+22.083E-22.141$$

式中：P——地铁口出站客流量；

T——模型 3 的 TPBTHWI 指标；

E——出口位置变量（$r^2=0.692$，$P<$
0.001）。各自变量相关指标见表 2。

表 2　回归模型自变量指标

变量	Beta	P	VIF
TPBTHWI500（T）	0.883	<0.001	1.129
出口位置（E）	0.317	0.047	1.129

5　结论与展望

　　研究主要基于 3 类三维步行网络模型，探讨了轨道交通站域多层级步行系统的耦合作用对地铁出口处客流分布模式的影响。结果表明，随着地面街道与站域商业综合体两类城市步行网络的加入，以及模型加权计算方式的改变，地铁口出站客流量与其中介中心度指标的相关性不断提升，除此之外，研究同样发现，与不同站厅相连接的出口在出站客流的分布上也存在差异，并通过二元线性回归方程的拟合验证了出口位置变量的有效性。

　　基于上述研究结果，对立体开发模式下的地铁出口设计提出以下建议。首先，地铁出口布局应统筹站点及站外步行网络的空间构型，关注站域各层级步行系统的耦合作用，并以此为依据，优化地铁出口的位置、宽度与数量，使其均衡分布并与高中介中心度的城市路径相连。其次，应重视站外步行网络中潜在吸引点或目的地对不同地铁口出站客流量的影响，依据实际情况对步行网络进行加权分析。同时，还应关注地铁出口与不同站厅的连接。结合各站厅内部地铁运营数据与空间构型指标将有助于准确评估其出口位置的出站客流分布。

　　总而言之，城市轨道交通站点的出口设计应在初期充分考虑上述因素，并在使用过程中依据站域更新情况进行定期评估。依据结果在出口位置合理配置电梯、自动扶梯等垂直交通设施，必要时结合地下通道或人行天桥，以有效引导与分配出站客流，优化乘客出行体验，增强站城互联互通。

参考文献

[1] 吴亮，陆伟，张姗姗."站城一体开发"模式下轨道交通枢纽公共空间系统构成与特征：以大阪-梅田枢纽为例[J]. 新建筑，2017（6）：142-146.

[2] 徐磊青，马晨，周峰，等. 轨交站域的人流、商业与城市设计：以上海"静安寺站"和"中山公园站"为例[J]. 建筑学报，2015（S1）：60-65.

[3] 潘艾婧，卞洪滨，何捷. 地铁站点对地面街道步行人流的重新分配作用：以广州市公园前地铁站域为例[J]. 南方建筑，2020（1）：101-107.

[4] 徐雅洁，陈湘生，白雪，等. 地铁站出入口客流分布及其影响因素分析[J]. 地下空间与工程学报，2022，18（2）：351-358.

图片来源

图 1～图 5 均为作者自绘。

04

文化传承与空间记忆

基于 GIS 的传统村落空间分布格局与文旅融合研究

——以杭州"三江两岸"沿线传统村落群为例

李天劼（浙江理工大学；litj13@163.com）

朱旭光*（浙江理工大学；13588860417@163.com）

摘　要： 中国江南地区的传统村落作为重要的文化遗产，是开展文旅规划设计的重要场所。近年，杭州市启动了"三江两岸"水上黄金旅游线路项目，旨在通过文旅融合发展，促进乡村振兴与共同富裕。然而，杭州"三江两岸"沿线传统村落仍面临许多旅游开发和保护等方面的挑战。本文基于地理信息系统（GIS），对杭州"三江两岸"沿线传统村落的空间地理数据进行量化分析，揭示了各级文保单位、非物质文化遗产和景点的空间格局特征。基于分析结果，提出杭州"三江两岸"传统村落群的文旅融合设计策略，以优化杭州"三江两岸"沿线传统村落集群结构布局模式。

关键词： 传统村落；三江两岸；旅游规划；融合设计；GIS

基金号： 国家社科基金项目"融合设计思维促进乡村价值链重构提升研究"（23BG145）

1　引言

中国江南地区的传统村落作为珍贵的文化遗产，承载了丰富的历史文化信息，是历史文化的活化石。然而，在农业现代化、城镇化进程、新农村建设及乡村旅游发展的多重影响下，众多江南传统村落正面临建设性破坏、过度开发及旅游带来的损害，其保护与合理利用迫在眉睫[1]。2023 年 8 月，杭州市政府颁布了《杭州市乡村建设条例》，强调依据真实性、完整性和延续性的原则，加强对村庄环境、布局风貌、传统建筑及传统文化等核心要素的整体保护与活化利用。同年，杭州启动"三江两岸"水上黄金旅游线路项目，并于 2024 年 1 月由市文化和旅游局出台了《"诗路文化·三江两岸"水上黄金旅游实施规划（2023—2035 年）》，旨在将"三江两岸"沿线区域打造为世界级旅游线路。然而，在"三江两岸"沿线，仍有诸多传统村落群面临在地性文化流失的风险，"千村一面"的同质化问题也日益凸显。因

此，加强对传统村落的保护与利用研究显得尤为紧迫。鉴于此，本文拟综合运用多种地理信息技术手段，探讨杭州"三江两岸"沿线传统村落群体的空间分布特点，并据此提出相应的文旅融合设计策略。

2　研究对象与方法

2.1　研究对象

杭州"三江两岸"中"三江"指新安江、富春江、钱塘江等 3 条主干流，总长度约 231 km，以及浦阳江、兰江、大源溪、分水江等主要支流。"两岸"即"三江"沿线的空间可视范围，上游起于新安江大坝，下游止于杭州经济开发区和大江东新城。杭州"三江两岸"沿线区域因其独特的自然风貌、深厚的人文底蕴以及丰富的生态资源而备受赞誉，被称为"浙西水上唐诗之路"，曾吸引千余位历史名人驻足，并留下了 3 000 余首诗词[2]。2024 年，初杭州市文化广电旅游局明确提出杭州"三江两岸"规划、建设的重点任务是打造"世界级水陆黄金旅游

线"、建设"三江两岸"世界级旅游目的地、推动"文旅+"产业融合[3]。

2.2 研究方法

本文采用定量与定性相结合的地理信息分析方法，深入探讨了杭州"三江两岸"沿线传统村落的空间分布特征及其价值。研究中，首先，根据中国国家文物局网站、中国国家非物质文化网站、浙江省文化与旅游厅、浙江省人民政府网站，收集"三江两岸"沿线区域的历史文化名镇、历史文化名村、文保单位，非物质文化遗产、A 级以上景区等相关资料进行整理，建立数据库。运用高德地图开放平台 API 提供的"地址反查"工具，根据上述传统村落的地址信息，查询出所有"三江两岸"沿线区域历史文化资源的相对坐标。利用坐标纠偏工具，将相对坐标转换为 WGS 1984 坐标，全部录入 ArcGIS 10.5 软件的数据库中，并转化为点要素。随后，系统整理并可视化呈现各级传统村落文物保护单位、非物质文化遗产资源及各类旅游景区的空间分布格局。通过计算最邻近点指数，揭示传统村落群的空间分布模式，并对其空间分布特性开展量化分析。根据前述分析，制定了针对"三江两岸"传统村落群的文旅融合发展战略，推动浙江乡村多元价值的"破壁聚合"和可持续发展。

3 研究结果

3.1 "三江两岸"沿线传统村落各级文保单位和非物质文化遗产的空间分布

如图 1 所示，杭州"三江两岸"区域内共有 33 处国家级文保、62 处省级文保、191 处市级文保单位，运用 GIS 软件，对有传统村落所在的 5 个区县的国家级文保单位、省级和市级文保单位进行核密度分析，发现各级传统村落文保单位主要集中在建德市和杭州市萧山区。迄今，杭州"三江两岸"区域内非物质文化遗产据不完全统计共 303 项。对所有非物质文化遗产进行核密度分

析，发现桐庐县、萧山区、富阳区非物质文化遗产集聚密度最高、淳安县、建德市次之。对国家级、省级、市级非遗分别进行核密度分析，发现国家级分析主要集中在富阳区、淳安县，省级非遗集中在桐庐县、富阳区一块，市级非遗集中在桐庐县。

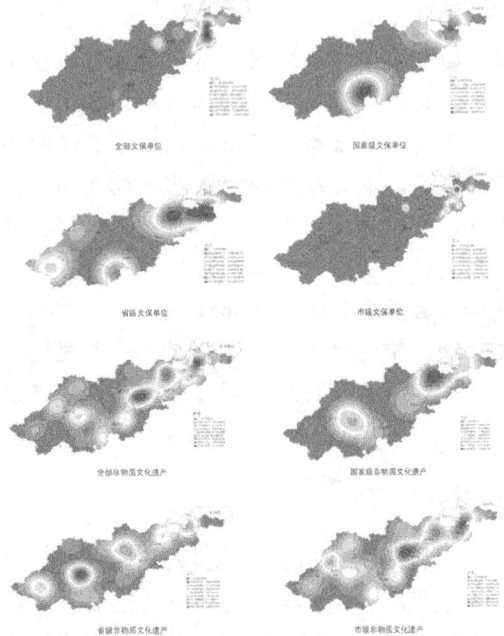

图 1 "三江两岸"沿线各级文保单位和
非物质文化遗产核密度分析

3.2 "三江两岸"沿线传统村落各级景点的空间分布

历史上，"三江两岸"沿线区域所属的钱塘江流域自然地理环境优越，人文历史资源丰富，农业开发历史悠久，逐渐形成了精耕细作、农渔结合、集约经营等传统农业特点。流域内农林面积占比较大，农作物产量高，种类丰富。根据浙江省文化与旅游厅 2020 年公布的数据，杭州"三江两岸"区域内 A 级以上景区共 117 处，其中 5A 级景区 6 处、4A 级景区 51 处、3A 级景区 44 处、2A 级景区 16 处。对其进行核密度分析，发现景区主要呈现以一心三片分布（见图 2），以西湖景区为核心，富阳—桐庐、淳安—建

德、淳安东部三片分布。

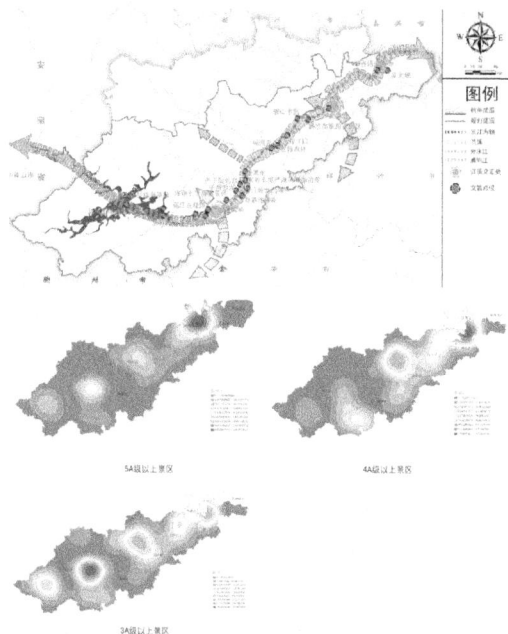

图2 "三江两岸"各级景点的
地理空间分布和核密度分析

3.3 传统村落的空间分布类型测算

宏观而言，传统村落属于点状要素。在地理信息分析中，点状要素的空间分布类型包括"均匀""随机""凝聚"3 种空间分布类型，可使用最邻近点指数判别。邻近点指数 R 是实际最邻近距离与理论最邻近距离之比的计量地理指标[4]。当 $R=1$ 时，点状要素分布为随机型；当 $R>1$ 时，点状要素趋均匀分布；当 $R<1$ 时，点状要素趋于凝聚分布。计算公式为：

$$R = \frac{\overline{r_1}}{\overline{r_E}} 2\sqrt{D}$$

式中：$\overline{r_1}$——实际最邻近距离；

$\overline{r_E}$——理论最邻近距离；

D——点密度。

对前期整理的空间地理数据进行空间集聚分析，结果如图3所示。利用空间统计工具集（spatial statistics tools）中的"平均最近近邻"（average nearest neighbour）工具

测算，算得 $\overline{r_1}$ =6924，$\overline{r_E}$ =8602，$R=0.8<1$，整体空间布局趋于凝聚分布。建德、桐庐的传统村落显著集聚，淳安县次之，西湖、滨江区、上城区、钱塘区相对最为分散。"三江两岸"沿线区域的 9 个区县中，建德市和桐庐县的传统村落数量最多，分别为 19 处和 16 处，占全区域的 64.8%，显著高于其他地区。整体上，经济相对较落后与交通相对不便利的区域，传统村落数量较多。

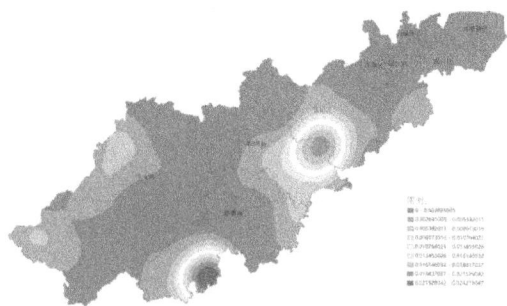

图3 "三江两岸"沿线传统村落的
空间平均最近近邻分析

4 "三江两岸"沿线传统村落群文旅融合策略

传统村落的"集群式保护发展"指将散落在各处的特色资源进行整体统筹与优化整合，将零散无序、功能不足、发展受限的个体村落或历史遗迹依据各自特点进行重新组合，形成集群化保护发展的模式[5]。基于"融合设计"思维，在规划设计中关注传统村落的集群式保护发展，区域文旅规划设计对象不仅局限于传统村落，而是在区域范围内具有同源文化的村落及其历史文化资源，从而解决个体村落的无序竞争和资源浪费，达到区域特征鲜明、结构脉络清晰、资源优势互补，实现整体性、系统性保护发展。

杭州"三江两岸"沿线传统村落群历经千年文明积淀，其文化遗传的多样性体现在丰富的文物保护单位、密集的历史文化名城名镇名村、传统村落以及非物质文化遗产之

上，这些实证了该地区多元文化交融的深远影响。基于对"三江两岸"自然资源与文化特质的深入分析，拟将区域划分为群域、组团与特征3个层次的区域地理单元，为文化遗产的保护与传承提供操作框架。本文提出了"群域—组团—特征"空间保护与发展的组织模式，该模式遵循"基础探查—资源细分—特色组团构建—产业链条整合—协同发展"的文旅融合设计策略，进而助力形成"一轴—三群—四团—多特色"的集群结构布局（见图4）。

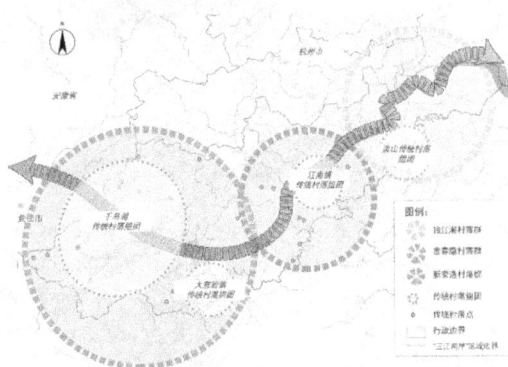

图4 "三江两岸"沿线传统村落群结构布局

文旅融合规划设计中，拟将"一轴"沿"三江"布局，作为传统文化传承的主轴；"三群"包括新安逸、富春隐、钱塘潮村落群，各自展现出独特的文化风貌；"四团"指江南镇、大慈岩镇、千岛湖、萧山的传统村落组团区域，强调个性化发展；"多特色"则体现了区域内54处传统村落各具一格的特色文化。该模式倡导村落组团间的资源共享与产业聚合，以生态、土地、农业及其他旅游资源等资源的互补为集群发展的核心策略，通过精心的设施规划、旅游线路设计及资源的差异化配置[6]，有效避免了同质化趋势与无序竞争。例如，根据区域内传统村落的在地性特色，将其分为不同的文化旅游发展类型，如人居环境示范村、建筑遗产村、历史文化主题村等，各村互依互存，共同"融合"推进村落集群的全面发展。

参考文献

[1] 李伯华，刘沛林，窦银娣. 中国传统村落人居环境转型发展及其研究进展[J]. 地理研究，2017（10）：1886-1900.

[2] 赵莹. 基于古诗词文本挖掘的杭州"三江两岸"景观诗意设计提升研究[J]. 现代园艺，2024，47（23）：61-64

[3] 李明超，马心渊. 打造"三江两岸"文旅融合新IP变"流量"为"留量"[J]. 杭州，2023（21）：28-31.

[4] 周侗，龙毅，汤国安，等. 面向集聚分布空间数据的混合式索引方法研究[J]. 地理与地理信息科学，2010，26（1）：7-10.

[5] 陈前虎，潘聪林，李玉莲. 乡村村域空间发展规划研究[J]. 浙江工业大学学报，2017（3）：253-257.

[6] 朱旭光，李涛，王秀萍. 基于协同论的传统村落"景村融合"空间发展路径[J]. 民间文化论坛，2021（6）：26-32.

图片来源

图1为作者自绘（数据来源：浙江省地理信息公共服务平台，采样时间：2024年12月）；

图2为作者自绘（数据来源：浙江省地理信息公共服务平台，采样时间：2024年12月）；

图3为作者自绘（数据来源：浙江省地理信息公共服务平台，采样时间：2024年12月）；

图4为作者自绘。

基于多源数据分析的大运河核心监控区老城空间更新与设施优化策略研究

袁勋*（杭州市规划和自然资源局萧山分局；429225836@qq.com）

许超（杭州市规划和自然资源局临平分局；5722629@qq.com）

摘　要：本文通过对杭州市萧山区大运河核心监控区老城空间的社会空间、空间开发、资产价值、文化表征、区域发展 5 个维度状态进行数据量化。并采用 K-Medoids 聚类分析法对区域地块进行聚类分析，得到区域内空间用地状态特征。根据分析结果，从更新机制路径、社会功能定位、空间资源利用 3 个方面出发，提出适应大运河核心监控区老城空间的城市空间更新与设施优化策略，探索后城镇化时期老城更新的现实路径。

关键词：城市更新；文化传承；大运河核心监控区；聚类分析

1　引言

在后城镇化时代，城市存量空间更新是规划设计领域的研究重点之一。而对有着深厚历史文化底蕴的老城片区更新，既要尊重城市发展规律，还要严格落实十八大以来党中央、国务院对历史文化遗产传承与保护的方针。所以相较于以物质性"砖石改造"为主要手段的大规模城市更新运动，复合化、柔性化的区域"有机的整体性"更新模式是更适宜老城片区的更新路径[1-3]。而整体性的更新就需要从社会、经济、空间、人文等多个维度出发全面分析区域特征，因地制宜地制定更新策略与方案。

本研究对象是杭州市萧山区老城区域（见图 1），面积约为 3 km²，总人口约 6.8 万人。

图 1　研究范围图

2　多维度分析

2.1　社会空间状态

1）人口分布情况

运用 arcgis 核密度分析法，对区域内进行人口分布分析。根据分析结果显示，该区域内的人口主要还是分布在老旧小区，这一情况也与早期住宅户型较小有一定关系。

2）人口年龄结构

根据七普人口数据，对区域内人口年龄结构进行分析。根据结果显示，该区域内老龄人口占比较高，中青年人群中有大量为暂住人口，呈现出了未来老龄化进一步加深和青年暂住人口聚居的特点。

3）主要社会功能

对 POI 点集数据重新归类，并与区域内 489 块用地图斑叠加。根据分析结果显示，区域主要社会功能属性是以生活居住为主，大部分社会功能都是围绕基本生活服务展开的，公司企业和机关单位有少量占比。

2.2　空间开发状态

1）空间开发强度

根据大运河核心监控区的建筑高度管控要求，该区建筑高度住宅建筑不高于

219

27 m，公共建筑不高于 24 m。区域内 489 个地块中，有 10% 的地块现状开发强度已经高于管控要求，有 70% 的地块接近管控要求，仅有 20% 的地块远小于管控要求。

2）路网路径冗余度

运用 UNA 软件中的冗余指标（redundancy index）分析，起点为所有居住地块，终点为江寺公园。通过各居住地到达江寺公园的路径多少，来反映区域道路网的出行环境。

3）公共设施富集度

运用 UNA 软件中的冗余指标（reach）分析，对幼儿园和公交站做最近设施分析，分别反映出二者对周边居住用地的服务情况，从而说明区域公共设施的服务覆盖情况。

2.3 资产价值状态

1）土地权属情况

根据国土二调数据显示，区域内土地使用权属较为分散，且多属于工商企业和个人。特别是住宅用地宗地面积普遍较小，区域内土宗地面积中位数仅为 1 445.9 m²。

2）物产资产情况

通过互联网上数据显示，区域内土地价值稳步提升，但房屋物业价值相对于其他城市区域，其相对价值正在下降。区域内土地和物产的价值走势已经有分离趋势。

3）公共资产情况

根据现场调查和二调数据，区域内分布有较多的公共服务设施，如医院、博物馆、老年大学等。公共资产分布较多，且整体价值较高。

2.4 文化表征状态

1）遗产保护情况

区域内现状保有多处历史文化遗产，都得到了较好的保护，但其总体文化价值利用程度还有待提高。

2）可达性指标

运用 UNA 软件中的可达性（gravity）分析，以 500 m 作为区域空间网络分析半径，起点为大运河沿岸的 9 处块状公园绿地，终

点为所有居住小区。通过分析说明区域内大运河段的可达性。

3）城水文化联系

历史上萧山老城区域就是以官河（浙东运河）为重要轴线展开的。近现代官河的航运功能被取代，但运河两岸仍汇集了商业服务业设施。

2.5 区域发展状态

1）全市经济发展情况

根据统计公报显示，2023 年杭州市实现地区生产总值 20 059 亿元，总体增长形势良好。

2）全市人口发展情况

根据人口统计数据显示，市域城镇化水平已较高，人口增长和进一步城镇化的潜力十分有限。

3）全市土地价值情况

近几年杭州市土地拍卖市场经历了显著波动。2024 年杭州宅地出让出现较大下行态势，创近 9 年来的新低。

3 区域内用地聚类分析

3.1 聚类分析方法

由于区域内地块特性存在着较大的差异，"噪声"（离群值）数据的存在会对聚类结果进行产生干扰和较大的影响，所以本文选取 K-Medoids 聚类分析法[5]。

3.2 聚类分析指标

对社会空间、空间开发、资产价值、文化表征 4 组状态原始数据进行无纲量化处理，得到分析指标数据。4 组指标数据分别为：

$$S = S_p + S_s + S_f$$
$$S' = S'_f + S'_r + S'_p$$
$$P = P_l + P_h + P_p$$
$$C = C_a + C_h + C_w$$

3.3 聚类分析结果

运用 K-Medoids 聚类分析法对区域内

489 个地块从 4 个指标变量进行聚类分析。再通过分析区域发展状态数据得到的 1 个修正系数对区域聚类分析结果进行修正。

4 优化策略与结论

4.1 优化策略

1）设立区域运营平台，采取长期渐进更新

针对老城区域城市更新工作情况复杂，更新周期较长。建议设立专门负责老城区域城市更新的运营平台或城市更新公司。城市更新平台采取渐进式的空间资产整合与优化，以单个产权主体或个人为单位制定工作方案。从"大水漫灌"变为"精准滴灌"，以城市更新为载体将新质生产力培育、社会服务供给、助企扶困等多项工作结合。在空间资产价值重塑的过程中，使城市更新的受益群体最大化，产生"涓滴效应"，全面润泽老城区域。

2）维护社会生态稳定，延续老城价值活力

因为多数大运河老城区都有悠久的历史，延续至今社会功能和用地类型已较为丰富，且形成了较为稳定的社会生态。因此，要在现有社会功能的基础上，顺应时代需求变化调整城市功能，既要预防绅士化也要预防衰退化。在城市空间更新调整的过程中，要以老城文化价值为核心，更新空间结构与功能。在文化价值的利用上，不能局限于历史古迹，更要关注市井文化、生活民俗的传承与发扬。使老城区成为老市民的乡愁记忆和新市民的文化使者。

3）整合利用空间资源，承担社会服务功能

产权问题是城市更新资源能否持续推进的重要因素[6]。更新主体的首要工作就是收拢整合老城区域空间产权，这是区域城市更新工作开展的基础要素保障。地方政府可将必需的公益性服务支出投入到老城区域，在老城区域提供部分公益性社会服务。既可以支持老城更新工作，还能减轻地方财政负担。利用收购的低价值或不良资产修缮或改变其用途，作为社会公共服务设施或新质生产力培育孵化空间，如保障性住房和公共服务设施等。

4.2 结论

大运河核心监控区老城区域城市更新有很强的特殊性，在建筑高度和景观风貌管控要求下，通过提高空间开发强度驱动区域在较短时间内完成城市更新改造的路径已然不能实现。但这也为老城更新探索更多途径和可能性提供了客观约束条件。践行后城镇化时期城市更新工作的新理念，通过对发展模式的重构与生活环境的提质来最终达成地区价值的综合提升，并坚持城市空间治理的多维价值导向，实现生态价值、民生价值、文化价值和经济价值等全面提升[7-8]。

参考文献

[1] 刘佳燕，邓翔宇，霍晓卫，等. 走向可持续社区更新：南昌洪都老工业居住社区改造实践[J]. 装饰，2021（11）：20-25.

[2] 宋菡，高超，马婷婷. 北京老城历史文化街区保护更新策略研究：以砖塔胡同历史文化街区为例[J]. 华中建筑，2024，42（1）：78-82.

[3] 戚红年，周学鹰，孙富. 大运河沿线城市更新的清江浦实践[J]. 小城镇建设，2024，42（6）：104-111.

[4] 冒亚龙，谢涵笑，邱梦海. 基于 UNA 分析的陈大滘既有城市工业区空间与设施改造策略研究[J]. 南方建筑，2020（5）：38-43.

[5] 齐岳，张雨. 金融供给侧结构性改革背景下的基金投资策略研究：基于 K-Medoids 的聚类分析[J]. 未来与发展，2020，44（4）：33-43.

[6] 王玉洁，李乃馨，刘笑千. 产权再配置视角下的居住类历史地段更新困境及对策探究：基于南京老城南的更新实践[C]//中国城市规划学会.

人民城市，规划赋能：2022 中国城市规划年会论文集（02 城市更新）. 南京大学建筑与城市规划学院，2023：11.

［7］ 恽爽，尹稚，杨超，等. 新形势下城市更新实施的"全链—终端"模式研究及实践探索[J]. 世界建筑，2025（1）：70–75.

［8］ 王雪梅，于涛. 基于多元利益博弈的南京老城更新困境反思：以仓巷地块为例[J]. 现代城市研究，2021（11）：121–126.

图片来源

图 1 为作者自绘。

基于多源数据分析的大型建筑遗产地旅游设施空间布局优化

——以紫禁城为例

张敏（浙大城市学院艺术与考古学院、浙大城市学院文化遗产研究中心；
2231003016@stu.hzcu.edu.cn）

吕微露*（浙大城市学院艺术与考古学院、浙大城市学院文化遗产研究中心；
luwl@hzcu.edu.cn）

摘　要：作为全球公认的建筑遗产和热门旅游目的地，故宫每年吸引大量游客。位于景区内的旅游设施对于为游客提供积极的空间体验和便利的服务至关重要。本文聚焦于故宫游客可达区域内的旅游设施。基于空间行为理论，研究采用空间句法、环境行为研究和GIS建模等方法，通过多源数据分析，探讨3类旅游设施——座椅、标识和垃圾桶的空间分布特征和使用效率。研究结果发现，当前旅游设施分布存在明显的差异：中央轴线沿线设施密度较高，而向东西两侧宫殿延伸时，设施密度逐渐减少。前三殿的旅游设施存在不足，而后三宫的设施较为完善，导致设施布局与游客使用效率之间存在差距。此外，研究表明，游客的环境行为与旅游设施的利用率呈正相关关系。最终，研究提出了通过微更新技术改善故宫内旅游设施空间分布和设计的建议，旨在提升游客的空间体验并支持故宫的品牌形象。

关键词：旅游设施；空间句法；紫禁城；空间布局

1　引言

故宫博物院是中国重要的旅游胜地，既是明清建筑文化的代表，也是重要的文化传播机构。它于 1961 年被列为全国重点文物保护单位，1987 年被列为世界文化遗产[1]。随着国内外文化交流与文旅产业的快速发展，故宫迎来了大量游客。这种高流量带来了许多挑战，特别是在文化遗产保护、游客体验和环境可持续性方面。设施超负荷使用、损坏和供给不平衡影响了景区的可持续发展。尽管故宫设施整体布局合理，部分设施仍存在使用率低、空间适配度差等问题，未能完全满足游客需求，导致资源浪费。因此，本文旨在探讨故宫3类旅游设施（垃圾桶、指示牌、座椅）的空间布局特征、使用

效能及提升策略，填补相关研究的空白。

空间行为理论为理解人类行为在地理空间中的表现及其驱动因素提供了理论框架。Jakle 提出空间行为模式包括环境、知觉、认知等因素，强调个体与环境的相互作用[2]。该理论的核心在于揭示个体如何感知、决策并利用空间，以及这些行为如何受空间环境和社会结构的影响。Gould 认为区域内的空间配置直接影响人类行为[3]。Chai 等人提出"空间-行为"互动理论，强调行为对空间选择的影响及空间对行为的引导[4]。本文基于此理论，探讨故宫设施布局与游客行为之间的关系。

空间句法、GIS 和环境行为学是研究游客行为与设施布局的常用方法。空间句法通过分析空间配置对社会效应的影响，揭示空

间布局与游客行为的关系。GIS 技术广泛应用于旅游设施优化，如 Chen 等人通过 GIS 提出了最佳设施选址方案[5]。环境行为学方法通过观察和问卷调查分析游客行为模式。

综上所述，本文通过采用空间句法、GIS、环境行为学等方法，分析故宫设施布局与使用效能，提炼空间布局特征，并提出提升策略，为遗产地管理者和设施优化提供参考。

2 研究区域与方法

2.1 研究区域

故宫，又名"紫禁城"，是明清两代帝王的皇宫，位于北京东城区。故宫南北长961 m，东西宽 753 m。建筑分为外朝和内廷两部分，外朝包括太和殿、保和殿等，内廷包括乾清宫、交泰殿等宫殿。现开放宫殿49座。本文按照宫殿及其包含的附属区域将开放区域分为了 13 个分区（见图 1）。

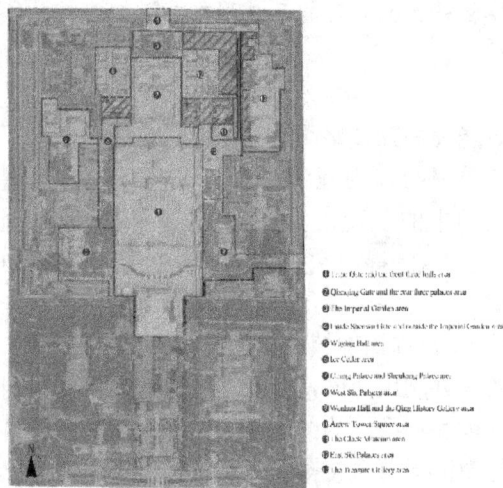

图 1 故宫开放区域分区

2.2 研究方法

本文采用空间句法、GIS 和环境行为学3 种方法，分析故宫内空间布局、设施分布及其使用效能。空间句法采用整合度和视域分析，揭示设施与游客行为的关系[6]。通过 ArcMap 和 Depthmap+软件处理故宫平面图，

计算整合度和视阈法，评估空间的聚集性和可视性[7]。GIS 中的 POI 核密度分析，利用 ArcGIS 计算设施分布密度，密度越高表明设施聚集程度越强[8]。环境行为学观测法通过现场计数法和行为注记法，安排观察员对故宫的13 个区域进行间隔 1 h 的观察，结合季节性差异和游客类型，记录设施使用情况[9]。

3 结果

3.1 故宫博物院开放区域轴线与视域分析

故宫全局整合度分析显示，高可达性的轴线主要起到隔离不同部分的作用而非整合它们。整体空间结构呈现树状孤岛型，缺乏辐射形态，这反映了故宫建筑的分区特点。从分析中可以看到，轴线整合度最高的区域位于连接内廷与外朝的横街区域。后三宫区域的整合度较低，且轴线数量更多，空间形态更复杂，体现了内廷与外朝的分离规律：外朝用于处理政务，内廷是皇帝和妃嫔的私密休息地。

而通过视域分析发现，故宫的视域值呈现北低南高的分布，符合内廷与外朝的空间布局。横街南侧的外朝区域开阔，便于交通，视野较好；而北侧内廷则私密，通道较窄，视线受阻（见图 2）。

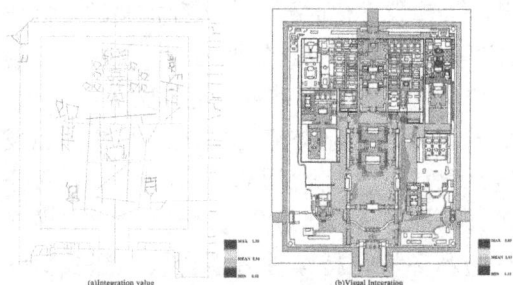

图 2 全局整合度与全局视域分析

设施分布方面，横街南侧的垃圾桶、指示牌和座椅位于视线良好的区域，游客易于找到。而横街北侧的设施，特别是珍宝馆和寿康宫区域，设施远离游客主要通道，使用率低。部分宫殿甚至没有设置指示牌或垃圾

桶，影响了游客的使用体验（见图3）。

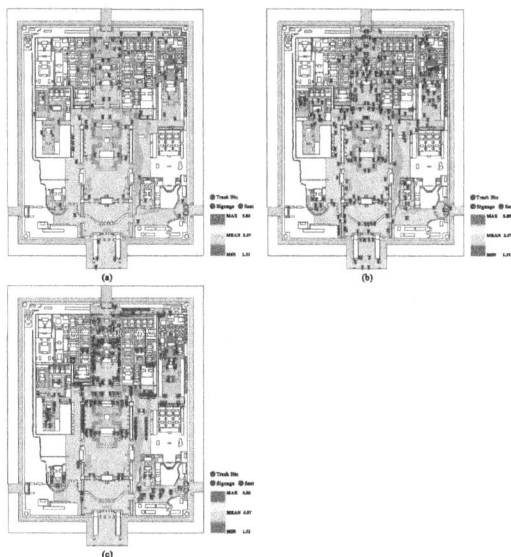

图3 视域分析与设施分布叠合结果

3.2 三类环境设施 POI 聚集分析

设施 POI 分析表明，垃圾桶和座椅的聚集度较高的区域集中在后三宫和横街，而前三殿的聚集度较低（见图4）。随着游客游览时长的增加，后三宫区域的设施密集度上升，指示牌分布均匀，满足不同功能需求。设施分布呈中轴对称，密度随着距离主要通道的增加而递减。

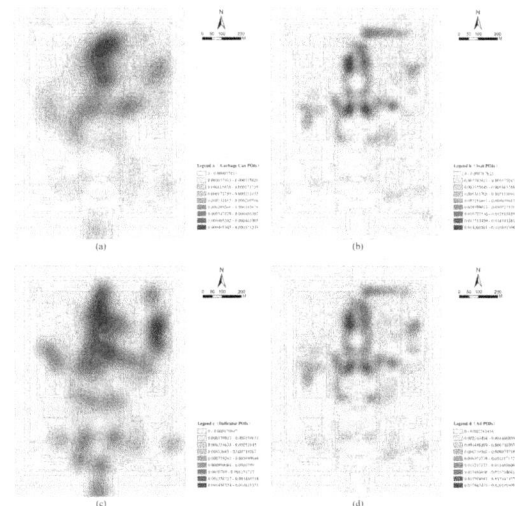

图4 图片内容

3.3 设施与人群的使用行为调查

通过现场调研发现，故宫各区域垃圾桶的使用状况差异明显。太和门、前三殿、武英殿、慈宁宫和寿康宫等区域的垃圾桶使用率低，可能因为这些区域位于故宫的西侧，游客主要集中在中轴线区域，且西侧游客较少。在 11:00—15:00，乾清门、后三宫、御花园和箭亭等区域的垃圾桶使用率较高，这可能与午餐或午休时段游客增加有关，同时也与游客行进路径和离开故宫时丢弃垃圾的习惯相关。

指示牌的使用主要由旅行团游客驱动。导游会依靠指示牌为游客讲解，而散客则通过手机或讲解仪器使用指示牌。指示牌的使用频率与游客的行进方向和停留习惯密切相关。

本文将座椅使用情况进行了统计（见图5），发现总体受季节影响不大，尤其是中轴线上的区域，如太和门至神武门段，座椅使用率较高。在 14:00—15:00 期间，座椅使用率最高，特别是在御花园至神武门区域。座椅使用效能还与阳光照射、工作日与休息日等因素相关。春秋季节座椅使用率较高，夏冬两季的空置率较高，尤其在非工作日，空置率较低。部分区域如慈宁宫、寿康宫和武英殿的座椅空置率高，表明这些区域需进一步优化座椅布局。

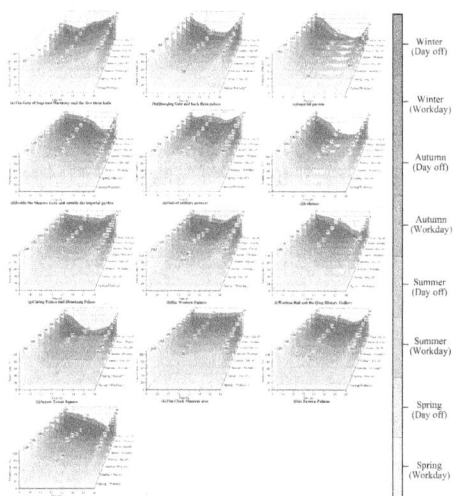

图5 视域分析与设施分布叠合结果

4 结论

本文通过分析故宫 3 类旅游设施的布局，得出几个主要结论。首先，游客行为具有明显的时空特征，设施使用效能最高的区域是御花园至神武门，这与该区域复杂的空间结构和高密度设施分布相关。不同设施的使用效能受到季节和时间段的影响，其次，故宫的设施布局与空间结构存在不匹配，尤其是在东西六宫等区域，设施使用率较低，表明布局需要进一步优化。

针对上述结论,提出以下优化策略：① 座椅优化，根据游客停留时间和行为数据，在高需求区域合理调整座椅的分布和数量，并使用适应不同季节的材料，提升舒适度；② 指示牌的信息化，在游客流量大的区域增设电子导览牌，支持多语言，提供实时导览信息，提升游客体验；③ 垃圾桶布局优化，依据空间分析结果，将垃圾桶设置在高流量区域，并改善其外观设计，使其更符合故宫的文化环境。

然而，本文也存在一定局限性。由于故宫每日游客量庞大，现场数据的收集覆盖面不足，且研究仅针对 3 类设施进行了分析。未来的研究将扩大数据收集范围，覆盖更多时间段和设施类型，推动遗产地设施研究和旅游管理的进一步发展。

参考文献

[1] 郑欣淼. 故宫价值的阐释与故宫学的整体论[J]. 故宫博物院院刊, 2024（2）：19-33.

[2] JAKLE J A, BRUNN S D, ROSEMAN C C. Human spatial behavior：a social geography[M].
North Scituate，Mass：Duxbury Press，1976.

[3] GOULD P. Review of locational analysis in human geography[J]. Geography Review. 1967, 57：292-294.

[4] 柴彦威，谭一洺，申悦，等. 空间：行为互动理论构建的基本思路[J]. 地理研究，2017，36（10）：1959-1970.

[5] CHEN Y-C, YAO H-L, WENG S-D, et al. An analysis of the optimal facility location of tourism industry in plain region by utilizing GIS[J]. Sage Open，2022，12（2）：215824402210950.

[6] KOUTSOLAMPROS. Space syntax[EB/OL] [2025-05-20]. https://www.researchgate.net/publication/373508347_Space_syntax.

[7] NATAPOV A, KULIGA S, DALTON RC, et al. Linking building-circulation typology and wayfinding: design, spatial analysis, and anticipated wayfinding difficulty of circulation types[J]. Architectural Science Review，2019，63（1）：1-13.

[8] PSYLLIDIS A, GAO S, HU Y, et al. Points of Interest (POI): a commentary on the state of the art, challenges, and prospects for the future[J]. Computational Urban Science，2022，2（20）. DOI:10.1007/s43762-022-00047-w.

[9] CHEN Y Y，CHEN A，MU D. Impact of walking speed on tourist carrying capacity: The case of Maiji Mountain Grottoes, China[J]. Tourism Managament，2021，84：104273. DOI:10.1016/ j.tourman.2020.104273.

图片来源

图 1~图 5 均为作者自绘。

东京地形探险

——麻布·六本木地区的空间演进与可持续性

霍达*（庆应义塾大学理工学研究科；kakutatsu.edu@keio.jp）

李馥朋（庆应义塾大学理工学研究科；Lifupeng@keio.jp）

俞羚茜（江西师范大学城市建设学院；yulingxi257@163.com）

岸本达也（庆应义塾大学理工学部；kishimot@keio.jp）

摘　要： 东京的原型"江户"，在地形与社会阶级的共同作用下，形成了独特的空间构造。作为"山手（武士）-下町（平民）"的过渡区域，江户时期多阶级随地形混居，兼具城下町规划与自然村落自发生长的双重特征。随六本木之丘与麻布台之丘的城市更新，现已转型为东京重要的艺术与商业地区。研究基于 1858—2024 年 5 个历史节点的地图资料，运用多尺度 NAIN 与 NACH 指标结合土地利用数据，考察该地区局部与整体空间网络的协同关系，发现其经历了"低协同—提升—下降—再提升"的变化过程。这一过程体现出历史地形、阶级格局与近现代城市规划的叠加作用。进一步分析坡道与谷道表明，连接多阶层、多功能区域的道路持续保持较高选择度，体现出地形与社会因素对城市空间的长期塑造作用，揭示出麻布六本木地区在空间重构与城市更新中的空间韧性与可持续性特征。

关键词： 城市形态；阶级构造；凸凹地形；空间构造变迁；东京城市更新

基金号： 国立法人日本科学技术振兴机构（JST）次世代研究者挑战研究基金（JPMJSP2023）；庆應義塾大学潮田記念博士基金（Y01JI24122）资助

1　研究背景与研究目的

在日本的城市认知体系中，地形不仅塑造了城市物理空间，也影响了空间体验与社会文化象征性。东京的地形与空间结构，在文学与电影作品中亦有多重体现。例如，新海诚的作品《你的名字》选择新宿附近的须贺神社作为结尾场景，使得地形高低成为叙事的重要符号（见图 1）。这种文化与地形的关联，反映了东京城市研究长期以来对地形空间的关注。

东京的城市结构深受地形与社会阶级分化的共同作用影响。武藏野台地的地形起伏塑造了"山手-下町"二元空间结构，台地成为武士、贵族及寺庙神社的生活场所，而低地则发展为商业、平民（商人、手工业、工人等）的主要活动区域。进而形成"山脊路—坡路—山谷路"并存的道路格局。麻布六本木地区作为连接台地与低地的地区，在江户时期因其丰富的地形而产生了地方藩主、中下级武士、寺庙神社与平民混居的都市构造与非规则地块形态 [见图 2 与图 5（b）]。

阵内秀信在《东京的空间人类学》中，通过地形、历史层级与住民的复合视角探讨东京空间的内在独特性；铃木博之在《东京的地灵》中则进一步分析了东京城市形态的历史延续性，指出其基本组构虽经明治维新、大地震及战灾后的重建，仍在现代城市开发过程中表现出较强的空间惯性。

东京的城市空间研究大多聚焦于城市更新或社会结构变迁，但对于历史地形塑造的空间惯性如何在当代城市演变中保留或改变，仍缺乏深入探讨。随着东京城市更新进入新阶段，如何在密集开发的背景下协调地形特征、历史空间格局与现代规划需求，日本规划与社区营造领域的重要议题。

图1 电影《你的名字》场景

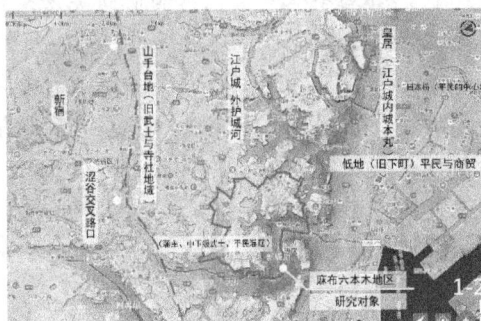

图2 东京麻布地区的地形

研究基于1858年江户时期以来5个重大历史时期的地图、文献通过城市形态学、空间句法理论，聚焦以下核心问题。

（1）东京麻布六本木地区的空间变迁过程中地形所造就的空间形态是否具有可持续性？地形在空间结构演化中的角色如何体现？

（2）分析原阶级混居的城市形态在社会构造转变后，局部空间与整体空间结构之间的渗透关系。探讨日本城市在多次重建与开发后，其空间深度（奥）特征是否仍然保留。

（3）提炼地形复杂地区的空间可持续性特征，以支持未来城市更新。

2 研究方法

研究按照"文献与历史梳理—数据构建—空间分析—结果讨论"4个阶段展开（见图3）。

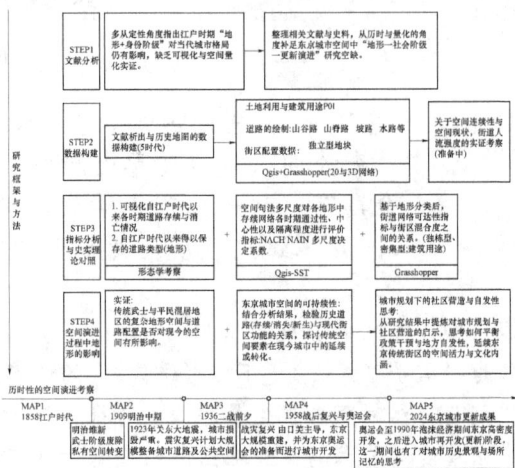

图3 研究框架与方法

数据主要来源于历史地图、国土地理院国土基本情报、高精度DEM数据及土地利用资料，选取1858年、1909年、1936年、1958年及2024年5个时间节点，构建麻布六本木地区及其周边的城市形态数据集（POI、AOI）。绘制1858—1958年道路中心线，采用自然边界划定两倍距离的缓冲区，以确保空间分布的稳定性。

空间分析部分采用多尺度标准化整合度（NAIN）与选择度（NACH）计算，结合基于皮尔森相关系数的决定系数（R^2）测度，量化不同时期道路网络的空间连通性、可达性及中心性特征。此外，结合街区形态构成与土地利用（建筑用途信息），分析东京复杂地形地区的空间可持续性及演变模式。

3 研究结果与讨论

3.1 全局与局部的渗透关系（粗精度）

从整体视角看，1858—2024年间，麻布六本木地区的局部与整体空间协同关系呈现出"低协同—提升—下降—再提升"的波动。1858年时，街区主要由武士宅邸和封闭院落构成，需要较大半径（1 700 m）才能达

到 $R^2=0.5$，反映了传统社会中身份阶层对街区连通性的限制。1909 年，明治时期的城市扩张与部分武士宅邸功能腾退使街区趋于规整，$R^2=0.5$ 对应半径降至 700 m；但 1936 年（战前）和 1959 年（战后复兴）因婴儿潮、住房短缺及土地细分，局部与整体的协同度再次下降。直到 2024 年，强化土地管控与街区整合后，$R^2=0.5$ 的半径收缩至 400 m，表明局部与整体网络的渗透关系显著增强，如图 4（a）所示。

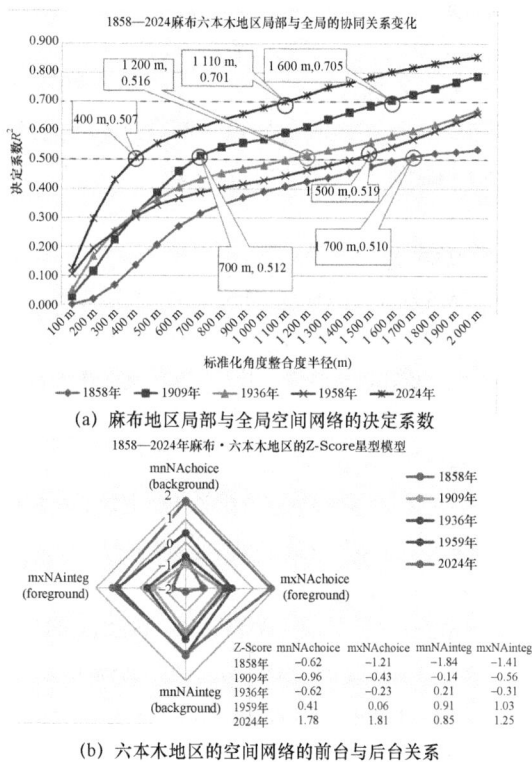

(a) 麻布地区局部与全局空间网络的决定系数

(b) 六本木地区的空间网络的前台与后台关系

图 4　对比

Z-score 星型模型进一步揭示了背景网络（mnNAchoice）与前景网络（mxNAchoice）的演变：1858—1936 年二者均低于平均值，表明街区封闭性较强；1959 年后开始转正并在 2024 年明显升高（分别为 1.78 与 1.81），说明现代城市规划使街道系统更趋于开放与有序。可达性指标（mnNAinteg、mxNAinteg）在战后同样出现显著提升，反映新都市计划法对土地整合和公共环境优化的积极影响，如图 4（b）所示。总体而言，该地区局部与整体空间的互动并非线性演进，而是随社会变迁、土地利用调整与城市规划等因素呈现周期性波动与再构。

3.2　坡道与谷道、街道可持续性

从街区视角考察，麻布六本木地区的坡道与谷道在历时性演变中保持了较高的延续度。江户时期所形成的 43 条坡路中，有 38 条沿用至今 [见图 5（a）]，不但承载了传统街区的空间脉络，也体现了城市发展的空间惯性。这些道路多以眺望或周边环境命名，例如富士见坂、樱坂、潮见坂等，反映出地形与空间认知之间的密切关系。

（a）1858 年江户保存至 2024 年的道路

（b）麻布六本木地区地形与江户时期武家地的重叠

图 5　江户时期的坡路

在具体道路方面，选取 S1～S16 [见图 5（b）] 进行标准化选择度（NACH）对比（见图 6），可根据指标变化及其连接的阶级属性,初步归纳为4类。第一类是可持续型（S1、S2、S3、S4、S5、S8、S9、S13、S14、S15），多连接高级武士与中下级武士、平民等多元群体，或叠加寺社、水边功能，地处台地与低地过渡区域。即便后期武士领地转换为贵族宅邸或公共设施，大多数此类道路仍因地形与需求保持稳定的高穿行度。第二类是后期上升或跃升型（S10、S12、S16），其早期影响力不显著，在近现代城市重建与更新中被纳入更大交通与用地体系后，NACH才显著提升。第三类则是当代有所改善型（S11），历史上曾高度封闭（寺社内部通路），后期虽得到一定程度的提升，却仍未达到高水平。

整体而言，江户时期道路连接的土地类型（武士宅邸、寺社、平民地、村庄、水边）对其近现代选择度演变产生了直接影响。多功能、多阶层混合的道路在各时代保持较高选择度，而封闭或单一功能的道路若能借后期城市规划实现用途转型，亦可显著提高地位；但若缺乏转型契机，则始终难以在网络中获得大幅提升。

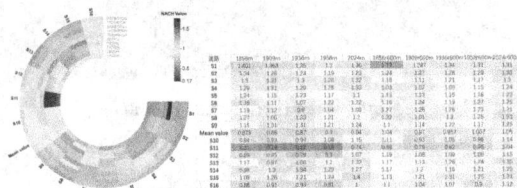

图6　代表性道路穿行度指标的变化

4　总结：地形—社会阶级—空间网络

围绕麻布六本木地区从江户至当代的城市演化，聚焦地形、社会阶级与空间网络三者之间的互动关系。多时期、多尺度的空间句法分析表明：该地区的局部与整体协同关系经历了"低协同—提升—下降—再提升"的波动过程，反映出身份阶层、土地利用与城市规划在不同时段对道路连通性的塑造与重构。

在此过程中，地形高差与原有阶级格局塑造了稳定的街道骨架，一些多功能、多阶层混合的坡道与谷道自江户时期以来始终保持高选择度，展现出地形主导的空间惯性。部分封闭性道路则在后期城市更新中通过用途转型实现可达性跃升，亦有少数因缺乏转型动力而始终在网络中地位有限。整体而言，麻布六本木的城市空间并未因现代化开发而完全抛弃历史底色，地形与社会结构的持续作用使部分街道网络在当代仍保留了传统形态的核心特征。后续研究将扩大研究范围并结合 GH 三维空间模型与视域分析，进一步探讨地形道路的步行可达性与视觉感知，以更好地支持东京都自治体及相关 NPO 组织在社区营造中的实践。

参考文献

[1] 陣内秀信. 東京の空間人類学[M]. 筑摩書房，1992.

[2] 槇文彦，高谷時彦，若月幸敏，等. 見えがくれする都市：江戸から東京へ，SD選書[M]. 鹿島出版会，1980.

[3] 陣内秀信. 水都東京：地形と歴史で読みとく下町・山の手・郊外[M]. 筑摩書房ちくま新書，2020.

[4] Griffiths S，Vaughan L. Mapping spatial cultures: contributions of space syntax to research in the urban history of the nineteenth-century city[J]. Urban History，2020，47（3）：488-511.

[5] 戴晓玲，浦欣成，董奇. 以空间句法方法探寻传统村落的深层空间结构. 中国园林[J]. 2020（8）：52-57.

图片来源

图1来源 BiliBili；

图2作者基于 KSHIMIR3D 底图绘制；

图3~图6作者自绘。

空间基因视角下历史城区空间营造策略

——以铜仁历史城区为例

李小健*（长安大学建筑学院；2543933906@qq.com）

林高瑞（长安大学建筑学院；lingaorui@chd.edu.cn）

摘　要：历史城区作为展示城市特色的重要载体，承载着丰富的地域、民族、文化特征，是凸显民族特色、展现文化自信的重要抓手，但多数历史城区面临文脉传承断裂、空间特色淡化等问题。针对历史城区空间营造问题，文章将空间基因理论引入历史城区的保护和发展研究中，通过研究其空间特征，探索历史城区背后的文化内涵，提出基于在地性和原真性的空间营造策略。铜仁历史城区作为多民族集聚区，有藏、土、回、汉等十余个民族繁衍生息，有藏传佛教、伊斯兰教、道教等多种宗教生根，整体呈现文化信仰相互包容的多元化特征。本文以铜仁历史城区为例，首先对山水格局、街巷肌理、建筑面貌3个层级基因进行提取，归纳出其自然的、民族的、宗教的形象特征及特色因子；其次通过分级评分对各特色因子进行分析，得出历史城区在不同层级存在的空间问题；最后从基因的传承导控角度提出铜仁历史城区空间营造策略，包括恢复自然本底、改善城区功能、维护民族风貌三大策略，为历史城区的在地性发展提供参考。

关键词：空间基因，历史城区，空间营造策略，在地性，原真性

1 引言

在新型城镇化与文化遗产保护的双重背景下，历史城区作为城市文化基因的载体，是城市空间与自然环境、历史文化长期互动演进的产物[1]，承载着丰富的历史文化、传统风貌和人文景观，其特色保护与可持续发展面临严峻挑战。当前规划实践中，普遍存在不顾客观实际，将模式化的技术方法简单套用于各种不同类型的城市，对于城市特色塑造较为乏力[2]。铜仁历史城区作为青藏高原多民族交融的典型样本，依托藏、汉、回等多民族文化共生格局，形成了"山-寺-城-河"的独特空间基因。本文引入"空间基因"理论，通过"提取—评价—导控"技术路径，探索在地性与原真性空间营造策略，为同类历史城区的有机更新提供参考。

2 空间基因与历史城区

2.1 空间基因的内涵

空间基因与生物基因存在共性：二者均能被视为信息载体，储存了指导本体生存与发展的信息，以及发出呈现为性状的指令[3]。段进院士提出空间基因的概念，这些独特的、相对稳定的空间组合模式是城市空间、自然环境和历史文化长期互动的产物。它们承载着不同地域特有的信息，成为城市特色的标识，同时也起着维护这三者和谐关系的作用[4]。通过对历史城区空间基因构成要素的抽象提取，发现构成要素间相互作用形成的稳定空间特征，最终确定有关历史城区在地性、原真性的保护策略。

2.2 空间基因理论下的历史城区空间营造研究

空间基因强调在地性保护，可弥补历史

城区特色保护不足方面的缺陷。将空间基因技术引入到历史城区的保护和发展流程中，该技术涵盖了对历史城区的自然、人文、建设空间等要素的保护与导控，有助于强化历史城区保护的原真性和实施的在地性[5]。具体表现为：通过现场勘探、问卷访谈及多源数据等多途径识别并提取空间基因；评价其内在组织方式，提出遗传价值与现存问题；基于在地性和原真性制定历史城区传承导控策略，推动历史城区空间营造从创作型向在地型规划转变，实现多要素、多层次的保护与发展（见图1）。

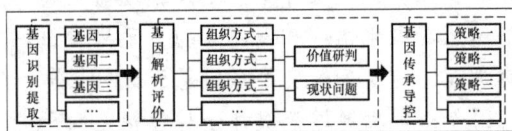

图1　空间基因传导技术流程

3　铜仁历史城区空间基因识别与价值研判

铜仁历史城区位于铜仁市中心城区南部，东至隆务河、西至西山，包括隆务寺、隆务历史文化街区及传统居住区（见图2）。

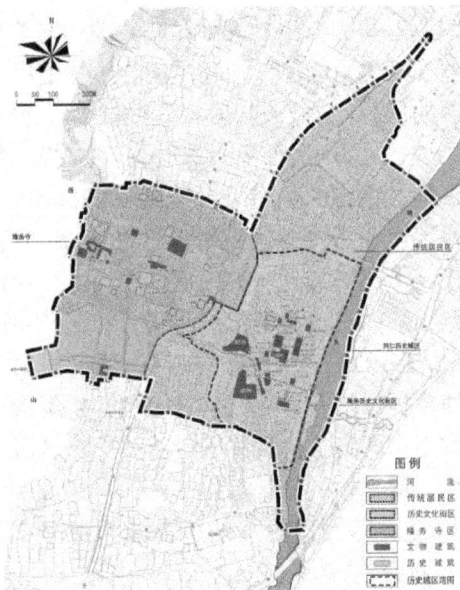

图2　铜仁历史城区范围

3.1　铜仁历史城区空间基因识别

基因提取作为空间基因技术体系的首要环节。通过实地调研及文献查阅挖掘铜仁历史城区中具备重要价值的空间要素，发现被人关注较多的有格局基因、街巷基因、建筑基因3个方面，基于此分析各方面基因构成，进行要素提取，初步形成铜仁历史城区在地性的基因图谱[6]（见图3）。

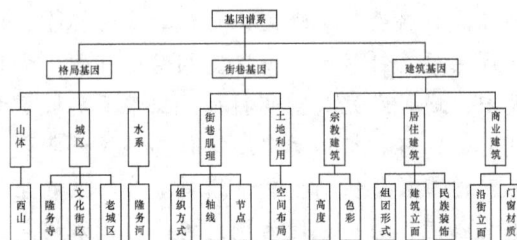

图3　铜仁历史城区空间基因谱系

3.2　铜仁历史城区空间基因评价

基于历史城区研究流程与空间基因提取结果，采用段进团队的五级分类法进行打分，均等化设定因子权重，避免传统加权的主观性。铜仁历史城区评价中，注重因子间互动关系，弱化单项因子影响，均值化权重，从单因子转向因子层对整体风貌特征的综合影响（见图4）。

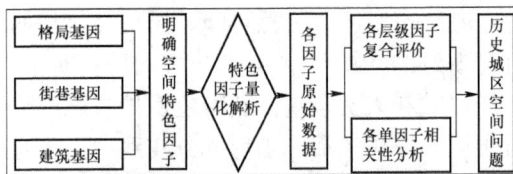

图4　铜仁历史城区空间基因评价流程

经评价，铜仁历史城区空间基因呈现：格局基因方面，需重点解决城地关系要素完整度问题；街巷基因方面，道路完整度较低，应加强规划建设以延续历史价值及优化交通条件；建筑基因方面，建筑群协调度是核心问题，标志性建筑需提升活态使用度，使其成为城市文化与社会生活的重要节点。

4 历史城区空间基因导控策略

4.1 格局修复：恢复自然本底

在格局基因优化中，重点修复山水格局、恢复生态环境并修补空间要素关系。基于历史城区地形特征，保留错落有序的台地次序，维护东河西山相呼应的山水屏障。开发建设需加强历史城区及周边环境保护，以隆务河和隆务西山为重点，修复城地关系，重现优质山水格局。同时，明确划定山体保护范围，分析整治地质灾害点，严禁破坏性建设活动。通过植树造林等生态环境保护措施恢复山体环境，对灾害频发区域采取稳固山体、防治滑坡等工程手段，减少灾害威胁，保障人民生命财产安全。

4.2 街区更新：改善城区功能

首先对传统街巷进行分级分类保护，将其划分为三级保护次序。一类街巷如隆务中街、民主上街等，需对其名称、走向及两侧沿街立面进行全方位保护，传承历史价值；二类街巷如滨河路，保留名称、走向及具有传承价值的传统风貌，可适度优化功能；三类街巷则主要传承名称和走向，功能与面貌可根据时代需求改造。其次，基于历史城区使用情况，打造慢行城区。对城区道路进行功能划分，包括绕城区车道、慢车道和人行道。绕城区车道供游客车辆和小型客运车辆使用，通过外围截流及限制停车位控制城区内部车流量；慢行道位于车行道与人行道之间，为市政专用车、小型观光车和非机动车提供优质通行条件，完善慢行交通配套设施，满足居民出行需求。同时，优化公共交通线路及站点，与人行集聚点衔接，实现快慢分流、人车分流，为居民及游客提供便利、高效、舒适的交通环境。

4.3 建筑管控：维护民族风貌

基于评价结果，在建筑群方面，针对传统民居与新建建筑肌理冲突问题，可拆除体量过大且闲置的现代建筑，并对具有代表性

的现代建筑进行改造，以协调新旧建筑肌理。对于影响肌理的建筑，可拆除或在肌理不连续处进行补充。在建筑形态管控上，以城区标志性建筑为核心，对周边建筑的高度、色彩、材质进行限制，确保符合规范并保持整体协调。

在建筑物方面，标志性建筑需维持其原有历史面貌及格局，对破坏严重的建筑在充分资料收集后进行改建或重建。对于活力欠缺的标志性建筑，可在保护本体的基础上进行功能置换或重新激活。例如，功能衰落的供销社可通过引入传统体验活动或恢复经营功能，提升其利用率与活力。

5 结语与展望

空间基因理论通过解析"自然-文化-空间"的深层关联，为历史城区保护提供了系统性框架，使规划设计更具在地性，既解决规划系统性问题，又体现历史城区的原真性。该方法尝试对空间基因进行提取、评价和导控，但目前主要聚焦于物质空间，尚未涉及情感要素分析。历史城区保护模式及空间基因应用仍在探索中，未来需进一步完善技术体系，扩大应用范围，更好地传承历史城区的传统文化特征。

参考文献

[1] 朱小雷, 吴硕贤. 使用后评价对建筑设计的影响及其对我国的意义[J]. 建筑学报, 2002（5）: 42-44.

[2] 邵润青, 段进, 姜莹, 等. 空间基因: 推动总体城市设计在地性的新方法[J]. 规划师, 2020, 36（11）: 33-39.

[3] 段进, 姜莹, 李伊格, 等. 空间基因的内涵与作用机制[J]. 城市规划, 2022, 46（3）: 7-14.

[4] 伍业茂. 桐城市历史城区空间基因识别及其保护传承策略研究[D]. 合肥: 安徽农业大学, 2023.

[5] 邵润青, 段进, 姜莹, 等. 空间基因: 推动总

体城市设计在地性的新方法[J]. 规划师, 2020, 36 (11)：33-39.

［6］段进，姜莹，李伊格，等. 空间基因的内涵与作用机制[J]. 城市规划, 2022, 46 (3)：7-14.

［7］段进，邵润青，兰文龙，等. 空间基因[J]. 城市规划, 2019, 43 (2)：14-21.

［8］李昊伦. 空间基因视角下的历史文化街区保护和发展研究：以颐和路历史文化街区为例[C]// 中国城市规划学会，成都市人民政府. 面向高质量发展的空间治理：2021 中国城市规划年会论文集（09 城市文化遗产保护）. 南京：东南大学建筑学院，2021：8.

［9］林琳，田嘉铄，钟志平，等. 文化景观基因视角下传统村落保护与发展：以黔东北土家族村落为例[J]. 热带地理, 2018, 38 (3)：413-423.

图片来源

图 1～图 3 为作者自绘；

图 4 为课题组资料。

历史城市街道商业分布研究
——以 1923—2024 年北京老城为例

崔森（山西工程技术学院；207183954@qq.com）

盛强（北京交通大学；66334133@qq.com）

摘　要：揭示历史城市商业分布的空间机制有助于城市活力保持和文化传承，基于 3 个年代北京老城的详细店铺数据，运用空间句法理论和方法，以 102 条街道为样本，探究商业分布与距离、拓扑、局部的聚集、站点、形态等因素间的关系，发现拓扑可达性影响最为稳定，距离和局部因素影响不稳定。

关键词：历史城市；商业分布；空间句法

基金号：北京市社科基金（22GLB027）；北京旧城商业聚散机制研究

1　研究背景

我国城市更新已进入存量优化与品质提升并重阶段，实践中存在传统符号滥用、商业功能同质化等问题，亟需科学把握商业空间分布规律。本文聚焦历史城市街道精度商业分布，为历史城市更新提供理论支撑。

1.1　理论演进：从"中心地"到"中心流"

传统中心地理论以距离成本解释商业空间等级体系，强调区位可达性的核心作用[1]。随着交通技术进步，Taylor 提出"中心流"理论，指出网络的拓扑可达性逐渐取代物理距离成为空间组织基础[2]。Neal 通过大都市区实证验证了城市等级由"中心地"向"中心流"模式的转型趋势[3]。国内研究显示，北京商业中心演变受交通网络突破性发展的显著影响[4-5]，但传统引力模型因忽视街道空间异质性，难以揭示动态演变规律。

1.2　方法论突破：空间句法的量化革新

空间句法理论通过拓扑网络分析揭示商业分布机制，为街道精度研究提供新范式[6]。研究表明，拓扑可达性对商业活力有积极作用[7]，其标准化参数（NACH/NAIN）可有效量化多尺度网络效应[8]。北京案例显示，商业中心分布逐渐从依赖节点可达性转向网络拓扑连接性[9]，且局部拓扑优势对商业存续具有持续影响[10]。但历史城市因数据精度不足，拓扑机制的稳定性仍待验证。

1.3　影响因素辨析：多维机制的协同作用

除宏观网络结构外，局部要素对商业分布的影响存在争议：Kickert 百年跨度研究指出聚集效应的稳定性[11]。然而，北京前门案例显示，拓扑可达性对商业存续的影响权重显著高于聚集效应[12]，暗示空间规律存在差异。

现有研究存在 3 方面局限：① 静态模型难以解释商业分布动态演变；② 历史城市缺乏街道精度数据支撑；③ 多因素交互机制尚未厘清。本文选取北京老城百年跨度的街道商业数据，通过空间句法模型解析距离、拓扑、聚集等要素的权重演变，旨在揭示历史城市商业空间演化的稳定规律，为城市规划设计延续文化基因提供量化依据。

2 数据与变量

商业数据来源于 1923 年、1986 年的书籍[13-14]和 2024 年的高德地图,选取衣、食、住、行、文娱、生活服务、百货商店七大类商业,并兼顾时代对应性。

街道网络基于 1923 年、1986 年相近年代的地图[15-16]和 2024 年的高德地图用 GIS 进行矢量化构建。并将商铺点落位至对应街道。数据收集结果如图 1 所示。

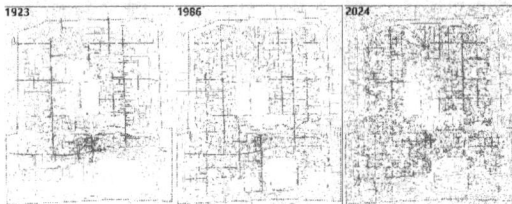

图 1 数据收集

商业分布影响因素包括距离因素、拓扑因素、局部因素 3 方面。

2.1 空间节点距离因素

城门与路口:测度街道至 18 个城门(1923 年)及 1923 年、1986 年替代性交通节点(路口)的网络距离,分析交通枢纽的延续影响。

中心节点:基于高松凡提出的 12 个中心,计算街道至中心的距离,验证中心地理论的市场半径效应。

商场:量化街道至商场的距离,检验"集聚效应"。

交通站点:统计距公交/地铁站的网络距离,评估交通可达性对客流的吸引作用。

2.2 拓扑可达性因素

采用空间句法标准化角度选择度(NACH)与整合度(NAIN)参数(见图 2),表征街道网络拓扑特征:NACH 反映街道被最短路径穿过的概率,衡量"流量潜力";NAIN 表征街道到其他区域的便捷性,体现"可达优势"。这两个参数通过标准化处理消除路网规模差异,支持跨年代对比。

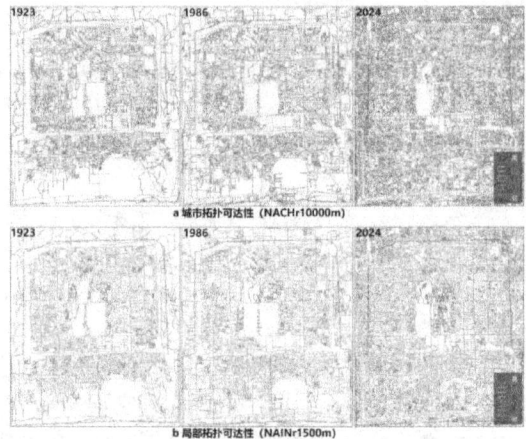

图 2 拓扑可达性

2.3 局部因素

局部商业聚集:统计样本街道周边 300~1 000 m 半径内商业总量,检验"集群效应"。

交通站点数量:统计街道公交/地铁站点数量,反映局部交通便利性。

街道形态长度、宽度、弯曲度:反映临街面规模、交通等级、路径曲折程度。

3 数据空间分析

1923 年商业沿城门主干道分布,外城以广安门—广渠门大街为主轴,内城分列宣武门—新街口、崇文门—雍和宫两大干道,前门凭借内外城枢纽及火车站优势成为核心商业区,胡同内多为未记录的摊贩流动经营。

1986 年路网完善促进商业均衡化,外城南部新增 3 条商业干道,地安门西大街等道路打通增强内外联通。计划经济向市场经济转型中,供销社网点开始渗入胡同。前门中心地位随广渠门大街、长安街延伸而弱化。

2024 年呈现多层级网络化特征,主路强化与支路加密同步推进。东城通过地安门大街—金宝街改造形成规整路网,商业密度显著提升。商业布局从节点依附转向全域渗透,外城持续衰退而内城局部复兴。选取 102 条百年存续街道为固定样本,分析商业数量与空间属性的动态关联,通过双变量相关分析和多元线性回归分析揭示商业网络演变机制。

3.1　距离类因素

图 3 显示街道商业数量与空间节点距离的相关性变化。民国时期，城门距离与商业显著相关，但随城门消失影响减弱；路口距离相关性持续增强，反映交通枢纽作用提升。中心距离相关性下降表明旧城中心吸引力未延续。商场距离仅在 1986 年呈现相关性，1923 年商场稀缺、2024 年过度集中均削弱其解释力。交通站点中，民国站点稀少，公交站点在 1986—2024 年因集聚效应显著相关；地铁站点因分布均匀对商业影响较弱。整体可见，实体交通节点对商业布局的影响持续强化，而历史空间节点（城门/旧中心）的辐射效应逐渐消解。

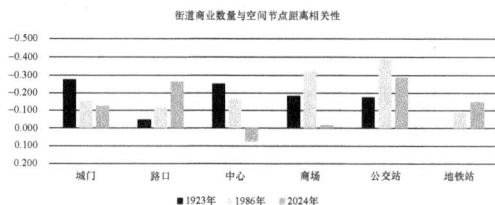

图 3　商业数量与空间节点距离相关性

3.2　拓扑可达性因素

随着城市网络发展，街道连接性对商业布局的影响凸显。图 4 显示，标准化角度选择度（NACH）和整合度（NAIN）与商业数量呈稳定正相关，城市尺度 NACH（半径10 000 m）解释力最强（$R \geqslant 0.5$），表明城市级交通流量汇聚效应持续驱动商业集聚。但拓扑可达性与商业的相关性峰值半径逐渐缩小，随着路网加密与结构完善，局部尺度

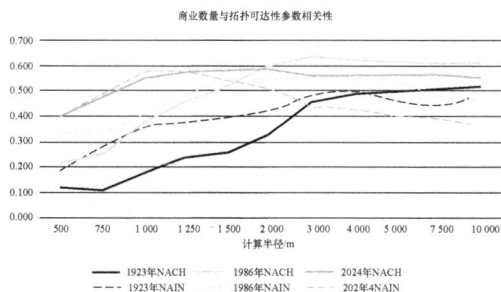

图 4　商业数量与拓扑可达性相关性

可达性差异开始主导，这揭示出商业布局逻辑的演变——从依托全域交通动脉转向精细化网格网络，拓扑层级化特征日益显著。

3.3　局部商业聚集、交通站点数量和街道形态因素

周边商业聚集影响较弱，各年代差异显著：1923 年、2024 年相关性明显，1986 年因计划经济商业分布较均匀。交通站点因聚客效应与商业显著相关。街道长度与商业数量强相关（$r>0.4$），长街道临街面更多。

3.4　多元线性回归分析

图 5 显示，拓扑可达性在 3 个年代影响显著，且随城市网络规整化，商业分布更依赖局部可达性优势。与特定空间节点的距离影响不稳定。局部商业聚集因素作用有限且易受政策影响；交通站点密集后其影响逐渐显现；街道长度影响较稳定，主要是临街面限制店铺容量。

1923模型	变量	(常量)	城门距离	标准化角度选择度10 000 m	商业聚集1 000 m	长度
	标准化系数Beta	—	-0.172	0.396	0.355	0.282
调整后R方 0.445	显著性	0.000	0.029	0.000	0.000	0.003

1986模型	变量	(常量)	城门距离	商场距离	标准化角度选择度2 000 m	公交站点数量	长度
	标准化系数Beta	—	-0.208	-0.306	0.342	0.189	0.349
调整后R方 0.672	显著性	0.000	0.001	0.000	0.000	0.000	0.000

2024模型	变量	(常量)	标准化角度选择度2 000 m	标准化角度整合度1 000 m	商业聚集500 m	公交站点数量	长度	宽度
	标准化系数Beta	—	0.366	0.195	0.186	0.366	0.285	-0.475
调整后R方 0.641	显著性	0.000	0.037	0.012	0.002	0.004	0.000

图 5　多元回归分析结果

4　结论

本文分析了北京老城百年商业分布的空间规律，发现拓扑可达性对商业分布影响最显著且稳定，优于空间节点距离、局部聚集、站点和形态因素，证明了拓扑规律在解释商业分布动态变化中的优势。商业追求盈利，网络空间汇集流量的能力始终主导商业分布。拓扑网络的影响还体现了城市网络形态的文化惯性，主干道被延伸强化，局部街道结构差异更明显。北京老城商业分布由城市和局部尺度的拓扑网络叠加塑造。

参考文献

［1］ CHRISTALLER W. Central places in southern Germany[M]. Englewood Cliffs, NJ：Prentice-Hall，1966.

［2］ TAYLOR P J, HOYLER M, VERBRUGGEN R. External urban relational processes：introducing central flow theory to complement central place theory[J]. Urban Studies，2010，47（13）：2803-2818.

［3］ NEAL Z P. From central places to network bases: A transition in the U.S: Urban Hierarchy1900-2000[J]. City & Community，2011，10（1）：49-75.

［4］ 高松凡. 历史上北京城市场变迁及其区位研究[J]. 地理学报，1989（2）：129-139.

［5］ 林清，孙方，王小敏，等. 基于 POI 数据的北京市商业中心地等级体系研究[J]. 北京师范大学学报（自然科学版），2019（3）：415-424.

［6］ HILLIER B, HANSON J. Social logic of space[M]. London：Cambridge University Press，1984.

［7］ CHIARADIA A, HILLIER B, SCHWANDER C, et al. Compositional and urban form effects on centers in Greater London[C]. Proceedings of the Institution of Civil Engineers：Urban Design and Planning，2012（DP1）：21-42.

［8］ HILLIER B, YANG T, TURNER A. Advancing Depthmap to advance our understanding of cities: comparing streets and cities，and streets with cities[C] // Proceedings of the Eighth International Space Syntax Symposium. Santiago de Chile：PUC，2012：1-15.

［9］ 汪芳，贺靖，蒋春燕，等. 街道网络视角下北京旧城商业中心的演变过程和作用机制[J]. Journal of Geographical Sciences，2018，28（6）：845-868.

［10］ 盛强，周晨. 功能追随空间：多尺度层级网络塑造的城市中心[J]. 建筑师，2018（6）：60-67.

［11］ KICKERT，HOFE，HAAS，et al .Spatial dynamics of long-term urban retail decline in three transatlantic cities[J]. Cities，2020，107（1）：102918.

［12］ 盛强，许泽阳. 零售收缩背景下商业稳定性的空间规律：以北京前门地区为例[J]. 南方建筑，2024（4）：12-19.

［13］ 徐珂. 增订实用北京指南[M]. 北京：商务印书馆，1923.

［14］ 王彬. 实用北京街巷指南[M]. 北京：北京燕山出版社，1987.

［15］ 北平市全图[M]. 北京：日新舆地学社，1921.

［16］ 北京市区地图册[M]. 北京：中国地图出版社，1987.

图片来源

所有图片均为作者自绘。

守陵人：地域文化延续与空间场所感知下的身份与角色新论

——以清东陵为例

左炳森*（华北理工大学；1443217129@qq.com）

潘亮（华北理工大学；13373227553@139.com）；

梁智超（华北理工大学；19358127625@163.com）

李晓琳（华北理工大学；3099256038@qq.com）

丁萱（华北理工大学；941459662@qq.com）

摘　要： 清东陵作为明清皇家陵寝建筑群的典型代表，守陵人群体在现代化进程中面临文化传承与身份认同的双重挑战。本文通过两年田野调查，结合空间感知理论、文化生态学与多学科研究方法，揭示守陵人空间感知与文化传承的内在关联及现代转型机制。研究发现：传统空间实践通过"神圣–世俗"二元结构形塑守陵人身份认同；旅游开发导致的空间异化削弱了文化生态，年轻一代的空间感知转变显著降低传承意愿。据此提出"修复空间场域–重构代际对话–创新数字传承"的三维策略，为文化遗产活化提供新范式。

关键词： 清东陵；守陵人；空间感知；文化传承；地域文化

基金号： 2023 高校创新创业教学改革项目（2023CXCY096）；2024 高校教育教学改革研究项目（ZJ2322）

1　引言

清东陵作为世界文化遗产，其守陵人制度历经六百余年演变，形成了独特的文化生态系统。在旅游开发加速与城市化进程的双重作用下，守陵人面临文化传承断裂与身份角色重塑的危机。现有研究多聚焦静态文物保护，缺乏对空间实践与文化认知动态关系的系统考察。本文突破学科壁垒，以空间感知理论为框架，结合 GIS 技术、口述史分析与计量统计，探究守陵人文化传承的机制与困境，为乡村振兴背景下的非遗活态传承提供理论支撑与实践路径。

2　文献综述

2.1　守陵人的历史溯源与功能演进

现有研究普遍认为，守陵人制度源于古代陵寝防护体系，其职能从单纯的守护者逐渐扩展为文化诠释者与社会纽带（费孝通，2003）[1]。周维权（2018）指出，明清守陵人通过"禁地制度"与周期性祭祀活动，构建了严密的文化权力网络[2]。

2.2　空间感知与文化传承的理论关联

空间感知理论：列斐伏尔 Lefebvre（1974）提出空间实践的三重维度（身体–感知–想象）[3]，强调空间不仅是物理容器，更是社会关系的具象化。守陵人对"神道"走向的深刻记忆，正是这种空间实践的体现。

文化生态学视角：阿什沃思 Ashworth（1998）认为，文化传承依赖特定空间的文化生态系统[4]。清东陵"前朝后寝"的布局，本质上是通过空间规划实现礼制秩序的物质化表达。

技术中介理论：数字技术重构了人与空间的关系。手机导航的普及导致守陵人对"风水格局"的空间认知弱化（问卷调查数据见表1）。

数据调查表 1

维度	年龄组 （50 岁以上）	年轻群体 （18～35 岁）	X2 值	p 值
祭祀空间 神圣性	83.3%	28.0%	39.21	<0.01
建筑功能 认知	92.1%	41.7%	43.62	<0.01

2.3 现代转型中的挑战与机遇

现有研究多揭示传统守陵文化的式微（阿帕杜莱，1988），但对数字技术赋能文化传承的创新路径探讨不足[5]。李晨（2021）基于 AR 技术的案例研究表明，虚拟场景还原可使历史体验感提升 40%，为守陵人文化传承提供新思路[6]。

3 研究方法

3.1 混合研究法设计

1）质性研究

深度访谈：选取 30 位守陵人（年龄 18～85 岁，涵盖 3 代传承人），进行半结构化访谈（平均时长 2.5 h）。

参与式观察：记录守陵人日常祭祀、修缮等活动轨迹（2023 年 6—12 月）。

2）量化研究

问卷调查：分层抽样发放问卷 120 份（有效回收率 93.3%），涵盖空间认知、传承意愿等维度。

GIS 技术：利用 ArcGIS 10.8 绘制守陵人活动热力图，分析空间行为模式。

3.2 创新点

构建"空间权力-文化记忆-身份认同"的分析模型；首创"数字孪生+口述史"的跨媒介研究方法。

4 数据分析与结果

4.1 空间感知与文化传承的关联性

图 1 为守陵人代际文化认知差异对比图。

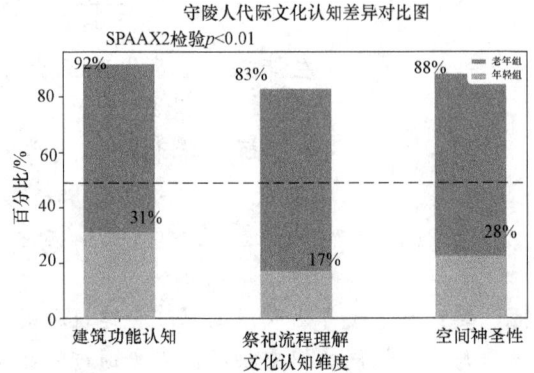

图 1 守陵人代际文化认知差异对比图

4.2 现代转型的双重效应

空间异化危机（见图 2）：

商业设施侵占祭祀广场面积增长 320%（2018—2022 年）。

守陵人活动范围缩减至原核心区的 38%（GPS 轨迹分析）。

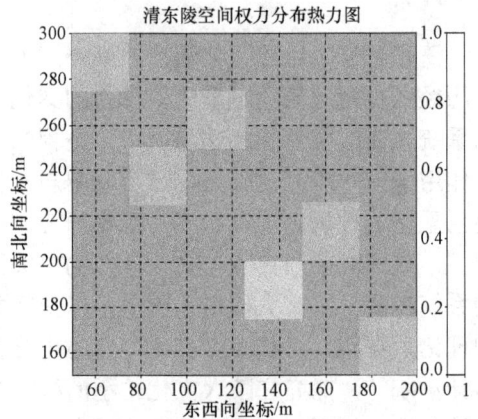

图 2 清东陵空间权力分布热力图

技术赋能机遇：

AR 技术还原"乾隆祭天"场景使游客参与度提升 65%（见图 3）。

图3 数字技术接受度雷达图

数字口述史档案库建立（语义网络关联度≥0.7）。

5 论证与讨论

5.1 空间实践的文化编码机制

守陵人通过3种方式维系空间神圣性。

身体铭刻：清明祭典"执扇开道"动作的肌肉记忆。

物质象征：泰陵碑亭赑屃石雕的"镇水"功能叙事。

制度约束："朔望巡陵"的周期性仪式强化空间边界意识。

5.2 代际断裂的认知维度

年轻一代呈现三大特征。

空间认知碎片化：将"配殿"误认为"厢房"的比例达37%。

仪式体验浅层化：仅模仿祭祀动作而忽视"敬天法祖"的精神内核。

技术依赖强化：89%的受访者主要依赖手机导航。

6 文化传承策略

6.1 空间修复的双重路径

物理修复：参照南京明孝陵排水系统，采用"原材料再生"技术修复昭西陵渗水问题。

文化修复：创建"数字孪生陵寝"，通过VR技术还原1900年祭祀场景（精度±2 mm）。

6.2 代际对话机制创新

教育创新：开发"小小守陵人"研学课程，设计"古建寻踪""礼仪复原"实践模块。

数字传承：建立口述史知识图谱，实现85 h访谈素材的语义检索（关联度≥0.7）。

7 结论与建议

7.1 理论贡献

本研究通过跨学科视角实现了3个层面的理论突破。

1）空间权力理论的实践转向

传统空间权力研究多停留于宏观制度分析（如福柯的"全景监狱"理论），本研究首次将权力微观化至守陵人日常实践。通过田野观察发现，守陵人的空间行为（如祭祀站位、工具使用）实质是"隐性规训"的具身化，揭示了空间权力如何通过身体记忆实现文化再生产。这一发现为文化遗产研究提供了新的分析维度——"身体–空间–权力"三位一体模型。

2）技术中介理论的本土化拓展

现有数字技术研究多关注技术赋能（如VR/AR的应用），本研究提出"技术解码–文化转译"双循环机制：以清东陵AR导览系统为例，技术不仅作为信息载体，更通过算法设计（如文化符号优先级排序）重构了游客的认知框架。该机制弥补了技术中介理论在文化语境适配性方面的不足。

3）非物质文化遗产传承的时空耦合模型

创新性地将时间维度（代际传承）与空间维度（祭祀空间）结合，构建"压缩–文化层级"分析框架。研究发现：守陵人文化传承呈现"空间固化"（祭祀仪式地点不变）与"时间断裂"（年轻一代参与度下降）的悖论性特征，这为理解非遗传承的时空矛盾提供了新范式。

7.2 实践启示

制定《明清皇家陵寝文化生态保护区管

理条例》，设立"零商业区"红线。

构建"数字孪生+活态传承"系统，其中 AR 导览系统需嵌入文化解码算法。

建立"高校导师+非遗传承人"双轨培养体系推广"政府主导–企业运营–村民参与"的 PPP 合作模式（参考日本"里山倡议"）。

参考文献

[1] 费孝通. 乡土中国[M]. 北京：北京大学出版社，2003.

[2] 周维权. 中国皇家陵寝建筑布局研究[D]. 北京：清华大学，2018.

[3] 列斐伏尔. 空间的生产[M]. 刘怀玉，译. 北京：商务印书馆，2008.

[4] 阿什沃思. 旅游与休闲地理学[M]. 杨俊，译. 北京：商务印书馆，2015.

[5] 阿帕杜莱. 物的社会生命：文化经济学导论[M]. 刘东，译. 南京：译林出版社，2018.

[6] 李晨. 数字技术赋能文化遗产传承研究[J]. 文化遗产研究，2021（3）：45–52.

图片来源

图 1～图 3 均为作者自绘。

基于空间聚落与社群结构分析的守陵文化与主流文化互动关系研究

——以唐山遵化市惠营房村为例

李家康*（华北理工大学；2819935751@qq.com）

梁智超（华北理工大学；2071949508@qq.com）

谷帅鹏（华北理工大学；2163430964@qq.com）

李晓琳（华北理工大学；3099256038@qq.com）

潘亮（华北理工大学；1337322755@139.com）

摘　要：陵墓建筑作为文化遗产的重要载体，其保护与传承在全球化与现代化背景下面临严峻挑战。本文以清东陵地区惠营房村为例，结合空间聚落分析与社群结构理论，探讨守陵文化与主流文化的动态互动关系及其保护策略。通过田野调查、半结构化访谈，研究发现：守陵村落的空间结构（如"三生空间"联系薄弱）与社群网络（复杂的社会关系与文化实践）是文化传承的核心载体；现代化进程中，守陵文化既面临边缘化风险，又通过节庆活动、数字化传播等途径对主流文化产生反向影响。本文提出空间优化、社区参与及新媒体技术应用等策略，强调通过多学科交叉方法促进守陵文化与主流文化的和谐共生，为文化遗产的可持续保护提供理论与实践参考。

关键词：守陵文化；空间聚落；社群结构；文化互动；清东陵

基金号：2023高校创新创业教学改革项目（2023CXCY096）；2024高校教育教学改革研究项目（ZJ2322）

1　引言

在全球化与现代化浪潮中，文化遗产的保护与传承成为重要议题。陵墓建筑作为中国封建社会的典型文化符号，不仅是历史记忆的载体，更是守陵人社群文化实践的空间基础。以清东陵守陵村落为例，惠营房村的守陵人群体通过世代相传的祭祀仪式与空间维护，成为活态文化遗产的守护者。然而，随着主流文化的渗透，守陵文化面临认同感削弱、技艺传承断裂等问题。

本文聚焦以下问题：守陵村落的空间聚落如何影响文化传承？守陵人社群结构如何在与主流文化的互动中演变？如何通过创新策略实现守陵文化的可持续保护？

通过多学科交叉视角，本文旨在揭示守陵文化与主流文化的互动机制，并提出保护路径，为同类文化遗产的保护提供借鉴。

2　守陵文化现状

2.1　守陵文化研究现状

守陵文化研究长期聚焦于其历史功能与仪式特征。清代守陵人兼具"守护者"与"传承者"双重角色，其文化实践是陵墓遗产保护的核心。清东陵与清西陵守陵文化面临着同样的窘境，满族人民与当代汉族人民交流加深，导致村落传统民族文化的传承受到了极大的影响，[1]守陵文化正遭受着主流文化的冲击。近年研究转向现代化冲击下的文化适应问题，通过社会网络分析法，揭示守陵人社群在城市化进程中的结构变迁。

2.2 空间聚落与社群结构的关联

空间人类学理论强调物质空间与社会文化的互动关系。而少数民族由于对民族文化构成的不清晰，聚落形态研究常被忽视，并和社群文化研究彼此割裂。[2]因此少数民族在如何发展民族文化并与现代文明相融合，特别是关于聚落形态与社群结构关系方面，仍留有空白亟待研究。

2.3 研究空白与创新点

目前研究多从单一学科视角分析守陵文化，缺乏空间与社群的双维整合。且由于汉族在历史中的特殊地位，少数民族建筑通常容易被忽视。

本文创新点在于引入行动者网络理论（ANT），解析守陵人与多元主体的互动关系。ANT提供了一个分析框架，用于解析政府、企业、村民等多元利益主体在遗产旅游地发展过程中的关系网络。这一理论强调网络中行动者之间的互动和关系构建，有助于理解守陵文化在现代化进程中的适应性和变迁。

3 研究内容与方法

3.1 研究内容

自清代至今，惠营房村村落布局与社群结构经历了显著变迁，这些变化不仅映射出技术进步与社会变迁的痕迹，更承载着村落文化的延续与发展。文化传承通过宗教仪式等途径，塑造了村民的价值观与社会互动模式，对社群结构的稳定与演变产生重要影响。因此，探讨历史演变与文化传承的相互作用，对于理解守陵村落的现状、保护文化遗产及促进可持续发展至关重要。当今时代，守陵文化与主流文化的互动关系，需要进一步地探索和研究。

3.2 研究方法

田野调查：清东陵地区守陵村落经过时间的流逝，与先前的守陵村有极大的不同。对其独特的历史文脉和民族习俗认知已逐渐模糊。因此对惠营房村进行为期15天的参与式观察，通过现场探勘、摄像等记录日常文化活动与空间利用，建立对惠营房村的三维认知。

半结构化访谈：选取30名守陵人（涵盖18～85岁年龄、不同职业），进行半结构化访谈，通过口述史学的方法，探讨文化认同与传承困境，构建行动者网络理论体系。

问卷调查：面对现阶段的主流文化与守陵文化关系，对守陵村落的居民的文化认知需要进行收集整合，收集150份村民数据（有效回收率90.6%），量化分析空间认知、文化认知与参与意愿。

4 研究结果与分析

4.1 空间聚落特征与文化遗产的物理载体

惠营房村空间整合度较低。生产空间与生活空间联系薄弱，生态空间未纳入保护体系，导致文化遗产的碎片化。

4.2 社群结构的多维性与文化传承韧性

社会网络分析表明，守陵人社群呈现"核心–边缘"结构：核心层是老年守陵人（占比60%）主导祭祀仪式，维系文化正统性；边缘层是年轻群体通过旅游业参与文化传播，形成"传统–现代"融合模式。

值得注意的是，58%的 30 岁以下村民表示愿意参与文化活动，打破"代际断裂"的固有认知。

4.3 守陵文化与主流文化的互动模式

根据半结构式访谈，构建行动者网络理论体系，如图 1 所示。在文化冲突方面，随着城市化进程的加速推进，传统空间日益被挤压，古建筑群及其周边环境面临着挑战。在这一过程中，部分具有深厚历史文化价值的古建筑被改建为商业设施，这无疑对守陵文化的原生环境构成了直接冲击，使得其历史风貌与文化底蕴在一定程度上遭受了损害。

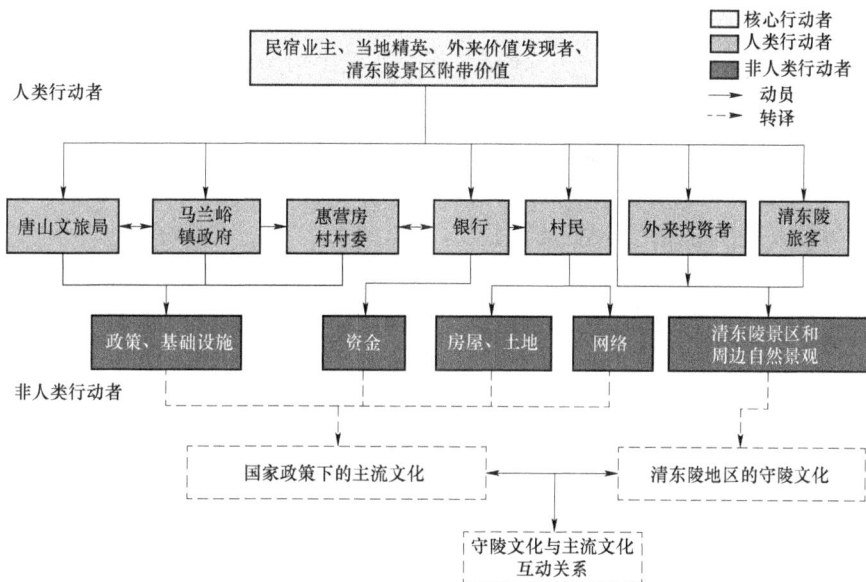

图1 惠营房村文化交流行动者网络构建图

尽管城市化进程带来了诸多挑战，但守陵文化亦在此过程中展现出强大的生命力与适应性。以清明祭祖等守陵节庆活动为例，这些传统习俗不仅承载着深厚的家族情感与历史记忆，还逐渐成为吸引外来游客的重要文化资源。通过举办各类文化旅游活动，守陵文化与旅游业实现了深度融合，不仅促进了地方经济的发展，也为守陵文化的传承与创新提供了新的平台与机遇。

在数字化时代背景下，短视频平台等新兴媒介为守陵文化的传播提供了广阔空间。通过这些平台，守陵文化的独特魅力得以跨越地域限制，进入公众视野，从而极大地增强了主流社会对其认知与理解。这种反向影响不仅提升了守陵文化的社会影响力，也为传统文化的现代转型提供了新思路与新路径。数字化技术的应用也为古建筑的保护与研究开辟了新领域，如利用三维扫描与建模技术实现古建筑的数字化复原与展示，使得文化遗产的保护与传播更加高效与便捷。

5 守陵文化保护的策略创新

5.1 空间优化策略与社群参与机制

强化"三生空间"协同性，提升空间的整体效能，将生态空间纳入保护范围，并注重修复古建与农田之间的景观连续性，保持自然景观与人文景观的和谐统一。同时，将废弃祠堂改造为文化展览馆，增强空间叙事功能。在社群参与方面，建立"老带新"制度，鼓励年轻守陵人参与仪式培训，并成立守陵文化委员会，整合政府、村民与学者资源，加速文化交流行动者网络的构建。

5.2 数字化传播路径

在网络方面，利用 VR 技术构建清东陵数字孪生模型，提供沉浸式文化体验；并通过抖音、微信等平台发布短视频，扩大受众覆盖面。

6 结论

本研究以唐山遵化市惠营房村为案例，通过空间聚落分析与社群结构理论，系统探讨了守陵文化与主流文化的动态互动关系及其保护路径。守陵文化作为活态文化遗产，其保护与传承需平衡传统价值与现代需求。通过空间与社群的双维整合、代际协作与技术赋能，可实现守陵文化与主流文化的和谐共生，为文化遗产的可持续发展提供新思路。

参考文献

[1] 阎蕾.满族守陵人后裔的现状与发展研究[D].北京：中央民族大学，2010.

[2] 王璐筠.贵州肇兴侗寨的社群结构与聚落形态关系研究[D].南京：南京艺术学院，2022.

图片来源

图 1 为作者自绘。

基于社会功能与地域特色视角下的
文化遗产地价值评价体系研究

——以东陵满族乡为例

李晓琳*（华北理工大学；3099256038@qq.com）

梁智超（华北理工大学；19358127625@163.com）

潘亮（华北理工大学；1337322755@139.com）

谷帅鹏（华北理工大学；2163430964@qq.com）

摘　要： 清东陵作为清朝皇家陵寝群，承载丰富的历史与文化价值，但在现代化与旅游开发的影响下，其空间结构和文化内涵正面临挑战。本文以东陵满族乡裕大村和裕小村为研究对象，构建基于"空间记忆"与"文化传承"视角的文化遗产价值评价体系，并采用层次分析法（AHP）与模糊综合评价法（FCE）进行量化评估。研究发现，两村在历史价值、文化象征性等方面具有独特性，但文化活力与社会功能呈现差异。基于评价结果，本文提出历史风貌修复、文化传承机制优化、社区参与提升及文化旅游融合发展等策略，以促进文化遗产的可持续保护和利用。本文为清东陵地区的文化遗产保护提供参考，并拓展了文化遗产地综合评价的方法体系。

关键词： 东陵满族乡；文化遗产；价值评估；空间记忆；文化传承

基金号： 2023 高校创新创业教学改革项目（2023CXCY096）；2024 高校教育教学改革研究项目（ZJ2322）

1　引言

清东陵作为清朝皇家陵寝群，承载着深厚的历史、文化和艺术价值。然而，随着现代化进程的加快，特别是在旅游业与城市化的双重推动下，该区域的文化遗产保护面临诸多挑战。尤其是东陵满族乡的裕大村和裕小村，作为清东陵守陵体系的重要组成部分，其空间记忆的延续与文化传承的承载作用亟待量化评估与保护策略优化。

基于社会功能与地域特色视角，本文构建文化遗产价值评价体系，并采用（AHP）与（FCE）方法对两村进行系统评估，为文化遗产的可持续保护与利用提供理论支持。

2　研究内容与方法

2.1　研究内容

本文构建文化遗产价值评估体系，以量化方式分析清东陵守陵村落的空间记忆（历史真实性、建筑格局、景观特征）与文化传承（非遗保护、社区认同、文化传播）。基于评价结果，提出差异化保护策略，促进文化遗产的可持续发展。

2.2　研究方法

1）层次分析法（AHP）

通过构建判断矩阵，结合专家打分和问卷调查，计算各指标相对重要性的权重；进行一致性检验（consistency ratio，CR），确保权重计算的合理性和一致性。

2）模糊综合评价法（FCE）

结合 AHP 计算得到的权重，对村落文化遗产价值进行模糊综合评估；采用模糊数学方法，通过隶属度矩阵和加权计算，最终得出综合评分。

3 研究现状

3.1 地理位置与历史背景

　　裕大村和裕小村位于河北省遵化市东陵满族乡，紧邻清东陵核心保护区，原为满族守陵村落，承载着重要的历史文化价值。裕大村布局规整，与裕陵形成空间延续，裕小村靠近妃园寝，体现满族聚落特色。

3.2 文化遗产现状与挑战

　　两村部分历史建筑如东门石桥、古井仍存，但受现代建设影响，传统风貌遭到破坏。非物质文化遗产如萨满祭祀、满族节庆和手工艺仍存，但因人口外流，传承弱化，文化活力下降。整体而言，文化遗产的保护、利用及传承面临挑战，亟需系统性优化措施。

4 文化遗产价值评价体系构建

4.1 层次结构模型构建

　　本体系由目标层（A）-准则层（B）-指标层（C）-量化层（D）4级指标构成，包含目标层1个、准则层7个、指标层15个、量化层若干，具体如下[1]（见表1）：

表1　体系构建图

准则层(B)	指标层(C)	量化层(D)(评分标准)
B1.历史价值	C1.建村时间及完整性	历史文献调查，5分制
	C2.与清东陵核心活动的参与度	参与核心活动（5），辅助活动（3），无（1）
	C3.历史体系关联性	核心职责（5），辅助（3），弱关联（1）
B2.文化价值	C4.文化符号存续程度	文化符号数量及活跃性（0~5分）
	C5.民族文化认同	问卷调查（0~5分）
B3.社会价值	C6.教育功能	教育活动频次（0~5分）
	C7.社区文化互动性	参与率（0~5分）
	C8.遗产对社会凝聚力影响	调研及访谈（0~5分）
B4.情感与象征价值	C9.民族归属感	归属感评分（0~5分）
	C10.爱国主义教育功能	教育反馈评分（0~5分）
	C11.情感符号意义	历史文献+问卷（0~5分）

续表

准则层(B)	指标层(C)	量化层(D)(评分标准)
B5.艺术价值	C12.建筑艺术风格	专家评估（0~5分））
	C13.景观美学吸引力	视觉评价（0~5分）
B6.利用价值	C14.旅游开发潜力	旅游设施评估（0~5分）
	C15.经济自维持能力	村落经济数据（0~5分）
B7.动态指标	C16.文化传播效果	媒体提及次数（0~5分）
	C17.公众参与度	满意度调查（0~5分）

　　（1）目标层（A）：文化遗产综合价值评估村落文化遗产的整体价值，以确定其保护与发展的优先级。

　　（2）准则层（B），指标层（C），量化层（D）：通过这几个指标的评价，可以量化保护层级与指标。

4.2 评价方法与计算

1）层次分析法（AHP）

　　AHP通过构建判断矩阵进行权重计算，并通过一致性检验确保权重的科学性。AHP的计算步骤如下。

　　①构建判断矩阵。判断矩阵 A 由专家打分生成，矩阵元素 a_{ij} 代表第 i 个指标相对第 j 个指标的重要性，赋值采用1~9标度：

$$A=\begin{bmatrix} a_{11} & a_{12} & \cdots & a_{1n} \\ a_{21} & a_{22} & \cdots & a_{2n} \\ \vdots & \vdots & & \vdots \\ a_{n1} & a_{n2} & \cdots & a_{nn} \end{bmatrix}$$

矩阵需满足对称性：$a_{ij}=1/a_{ji}$。

　　②归一化计算。

计算每列元素和：$S_j=\sum_{i=1}^{n}a_{ij}$

计算归一化矩阵：$A_{norm}=\left[\dfrac{a_{ij}}{S_j}\right]_{n\times n}$

　　③计算权重向量。

$$W_i=\frac{1}{n}\sum_{j=1}^{n}A_{norm}(i,j)$$

④最大特征根计算。

$$\lambda_{\max} = \frac{1}{n}\sum_{i=1}^{n}\frac{(AW)_i}{W_i}$$

⑤一致性检验。

$$CI = \frac{\lambda_{\max} - n}{n - 1}, \quad CR = \frac{CI}{RI}$$

其中，RI 为随机一致性指标。若 CR＜0.1，则判断矩阵通过一致性检验[2]。

2）模糊综合评价法（FCE）

FCE 结合模糊数学原理，对村落整体文化遗产价值进行定量评分，计算步骤如下。

确定模糊评判矩阵。

定义评价等级向量：

$$V = (20, 40, 60, 80, 100)$$

设 W 为权重向量，R 为模糊评判矩阵，则综合评价得分计算公式为：

$$S = W \cdot R \cdot V^{\mathrm{T}}$$

5 裕大村和裕小村评价计算与分析

5.1 AHP 与 FCE 计算

1）构建判断矩阵

$$A_{裕大村} = \begin{bmatrix} 1 & 4 & 5 & 6 & 7 & 7 & 8 \\ 1/4 & 1 & 3 & 4 & 5 & 6 & 7 \\ 1/5 & 1/3 & 1 & 3 & 4 & 5 & 6 \\ 1/6 & 1/4 & 1/3 & 1 & 2 & 4 & 5 \\ 1/7 & 1/5 & 1/4 & 1/2 & 1 & 3 & 4 \\ 1/7 & 1/6 & 1/5 & 1/4 & 1/3 & 1 & 2 \\ 1/8 & 1/7 & 1/6 & 1/5 & 1/4 & 1/2 & 1 \end{bmatrix}$$

$$A_{裕小村} = \begin{bmatrix} 1 & 3 & 4 & 5 & 6 & 6 & 7 \\ 1/3 & 1 & 2 & 3 & 4 & 5 & 6 \\ 1/4 & 1/2 & 1 & 3 & 3 & 4 & 5 \\ 1/5 & 1/3 & 1/3 & 1 & 2 & 3 & 4 \\ 1/6 & 1/4 & 1/3 & 1/2 & 1 & 2 & 3 \\ 1/6 & 1/5 & 1/4 & 1/3 & 1/2 & 1 & 2 \\ 1/7 & 1/6 & 1/5 & 1/4 & 1/3 & 1/2 & 1 \end{bmatrix}$$

2）计算权重

$$W_{裕大村} = (0.3121, 0.2754, 0.1652, 0.1123,$$
$$0.0657, 0.0453, 0.0240)$$

$$W_{裕小村} = (0.2867, 0.2894, 0.1710, 0.1285,$$
$$0.0652, 0.0411, 0.0181)$$

3）一致性检验

裕大村：$\lambda_{\max} = 7.1283, CI = 0.0214,$
$CR = 0.0284 < 0.1$

裕小村：$\lambda_{\max} = 7.1036, CI = 0.0173,$
$CR = 0.0267 < 0.1$

判断矩阵均通过一致性检验。

4）FCE 计算结果

$$S_{裕大村} = W_{裕大村} \cdot R \cdot V^{\mathrm{T}} = 76.3$$
$$S_{裕小村} = W_{裕小村} \cdot R \cdot V^{\mathrm{T}} = 72.8$$

5.2 评价与分析

1）综合得分对比与分析

从综合得分来看：

裕大村（76.3）得分高于裕小村（72.8），表明其整体文化遗产价值更高。

裕大村在历史价值（0.3121）、艺术价值（0.1340）方面评分较高，说明其在清东陵体系中的历史遗存完整性、建筑艺术独特性方面占优。

裕小村在文化价值（0.2894）和社会价值（0.1710）方面得分较高，说明其在民俗文化传承、社区互动性方面具有更强的表现，但整体文化遗产保护力度相对不足。

2）单项指标权重对比

为深入探讨两村文化遗产价值的异同，我们进一步分析单项指标的权重分布情况。

① 历史价值对比见表 2。

表 2　历史价值对比

指标	裕大村	裕小村
建村时间及完整性	0.45	0.38
参与清东陵文化活动	0.30	0.32
历史体系关联性	0.25	0.30

裕大村（0.3121）高于裕小村（0.2867），建筑遗存更完整，而裕小村在文化活动参与（0.32）和历史体系关联性（0.30）上更突出，

说明其在满族文化活动、传统仪式传承上较为活跃，但建筑遗存相对较少。

② 文化价值对比见表3。

表3 文化价值对比

指标	裕大村	裕小村
文化符号存续程度	0.52	0.55
参与清东陵文化活动	0.48	0.45

裕小村（0.2894）略高，文化符号存续（0.55）占优，满族技艺保存较好，裕大村民族共同体意识（0.48）较强，文化传播力更优。

③ 社会价值对比见表4。

表4 社会价值对比

指标	裕大村	裕小村
教育功能	0.40	0.45
文化生活互动	0.35	0.40
社会记忆与凝聚力	0.25	0.15

裕小村（0.1710）较高，教育功能（0.45）和社区互动（0.40）强，裕大村社会记忆与凝聚力（0.25）更深厚。

④ 艺术价值对比见表5。

表5 艺术价值对比

指标	裕大村	裕小村
艺术风格独特性	0.40	0.35
文化IP属性	0.30	0.28
景观美学吸引力	0.30	0.37

裕大村（0.1340）高于裕小村（0.1244），建筑风格与雕刻工艺突出；裕小村景观美学吸引力（0.37）更强。

⑤经济与动态价值对比。

两村的利用价值和动态指标评分相近，旅游开发与文化传播均有提升空间，文化转化能力较弱[3]。

综合分析表明，裕大村在历史真实性、建筑格局及艺术风貌方面更具优势，而裕小村在文化活动、社会互动及景观吸引力方面表现更为突出。未来的保护策略应结合两村特点，采取差异化发展路径，以实现文化遗产的可持续保护与合理利用。

6 文化遗产保护与发展建议

1）加强文化遗产保护

建筑修缮：裕大村采用最小干预原则修复，裕小村开展抢救性保护，维持历史真实性。

非遗传承：鼓励村民参与满族技艺、祭祀等文化活动，建设体验馆促进传承。

2）提升社区认同与治理

增强村民参与：通过文化活动、节庆提升认同感，防止城市化削弱文化归属。

社区共建：裕大村鼓励居民讲解文化，裕小村强化社区组织，提高文化保护自主性。

3）文化遗产与旅游结合

满族文化旅游：裕大村开发婚俗体验、皇家文化展览，提升游客参与感；裕小村打造手工艺、民俗美食，提高经济转化率。

7 结语

本文运用AHP与FCE构建文化遗产评价体系，并对裕大村与裕小村进行定量评估，为满族聚落及其他少数民族文化遗产地的保护实践提供了参考。

未来可结合GIS与数据可视化，深化社区共治，探索文化遗产对地方发展的影响。文化遗产保护不仅关乎空间维护，更是社会记忆的延续，应在文化认同、社区发展与经济振兴间寻求平衡，实现可持续发展。

参考文献

[1] 张希月，虞虎，陈田，等. 非物质文化遗产资源旅游开发价值评价体系与应用：以苏州市为例[J]. 地理科学进展，2016，35（8）：997-1007.

[2] 高飞，赵博洋，郭沁，等. 文化景观遗产价值评价体系的构建与测量：以内蒙古元上都遗址为例[J]. 干旱区资源与环境，2023，37（5）：169-176.

[3] 原树星. 基于AHP-模糊综合评价法的传统村落保护研究[D]. 南昌：江西农业大学，2023.

基于"源地–阻力–廊道"的京津冀铁路遗产空间格局构建研究

李辛夷（长江大学城市建设学院；澳门城市大学创新设计学院；
2117217942@qq.com）

夏海山（北京交通大学建筑与艺术学院；北京交通大学交通文化与遗产保护
研究院；北京交通大学北京综合交通发展研究院；Haishanxia@163.com）

摘　要： 当前铁路遗产廊道构建主要沿既定铁路线向两侧扩展，这种孤立且先验的选线方法难以形成跨区域的遗产网络，另外，在划定廊道空间范围时也缺乏深入的量化分析，限制了廊道规划的科学性和系统性。本研究以京津冀地区为对象，采用最小累积阻力模型，从交通条件、公共服务和自然环境三方面构建阻力面，提取潜在廊道并分级；结合电路理论量化全局功能连接度，运用分段线性回归建立廊道空间范围模型，形成"点–群–轴–网"四层次的空间格局。结果显示：（1）识别出 19 个核心铁路遗产源地，主要分布于矿业、港口及区域中心城市，廊道阻力面空间分布具有"西北高–东南低"特征；（2）提取 42 条铁路遗产廊道，平均长度 111.48 km，廊道分布呈现"小密集、大稀疏"，由区域中心城市呈辐射状向外扩散，整体连通性需优化；（3）确定廊道参考宽度 5.91～14.60 km，平均宽度为 9.24 km，划定建设区域 54 399.42 km²，兼具高功能连接度与高遗产密度。研究结论有助于精细界定廊道的空间等级与功能性质，提升铁路遗产的保护与再利用水平，对京津冀地区的全域旅游规划及遗产协同管理具有参考价值。

关键词： 铁路遗产；遗产廊道；空间格局；最小累积阻力模型；电路理论

基金号： 北京市社会科学基金重大项目（22JCA005）

1　引言

近年来，铁路遗产的相关研究聚焦于评估其在交通运输、社会文化和生态环境等方面的再生潜力[1-2]，并由此延伸出铁路遗产在不同地理空间尺度下的再生策略[3-4]。然而，现有研究主要集中于特定站房或线路的功能置换或局部更新，较少涉及遗产网络的整体构建。这种片段化的再生策略虽可在短期内改善铁路遗产所处的客观环境，但作用范围有限，难以解决铁路遗产孤岛化和破碎化的深层问题，限制了其整体价值的发挥。因此，铁路遗产再生亟需由孤立的功能载体向复合的遗产网络转型，从大尺度空间网络的视角出发，构建跨区域的遗产廊道，以促进其长期可持续发展。

2　研究对象与方法

2.1　研究对象

筛选与京张、京奉、京汉、津浦、正太和京原 6 条遗产铁路直接或间接相关的建构筑物和设施设备，整理形成遗产资源清单，同时在京津冀地区的行政区划边界外缘建立了 50 km 的缓冲区。

2.2　研究思路

本文包括 3 个关键步骤（见图 1）：首先，进行京津冀铁路遗产点的聚类分析，识别遗产源地；其次，基于最小累积阻力模型

（minimum cumulative resistance model，MCR），结合交通、公共服务和自然环境因素构建综合阻力面，提取最小成本路径（least-cost paths，LCP）作为遗产廊道并分级；最后，基于电路理论量化全局功能连接度，采用分段线性回归模型构建廊道空间范围，为每条廊道划定建设参照宽度。拟解决以下问题：① 京津冀地区铁路遗产的空间分布特征是什么？是否存在明显的遗产集群？② 京津冀地区铁路遗产廊道建设的适宜性分区是如何分布的？是否存在空间连续性，具备构建遗产廊道的基础？③ 如满足构建遗产廊道的基本条件，又如何将人文环境与自然环境紧密结合，确定该地区铁路遗产廊道的最优路径及其空间范围？

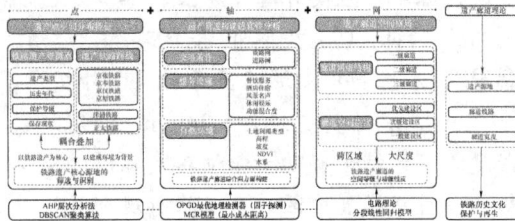

图1　研究思路

2.3 研究方法

1）MCR model

基于 MCR 模型构建综合阻力面，不同环境要素的阻力值反映了空间适宜性的差异，阻力值越高，构建遗产廊道的适宜性就越低，而 LCP 被视为遗产廊道的最优选线。MCR 模型的计算公式为：

$$MCR = \int_{\min} \sum_{j=1}^{n} \sum_{i=1}^{m} (D_{ij} \times R_i) \quad (1)$$

式中：MCR——最小累积阻力值；

D_{ij}——游憩者由环境要素 i 到遗产源地 j 的空间距离；

R_i——环境要素 i 对游憩者空间迁移过程的阻力系数。

2）电路理论

电路理论将景观要素对生物迁移的阻

碍作用类比为电路中的电阻，电流密度反映了功能连接度：高电阻区电流密度低，功能连接度低；低电阻区电流密度高，功能连接度高。本文将该理论应用于铁路遗产廊道构建，以功能连接度为核心，提出空间划定方法。首先，利用 Circuitscape 程序计算研究区的全局功能连接度，量化遗产游憩活动的可能性。其次，基于 LCP 提取多环缓冲区，定义平均电流密度为缓冲区内电流密度累加值与面积之比。通过分段线性回归分析廊道的电流密度曲线，提取拐点并确定缓冲区宽度，作为铁路遗产廊道建设的参考宽度，提供科学依据。利用 R 语言计算，具体模型公式如下：

$$ACD = \begin{cases} I + \beta_1 W_i, W_i < r \\ I + \beta_1 r + (\beta_1 + \beta_2)(W_i - r), W_i \geq r \end{cases} \quad (2)$$

式中：ACD——某一条廊道的平均电流密度；

W_i——廊道宽度；

I——第一段回归模型的截距；

β_1——第一段线性回归的斜率；

β_2——第二段线性回归的斜率差；

r——拐点即参照宽度。

3 研究结果与分析

3.1 遗产源地的筛选与确定

本文统计 261 处遗产点，基于遗产价值评价结果对遗产点进行分级，得到 70 个一级遗产点、66 个二级遗产点和 125 个三级遗产点。结合遗产分布特征，采用 DBSCAN 聚类算法，识别得到 13 个遗产集群和 28 个噪声点［见图2（a）］。结果显示，遗产集群以北京和天津两大区域核心城市为中心，沿铁路向四周呈辐射状分布，而噪声点多分布于边缘城市，反映出铁路网络在城市发展中的关键支撑作用。针对各个遗产集群，本研究优先识别一级和二级遗产点的相对中心作为核心遗产源地，进一步增补了噪声点中的 6 个一级遗产点，最终得到 19 个核心遗产源地［见图2（b）］。

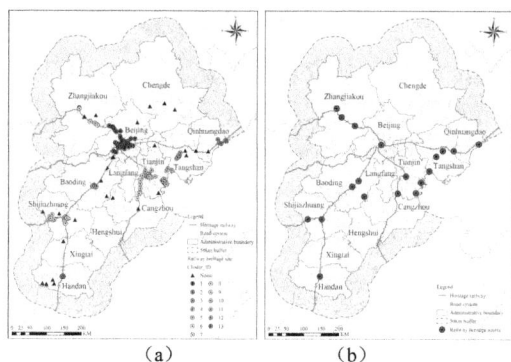

（a）　　　　　　（b）

图 2　遗产源地

3.2　阻力面构建

本文从交通条件、服务设施和自然环境三方面筛选 17 个阻力因子，采用 OPGD 评估各因子对遗产点分布的影响，并确定单因子权重系数（见表 1），通过叠加分析生成铁路遗产廊道的综合阻力面 [见图 3（a）]。研究区综合阻力值范围为 0.046 1～0.966 1，平均值为 0.847 0，呈"西北高-东南低"格局。高阻力区集中在张家口、承德和保定西北部，地势高差大，土地以林地和草原为主，生态敏感性高；低阻力区主要分布在北京、天津、唐山等城市，地势平坦，土地以耕地和人造地表为主，适合遗产游憩活动的开展。

表 1　指标分类方式及权重

维度	指标	分类方式（间断点个数）	权重
交通条件	X_1:距遗产铁路干线的距离	分位数（8）	0.015 0
	X_2:距一级道路的距离	几何间隔（4）	0.005 9
	X_3:距二级道路的距离	几何间隔（4）	0.003 4
	X_4:距三级道路的距离	分位数（7）	0.002 3
	X_5:距客运及公交站点的距离	几何间隔（4）	0.012 0
	X_6:距轨道交通站点的距离	几何间隔（4）	0.016 4
	X_7:道路密度	相等间隔（8）	0.180 6
服务设施	X_8:旅游景点类 POI 核密度	自然间断点（8）	0.211 4
	X_9:餐饮服务类 POI 核密度	自然间断点（8）	0.174 4
	X_{10}:酒店住宿类 POI 核密度	自然间断点（8）	0.191 0
	X_{11}:休闲娱乐类 POI 核密度	自然间断点（8）	0.126 9
	X_{12}:POI 混合度（SHDI）	相等间隔（8）	0.019 6

续表

维度	指标	分类方式（间断点个数）	权重
自然环境	X_{13}:土地利用类型	耕地，林地，草地，灌木地，湿地，水体，人造地表，裸地（8）	0.019 3
	X_{14}:高程	几何间隔（7）	0.010 5
	X_{15}:坡度	几位数（8）	0.004 8
	X_{16}:植被覆盖度（NDVI）	几何间隔（8）	0.004 7
	X_{17}:距河流的距离	几位数（7）	0.001 7

3.3　遗产廊道空间格局构建

运用 LM 插件中的 Linkage Pathway Tool 提取遗产廊道，并结合 Centrality Mapper 进行中心性分析，通过自然间断点法将廊道划分为 3 级，结果识别出 42 条潜在遗产廊道，长度范围为 24.63～321.76 km，平均长度为 111.48 km，廊道的平均中心性为 16.070 6，表明整体连通性较弱 [见图 3（b）]。从空间分布来看，总体呈现多中心向外辐射的封闭网络结构，遗产铁路干线的走向主导了铁路遗产廊道的基本空间格局。高等级廊道集中在中部和东部的北京、天津、唐山三地，该区域遗产源点分布密集，良好的交通网络增强了廊道的连通性，一级和二级廊道在此形成相互关联的复杂网络，廊道中心性处于 13.819 7～29.567 9 范围内，是遗产网络的核心部分。

基于 Circuitscape 成对模式量化全局功能连接度，研究区最大电流密度为 3.630 6，平均电流密度为 0.065 1，中东部地区电流密度显著高于外围边缘 [见图 4（a）]。通过多环缓冲区工具提取 1 200～24 000 m 范围内的电流密度累加值及缓冲区面积，利用分段线性回归模型计算每条遗产廊道的参照宽度，得到最大宽度 14.60 km，最小宽度 5.91 km，平均宽度 9.24 km，其中中东部地区的廊道宽度主要在 7.00～12.71 km 之间。研究区廊道建设区总面积为 54 399.42 km²，包含 232 处遗产点，占总数的 88.89%。该区域具备较高的功能连接度和遗产密度，是铁路遗产廊道构建的核心区域。根据功能连接度划分建设区内部空间层次［见图4（b）］，选取电流密度值排名前30%的区域为优先建设区（17 950.14 km²），30%～60%为次级建设区（23 131.35 km²），其余为一般建设区（13 317.93 km²）。

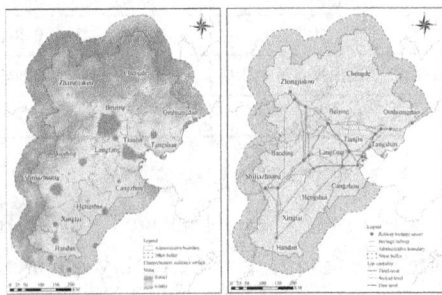

图3　铁路遗产廊道空间格局

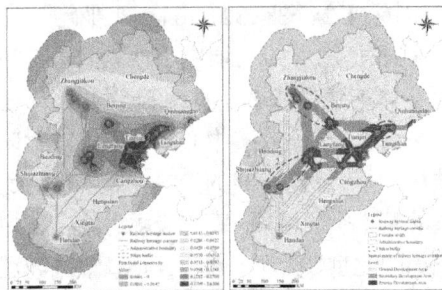

图4　铁路遗产廊道空间范围

4　结论与讨论

本研究提出基于区域整体视角的"一轴、多核、两翼"铁路遗产发展格局（见图5）。"一轴"为"京-张-津铁路文化景观轴"，连接京张铁路和津浦铁路历史遗存，串联长城文化带与大运河文化带，借助相关交通项目形成具有历史延续性和文化统一性的景观通廊。"多核"为北京、天津、唐山和保定4个核心区，依托各自的铁路遗产资源发展工业旅游，推动区域协同与经济文化融合。"两翼"指南北两翼，北翼为文化聚集区，应加快资源升级；南翼为文化拓展区，需深化区域一体化与文旅合作。在高度城市化地区，如何有效利用现有基础设施和

文化遗产资源，降低廊道建设投入，是规划成功的关键。研究将现有交通网络与公共服务节点视为潜在遗产廊道元素，构建"一轴引领、多核驱动、两翼协同"的空间模式和分级保护策略，实现遗产资源的优化配置与高效利用，为文化传承与创新发展提供新动力，并为其他城市群的铁路遗产廊道建设提供参考路径。

图5　铁路遗产廊道发展格局

参考文献

［1］SANG K，FONTANA G L，PIOVAN S E. Assessing railway landscape by AHP process with GIS: A study of the Yunnan-Vietnam Railway [J/OL]. Remote Sensing，2022，14（3）：603.

［2］EIZAGUIRRE-IRIBAR A，GRIJALBA O. A methodological proposal for the analysis of disused railway lines as territorial structuring elements: The case study of the Vasco-Navarro railway[J/OL]. Land Use Policy，2020，91：104406.

［3］BIANCHI A，MEDICI S. A sustainable adaptive reuse management model for disused railway cultural heritage to boost local and regional competitiveness[J/OL]. Sustainability，2023，15（6）：5127.

［4］SPINA L，LANTERI C. A collaborative multi-criteria decision-making framework for the adaptive reuse design of disused railways[J/OL]. Land，2024，13（6）：851.

图片来源

图1～图5均为作者自绘。

场域理论视角下历史文化街区新活力空间的动能激发
——以呼和浩特席力图召—五塔寺区段为例

高子雄（内蒙古工业大学；404135787@qq.com）

白雪*（内蒙古工业大学；30347043@qq.com）

摘 要：在高质量发展与文化可持续的背景下，国家提出了传承传统文化与提升城市品质的双重任务，强调在保护历史文化遗产的同时，通过城市更新优化空间结构，提升城市空间品质。然而，如何在保护与更新中实现平衡，仍是当前研究和实践中的关键挑战。本研究聚焦利用场域理论指导历史街区的协同设计，以提出改善空间品质的策略。具体从以下3方面展开：首先，通过引入多方参与机制，明确政府、居民、专家等不同社会角色在历史街区更新中的具体职责与协作模式，采用整合意见与共创的方式促进共识的形成；其次，基于场域理论构建评价框架，选择并优化适用的空间品质评价指标和标准，结合实际调研与理论分析，确保评价体系能够科学反映空间品质的多维度特性；最后，通过协同设计机制，将历史文化遗产的保护与空间品质的提升有机结合，制定具体的设计策略，不仅注重文化价值的传承，还通过创新性空间优化手段增强街区的功能性与吸引力，从而实现保护与更新的双重目标。本文揭示了场域理论在历史街区更新中的应用价值。通过引入多方参与机制与科学的空间评价体系，既保护了历史文化遗产，又提升了历史街区的空间品质与文化价值，为其他历史街区更新提供了理论支持与实践范例。

关键词：历史街区；协同设计；场域理论；空间品质；城市更新

基金号：2021年度内蒙古自治区高等学校自然科学研究项目"原真性视角下内蒙古民族文化旅游产品空间设计研究——以呼和浩特为例"（NJZY21328）

2021年度教育部供需对接就业育人项目，"内蒙古工业大学–津发科技建筑人因与工效学就业育人基地"（2021KF-JY26）

2022年度内蒙古自治区教育厅直属高校基本科研项目，"建筑遗产场景对青年人历史文化精神传承的影响研究——以内蒙古呼和浩特为例"（JY20220289）

2023年度内蒙古自然科学项目，"信息时代内蒙古传统建筑对场所依恋的影响研究"（2023LHMS05012）

1 引言

高质量发展是习近平经济思想的重要范畴。以习近平同志为核心的党中央突出强调提高经济发展质量和效益，鲜明提出我国经济已由高速增长阶段转向高质量发展阶段。

高质量发展强调经济、社会、文化、生态等多方面的协调发展。文化的可持续发展对推动经济转型升级、提升社会文明具有重要意义[1]。

高质量发展与文化可持续的背景包括经济转型、社会需求、文化传承和国家战略。两者同时作用在城市设计中存在矛盾，如经济开发与文化保护冲突，文化创新与传统传承失衡，功能需求与文化价值难以兼顾，公众参与与专业主导存在矛盾。

呼和浩特是国家第二批历史文化名城，拥有 2 300 年的历史。其席力图召—五塔寺区段承载着古归化、绥远一代代人民的生活记忆，是国家重要的历史文化街区，也是城市文化的重要载体[2]。然而，随着城市化的快速推进，该街区面临着功能单一、公共空间割裂、居民生活环境质量下降及历史文脉破坏等问题，亟需通过科学的更新策略实现保护与发展的平衡。

本文旨在探索通过场域理论指导的历史街区更新视角，提出以文化传承为核心的空间动能激发策略，通过协同设计的方式为该街区的保护与发展提供理论支持与实践范例。

2 理论基础

2.1 场域理论的作用

场域理论由法国社会学家皮埃尔·布迪厄提出，认为场域是一个充满力量关系的空间，其构成要素包括资本、习惯和位置。在历史街区更新中，通过分析多方行动者（政府、居民、游客和商户等）的互动关系，可以揭示空间结构的动态变化，从而为平衡发展和文化可持续提供了框架，避免了传统风貌的破坏，促进可持续的城市更新。

2.2 场域理论与城市更新的结合

刘艺涵提出了基于布迪厄的场域理论构建社会空间分析框架，结合参与式观察与深度访谈方法，探究文化消费与日常生活场域内社会空间的动态演变机制[3]。不同场域之间的互动和冲突影响城市空间的社会空间演变。例如，文化消费场域和日常生活场域之间的交织和平衡，可以通过协同设计实现对历史文脉的保护与新活力空间的激发。

3 案例分析

3.1 街区概况

呼和浩特席力图召—五塔寺区段位于古归化城范围内，总面积约 54.05 hm²，包含

席力图召、五塔寺和小召牌楼等重要历史建筑。相邻有大南街和大东街两条城市主干道，人流量大，交通设施完善，街巷分布详见表1。

表 1　席力图召历史街区各街巷情况

街巷类型	街巷名称	街巷长度/m	街巷宽度/m	说明
多元混合型街巷（服务对象包括外地游客和本地居民）	兴盛街	576	6~7	道路东西向，西接大南街，东接大东街辅路
	得胜街	146	6~7	和兴盛街相邻，东街大东街辅路
游览功能为主的街巷（主要为游客提供游览服务）	小召头巷，五塔寺后街	657	6~7	道路东西向，西接兴盛街，东接石羊桥路
	小召前街	340	6~7	道路南北向，北接小召头道巷，南接五塔寺东街
	五塔寺北街	470	6~7	道路南北向，北接大东街，南接五塔寺东街
居住功能为主的街巷（主要为街区居民提供居住服务）	石头巷	417	3	道路南北向，北接兴盛街，南接五塔寺东街
	兴隆巷	390	6~7	道路南北向，北接小召头道巷，南接五塔寺东街

3.2 发展现状与问题

通过对街区现状的调研分析，发现问题见表2。

表 2　席力图召历史街区各街巷情况

大类	中类	小类
餐饮类	正餐店：为顾客提供以中餐、晚餐为主的店	面馆、蒙餐馆、羊肉馆、烤鱼店等
	饮品店：为顾客提供以饮品为主的店	茶馆、咖啡馆、酒吧等臭豆腐店、泡爪店、炸串店、烧麦店等
	小吃店：为顾客提供以特色小吃为主的店	
购物类	服装店：以售卖服装为主的店	蒙式馆、女装店、古玩店等 红木家具店、内蒙古特产店、茶叶店、电器店等 首饰店、银饰店等 中古店、皮具箱包店等
	特产店：以售卖特色产品为主的店	
	饰品店：以售卖饰品为主的店，包括戒指、手链、项链、挂件	
	箱包店：以售卖箱包为主的店	

续表

大类	中类	小类
住宿类	住宿店：以提供住宿为主的店	商务酒店，快捷酒店
游览娱乐类	游览店：以公开展示文化遗产、美术作品为主的店 娱乐店：为顾客提供以娱乐服务	饮食博物馆，大盛魁文创区，画廊
其他类	生活便利店：为当地居民提供生活便利服务的店 社区服务店：主要为社区提供公共服务的店 美容美发店	菜店、批发部、日用品店、布艺家纺店、五金店、诊所、便利店、采耳店、快递中心、药房、社区活动中心、垃圾分拣中心、宠物用品店、理发店、美甲美睫店、纹身店

根据对表2分析，得出该历史街区商业业态的结论。

（1）街区业态结构失衡问题突出，餐饮类店铺数量占比过高，而住宿类店铺尤其是民宿资源严重不足，文化创意等新兴业态发展滞后，无法充分满足游客的多元需求。

（2）街区文化特色空间建设存在明显短板，传统商业模式单一，缺乏具有地方文化特色和差异化竞争力的主题空间，制约了街区吸引力的提升。

（3）公共空间系统问题显著，空间狭窄导致交通拥堵、停车不便，绿化缺失、卫生条件差，缺乏供居民日常使用的公共活动空间，直接影响居民生活质量。

（4）部分建筑年久失修，基础设施不完善，居民生活环境质量下降；而历史文脉保护与街区更新矛盾突出，传统建筑和街巷肌理未能有效保护，文化特色彰显不足。

4　协同设计策略

采用协同设计的方式，通过引入多方参与机制居民、商户、政府和专家等不同社会角色在历史街区更新中的具体职责与协作模式，以协作的方式达成共识。

4.1　置换与优化业态功能

针对历史街区高质量发展与文化可持续的问题，提出以下策略。

置换不适宜的商业类型，优化整个街区的餐饮类商户结构；引入与历史文脉相关的新业态，增加具有当地特色的民宿和酒店，促进当地旅游业经济的发展；置入新文化体验空间，如非遗展示、传统手工艺作坊等（见图1）。

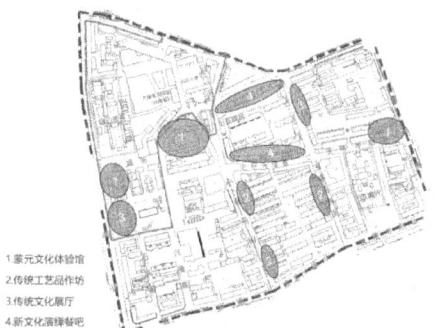

图1　新业态空间分布

4.2　增设公共空间

为改善公共空间割裂的现状，在历史街区商业区和居民区主要节点增设广场、绿地等公共空间，提升绿视率与开放性，为游客和居民提供日常活动的开敞空间以提升居民日常体验感；优化步行路径，增强重要景点之间的空间联系（见图2）。

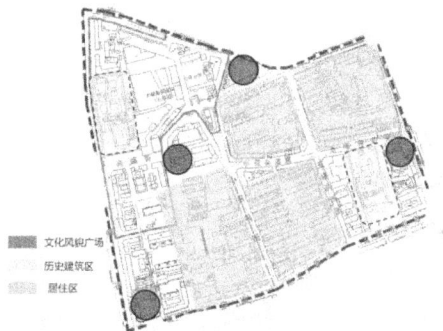

图2　增设公共空间分布

4.3　保护与弘扬历史文脉

为保护街区的历史文脉，通过立面改造与文脉展示，恢复传统建筑风貌。鼓励居民参与文化遗产的保护与传承，增强文化认同感（见图3）。

图3　立面改造

5　结语

本文利用场域理论指导历史街区的协同设计，在保护与更新中实现了平衡，通过多方参与机制明确主体职责，促进共识形成，并基于场域理论构建评价框架，优化空间品质评价指标。同时，通过协同设计机制将文化遗产保护与空间优化相结合，制定设计策略，增强街区功能与吸引力。研究揭示了场域理论在历史街区更新中的应用价值，为文化传承与空间提升提供了理论支持与实践路径。

参考文献

[1] 国家发展和改革委员会.高质量发展的体系化阐释[EB/OL]（2024-03-01）[2025-05-19]. https://www.ndrc.gov.cn/wsdwhfz/202403/t20240301_1364325.html.

[2] 丁杨，郝占国.基于有机更新的呼和浩特市"席力图召—五塔寺"历史街区保护与更新策略[J].建筑与文化，2020（8）：165-167.

[3] 刘艺涵，朱天可，操小晋.场域理论视角下文化导向型城市更新的日常生活实践与社会空间演变：基于苏州平江街区与斜塘老街的案例比较[J].热带地理，2023，43（9）：1787-1799.

图片来源

图1～图3均为作者自绘。

沈阳八卦街的文化传承与叙事性空间解读

张诗晨（沈阳城市学院；524053407@qq.com）

史振宇（华域建筑设计有限公司；165207675@qq.com）

魏雪（沈阳天华建筑设计有限公司；359791599@qq.com）

摘　要：沈阳作为历史名城，其街巷众多，而位于南市场的八卦街最具特色。它不仅年代久远，更是一处独以八卦图案为规划平面的街区，由4个街坊构成，与主街路成45°角，中心设圆形广场，周围建弧形楼，是隐藏在城市中心的八卦阵。

本文以沈阳八卦街区作为研究对象，从其街区规划布局入手，挖掘八卦街所蕴藏的传统周易理念、历史文化的传承，并融入叙事性空间设计概念与理论，将八卦街区作为传承百年文化与历史记忆的空间载体，论证其空间叙事的语言表达与情节营造，总结八卦街的空间叙事结构。

本文第一部分为八卦街的建制与历史沿革，论述八卦街的街区面貌转变，由百年沧桑到重获新生的发展历程；第二部分为叙事性空间中主题文化的提取，引入叙事性空间概念，将八卦街作为叙事的空间载体，深挖其中所蕴含的周易八卦、兵家谋略与历史传承的理念，总结了空间叙事的主题，引出主题叙事的过程即是文化继承与传播的过程；第三部分为空间叙事的语言表达与情节营造，从建构主题框架、主题道具、主题空间场景营造与空间界面细部处理等几个方面分开讨论，利用现有规划格局的保留与维护、建筑风格特点、人文景观设施、雕塑、文化墙、大型壁画、现代商业背景下的文化符号等信息，详细论述在明确的主题概念下八卦街是如何进行空间叙事的，捋顺其叙事性空间场景的建构思路、空间场景下的文化记忆线索的呈现方式；第四部分解读八卦街的叙事结构，总结其金字塔式与散点式相结合的空间叙事模式，通过对八卦街叙事性主题的归纳、叙事方式与细节的剖析、叙事结构的总结，能够更深入了解沈阳八卦街的历史与文化，体会城市文脉的延续，彰显八卦街独特的魅力与价值。

关键词：八卦街；叙事性空间；文化；空间场景

1　建置与历史沿革

在中国，有关八卦和太极图的元素随处可见，还有一些城市以八卦布局，如新疆伊犁特克斯县，辽宁本溪桓仁。在沈阳位于南市场现存有一处"八卦街"，它不是一条街，而是八条街路组成的片区（见图1），面积约8 hm²。

八卦街始建于民国初期。20世纪初的旧中国动荡不堪，军阀割据，外敌入侵。为了区域的振兴与民族工商业的崛起，开辟了南

图1　八卦街华兴场（云集广场）

市场八卦街，其建筑风格中西合璧，具有从传统走向现代的过渡阶段的特色。由和平区十一纬路至十二纬路，四经街至五经街之间构成 4 段街路，与原道路成 45°角分布，中心设圆形广场，即华兴场，周围道路呈放射状分布，形似八卦，于是以八卦街命名[7]。

民国时期的八卦街寸土寸金，商铺林立，极尽繁华，是名副其实的商贾云集之地。现在的华兴场已经更名为云集广场，广场四周楼房林立，但街区布局依旧保持着当年的八卦形态，在近百年之际，和平区政府对这片街区进行调查研究，挖掘其百年的商业与文化内核，将八卦街进行更新改造，植入商旅文创产业，配建公共休闲区，使其成为沈阳特色文化街区，今天的南市场八卦街交通便利，仍延续着昔日的商业繁荣。

2 叙事性主题文化的传承

叙事性空间即带有叙事性质的空间表达，此时的空间作为叙事的载体和背景，不仅为人们提供环境场所，还增加了一种有意义性的功能，即叙事[1]，八卦街作为历史文化名街，近百年的发展，承载着沈阳市民的集体记忆和情感认同，透过空间场景与体验形成叙事性空间，叙述传统周易理念与历史文化的传承[4]。

2.1 周易八卦与兵家谋略的理念

叙事性空间与其富含的叙事情节是一个统一体[2]，这种空间秩序是基于一定的题材及主题（如文学故事、历史文脉、宗教礼仪等）来安排组织空间要素[3]。

八卦街是以周易八卦为主题理念进行叙事，体现中国周易文化的和谐与平衡，对宇宙秩序与自然规律的尊崇，在其规划设计结构与场景体验中均有体现。八卦街的核心华兴场有否极泰来之隐喻，寓意驱散负能量，带来好运和繁荣，安定兴邦，清除敌患，希冀中国工商业自此迎来新的转机与发展。

规划中也体现了一定的兵家谋略，借鉴诸葛亮利用八卦阵来以御敌的典故，八卦街曲线及放射性布局，易进难出，利于军事防御，如迷宫一般的流线可迷惑敌人将其一举歼灭，体现出八卦街结合社会背景所内涵的兵家策略设计，当然也有对商机的考量，希望顾客驻足，行人在此流连忘返。

2.2 历史民俗文化传承

八卦街是沈阳的商业中心，也是沈阳城市文化叙事的平台，更是人们情感交流与文化交融的重要叙事场所，它记录着沈阳乃至中国东北地区近代史上的重要事件和人物，烙印着城市的发展与变迁[7]。此外，八卦街曾是中共地下党活动的重要据点，留下了许多奉天时期的文化痕迹、红色遗迹，激励着当代青年传承红色基因、弘扬爱国主义精神。

图 2 八卦街周易文化与历史主题符号

3 空间叙事的语言表达与情节营造

空间传递出来的信息称为空间语言，叙事性的空间语言即人们利用空间来传递情节、思想信息的无声语言。其具体形式有以下几种：有主题概念的框架建构，主题道具，主题场景设置，界面的细部处理等，这几方面是生成叙事情节不可缺少的要素[5]。

3.1 建构主题概念框架

叙事主题已确定，下面展开其主题概念的叙事框架构建与演绎[2]。

八卦作为周易文化的重要标志，代表着天地万物的运行规律，它是通过八个卦象（乾、坤、震、巽、坎、离、艮、兑）来洞察世事发展，演绎世间万物变化[5]。八卦的主题概念渗透在整个街区的规划形式与命名中，融入的八卦思想体现了中国传统文化哲学。

弧形平面的低层商铺围绕华兴场（而建，故华兴场为中心，即八卦中的"一元"。穿越华兴场的两条主道为"两仪"，代表着阴阳两极，形成"一元生两仪"的布局。从这两条主道向四方延伸，形成了4条主道，即"两仪生四象"。在这4条主道外，再增设4条偶路，共8条街路，形成"四象生八卦"的格局，八卦街的街道命名也体现了周易八卦的理念（见图3）。如乾元路、艮永路、巽从路、坤后路，八隅的坎生路，震东路，离明路，兑金路，对应乾、艮、巽、坤等卦象[6]。

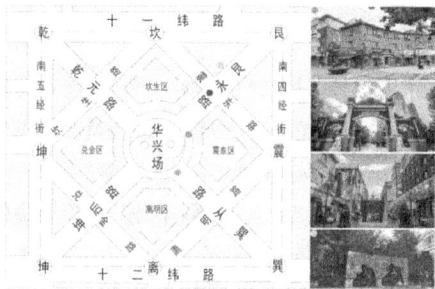

图3 八卦主题框架——规划布局

从八卦主题的选取再到框架表达，这是空间叙事最重要的一步，让读者进一步明确其主题框架形式及设计主旨，并在主题道具、空间场景与界面得以体现[4]。

3.2 选定主题道具

艮永门外的八卦公园，铺着六十四卦象图、节气图，云集广场（华兴场）的道路口分别设置着乾、坤、震、巽等标识，随处可见各种八卦图形，广场中心为将八卦内涵具象化成罗盘的太极图圆形水池[8]，太极中心的两圆被具象为两个圆水孔，一处出水另一处回水，在压力的作用下，使池中水不停流转，再现了太极八卦图的动态感，也使其成为最重要的叙事主题道具。

乾元路路口设置了铜鼎，在古代文化中，鼎为乾卦，代表着鼎盛、威严与实力，在广场东边设置的太平有象雕塑组，象征"四海升平，五谷丰登"。多处主题道具的出现，进一步强化

了叙事主题[6]，让观者身处其中细细品读。

3.3 主题空间场景营造

八卦街中也多次通过雕塑、文化墙等景观设计，营造出小空间场所与情景化的氛围进行叙事[3]。

八卦公园中心设置了一组名为"穿越"的工艺品，设计了4个年代的自行车穿行于时空中，最新一代的自行车就来自八卦街，意为"追溯历史发展，演绎今日繁华"。

云集广场的地面上，不同字体的福禄寿喜图，寓意路人一路走向美好；街区内设置多处关羽、孔子塑像，以及小贩行商经营的雕塑组，展现当年的商业风貌，其中一组描刻的是一家口碑甚好的店面门前，居民排着队等候开门采购的情景雕塑，这些叙事场景告诫后人传承经商与为人的哲学智慧，延续八卦街商业繁华[8]。

在弧形商铺巷口，有一座牌坊，写着"奉天记忆余悦里"，是一处新打造的文创网红街区，由废旧厂房改建而成，在此处传达出了八卦街的市井历史文化与现代流行元素的融合，展现了古与今的叙事对话场景（见图4）。

图4 空间叙事的语言表达与情节营造索引图

3.4 空间界面的细部处理

八卦街的建筑风格融合了多种文化元素，既有传统的中式建筑，也有西式建筑元素。这些建筑不仅是物质文化遗产，更是历史记忆的载体[8]。现代艺术与民国风情混搭、穿越、融合，构成了新八卦街区的别样风景，也构成了生动的空间叙事界面。

在居民楼山墙设计了多出壁画，以两幅

大型壁画为例，其中一面绘制拉开的帘子，拉链拉开后，露出了当年市井生活的场景：女子在阳台浇花，男子打开窗户交谈对望；另一面是拆开的外墙，墙板翻开作为框景，展示着当年的街巷风貌，老街道、小巷、撑着油纸伞的姑娘；此外还绘制有很多散点叙事壁画，街边追逐的小动物、行走的路人、老字号店铺前的热闹场景等，增加了空间界面的叙事氛围感（见图5）。

图5　八卦街奉天记忆余悦里与山墙壁画

生动直观且氛围感十足的街区壁画，保留完好的弧形商铺，加固的山墙与烟囱，体现了历史与今天的对望，叙述出百年前的街区故事，体现着八卦街在街面细部处理上再现历史场景的叙事性表达[5]。

4　叙事结构模式解读

八卦街以明确的主题为索引，围绕着核心主题与场域进行叙事，从它叙事的逻辑可以看出是以金字塔式的叙事结构为主，辅以带有中国传统绘画空间布局特征的散点式叙事结构。

市区规划中八卦形式的构图，以中心圆形广场作为核心，街道按八卦方位延伸呈放射状，这是一种分层的等级制结构，像树的形态一样，环绕着主干展开，八卦街也是围绕中心广场展示八卦布局与周易主题文化的历史记忆；同时，由于八卦街现存的建筑与叙事场景保留与修缮的不均衡，通过主题道具、主题空间场景与界面细部等要素，利用"碎片""对比冲突""多极"的不规则美学法则来编排场景道具及路径线索，形成了

散点式的布局与叙事结构方式，共同呈现八卦街的历史人文脉络与空间叙事[6]。

5　结论

通过对八卦街的文化传承与叙事性空间的解读，可以深刻体会到八卦街的周易理念与传统文化在其街区发展中的主题核心作用，更易共景、共情，感受与百年历史文化共存的街区空间叙事带来的触动。在未来的城市更新和发展中，启示我们应尊重历史与文化传承，强化叙事性空间记忆构建，为推动历史文化街区的发展注入新的活力和动力。

参考文献

[1] 胡晓静，张蕴琦，曾克明. 城市线性空间叙事探究：以高第街历史街区的巷道微改造设计为例[J]. 工程科技，2025（1）：25-38.
[2] 韩天娇，黄江文. 空间叙事理论下瑶族传统村落公共空间景观设计研究：以全州县清水村为例[J]. 工程科技，2025（2）：49-53.
[3] 胡莹，张霖.传统街巷空间意象的延续[J]. 规划师，2003（6）：36-39.
[4] 张平，张楠. 城市叙事环境的公众感知与重构路径[J]. 江西社会科学，2016，36（12）：240-245.
[5] 刘乃芳. 城市叙事空间理论及其方法研究[D]. 长沙：中南大学，2012.
[6] 陆邵明. 建筑叙事学的缘起[J]. 同济大学学报（社会科学版），2012，23（5）：25-31.
[7] 田甜. 基于城市文脉延续的旧街区改造：以沈阳市八卦街为例[J]. 工程科技，2022（2）：15-20.
[8] 张腾龙，王晓颖. 存量规划视角下的社区公共环境优化策略研究：以沈阳八卦街社区改造为例[J]. 经济与管理科学，2018（10）：108-112.

图片来源

图1、图2、图5为作者自摄；图3与图4为作者自绘。

浙南山区村落"地名-形态"关联图谱构建

——以温州市永嘉县为例

王素（浙江大学建筑工程学院；wangsudl@163.com）

谢海汇（浙江大学建筑工程学院；12312085@zju.edu.cn）

裘知*（浙江大学建筑工程学院；qiuzhi0710@zju.edu.cn）

摘　要：传统形态类型学研究通常依赖量化分析探讨二维平面，但山区村落形态与其所处的地形剖面维度有显著的关联特征，进行形态类型划分时还需把剖面维度纳入考量。引入地名学研究方法构建的村落形态类型图谱，能够在三维视角下描述山区村落形态的类型特征，以传统人文研究视角丰富形态类型学的定性分析维度，归纳出自然环境条件孕育与约束下的浙南山区"山-水-居"形态类型。以温州市永嘉县为例，对描写性村名中反映地形地貌特征的通名语素进行释义与解析，并探讨通名语素与村落形态剖面维度的关系，在此基础上提炼村落"斑块-边界-结构"基本形态进行原型解读与类型划分，探讨村落形态与自然环境下垫面的关联逻辑。在地名学与形态类型学结合的视角下，将中国传统文化中对地形的混沌描述用理性科学的类型学方法再分类，将以二维平面形态解析为主的形态类型学在剖面维度上补全，由此探讨村落选址、边界形成、结构衍生的共性和差异性规律，为山区村落的地域性营建提供参考依据。

关键词：形态图谱；形态类型学；地名学；浙南山区；剖面维度

基金号：国家自然科学基金（52278044）

地名（geographical name）是人类赋予自然或人文地理实体的专有语言符号。地名中的村落名是先民在长期生产和生活实践中，对聚居地的地理特征、自然环境、生产方式、物质文化及宗族关系深刻理解并随历史发展不断校正的产物，直观反映村民对村落特征的认知。与村名相似，村落的空间形态亦是在特定的自然地理环境下自组织、自生长的结果，建筑排布方式、路网、边界等"表象形态"，也反映着村落的环境适应法则、民族文化、人文精神和意识形态等"深层结构"。

在现代学术研究的语境下，村落的物质空间形态分析依赖量化计算、拓扑几何等数理方法，提取各类环境因子与人居形态进行关联建构，探究形态产生、分类、演化的机制。虽然能够提供精准和客观的分析框架，但很大程度上忽视了传统文化、人文要素对形态的影响。量化分析的结果往往基于现有建成环境并直接作为前瞻性发展策略的理论依据，较少融贯村落自组织生成下的形态积淀。此外，当前量化分析多局限于对二维平面数据的处理，主要侧重于对村落地理景观和空间肌理的静态描写，而对其剖面维度的三维空间形态探讨相对匮乏。对于山地村落选址，剖面维度空间结构的三维分析，尤其是地势起伏、建筑排布、空间组织的复杂性及村落与自然环境的调适关系研究仍显不足。单纯的二维层面量化解析难以充分揭示山地村落形态背后的复杂机制，及其与自然环境、历史发展之间错综复杂的交织关系。

本文旨在将混沌的传统文化理解与科学系统的形态类型学分析方法结合，将传统的形态类型研究从二维拓展到三维，充分考虑山地地区复杂的自然环境，构建更为全面的村落空间形态及所处环境的空间规律认知。

1 形态认知依据与研究对象

地名学是研究地名起源、意涵及其演变的学科，其不仅承载着丰富的地理信息，更揭示了村落与自然环境之间的历史、文化互动关系。地名学视角对村落的分类通常从传统文化的角度对类型进行概括，其背后蕴含着丰富而混沌的信息有待深挖。而形态类型学则通过提炼原型的方式归纳典型村落类型，往往是基于二维平面的理性分类，以简单、清晰、明确的原型为主，忽略了立体维度下的空间类型。地名学与形态类型学的结合能够扩充形态分类的信息维度，从传统文化的角度补全了原型解读的片段性，将原本以二维平面研究为主的形态分类扩充至三维维度，丰富形态类型学的研究框架。

浙南山区主要指金衢盆地、椒江以南的山区，多数村镇分布错落于山水之间，不同空间位置孕育了不同的形态和文化，导致其在营建、保护、更新和管理等诸多领域不可"一刀切"地干预。从多维度解析村落剖面与平面维度的多样性能够为乡村规划和韧性营建提供科学依据，对其现有环境的认知与资源的整合，可以增强村落在面对自然灾害、环境变迁等挑战时的适应能力，从而保障村落的安全性与可持续发展。本研究选取典型的浙南山区——温州市永嘉县作为研究对象，通过对全部村落的描写性地名命名理据的考察，最终选定 1 127 个村名中带有地形地貌特征的村落作为本研究的样本。

2 "地名–通名语素"的提取释义

从地名构成法的角度来看，任何地名都是由专名和通名两部分构成的，如"雁荡山"中"雁荡"为专名语素，"山"为通名语素。通名语素体现某种地理实体的共同称谓，主要功能是定类，标志人类对地理实体的认知和分类，是适应、响应、改造自然的产物。本文在选取

的可表达地形地貌特征的 1 127 个描写性村名中归纳出 34 个通名语素，依据命名理据可将其分为直接表义、间接转译、地方文化指代 3 种类型（见表 1）。同一地域诸多村名构成的系统能够较全面地概括该地的地形地貌，从中可以窥见山区自然环境的整体风貌。

表 1 浙南山区通名语素的释义

类型	通名语素	命名理据	实例
直接表义	山	地面上由土石构成的高耸部分，往往指地势的顶端	北山村、炉山村
	岙	山间平地，一般被三面山包围，另一面为平坦的土地，多用于浙江东南沿海地区	合岙村、花岙村
	垟	山间宽阔可耕地或土壤肥沃的平地，多处于山脚、河谷的低洼处	黄山垟村、上路垟村
	……	……	……
间接转译	坑	原义指低洼、凹陷之地，引申为小溪河谷，山谷中的狭窄地带	碎城村、高坑村
	坳	原义指低洼、凹陷之地，引申为河谷	坳外村、坳底村
	垄	原义为冢、坟墓，引申为山间高地，山小为丘、大为垄	垄山村、双垄村
	……	……	……
地方文化	了	永嘉方言中指连绵距离比"峰"短的山脉	金加了村、大坪了村
	畬	永嘉方言中指田地多，连续三年经过耕种的田地	霞畬村
	……	……	……

3 "通名语素–剖面维度"的转译聚类

3.1 从通名语素转译山区典型剖面

村名中的通名语素从释义的角度生动诠释了村落在山区中所处的位置。但深究其含义，村名多是先民依据村落与周围山水自然环境特征之间的相对关系所赋予的，带有模糊性和片面性，并不具备严格的科学准确性。因此，若要对村落进行系统的剖面维度分类，仍需将非精确的通名语素转化为更理性和规范的分类以实现更为清晰的类型学划分。因此，本文基于对通名语素的提炼与释义，绘制对应村落的平面与剖面示意图，进一步将剖面维度进行聚类分析，得到山顶山头、山脊陡坡、山间河谷、山谷盆地、山脊缓坡、丘陵台地、平原田地、水岸滩林 8

种典型剖面维度类型，并由此转译出浙南山　区的剖面示意（见图1）。

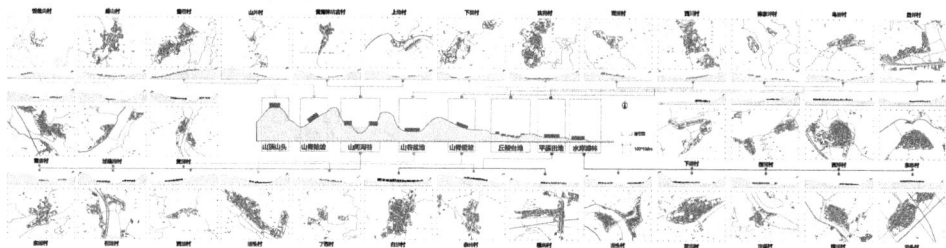

图1　永嘉县山区典型剖面维度示意图

3.2　通名语素与不同剖面维度的差异性探讨

尽管从通名语素能够判断出村落所处地理环境与地形地貌的特征，但通名语素与剖面维度并非一一对应。在没有航拍技术、海拔测量技术的古代，先民对山区的地形地貌很难有系统完整的认知，在对村落进行命名时往往关注局域内的相对地形地貌特征，通过对地方山水走向的直观印象确定通名语素。因此许多村落的地名都模糊反映地形地貌的形态特征，但未有结合海拔、山水格局等自然环境要素的理性细分，诸多剖面维度类型不同的村子命名时采用相同的通名语素（图2）。

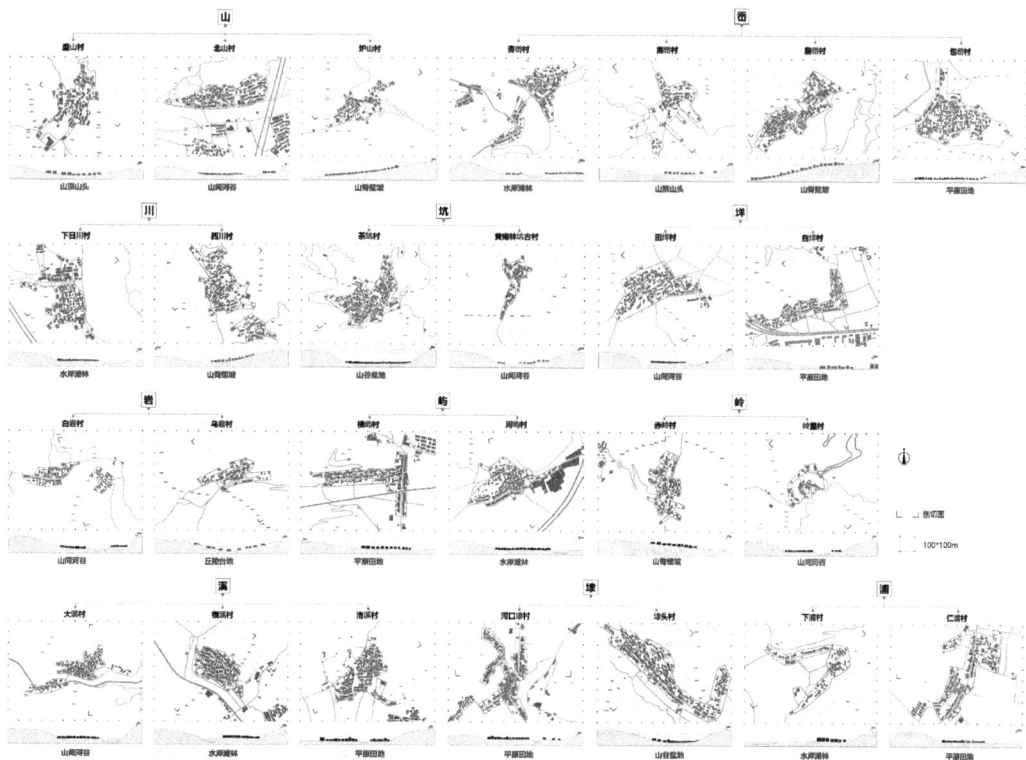

图2　相同通名语素对应不同剖面维度类型

4　"通名语素–平面形态"的关联建构

4.1　剖面维度与平面形态的关联

研究选取8种剖面维度类型的代表性村落26个，分别拆解其建筑斑块、聚落边界、路网结构3类形态特征要素，并进行类型划分，发掘剖面维度与平面形态特征的关联逻辑与构成规律，为进一步构建"通名语素–

剖面维度–形态特征"图谱提供依据。

4.2 平面形态原型的拆解与图谱构建

在建筑斑块、聚落边界、路网结构3类形态特征要素分析的基础上，研究分别提炼"斑块–边界–结构"的形态原型，从人居与地形地貌调适的角度解读形态特征的成因，发掘建成环境与自然环境下垫面之间的协调关联。

1）坐实向虚，与自然环境良性互动

集聚排列形式	剖面维度	通名语素	平面形态
分散不规则	山顶山头、山脊陡坡、山脊缓坡	尖、山、岙、丼……	
聚集不规则	山谷盆地	坑、陇、岗、垟……	
蔓延规则	山间河谷	山、坑、坳、垟……	
聚集规则	平原田地、水岸滩林	岙、垟、屿、溪……	

2）择水而居，兼顾便捷与安全

斑块与水关系	剖面维度	通名语素	平面形态
两侧贴水	山顶山头、山脊陡坡	尖、山、岙、丼……	
单侧贴水	山谷盆地	坑、陇、岗、垟……	
近水隔田	山间河谷	山、坑、坳、垟……	

3）依山就势，临水簇居

边界形态	剖面维度	通名语素	平面形态
指形	山顶山头、山脊陡坡……	尖、山、岙、丼、川……	

续表

边界形态	剖面维度	通名语素	平面形态
线形	平原田地、山间河谷	山、坑、坳、垟、岩……	
多边形	山顶山头、山脊陡坡、山脊缓坡	岙、丼、川、垄、了……	
团形	平原田地、水岸滩林	岙、垟、屿、溪、垾……	

5 结语

研究通过地名学与形态类型学结合，将理性科学的形态类型划分融贯传统文化的分类方法，为村落形态研究提供了新的分析框架；将以二维量化分析为主的形态类型研究方法推向三维层面，丰富了形态研究的维度；将村落以形态类型图谱的方式分类，为地域性营建提供参考依据，并为村落韧性建设、可持续发展等提供理论支撑。

参考文献

[1] 盛爱萍. 温州方言地名词的语源及历史层次[J]. 语文研究，2004（3）：64-65.

[2] 《永嘉县地名志》编纂委员会. 永嘉县地名志[M]. 上海：中华地图学社，2022.

[3] 陈代俊，杨俊宴，史宜. 基于空间基因的村镇聚落空间谱系构建研究[J]. 中国园林，2022，38（12）：115-120.

[4] 陈锦棠，姚圣，田银生，等. 形态类型学理论以及本土化的探明[J]. 国际城市规划，2017，32（2）：57-64.

[5] 潘微微. 永嘉地名的命名理据及其文化内涵[J]. 中国地名，2020（1）：16-18.

[6] 付孟泽. 人地关系视角下乡村聚落空间形态演变与发展研究[D]. 天津：天津大学，2019.

图片来源

图1与图2均为作者自绘。

空间叙事视域下清代苏州城乡格局研究及启示

——以《姑苏繁华图》为媒介

高雯雯（苏州科技大学建筑与城市规划学院；2090930657@qq.com）

摘　要： 本文基于《姑苏繁华图》的空间叙事解析清代苏州城乡融合特征，将其划分为山前村、木渎镇等5段空间序列，揭示"水陆共生、城野有序"的格局：物质空间通过河街商贸肌理、商住复合建筑及"城-镇-郊"景观联动构建层级体系；非物质空间依托漕运传统、市井人文塑造开放市集与园林社区交织的复合场景。苏州城乡融合本质在于空间基因的传承转译——依托水网体系维系文化原真性，通过街巷、建筑等要素的适应性更新，实现历史记忆、生态基底与产业功能的叠合发展，为传统空间智慧融入现代规划提供范式，彰显"在地性更新"对城乡文化延续与功能迭代的双重价值。

关键词： 城乡演变；城乡融合；空间叙事；《姑苏繁华图》；繁华姑苏

1 空间叙事与"姑苏繁华图"——"繁华姑苏"

以城乡一体化的理论研究与实践在中国快速城镇化的背景下正如火如荼地进行着。[1]党的二十届三中全会及江苏省"十四五"新型城镇化规划均对此作出全面部署，深化体制机制改革，促进城乡要素流动。苏州作为实践典范，牢固树立城乡一盘棋理念，通过持续改革创新，健全城乡融合发展体制机制，加快形成新型工农城乡关系。同时，空间叙事如《姑苏繁华图》等艺术作品，为研究城市空间提供了新视角，加深了人们对城市历史文化的认知，为城乡规划注入了更丰富的人文内涵，助力打造更具活力和特色的城乡空间格局。

2 "姑苏繁华"的城乡空间叙事——"起承转合"

2.1 姑苏繁华图城乡及叙事空间划分

《姑苏繁华图》具有极高的艺术性[2]，以全知视角全景式展现清代苏州城乡风貌，融合文学叙事"起承转合"结构，将画面分为开端、发展、高潮、尾声4段，串联12个叙事场景（见图1）。画卷自西向东依次描绘山前村（乡村）—木渎镇（城镇）—石湖（城郊）—苏州府城（城市）—山塘河与虎丘（城郊）5段地理序列[3]，完整呈现城乡空间层级：乡村背山面水的农耕聚落、城镇商贸枢纽的河街共生、城郊水田交织的湿地景观、府城内外水陆并行的市集格局，以及城郊寺观园林与商业街巷的共生场景。全画不仅是清代苏州"水陆相依、城野交融"空间特征的实证图谱，更以文学化叙事逻辑重构了市

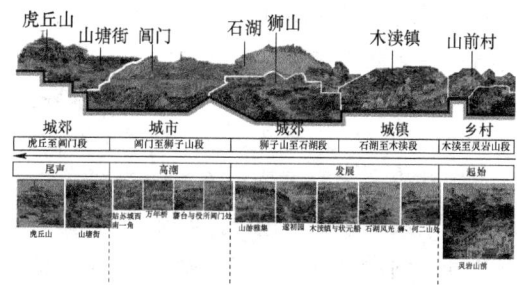

图1 《姑苏繁华图》城乡空间划分及叙事起承转合

井生活与自然景观的互动关系，为解析传统城乡空间基因的传承脉络提供了兼具艺术价值与历史考据意义的视觉文本。

2.2 姑苏繁华图叙事要素分类

将清代《姑苏繁华图》中空间要素分为物质类叙事要素和非物质性要素，其中物质类叙事要素包括街巷要素、建筑与构筑物要素、景观环境要素，非物质类叙事要素包括历史事件要素、人文传统要素[4]（见图2）。

类型	叙事要素分类	叙事要素内容
物质类 叙事要素	街巷要素	街巷
	建筑与构筑物要素	建筑、构筑物
	景观环境要素	自然环境
		园林景观
非物质类 叙事要素	历史事件要素	商业事件
		文化事件
	人文传统要素	戏曲演绎
		集体纺织
		民间婚礼

图 2　叙事空间要素分类

3 历史空间叙事下《姑苏繁华图》清代苏州城乡风貌

3.1 历史空间物质类叙事要素

清代苏州城乡空间格局层次分明：山前村背山面水发展农耕；木渎镇为商贸宜居枢纽；城郊石湖重农、山塘河虎丘兴人文；府城内聚政教居住，外连运河商贸，水门贯通水系。全域以运河串联，构建城乡互补、人文与自然交融的体系。

自然景观环境格局以山水田湖为基底：山前村依托灵岩、天平二山，形成山石松林与农田共生的乡野画卷；石湖城郊借太湖-越来溪水系串联湖田鱼塘，城乡全域通过山林涵养、河湖润泽与田园耕作，形成"山-水-林-田-湖"有机联动的生态网络[5]，奠定人与自然和谐共生的空间基础（见图3）。

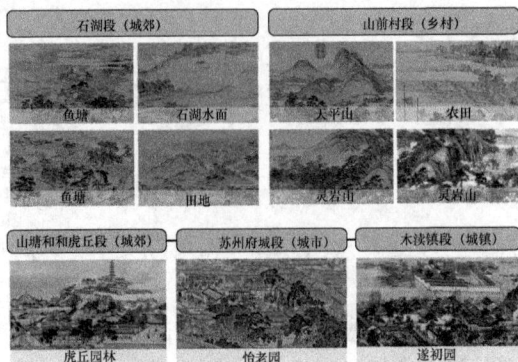

图 3　自然及园林景观格局图

城乡街巷格局以水陆轴线为脉络：木渎镇T形街巷临河设铺，开放市集与公共空间交织；府城内外分异，城内学士街宽直规整，衙署纵深城外半截街商铺沿河分层错落，枣市街跨桥成T形枢纽；山塘河段街巷平行水系，双面开敞，全域通过河街共生、商居交融的肌理，构建开放外溢的水岸市集体系。

建筑是构成城市景观的主要要素[6]（见图4）。

图 4　城乡街巷格局

城乡建筑格局以砖木瓦房为主导，民居多呈"前店后宅"商住复合形态，深宅大院内置假山花木；衙署形制方正严谨，轴线对称；寺庙采用中轴廊院式布局，回廊环绕且融入世俗生活（见图5）。全域建筑通过商居融合、园林化宅院与宗教世俗化设计，形成礼制秩序与市井活力共存的营建体系。

图 5　城乡建筑格局

3.2 历史空间非物质类叙事要素

清代苏州非物质性叙事要素以文化教育、工商传统与民俗活动为核心（见图6）。文化教育依托雄厚经济基础，形成官商共举、崇文重教的社会风尚，书院、义学与私塾多层级教育体系兴盛，科举入仕观念深刻影响城乡价值取向。工商传统突出表现为丝织业的高度专业化：自明中期即为全国丝织中心，清代延续"机户出资、织工出力"的作坊协作模式。民俗活动彰显吴地文化特质：戏曲演绎融合昆曲雅韵与市井趣味，演出空间涵盖园林堂会、画舫水榭及庙会街巷，形成雅俗共赏的审美生态；婚俗礼仪极尽繁缛奢靡。此外，节庆庙会、集体纺织等公共活动亦成为维系城乡社会网络的重要纽带。这些非物质要素共同构建了清代苏州"文商相济、雅俗共生"的人文生态，为城乡空间注入了活态文化基因。

图6 非物质叙事要素图

4 清代苏州城乡格局及启示

清代苏州城乡体系以水网为脉，在《姑苏繁华图》中，呈现出"山-水-城"相间的关系。空间格局呈现城乡有序、水岸相依的街景布局，开放外溢的市集格局、特色鲜明的建筑风貌、错落有致的"城园交融"空间、古韵悠长的人文传统[7]。形成四大特质：空间格局上城乡层级清晰——山前村农耕聚落，木渎镇商居枢纽，城郊农文互补，府城内政教、外商贸，运河全域串联。自然基底上山水田湖联动，灵岩山-石湖构建山林湿地复合生态，支撑人地和谐。街巷肌理上木

渎T形河街、府城内外差异布局、山塘河双面开敞，凸显水陆共生的市集网络。建筑风貌上商住合一的"前店后宅"，衙署轴线对称，寺庙世俗化廊院，礼制与市井并存。全域通过生态、功能、文化的有机叠合，实现历史基因的传承与空间效能的最大化（见图7）。

图7 叙事空间要素分类

5 总结

在历史空间叙事视域下，《姑苏繁华图》所映射的清代苏州营城智慧仍具当代启示价值。苏州的城市建设进入了一个新的历史阶段，城市形态发生一系列巨大的变化[8]，研究表明，苏州城乡建设始终以"空间基因"传承为内核：立足江南水乡基底，通过水陆双棋盘格局延续历史文脉；以"产城人"融合为导向，依托运河网络构建多中心、组团化空间结构，实现数字经济与传统文化产业的空间耦合；以"适应性更新"为路径，在古城保护中植入非遗活态传承、园林社区营造等创新场景，破解历史城区功能衰退与同质化困境。

参考文献

[1] 马涛，袁明霞，薛俊菲，等. 城乡一体化理论指导下的苏州实践研究[J]. 建筑与文化，2021（5）：35-37.

[2] 熊探赜. 从《姑苏繁华图》管窥清代苏州城乡风貌[J]. 安庆师范大学学报（社会科学版），2022，41（1）：125-128.

[3] 左沐涟. 清代画家徐扬考略川[J]. 美与时代

（下），2015（1）：115-117.

[4] 袁宇晴. 空间叙事视角下的流坑古村公共空间营造研究[D]. 长沙：湖南大学，2023.

[5] 金其铭. 我国农村聚落地理研究历史及近今趋向[J]. 地理学报，1988（4）：311-317.

[6] 许浩，赵进.《姑苏繁华图》中的清代苏州建筑样式[J]. 中国名城，2017（6）：67-72.

[7] 吴净，许浩，张宇婕，等. 基于《姑苏繁华图》

的苏州古城景观风貌特征探究[J]. 中国园林，2020，36（7）：134-139.

[8] 陈泳. 当代苏州城市形态演化研究[J]. 城市规划学刊，2006（3）：36-44.

图片来源

图1～图7均为作者自绘。

基于空间句法的山西平遥票号博物馆空间形态研究

王伯勋（澳门城市大学创新设计学院; phwang@cityu.edu.mo）

李晨曦（澳门城市大学创新设计学院; U24092110611@cityu.edu.mo）

周峻岭（澳门城市大学创新设计学院;广东技术师范大学; Zgpnueducn@163.com）

摘　要：本文以中国山西平遥古城票号博物馆为对象，运用空间句法理论，分析其历史与现代空间形态的分布与逻辑转换特征。通过凸空间和视域空间分析方法，划分小型空间单元，探讨"工作经营"与"生活起居"的空间语言结构。发现商铺改建的票号空间功能混合以经营为主。民居改建的票号空间功能分离显著，经营与生活空间界限明确。票号空间的逻辑体现在整合度与视觉差异上，社会逻辑通过空间等级性、序列性传递。本研究揭示了票号空间形态与社会文化逻辑的深层关联，为传统建筑空间的保护、传承与创新提供了理论依据。

关键词：平遥古城；票号博物馆；空间形态；功能转换

1　绪论

全球城市化进程加速背景下，传统建筑作为历史文化的载体承载着独特的文化基因。山西是晋商文化发源地，平遥古城的票号标志着中国"抑商"思想转变[1]，具有重要金融史价值。既有研究聚焦日昇昌票号功能分布与运营模式，但对其空间文化延续性探讨不足。本文运用空间句法理论，解析票号博物馆空间形态特征，重点探究建筑空间要素（功能布局、区位特征）与文化内涵的双重机制，分析当下文化遗产与古城日常空间割裂问题，建构历史空间活化与地域文化传承的协同路径。

2　文献综述

本文基于空间句法理论，通过梳理传统建筑空间的既有研究，重点聚焦山西平遥古城票号空间形态演变的研究不足，通过建构量化模型，揭示传统票号转型为博物馆的空间组构规律。空间句法理论通过拓扑学揭示空间组织与社会文化的深层关联。其核心在于建立空间结构与社会实践的关联关系。突破传统定性分析局限，以连接度、整合度和平均深度等参数实现空间结构的量化表现[2]。不仅可以解释建筑空间的功能逻辑，还能预测空间使用行为模式。既有研究表明，在传统建筑空间研究中，通过空间句法理论揭示了故宫博物院的"U型"空间作为皇宫内外空间分界线的特点，展现皇帝随场景转换的规律，体现了封建皇权与建筑空间的关系[3]；以及揭示了苏州民居"备弄–边路"系统的功能分异规律[4]。在博物馆空间研究中，泰特美术馆扩建方案验证了空间句法在功能预测方面的有效性[5]。现有研究呈现两个局限：① 研究维度多限于静态空间分析，缺乏历史性演变研究；② 对传统建筑向公共文化空间转型的组构机制研究尚未形成系统框架。山西票号作为中国近代金融建筑的典型代表，通过转型前后的异同点及逻辑进行分析，理解传统建筑文化遗产的保存、功能转换与空间再利用具有重要理论与实践价值。

3 研究方法

空间句法理论以空间几何构形解析人类行为模式，通过凸空间与视域空间分析揭示"空间–社会"关联机制[6]。其核心是量化表现建筑空间与使用者活动的耦合关系，通过参观者视角构建空间组构模型，划分多尺度空间单元，解释移动、交流与功能布局的内在逻辑。

以山西平遥古城现存票号为研究对象，聚焦其空间形态演进与功能转型特征。票号作为晋商文化的物质载体，在其存续期间形成20余家金融机构，现存5处旧址已转型为博物馆。选取西大街的日昇昌与蔚丰厚进行比较分析，通过绘制票号历史与博物馆时期的平面图，运用空间句法（Depthmap）建立量化模型。以空间连接度、整合度及平均深度为核心参数，解析不同时期空间的结构变化，揭示传统建筑空间适应性改建的机制（见图1）。

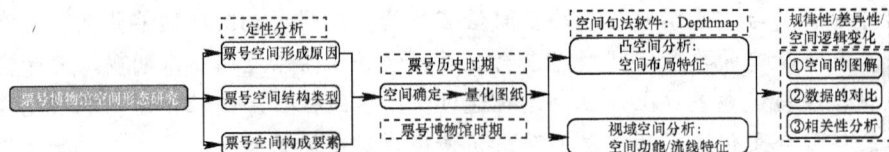

图1 票号博物馆空间形态研究流程图

4 研究过程

平遥票号空间呈现两种转型模式：商铺改建（日昇昌）与民居改建（蔚丰厚）。其空间组构遵循"前厅后院"的功能分区，通过过渡空间、地下金库实现开放性与私密性的动态平衡，以及融合经营、储蓄、社交等复合功能，过厅空间作为物理界面兼具文化交流属性。这种空间模式不仅满足清朝商业效率与私密性需求，还通过空间等级序列与区位选择（商业核心区、交通节点），反映传统票号与社会文化的拓扑关系。

日昇昌与蔚丰厚构成商铺、民居改建的典型范式。空间句法分析表明，日昇昌采用三进四合院"前柜后社"空间布局，历史时期连接度2.08，高于博物馆时期1.32，证明封闭化改建弱化拓扑关联。其整合度核心由中厅0.65转移至过道0.61，反映展陈流线的空间重构效应。蔚丰厚通过轴线串联形成"外务–议事–居住"三级序列，整合度呈现外前院1.13＞后院0.79的递进特征，揭示民居改造的居住空间的隔离特征（见图2）。通过比较空间结构特征表明，商铺改建利用过

厅实现功能耦合，而民居改建形成组构断层。两类模式共同体现清朝金融建筑的辩证统一，经营界面开放性与安防体系封闭性共存，空间逻辑映射传统礼制与商业需求的适应性调适。轴线递进与建筑形制差异隐晦表达了空间等级制度，证明晋商在传统建筑空间内实现功能创新性。

通过对票号空间功能演变的比较分析，日昇昌通过双入口构建"经营–生活"分区，视域整合度峰值由前院0.97（经营核心）转移至廊道0.74（展陈枢纽），证明功能重心向文化展示转型。蔚丰厚沿中轴形成"经营0.97–半开放1.13–私密0.79"梯度差值，东夹道作为缓冲界面维系南北向连接（见图3）。揭示了商铺改建利用轴线叠加实现功能复合，民居改造则利用空间递进强化功能隔离。两类模式共同映射清代金融建筑"商住一体"的空间创新，在有限空间内平衡经营公开性与生活私密性的制度需求。再通过票号空间流线特征的比较分析，日昇昌历史时期经营空间深度值低于生活空间，呈现服务效率导向的空间层级；博物馆时期"日昇昌–蔚丰厚"廊道连接度提升，导致深度值与原始功

能分离,其空间整合度峰值证明展陈流线的空间重构效应。蔚丰厚保持中轴对称秩序,历史时期通过建筑形制强化等级分工,转型后可视性提升增强参与性。揭示了空间流线呈现"日昇昌——商业效率导向"与"蔚丰厚——礼制秩序主导"双模式,二者通过轴线控制实现空间层级表达,为历史建筑遗产活化提供空间重构范式。

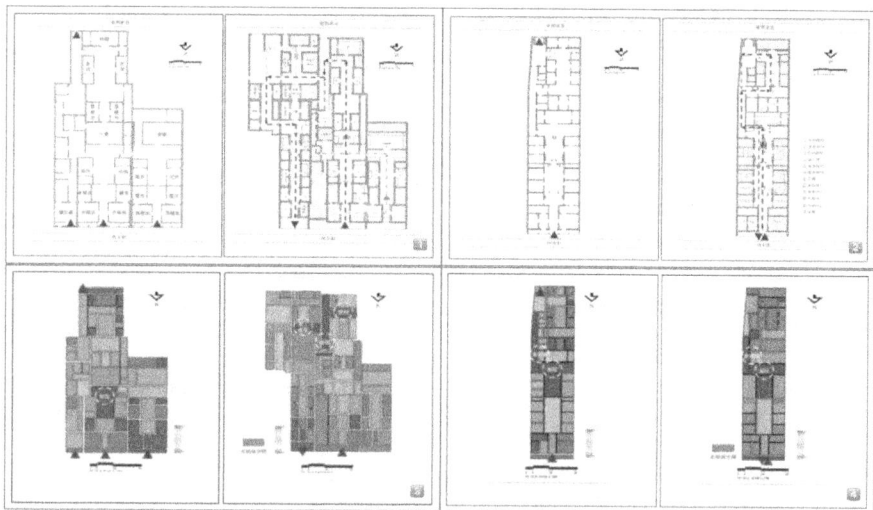

①~②—日昇昌/蔚丰厚票号前后时期平面图;
③~④—日昇昌/蔚丰厚票号前后时期空间整合度。
图2 隔离特征

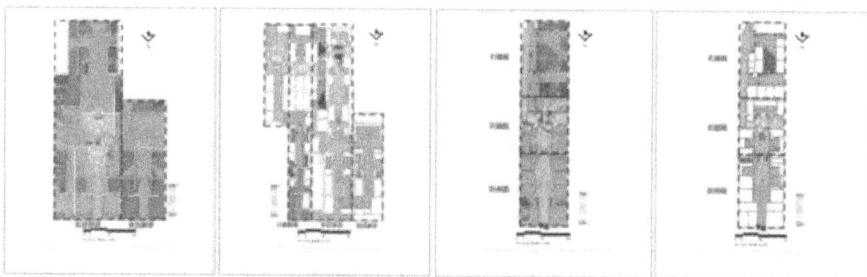

①—日昇昌票号前后时期视域空间整合度;
②—蔚丰厚票号前后时期视域空间整合度。
图3 空间演变比较分析

综上所述,票号空间形态通过经营开放、储藏安全、生活私密等层级建构,映射出封建礼制思想与商业模式的双重机制。转型博物馆后,空间逻辑从金融模式转为展示模式,通过空间流线重构实现功能范式转型,为晋商建筑文化遗产保护提供理论依据。

5 结果与讨论

基于空间句法对平遥古城票号空间组构研究表明,其空间形态与社会文化逻辑形成关联性。通过凸空间与视域空间分析可知,蔚丰厚票号维持了传统布局的拓扑连续性,但因博物馆改造导致局部空间序列断裂;日昇昌票号则呈现整合度核心从中厅向过道转移的明显变化,并通过整合蔚丰厚院落实现展示空间扩展。研究揭示两类改建模式特征,商铺改建呈现空间均质化特征,经营空间主导且内外院落地位相差无几;民居改建则保持轴线层级,形成前堂后寝的空间序列。共性特征体现在金库等高度私密空间的隔离处理，差异性体现于，布局模式通过均质化与轴线化对比；院落组织通过标准化连通与私域隔离的对比；功能分区强度的差异性。

　　作为清朝晋商金融体系的物质载体，票号空间组构映射出社会逻辑与价值观念，其博物馆化转型实现了双重价值延续，既维系建筑本体真实性，又延续文化记忆传承。现代转型通过参观流线重构与互动体验植入，形成传统经营效率与现代展示功能的范式转换。这种适应性更新为历史建筑活化提供了重要实践参照，彰显文化遗产活态传承的多元路径。

参考文献

［1］ 吴慧. 中国商业通史：第 5 卷[M]. 北京：中国财政经济出版社，2008.

［2］ HILLIER B，HANSON J. The social logic of space[M]. Cambridge：Cambridge university press，1989.

［3］ 朱剑飞. 天朝沙场：清故宫及北京的政治空间构成纲要[J]. 建筑师，1997（74）：101-112.

［4］ 吕明扬. 基于空间句法的甘熙故居空间结构解读[J]. 建筑与文化，2015（11）：75-77.

［5］ 项琳斐. 泰特美术馆，伦敦，英国[J]. 世界建筑，2005（11）：66-69.

［6］ VAN NES A，YAMU C. Space syntax: A method to measure urban space related to social, economic and cognitive factors[M]//YAMU C，POPLIN A，DEVISCH O，et al.The virtual and the real in planning and urban design：perspectives，practices and applications. London：Routledge，2017.

图片来源

　　图1~图3均为作者自绘。

基于"记忆之场"理论文化遗产保护传承中公众参与保护机制与路径研究

——以清东陵守陵村落为例

梁智超*（华北理工大学；2071949508@qq.com）

李晓琳　潘亮　谷帅鹏

摘　要：清东陵作为世界文化遗产，其保护与传承日益受到国际社会的关注。因陵而生的守陵村落，在历史长河中扮演着文化保护与传承的天然范例角色。然而，长期以来以政府为主导的单一保护模式，使文化遗产保护过度聚焦于物质空间的修复，忽视了守陵村落这一"记忆之场"的重要作用。当前，守陵村落正面临空间记忆逐渐丧失、文化遗产传承活性渐趋僵化等严峻问题。公众参与成为破解这一困境的关键，但相关的机制与路径尚待完善。

本文以清东陵地区守陵村落为例，基于"记忆之场"理论，探讨构建公众参与文化遗产保护传承的有效机制与路径。通过实地调研、深度访谈及文献梳理等方法收集数据，并采用内容分析法进行处理。研究发现，村落的传统记忆与文化认同对公众参与意愿具有显著影响，且独特的传统村落能够构建出具有特色的参与模式。结论表明，本文为构建公众参与机制提供了理论与实践范例，对丰富清东陵守陵村落文化遗产保护理论、推动公众深度参与实践具有重要意义。

关键词：空间记忆；文化遗产保护；公众参与；守陵村落

基金号：2023 高校创新创业教学改革项目（2023CXCY096）；2024 高校教育教学改革研究项目（ZJ2322）

1　引言

在全球化与快速城市化的背景下，我国文化遗产保护正面临"集体记忆断裂"与"社区主体性缺失"的双重挑战。当前以行政力量为主导的保护模式，往往将活态文化遗产简化为物质空间的修复对象，导致"记忆之场"所承载的文化基因持续流失，出现了"政府热、民间冷"的保护困境。这暴露出传统保护机制在激活文化主体记忆性与维系场所精神方面的结构性缺陷。

诺拉提出的"记忆之场"理论为破解这一困局提供了新视角。该理论关注记忆载体与记忆实践者的共生关系。

清东陵守陵村落作为典型的"记忆之场"，作为清王朝"陵寝-村落"共生体系的活态遗存，300 余年来形成的守陵人后裔社群，通过口述传统、匠作技艺等记忆实践，始终维系着文化遗产的"精神场域"。然而，实地调查显示，该地区正面临记忆传承代际断裂、记忆载体功能退化等严峻问题，亟待构建新型公众参与机制。

本文旨在从理论与实践两个层面，探讨清东陵守陵村落文化遗产保护的困境与公众参与路径，以期为活态文化遗产的可持续保护提供有益借鉴。

2 "记忆之场" 理论适用性研究

2.1 "记忆之场" 理论的核心内涵

"记忆之场"理论强调物质空间、象征仪式与集体记忆之间的三维互动关系。该理论认为，"记忆之场"不仅是历史事件的发生地，更是承载集体记忆的重要载体。通过物质空间的保存、象征仪式的延续及集体记忆的传承，"记忆之场"得以维持其文化意义和社会价值。

2.2 守陵村落空间记忆场域类型划分与记忆要素提取

"记忆之场"对于场所类型定义有 3 个特性：实在性、象征性和功能性。根据其特性便可将守陵村落记忆空间场域划分为象征性场域、历史性场域和叙事性场域，并更具场域特性提取记忆要素。

象征性场域指承载村落文化信仰等代表性空间，其记忆要素包括寺庙、祠堂等；历史性场域则以时间为线索，承载着守陵村落历史文化的年代型空间，记忆要素包括历史建筑、遗址等；叙事性场域指与日常生活联系紧密的交往空间，其记忆要素包括如广场、市集等[1]（见图 1）。

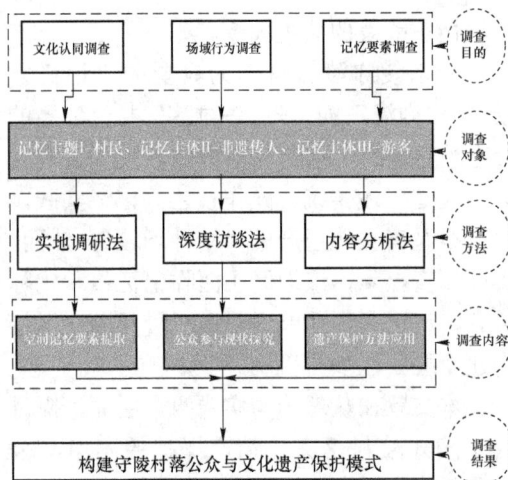

图 1　守陵村落 "记忆之场" 识别框架

基于以上方法，选取清东陵陵内守陵村落为研究对象，在其"三镇、九营、八圈"的空间形式中保留了许多记忆要素，维持着文化遗产的"精神场域"，成为中国古代"陵寝-村落"共生体系的活态遗存（见图 2）。

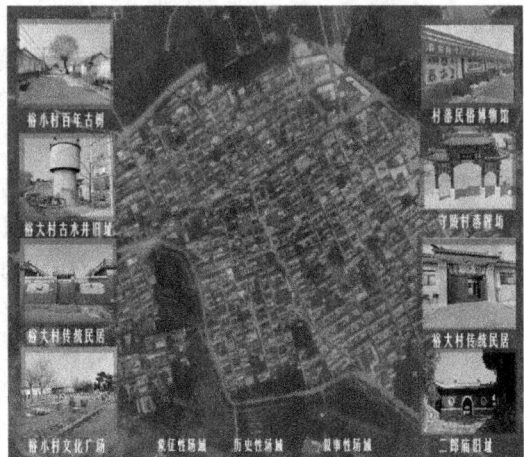

图 2　守陵村落空间记忆元素分布

通过资料收集及实地调研，整理出村落 3 类场域记忆要素。在清东陵守陵村落文旅融合发展进程中，形成以村民、非遗传人、游客 3 类主体共生局面。故将他们作为记忆主体，研究其空间认知及记忆偏好以及场域行为特征，为公众参与文化遗产保护的机制与路径研究提供参考。

3 守陵村落文化遗产保护的现状与困境分析

3.1 集体记忆断裂

守陵村落的非物质文化遗产是维系文化记忆的重要载体。数据显示，仅 12% 的青年村民能完整阐述守陵制度的历史意义，而中老年村民中具备传统技艺传授能力的比例不足 30%。代际间文化认知鸿沟与教育方式脱节，导致"记忆之场"的精神内核逐渐空洞化（见图 3）。

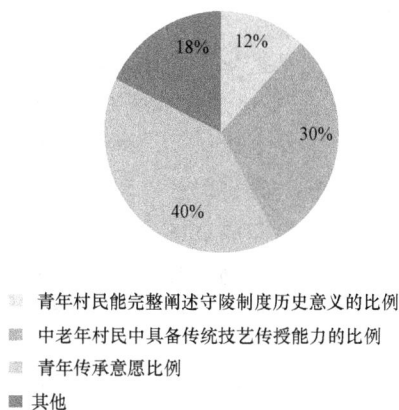

☒ 青年村民能完整阐述守陵制度历史意义的比例
▨ 中老年村民中具备传统技艺传授能力的比例
▤ 青年传承意愿比例
■ 其他

图3 守陵村落文化感知统计图

3.2 社区主体性缺失

当前以政府为主导的保护模式忽视了社区居民在文化传承中的主体地位。这种"政府热、民间冷"的现象导致社区居民对文化遗产保护缺乏主动性和认同感。

3.3 记忆载体功能退化

守陵村落的传统建筑空置率超过40%，物质空间的功能退化严重影响了文化记忆的延续。建筑作为"记忆之场"的物质载体，其空置不仅意味着物理空间的闲置，更是文化符号意义的消解[2]。

4 公众参与文化遗产保护模式构建

4.1 模式构建的总体目标

基于"记忆之场"理论的公众参与模式旨在通过激活社区的文化记忆主体性，构建多元主体协同参与的文化遗产保护机制，实现文化遗产的活态传承与可持续发展。

该模式强调物质空间、象征仪式与集体记忆的三维互动关系，注重公众的文化认同感与参与动力，形成一个"人人参与、共建共享"的文化遗产保护网络。通过这一模式，为文化遗产保护注入新的活力。

4.2 模式构建的理论基础

"记忆之场"理论具有"3个核心要素"：物质空间文化遗产的物理载体是"记忆之场"的基础；象征仪式，文化传承的象征性实践活动，是维系集体记忆的重要纽带；集体记忆是指文化记忆的精神内核。这3个要素在清东陵守陵村落中形成了一个完整的文化生态系统，为文化遗产保护提供了重要的理论支撑。

4.3 公众参与的核心原则

公众参与遗产保护需要遵守"三大核心原则"，文化认同原则是指公众对文化遗产的文化归属感与认同感，是参与保护的前提条件。主体性激活原则是通过赋权与赋能增强公众的文化自信与参与动力。协同效应原则则为多元主体的协同合作，是实现文化遗产保护的关键路径[3]。

4.4 模式构建的关键要素

1）多元主体协同

公众参与意味着多元主体的协同发展。通过政府引导，制定文化遗产保护政策，提供资金与技术支持。不断推动社区主体主观能动性发挥，赋予守陵村落村民参与文化遗产保护决策权与监督权[4]。

同时积极联结外部力量，号召社会组织助力文化遗产保护，引入专家学者团队与志愿者团队，提供专业指导与资源支持（见图4）。进而吸引企业参与，探索文化遗产的经济价值。

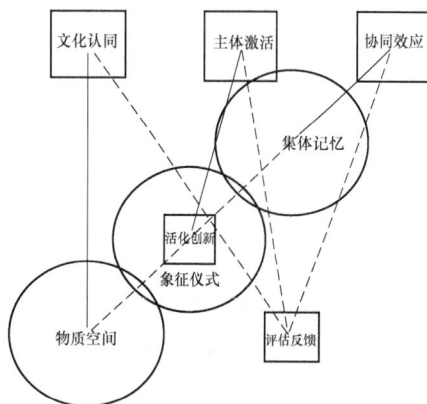

图4 公众参与文化遗产保护模式要素关联图

2）文化认同激活

公众的持续性参与成为文化遗产可持续保护发展的关键所在，需要不断强化文化遗产教育，增强当地村民的文化认同，培育更多青年传承力量。注重传统非遗技艺复兴，不断推陈出新形成稳定的文化传承媒介纽带。

3）活态利用创新

活态利用创新旨在通过物质空间与非物质文化的结合，实现文化遗产的可持续发展。从物质空间活化层面，将传统建筑改造为文化展示点等，实现物质空间的文化功能与经济价值的统一。

从非物质文化体验层面，开发互动性强的文化体验项目，利用虚拟现实、增强现实等技术，创新非遗传承与文化传播方式。

4.5 模式效果的评估机制

为了确保文化遗产保护策略的科学性和有效性，动态监测与评估机制至关重要。通过监测机制定期跟踪评估文化遗产保护效果，确保保护策略的科学有效。反馈机制则将动态演变与数据变化进行有效反馈，便于及时调整保护策略（见图5）。

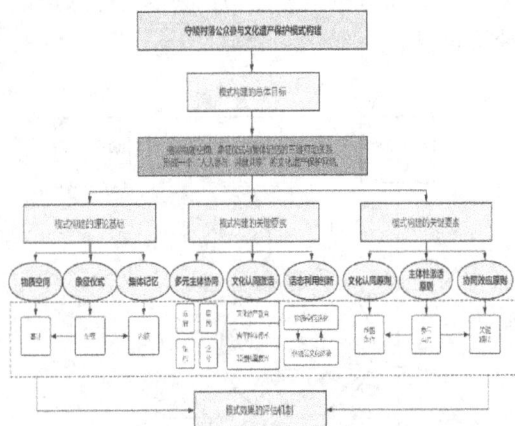

图5　公众参与文化遗产保护模式图

5　结论

基于"记忆之场"理论，本文构建了清东陵守陵村落文化遗产保护的公众参与模式，提出了多元主体协同、文化认同激活和活态利用创新的关键路径。

该模式通过激活社区主体性、强化非物质文化传承、促进物质空间与非物质文化的结合，有效助力破解"集体记忆断裂"与"社区主体性缺失"的困境。

本文不仅为清东陵守陵村落的文化遗产保护提供了理论与实践指导，也为其他类似地区的文化遗产保护提供借鉴。

参考文献

[1] 吕妍，肖竞. 传统村落"记忆之场"识别与多情景保护更新研究[J]. 城市与区域规划研究，2023，15（2）：39-52.

[2] 刘海慧，任逸凡. 清东陵守陵村落空间基因村民感知与传承研究[C]//中国城市规划学会,合肥市人民政府. 美丽中国,共建共治共享:2024中国城市规划年会论文集（12 城乡治理与政策研究）. 唐山,华北理工大学建筑工程学院，2024：8.

[3] 张若曦，吴灈杭，张锦鑫，等. 历史文化街区参与式保护实践运行机制研究：基于历史性城市景观视角[J/OL]. 南方建筑，2025(3)：41-49.

[4] 列斐伏尔. 空间的生产[M]. 刘怀玉，译. 北京：商务印书馆，2021.

[5] 燕艳，杨洲，郑煜煊，等. 基于历史、社会与空间维度的中国传统村落文化遗产保护框架研究[J]. 邢台职业技术学院学报，2024，41(6)：80-86.

图片来源

图1～图5均为作者自绘。

基于空间句法的西南古镇空间形态演变因素研究

——以柳江古镇为例

牟龙杰（西华大学；1983623939@qq.com）

张宇航（西华大学；2633351248@qq.com）

摘　要：本文以眉山市的柳江古镇为研究对象，选取柳江古镇4个演变研究节点：新中国成立前、1990年、2000年、2024年。并运用空间句法轴线分析法，借助Depthmap软件对柳江古镇空间布局进行定量分析。最后发现影响柳江古镇空间演变的4大要素：（1）自然地理因素奠定其南北发展格局；（2）经济活动变迁影响核心空间北移；（3）交通方式的改变导致道路网络改变；（4）人口变迁使得柳江古镇地域性缺失。

关键词：柳江古镇；空间句法；演变；空间形态

1　引言

空间形态的发展是人们对空间利用和改造的结果[1]，古镇更是中华文化瑰宝，对文化传承不可或缺。但现代发展威胁古镇原貌，影响其文化传承。因此，需高度重视古镇保护，结合现代需求制定科学规划，让古镇焕发新生。

在国内，对古镇的研究涉及了公共空间形态的多个核心层面。张愚、王建国[3]、杨俊宴[4]及李旭等[5]的研究，从不同切面剖析了古镇的交通网络架构、游客流动的动态模式、商业业态的布局，以及关键节点空间魅力。国内对于古镇空间的研究已经初具规模，然而，在空间句法与古镇结合的研究领域内，普遍存在一个倾向，即过分聚焦于利用空间句法对古镇的现有空间形态进行静态、量化的分析，并据此得出相关结论。这种方法忽略了古镇所经历的动态演变过程，从而在科学性上显得有所不足。

柳江古镇作为古代西南贸易重镇，因水而生[6]，历经800年岁月依然繁荣，是西南典型古镇的代表之一，本文选择柳江古镇为研究对象，运用句法技术探究其空间演变内在因素，为西南古镇演变研究提供一个新的思路与范本。

2　研究方法与研究对象

2.1　研究方法

1）数据来源

本次研究相关资料均由柳江镇政府提供。笔者根据实地调研考证，并将校正结果作为空间句法分析的底图，导入相关软件，基于最少且最长的建模原则不同时期的轴线分别为59、164、213和336，再将轴线模型导入Depthmap+Beta 1.0句法分析软件中进行计算。

2）空间句法理论

在20世纪70年代，由伦敦大学的比尔·希利尔教授提出空间句法理论[2]，此研究选用空间句法中的轴线分析法，通过整合度、连接值、控制值和选择度这4个参数，深入分析空间的组织和相互关系。

2.2　研究对象

1）柳江古镇区位

柳江古镇位于眉山市洪雅县，坐落在花溪河支流杨村河两岸，北依瓦屋山镇（见图1）。镇内花溪河与杨村河穿流而过，交通便利，洪高公路贯穿南北。

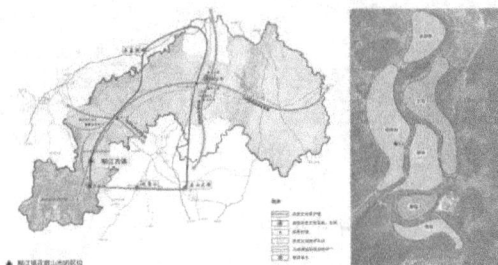
图1 柳江古镇区位

2）研究节点选取

柳江古镇依河而建，三面环水，早期因商贸繁荣形成南北延伸的山水聚落。新中国成立前以杨村河畔老街为核心，码头为发展起点；新中国成立后至1990年建设重心转向红星坝，并逐步建成玉屏北、西、南3条街道，突破老街用地局限。2000年后旅游业推动柳坝、杨河坝新增服务设施与民宅，政府同步改造非传统风貌建筑。至2024年，明月北街与玉屏北街提升交通效率，古镇沿明月西街、玉屏西街向东北扩展，新建区方格路网显著改变传统空间形态[7]。本文选取新中国成立前、1990年、2000年及2024年4个阶段（见图2），对比分析探寻柳江古镇发展演变的内在因素。

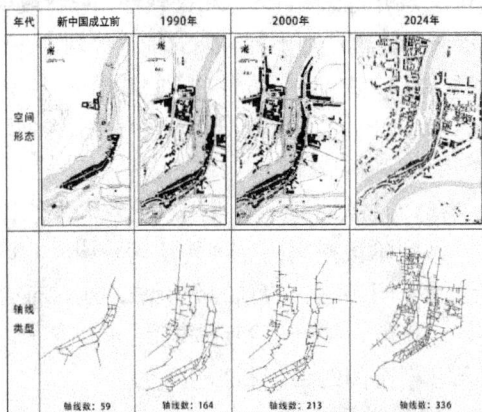
图2 柳江古镇4个演变阶段空间句法模型

3 句法柳江古镇空间形态演变图解

3.1 空间句法分析

在空间句法学的研究框架下，整合度是衡量某一空间单元在整体系统中与其他空间相互关联或隔离程度的重要指标[8]，连接值量化了某一空间节点与其邻近节点之间关联的数量。控制值衡量不同轴线之间相互制约与影响程度，选择度衡量一个空间吸引特定交通工具通行倾向性[9]。

通过分析空间句法整合度、选择度、控制值以及连接值可见，柳江古镇核心轴线历经3次迁移：新中国成立前柳江下街凭借最高整合度与暖色集聚效应成为商贸核心；1990年，洪瓦路与柳江大桥以全域整合度峰值形成放射状中心，而柳江下街仍以次高连接值维系活力；2000年后洪瓦路持续主导整合度，柳江下街三大指标同步提升显露复苏态势；2024年，月明西街、北街建成推动空间格局向"工"字形骨架延展，新建道路以最高连接值、选择度及控制值成为核心动脉，最终形成以南北向洪瓦路、月明双街为"井"字主轴的辐射式结构，印证古镇从沿河带状向陆路网格化发展的空间重构轨迹。

3.2 演变影响因素探究

1）自然地理环境

在古代战乱年代，"三山环抱"的地形特点为古镇提供了天然的屏障，保护其免受外来侵扰，"两水分流"的水系格局为古镇提供了充足的水资源，还促进了水运交通的发展，使得木材等物资能够顺畅运输，为当地经济繁荣奠定了基础[7]。该自然格局导致柳江古镇沿水生长，这也成了后续整体空间南北向发展的决定性因素。

2）经济活动改变

柳江古镇的空间核心历经多次动态变迁：新中国成立前，柳江下街依托水运优势及柳、姜两姓合建的石板长街，发展为商贸、文化核心，米花糖等产业兴盛；随着1968年两座大桥通车及洪瓦路崛起，狭窄的下街因无法满足现代交通需求逐渐衰落，洪瓦路成为新中心，聚集乡政府、林场场部等机构。

2000年古镇旅游热兴起[8]，下街凭借历史底蕴复兴，引入现代化设施后空间暖度回升，传统集市活力重现；至2024年，河东岸借水上项目开发形成游乐主导区，河西则侧重商贸娱乐，洪瓦路与月明西街、北街构成新核心，而下街仍以高连接值维持集市功能。这一演变折射出交通条件、经济模式与政策导向的复合影响，既见证传统空间与现代发展的博弈，也体现历史遗产保护与文旅融合的平衡实践。

3）交通格局变迁

柳江古镇的空间格局演变与其交通方式变迁紧密交织：新中国成立前，便利的水运支撑起古镇商贸繁荣，码头催生的柳江下街成为核心活力轴线；1950年后，上游水电站导致水运衰落，洪瓦路与柳江大桥的建成推动陆路交通崛起，古镇转向古街景观化发展；进入21世纪，我国机动车保有量由2000年的625万辆到2024年的4.53亿辆，彻底重塑空间结构，洪瓦路及新建的月明西街、北街凭借道路优势成为新中心，既延续了"烟雨柳江"的山水肌理，又以现代交通承载力承接文旅发展需求，见证着历史古镇与机动化时代的动态融合。

4）人口变迁

随着2008年旅游开发，如今的柳江古镇原来的居民不足40%，大量外来资本涌入，传统民居被替换为仿古商业建筑，原来的居民因租金上涨外迁至新区，外来资本主导核心区商铺，洪雅县外投资者占比超60%，形成"本地人居住边缘化，游客体验舞台化"的格局[10]。曾经以柳江下街为核心的发展格局变成如今以洪瓦路、月明西街与月明北街为核心，向四周发展的格局。曾经原来的居民用赶场的柳江下街被各种纪念品店替代，赶场的习俗也消失。杨村河用于洗衣、社交的水码头也成了网红打卡地。如今的柳江古镇原来的居民与外来游客割裂，当地经济无法服务当地居民，反而成了外来资本的竞

技场。

图3为柳江古镇空间句法图解。

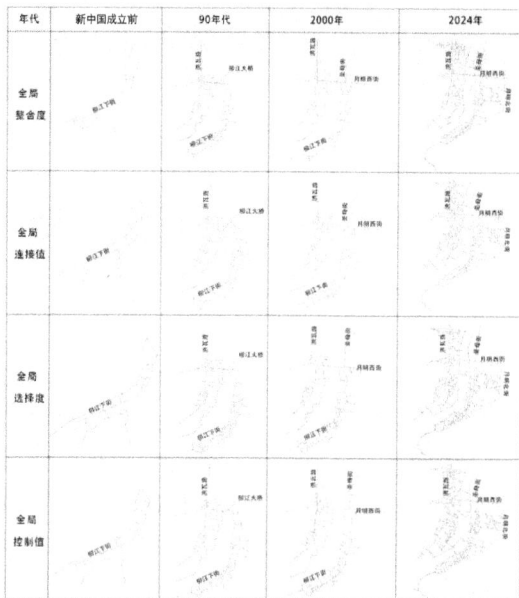

图3　柳江古镇空间句法图解

4　总结与展望

通过空间句法对柳江古镇进行动态分析，揭示其空间结构演变的影响因素。第一，由于柳江古镇独特的山水格局奠定了其南北发展的基础。第二，新中国成立前柳江下街因水运的发达成为空间核心，后来因为交通方式及经济模式的改革，导致柳江下街没落，洪瓦路与月明西街和月明北街逐渐成为空间核心。第三，在旅游业大力发展的背景下当地人口外迁，外来资本入驻，导致原有空间功能被替代，空间格局改变。

展望未来，随着科技的进步与研究的深入，空间句法理论将在古镇保护中发挥更大作用。结合大数据、人工智能等先进技术，可以更精准地模拟与预测古镇空间演变趋势，为制定科学合理的保护与发展策略提供有力支持。同时，加强跨学科合作，将社会学、文化学等多领域知识融入研究中，将进一步提升对古镇的全面认知与保护水平。

参考文献

[1] 薛林平. 窦庄古村：山西古村镇系列丛书[M]. 北京：中国建筑工业出版社，2009.

[2] 段进，希列尔. 空间句法在中国[M]. 南京：东南大学出版社，2015.

[3] 张愚，王建国. 再论"空间句法"[J]. 建筑师，2004（3）：33-44.

[4] 史宜，杨俊宴. 城市中心区空间区位选择的空间句法研究：以南京为例[C]// 转型与重构：2011 中国城市规划年会论文集. 北京：中国城市规划年会，2011：7131-7143.

[5] 许珩玥，李旭. 多维具身感知与传统街区自发性集市交互影响机制研究[J]. 新建筑，2024（6）：63-68.

[6] 季富政. 巴蜀城镇与民居[M]. 成都：西南交通大学出版社，2000.

[7] 方民. 柳江古镇[J]. 北京社会科学，2020（11）：2.

[8] 陶伟，林可枫，古恒宇，等. 句法视角下广州市沙湾古镇空间形态的时空演化[J]. 热带地理，2020，40（6）：970-980.

[9] 赵亚琛，马冬青，张兵华. 鲁运河沿线古镇聚落空间演变解析以及适应性发展策略研究：以七级古镇为例[J]. 现代城市研究，2023（6）：45-52.

[10] 金科，钟泽源，陈祖展，等. 基于空间句法的川南传统民居室内空间形态研究[J]. 家具与室内装饰，2022，29（4）：108-111.

图片来源

图 1 为柳江镇政府提供；

图 2 与图 3 为作者自绘。

风貌赓续设计指引机制构建

——基于视觉兴趣点的苏派建筑研究

黄成成（同济大学；2132144@tongji.edu.cn）

郭雨寒*（同济大学；Guoooyuher@163.com）

王振宇（北京交通大学；wangzhenyulily@126.com）

叶宇（同济大学；yye@tongji.edu.cn）

摘　要：在快速城市化背景下，传统建筑风貌的延续面临严峻挑战。本文以苏派建筑为对象，提出了一种基于视觉兴趣点的风貌赓续设计指引机制构建方法。该机制首先收集了在风貌赓续导向下的优质建筑设计案例图像数据。随后，借助眼动追踪技术并结合问卷调查，量化分析了群众对这些优质案例的关注焦点，从而精准地识别出视觉兴趣点。在此基础上，进一步提炼出关键设计要素及其特征，并最终构建了"关键建筑设计要素—要素特征"两个层级的新苏派设计指引体系。本文提出的体系与机制，能够为地域建筑风貌的可持续传承和创新提供一条切实可行的实践路径，为传统建筑风貌在现代化进程中的延续与发展提供理论支持与实践指导。

关键词：风貌赓续；建筑设计；建筑设计要素；苏派建筑；视觉兴趣点

基金号："十四五"国家重点研发计划"城镇可持续发展关键技术与装备"城镇专项"基于文脉保护的城市风貌特色塑造理论与关键技术"课题三"基于文脉保护的城市风貌特色智能化研判与决策技术研发"（2023YFC3805503）

1　研究背景

随着快速城镇化阶段的逐渐减弱，遗留的城市风貌同质化问题亟待解决[1-2]。这种同质化现象不仅削弱了地域文化的独特性，也使得传统建筑风貌的可持续传承面临严峻挑战。

苏派建筑作为江南地区的重要文化载体，其风貌延续与创新在现代化进程中至关重要。然而，现有研究多为理论探讨，缺乏具体分析和针对性设计指引[3]，难以为实际应用提供切实可行的参考。

近年来，眼动追踪技术在建筑领域的应用日益增多。通过眼动追踪技术，可以量化分析人们对建筑空间的视觉关注焦点，从而精准识别视觉兴趣[4]。结合问卷调查等方法，能够进一步揭示公众对传统建筑的认知与偏好，为建筑设计提供更具科学性和实践性的指导。因此，本文以苏派建筑为对象，探索一种基于视觉兴趣点的风貌赓续设计指引机制，旨在为传统建筑风貌在现代化进程中的延续与发展提供理论支持与实践路径，同时为解决城市风貌同质化问题提供一种创新思路。

2　研究框架

本文采用"案例遴选—认知解析—特征提炼—体系建构"的技术路线。首先，构建标准化的优质建筑设计案例图像数据集。然后，利用桌面式眼动仪 Aurora 采集眼动数据，生成眼动热力图，识别具象的核心建筑设计要素。结合问卷调查结果，补充抽象的核心要素。最后，通过人工图像分析提炼核心要素，形成特定地域的设计指引体系。

3 实验与分析

3.1 案例遴选

本研究以苏派建筑为例,遵循"中而新"和"风貌赓续导向"原则,选取住宅、民宿和中小型公共建筑作为研究对象。核心标准包括:建筑需通过现代设计手法转译传统形式语言,既保留苏派建筑典雅秀丽等特质,又突破具象模仿实现创新。

最终选取苏州博物馆、东梓关回迁农居等47个典型案例,形成102张1 080×1 080像素的图像数据集。

3.2 认知解析

1)眼动实验:具象关键建筑设计要素提炼

(1)实验准备。实验使用赢富仪器的桌面式眼动仪Aurora和搭载Windows 11家庭中文版的笔记本计算机。眼动仪精度为0.3度,头部运动范围50×40 cm,采样率60 Hz,搭配HRT软件v1版本。因软件仅支持1 920×1 080像素图像且不支持随机播放,实验将图像左右两区等量扩充为白色并分为3组,每张展示10 s,以不同的呈现顺序,制成3段帧率24 Hz的视频作为刺激材料。实验在研究者工作室进行。共招募42位20~48岁、不同专业和性别的被试者。被试者分为3组,分别观看不同视频。

(2)正式实验。首先,根据被试者的身高调整设备位置,并告知实验内容和注意事项,包括保持脸部无遮挡、关注图中愉悦的部分、排除天气或人物等干扰。随后进行眼动校准,校准点位于屏幕四角和中心,受试者需注视校准点。软件会记录校准点坐标和眼动仪记录点位的平均误差,当显示"优秀"或"良好"时,可进入兴趣点记录。为确保准确,可通过预览检查鼠标点位与眼动仪记录点位的误差来判断是否能够进入数据采集。完成所有被试的数据采集后,导出数据进行分析。

(3)数据处理与分析阶段。眼动仪Aurora配合HRT软件记录眼动数据。本文导出数据后用Python进行自定义分析。每张图采样点为720个,排除无效数据后,一张包含所有被试集体兴趣点的图共29 520个采样点。最终用热力图可视化兴趣点。

热力图通过颜色变化表示数据的大小、密度或强度。本文将热力图的分析半径设置为20像素;保留最高3%密度区域;颜色映射为从蓝到红,低密度区域为无色,红色区域为集体关注度最高部分(见图1)。

图1 典型案例热力图

(4)要素提炼。对102张热力图热力区域所标注的要素进行统计分析,提取出新苏派建筑在风貌赓续导向下的重要建筑设计要素。

统计结果显示,前5项要素为:窗、形体、洞、植物、墙(见图2)。

图2 提炼出具象关键建筑设计要素的热力图样例

2）问卷调查：抽象关键建筑设计要素补充

本文通过眼动实验提炼出具象建筑设计要素，但无法涵盖抽象要素。因此，通过问卷统计抽象建筑设计要素（如材料搭配、整体意向、色彩搭配）的重要性。通过搭配眼动实验提炼出的具象关键建筑设计要素让每位被试选择每张图中最吸引他们的要素，来统计所有要素的频次。统计得到的重要性排序为窗、形体、材料搭配、整体意向、墙、色彩搭配、洞、植物。由于排序最末的为眼动实验提炼出的具象关键建筑设计要素，由此认为这3项设计要素均为重要建筑设计要素。

3.3 特征提取

根据眼动实验和问卷调查得出的关键设计要素，对其热力图来源进行人工分析，总结其在热力图中的具体特征。以具象建筑设计要素为例，统计结果表明。

（1）窗的材质以玻璃为主；形状多为横条；窗框多为黑框、木框和银框；凹窗较为常见；内部分隔以竖向分隔为主。

（2）形体的特征包括体块接合、体块开洞和板片延伸。

（3）洞的形状多为竖条洞和网格洞，位置多在外墙和片墙。

（4）植物以树、芭蕉、竹和临水植物为主。

（5）墙主要关注外墙，颜色多为白色；砌筑方式包括开洞、间砌和普通砌筑；材质以涂料为主（见图3）。

图3 以"墙"为代表的典型特征

3.4 体系建构

利用 NRD Studio 跨平台在线绘图软件对关键建筑设计要素的提炼及其特征的总结，以知识图谱形式构建苏派建筑风貌赓续设计指引体系，为设计实践者提供直观指引（见图4）。

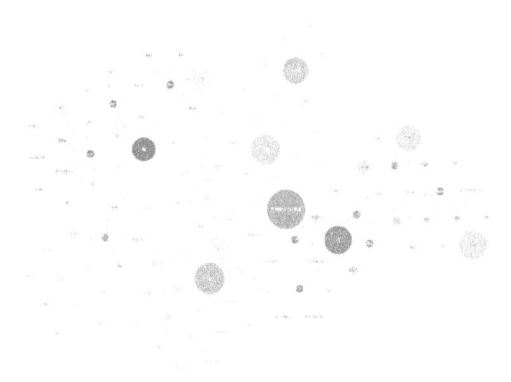

图4 苏派建筑风貌赓续设计指引体系

4 结果讨论

本文通过构建基于视觉兴趣点的风貌赓续设计指引机制，为地域性建筑的可持续传承与创新提供了一种新的思路和方法。以苏派建筑为例，通过眼动追踪技术与问卷调查相结合的方式，精准识别新苏派优质建筑设计案例的关键设计要素及其特征，并构建了"关键建筑设计要素—要素特征"的双层级设计指引体系。这一体系不仅为苏派建筑的风貌延续提供了科学依据，也为其他地域建筑风貌的传承与创新提供了可借鉴的范例。

5 结语

本文以苏派建筑为例，提出了一种基于视觉兴趣点的风貌赓续设计指引机制构建方式，旨在解决快速城市化背景下传统建筑风貌延续面临的挑战。研究结合先进技术与传统建筑研究，构建了一套直观、可操作的设计指引方法。但研究存在样本量有限、实验环境干扰等局限。未来可扩大样本规模、优化实验环境，并结合生理传感器分析情绪状态下的眼动点位，进一步揭示公众对传统建筑的多感官认知与情感偏好。在最后的体系建构部分也可以纳入对应案例和对应图像以提供更明确的设计指引。总之，本研究为传统建筑风貌在现代化进程中的延续与发展提供了一种创新的思路和方法，具有重要的理论与实践意义。

参考文献

[1] 李道增. 从文化视角看城市与建筑：克服城市建筑"特色危机"之三点建议[J]. 世界建筑 2008（9）：86-89.

[2] 陈秉钊. 城市风貌与特色：从街道美学说起[J]. 规划师，2009，25（12）：8-11.

[3] 王建国. 城市风貌特色的维护、弘扬、完善和塑造[J]. 规划师，2007（8）：5-9.

[4] DAWOOD N. Industry 4.0 applications for full lifecycle integration of buildings[C]. Proceedings of the 21st International Conference on Construction Applications of Virtual Reality. Middlesbrough, United Kingdom：Teeside University，2021.

图片来源

图1～图4均为作者自绘。

基于自然语言处理的文学记忆场所辨识

——以余华作品中的海盐老城为例

刘焱（上海交通大学设计学院；liuyan_arch@sjtu.edu.cn）

陆邵明（上海交通大学设计学院；shaominglu@sjtu.edu.cn）

摘 要： 在城市存量更新、文旅融合等多重政策与现实需求背景下，文学记忆场所由于具有物质与文化双重属性而成为城市文化塑造的有效途径之一。本文旨在提出一种基于微调大语言模型的文学记忆场所辨识路径，并以余华作品中的海盐老城为对象开展实证研究。研究挖掘出的文学记忆场所分布地图与文学记忆场所要素数据库构成了进一步评估、量化分析的重要基础与前提，进而为后续城市更新提供依据。

关键词： 记忆场所；文学；大语言模型；城市更新

基金号： 国家社科基金青年项目（24CZX036）

1 文学记忆场所及其辨识困境

1.1 文学记忆场所

随着城市发展由增量扩张全面进入存量优化阶段，城市更新实践涉及大量文化遗产保护名录之外的记忆场所，即保留和繁衍集体记忆的地方，由于人们的意愿或者时间的洗礼而变成一个群体记忆遗产中代表性的场所[1]。在文化记忆研究领域，文学与建筑由于都能够用于稳定与传达集体形象，其共同构成了能够容纳、阐释并召唤记忆的媒介，甚至可以成为记忆本身的一部分[2]。因此，记忆场所中存在一种特殊的类型——文学记忆场所。由于文学中的城市书写以现实生活与经验为基础蕴含了记忆信息，而文学中的城市阅读进一步影响着人对现实城市的认知与想象，即"城市是都市生活加之于文学形式和文学形式加之于都市生活持续不断的双重构建"[3]，文学记忆场所构成了存量时代城市文化提升的重要资源。

文学记忆场所的形成通常经由以下路径：① 现实记忆转化为文学文本，即作者文学作品的创作基于其个体生命经验，将现实场所作为创作原型，并加入想象要素对文学世界进行建构；② 文学文本塑造集体记忆，即读者群体通过对文学作品的阅读形成关于文学世界的集体记忆，进而对现实中的记忆场所原型产生文化认同与场所依恋（见图1）。因此，文学记忆场是以现实的记忆场所为原型，以读者群体为记忆主体，以文学世界中场景塑造为记忆客体的虚构地方，它同时包含了现实与想象要素。本文旨在通过对文学世界中现实要素的逆袭考察，实现对文学记忆场所的辨识。

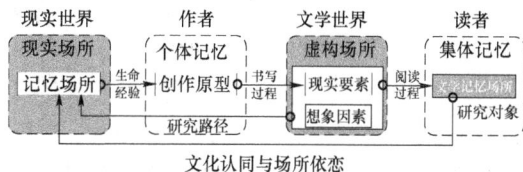

图1 文学记忆场所的形成路径

1.2 文学记忆场所的辨识困境

将文学建构的文学景观作为城市物理空间与文化形象的有机构成，通过地方政府和市场组织运作使其成为普遍分享的实体空间和文化符号，成为各国城市更新与文旅融合的有效路径。例如，基于金宇澄的长篇小说《繁花》改编的同名剧集，由于对时代风貌的独特还原而唤醒了一代人的记忆[4]，进而促使昔日"十里洋场"重燃热度（见图2）。

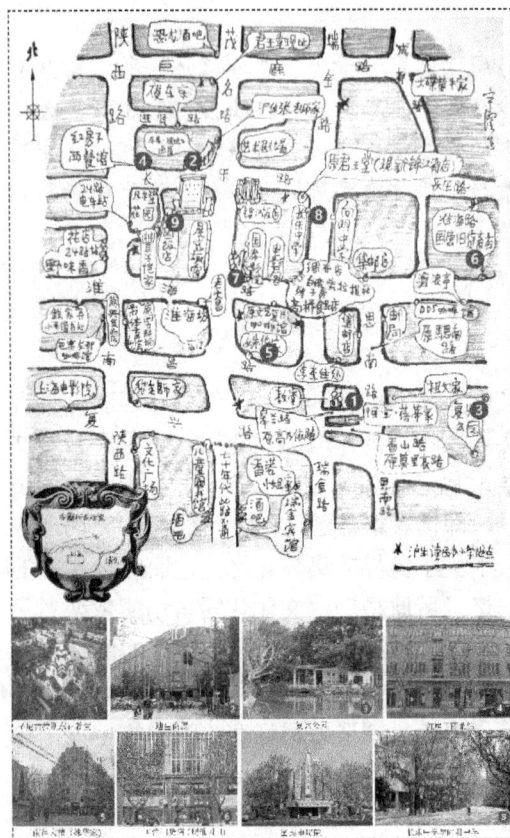

图2 金宇澄绘制的上海卢湾区地图与文学设定

然而，如何在海量的文学作品描述中筛选、辨识与现实关联的场所要素具有一定的难度。首先，城市中的记忆场所由于在产生、媒介要素与涉及范畴等维度的复杂性，它呈现出隐匿性、碎片化与多样性的特征[5]。此外，文学在文化记忆理论视角下呈现为记忆的文本再书写，使得其中关联场所的复杂度进一步提升，并带来现实与虚构的混杂、信息碎片化等困境。因此，现阶段文学作品中现实关联场所的识别通常基于相关学者的

个人经验与大量时间成本，并通常局限在大城市及著名作家的少量文本。

近年来，随着自然语言处理技术（natural language processing，NLP）由早期基于规则的方法逐步发展至大语言模型阶段[6]，诸如GPT-4o、通义千问、Deep Seek等大模型基于超大规模预训练集与强大算力，实现了更强的语言理解与生成。本文旨在基于大语言模型的自然语言处理能力，探索文学记忆场所的辨识路径与方法，进而为城市更新与文旅融合提供支撑。

2 研究对象、区域和数据集

2.1 研究对象与区域：海盐样本

本文以余华作品中的海盐老城为研究样本。余华作为当代最具影响力的作家之一，于1962年举家迁入海盐并在此学习与工作，至1993年定居北京。余华在其自传散文《最初的岁月》中写道："虽然我人离开了海盐，但我的写作不会离开那里。我在海盐生活了差不多有三十年，我熟悉那里的一切……我过去的灵感都来自于那里，今后的灵感也会从那里产生……我只要写作，就是回家。"[7]因此，余华的文学作品及相关衍生品中的具有众多与海盐现实地点关联的要素，其中的场所塑造作为读者的集体记忆，构成了海盐独特的文化资源。余华的作品中会出现海盐的地名、街名、桥名、店名等信息，能够被作为考察现实地点的线索。因此，本文的数据集包括现实的海盐地名与余华文学作品两部分。

2.2 海盐老城地名数据集

由于余华在海盐生活的时期为1960至20世纪90年代初，而本文的根本目的在于实现既有场所的活化利用，因此地名数据集采取历史地名与现有地名结合的方式。为了解决地名更替或位置变更等问题，最终会基于对历史与现状地图的比对与考据进行统一。具体而言，历史地名数据集为1983年

《浙江省海盐地名志》（约 38 万字，含历史地图）、1992 年《海盐县志》（约 115 万字，含历史地图）；现有地名数据集为对百度地图中海盐老城区域（见图 3）爬取的 POI 数据（约 18 197 条，含坐标、类型、地址等信息）。

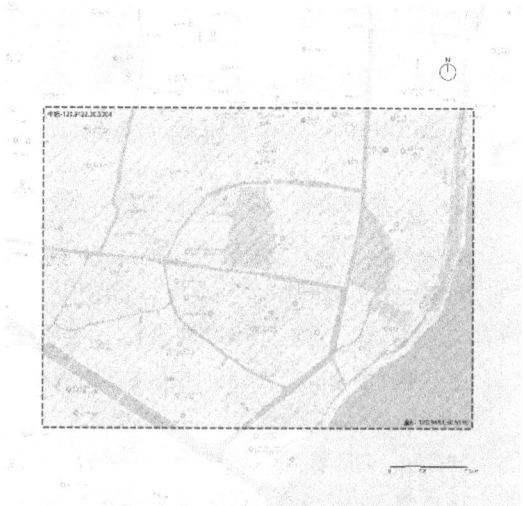

图 3   海盐古城研究范围

2.3   余华文学作品数据

本文将余华文学作品及其衍生品同时纳入数据集范围，涉及文本、视频、音频等多模态数据。具体而言包括：余华出版的书籍（共 18 本，含 198 篇文章，约 312.1 万字），文学作品改编电影（共 3 部）、对余华采访及其参演的综艺（共 3 个）。

3   研究方法

3.1   研究路径

研究分为两个步骤：① 基于对盐老城地名数据集与华文学作品数据集的相似性比对，挖掘其中的共现词汇，即文学记忆场所的名称；② 以地名作为提示词，对其相关文学记忆场所要素进行挖掘，构建"物–场–事"要素数据库（见图 4）。

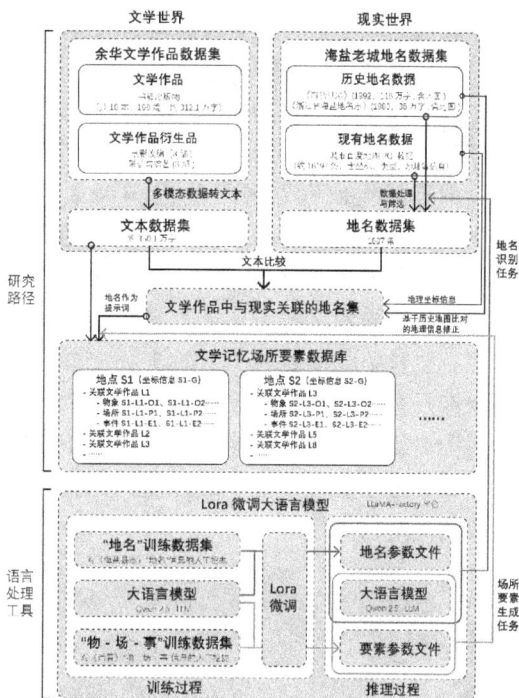

图 4   研究路径

3.2   自然语言处理工具

本文主要的自然语言处理工具为基于 LLaMA Factory 平台的开源 Qwen 大模型本地部署与微调，主要实现对历史地名文献中的地名识别任务及文学文本数据集中的场所要素生成任务。LoRA（low-rank adaptation of large language models）通过在预训练模型的关键层（如全连接层和自注意力层）之间添加低秩矩阵来完成微调[8]。其优势在于即使在资源有限的情况下，也可以有效地对大型预训练模型进行调整，使其适应各种下游任务，如文本分类、命名实体识别等。此外，微调通常只需要较少的数据，这也使得它成为小数据集场景下的一个有力工具。具体步骤包括：① 人工挖掘，即通过人工方式对语料中的相关信息进行整理与归纳；② 人工挖掘结果作为微调模型预训练集，对 Qwen 大模型进行 LoRA 微调，以提高其识别的准确性；③ 微调大模型与人工分类比较验证其有效性，验证其数据发掘的有效性；④ 微调大模型对不同语料进行地名识别、场所要素生成等推理任务。

4 挖掘结果与讨论

基于以上研究路径最终获得两项主要结果：文学记忆场所名称及其分布地图与文学记忆场所要素数据库。文学记忆场所共33处，在杨家弄片区与天宁寺片区分布最为集中，沿盐嘉塘线型展开（见图5）。文学记忆场所涉及余华的 44 部余华作品，其中《许三观卖血记》中提及的场所最多，为 11 处。文化馆、卫生院被多部作品提及，为其中最重要的场所（见图6）。

图 5　文学记忆场所分布

图 6　文学记忆场所对应的作品

本文的挖掘结果构成了后续对文学记忆场所进行评估、量化分析的重要基础与前提。结合词频统计、主题类聚、语义网络等文本数据处理工具以及地理信息系统，可实现对场所信息的深度挖掘，进而为后续活化策略提供依据。

参考文献

[1] NORA. Les lieux de mémoire. dans Jean-Claude Ruano-Borbalan (cordonné), L 'histoire aujourd' hui[M]. Paris：Science Humanities Editions，1999.

[2] 阿斯曼. 回忆空间：文化记忆的形式和变迁[M]. 潘璐，译. 北京：北京大学出版社，2016.

[3] 利罕. 文学中的城市：知识与文化的历史[M]. 吴子枫，译. 上海：上海人民出版社，2009.

[4] 金宇澄. 繁花[M]. 上海：上海文艺出版社，2013.

[5] 陆邵明. 记忆场所：基于文化认同视野下的文化遗产保护理念[J]. 中国名城，2013（1）：64-68.

[6] KHURANA D，KOLI A，KHATTER K，et al. Natural language processing：state of the art，current trends and challenges[J]. Multimedia tools and applications，2023，82（3）：3713-3744.

[7] 余华. 山谷微风[M]. 北京：北京十月文艺出版社，2024.

[8] HU E J，SHEN Y，WALLIS P，et al. LoRA：Low-rank adaptation of large language models[J]. ICLR，2022，1（2）：3.

图片来源

图1、图3～图6为作者自绘；
图2选自参考文献[4]。

05

数字技术与空间转型

基于深度学习与数字建模技术的城市遗产保护策略

——以重庆市合川区盐井街道为例

陈虹屹（重庆人文科技学院；21989994@qq.com）

谭靖（重庆人文科技学院；495010941@qq.com）

唐美玲（重庆人文科技学院；3250882524@qq.com）

颜涛（重庆人文科技学院；1096382290@qq.com）

许祖琰（重庆人文科技学院；2786164232@qq.com）

摘　要：本文提出了一种结合深度学习、数字建模与空间分析技术的创新方法，应用于历史街道的复兴与修复。本文以盐井街道为例，采用语义分割技术生成 64 维场景表达向量，定量分析街道视觉要素及其空间分布。基于景观基因图谱框架，定性分析了盐井街道的功能区划、建筑风格及文化内涵，结合三维建模与 BIM 技术，提出了精细修复方案，确保历史建筑的修复在 BIM 平台上得到精确还原。通过景观基因图谱的分析，修复方案进一步整合了建筑的文化基因，并重现其历史风貌。研究通过多技术融合，为历史街道的精确修复与文化遗产保护提供了理论依据和实践路径。

关键词：深度学习；景观图谱；语义分割；数字建模；文化遗产保护

基金号：教育部中外人文交流中心与人工智能与先进制造中外人文交流研究院人文交流专项课题（CCIPERGZN202407）

1　引言

随着城市化进程的加速，历史街道的复兴与修复成为城市遗产保护的关键议题。历史街道承载着城市的历史记忆和文化价值，但传统的保护方法常因资金不足、技术滞后等问题，导致历史特征的流失[1]。近年来，深度学习、数字建模和空间分析技术的结合为历史街道修复提供了新的解决方案。这些技术能够通过数据驱动和虚拟重建实现更加高效、精准的保护。例如，深度学习中的语义分割技术可以精准处理街景图像，提取街道视觉要素，从而帮助分析历史特征[2]。同时，三维建模技术能够细致地重建建筑，确保修复方案与历史实际一致，避免传统修复中的偏差。尽管已有研究探讨了数字技术在文化遗产保护中的应用，但如何系统性地将深度学习与空间分析技术结合，仍需进一步探索[3]。本文将通过盐井街道实例，提出一种结合深度学习、数字建模与空间分析的创新方法，探索历史街道的精确复兴与修复。

2　相关研究进展与趋势

城市遗产保护，尤其是历史街道的复兴与修复，已成为全球关注的重要议题。历史街道不仅承载城市历史和文化，还体现地方特色与社会记忆。然而，传统的保护方法由于技术和经验的局限，常面临过度修复、资金不足等问题。近年来，数字化技术的引入，尤其是深度学习、数字建模和空间分析技术，为文化遗产保护提供了新的解决方案，使历史街道的修复更加精确和高效。

深度学习，特别是语义分割技术，已广

泛应用于历史街道的图像分析中，帮助识别街道的建筑风格、功能区划等视觉要素，揭示历史文化特征，利用深度学习技术，对城市街道的空间要素进行精确分类，为历史街道的文化分析提供数据支持[4]。

数字建模技术在历史建筑修复和重建中发挥了重要作用，三维建模技术可对建筑进行数字化重建，为修复提供准确方案，避免过度干预。通过激光扫描与建模技术，实现了古建筑的高精度数字化保存[5]。

空间分析技术在城市遗产保护中也被广泛应用，为街道修复提供定量数据支持。利用空间分析评估历史街区的建筑布局和功能，可为修复提供科学依据[6]。李晓颖等探讨了景观基因的识别与应用，强调历史街道中景观元素与文化特色的融合[7]。

这些技术的结合不仅能提升修复精度，还能促进历史文化的持续传承。尽管已有相关研究，但如何有效整合这些技术并应用于历史街道保护仍是挑战。

3 研究方法

3.1 数据收集与处理

本文的数据收集主要依赖于多种方式，包括无人机拍摄、街景图像、卫星影像、测绘数据、访谈和问卷调查等。这些数据来源涵盖了不同时间、视角和维度的信息，确保了数据的全面性和多样性。具体来说，通过街景图像收集了盐井街道的不同视角和时间段的照片，涵盖了建筑、环境和行人活动等内容。为了获取详细的空间信息，本文利用 GIS 技术收集了盐井街道的空间坐标数据，包括建筑位置、街道宽度和功能区划等，为数字建模和空间分析提供了基础数据。在数据预处理阶段，本文对图像进行了增强和去噪处理，确保了图像的清晰度和准确性。结合测绘和访谈数据，本文补充了街道的社会文化背景信息，问卷调查则反映了居民对街道功能与环境的认知和需求，为后续的景

观基因识别和文化价值分析提供了数据支持（见图1）。

图 1 研究框架

3.2 景观基因识别和提取

景观基因识别与提取是本研究的重要步骤，它帮助作者从街景图像中提取历史街道的核心元素并分析其空间分布与文化价值[8]。采用特征解构提取法将街道景观特征划分为"布局特征基因、环境特征基因、建筑特征基因和文化特征基因"4大类，并建立了包含"4类别、10因子、33指标"的景观基因识别指标体系[9]。通过这一体系，可以系统地识别并提取盐井街道的景观基因（见图2）。

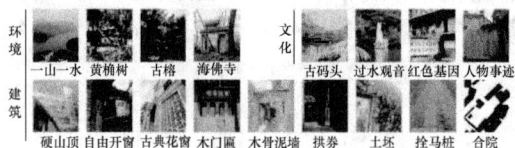

图 2 街道景观基因组成

结合元素提取法、图案提取法、结构提取法和含义提取法等多种技术来进行基因识别。通过这些方法，能够识别盐井街道中的建筑物、道路、绿地等视觉要素，并根据"类别相近时进行合并"的原则，将各元素的识别结果整合，最终形成盐井街道的景观基因图谱。为进一步提高景观基因识别的精度，本文结合了现代计算机视觉技术，通过多层卷积运算实现对街景图像中不同类型景观元素的精确识别，并为最终的景观基因图谱构建提供了数据支持。

3.3 场景语义树的构建与分析

在文中，通过构建场景语义树对盐井街道的街景图像进行深入分析，旨在精确识别

并定量分析街道的各类视觉要素[10]。通过这一方法，不仅能定性地理解街道的结构与功能，还能够为后续的街道修复与文化遗产保护提供数据支持。

1）场景语义树的构建

基于语义分割技术，对盐井街道图像进行视觉要素提取，并结合景观基因图谱将其分类为自然环境、建筑结构、文化特征及街道设施等类别。具体而言，自然环境包括植被（如树木、花卉、草地）和水体；建筑结构涵盖建筑类型、材料及屋顶结构；文化特征则涉及历史遗址、雕塑及文化符号等地域文化元素。

2）定性分析与场景理解

通过场景语义树，系统解析各类视觉要素的空间分布及其功能属性。例如，植被类别的分析揭示了自然元素对街道视觉美感与生态功能的贡献；建筑类别的细分则评估了不同建筑风格与材料的环境适应性，为街道风貌保护提供理论依据。

3）定量分析与场景内容计算

场景语义树为定量分析提供了框架。通过计算植被类别的空间分布与覆盖率，评估自然要素在街道景观中的占比；同时，量化建筑类别中不同风格与材质的分布比例，为历史建筑保护与修复提供数据支持。此类定量分析有助于深入理解街道的空间结构与视觉特征（见图3）。

图3　场景语义树的构建与量化

3.4　数字建模与精细修复

三维建模技术在历史街道建筑的精确修复中起着关键作用。通过结合多种建模技术，尤其是建筑信息建模（building information modeling，BIM），对盐井街道的历史建筑进行精细修复设计，确保修复工作能够精确还原历史文化特征，同时符合现代功能需求。具体步骤如下。

1）实景扫描与三维建模

本文采用激光扫描技术对盐井街道建筑进行高精度数据采集，获取三维点云数据，并利用 Blender 软件将其转化为三维模型。这一过程精确重建了建筑结构与空间元素，为修复提供了数字化基础，确保历史面貌的准确还原。

2）精细修复设计

基于 BIM 技术，研究进一步对建筑修复进行精细设计。BIM 模型整合了几何信息（如建筑结构）与非几何信息（如材料、装饰构件及历史修复记录），为修复方案提供了全面数据支持。通过 BIM 模型，修复过程中的每个细节均可被追踪与更新，确保修复工作与历史文献及文化背景一致，避免误差与不一致性。

3）图谱与修复细节的融合

景观基因图谱为建筑修复提供了文化语境框架，特别是在处理门窗、雕刻、墙面装饰等装饰构件时。这些元素在景观基因图谱中被视为文化符号与历史记忆载体，其系统化归类为修复工作提供了全面的指导，确保修复方案的文化深度与精确性（见图4）。

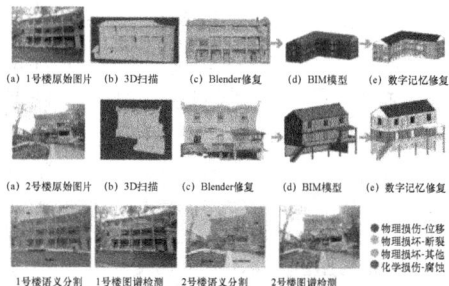

图4　数字建模与精细修复

4　结果与分析

4.1　盐井街道的视觉要素分析与文化缺失

基于 PSPNet 模型的语义分割技术，本文提取了盐井街道的视觉要素，并生成 64 维场景表达向量。分析表明，街道视觉要素主要包括建筑、道路、绿地、植被及街道设施等类别。场景向量的计算量化了这些要素的分布及其空间关系，为修复方案提供了科学依据。通过景观基因图谱分析，识别出逐渐消失的历史文化元素，并结合"场景语义树"框架，重新整合遗失的文化基因，推动盐井街道历史文化的复兴。

4.2 建筑修复与文化价值的定量分析

本文结合三维建模与 BIM 技术，对盐井街道建筑进行精细修复设计。BIM 模型不仅重建了建筑的外部结构，还整合了非几何信息，如材料、装饰构件及历史修复记录。场景语义树框架通过层次化管理与分类，支持修复工作从几何外观恢复延伸至文化内涵重建。结合景观基因图谱，修复设计重点关注历史建筑的装饰元素（如雕刻、窗框、门窗等），将其作为历史文化载体进行重点恢复。通过定量分析建筑元素，确保修复步骤符合历史文化要求，同时保留其独特的文化价值。

5 总结

盐井街道位于重庆市合川区，历史上曾是重要的商业中心和交通枢纽。随着城市化进程的推进，盐井街道的历史文化遗产面临着保护和传承的挑战。本文结合深度学习、数字建模和空间分析等多种技术手段，提出了一种创新的历史街道修复方法，针对盐井街道的建筑和街巷进行了精细化修复设计。在研究过程中，运用语义分割技术提取了街道的视觉要素，结合三维建模和 BIM 技术对历史建筑进行了精确重建。本文不仅提升了盐井街道修复的精度，也为历史街道的保护与复兴开辟了新的技术路径，促进了历史遗产的可持续保护与传承。

参考文献

[1] 王建国. 历史文化街区适应性保护改造和活力再生路径探索：以宜兴丁蜀古南街为例[J]. 建筑学报，2021（5）：1-7.

[2] LI Y，WANG X. Digital modeling and spatial analysis for heritage site preservation：A case study of historical buildings in Beijing[J]. Heritage Science，2021，9（1）：35-47.

[3] SMITH P. Challenges in the conservation of historical urban streetscapes [J]. Journal of Architectural Conservation，2019，25（4）：123-139.

[4] BERTAMINI M.Semantic segmentation of urban street images using deep learning techniques[J]. Journal of Urban Computing，2018，34（2）：231-245.

[5] GUPTA. 3D modeling and documentation of cultural heritage sites: A case study of ancient temples in India[J]. Journal of Cultural Heritage，2019，42：92-105.

[6] 左红伟，李早，喻晓，等.历史街区建筑立面"二次轮廓"的视觉量化研究：以安徽屯溪老街为例[J]. 现代城市研究，2019（1）：88-93.

[7] 李晓颖，黄欢，王世超. 乡土文化景观风貌提升构建中景观基因的识别与运用研究[J]. 中国园林，2022，38（6）：29-34.

[8] 尹智毅，李景奇. 历史文化村镇景观基因识别与图谱构建：以黄陂大余湾为例[J]. 城市规划，2023，47（3）：97-104.

[9] 王晓瑜，史承勇，唐英，等. 历史文化名镇景观基因图谱构建及特征评价：以碛口古镇为例[J]. 工业工程设计，2024，6（2）：31-41.

[10] 张帆，刘瑜. 基于街景图片的城市视觉环境量化分析方法[J]. Computers，Environment and Urban Systems，2018，71：100-109.

图片来源

图 1～图 4 均为作者自绘。

基于使用志愿地理信息改善养老服务圈规划方法设计科学研究

李书舟（东南大学，leafsail@foxmail.com）

周颖（东南大学，zy@seu.edu.cn）

摘　要：应对老龄化背景下养老服务资源短缺问题，需提升城市公共资源配置的人本化水平。针对传统社区服务规划方法效率低、动态适应性不足的缺陷，本文引入志愿地理信息（VGI）与设计科学研究（DSR）方法，构建供需协同的养老服务圈规划框架。通过三阶段研究：①理论层面综述 VGI 与动态人口数据在养老服务配置中的应用路径；②实践层面结合 NVivo 质性分析与 ArcGIS 空间分析，整合利益相关者需求与时空行为特征，提炼供需匹配度、服务可达性等四大核心规划指标；③实证层面以两轮迭代规划验证方法的有效性。研究形成养老服务圈优化方案，空间指标对比验证了 VGI 在养老服务资源空间配置中的有效性。深度访谈与问卷反馈证实，基于 VGI 的规划流程显著增强了规划者空间偏好识别能力。本文将居民时空行为模式与规划技术流程耦合，为老龄化城市提供精准化规划工具，未来有望进一步优化并推广至更广泛的城市规划领域。

关键词：城市公共服务资源配置；志愿地理信息；养老服务圈；设计科学研究；时空行为

基金号：国家重点研发计划课题（2022YFFO607003）

1　引言

本文融合志愿地理信息（VGI）和设计科学研究（DSR）流程优化养老服务圈规划，应对老龄化背景下社区生活圈建设需求[1]。国内正以街道为单元构建 15 min 生活圈。新型城镇化强调人本化、集约化资源配置，而传统人口数据时效性不足，VGI 凭借实时性优势成为规划新数据源[2]。时空间行为研究为公共资源配置提供新范式，动态人口数据（手机信令、共享单车轨迹等）能有效捕捉居民时空偏好，辅助建立"自组织–他组织"协同机制，推动公共服务配置从静态供给向动态响应转型[3]。

研究聚焦三方面突破：整合 VGI 与居民时空行为构建全龄服务体系；社区中心识别与生活圈真实边界计算；通过空间指标与质性分析建立多维评估体系，推动公共服务从静态配置向动态响应转型。

2　研究概况

本文以南京市秦淮区为研究区，该区常住人口 74 万（占全市 7.95%），老龄化率居前且社区类型多元，具有显著的养老服务资源空间异质性，是研究养老服务圈的典型样本。

数据获取分为三方面：采用百度慧眼 187 m×187 m 网格的人口活动强度点数据，其免费版热力图已广泛应用于城市研究；通过百度地图 API 获取高精度道路网络及兴趣面数据，支撑 GIS 数据集构建、网络计算及养老服务圈划定；同时整合高德地图 POI 数据，用于服务设施空间特征解析。

设计科学研究（DSR）通过开发"工件"并迭代优化，以解决问题、创新理论[4]。在建筑学中有 DSR 完整应用，城市规划学则融合公众参与机制。本文分三阶段：探讨养老服务规划的 VGI 应用可能；构建"VGI+深度访谈"协同规划框架；评估规划可行性和效益，形成闭环研究路径。

3 解决方案的提出和发展

3.1 基于 VGI 的养老服务圈规划流程提出

本文提出基于 VGI 的养老服务圈规划流程（见图1），以可实施性为导向，统筹多元需求并实现动态优化，核心功能涵盖：① 提取老年时空行为特征；② 开发适配规划的空间分析方法；③ 搭建自动兼容的 GIS 工程；④ 可视化结果辅助方案迭代。

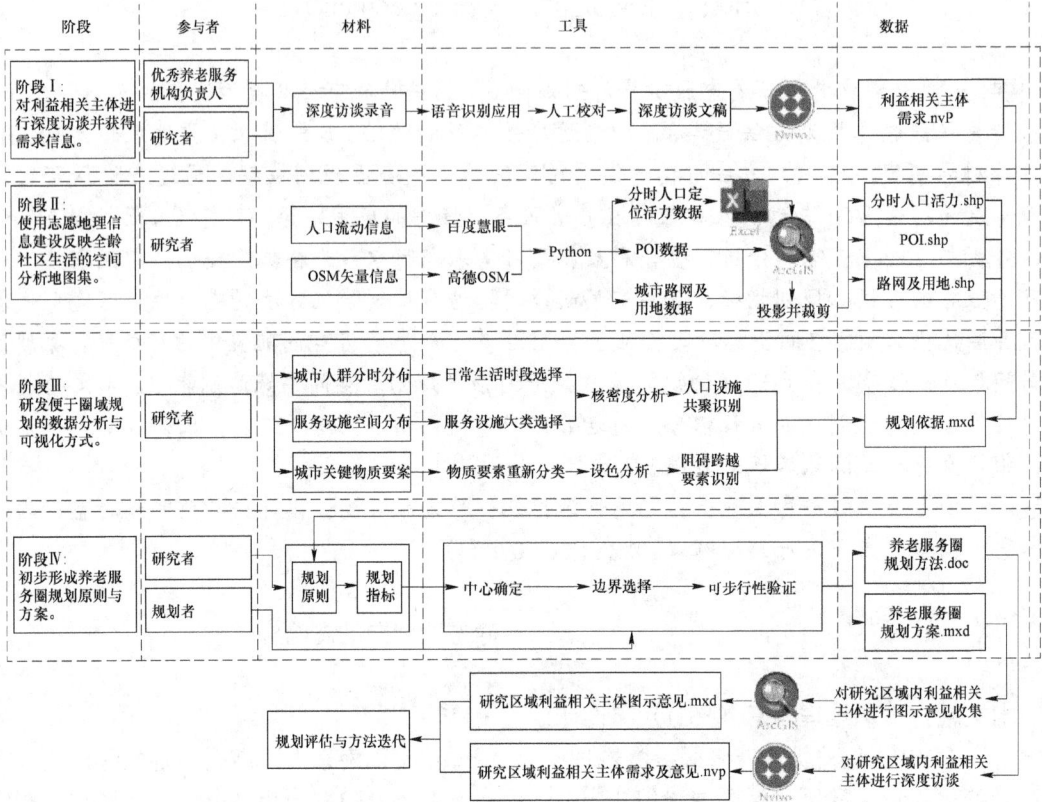

图 1 基于 VGI 的养老服务圈规划流程

首先，访谈上海、无锡 12 家日间照料中心负责人（供给端代表），结合文献设计权责、供需、规划参数等核心议题。通过 NVivo 分析录音，提取 4 类需求编码，形成社区养老服务建设预期流程。

其次，构建以动态人口数据为核心的空间分析地图集，包括：① 整合百度慧眼通学/双休/春节时段的每小时人口数据，提取餐饮、购物及生活服务类 POI；② 定义生活圈边界为"5～15 min 难穿越要素"；③ 通过 ArcGIS 整合百度慧眼、OSM 与 POI 数据，进行投影转换及 1 600 m 缓冲区裁剪。

最后，耦合分析与可视化地图集中的三要素，为圈域规划提供可靠依据，步骤如下：① 划分人群居住/出行时段，基于全龄群体居住时段活动空间重叠特征，通过日际活动强度曲线确定工作日及双休日 19:00—23:00 为居住时段。② 通过核密度分析人口与 POI 数据，识别社区生活半径内聚集热点，筛选高密度区作为社区中心选址依据。③ 依据几何特征分类物理边界要素，设定道路等级与开放度可视化参数，构建可操作的空间阻隔模型。

3.2 养老服务圈规划原则与方案初步形成

数据分析证实设施与人口聚集特征。规

划者据此以主干道/水系等为边界划定凸多边形养老服务圈。共划定 29 个社区中心及 39 个服务圈，其中 11 个规模过小被建议合并，剩余 28 个均满足 15 min 步行可达标准（见图 2）。

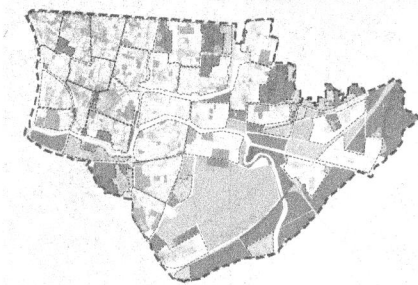

图 2　第一轮规划方案

4　基于深度访谈与图示意见的工作流程评估

规划评估结合图示意见与深度访谈，为优化提供依据。秦淮区养老服务提供者需求经两次访谈对比，聚焦供需关系、社区属性、服务主体、体系设施等核心问题。

与秦虹街道合作集结 6 名专业人员（主管、护士、厨师），研究者运用 VGI 可视化成果优化沟通。通过图示意见收集服务内容与配送范围，访谈养老服务团队工作模式与目标，并采用 NVivo 分析录音数据，聚焦边界划定、交通规划、协同机制与数据收集（见图 3）。

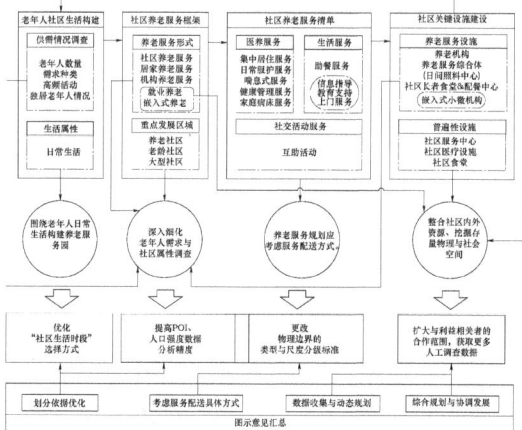

图 3　养老服务圈规划方法的获得与转化

4.1　优化规划原则与规划方案

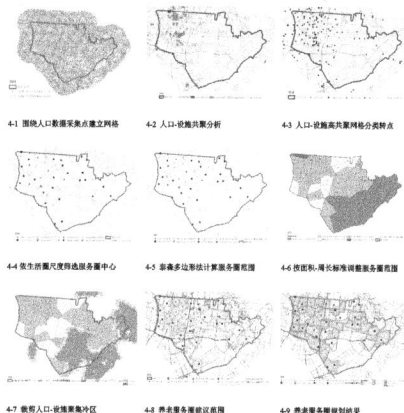

图 4　迭代后的养老服务圈规划流程

研究者汇总秦淮区养老资源配置需求，认可首轮规划框架，但指出沟通不畅和重复劳动，提出优化流程（见图 4），以精准响应需求、简化流程并强化 VGI 应用。

为平衡可视化精度与实用性，使用自然间断点法定社区生活时段（工作日及双休日 19:00—次日 6:00），据此筛选动态人口数据。通过泰森多边形法将点阵数据转化为均质网格，并与 POI 数据空间链接。对归一化后的链接计数值进行三级聚类生成质心点，按共聚等级筛选形成社区中心点。点位经泰森多边形分析，生成理想服务圈边界，并根据面积与周长限制调整[5]。

排除不可通行地块后，规划者筛选 45 个社区中心，生成 37 个建议范围及 38 个服务圈，经验证可步行性通过。

4.2　实验应用评估

实验评估规划流程可用性。规划指标量化分析（见表 1）显示新方案服务圈中心层级清晰、位置明确且间距接近；面积差异微增，但设施与人口分布更均衡，公平性及效率提升。研究集成数据收集与设计验证，总耗时 10 d（首轮 2 人 7 d，次轮 1 人 3 d），凸显新流程的高效性与可推广性。

表1 两轮规划方案空间指标对比

	社区中心数量	养老服务圈数量	社区中心间距标准差	养老服务圈面积标准差	面积-周长比标准差	PIO数量标准差	人口活动强度标准差
第一轮方案	43	31	326.40	0.24	0.04	4 639.89	30 398.56
第二轮方案	43	38	289.92	0.39	0.04	606.49	4 056.99

5 结论

本文融合志愿地理信息（VGI）与设计科学研究（DSR）方法，优化养老服务圈规划流程，提升沟通效率与评估精度。研究者在 DSR 流程中调研并整合利益相关者意见，精炼养老服务议题为四大指标。规划者利用 VGI 的普适易得，基于动态人口和开放街道地图（OSM）的数据可视化，识别了人口与设施聚集现象，辅助秦淮区社区生活空间结构研究与养老服务圈规划。秦虹街道实验验证了规划流程的有效性。深度访谈和图示意见推动规划迭代，优化动态人口数据时段选择、VGI 数据分析精度、物理边界分级。未来建议平衡 VGI 数据样本量与处理效率，挖掘兴趣点（POI）文本属性。方向包括 AI 文本分析、多源数据耦合，以提升数据处理能力和规划科学性。

参考文献

[1] 吴夏安，徐磊青. 社区生活圈规划中的形态研究：关于适老性生活圈、高步行友好性生活圈范围的讨论[J]. 西部人居环境学刊，2021，36（5）：74-82.

[2] WU H, WANG L, ZHANG Z, et al. Analysis and optimization of 15-minute community life circle based on supply and demand matching: A case study of Shanghai[J/OL]. Plos One，2021，16（8）：e0256904. DOI:10.1371/journal.pone. 0256904.

[3] 黄建中，张芮琪，胡刚钰. 基于时空间行为的老年人日常生活圈研究：空间识别与特征分析[J]. 城市规划学刊，2019（3）：87-95.

[4] VOM BROCKE J, HEVNER A, MAEDCHE A. Introduction to design science research[M/OL]// VOM BROCKE J, HEVNER A, MAEDCHE A. Design science research cases. Cham: Springer International Publishing，2020：1-13. DOI:10. 1007/978-3-030-46781-4_1.

[5] LUO Q, SHU H, ZHAO Z, et al. Evaluation of community livability using gridded basic urban geographical data: a case study of Wuhan[J/OL]. Isprs International Journal of Geo-Information，2022，11（1）：38. DOI:10.3390/ijgi11010038.

图片来源

图1～图4均为作者自绘。

城市冷点区域识别及功能布局关联研究

——基于多源数据融合的广州中心城区实证分析

凌晓红（华南理工大学建筑学院；arlingxh@scut.edu.cn）

贾晶晶（华南理工大学建筑学院；1440573058@qq.com）

摘　要： 在存量发展背景下，面对城市空间的多样性与差异化需求，利用新技术与方法对现有城市空间资源进行识别和挖掘，已成为优化城市结构与促进高质发展的重要途径。当前学术研究主要聚焦于城市热点区域，而对低活跃度的"冷点"区域的关注较少。本文以广州市中心城区为研究对象，基于空间组构提出一种"冷点"区域识别方法，并结合路网与POI数据，分析了广州市"冷点"区域的空间格局与功能分布特征。进一步地，本文探讨空间特征与功能布局的关联性，揭示"冷点"空间的形成机制与运作规律，从而为城市存量空间的优化与管理提供理论支持与实践借鉴。

关键词： 城市"冷点"；"空间特征"；功能布局；空间组构

基金号： 广东省哲学社会科学规划一般项目（GD24CGL66）；2022年广东省本科高校教学质量与教学改革工程建设项目

1　引言

　　在存量发展背景下，我国城市建设正逐步从外延扩张转向内部优化，城市空间的冷热分布问题也因而受到越来越多的关注。然而，当前研究多聚焦于高活力热点区域，对低活跃度的"冷点"区域关注较少。

　　作为一线城市，广州的中心城区在经历大规模快速扩张后，出现结构碎片化、土地利用效能较低等一系列问题。因此，识别并优化中心城区的低能效区域，成为提升土地利用效率、改善空间结构的关键议题。基于此，本文以广州市中心城区为研究对象，结合空间句法与大数据分析方法，系统探讨"冷点"区域的空间特征及其与功能布局的关联，从而为广州中心城区的存量规划提供学理支撑和实践依据。

2　研究现状简述

　　城市"冷点"通常指人流密度较低、可达性较弱、功能发展滞后的区域，其研究涉及多个学科领域的理论，包括城市规划、形态学和社会经济学等。近年来，随着城市空间需求的日益多样化，如何高效利用现有城市空间、增强功能与空间的协同，已成为城市学科领域的重要议题。在对广州的相关研究中，已有学者通过分析不同区域的空间布局与功能配置，指出部分区域存在显著的功能分布不均现象，尤其是在远离市中心的地区，交通和公共设施较为薄弱，导致"冷点"的形成。另一基于POI的研究也表明，运用大数据方法可有效识别城市空间功能布局，区分"冷点"与"热点"区域。学者发现，广州部分区域商业、文化及公共服务功能相对匮乏，日常活动频率较低，社会互动较弱，呈现出典型的"冷点"特征。

　　尽管城市"冷点"区域的研究逐步受到学术界关注，但整体仍处于探索阶段。当前研究对"冷点"概念的界定较为抽象，缺乏针对不同城市或区域的统一量化标准。因此，未来研究的方向包括：如何结合城市特征与发展阶段，构建更精确的"冷点"识别方法，以及如何从功能布局、交通可达性和公共设施配置等多维角度分析其形成机制，从而为存量发展提供更具针对性的借鉴。

3 广州市中心城区"冷点"分析

本文基于广州中心城区地图构建空间句法线段模型，并选取整合度和选择度等核心指标进行分析。同时，选取 500 m、1 500 m、3 000 m 和 5 000 m 4 个半径对分析进行限定。

3.1 "冷点"识别

以整合度作为主要测度指标，将"冷点"定义为整合度显著低于周边区域且具有一定规模的空间单元。考虑到整合度的空间分布复杂性，进一步将"冷点"划分为两个等级：一级"冷点"位于整体整合度最低的区域，二级"冷点"则分布在整合度次低的区域。然后，采用自然断点法对整合度进行分类，将空间单元划分为 4 类：热、较热、较冷、冷。

3.2 "冷点"空间特征

总体而言，广州中心城区的"冷点"呈现组团式、带状链条式和斑块式 3 种布局特征。随着分析半径的增大，"冷点"逐渐由中心区域向边缘扩散；东部城区"冷点"数量明显多于西部老城区。不同尺度下，"冷点"的数量及分布呈现出不同的特征（见图 1）。

（1）500 m 半径："冷点"数量多、分布广泛。在中心城区，"冷点"呈斑块状，而在天河区北部和荔湾区西北部，则呈片状分布。一级"冷点"主要集中在天河区核心区域，西部老城区的"冷点"数量较少。二级"冷点"主要分布于天河区与越秀区之间，呈斑块状，表明该区域步行通达性较差。

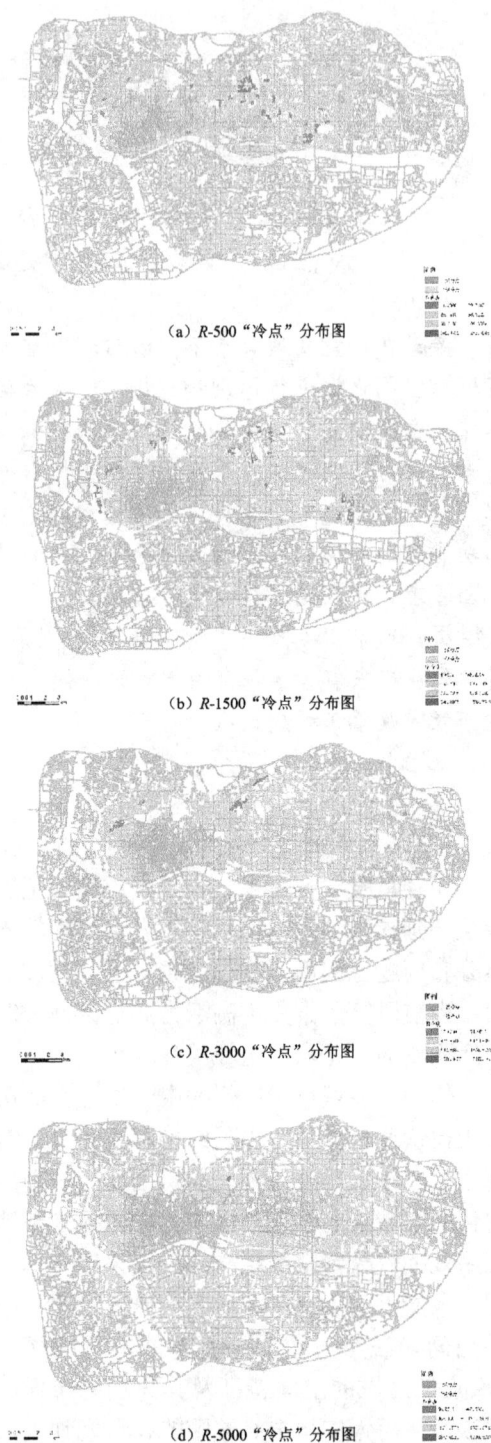

(a) R-500 "冷点"分布图

(b) R-1500 "冷点"分布图

(c) R-3000 "冷点"分布图

(d) R-5000 "冷点"分布图

图 1 各半径一二级"冷点"分布图

（2）1 500 m 半径：一级"冷点"主要出现在城区边缘，而二级"冷点"数量增多，并主要集中在天河区核心地带，表明该区域在慢行交通尺度下路网可达性分布较不均匀。

（3）3 000 m半径：二级"冷点"数量显著多于一级"冷点"，并开始向边缘区域集聚，形成组团现象，"冷点"范围扩大，中心区与边缘区的可达性差距进一步拉大。

（4）5 000 m半径：一级和二级"冷点"数量相对减少，且主要集中于中心区与东部区域。整体而言，该尺度下路网的可达性有所提升，空间连通性增强。然而，这一趋势也表明广州的道路网络建设更偏向机动车出行，而对步行及慢行交通的通达性关注不足。

基于空间组构特征的进一步分析表明，在不同半径下，"冷点"的整合度呈现一定的均衡分布趋势。对比各尺度下的全局整合度与局部整合度的空间分布特征，发现两者之间存在一定的"互补性"：全局整合度较高的"冷点"，其局部整合度往往较低，这一现象在分析半径增大时尤为明显。此外，尽管选择度在个别区域呈现极值组团，但整体数据分布较为连续，且主要集中于低值区间（见图2）。

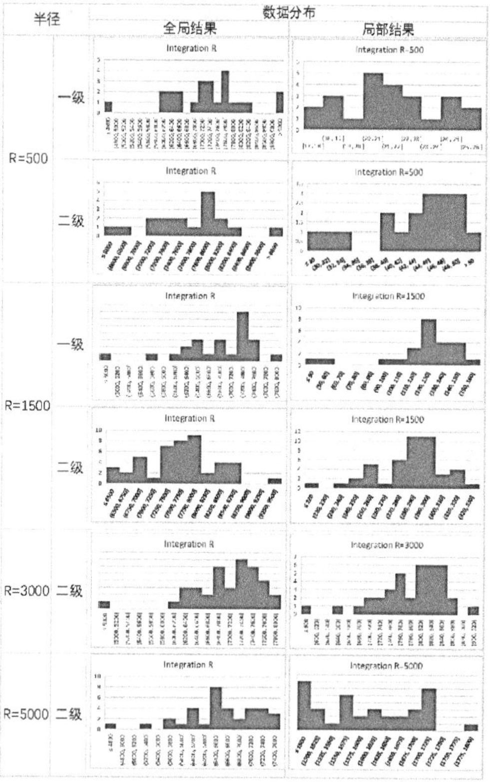

3.3 "冷点"功能布局

从功能构成来看，"冷点"区域内混合功能型占比最高，其次为居住功能和公共服务功能，二者比例大致相当。而商业服务、交通及办公类POI在"冷点"区域的占比相对较低。进一步分析发现，"冷点"区域内的混合功能与居住功能在空间分布上存在较高的耦合度，二者往往出现在相邻区域，表明在微观尺度下，这两类功能之间具有一定的协同关系（见图3）。

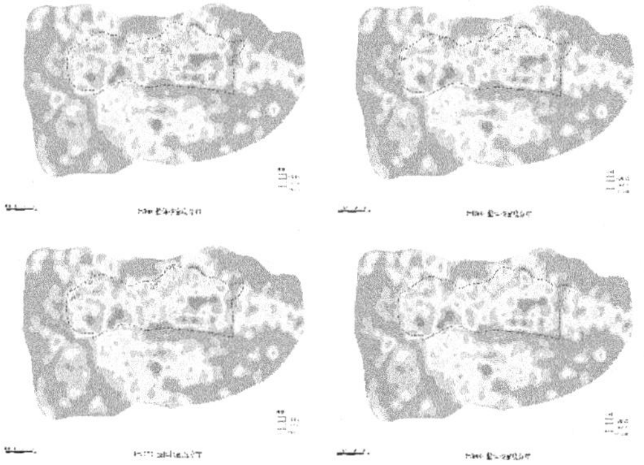

此外，在不同分析半径和不同冷度等级下，居住与公共服务功能始终是"冷点"区域的核心功能，其占比均维持在30%～40%之间，这表明"冷点"区域的功能构成存在一定的共性特征。进一步分析发现，"冷点"通常表现出低POI功能密度与中等混合度的共性特征。

图2 各半径一二级"冷点"的全局、局部整合度数据分布特征

图3 各半核"冷点"与POI核密度叠加

3.4 "冷点"空间与功能分布的相关性

空间与功能之间的相关性仅在特定条件下表现为非普遍性的关联，这表明"冷点"区域的功能布局受到多种因素的综合影响。

（1）500 m半径：在步行尺度下，功能密度与面积存在较强关联。当"冷点"区域

的规模增大时，功能布局趋向多样化和均质化，功能类型的混合度显著提高。

（2）1 500 m 半径：整合度与功能密度呈正相关，说明功能布局受到路网可达性的影响。

（3）3 000 m 半径：功能混合度与整合度、节点数呈正相关，进一步表明在慢速交通尺度下，路网组构对功能布局有较强的牵引作用。

（4）5 000 m 半径：功能密度与路网线密度之间呈正相关趋势。

综上，功能布局在"冷点"区域内依然遵循"自然运动法则"，即路网结构的可达性仍是影响功能布局和选址的关键因素。

4 初步结论

（1）空间组构识别"冷点"的意义：本文基于空间组构提出的"冷点"识别方法有一定的学术意义。该方法不仅从空间网络结构的角度帮助识别城市低活跃度区域，还能够从空间与功能的相互作用角度分析"冷点"区域的共性特征及其形成机制。

（2）"冷点"分布及治理的尺度差异："冷点"区域并不总是集中分布于城市边缘。在不同空间网络尺度下，"冷点"的分布呈现出不同的区位特征。因此，"冷点"治理应根据不同尺度的交通出行需求进行调整。在微观尺度上，"冷点"区域的路网可达性与路网密度、节点数密切相关。在功能布局上，居住与公共服务功能（POI）为"冷点"区域的主要功能类别，且"冷点"区域普遍表现出低功能密度与中等混合度的共性特点。

（3）空间组构与功能特征的关联性："冷点"区域内部的功能特征，如功能密度和混合度，依然受到空间组构的牵引。这在一定程度上验证了空间句法"自然运动法则"的适用性。

参考文献

[1] 杨滔. 一种城市分区的空间理论[J]. 国际城市规划, 2015, 30（3）：43-52.

[2] 杨建思, 柳帅, 王艳东, 等. 利用遥感和社会感知数据的城市冷热点街区分类研究[J]. 测绘地理信息, 2021, 46（5）：66-70.

[3] 熊伟婷, 杨俊宴. 动态网络视角下城市阴影区形成的驱动力机制研究[J]. 建筑与文化, 2021（1）：165-167.

[4] 李娜, 武连港, 王琢. 基于 POI 信息和空间句法的城市设计研究：以杭州市江干区采荷单元地块为例[J]. 城市建筑, 2021, 18（20）：38-40.

[5] 段亚明, 刘勇, 刘秀华, 等. 基于 POI 大数据的重庆主城区多中心识别[J]. 自然资源学报, 2018, 33（5）：788-800.

[6] 池娇, 焦利民, 董婷, 等. 基于 POI 数据的城市功能区定量识别及其可视化[J]. 测绘地理信息, 2016, 41（2）：68-73.

[7] 杨俊宴, 胡昕宇. 中心区圈核结构的阴影区现象研究[J]. 城市规划, 2012, 36（10）：26-33.

图片来源

图1～图3均为作者自绘。

基于数字化分析的空间形态演变研究

——以沈阳市浑南核心发展区为例

赵伟峰（沈阳建筑大学，zwf19701116@sina.com）

吕锡铭（沈阳建筑大学，302579270@qq.com）

杨婷惠（沈阳建筑大学，yth1041958816@163.com）

摘　要： 随着城市发展进入存量优化和高质量空间提升阶段，城市路网的合理规划和空间结构的精准演变成为推动城市可持续发展的关键因素。2004—2024 年间，本研究每间隔 4 年获取一次沈阳市浑南区路网数据，结合空间句法分析和分形理论，利用 ArcGIS 计算网格维数和长度半径维数，揭示浑南区路网的分形演化特征，展示区域内空间资源流动和功能集聚效应逐步增强、城市空间从无序到有序的演变过程。本文结合数字化空间分析技术，为高质量空间发展提供新视角，探讨了如何通过精确的路网规划促进空间布局集约化、共享化和智能化发展，为未来城市规划中的交通网络优化和空间资源精准流动提供理论支持，展现数字技术在空间发展中的关键作用。

关键词： 空间句法；分形理论；路网演变；ArcGIS；城市规划

1　研究背景与方法

随着科技飞速发展，遥感技术（remote sensing，RS）与地理信息系统（geographic information system，GIS）深度融合，推动了城市空间形态研究从定性描述向定量解析的范式转变。其中多源遥感数据（如 Landsat、SPOT 系列卫星影像）提供了高分辨率、多时序的地表覆盖信息，结合 GIS 空间分析技术，可精确提取城市功能区分布、交通网络动态及建筑密度等关键参数。近年来，深度学习算法的引入显著提升了遥感影像的自动化解译效率，使得从宏观区域格局到微观街区尺度的多层次空间建模成为可能。沈阳市浑南核心区作为"东进南扩"战略的核心载体，其空间结构演变直接关联区域经济集聚与生态协同效能。2004 年至今，该区域经历了从农业主导的低密度形态向高新技术产业集聚的快速转型，但伴随城市化进程的加速，空间结构碎片化、交通网络层级失衡等问题日益凸显。现有研究多局限于静态断面分析，缺乏对长时序动态演化机制的系统解析。本文通过整合空间句法与分形理论，构建"形态-功能-政策"协同分析框架，旨在揭示浑南核心区 2004—2024 年空间结构的多尺度演变规律，为高密度城市空间治理提供科学支撑。

2　研究方法与数据来源

2.1　空间句法

空间句法（space syntax）是由英国建筑学家比尔·希里尔在 20 世纪 80 年代提出的，主要用于分析和解释空间配置与人类行为之间关系的方法[1]。空间句法通过数学建模和图论技术，对城市和建筑空间进行定量分析，揭示空间布局如何影响人类的移动、互动和社会行为模式[2]。空间句法还可将城市复杂的空间结构转化为易于理解的轴线模型，这些模型能够将城市中的空间特征转化为直观的数字与图形表现形式，从而更清晰地揭示空间的组织特征和演变规律,最常用的研究变量是整合度、可理解度和选择度等。本文运用空间句法分析中的轴线分析法、Depthmap 等数字化工具,对浑南区城市空间形态及路网空间结构演变进行分析。

2.2 分形维数

分形理论是一种数学理论,由数学家伯努瓦·曼德布洛特提出。它揭示了自然界和人造物体中普遍存在的复杂几何形状,这些形状在不同尺度上展现出重复的模式,即所谓的"自相似性"。分形理论在城市研究和建筑学中的应用主要在于提供一个框架,用以理解城市形态和结构的复杂性[3]。在本文的分析中,以网格维数作为主要的参数,对网络结构进行网格维数解析:分维数 D 越高,表明整个方格内通过的网络数越大,也说明新旧网络越相似、整体的网络覆盖形态较好。当 D 为 2 时,表明整个网络具备完全的相似性。根据既有研究,通常 D 的主要期望值在"1.701 ± 0.02"。网格维数公式如下:

$$D = \frac{\mathrm{dIn}\left[C(r)\right]}{\mathrm{dIn}\left[(r)\right]}$$

2.3 数据来源

本文爬取 2004 — 2024 年 Landsat/SPOT 影像(分辨率 30 m)谷歌卫星图及 Landsat/SPOT 影像(分辨率 30 m),利用深度学习方法从图像中提取道路矢量数据。然后通过沈阳市城市规划纲要、OpenStreet Map 开源路网、沈阳市市政部门矢量数据对提取的矢量数据进行修正,以保证数据的准确度。

3 沈阳市浑南核心发展区空间形态演变分析

3.1 基于分形理论的空间结构演变分析

在 2004—2024 年的发展进程中,研究区的城市空间形态从早期松散、低密的初级形态逐渐向精细有序的分形化格局转型。将

矢量数据导入 GIS 并对 2004 年、2008 年、2012 年、2016 年、2020 年、2024 年的路网进行网格维数分形演变分析可知以下特征(见图1)。

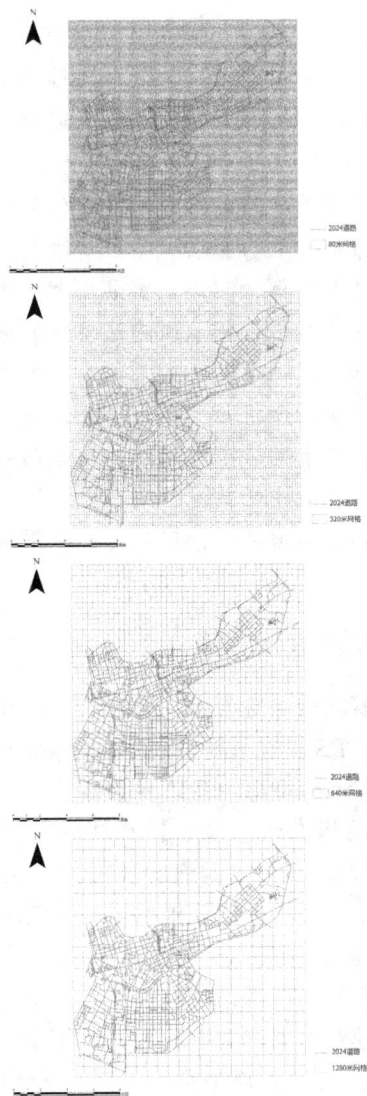

图 1 网格维数分析

网格维数的持续攀升特征:从 2004 年的 1.191 增长至 2024 年的 1.337,拟合优度始终保持在 0.979 以上(2004 年 0.995 6,2024 年 0.988 2),表明路网结构的自相似性与均衡性显著增强。早期阶段(2004—2012 年)的路网以局部零散增建为主,层级分工薄

弱，网格维数从 1.191 快速升至 1.289 反映出"东进南扩"战略驱动下的粗放扩张；中期（2016—2020 年），规划重心转向次干道加密与轨道交通衔接，维数增速放缓（1.291→1.294），拟合优度微降（0.989 9→0.979）揭示东部丘陵地形对理想分形模式的局部干扰；至"十四五"阶段（2020—2024 年），地铁 9 号线与路网协同效应凸显，次干道占比提升至 45%，维数跃升至 1.337，拟合优度回升至 0.988 2，标志着路网从"无序叠加"向"层级嵌套"的质变。这一演变过程印证了政策引导下空间结构从量增扩张到质效优化的转型逻辑（见图2）。

年份	网格维数	拟合优度
2004 年	1.191	0.995 6
2008 年	1.21	0.993 9
2012 年	1.289	0.99
2016 年	1.291	0.989 9
2020 年	1.294	0.979
2024 年	1.337	0.988 2

图 2　逐年数据演变

3.2　基于空间句法的空间形态演变分析

2004—2024 年分析结果表明，区域空间形态呈现显著的结构优化与功能跃迁，整合度均值从 0.26（2004 年）持续攀升至 0.52（2024 年），反映出路网整体可达性增强。其中核心区域（浑河沿岸至沈阳南站）整合度峰值从 0.39 提升至 0.77，标志着功能集聚效应强化。集成核范围从 2004 年的 88 条轴线（见图 3）扩展至 2024 年 201 条，空间重心由浑河沿岸南移至中央公园与沈阳南站，形成"一核三副"多中心格局（见图 4）。可理解度从 0.096（2004 年）升至 0.156（2024年），表明局部网与全局结构的关联性增强，空间导航效率显著优化。协同度从 0.165（2004 年）跃升至 0.31（2024 年），揭示交通网络与功能区划的匹配度提升，尤其是地铁 9 号线与主干道（浑南西路、沈中大街）

的协同效应降低了关键路径依赖度（选择度均值从 0.04 降至 0.01）。这一演变印证了"东进南扩"政策驱动下空间结构的深度转型。

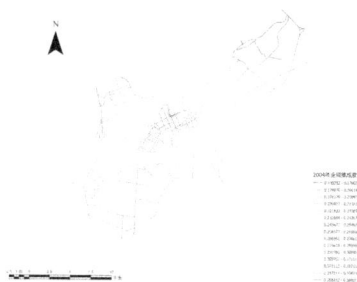

图 3　2004 年集成度

图 4　2024 年集成度

4　结论

2004—2024 年，沈阳市浑南核心区空间形态经历了从单中心粗放扩张向多中心高效协同的深度转型。早期阶段，区域以浑河沿岸为核心，依托主干道零散延伸，空间结构松散且功能匹配性不足；随着"东进南扩"战略的持续推进，尤其是"十三五""十四五"期间轨道交通与次干道网络的系统化建设，集成核逐步南扩至沈阳南站与中央公园区域，形成功能互补、交通联动的多中心格局。政策引导下的路网层级优化与功能区规划协同，显著提升了空间可达性与认知效率，而分形理论揭示了路网自相似性增强，进一步印证了规划统筹对空间组织的规律性塑造。未来需以分形优化理念指导新城建设，优先加密东部次干道网络，强化轨道交通与功能节点的时空衔接，推动全域空间均衡发展与韧性提升。

参考文献

[1] 希利尔，杨滔. 场所艺术与空间科学[J]. 世界建筑，2005（11）：16-26.

[2] 胡科煜. 基于分形理论与空间句法的西安城市形态演变分析[C]//中国城市规划学会. 人民城市，规划赋能：2023中国城市规划年会论文集（20总体规划）. 厦门：华侨大学，2023：11.

[3] 褚信坤. 基于分形理论的沈阳铁西区空间形态演变研究[D]. 沈阳：沈阳建筑大学，2020.

图片来源

所有图均为作者自绘。

基于机器学习的城市建筑表皮光伏发电潜力评估

何成伟（西安交通大学；jy15897190357@163.com）

刘雅慧（西安交通大学；1690186754@qq.com）

张煜（西安交通大学；Michaelzy@stu.xjtu.edu.cn）

闫伟超（西安交通大学；ywc2431@stu.xjtu.edu.cn）

竺剡瑶（西安交通大学；way.zsy@mail.xjtu.edu.cn）

崔 鑫*（西安交通大学；cuixin@xjtu.edu.cn）

摘 要：分布式光伏系统作为一种绿色、低碳的能源解决方案，越来越多地应用于城市建筑屋顶及建筑立面。然而，精确评估城市街区建筑表皮的光伏发电潜力，仍然是光伏系统规划和部署过程中面临的关键挑战之一。本文提出一种基于机器学习技术的分布式光伏发电潜力评估方法，通过自动化识别建筑物并计算建筑表皮面积，结合单个光伏板的发电数据，评估城市街区分布式光伏系统的发电潜力。本文通过利用遥感图像及地理信息系统数据，运用卷积神经网络和深度学习框架下的图像分割技术，实现对地图中建筑物的自动识别。通过图像处理算法与空间数据分析方法，精确提取建筑物几何轮廓并计算其屋顶面积，为发电潜力评估提供基础数据。基于获取的光伏板发电数据，结合气象数据（如日照时长、辐射强度等）及计算得到的屋顶面积，进一步计算城市街区建筑分布式光伏系统的理论发电潜力。该方法不仅有助于高效准确地估计城市街区建筑物的光伏发电潜力，而且能够为光伏系统的选址、布局规划及建设提供数据支撑。研究结果对于进一步推动城市光伏应用的发展，促进绿色能源利用方面具有显著意义。

关键词：机器学习；建筑表皮；分布式光伏系统；城市光伏应用

基金号：国家自然科学基金（52478105）

1 引言

随着社会经济的快速发展，气候变暖已成为全球面临的巨大危机之一[1]。同时我国原油和天然气对外依存度仍旧居高不下[2]。面对能源安全、环境污染等多重危机，逐步提升绿色能源的占比显得尤为重要。

全球能源消费主要集中在城市地区[3]，随着人口向城市的不断迁移，城市对能源的需求也在增加。由于城市区域土地利用率高、建筑分布密集，风能、核能等可再生能源的利用受到限制。相比之下，太阳能光伏与建筑表皮结合发电具有安装灵活、占地少

等优势，更适合在城市区域开发利用，可有效缓解城市能源需求压力[4]。

近年来，机器学习技术被广泛应用于建筑光伏领域。得益于丰富的卫星影像数据和GIS支持，基于深度学习的建筑屋顶及光伏板识别技术取得了显著进展[5]。Zhong等人[6]以南京部分地区为研究对象，基于深度学习技术构建了建筑屋顶识别模型，模型的精确度超过90%。Mayank等人[7]将深度学习算法用于多光谱卫星影像进行建筑屋顶的识别。Li等人[8]应用基于机器学习创建的模型研究城市屋顶光伏潜力与城市土地利用的关系。

本文的基本框架如图1所示。首先，从

谷歌地图获取研究对象的影像数据集，并使用 QGIS 工具对影像进行裁剪和分割处理，构建建筑影像数据集。基于该数据集训练建筑屋顶识别模型，最后结合太阳能光伏技术参数，利用训练好的模型评估区域范围内分布式光伏的发电潜力。

楼等多种建筑类型，具有较高的空间复杂性和建筑功能的多样性。通过分析多元化的建筑布局，旨在评估不同类型建筑在分布式光伏系统中的应用潜力。

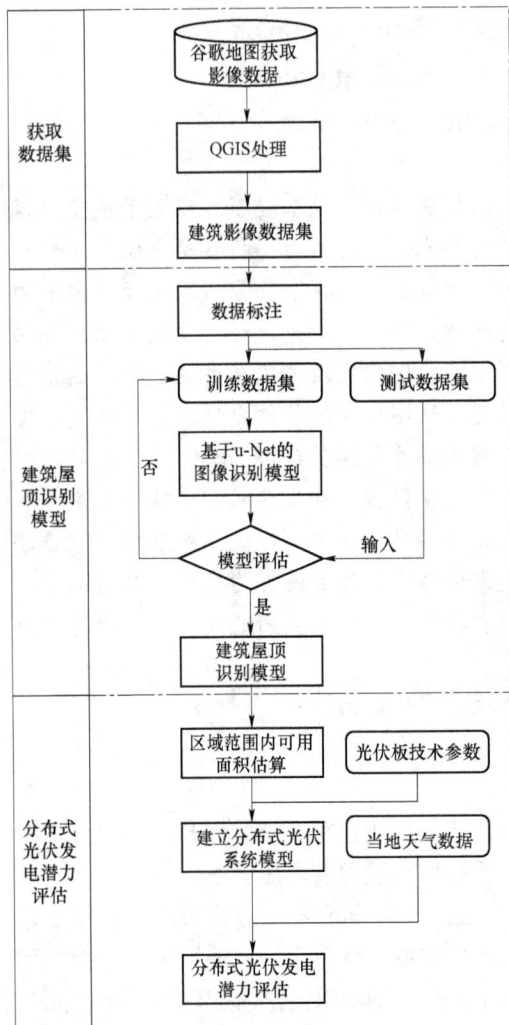

图 2　西安交通大学兴庆校区卫星影像

U-Net 是一种深度学习模型，可以用于图像的语义分割任务。U-Net 主要由编码器、解码器组成。编码器负责提取图像的特征信息，通过逐层的卷积操作和池化来逐渐减小图像的空间分辨率，同时增加特征图的数量，提取更高层次的语义信息。与编码器对称，解码器的任务是恢复图像的空间分辨率。通过上采样操作逐步恢复空间分辨率，同时将高层次的特征与低层次的特征进行融合，确保模型能够准确定位物体边界。

本文首先使用 QGIS 从谷歌地图提取研究区域的卫星影像，并将其网格化切分，为后续分析做准备。接着，利用 LabelMe 工具对切分后的图像进行建筑物标注，生成带有建筑物边界的标签数据集。最后，基于标注数据训练 U-Net 模型，实现建筑物的自动识别。U-Net 通过其编码-解码结构和跳跃连接，能够高效提取卫星图像中的建筑物特征，完成像素级分割，为后续研究提供数据支持。

本文基于 U-Net 训练建筑屋顶识别模

图 1　基本框架

2　基于机器学习的建筑识别

　　为探讨复杂空间环境中分布式光伏系统的发电潜力，本文选取西安交通大学兴庆校区作为研究对象，如图 2 所示。该区域涵盖校医院、餐厅、图书馆、学生公寓、教学型，输入数据如图 3 所示；输出图像如图 4 所示。

图 3　模型输入图像

图 4　U-Net 模型识别后的图像

根据图片像素与面积之间的关系可以得出总面积为 1 737 亩的园区中可用于光伏系统发电的面积为 1 800 m²。

3　分布式太阳能发电系统效果评估

选用常见的太阳能光伏板作为光伏发电设备，以评估区域范围内分布式光伏发电系统的产能效果。所选光伏板的相关参数见表 1。

表 1　光伏板参数

光伏类型	多晶硅
尺寸/mm	1 200×550×30
面积/m²	0.66
质量/kg	6.3
光伏发电效率/%	21

太阳能光伏发电效率不仅取决于光伏板本身的性能，而且还受到所在地区自然环境的影响。以西安为例，西安属于典型的温带大陆性气候，四季分明，季节变化显著。该地区日照充足，日照时长较长，年日照时数超过 2 000 h，这为光伏发电系统提供了丰富的光照资源。

根据从 NASA 下载的 2024 年 1 月 1 日—12 月 31 日的太阳辐射数据，西安地区的年平均太阳辐射强度为 3.93 kW·h/（m²·d），而最大太阳辐射强度达到 8.05 kW·h/（m²·d），2024 年西安地区总太阳辐射强度为 1 438.49 kW·h/m²。在这一年的数据中，有 179 d 的太阳辐射强度超过年均值，表明西安地区的太阳辐射条件较为充足。太阳辐射强度的年均值与最大值差距显著，反映出明显的季节性变化。

结合太阳能光伏板的技术参数和西安地区的太阳辐射强度数据，可以通过公式（1）计算出该区域范围内分布式光伏系统在一天中的发电量。

$$P = G \times A \times \eta \tag{1}$$

式中：P——一天中分布式太阳能系统的发电量；

G——一天的太阳辐射强度，kW·h/（m²·d）；

A——接收太阳辐射的面积；

η——光伏发电效率，0.15~0.22。

由于所选卫星影像均来自天气状况良好、能见度较高的时段，且通过机器学习识别的建筑表皮未出现阴影遮挡，因此本文未考虑树木和建筑物对分布式光伏系统效率的影响。

根据上述机器学习的结果，区域内可用于分布式光伏系统发电的有效面积为 1 800 m²。在本文中，选择的太阳能光伏板单片尺寸为 0.66 m²，因此该区域可以安装约 2 720 片所选规格的太阳能光伏板。

根据西安地区 2024 年的总太阳辐射为 1 438.49 kW·h/m²，安装了 27 20 片太阳能光伏板，总安装面积为 1 795 m²，且光伏发电效率为 21%，结合公式计算可得该区域分布式太阳能系统的总发电量为 542.054 MW·h。按照 0.45 元/（kW·h）的电价计算，该系统在理想状态下一年能够产生约 24 万元的经济效益。

4 结论

本文以西安交通大学兴庆校区为研究对象，探讨了分布式光伏系统的应用。利用深度学习技术对卫星影像中的建筑进行识别，计算出可用于光伏发电的面积区域，并结合当地的气候特征和常见太阳能光伏板的技术参数，估算了该区域分布式光伏系统的发电效果。研究结果表明，深度学习技术可以有效用于评估区域范围内分布式光伏系统的发电潜力。

研究结果进一步表明，西安地区具备较大的太阳能发电潜力，特别是在天气状况良好、能见度高的时段，能够充分利用太阳能资源。随着太阳能技术的不断进步和政策支持的加强，分布式光伏发电将在推动能源转型、减少碳排放和提升区域经济效益方面发挥越来越重要的作用。

未来的研究可以进一步考虑实际安装过程中的系统损耗、天气变化以及季节性辐射波动等因素，以获得更加精确的发电预测。此外，探索其他可再生能源技术与光伏发电的结合，也将为优化区域能源结构提供更多的解决方案。

参考文献

[1] 李泞吕, 赵方凯, 陈利顶. 城市建筑屋顶光伏发电潜力评估方法和模型[J]. 生态学报, 2023, 43（10）: 4284-4293.

[2] 罗政勋, 杨昕潼. 绿色经济背景下中国能源贸易发展策略探析[J/OL]. 中国商论, 2024, 33（24）: 51-54.

[3] ÖZDEMIR S, YAVUZDOĞAN A, BILGILIOĞLU B B, et al. SPAN: An open-source plugin for photovoltaic potential estimation of individual roof segments using point cloud data[J/OL]. Renewable Energy, 2023, 216: 119022.

[4] DUAN J, ZUO H, BAI Y, et al. A multistep short-term solar radiation forecasting model using fully convolutional neural networks and chaotic aquila optimization combining WRF-solar model results[J/OL]. Energy, 2023, 271: 126980.

[5] ZHU R, GUO D, WONG M S, et al. Deep solar PV refiner: A detail-oriented deep learning network for refined segmentation of photovoltaic areas from satellite imagery[J/OL]. International Journal of Applied Earth Observation and Geoinformation, 2023, 116: 103134.

[6] ZHONG T, ZHANG Z, CHEN M, et al. A city-scale estimation of rooftop solar photovoltaic potential based on deep learning[J/OL]. Applied Energy, 2021, 298: 117132.

[7] DIXIT M, CHAURASIA K, KUMAR MISHRA V. Dilated-ResUnet: A novel deep learning architecture for building extraction from medium resolution multi-spectral satellite imagery[J/OL]. Expert Systems with Applications, 2021, 184: 115530.

[8] ZHANG C, LI Z, JIANG H, et al. Deep learning method for evaluating photovoltaic potential of urban land-use: A case study of wuhan, China [J/OL]. Applied Energy, 2021, 283: 116329.

基于街景图像数据分析的街道热舒适性研究方法综述

牟晓彤（北京工业大学；anna_mu@126.com）

陈硕*（北京工业大学；CHENS@bjut.edu.cn）

摘　要：本文以中国知网为数据源，采用文献计量学方法对街景图像机器学习研究进行关键词图谱分析，分析该领域的研究热点与演进趋势。研究表明，在基于街景图像数据的街道热舒适性研究中，常用的机器学习算法包括卷积神经网络、生成对抗网络和支持向量机3类。深度学习技术主要从绿视率解析植被遮荫效应、天空可视因子（SVF）表征空间辐射格局、多源数据融合提升评估精度3个维度支撑热环境评估体系构建。随着技术的不断发展，未来基于街景图像的热舒适性评估将为城市设计提供更为精准的解决方案，促进可持续城市发展。

关键词：街景图像；文献计量学；街道热舒适；深度学习

基金号：北京市自然科学基金（启研计划）（QY24106）

1　引言

在快速城市化进程中，街道热舒适性已成为衡量人居环境质量的核心指标。传统热环境评估方法受限于人工调查效率低、三维空间表征能力弱等缺陷，而街景图像技术通过"人视角"的感知维度与机器学习的解析能力，为街道热舒适研究提供了高精度、低成本的技术路径。

2　研究方法

本文采用文献计量法对街景热舒适领域的研究成果进行系统性梳理。基于中国知网（CNKI）学术文献总库，将检索条件设定为：主题词"街景"和全文检索"热舒适"，时间为 2015 年 1 月 1 日至 2024 年 12 月 31 日，初步获取 79 条文献记录。通过人工筛查排除会议、学位论文等文献，最终确定有效文献 72 篇。

3　文献计量学分析

3.1　关键词共现分析

由关键词共现图谱可知，"深度学习""街景图像""优化策略"等节点中心性突出的关键词构成研究网络的核心关联。其中，"深度学习"与"街景图像"、"优化策略"与"评价体系"呈现强相关性，反映技术驱动下街景热舒适研究逐步形成"街景数据采集–模型构建–优化策略"的流程，深度学习技术正成为量化分析的重要支撑。图 1 为 CNKI 关键词共现图。

图 1　CNKI 关键词共现图

3.2　关键词聚类分析

聚类图谱显示研究呈现多维度特征：方法层面（#2 深度学习、#5 大数据）聚焦算法模型构建与海量数据驱动的分析技术，如街景图像（#6 街景图像）的智能处理及模式挖掘；空间层面（#0 城市街道）关注街道空间的量化解析，其关联的"影响因素"（#4 影响因素）与"人本视角"（#3 人本视角）等关键词体现研究从客观环境描述向人地互动关系及社会感知维度的延伸；技术整合层面（#7 图像分类）通过自动化视觉识别技术强化街景要素的提取与场景特征分类。值得注意的是，"大数据"（#5 大数据）与"人本视角"（#3 人本视角）等节点的并存，反映研究路径兼顾数据驱动效率与人文价值深化的双重导向。图 2 为 CNKI 关键词聚类图。

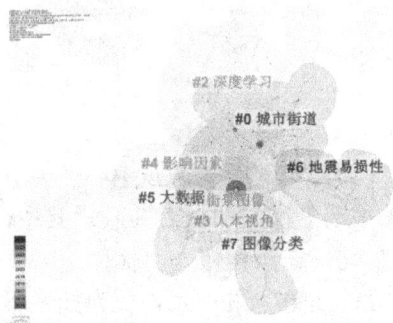

图 2　CNKI 关键词聚类图

由关键词图谱可知，有关街景图像的街道热舒适研究中深度学习是主要的研究方法。

4　街景图像深度学习方法

4.1　街景图像来源

在街道热舒适研究中，街景图像通过捕捉多维度的城市空间信息，为热环境的时空动态分析提供了关键数据基础。深度学习可以模拟人类的思考和学习能力，自动识别街景中的绿化要素，自动分类出城市街道空间的植被等元素，提升了绿视率识别的精度。目前常用的有 PSPnet、DeepLabV3、DeepLabV3+、Fastrcnn、HSV 色彩阈值 5 种算法。

4.2　街景图像处理步骤

街景图像处理的一般流程包括获取街景图像、进行语义分割和计算绿视率。首先，通过腾讯地图或谷歌街景 API 获取街景图片。接着，使用 DeepLabV3+神经网络模型对图像进行语义分割，识别出图像中的各个要素，如车辆、树木等。最后，通过 OpenCV 识别语义图，计算图像中的绿视率。整个过程涉及街景图像的获取、模型训练和绿视率计算，通过深度学习技术分析城市街道的环境信息，提供可视化的数据支持。

4.3　不同算法的局限性

常用的机器学习算法包括卷积神经网络、生成对抗网络和支持向量机，它们在数据处理和热舒适性评估中的应用各有侧重（见表 1）。

表 1　3 种不同算法的特征

算法类型	优势场景	典型误差来源
卷积神经网络（CNN）	空间特征提取（SVF 计算）	小样本过拟合（<5000 图像）
生成对抗网络（GAN）	数据增广（阴影生成）	物理规律违背（辐射失真）
支持向量机（SVM）	二分类热舒适判别	高位特征退化（>300 维）

卷积神经网络主要用于从街景图像中提取结构特征（如建筑、绿地、遮阳设施等），并将这些特征与环境参数结合，预测街道的热舒适性。由于街景图像的标注数据有限，生成对抗网络被用来增强数据集，生成多样化的街景图像。支持向量机通过提取的街景图像特征来判定街道的热舒适性水平，有效区分热舒适性较好的街道和较差的街道，为城市规划提供优化建议。

1）CNN

卷积神经网络主要为静态特征提取和动态建模。卷积神经网络主要用于从街景图像中提取结构特征（如建筑、绿地、遮阳设施等），并将这些特征与环境参数结合，预测街道的热舒适性。冯叶涵等[1]利用 DeepLabv3+从百度街景中自动计算 SVF（r^2 = 0.886 9），验证了高密度城市 SVF 计算的可行性。刘婷婷等[2]创新性地结合手机信令数据与街景图像，识别热风险街区供需错配问题，但面临数据更新频率不一致的融合难题。胡一可团队[3]改进 DeepLabV3+模型量化街道绿化泛类结构（USGGS），揭示北方城市以乔木–灌木结构主导，而南方呈现草本多样性，但落叶树种导致季节性精度波动，冬季下降15%。

2）GAN

GAN 主要为数据增强和物理约束生成。由于街景图像的标注数据有限，生成对抗网络被用来增强数据集，生成多样化的街景图像。

3）SVM

SVM 主要为特征筛选，通过提取的街景图像特征来判定街道的热舒适性水平，有效区分热舒适性较好的街道和较差的街道，为城市规划提供优化建议。李鸥[4]建立围合度–风速回归模型（r^2=0.68），揭示街道高宽比对风速衰减的影响。杨灿灿等[5]构建道路舒适度指标体系，SVM 分类精度达 80%，但特征维度超过 200 时 AUC 值显著下降。

5 结论与展望

深度学习技术主要从以下 3 个维度支撑热舒适性评估。

5.1 绿视率量化植被遮荫效应

基于深度学习模型（如 DeepLabV3+、Mask R-CNN）的语义分割技术，可精准识别街景图像中的植被像素占比。[6]研究表明，绿视率每提升 10%，行人层平均辐射温度（MRT）可降低 1.2～1.8℃。[7]例如，深圳宝安区通过提升绿视率 5%，使高温时段缩短1.5 h/d。[8]该指标不仅反映植被覆盖率，更能表征树冠形态对太阳辐射的立体遮挡效果，如乔木冠层较灌木具有更强的遮阳动态调节能力。[9]

5.2 天空可视因子（SVF）解析空间辐射格局

通过鱼眼图像转换与 U-Net 分割技术，SVF 可量化街道峡谷的开放程度。上海中心

城区研究显示，SVF 值每降低 0.1，夏季日间地表温度下降 2.3～3.1℃。[10]三维点云重建技术进一步揭示：南北向街道因 SVF 较低，夏季辐射量比东西向街道减少 37%。该指标与建筑高宽比、街道走向形成耦合关系，为优化城市形态提供量化依据。[1]

5.3 多源数据融合提升评估精度

新兴研究将街景图像与手机信令、无人机监测数据结合，构建 LSTM-ResNet 混合模型，使气温预测误差降至 0.95℃以内。[8]新加坡团队开发的物理引导 GAN 框架，通过嵌入 ENVI-met 模拟结果，将热辐射计算误差从 19%降至 7%。[6]这种"视觉感知+物理规律"的双驱动模式，突破了传统数据驱动的局限性。[11]

当前技术正朝着轻量化部署（如 MobileViT 架构降低 60%计算耗时）与文化适配（如南北方植被季相差异建模）方向发展。[9]这些进展标志着街景图像技术从数据采集工具向城市热环境智能决策系统的范式转变，为可持续城市设计提供科学支撑。

参考文献

[1] 冯叶涵，陈亮，贺晓冬. 基于百度街景的 SVF 计算及其在城市热岛研究中的应用[J]. 地球信息科学学报，2021，23（11）：1998-2012.

[2] 刘婷婷，温晓诣，刘志镜，等. 构建街区"凉廊"：多源数据支撑下的街区热风险评估与规划优化建议[J]. 城市规划学刊，2024（S1）：228-236.

[3] 胡一可，张龙浩，刘开鑫. 基于计算机视觉与街景图像的城市街道绿化泛类结构量化分析与分布机制研究[J]. 中国园林，2024，40（9）：22-28.

[4] 杨灿灿，许芳年，江岭，等. 基于街景影像的城市道路空间舒适度研究[J]. 地球信息科学学报，2021，23（5）：785-801.

[5] 李鸥，薛丽莲. 街景围合度与城市风环境的量化关系研究：以武汉市夏季为例[J]. 生态城市

与绿色建筑，2018（3）：52-56.

［6］吴昕燃，邱慧. 街景图像解译下的长沙市历史文化风貌核心区道路绿视率研究[J]. 园林，2022，39（9）：106-116.

［7］YANG S，CHONG A，LIU P，et al. Thermal comfort in sight：Thermal affordance and its visual assessment for sustainable streetscape design [J]. Building and Environment，2025：112569.

［8］QIN J，TIAN M，XU X，et al. Mapping high-resolution spatio-temporal patterns of pedestrian thermal comfort at different scales using street view imagery and deep learning[J]. Sustainable Cities and Society，2025：106209.

［9］LI G，HE N，ZHAN C.Evaluation of tree shade effectiveness and its renewal strategy in typical historic districts: A case study in Harbin，China[J]. Environment and Planning B: Urban Analytics and City Science，2022，49（3）：898-914.

［10］郭晓晖，包志毅，吴凡，等. 街道可视因子对夏季午后城市街道峡谷微气候和热舒适度的影响研究[J]. 中国园林，2021，37（9）：71-76.

［11］HU Y J，QIAN F T，YAN H，et al. Which street is hotter? Street morphology may hold clues-thermal environment mapping based on street view imagery [J]. Building and Environment，2024，262（2）：111838.

图片来源

图1、图2为作者自绘。

"公园化"背景下岭南私家园林空间布局演变及游览路径优化研究

——以顺德清晖园为例

井松萍（华南理工大学；1138604513@qq.com）

王虹飞（华南理工大学；1297831569@qq.com）

凌晓红*（华南理工大学；arlingxh@scut.edu.cn）

摘　要：中国古典园林，历经千年演变，展现出深厚的文化底蕴。近代社会变革推动园林向公众开放，部分私家园林公园化进行一定的改建和扩建，打破原有格局，走向大众化开放性的转变。然而，公园化对园林的影响及变化仍需深入探讨，这对岭南园林的保护与发展具有重要意义。顺德清晖园作为岭南园林代表，公园化转型后焕发新生。本文旨在对清晖园的功能与空间平面变化进行系统梳理，并运用空间句法的量化手段，对旧园与新园进行横向对比分析，根据结论改善现有浏览路线，为其他岭南私家园林公园化建设提供思路方向。通过对清晖园旧园、新园的可视层、可行层进行空间句法分析，得出了以下主要结论：新园给游人的视线体验较开阔，具有较高的可行度，适应了现代公园的人流集散和消防需求；公园化后，新园的游览空间仍以旧园为核心，以周围园区景观为辅；列举分析游览景点的空间数据，对游览路线进行了量化分析，总结了不同路线的特点，提出了优化建议。本文对清晖园公园化后的空间进行深入研究，从更科学、严谨、客观和理想的角度继承和发展岭南古典园林的优秀设计思想和造园手法，为推动"公园化"进程良性循环作出贡献。

关键词：清晖园；空间句法；空间分析；对比研究

1　引言

顺德清晖园作为岭南园林的杰出代表，在"公园化"转型后，其旅游价值日益凸显，但现有游览路线存在诸多问题，难以满足游客多样化需求。本文聚焦清晖园旅游路线优化，借助空间变化研究，为提升游客游览体验、推动岭南园林文化传承提供参考。

2　清晖园公园化进程与现状

顺德清晖园历史悠久，其前身是明朝天启元年（1621 年）状元黄士俊修建的黄家祠等建筑，后经龙氏家族多次扩建修缮，规模与景致不断发展。抗战时曾荒废，20 世纪 50 年代末期在陶铸过问下省政府拨款修复并整合周边园林，1984 年加建楚香楼等设施，1996—1998 年再次修复扩建并对公众开放，2015 年对顺德居民免费开放，完成从私家园林到城市公共空间的转变。公园化使其功能从私人生活服务转变为多功能城市公园，规模从 6 600 m² 扩至 22 000 m²，服务人群也变为广大公众，对游览路线规划和设施配置提出更高要求。

3　清晖园空间变化研究

3.1　功能分区变化

旧园功能分区以书斋和居住空间为主，布局紧凑，"园中有园"，方池周围设观景亭，满足园主生活和休闲需求。新园在旧园基础上，增加大量展览空间，如清晖园园史展览、顺德状元史展览等，辅助公共空间也更加完善，休憩空间均匀分布并串联各景点，出入口位置改变且增多，更符合公园的开放性和实用性需求（见图1）。

园林为双核心（见图4）。

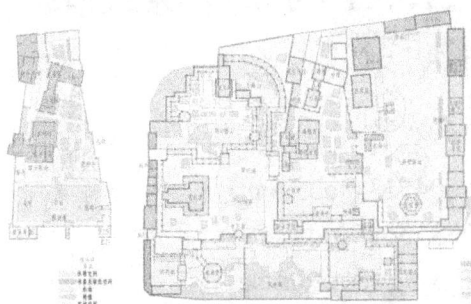

图1　清晖园新旧园功能分区对比

3.2　基于空间句法的空间特征变化

运用空间句法，绘制旧园和新园可视层、可行层平面模型。可视层连接值分析显示，旧园连接值较高区域集中在方池水面开放空间，平均连接值较低；新园连接值高的区域集中在东南侧入口游客集散区，平均连接值更高，表明新园空间通透性更好，这是因为新园作为公共游览区域，更注重游客的流动和视线交流（见图2）。

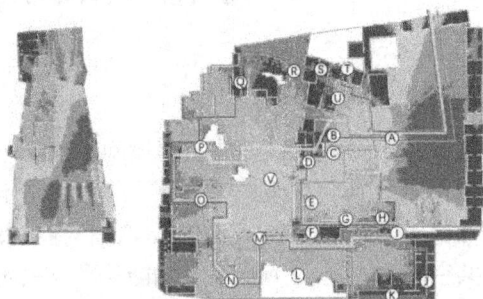

图3　清晖园新旧园可视层整合值对比

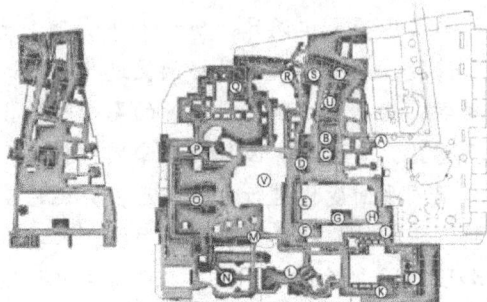

图4　清晖园新旧园可行度对比

4　清晖园现有游览路线分析

4.1　现有游览路线概况

清晖园现有3条主要游览路线。路线1（紫色）全程约45 min，串联景点丰富，能深入体验园林景观和文化底蕴；路线2（蓝色）时长约30 min，路线较短，对新园部分景点进行了取舍；路线3（红色，无障碍通道）全程约60 min，环绕部分旧园景点，但未涉及西侧景观，无法展示公园全貌。

4.2　路线对比分析

各景点对应标注见表1。

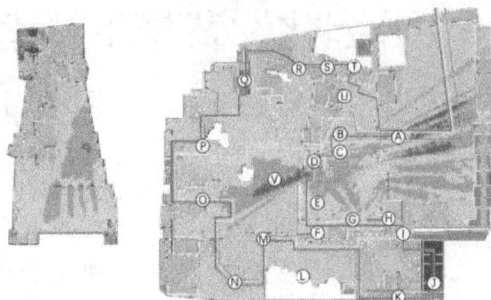

图2　清晖园新旧园可视层连接值对比

从可视层整合值来看，旧园整合值最高区域呈南北方向分布，新园呈东西方向分布且出现多个高整合值中心区域，这意味着新园空间模式更加多样化和复杂化，各分区核心连接更紧密（见图3）。

可行层方面，旧园可行度集中在东侧水岸与真砚斋前部，体现传统园林内向性；新园入园后旧园中部核心空间和东北侧景观可行度仍较高，说明新园游览以旧园和新建

表1　各景点对应标注

	A	B	C	D	E	F	G	H
景点	入口	真观斋	惜阴书屋	船亭	六角亭	碧溪草堂	澄漪亭	响瀑亭
	I	J	K	L	M	N	O	P
景点	古旧门口	国史展厅	读云轩	凤来峰	半月听	八表来香亭	状元堂	绿云假山
	Q	R	S	T	U	V		
景点	流芳阁	九狮山	笔生花馆	小篷瀛	旧寄庐	罗汉地		

对比路线 1 和路线 2 的可视层数据（见表 2 与表 3），路线 2 的平均连接度为 9.25，高于路线 1 的 6，其视线通透度更好，开放性强；从整合值看，路线 2 的平均整合值为 9.23，也高于路线 1 的 8.05，游客能通过较短路程高效体验园内景观，更适合快速游览。而路线 1 串联了较多展览空间，适合有目的性的游览和文化体验。

表 2　新园各景点可视层数据

	Connectivity	Integration (HH)	Integration (Tek)	Mean Depth	Connectivity	Integration (HH)	Integration (Tek)	Mean Depth	Connectivity
A	/	/	/	/	L	9	8.96697	0.90534	2.32478
B	4	7.70016	0.89194	2.54845	M	15	9.28967	0.90863	2.27206
C	8	9.01595	0.90547	2.3295	N	8	8.55292	0.90131	2.38284
D	4	8.56617	0.90101	2.3992	O	7	8.92439	0.90403	2.36373
E	12	10.7208	0.92146	2.10529	P	10	9.37525	0.907872	2.28036
F	8	8.52332	0.90082	2.93528	Q	1	5.81941	0.86728	3.12325
G	14	10.9056	0.92306	2.08541	R	4	7.21305	0.88576	2.68138
H	9	10.0149	0.91460	2.20781	S	2	7.21242	0.88593	2.67327
I	2	6.96713	0.88296	2.73544	T	2	6.91093	0.88249	2.74231
J	1	3.43956	0.82764	4.48897	U	2	6.87177	0.88222	2.73856
K	3	7.50763	0.88947	2.60235	V	18	10.8392	0.92208	2.10497

表 3　路线 1 与路线 2 可视层数据

	平均连接度	平均整合值
路线 1	6	8.05
路线 2	9.25	9.23

在可行层方面，路线 1 的平均连接值为 2.5，略小于路线 2 的 3，游线更蜿蜒曲折；路线 2 的可行层整合值为 2.325，高于路线 1 的 2.227，可达度更高，道路更平直易达（见表 4 与表 5）。

然而，3 条路线均存在不足。无障碍通道设计不完善，缺乏指向标志和美观性；整体路线缺乏主题特色，难以满足不同游客的个性化需求。

表 4　新园各景点可行层数据

	Connectivity	Integration (HH)	Integration (Tek)	Mean Depth	Connectivity	Integration (HH)	Integration (Tek)	Mean Depth	Connectivity
A	/	/	/	/	L	1	1.71641	1.776998	7.74092
B	3	3.02792	0.816904	4.81241	M	5	2.64199	0.806959	5.37077
C	2	2.92679	0.814454	4.9376	N	2	1.90991	0.784363	7.02304
D	3	2.95358	0.815837	4.8998	O	6	2.3113	0.797569	5.97324

续表

Connectivity	Integration (HH)	Integration (Tek)	Mean Depth	Connectivity	Integration (HH)	Integration (Tek)	Mean Depth	Connectivity
E	1	2.33835	0.789298	5.93162	P	3	2.15786	0.792691	6.34198
F	2	1.98291	0.786718	6.83785	Q	1	1.68092	0.775674	7.86713
G	2	2.07078	0.789777	6.5791	R	2	2.43789	0.801176	8.74181
H	1	2.5047	0.803127	5.61198	S	3	2.55034	0.804419	5.52884
I	2	2.43971	0.801221	5.7393	T	2	2.43101	0.800848	5.77735
J	3	1.50827	0.76863	8.62613	U	2	2.46711	0.802151	5.66481
K	2	1.77607	0.77946	7.47468	V	6	2.73927	0.809276	5.25552

表 5　路线 1 与路线 2 可行层数据对比

	平均连接度	平均整合值
路线 1	2.5	2.227
路线 2	3	2.325

5　旅游路线优化策略

5.1　明确主题划分

根据游客兴趣需求设计不同主题路线。核心园林景观路线围绕连接值较高的核心历史景点，如六角亭、澄漪亭等，适合园林景观欣赏者；亲子游览路线串联展览教育空间，如清晖园园史展览、顺德状元史展览区域，用于亲子文化普及教育；水景空间路线围绕园内主要水景，如方池、罗汉池等进行规划，适合摄影爱好者（见图 5）。

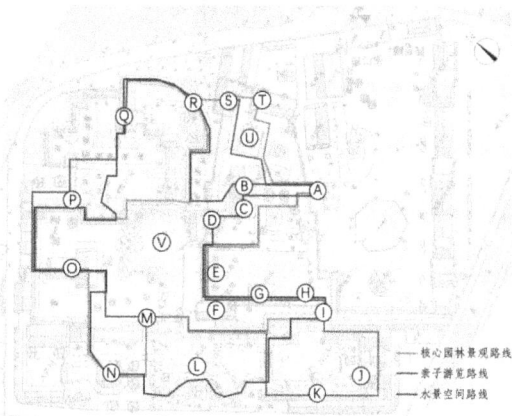

图 5　个性化游览路线规划示例

5.2　提升景点连接度与整合度

优化景点之间的连接，通过增设步行道、景观平台等方式，将原本孤立的景点连接起来，形成更加流畅的游览路线，同时结合空间句法分析，确立高连接值和高整合度的景点，作为游览路线的核心景点，规划路线时势必穿过核心景点，并与其他景点形成视线路线上的交互。

5.3 完善无障碍设施

在无障碍通道增加清晰、醒目的指向标志和富有文化特色的标语，引导残疾游客顺利游览。同时，优化通道设计细节，如调整坡度、增加扶手等，使其在保证通行顺畅的同时更加美观，提升特殊游客群体的游览体验。

5.4 动态调整与反馈

建立游客反馈机制，定期收集游客意见和建议，针对问题进行及时改进。同时，利用云端平台对各景点的人流量进行监管，及时做出引导路线的变更，使得游客可以在享受园景的同时不受到人流过多产生的困扰。

6 结论

清晖园公园化转型成果显著，但游览路线仍有提升空间。通过空间变化研究可知公园化后空间布局更开放多样，为路线优化提供了依据。个性化游览路线设计、完善无障碍设施和增强路线主题性等优化策略，能有效提升游客体验，满足不同游客的多样化需求。未来，清晖园可结合游客反馈和技术发展，持续优化游览路线，更好地传承和展示岭南园林文化。

参考文献

[1] 谭光营，陈国平. 浅析岭南名园的造园艺术[J]. 热带林业，2003（2）：20-21.

[2] 陆琦. 岭南传统庭园布局与空间特色[J]. 新建筑，2005（5）：78-81.

[3] 李文炬，沈康. 体验清晖园：岭南庭园空间与视线的比较研究[J]. 华中建筑，2009，27（8）：244-248.

[4] 蔡倩仪. 基于空间句法理论的顺德清晖园空间分析[D]. 广州：华南理工大学，2015.

[5] 徐鼎，王忠君. 基于SBE法的岭南四大名园景观美学评价[J]. 中国城市林业，2017，15（1）：20-24.

[6] 胡冬香. 浅析中国近代园林的公园转型[J]. 商场现代化，2006（1）：298-299.

[7] 梅策迎. 由私家园林到城市公共空间：广东顺德清晖园的前世今生[J]. 古建园林技术，2011（4）：45-47.

[8] 卜晓凡，梁明捷. 空间句法视角下顺德清晖园私园"公园化"后转型之路探析[J]. 建筑与文化，2022（4）：225-227.

[9] 李志明，王泳汀. 基于空间句法分析的拙政园中部游览路线组织与园林空间赏析[C]//中国风景园林学会.中国风景园林学会2014年会论文集（上册）. 南京：南京林业大学风景园林学院，2014：6.

图片来源

图1～图5均为作者自绘。

近 20 年国内外建筑空间视觉
感知量化研究方法进展

张蕙（天津大学；zynmtju@163.com）

摘　要：近 20 年来，建筑空间视觉感知量化研究在方法和技术上取得了显著进展，主要围绕时间解析、空间尺度和技术变革 3 个维度展开。本文从这 3 个维度梳理国内外研究的进展，并结合具体的视觉分析方法及其在建筑领域的应用进行探讨。

关键词：空间视觉感知；量化研究；综述

1　绪论

知觉是通过感觉器官获取并解释环境信息的主动过程，影响人们对不同地点的偏好[1]。Porteous 指出感知通过我们的感官接收信息。在 5 种感官中，视觉被认为是最重要的一种。他声称，一个人超过 80% 的感觉是通过视觉获得的[2]。视觉是对事物客观存在的反映，是人类通过眼睛接收外部信息的结果。神经科学领域的突破性发现显示，人类大脑梭状回区域（fusiform area）对建筑几何秩序存在显著响应。在这一背景下，如何建立精准的视觉量化模型成为改善建成环境的关键路径。

2　时间维度：从静态分析到动态建模

早期研究主要依赖静态几何参数的提取，通过参数化建模工具对建筑形态进行解构和分析。然而，这种方法局限于孤立的空间片段，难以捕捉人类在建筑环境中的动态感知过程。随着移动定位技术和脑科学的进步，研究重点逐渐转向动态时空序列分析，关注视觉感知的时间累积效应和神经反馈机制。

2.1　空间句法

空间句法是一种经典的视觉量化方法，通过分析空间网络的拓扑关系，量化空间的可见性和可达性。早期的空间句法主要应用于二维平面分析，用于研究城市街道网络的视觉连通性。随着技术的发展，空间句法逐渐扩展到三维空间，能够分析建筑内部的视觉关系和路径选择。

2.2　眼动追踪技术

眼动追踪技术通过记录人眼在建筑空间中的注视点和停留时间，量化视觉注意力的分布。例如，东京涩谷站通过眼动追踪技术采集了 10 万组注视点数据，验证了空间整合度预测的准确性，优化了车站的导视系统设计。

3　空间维度：从单一尺度到跨尺度协同

在空间尺度维度，研究突破主要体现在多尺度建模能力的扩展。微观层面，高精度三维扫描技术揭示了传统营造技艺的数学规律；宏观层面，城市级视觉网络的动态建模借助 5G 数据流和机器学习技术，实现了视觉焦点迁移规律的实时追踪。

3.1 可视域分析

可视域分析是一种用于评估地理区域内可见性的技术，广泛应用于城市规划和景观设计。例如，巴黎通过 500 m×500 m 的视域网络分析，制定了沿香榭丽舍轴线的建筑高度控制标准，确保历史轴线的视觉连贯性。

3.2 三维扫描与分形分析

在微观尺度，三维扫描技术揭示了中国古建筑的分形维度特征。例如，清式斗栱体系的平均分形维度 $D \approx 1.38$，低于西方古典建筑基准值。然而，中国营造法式通过分形嵌套建立了独特的虚实平衡机制，低阶分形对应物质构造，高阶分形衍生意境层递。这种文化特异性提示量化研究必须建立动态评价框架，避免西方视域下的普适性假设。

4 技术维度：文化认知差异与伦理挑战

技术变革引发的文化认知差异和伦理挑战成为建筑视觉量化研究的关键议题。东西方视觉量化模型的对比分析揭示了深层文化基因的算法映射差异：东方模型强调空间共享交互，如中国园林中的"借景"理论；而西方模型则侧重于视觉权力控制，如通过视域贴现率公式量化空间支配关系。

英国学派借助视域贴现率公式量化空间权力。该公式在城市规划和军事应用中发挥了重要作用。基于中国园林的"借景"理论，东南大学提出了视域互借指数，该指标在扬州瘦西湖景观提升工程中优化了关键视点布置，游客满意度提升了23%。

5 国内外研究路径比较

国外研究在视觉量化领域形成了以计算为核心的学派，注重通过算法和数学模型解析建筑空间的视觉特性。例如，空间句法理论和动态视域模型在西方城市规划和建筑设计中得到广泛应用。国内研究则更注重传统营造智慧的参数化转译，如通过对中国古建筑的分形维度和虚实平衡机制的研究，探索传统美学与现代技术的结合点。

尽管东西方在研究方法和技术路径上存在差异，但两者都在推动建筑视觉量化研究的多元化和精细化发展。未来，跨学科合作和文化转译将成为该领域的重要研究方向。

6 结论与展望

20 年来，建筑视觉量化研究的技术发展呈现三维演进特征。在时间解析维度，研究方法从静态几何参数提取转向动态时空序列分析。早期基于参数化建模的形态解构方法受限于孤立空间片段分析，后来随着移动定位技术与脑科学的进步，研究重点拓展至视觉感知的时间累积效应与神经反馈机制。当前实验证实，人脑对建筑环境的视觉记忆权重遵循指数衰减规律，该发现推动了视觉序列建模与神经可塑性理论的交叉融合。

空间尺度维度的研究突破体现在多尺度建模能力的扩展上。微观层面，高精度三维扫描技术揭示了传统营造技艺的数学规律，其研究成果反向优化了现代建筑的工业化生产体系。宏观层面，城市级视觉网络的动态建模借助 5G 数据流与机器学习，实现视觉焦点迁移规律的实时追踪。这些成果促使空间分析方法从单一尺度向跨尺度协同转变，形成兼顾构件细节与系统复杂性的综合框架。

技术变革引发的文化认知差异与伦理挑战成为关键议题。东西方视觉量化模型的对比分析揭示了深层文化基因的算法映射差异：前者强调空间共享交互，后者侧重视觉权力控制。在智能优化算法广泛应用的背景下，技术中立性假设受到实践冲击，算法偏见导致的形态趋同问题促使学界建立约束性评价体系。未来，量子计算与增强现实技术的结合将推动建筑视觉研究突破经典物理时空限制，迈向虚实共生的新型空间生产模式，这要求研究范式同时完成技术升级与文化逻辑重构的双重任务。

参考文献

[1] KAPLAN R，KAPLAN S. The experience of nature: A psychological perspective[M]. Cambridge：Cambridge University Press，1989.

[2] KAYMAZ I C. Landscape Perception[M]// OZYAVUZ. Landscape Planning：environmental applications. Hoboken：Wiley，2005.

基于深度时空学习的城市更新地块功能预测
ST-AmenityNet 模型
——以北京老城为例

解扬（北京清华同衡规划设计研究院有限公司；xieyang@thupdi.com）

摘　要：产业功能时空演变规律挖掘与定量预测是提升城市规划设计科学性的重要方向，在更新时代预测地块功能转变方向更是城市更新的核心工作之一。相比之下，微观层面的产业功能时空预测所需数据更难获取，作用机制更加复杂，缺乏适宜的分析方法。深度学习尤其是交通、气候、视频等领域的各种深度时空预测模型为探索微观尺度城市空间与产业功能之间多维、复杂、非线性的交互关系提供了便利工具。利用深度时空学习领域面向视频预测的SimVP模型，将各种建筑、路网、区位、人口、经济等空间变量和POI（兴趣点）表征的功能变量作为不同通道输入，构建地块功能演变时空预测模型（ST-AmenityNET），以北京老城200 m×200 m网格为测试对象进行建模预测，结果显示模型对地块功能最可能提升方向的预测准确率接近90%，可以为城市更新项目确定产业功能方向提供精确指引。

关键词：深度学习；时空预测；SimVP；城市更新；地块功能

基金号："十四五"国家重点研发课题"国土空间规划中文物价值挖掘及空间配置与赋能技术"（2023YFC3803904）

1　背景与问题

1.1　城市更新转型的技术挑战

城市更新时代来临，中国城市正经历从"规模扩张"向"品质提升"的范式转变。相比于建构筑物组成的建成空间环境（壳），物质空间中承载的产业/功能/业态（瓤）有着更快的更新迭代速度，处理好产业功能与物质空间的动态适配关系是城市更新的一大核心技术挑战。

传统规划方法在预测地块功能更新方向时存在着明显的技术缺陷：一方面，专家定性判别方法在处理单个地块项目时尚且可靠，但面对城市整体更新任务时难以捕捉多地块间的复杂功能关联；另一方面，传统的定量回归方法（如多元Logit回归模型）虽然可以预测多因素影响下的地块功能变

化方向，但由于无法捕捉多个地块、多个时点之间的非线性复杂时空关联，预测精度受限。

1.2　深度学习的赋能机遇

近年来，深度学习技术在时空预测领域取得突破性进展。ConvLSTM首次将卷积运算引入循环神经网络，提升降水、交通流量等时空现象的预测准确性[1-2]；Transformer架构通过自注意力机制在气候模拟中实现长时序依赖建模[3]；视频预测模型SimVP更以90%的参数量缩减达成与3D-CNN相当的预测精度[4]。这些技术突破为破解微观地块功能预测难题提供了新的可能性：城市功能演变本质上可视为"空间-功能"状态在时间轴上的连续帧切换，这与视频帧序列预测具有内在机理的相似性。然而，直接迁移现有模型面临三重挑战：①功能演变受经济、

环境等外生变量和产业功能网络内在的复杂关联影响，需建立相应的理论模型，不能简单套用视频帧序列预测模型；②微观尺度时空数据缺乏官方统计口径，需要收集线上时空大数据，通过数据融合应对线上数据的多源异构特征；③微观尺度社会经济活动受到人类更多非理性因素影响，规律性不显著，需要选择合适的功能分类精细度，在预测准确度和精确度之间取得平衡，满足城市更新智能决策的实用需求。

1.3 研究定位与结构安排

针对以上诸多挑战，本文以北京老城200 m×200 m 网格为研究对象，创新性地构建融合多模态时空数据的地块功能深度预测模型，首次将视频预测领域的 SimVP 模型迁移至城市研究领域，开发面向城市更新的 ST-AmenityNet 架构。

本文第二部分简要介绍模型的理论基础和整体架构，第三部分报告模型的实验结果并进行讨论，第四部分为结论与展望。

2 理论与模型

2.1 地块功能演变影响因素理论模型

首先构建地块功能演变的影响因素框架。不同地块上各种类型的城市功能因为人类生产生活活动的复杂关联交织成一个复杂的城市网络，地块功能演变不仅受全局（城市整体）和局部（地块）社会经济背景（如人口和 GDP）的影响，还受到功能网络中节点自身的历史（地块历史功能类型）和其他节点的影响（其他地块的功能类型）。此外，地块功能还受到承载的容器——建成环境（包括建构筑物、路网等）的影响。总结起来影响地块功能演变的因素有三大类：①城市及地块的社会经济属性（人口和GDP）；②地块的历史功能类型及其他地块的功能类型；③地块及周边的建筑与路网形态（容积率、建筑密度、道路级别等）。

图 1 为地块功能演变影响因素的理论框

架示意图。

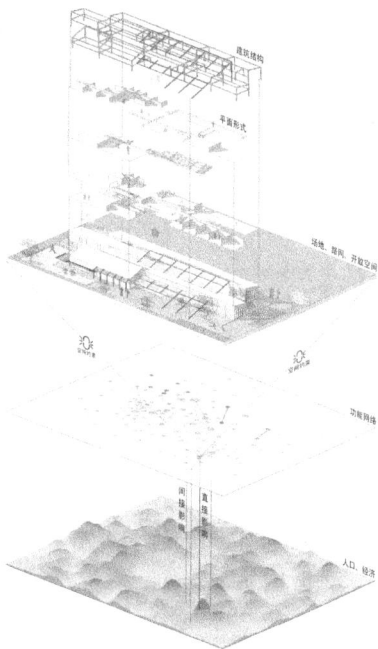

图 1 地块功能演变影响因素的理论框架示意图

2.2 SimVP 模型

SimVP（simple video prediction）是 2022年由清华大学团队提出的高效视频预测模型，其核心思想是通过极简架构实现高性能的时空序列预测。SimVP 采用编码器（encoder）–翻译器（translator）–解码器（decoder）架构。编码器通过 3D 卷积提取视频帧的空间特征，翻译器使用简单的多层卷积进行潜在空间的时间演化建模，解码器通过反卷积重构未来帧。整个流程摒弃了传统 RNN/Transformer 的复杂结构，仅依赖 CNN 实现端到端预测。该模型参数量仅为同类模型的 1/10，训练速度提升 5～10 倍；实验显示在 KTH、Moving MNIST 等数据集上，其预测精度超过 ConvLSTM、PredRNN 等经典模型（详见图 2）。

2.3 面向城市更新功能预测的 ST-Amenity Net 模型

以 SimVP 模型为基础，以北京老城

200 m×200 m 网格为像素单元，以网格的各种属性（社会经济属性、建成环境属性、各种类型功能级别）为不同通道，构建面向城市更新功能预测的 ST-AmenityNet 模型。该模型可挖掘出不同网格不同类型功能之间的复杂非线性关联规律，对每个网格上的功能变化进行预测（详见图 2）。

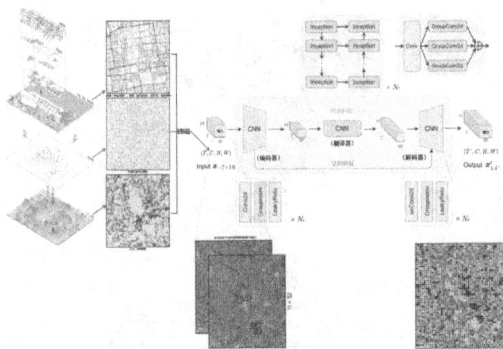

图 2　ST-AmenityNet 模型的架构图

需要强调的是，本文使用 POI 兴趣点数据表征城市功能，从城市规划实践经验出发，将高德地图近 200 类 POI 归并成 12 大类①。为了消除每类 POI 总量的差异，对每个网格上 12 类功能的 POI 数量采用几何分类法分成 7 级。考虑功能业态的更替频率，本文取 2012 年、2017 年、2022 年 3 个时点，基于 2012 年和 2017 年的数据预测 2022 年各个网格各类功能的分级数值，并与 2022 年的真实值进行比较。

3　结果与讨论

相比不加入空间卷积模块的基础模型（以 2012 年、2017 年的各种网格属性为自变量，用混合线性模型再对 2022 年每个地块每种功能的分级数值进行建模），ST-AmenityNet 模型对各种功能分级数值的预测准确性

---

① 对于地块更新规划而言，特别精细的功能业态类别并没有太大意义，判断一个更新地块适合做酒店还是做学校就足够了，至于到底是汉庭酒店还是如家酒店，那是招商运营阶段市场主体该考虑的事。

均有所提升，说明空间复杂关联对功能演变时空预测的重要性。

从城市更新规划的实践出发，能判别出某个地块最适宜更新的功能类型一般就满足了实际需求。因此本文计算每个地块功能分级数值提升最大的类型，判别其实际是否进行了功能提升（功能分级数值 2022 年真实值比 2017 年真实值大）。结果显示最可能提升的功能实际也实现提升的准确率达到 77.1%，前两类最可能提升的功能实际实现提升的准确率高达 88.8%。这样的准确率在城市更新规划中具有重要的实践意义。通俗地讲，给定任意一块地，在没有任何专家信息的前提下，该模型给出一个可更新的功能类型准确率高达八成（见图 3）。

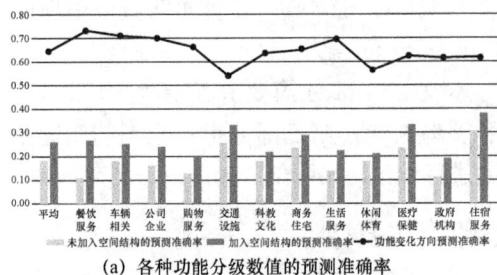

(a) 各种功能分级数值的预测准确率

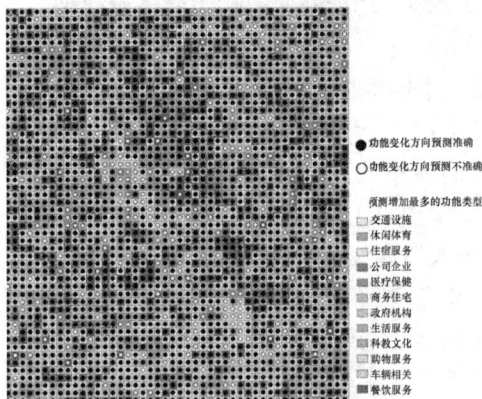

(b) 功能分级数值预测提升最多的前两个功能
其变化方向至少有一个准确的准确率图示

图 3　ST-AmenityNet 模型对北京老城
200 m×200 m 网格的预测结果

4　结论与展望

本文通过构建深度时空学习模型

ST-AmenityNet，实现了微观地块功能演变的高精度预测。相较于传统方法，本模型将城市功能在时空两个维度上复杂的非线性关系纳入考量，并从实践经验出发在准确性与精确性中寻找平衡，选取了适当的功能分类精度，有效提升了预测准确性。在北京老城的实证研究中，模型对功能提升方向 Top-2 的预测准确率高达 88.8%。

未来研究可重点突破社会媒体数据的实时感知融合、更新政策的因果效应评估等方向，进一步提升模型的决策支持能力。

参考文献

［1］ SHI X J，CHEN Z R，WANG H. Convolutional LSTM network：A machine learning approach for precipitation nowcasting[J]. Advances in neural information processing systems，2015，28.

［2］ LIU Y，ZHENG H，FENG X，et al. Short-term traffic flow prediction with Conv-LSTM[C]// 2017 9th international conference on wireless communications and signal processing (WCSP). IEEE，2017：1-6.

［3］ LIN F，CRAWFORD S，GUILLOT K，et al. MMST-ViT：Climate change-aware crop yield prediction via multi-modal spatial-temporal vision transformer[C]//Proceedings of the IEEE/ CVF International Conference on Computer Vision. 2023：5774-5784.

［4］ GAO Z，TAN C，WU L，et al. Simvp: Simpler yet better video prediction[C]//Proceedings of the IEEE/CVF conference on computer vision and pattern recognition. 2022：3170-3180.

图片来源

图 1～图 3 均为作者自绘。

基于图像识别的乡村公共空间活力提升路径研究

——以北京市常乐村为例

张颖昇*（北京建筑大学；zhangyingyi@bucea.edu.cn）

史奇（北京建筑大学；shiqi0574@gmail.com）

摘　要： 在乡村振兴背景下，破解乡村更新困境、提升乡村公共空间活力是促进人居环境可持续发展的关键。随着新技术的涌现，乡村空间形态与环境行为研究可借助定量工具实现。图像是反映空间活力特征的重要信息，具有可获取性高、可读性强等特点。本文通过图像识别与多源数据归集，量化测算乡村公共空间活力程度。结合北京市常乐村实例，筛选活力关联要素，提出乡村公共空间活力提升策略，为乡村有机更新提供借鉴。

关键词： 图像识别；乡村；公共空间；活力提升

基金号： 国家重点研发计划"城镇可持续发展关键技术与装备"项目课题，以片区人本性能提升为导向的空间优化设计关键技术研究（2023YFC3807404）；国家自然科学基金，面向人文性提升的城市高密度片区空间形态管控与设计优化（5240082647）

1　引言

近年来，乡村空心化、老龄化等问题突出，公共空间活力下降。党的二十大报告强调，要全面推进乡村振兴，建设宜居宜业和美乡村。空间设计是营造美好人居环境和宜人空间场所的重要理念与方法，是一种新质生产力[1]。公共空间作为乡村服务设施和社会生活的重要载体，其品质直接关系到乡村居民的获得感和幸福感。乡村公共空间如何提升品质、提高活力，是落实乡村振兴、促进乡村有机更新亟待解决的问题。

随着信息技术的发展，时空数据的可获取性增强，为乡村公共空间研究提供了技术支持。大数据的广泛使用、日益成熟的计算能力和空间模拟方法，使兼顾大尺度与精细化成为可能[2]。通过模型预测等手段，空间设计全过程依托理性支持工具，以数据实证增强设计的科学性[3]。图像，尤其是带有空间位置信息的图像，可作为描述人群行为活动的重要数据来源。图像既可体现客观世界，也可反映主观认知，是二维数据分析的有效补充[4]。智能技术可辅助解读复杂且信息量丰富的图像[5]，在类型划分、目标检测、图像分割等方面发挥优势。由于数据采集自动化、精细化和大规模化等特点，智能技术已广泛应用于图像识别与计算，如深度学习支持的街景影像分析[6]、感知特征与空间影像关联研究[7]、城市视觉智能研究[8]等，突破空间要素分析难以量化的局限，为空间设计提供理性依据。

乡村公共空间尺度有限，易于实现面对面社会交往，是乡村活力的主要表征空间。以常乐村为例，该村位于北京市海淀区北郊，南沙河南岸，自然资源本底较好，但公共空间活力不足。在国土空间规划体系建立新环境下，提升都市近郊乡村活力，有利于推进城乡关系由二元结构向加速融合方向发展。本研究面向乡村公共空间这一典型空间类型，从空间和人本维度，结合图像识别与多源数据归集，探寻公共空间活力提升路径，助力乡村有机更新和高质量发展。

2 研究方法

遵循"需求解析–指标建立–量化寻优"的方法框架进行。首先，基于文献研究和实地调研，明确乡村公共空间活力提升需求。其次，筛选与公共空间活力相关联的影响因子，构建活力指标（见表1）。最后，对公共空间活力进行量化测度，识别活力薄弱区，有针对性地提出提升路径（见图1）。

表1 指标体系与测算方式

维度	指标	指标解释	数据处理
空间维度	视觉构成	绿植、天空等占比	DeeLabV3+图像语义识别
	断面比例	街巷高宽比	ArcPy 自动提取与分析
	色彩基因	色彩构成与主导色	ANN 算法提取图像主导色并构建色彩基因库
	功能配置	餐饮、医疗等	ArcGIS 路网数据POI 数据
	空间效率	选择度与全局整合度比值	Depthmap 得出数据后在 ArcGIS 中计算
人本维度	可达点位	社交媒体签到数据	Python 爬取新浪微博公开数据并进行语义分析
	感知反馈	社交媒体文本	

图1 方法框架

根据乡村公共空间活力指标类型，对应采集的数据主要包含图像数据和感知数据两类。图像数据来源为百度全景 API 图像爬取和实地图像记录补充。使用 Google 开发的开源模型 DeepLabV3+，在 Anaconda 3 环境中进行自动图像语义识别，进而获得各空间图像的面数据。DeepLabV3+模型由公开数据集 Cityscapes 训练而成，可以识别不同图像中的空间要素，如植被、机动车道、建筑等信息，用于公共空间图像内容的量化分析（见图2）。感知数据通过 Python 爬取社交平台新浪微博人群签到信息，筛选清洗后，选取非重复文本，明确人群可达点位和感知反馈，归纳乡村公共空间活力的人群感知趋势。

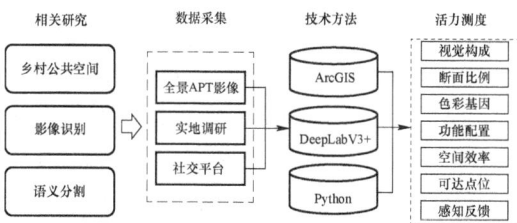

图2 常乐村公共空间图像提取举例

3 活力测度结果

常乐村的公共空间活力测度结果由空间和人本两个维度构成，并存在一定趋势：一是公共空间活力呈现两边高中间低的特点，村庄边缘区活力高，村庄内部活力反而下降；二是公共空间活力差异大，高低区域相差明显。

3.1 空间维度

常乐村北侧南沙河畔带状公共空间绿视率和天空视率高，呈现典型乡村滨水田园风貌。村内绿视率相对较低，公共空间图像中机动车道、硬质铺装和低品质住房占比高。村内街巷狭窄，通行功能大于游憩功能，缺乏停留驻足空间，慢行品质较低。色彩以灰白、砖红为主，住宅风格连续统一。村南边缘区紧邻稻田，西部与生态公园相接，公共空间活力有所提升。综合视觉构成、断面比例、色彩基因、功能配置因素，空间活力中心低边缘高，村民、租户、游客等的主要游憩健身和社会交往活动集中在滨水岸线的带状公共空间内。

空间效率可通过计算与公共空间相接的村内道路穿行度，获取其与选择度比值得出。空间句法中，穿行度为从其他空间穿越该空间的潜在可能性，即该空间能获得被访问的概率，表征空间收益；总深度为从该空间到达其他空间所消耗的距离，可视为空间成本[9]。不同半径距离下，空间效率存在差异，人群活动更容易发生在局部通达性较好的公共空间中[10]。由于研究对象范围较小且居住属性明显，选取 400 m、800 m、1 000 m 为半径进行空间效率评价。400 m 半径时空间效率分布基本与道路骨架重合，空间效率较高区域即是步行频次和生活便利程度较高区域。800 m 半径时，滨水道路网络空间效率明显提升，东西和南北两条干道特征明显。1 000 m 半径时，主干道特征增强，呈现出与机动车通达度一致的倾向（见图 3）。

3.2 人本维度

通过爬取新浪微博数据，将清洗后的 1 247 条信息作为人本维度的公共空间活力感知分析数据。结果显示，常作为人群出行活动目的地的公共空间集中在南北向主干道交叉口的农家乐区域、河滨带状空间、西侧南沙河生态公园等地。这一结果与实地调研观察基本吻合。采集社交媒体文本数据，发现人群对常乐村的公共空间活力感知存在明显分化现象。外来人群倾向于向农家乐邻近公共空间集中，正向感知反馈居多；本地村民和租客对公共空间的负向反馈居多。社交媒体中有大量关于常乐村租房、村内设施等信息，符合常乐村部分住房供京外人员租赁通勤这一特征。

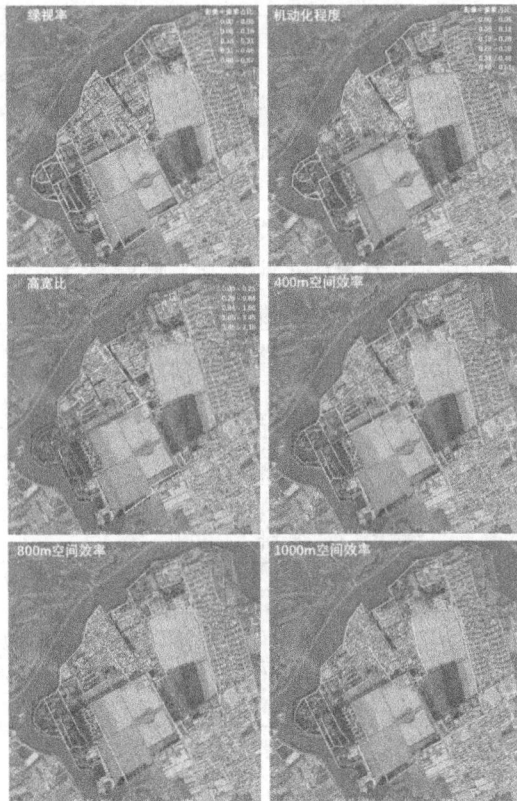

图 3 常乐村空间维度活力分析结果举例

3.3 综合结果

常乐村现有公共空间的活力性不足，薄弱区主要位于村庄内部，边缘公共空间活力高于中心公共空间活力。呈现自然风貌的公共空间，如生态公园、稻田和南沙河岸线周边，是吸引人群活动且感知反馈良好的集中区。村内公共空间单调，绿色景观匮乏，导致人群无法进行游憩交往等活动，活力降低。此外，不同公共空间活力程度差别大。绿视率、天空视率高的区域往往街巷高宽比宜人，且获取的人群正向反馈多。活力较高区域具有积极作用的空间要素多项叠加；活力较低区域则消极要素叠加，两极差异明显。

4 提升路径

在城乡统筹导向下，我国乡村空间面临功能结构调整，公共空间承载人群活动，既需要空间层面的高品质塑造，也需要为人群交往提供可能，实现空间和社会的双重活力提升。因此，乡村公共空间活力提升的具体路径应包括两个层面。

其一是适应自然环境，改善村内整体风貌，凸显绿色田园特征。常乐村公共空间活力测度结果显示，自然景观与公共空间活力呈正相关。应将村庄建设区域与山体、水系、农田、生态公园等统筹考虑。村内公共空间选取耐候性强的本土树种，采用透水砖、碎石铺装代替硬化地面，建成区内外联动的生态群落。

其二是满足活动需求，促进居民情感归属，提升乡村社会活力。从人群感知体验出发，明确建筑色彩、高度、材质等的更新引导。拓宽局部路段，为居民提供家门口的共享空间，配置石凳、廊架、棋桌、游乐软质地面等，保障邻里社会交往的设施供给。更新后应继续开展使用评价，获取问卷反馈及社交平台文本数据，比较实际效用，形成从设计到反馈的一体化长效机制。

参考文献

［1］段进. 增强空间设计思维推进城乡高品质发展[N]. 中国自然资源报，2024-10-17（003）.

［2］CHEN L，LU Y，SHENG Q，et al. Estimating pedestrian volume using street view images：A large-scale validation test[J]. Computers，Environment and Urban Systems，2020（81）：101481.

［3］BADWI I M，ELLAITHY H M，YOUSSEF H E. 3D-GIS parametric modelling for virtual urban simulation using cityengine [J]. Annals of GIS，2022（28）：325-341.

［4］龙瀛，周垠. 图片城市主义：人本尺度城市形态研究的新思路[J]. 规划师，2017，33（2）：54-60.

［5］BONAKDAR A，AUDIRAC I. City planning，urban imaginary，and the branded space：Untangling the role of city plans in shaping Dallas's urban imaginaries[J]. Cities，2021（117）：103315.

［6］李立群，慎利. 基于街景图像与遥感图像结合的城市土地利用分类深度学习网络探究[J]. 自然资源信息化，2025（3）：1-10.

［7］罗琳，杨喜平，李君轶，等. 基于街景数据的城市街道感知特征空间异质性研究：以西安市为例[J]. 地理与地理信息科学，2024，40（5）：51-58.

［8］FAN Z，ZHANG F，LOO B P Y，et al. Urban visual intelligence：Uncovering hidden city profiles with street view images[J]. Proceedings of the National Academy of Sciences，2023（120）：e2220417120.

［9］盛强，胡彦学. 空间形态与局域环境对居民社会聚集的影响：对北下关街道28个住宅区的实证研究[J]. 城市环境设计，2021（4）：415-421.

［10］彭雨清，金福强，文楠. 基于空间句法的传统村落空间活化路径探索：以郭麻日村为例[J]. 城市建筑，2021，18（9）：64-66.

图片来源

图1～图3均为作者自绘。

绿地形态与死亡风险之间的关联性分析

周宇轩（香港城市大学；yuxuzhou3-c@my.cityu.edu.hk）

陆毅*（香港城市大学；yilu24@cityu.edu.hk）

摘　要：当今世界许多城市的医疗负担随着城市化与人口老龄化的进程而增加。尽管城市绿地的健康效益已经得到广泛证实，但关于绿地形态特征与健康的关联性的研究仍显不足，尤其是在高人口密度且老龄化的亚洲城市背景下更为匮乏。本文基于 10 m 分辨率的土地利用数据，从规模（绿地百分比、最大斑块指数、平均斑块面积）、破碎度（斑块密度）、形状（面积加权平均形状指数）、连通性（聚合度指数）和邻近度（聚集度指数）5 个维度中测度了 7 个指标，利用负二项回归模型，系统分析了这些指标与全死因死亡率及三类特定原因死亡率（心血管疾病、呼吸系统疾病和恶性肿瘤）之间的相关性。结果表明，绿地百分比、最大斑块指数、面积加权平均形状指数、聚合度指数和聚集度指数 5 个形态指标对死亡率具有显著保护效应。其中面积加权平均形状指数的影响最大，其每增加 1 个标准差可使全死因死亡率降低 22.1%，心血管疾病死亡率降低 22.1%，呼吸系统疾病死亡率降低 25.0%，恶性肿瘤死亡率降低 22.0%。分层分析进一步显示，聚合度指数和聚集度指数的健康效应在老龄化程度较高的社区中显著增强。本研究表明，除绿地数量外，绿地空间形态特征对居民健康具有促进作用。这一发现有利于制定更有针对性的公共卫生和城市景观设计策略，以促进居民健康。

关键词：绿地形态；死亡率；人口老龄化；景观设计；健康城市

1　引言

城市化与人口老龄化加剧了城市的健康负担，尤其是在人口高密度且老龄化程度高的城市。例如，香港作为全球人口密度第四高的城市，其老龄化人口的增加导致其医疗负担迅速增加。因此，如何在城市发展与人口老龄化进程中通过城市环境干预减轻健康负担，已成为一项迫切议题。

城市绿地已被证明能够提升居民健康与福祉。城市绿地的健康效应可能与其社会与生态效益有关，如促进体力活动、改善社会互动及缓解各类污染[1]。一些研究进一步揭示，城市绿地的健康效应在老年人群中更为显著[2-4]。目前，大部分对绿地与健康的研究局限于绿地数量的健康效应，对于绿地质量和空间形态的关注不足。

绿地形态作为衡量城市中绿地的结构、组织与分布方式的景观概念，也被证明与城市健康有直接或间接的联系[5-8]。然而，目前尚未有研究对老龄化背景下的亚洲城市展开对绿地形态与死亡风险之间关联的全面考察。因此，本文以香港为例，旨在探究多种绿地形态特征与多种归因死亡率之间的关系，并探讨绿地形态的健康效应是否在老龄人口比例不同的社区存在差异。本文的结果将为实施有效且促进健康的城市绿地设计与规划提供指导。

2　数据与方法

2.1　死亡率数据

死亡率数据来源于香港统计处提供的

死亡登记文件。每条记录包含死者居住地编码及根据《国际疾病分类第十版》（ICD-10）分类的死因。鉴于心血管疾病（ICD-10 编码：I10-I69）、呼吸系统疾病（ICD-10 编码：J00-J99）和恶性肿瘤（ICD-10 编码：C00-C97）的死亡率占全球非传染性疾病死亡率的 76%，本文对这 3 种死因的死亡率及全死因死亡率进行分析。

本文把死亡率数据汇总到小型三级规划单元组（small tertiary planning unit groups，STPUG）进行后续分析。需要注意的是，本文进一步将 2014—2018 年的死亡率数据汇总，以增强统计效力。

2.2 绿地形态指标

本文基于香港规划署提供的 2018 年 10 m×10 m 分辨率的土地利用栅格数据测度绿地形态。考虑到行政单元的边缘效应，本文为每个 STPUG 创建了 400 m 缓冲区，以评估缓冲区内的绿地形态。

本文共测度 5 个维度（规模、破碎度、形状、连通性和邻近性）的 7 个绿地形态指标。其中，本文选择了绿地百分比（PLAND）、最大斑块指数（LPI）和平均绿地面积（AREA_MN）来代表绿地的规模；斑块密度（PD）代表绿地的破碎度；面积加权形状指数（SHAPE_AM）代表绿地的形状；聚合度指数（COHESION）代表绿地的连通性；聚集度指数（AI）用于评估绿地之间的邻近性。

2.3 统计分析

本文采用负二项回归模型来检验绿地形态指标与死亡率之间的关联。为避免绿地形态指标之间的多重共线性，每个模型中仅单独纳入一个绿地形态指标作为暴露变量，而死亡计数作为响应变量。

此外，本文在模型中加入了以下控制变量以控制人口和社会经济因素的影响：65 岁及以上人口比例、性别比、具有大专及以上学历人口比例、失业率、家庭收入中位数。

本文进一步进行了分层分析，以探讨绿地形态对死亡率的影响在高老龄化和低老龄化社区之间是否存在显著差异。

3 结果

统计结果表明，PLAND 每增加 1 个标准差，全死因死亡率、心血管疾病死亡率、呼吸系统疾病死亡率和恶性肿瘤死亡率分别可能降低 14.7%、17.7%、21.7% 和 13.8%；与 PLAND 相比，LPI 表现出更强的保护作用，每增加 1 个标准差可能使全死因死亡率降低 20.3%，心血管疾病死亡率降低 20.2%，呼吸系统疾病死亡率降低 24.3%，恶性肿瘤死亡率降低 16.8%。

此外，SHAPE_AM 每增加 1 个标准差，全死因死亡率、心血管疾病死亡率、呼吸系统疾病死亡率和恶性肿瘤死亡率分别降低 22.1%、22.1%、25.0% 和 22.0%；COHESION 和 AI 每增加 1 个标准差，全死因死亡率分别降低 12.3% 和 12.8%，心血管疾病死亡率分别降低 12.5% 和 12.3%，呼吸系统疾病死亡率分别降低 15.7% 和 15.8%。然而，绿地的连通性和邻近性与恶性肿瘤死亡率没有显著联系（见图 1）。

分层分析结果显示，在不同老龄化水平的社区之间，某些绿地形态指标对死亡率的保护作用存在显著差异。例如，COHESION 和 AI 在低老龄化社区中对各类死因死亡率的保护作用均不显著，但在高老龄化社区中则表现出显著且更强的保护作用。COHESION 每增加 1 个标准差，全死因死亡率、心血管疾病死亡率和呼吸系统疾病死亡率分别显著降低 21.3%、22.5% 和 22.6%；相比之下，AI 每增加 1 个标准差，全死因死亡率显著降低 20.7%，心血管疾病死亡率降低 20.2%，呼吸系统疾病死亡率降低 20.7%，恶性肿瘤死亡率降低 19.9%（见图 2）。这些结果强调了绿地形态特征对改善居民健康，尤其是老龄化社区健康的重要性。

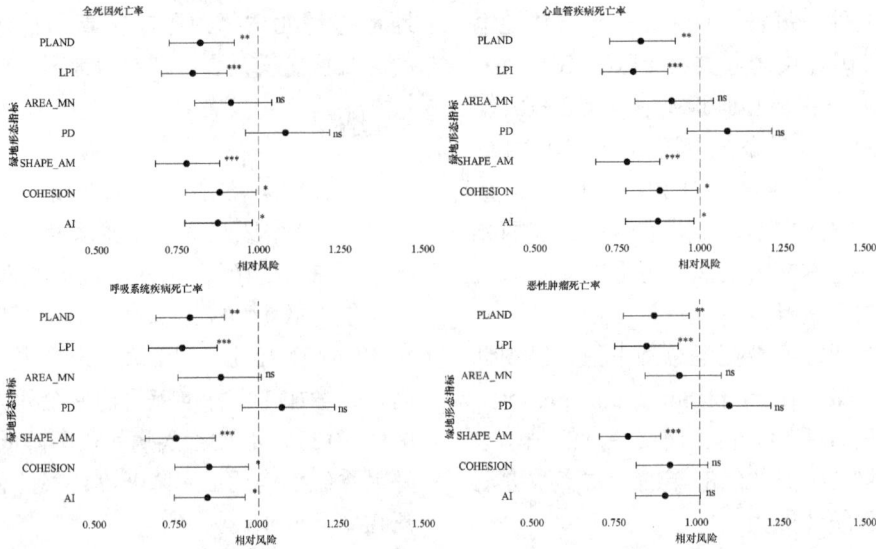

图 1 绿地形态指标与死亡率之间的关系

（ns 表示不显著，*表示 p 值小于 0.05，**表示 p 值小于 0.01，***表示 p 值小于 0.001）

	全死因死亡率相对风险 (95% 置信区间)	心血管疾病死亡率相对风险 (95% 置信区间)	呼吸系统疾病死亡率相对风险 (95% 置信区间)	恶性肿瘤死亡率相对风险 (95% 置信区间)
绿地百分比 (PLAND)				
高老龄化社区	0.823 (0.674-1.005)	0.805* (0.665-0.978)	0.825 (0.671-1.013)	0.850 (0.696-1.038)
低老龄化社区	0.853* (0.734-0.990)	0.875 (0.760-1.007)	0.765** (0.647-0.912)	0.889 (0.774-1.020)
最大斑块指数 (LPI)				
高老龄化社区	0.779** (0.645-0.941)	0.765** (0.638-0.917)	0.788* (0.648-0.958)	0.793* (0.656-0.958)
低老龄化社区	0.844* (0.726-0.981)	0.865* (0.751-0.997)	0.753** (0.634-0.895)	0.881 (0.767-1.013)
面积加权形状指数 (SHAPE_AM)				
高老龄化社区	0.767** (0.643-0.915)	0.745** (0.623-0.891)	0.763** (0.631-0.922)	0.728** (0.606-0.874)
低老龄化社区	0.811* (0.692-0.952)	0.844* (0.726-0.982)	0.731** (0.605-0.878)	0.837* (0.723-0.969)
聚合度指数 (COHESION)				
高老龄化社区	0.787* (0.637-0.972)	0.775* (0.634-0.947)	0.774* (0.624-0.960)	0.813 (0.659-1.004)
低老龄化社区	0.942 (0.813-1.093)	0.950 (0.813-1.098)	0.950 (0.752-1.059)	0.970 (0.847-1.111)
聚集度指数 (AI)				
高老龄化社区	0.793* (0.660-0.952)	0.798* (0.670-0.950)	0.793** (0.657-0.956)	0.801* (0.667-0.964)
低老龄化社区	0.975 (0.839-1.132)	0.979 (0.850-1.127)	0.921 (0.774-1.096)	0.996 (0.868-1.143)

*p 小于 0.05 **p 小于 0.01 ***p 小于 0.001

图 2 绿地形态指标与死亡率关系在不同老龄化
程度社区的结果比对

4 讨论

本文从景观视角表明了绿地形态的健康效应。首先强调了最大绿地面积的重要性，较大的公园通常比较小的公园提供更广泛的休闲机会，从而可能带来更大的健康效益[9]。然而，香港绿地的破碎度与死亡率无显著关联，这可能是由于香港的小型花园比例较高。在绿地形状方面，形状指数的健康效益最大。形状更复杂的绿地可能更接近附近的居民区，并提供更多样化的功能设施和入口，从而促进居民进入这些绿地[10-11]，有助于增加居民的社会互动和体力活动，从而改善健康。

此外，本文还发现绿地连通性和邻近性对全死因死亡率、心血管疾病死亡率和呼吸系统疾病死亡率具有显著保护作用。在高密度环境（如香港）中，相互连接的小型绿地彼此靠近，可能增强居民的可达性并延长其停留时间，从而带来健康效益。此外，一些连通街道的绿地可能为居民在通勤期间提供被动接触城市绿化的机会，从而间接带来健康效益。再者，连通性和邻近性较高的绿地可能具有更强的污染缓解和遮阳效果，从而降低与热相关、呼吸系统和其他心脏相关健康问题的风险[12-13]。

本文进一步发现，相比于低老龄化社区，绿地的连通性和邻近性在高老龄化社区中可能表现出更大的健康效应[3]。因为较高的连通性和邻近性可能使行动不便的老年人更容易进入绿地，延长其停留时间，并增加他们在这些绿地中参与健康相关活动的意愿，尤其是在高密度城市环境中[14]。

本文结果为城市规划和设计提供了启示。首先，在土地资源有限的高密度区域，建议开发中小型绿地，如休憩花园和口袋公园，以增强社区内绿地之间的邻近性。其次，建议通过其他植被元素（如林荫街道或绿道）增强现有绿地的连通性，以提高社区内绿地的连接性。同时，建议在现有不规则形状的城市绿地中融入多样化的功能设施和植被布局，以提升其质量，从而最大化其健康效益。另外，考虑到绿地连通性和邻近性在高老龄化社区中的健康效应更为显著，建议城市规划者和政策制定者优先改善高老龄化社区中绿地的连通性和邻近性。

参考文献

[1] 姚尧，殷炜达，任亦询，等. 空间分析视角下城市绿地与人体健康关系研究综述[J]. 风景园林，2021，28（4）：92-98.

[2] BESSER LM，LOVASI G S，MICHAEL Y L，et al. Associations between neighborhood greenspace and brain imaging measures in non-demented older adults：the Cardiovascular Health Study[J]. Soc Psychiatry Psychiatr Epidemiol，2021，56：1575-85.

[3] RUIJSBROEK A，DROOMERS M，KRUIZE H，et al. Does the health impact of exposure to neighbourhood green space differ between population groups? An explorative study in four European cities[J]. Int J Environ Res Public Health，2017，14：618.

[4] VRIES S，VERHEIJ R A，GROENEWEGEN P P，et al. Natural environments：healthy environments? An exploratory analysis of the relationship between greenspace and health[J]. Environ Plan A，2003，35（10）.

[5] JAAFARI S，SHABANI AA，MOEINADDINI M，et al. Applying landscape metrics and structural equation modeling to predict the effect of urban green space on air pollution and respiratory mortality in Tehran[J]. Environ Monit Assess，2020，192：412.

[6] 陈明，胡义，戴菲. 城市绿地空间形态对 PM2.5 的消减影响：以武汉市为例[J]. 风景园林，2019，26（12）：74-78.

[7] SHEN Y-S，LUNG S-C. Can green structure reduce the mortality of cardiovascular diseases? [J] Sci Total Environ，2016：566-567.

[8] WANG H，TASSINARY LG Effects of greenspace morphology on mortality at the neighbourhood level：a cross-sectional ecological study[J]. Lancet Planet Health，2019（3）：e460-468.

[9] SUGIYAMA T，FRANCIS J，MIDDLETON NJ，et al. Associations between recreational walking and attractiveness，size，and proximity of neighborhood open spaces[J]. American Journal of Public Health，2010，100：1752-7.

[10] LI F，LI F，LI S，et al. Deciphering the recreational use of urban parks: Experiments using multi-source big data for all Chinese cities[J]. Sci Total Environ，2020，701：134896.

[11] RIGOLON A. A complex landscape of inequity in access to urban parks: A literature review[J]. Landsc Urban Plan，2016，153：160-169.

[12] 王刚，张秋平，肖荣波，等. 城市绿地对热岛效应的调控功能研究：以广州为例[J]. 生态科学. 2027，36（1）：170-176.

[13] WANG H，TASSINARY L G Association between greenspace morphology and prevalence of non-communicable diseases mediated by air pollution and physical activity[J]. Landsc Urban Plan，2024，242：104934.

[14] ALI M J，RAHAMAN M，HOSSAIN S I. Urban green spaces for elderly human health：A planning model for healthy city living[J]. Land Use Policy，2022，114：105970.

图片来源

图 1 与图 2 为作者自绘。

具空智能的理论建构

杨滔（清华大学建筑学院；yangtao128@tsinghua.edu.cn）

摘　要： 具空智能（em-spaced intelligence，ESI）理论通过整合现象学、复杂系统科学与神经认知研究，重构空间本体论为动态生成的"认知化主体"，提出多层级智能涌现模型（物理层、信息层、认知层），揭示人类实践持续互动协同作用下的自组织临界机制。ESI 标志着空间科学从实体描述向认知–技术协同演化的范式转型。

关键词： 人工智能（AI）；认知化主体；神经符号计算；适应性治理；自组织临界性

基金号： 国家重点研发计划（课题），中国特色城市更新趋势规律和理论研究（2022YFC3800301）

1　空间本体论的重构

传统空间理论长期受限于笛卡尔主义的二元论框架，将空间简化为承载人类活动的静态容器[1]。这种认知范式在数字技术革命的冲击下显现出根本性局限。具空智能（em-spaced intelligence，ESI）指的是一个空间系统通过与内部或周围实体（如人类、物体或技术系统）的互动而表现出的智能行为。这种智能来自空间的物理配置、嵌入系统（如传感器、执行器和人工智能）及情境环境之间的动态交互，使空间具备感知、适应、预测和影响占用者行为与活动的能力。其理论通过整合现象学与复杂系统理论，提出空间本体论的第三次转向：空间既非纯粹的物质实体（如牛顿绝对空间），亦非完全的主观建构（如康德先验空间），而是在与人类实践持续互动中生成的动态认知化主体[2]。这一本体论立场包含三重革新：其一，空间具有意向性特征，其拓扑结构的演化遵循内在目标导向（如能源效率优化或社会凝聚力提升）；其二，空间通过数字孪生技术实现自我表征，形成递归性的元认知能力[3]；其三，空间智能的涌现遵循非线性动力学规律，其相空间中的吸引子结构决定了系统的自适应阈值[4]。这种重构突破了 Hillier 空间句法的结构决定论，强调空间拓扑结构的可塑性——空间配置不仅是行为的约束框架，更是通过反馈循环实现自我更新的智能介质。从而，这将空间配置从静态的语法规则转化为动态的语义生成系统[5]。

2　具空智能的理论内涵

2.1　智能涌现的层级模型与动力学机制

ESI 理论的核心贡献在于揭示空间智能的多层级涌现机制。参照 Haken[6]的协同理论，空间智能生成涉及 3 个层级的相互作用，具体如下。

（1）物理层：物联网传感器与执行器构成分布式感知–行动网络，实现环境参数的实时捕获与响应。这一层级遵循控制论的负反馈原则，但受制于热力学熵增定律的约束。

（2）信息层：基于深度强化学习的决策模型将空间状态数据与用户行为模式编码为高维张量，通过梯度下降算法优化多目标函数（如能耗最小化与用户体验最优化）。该层级的智能涌现依赖于注意力机制对关键特征的提取能力[7]。

（3）认知层：数字孪生系统通过神经符号计算（neurosymbolic computing）实现物理空间与虚拟模型的互构，形成具备反事实推理能力的预测引擎[8]。

这3个层级的协同作用使得空间系统突破传统控制论的线性范式，进入复杂适应系统的自组织临界状态[9]。

2.2 空间-认知耦合的神经现象学解释

ESI理论对空间影响力的解释需要整合神经科学与现象学的最新进展。近期fMRI研究表明，人类对空间拓扑的感知涉及前额叶皮层与海马体的动态耦合：当空间配置符合运动知觉的预测模型时，默认模式网络（default mode network，DMN）的激活强度显著降低，表明认知资源的节约效应[10]。现象学视角进一步揭示，这种神经机制对应着梅洛-庞蒂所称的"身体图式"（body schema）与空间结构的动态适配过程——当空间引导与身体运动潜能匹配时，将触发前反思的"流畅体验"，反之则引发意识层面的认知调整[11]。这种双重解释框架为量化空间智能的认知效能提供了理论基准：空间系统的智能水平可表征为其降低用户认知熵的能力[12]。

2.3 跨学科方法论的整合与冲突

构建ESI理论的方法论体系面临三重整合挑战。

一是空间拓扑的量化表征：传统空间句法的可见性图解难以描述动态配置系统，需引入拓扑数据分析（topological data analysis，TDA）中的持续同调理论，通过贝蒂数变化刻画空间结构的适应性调整[13]。

二是行为建模的尺度悖论：基于主体的建模（agent-based model，ABM）在微观个体行为与宏观空间演化的跨尺度衔接中存在效度局限，新兴的图神经网络（graph neural network，GNN）技术通过消息传递机制实现多层次表征学习，为破解此悖论提供新路径[14]。

三是实验范式的生态效度：虚拟现实技术虽能控制干扰变量，但无法完全复现真实空间中的多模态感知。神经建筑学正在发展

的混合现实（mired reality，MR）实验平台，通过生物信号反馈实时调整虚拟环境参数，显著提升实验的生态效度[15]。

3 城市科学范式的批判性超越

ESI理论对当代城市科学研究产生三重范式影响。

一是对流动空间理论的修正：Castells[16]提出的信息流主导论忽视物质空间的能动性，ESI理论证明智能增强的空间可通过调节身体移动性重塑信息流动路径[17]。

二是对韧性城市概念的深化：传统韧性理论侧重被动适应扰动，ESI框架则强调空间系统通过预测性干预主动塑造扰动演化轨迹，这种"预见性韧性"（anticipatory resilience）范式已在气候适应性城市规划中显现价值[18]。

三是对公共空间民主性的重构：智能调节技术赋予空间前所未有的行为引导能力，这要求重建公共空间的伦理评估框架，防止算法权力侵蚀公民自主权[19]。

4 伦理挑战与未来方向

一方面，ESI的技术应用引发深层的伦理挑战，具体如下。

一是数据正义问题：空间感知系统对边缘群体的监控强化可能加剧社会排斥，需要建立基于差异隐私（differential privacy）的数据采集规范[20]。

二是算法透明度悖论：深度学习的黑箱特性与公共空间的开放性要求存在根本冲突，神经符号计算通过可解释的规则提取提供部分解决方案[21]。

三是生态失控风险：空间系统的自组织可能引发不可逆的相变，需引入复杂性科学的早期预警指标（early warning system，EWS）构建风险防控体系[22]。应对这些挑战，需发展"适应性治理"（adaptive governance）框架，将空间系统的弹性调节与制度设计的

灵活性相结合[23]。

另一方面，ESI 理论的进一步发展需要突破 3 个前沿领域，具体如下。

一是智能涌现的临界阈值：通过重整化群方法研究不同尺度空间系统的相变规律，建立智能水平的定量评估标准。

二是跨文化适应性机制：探究空间智能的文化编码差异，发展情境敏感的设计原则。

三是后人类主义视角拓展：将非人类行动者（如环境要素、智能设备等）纳入空间智能的交互网络，构建更完整的行动者网络理论（ANT）模型[24]。

参考文献

[1] LEFEBVRE H. The production of space[M]. Oxford: Wiley-Blackwell，1992.

[2] 段进. 城市空间发展论[M]. 南京：东南大学出版社，2002.

[3] KITCHIN R. The data revolution: A critical analysis of big data, open data and data infrastructures [M]. London：Sage，2021.

[4] MITCHELL M. Why AI is harder than we think [EB/OL](2021-04-26)[2023-10-01]. https://arxiv.org/abs/2104.12871.

[5] HILLIER B. Space is the machine: A configurational theory of architecture[M]. Cambridge：Cambridge University Press，1996.

[6] HAKEN H. Synergetics: Introduction and advanced topics[M]. Berlin：Springer，2020.

[7] VASWANI A，SHAZEER N，PARMAR N，et al. Attention is all you need[C]//Proceedings of the 31st International Conference on Neural Information Processing Systems. Long Beach：NIPS，2017：5998-6008.

[8] GARCEZ A S，LAMB L C. Neurosymbolic AI: The 3rd wave[J]. Artificial Intelligence Review，2020，55（4）：1-20.

[9] BAK P. How nature works：The science of self-organized criticality[M]. New York：Springer，1996.

[10] PEER M，NITZAN M，GOLDMAN-RAKIC P S，et al. Hippocampal-prefrontal theta-gamma coupling during spatial navigation[J]. Nature Neuroscience，2021，24（5）：654-663.

[11] GALLAGHER S. Action and interaction[M]. Oxford：Oxford University Press，2020.

[12] SAYOOD K. Information theory and cognition: A review[J]. Entropy（Basel），2018，20（9）：706.

[13] CARLSSON G. Topological data analysis[J]. Annual Review of Statistics and Its Application，2021，8：1-34.

[14] BRONSTEIN M M，BRUNA J，COHEN T，et al. Geometric deep learning: Grids, groups, graphs, geodesics, and gauges[EB/OL](2021-04-27)[2023-10-01]. https://arxiv.org/abs/2104.13478.

[15] CHATTERJEE A，COBURN A，WEINBERGER A. The neuroaesthetics of architectural spaces[J]. Cogn Process，2021，22（1）：115-120.

[16] CASTELLS M. The rise of the network society [M]. Oxford：Wiley-Blackwell，1996.

[17] KARVONEN A，COOLS P，VAN HEE L，et al. Inside smart cities：Place，politics and urban innovation[M]. London：Routledge，2021.

[18] ELMQVIST T，ANDERSSON E，MCPHEARSON T，et al. Sustainability and resilience for transformation in the urban century[J]. Nature Sustainability，2021，4（4）：326-334.

[19] LESZCZYNSKI A. Glitchy vignettes of platform urbanism[J]. Environment and Planning D：Society and Space，2022，40（2）：189-208.

[20] BRAUN M，HUMMEL P. Data justice and data solidarity[J/OL]. Patterns，2022，3（3）：100427. DOI：10.1016/j.patter.2021.100427.

[21] MARCUS G. The next decade in AI：Four steps towards robust artificial intelligence[EB/OL]

(2022-02-14)[2025-05-01]. https://arxiv.org/abs/2202.06976.

[22] SCHEFFER M，BOLT B，VAN DE LEEMPUT I A，et al. Early warning signals for critical transitions in complex systems[J]. Science，2022，375（6586）：eabn4480.

[23] CHAFFIN B C，GOSNELL H，COSENS B A. Transformative environmental governance[J]. Annual Review of Environment and Resources，2021，46：399−423.

[24] LATOUR B. Down to earth：Politics in the new climatic regime[M]. Cambridge：Polity，2018.

06

规划实践与空间干预

全生命周期管理视域下鲁西北平原区县域湿地公园全过程治理体系建构

弭君铮（山东建筑大学建筑城规学院，2634695241@qq.com）

摘 要：本文以中国式现代化进程中的生态文明建设为背景，聚焦鲁西北平原区县域湿地公园治理实践。针对该区域在地形特征、生态系统、景观格局及水资源禀赋等方面的特殊性，基于全生命周期管理理论、系统治理理论等理论，构建"四阶段+一建设+一机制"的全过程治理体系。研究重点阐释了：① 湿地公园治理各阶段的核心程序与实施路径；② 跨部门协同治理中的事权配置与协调机制；③ 保障治理体系长效运行的制度安排。通过对理论框架的建构，系统提出涵盖生态保护效能提升、地方文化传承创新、水资源优化利用等多维目标的综合治理方案。研究成果可为北方平原地区湿地生态系统治理提供理论参照，对完善地方生态治理体系具有实践借鉴价值，同时为政府治理能力现代化提供方法论支持。

关键词：湿地公园治理；全生命周期管理；全过程治理体系；跨部门协同治理

1 引言

党的十八大以来，生态文明建设被提升至治国理政重要战略地位，以习近平生态文明思想为指导的"两山理念""美丽中国"战略推动生态治理范式向系统化转型。湿地公园凭借其复合生态系统特征，成为检验生态治理成效的典型场域。当前学界聚焦湿地健康评价与规划设计研究[1-3]，但针对县域尺度系统性治理的实践探索仍显不足。本文通过引入全生命周期管理的视角，在总结鲁西北平原区县域湿地公园特征及治理困境的基础上，构建起"四阶段+一建设+一机制"的全过程治理体系，旨在通过明晰湿地公园治理的治理任务、治理程序、治理事权分属及治理协调机制，为北方平原地区地方政府湿地公园系统性治理提供经验，助力地方政府治理体系和治理能力的提升。

2 区域特征与治理困境

2.1 生态地理特征

鲁西北平原区沿黄河下游分布有 63 处市县级以上湿地公园，其水陆过渡带生态系统具有显著特征：① 地貌单元呈现多元化特征，形成河流型、湖泊型与沼泽型复合湿地系统，构建起多层级水文调节网络；② 生物迁徙廊道功能突出，监测记录东方白鹳等 23 种国家一级重点保护鸟类，湿地挺水植物群落为候鸟迁徙提供关键能量补给站；③ 水文过程呈现强季节性，年均降水量 600～700 mm，需依托黄河水资源调配维持生态基流稳定；④ 人文–生态系统协同效应显著，以东昌湖国家湿地公园为例，通过划定生态保护红线、构建人工芦苇湿地净化系统，实现游客量逐年增长与水质稳定达Ⅲ类标准的协同发展。

2.2 治理现实困境

当前治理主要面临三大困境。其一，政策体系不完善。尽管国家级湿地公园已实施五类分区管理，但地方性政策缺位导致土地权属矛盾突出（如湿地-耕地边界冲突、产权模糊），生态保护与资源开发失衡，且市级以下湿地公园普遍缺乏科学规划支撑。其二，跨部门协同低效。纵向层面，生态环境、自然资源等部门职责重叠且缺乏统筹协调；横向层面，管理主体分散化问题显著，超80%市级以下湿地公园未设专业管理机构，现有机构存在职能交叉等问题。其三，监管评估体系薄弱。监测网络覆盖不足，国家级以下公园监测点密度不足标准的30%；数据共享滞后，且缺乏量化绩效评估指标，治理成效多依赖主观判断。三者叠加导致湿地生态系统服务价值未能充分挖掘，凸显了治理体系系统性重构的紧迫性。

3 全过程治理体系理论框架

3.1 定义与内涵

县域湿地公园全过程治理体系是基于全生命周期管理理论、系统治理理论与治理体系理论构建的综合性框架（见图1），旨在通过多主体协同、多要素整合和多环节联动，实现湿地公园的可持续发展。该体系涵盖规划编制、开发建设、保护运营及监督评估等全生命周期阶段，整合政府部门、社会组织、企业及公众等多元主体，统筹生态保护、资源利用、文化传承与科普教育等功能。

3.2 全过程治理体系建构路径

县域湿地公园全过程治理体系基于"人-事"交互的系统解构，通过对治理过程中主体与客体的双向耦合分析，构建"四阶段+一建设+一机制"的治理模式（见图2）。

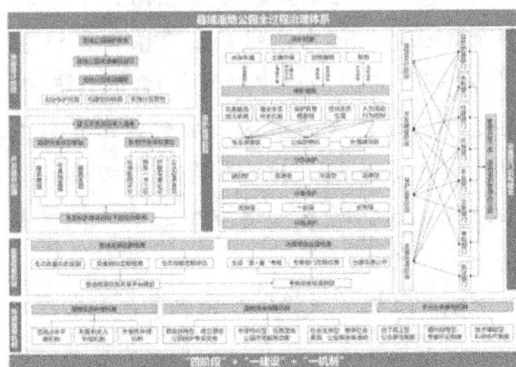

图2 县域湿地公园全过程治理体系模式图

1）"前后贯通，循序相继"的程序性阶段划分

该体系基于"四阶段"递进逻辑构建。顶层设计阶段确立"政策-权属-规划"协同框架，通过多元化保护政策、权属确权登记制度[4]及科学分区规划，奠定治理的法制基底与空间约束。开发建设阶段实施生态承载力导向的准入清单动态管控，强化存量项目合规性审查与增量项目多主体协商决策机制。保护运营阶段推行"分级-分区-分类"立体修复[5]，耦合低干扰旅游开发与科普教育体系，依托常态化管护机制保障系统韧性。监督检查阶段构建"监测-评估-反馈"闭环，整合多源传感网络覆盖生物多样性等多项指标，建立跨部门数据平台，设计 GEP 导向绩效评估体系，通过第三方审计与公众监督实现治理效能迭代升级。

图1 县域湿地公园全过程治理体系理论框架图

2）"条块结合，内外统筹"的整体性部门建设

县域湿地公园治理采用"条块结合，内外统筹"的组织架构，构建"垂直治理+分区治理"双向治理模式（见图3）。纵向层面建立"领导小组-生态保护委员会-职能部门"3级治理体系，通过定期联席会议统筹环保、自然资源等9个涉湿部门权责，实现跨部门政策协同与行动同步。横向层面推行"分区治理"模式，优化湿地公园管理机构内设职能模块：综合管理科负责制度衔接，规划建设科主导空间管控，生态保护科实施生物多样性维护，形成"决策-规划-保护"闭环链条。通过明晰纵向权责边界与强化横向职能耦合，破解传统治理中"条块分割"困境，实现生态治理事务从碎片化管理向系统化治理的范式转型。

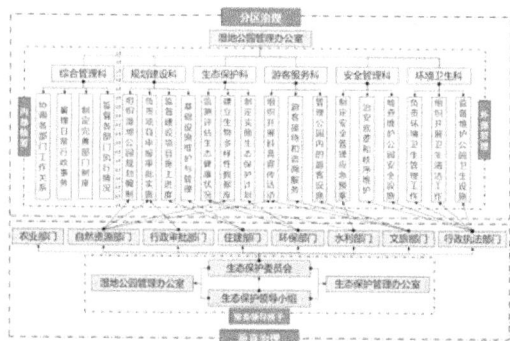

图3　整体性部门建设框架图

3）"协同共促，多方联动"的协调性机制保障

县域湿地公园协同保障机制通过三大核心机制实现治理效能提升。生态补偿机制遵循"占补平衡"原则，构建"政府-社会组织-市场"多元补偿主体网络，采用经济补偿、政策补偿与生态补偿组合模式，平衡利益受损群体与受益主体的权益关系。资金保障机制形成"财政主导-市场补充"双轨模式，整合中央转移支付、生态旅游收益及绿色金融工具，建立全流程审计监管体系。多元主体参与机制构建"公众-专家-科研院校"三维参与框架：通过数字参与平台和生态志愿服务激活公众监督；实施专家嵌入决策制度保障科学治理；联合高校建立产学研基地，推动治理技术迭代。

4　结语

本文基于全生命周期管理理论构建的"四阶段+一建设+一机制"全过程治理体系，系统回应了鲁西北平原区县域湿地公园治理中存在的政策碎片化、权责离散化与效能衰减等核心问题。创新性地将全生命周期理论拓展至生态治理领域，通过构建"规划-建设-运营-评估"闭环管理系统，实现生态治理从末端治理向源头防控的范式转变。提出垂直治理与分区治理协同框架，有效破解了跨部门治理的"条块分割"困境。优化县域湿地公园治理，要不断强化湿地公园层次化治理、标准化治理、精细化治理、常态化治理、程序化治理、协调化治理，因地制宜地探索出一条具有地方特色的湿地公园治理模式，不断助力地方生态保护与高质量发展。

参考文献

[1] 艾锦辉，方小山，张雪霏，等. 湿地公园健康评价指标体系构建与应用：以广州海珠国家湿地公园二期为例[J]. 生态学报，2024，44（14）：6111-6129.

[2] 滕熙，林晨薇，何芹，等. 城央型湿地公园规划策略研究：以广州海珠湿地为例[J]. 南方建筑，2020（6）：91-95.

[3] 陈宏宇，宋宁宁，贺思颖，等. 公园城市生态价值转化的设计实践：成都兴隆湖湿地公园[J]. 风景园林，2024，31（3）：65-69.

［4］程晓晖，欧佳斌，刘业光. 广东海珠国家湿地公园统一确权登记试点研究[J]. 测绘通报，2019（S2）：271-274.

［5］郭子良，张曼胤，崔丽娟，等. 中国湿地分级体系建设现状与探讨[J]. 湿地科学，2018，16（3）：322-328.

图片来源

图1～图3均为作者自绘。

基于空间句法的街区空间结构优化的比对与评价

——以莲花县微更新设计为例

金波（浙江大学；12212029@zju.edu.cn）

王素（浙江大学；wangsudl@163.com）

谢海汇（浙江大学；12312085@zju.edu.cn）

刘怡敏（浙江大学；liuym_zju@163.com）

裘知*（浙江大学；qiuzhi0710@zju.edu.cn）

摘　要：江西省莲花县作为脱贫县，呈现出城乡要素混杂、空间结构失序等典型特征，在"人居提质"与"旅游开发"双重目标驱动下，区别于发达城市以提质为核心的更新范式，多种设计方案之间产生了显著冲突。针对传统定性设计方法难以实现多方案科学比对的局限性，本文引入空间句法分析，构建了"空间需求—量化评价"的比对框架，以辅助空间结构优化效率的评估。本文旨在破解更新实践中的决策困境，为类似地区的可持续更新提供依据与参考。

关键词：空间句法；空间结构优化；方案评价比对；微更新设计

基金号：国家自然科学基金："角色—效用"机制下长三角地区乡村公共服务设施导控体系与营建方法（52278044）；浙江省哲学社会科学规划课题：城镇化格局分异下的浙江小城镇公共服务设施需求分级与服务导控体系（25NDJC003YB）

1　背景与问题

近年来，我国大城市积极探索城市更新转型，实践表明大拆大建模式不具有可持续性，小规模、渐进式的微更新已经成为主流趋势。这类实践主要集中于东部沿海发达地区，其目标是改善城市环境，提高居民生活质量，并取得了显著成效。

然而，后脱贫时代，部分中部地区的城镇仍然呈现出"半城半乡"的复合特征，难以直接复制发达地区的以"提质"为核心的更新经验[1]。针对此类地区的建设需要有机协调城市化进程和乡村振兴，因此，具有复杂多元的发展需求。

传统城市设计虽能根据不同的目标侧重，生成多种微更新方案，但方案的比选依赖决策者的主观经验，在可用资金有限、发展目标多元的半城市化地区，这种决策模式的局限性尤为突出。亟须构建一套科学的评价体系，实现不同方案之间的比对，以辅助方案的最终决策，由此提升城乡过渡地区更新中，资源配置的精准性和有效性。

2　空间结构优化比对方案生成

2.1　研究样本特征

自2019年脱贫以来，江西省萍乡市莲花县在社会经济发展中取得了显著成就，其城市化进程呈现出渐进式特征，形成了城乡空间交错发展格局。由于城市化发展进程存在先后，研究地块南北片区的空间形态与发展水平呈现显著差异。

其中，北面片区以高密度、多类型的自建住宅为主导，保留了大量的乡村景观，但缺乏整体规划，村民自主建设行为盲目且无序，导致道路系统不完善、公共设施吸引力不足、开放空间匮乏等问题；南面片区则呈现出截然不同的发展态势，以公共设施和现代小区等城市景观为主，同时依托红色文化遗产资源，表现出外向型发展潜力。

2.2 多元更新目标下的空间结构优化比对方案确立

由于这些地区普遍面临资金有限的挑战，微更新应采取渐进式、分阶段的方式，同时注重最大化经济效益和社会效益。结合莲花县的资源特点和现有问题，本文将"人居环境提升"和"旅游开发"作为该地区更新的核心目标，并提出侧重不同目标的两种方案（见图1）。

其中，方案A侧重北面片区，以"人居提质"为目标，重点优化道路、公共设施、户外公共空间和住宅，强调空间活力的释放和结构优化，提升生活质量和功能性；方案B侧重南面片区，以"旅游开发"为目标，优化公共设施、户外空间、道路和住宅，提升交通吸引力和空间活力，推动区域旅游发展和整体功能提升。

图1 地块现状及两种更新目标下的空间结构优化方案

3 多主体需求的空间转译

城市空间不仅承载日常活动，也被使用者的行为不断塑造。在多元主体的城市发展中，居民对安全感、宜居性和归属感的需求，以及游客对方向感、社交性和文化性的需求，都需要通过空间设计来满足。本文旨在从使用者视角出发，选用适当的量化方法，评估和比较不同的空间结构优化方案。

常用的量化分析方法包括空间句法、Spacematrix、UNA 和 Form Syntax 等[2]。其中，空间句法应用最为成熟，并且研究表明，它能有效揭示中国城市复杂的空间结构特征，预测人的空间认知和选择行为[3]，符合使用者需求的研究视角。

将居民和游客需求转化为空间指标（见图2），可以归纳出3个主要评价维度：交通吸引力、视域吸引力和结构清晰度[4]。

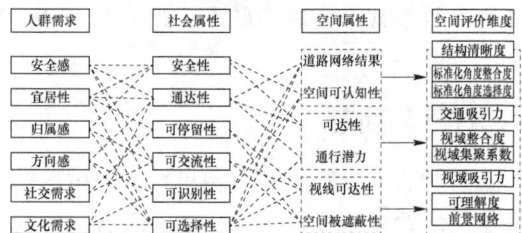

图2 "人群需求-空间属性"转译

4 基于空间句法的老旧街区空间结构优化方案评价结果

4.1 基于线段模型的交通吸引力评价

Nain R800 和 Nach＞1.2 道路长度数据，可以反映不同空间结构在城市空间于交通通行层面的吸引力[5]。方案B在提升街区整体及各片区（北面和南面）的交通可达性和通行潜力方面均优于方案A。尤其是在北面片区，方案B的优化效果超越了专门针对该片区优化的方案A；同时，方案B在南面片区的提升效果也明显高于方案A。

从 Nain R800 指标来看，方案 B 在提升道路连通性、改善空间可达性及带动北面和整体区域发展方面具有更大的优势。与此同时，从 Nach R800 指标分析，方案 B 在提升街区通行潜力和空间活力方面也表现出更为显著的效果，尤其是在南面片区的改善明显超越方案 A（见图 3）。

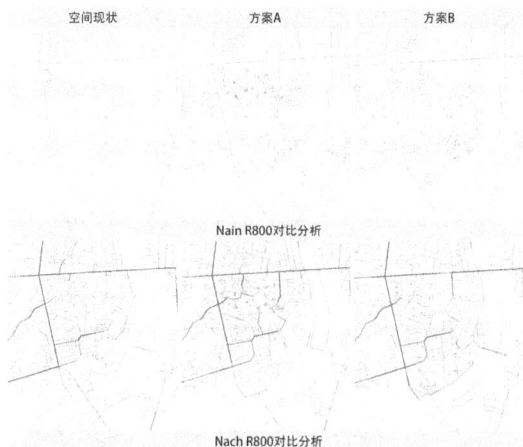

图 3 优化方案的 Nach 与 Nain 值可视化

综上所述，基于线段模型的交通吸引力评价结果表明，方案 B 在交通吸引力的提升上，尤其在可达性和通行潜力方面，相较于方案 A 具有更为突出的表现（见表 1）。

表 1 优化方案 Nach 与 Nain 提升程度对比

Nach＞1.2 道路长度提升值对比分析					
	现状	空间结构优化方案 A		空间结构优化方案 B	
	Nach＞1.2 的道路长度/m	Nach＞1.2 的道路长度/m	提升值/m	Nach＞1.2 的道路长度/m	提升值/m
街区整体	3 784	4 206	+422	5 147	+1 363
北面片区	2 914	3 121	+207	3 098	+184
南面片区	1 551	1 456	−95	2 418	+867
Nain R800 平均值对比分析					
	现状	空间结构优化方案 A		空间结构优化方案 B	
	Nain R800 平均值	Nain R800 平均值	提升值	Nain R800 平均值	提升值
街区整体	0.765	0.807	0.042	0.828	0.063
北面片区	0.753	0.806	0.053	0.824	0.071
南面片区	0.81	0.816	0.006	0.84	0.03

4.2 基于视域模型的视域吸引力评价

视域整合度和视域集聚系数反映了城市空间对人们视线的吸引力，包括视线可达性、遮挡情况和连续性等因素。

方案 B 在整体街区视域整合度上优于方案 A，尤其在南面片区，方案 B 各项数据均高于方案 A，且两方案标准差相似。总体而言，方案 B 在视线可达性上表现较好，能够更好地提升人居环境和促进旅游发展。

从视域集聚系数看，方案 A 在路口空间表现突出，能引导人们做出择路决策，而方案 B 在住宅区更具私密性社交优势。设施区域两方案差异较小，方案 A 在设施入口的引导性稍强。综合来看，方案 A 在路口和设施区域引导性更好，方案 B 则更适合住宅区的私密社交。考虑到环境质量提升与旅游开发目标，方案 B 在视线限定效果上更优（见图 4）。

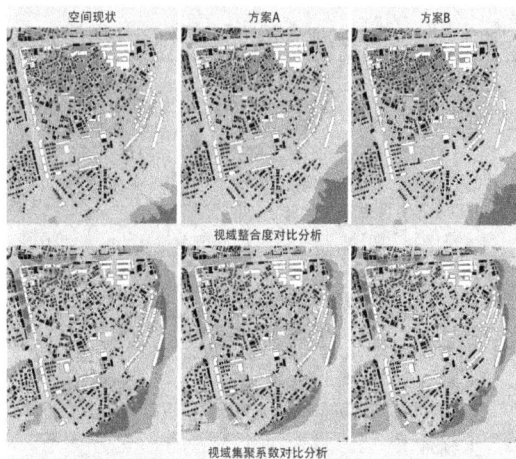

图 4 优化方案视域集聚系数与视域整合度可视化

综上所属，在视域集聚系数方面，方案 A 效果较为显著，而在整体视线可达性和带动效应上，方案 B 更具优势（见表 2）。

表 2 视域整合度提升程度对比分析

视域整合度对比分析									
	街区整体			北面片区			南面片区		
	现状	方案 A	方案 B	现状	方案 A	方案 B	现状	方案 A	方案 B
平均值	5.35	5.76	6.16	4.49	4.87	4.86	6.25	6.8	7.37
最小值	1.45	1.51	1.7	1.45	1.51	1.7	3.81	3.7	3.73
最大值	8.9	9.79	10.4	8.6	9.18	9.18	8.9	9.79	10.4
标准差	1.43	1.55	1.81	1.34	1.37	1.49	0.83	1.07	1.08

4.3 基于线段模型的结构清晰度评价

可理解度和路网结构反映了空间形态对整体空间的感知能力和特质[6]。对比结果显示，方案B在可理解度和路网凸显性方面优于方案A。方案B在可理解度上，街区整体、南面和北面片区的拟合系数 R^2 提升较明显，尤其在北面片区，方案B的提升幅度超过了专门针对该片区的方案A，显示其更强的空间识别性和带动效应，用户更易判断位置，减少迷路，提升出行效率。

在路网结构方面，方案B的前景和背景网络相似，Nach R800 和 Nain R800 的最大值和平均值较为均衡。方案A在前景网络的 Nach R800 最大值略高，但方案B的 Nain R800 最大值明显更优，表明其前景网络更突出，能承载更多人流和车流，优化结构有助于减轻通行压力，提升片区开放性（见表3）。

表3 优化方案的可理解度与路网结构对比分析

可理解度对比分析					
	现状	空间结构优化方案A		空间结构优化方案B	
	可理解度拟合系数 R^2	可理解度拟合系数 R^2	拟合系数 R^2 提升值	可理解度拟合系数 R^2	拟合系数 R^2 提升值
街区整体	0.52	0.497	−0.023	0.506	−0.014
北面片区	0.526	0.549	0.023	0.584	0.058
南面片区	0.585	0.592	0.007	0.684	0.099
路网结构对比分析					
	现在	空间结构优化方案A		空间结构优化方案B	
	街区整体	街区整体	提升值	街区整体	提升值
前景网络 Nain R800 最大值	1.430 6	1.449 6	0.019	1.440 9	0.010 3
前景网络 Nain R800 最大值	1.412 6	1.446 3	0.033 7	1.464 5	0.051 9
背景网络 Nain R800 平均值	0.904 3	0.905	0.000 7	0.910 7	0.006 4
背景网络 Nain R800 平均值	0.765 6	0.786	0.020 4	0.785 3	0.019 7

基于交通吸引力、视域吸引力和结构清晰度等分析，方案B在交通吸引力和结构清晰度上明显优于方案A，有效解决了莲花县路网混乱和寻路困难问题。在视域方面，虽然方案A在视线导引性上占优，但方案B的视线可达性更强，有利于整合碎片化的公共空间。综合考虑效果和性价比，方案B因其高效交通组织、清晰空间定位和公共空间优化能力，被选为街区微更新基础方案。

5 结论

本文以莲花县为例，以脱贫县的半城市化地区的微更新为导向，针对城乡融合背景下更新目标多元、情境复杂的现实挑战，探索了一种基于使用者需求的空间优化设计方法。

研究完善了"定性设计、量化评价"的设计方法，构建了基于使用者需求的评价体系，并通过空间句法进行深入的方案分析与比对，提升了微更新的科学性与针对性，旨在为城乡融合背景下的空间优化决策提供新思路与工具。

参考文献

[1] 田莉，姚之浩，郭旭，等. 基于产权重构的土地再开发：新型城镇化背景下的地方实践与启示[J]. 城市规划，2015，39（1）：22–29.

[2] 叶宇，戴晓玲. 新技术与新数据条件下的空间感知与设计运用可能[J]. 时代建筑，2017（5）：6–13.

[3] HILLIER B. Space is the machine: a configurational theory of architecture[M]. Cambridge：Cambridge University Press，1996.

[4] 盛强，方可. 基于多源数据空间句法分析的数字化城市设计：以武汉三阳路城市更新项目为例[J]. 国际城市规划，2018，33（1）：52–59.

[5] 杨滔. 空间句法：从图论的角度看中微观城市形态[J]. 国外城市规划，2006（3）：48–52.

[6] 裘知，王玥，王竹，等. 小城镇空间吸引力与公共服务设施空间分布的关联性分析：以安徽省H镇为例[J]. 新建筑，2023（4）：131–136.

图表来源

本文图、表均为作者自绘。

预防犯罪视角下街巷空间句法分析及改造策略研究

——以达善城中村为例

余安莉（广东技术师范大学；2995332285@qq.com）

周峻岭*（广东技术师范大学；531748238@qq.com）

郭依炯（广东技术师范大学；1501497761@qq.com）

摘　要：在城镇化过程中，城中村常面临规划落后、管理不善和环境卫生等问题，影响居民生活并可能滋生犯罪。而街巷空间作为城中村的主要活动区域，需加强管理以提升生活质量并降低犯罪率。本文以广州市天河区棠下街道达善城中村为例，运用"空间句法"和CPTED理论，结合问卷调查，进行分析并梳理其街巷空间形态。文章旨在识别问题，提出改进策略，优化居住空间布局，增强安全性，促进社区和谐稳定，为城中村可持续发展创造条件。

关键词：城中村；街巷空间；预防犯罪视角；空间句法

基金号：教育部办公厅 2020 年度省级一流本科专业建设点（环境设计专业）省级一流本科课程《景观设计基础》；广东技术师范大学2022博士点建设单位科研项目——基于元宇宙构建未来城市环境色彩满意度评价研究——以大湾区为例（22GPNUZDJS59）；乡村振兴背景下岭南传统村落空间形态与建筑特色研究（22GPNUZDJS58）

0　引言

城中村是城市面向现代化发展的产物，通常伴随着环境复杂、管理不善和规划落后等问题。犯罪分子易隐藏于其中，导致犯罪率上升。而且由于人口密集，公共空间和卫生条件差，因此改善城中村环境、预防犯罪，对社会和谐稳定至关重要[1]。中国人口众多，仅靠警方难以完成治安工作。通过采用空间句法等原理，规划街巷空间形态，可以减少人力成本并限制不法行为，对犯罪预防产生积极影响。

1　研究区域及研究方法概述

1.1　研究区域概述

本研究选取广州市天河区棠下街道的达善村作为研究案例。达善村周围现代化城市建筑环绕，内部建筑密集低矮，是典型的高密度城中村。其主要街巷有4条（见表1。）

表1　达善村街巷现状

名称	街巷照片	长度/宽度/m	周围建筑高度/m	空间特征
涌东路		720/7	27	可汽车通行，两侧为商铺、住宅和河涌
大片路		300/8	18	可汽车双行，一侧为台阶
大片北路		320/8	18	可汽车双行，两侧为商铺
达善大街		500/3～4	18	只行人、摩托车通行，两侧为商铺和历史建筑

1.2 研究方法概述

1）空间句法原理及变量选取

空间句法研究空间与人类行为关系，通过量化分析形态、排列、连接等要素，探讨空间对行为的影响及行为对空间的认知。[2]

本文使用空间分析软件 Depthmap，量化参数，分析街巷空间结构。在数据呈现上，颜色由暖至冷渐变代表数值由高至低递减。针对达善村采用轴线模型分析、轴线线段分析及空间视域分析。

2）CPTED 理论及变量选取

CPTED 理论是犯罪学中关于通过环境设计来预防犯罪的一种理论。经过多年发展该理论已经成为犯罪学中一种重要理论。[3]

本文选取 CPTED 理论六大核心策略：自然监视、出入控制、领域感、目标强化、活动支持和环境维护，进行问卷调研测量。

2 达善村街巷空间句法分析

2.1 轴线模型分析

1）整合度分析

整合度反映空间内部的协调性及整体性，衡量到达空间的难易程度。高整合度的空间中心性强，便于人流聚集，通常与低犯罪率相关。[4]

通过 Depthmap 的整合度分析可见（见图 1），涌东路与大片路主干道颜色最暖，整合度最佳。达善村冷色区域多为狭小断头路，私密性强，易成为犯罪盲点。

2）连接度分析

空间系统的连接度指某一空间与其他空间的相交数量，反映空间的关系，连接度高意味着渗透性强。

分析显示（见图 2），达善村中整合度高的街道连接度也高，空间渗透性良好。CPTED 理论指出，街道分支多可助犯罪分子逃逸。达善大街连接度最高，001 区域道路长仅 170 m，连接度达 17，易帮助犯罪分子逃逸。

图 1 全局与局部整合度分析

图 2 连接度分析

2.2 轴线线段分析

将轴线地图转换为线段地图可以进行选择度的分析。选择度反映空间最短路径的频率，显示被穿行的可能性，即通过量。

通过模拟 400 m 和 1 500 m 半径下的步行和骑行选择度，可以发现达善村主要干道更受欢迎，在此处设置村入口，有利于监管入村的人员，符合 CPTED 理论的入口控制。

2.3 空间视域分析

视域整合度反映可达性，高整合度区域

视野开阔。图 3 以达善村为观察域，可见视域整合度低，仅涌东路、中山大道及停车场区域较高。这是由于城中村建筑密集，街道狭窄，视线被遮挡，影响了可视性。

图 3 空间视域整合度分析

3 基于 CPTED 理论的问卷设计与测量

3.1 问卷测量项目

问卷基于 CPTED 理论进行设计，面向村内居住群体发放，共发放问卷 71 份，回收有效问卷 71 份。测量项目见表 2。

表 2 测量项目

测量项目	题项	认可程度				
自然检视	环境存在"视觉死角"	1	2	3	4	5
	路灯数量少，亮度不足	1	2	3	4	5
	偏僻的小路数量多	1	2	3	4	5
	夜晚缺少警务人员巡逻	1	2	3	4	5
	监控系统不完善，监控摄像头少	1	2	3	4	5
出口控制	入口过多，监管薄弱	1	2	3	4	5
	路网过于密集混乱	1	2	3	4	5
	道路指示牌数量少，指引不清晰	1	2	3	4	5
领域感	私密性低，对外开放和共享	1	2	3	4	5
	汽车或物品占用公共空间停放	1	2	3	4	5
	街巷环境杂乱，秩序差	1	2	3	4	5
	居住区域与商业区域划分不明	1	2	3	4	5
目标强化	居住区缺少围墙，或围墙不高	1	2	3	4	5
	缺乏防盗网、防护栏	1	2	3	4	5
	缺少安全宣传栏	1	2	3	4	5
活动支持	公园广场无人使用	1	2	3	4	5
	缺乏休闲设施	1	2	3	4	5
	商业设施分布数量少	1	2	3	4	5
环境维护	公共设施遭到破坏	1	2	3	4	5
	地上垃圾无人清理	1	2	3	4	5
	多处粘贴广告纸，出租告示	1	2	3	4	5

3.2 问卷信效度检验

1）信度检验

本文采用 Cronbach 信度分析，Cronbach α 系数为 0.967，具有较高信度（见表 3）。

表 3 信度检验结果

Cronbach 信度分析			
名称	校正项总计相关性（CITC）	现已删除的 α 系数	Cronbach α系数
环境存在"视觉死角"	0.776	0.965	0.967
路灯数量少，亮度不足	0.663	0.966	
偏僻的小路数量多	0.739	0.965	
夜晚缺少警务人员巡逻	0.817	0.964	
监控系统不完善，监控摄像头少	0.650	0.966	
入口过多，监管薄弱	0.748	0.965	
路网过于密集混乱	0.762	0.965	
道路指示牌数量少，指引不清晰	0.817	0.965	
私密性低，对外开放和共享	0.793	0.965	
汽车或物品占用公共空间停放	0.789	0.965	
街巷环境杂乱，秩序差	0.834	0.964	
居住区域与商业区域划分不明	0.785	0.965	
居住区缺少围墙，或围墙不高	0.817	0.964	
缺乏防盗网、防护栏	0.874	0.964	
缺少安全宣传栏	0.795	0.965	
公园广场无人使用	0.653	0.967	
缺乏休闲设施	0.767	0.965	
商业设施分布数量少	0.625	0.967	
公共设施遭到破坏	0.799	0.965	
地上垃圾无人清理	0.706	0.966	
多处粘贴广告纸，出租告示	0.733	0.965	

2）效度检验

KMO 和 Bartlett 结果显示，问卷 KMO 值为 0.926，大于 0.6，效度好，同时达到 Bartlett 球形检验标准，$p \leqslant 0.05$（见表 4）。

表 4 效度检验结果

KMO 和 Bartlett 的检验		
KMO 值		0.926
Bartlett 球形度检验	近似卡方	1386.728
	df	210
	p 值	0.000

3）数据分析

问卷显示，达善村主要居住着刚毕业的

青年和外来务工人员，经济基础较弱。在测量项目中，"地上垃圾无人打扫"和"商业设施分布数量少"与实际不符，因此这两项不被视为影响犯罪的因素。其他假设项均得到验证成立。

4 存在问题与改造策略

结合研究，达善村街巷影响安全和犯罪主要有 5 个问题：街巷隐蔽、主街分支过多、违建导致公共空间不足、疏离的邻里关系和杂乱的建筑立面。针对这些问题，提出以下策略。

4.1 整理街面以维护环境

整洁的街道能延长停留时间，并对犯罪产生威慑。达善村电线外露杂乱，需改善绿化与建筑风貌、加强设施完善与管理。

4.2 优化空间布局和道路系统

达善村自建房密度大，楼间距窄，巷道空间尺度小，私密性强，不利治安。改造时应管控入口并增设监视。整合度低的街巷需增强对外联系，合理布局空间以预防犯罪。[5]

4.3 增加交流窗口与公共空间

城中村的防盗网和封闭围墙具有防御作用，但影响美观与邻里交流。改造时应考虑柔化隔断，提高通透性，促进视线交流和自然监控，从而增强安全性。此外，应创建满足需求的公共空间，提升邻里交流。

参考文献

[1] 陈强胜. 疫情防控背景下广州犯罪形势变化及治理对策[J]. 中国刑事警察，2021（3）：68-73.

[2] 陈仲光，徐建刚，蒋海兵. 基于空间句法的历史街区多尺度空间分析研究：以福州三坊七巷历史街区为例[J]. 城市规划，2009，33（8）：92-96.

[3] SHAMIR R，BAKAR S A，BINTI R Z，et al. Issues with the application of CPTED in urban development：a case of City X，Malaysia[J]. Security Journal，2022，36（3）：558-588.

[4] 吴浩源，刘杰，张青萍. 城市居住区的空间句法分析及景观设计：基于预防犯罪视角[J]. 中国园林，2015，31（9）：65-69.

[5] 青山杉，顾红男. 预防犯罪视角下的城中村街巷空间句法分析及改造策略研究：以唐家湾镇为例[J]. 建筑技艺，2022（S1）：171-175.

图表来源

图1～图3 均为作者自绘；

表1～表4 均为作者自绘。

基于 sDNA 空间整合度的立体开发容积率转移博弈分档模型

——TOD 站域活力坪效与可达性阈值研究

王琳（深圳大学；2021100031@email.szu.edu.cn）

徐磊青（同济大学；leiqingxu@tongji.edu.cn）

言语*（深圳大学；yimyvu@szu.edu.cn）

摘　要： 在高密度城市 TOD 核心区开发中，传统容积率转移方法多以土地物业价格因子为主导判定博弈中置换的参数与静态参数模型，难以适配动态博弈场景及人性化尺度需求，存在以下 3 个断层：一是传统导控依赖曲线拟合及等值法等公式进行参数可视化，导致只对原曲线增强，难以再度调控高密地区（如东京核心区等）的再开发；二是立体空间易使此双模型错位更加显著；三是现行容积率转移多为"价格+"模式而忽略人性尺度在高密地区矛盾凸显。本文以 sDNA（spatial design network analysis，空间设计网络分析）与 SHAP 可解释机器学习为核心分析技术，提出融合"尺度–规模–活力"的立体开发导控框架。通过 sDNA 建模轨交站域立体网络，量化空间整合度（NQPDA）对活力坪效的支撑作用，揭示高可达性基面显著缓解规模扩张对活力的稀释效应。进一步引入 SHAP 值解析多方博弈中公共空间面积（POS）与建筑面积（GFA）的边际贡献，发现小尺度公共空间（POS<10 000 m²）与中等开发规模（GFA<200 000 m²）的组合可最大化活力坪效，而过度开发将导致 SHAP 值显著负向偏移。实证表明，SHAP 交互图与空间句法整合度的协同分析，能够动态映射容积率转移阈值，为政策制定提供"非参数博弈识别–参数化阈值校准"的双路径支持。本文突破传统地价导向的置换逻辑，为高密度城市立体开发中公共空间效能与开发强度的动态平衡提供了科学工具。

关键词： 容积率转移；立体开发博弈论；活力坪效阈值；SHAP 解释模型；sDNA 权重修正

基金号： 国家自然科学青年基金：公共空间活力导向下地铁上盖地块开发立体街区导控指标研究（52408029）；高密度人居环境生态与节能教育部重点实验室（同济大学）开放课题基金资助：轨交地块基面公共空间疏解及其规模置换导控研究（20220107）；深圳大学高水平大学三期建设项目基金（000001032138）

1　引言

高密度城市 TOD 核心区开发正从平面扩展转向立体叠加，传统容积率转移机制因依赖静态价格因子模型，面临三大挑战。活力坪效（单位面积活力产出）作为价值导向的新指标和动态研究范式亟待确立。因此，本文聚焦东亚高密度 TOD 站域，通过 sDNA 与 SHAP 的耦合模型，提出"非参数博弈识别–参数化阈值校准"导控框架，为立体开发中公共服务效能与开发强度的动态适配提供新路径（见图 1）。

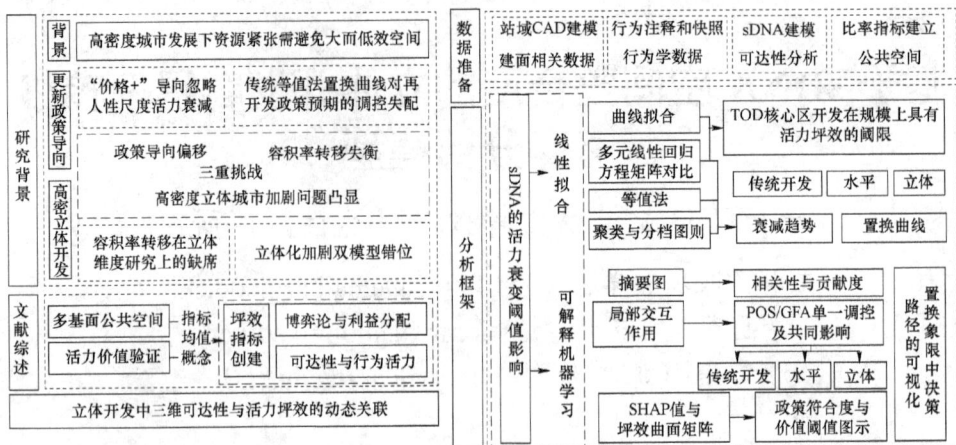

图 1　研究框架

2　概念提出：sDNA–SHAP 耦合框架

2.1　活力坪效新指标

定义"活力坪效"为公共空间活力产出与地块面积或开敞空间面积的比值，包括：水平活力地块坪效 AE_HV（Y1=水平活力/地块面积）、立体活力地块坪效 AE_VV（Y2=立体活力/地块面积）、传统活力 POS 坪效 posE_HV（Y3=水平活力/开敞公共空间面积 POS）。

2.2　sDNA 整合度修正

sDNA（空间设计网络分析）提出以来，常用于高密度城市立体空间的行为活力研究、等值法研究中的因子[1]和模型修正参数[2]。基于此，本研究通过 sDNA 建模轨交站域立体步行网络，量化空间整合度（NQPDA）对活力坪效的修正作用：

修正坪效 Y′=活力坪效/sDNA 整合度均值

2.3　SHAP 博弈分档模型

基于合作博弈论，引入 SHAP 可解释机器学习[3-4]：以活力坪效为目标变量，解析 POS 与 GFA 的边际贡献及其交互效应；构建"参数化阈值校准–非参数博弈识别"双路径支持政策制定。

2.4　站域行为数据收集与 sDNA 建模

选取上海 11 个日均客流量 3 万～17 万

的轨交站域，对其进行停留人流密度、行为分类数据收集、sDNA 建模（见图 2）。

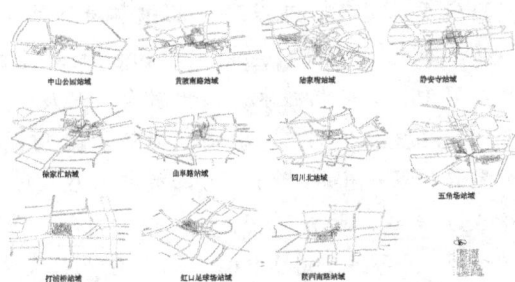

图 2　33 个样本的 sDNA 建模

3　尺度–规模–活力的参数化线性模型

坪效矩阵见表 1。

表 1　坪效矩阵

3.1　曲线拟合与规模–尺度相变临界点

通过多元线性回归分析，揭示高密度城

市公共空间供应系数（POS/GFA）与活力坪效的非线性关系。以传统开发模型Ⅲ拟合结果为例：

$$Y3 = 0.000\ 145 - (4.951\ 4E - 10 * POS - 0.000\ 005) * GFA$$

当 POS＜10 098.154 m² 时，GFA 对活力坪效呈正向作用；反之则负向。曼哈顿窄密路网（100 m×100 m 地块）验证小尺度 POS（＜10 000 m²）对活力提升的边际效益最优作为实证。

3.2 多元线性回归分析与等活力坪效置换的分档研究

基于室外公共空间面积（POS），研究通过水平（Y1）与立体（Y2）活力地块坪效的尺度-规模参数关联分析，对样本的 POS 与 GFA 进行聚类分档，构建等活力坪效置换模型（见图3）。结果显示：

（1）阈限性差异：水平与立体坪效在尺度（POS）和规模（GFA）上均存在显著阈值效应；

（2）置换效能对比：立体开发等值置换面积始终低于水平开发，表明立体空间活力转化效率受限；

（3）规模非线性衰减：置换差额随 POS 增加而扩大，验证大地块人流吸引效能因边际效应衰减，且难以向立体空间辐射。

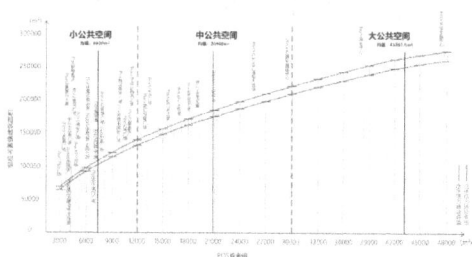

图 3　等活力坪效公共空间面积可置换建筑面积查表

3.3 sDNA 整合度对冲规模稀释效应

置换斜率变化：引入 sDNA 修正后，单位 POS 的活力坪效等值置换面积增加（K：$K_1 < K_0 < K_2 < K_3$），凸显轨交站域立体网络对活力支撑的增效作用（见图4）。

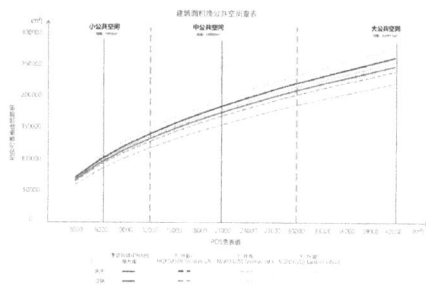

图 4　sDNA 可达性权重对 K 值的修正

4 尺度-规模-活力的非参数博弈研究

由摘要图中的高相关性，取前两个自变量（POS、GFA）对坪效进行交互效应的 sDNA 修正比对分析。

4.1 SHAP 揭示阈值临界点

（1）规模稀释效应：GFA＞200 000 m² 显著削弱 POS 活力效能，需通过提升可达性对冲稀释风险。

（2）立体敏感特性：立体开发 SHAP 值降幅高于水平开发，对规模扩张更敏感。

（3）空间依赖差异：水平开发依赖窄路网（低 POS 区 SHAP 值高），立体开发受业态混合度等综合因子影响（SHAP 值分布离散）。

（4）sDNA 修正机制：引入 sDNA 可达性权重后，SHAP 值负偏斜率加剧，揭示忽略三维拓扑将系统性低估规模稀释效应。表 2 为交互作用图及为 sDNA 权重修正模型。

表 2　交互作用图及为 sDNA 权重修正模型

	posE_HV	AE_HV	AE_VV
①			
②			

4.2 象限分析与政策映射

基于 SHAP 值与坪效曲面的双轴可视化

（见表3），以 POS（x）、GFA（y）划分9类开发模式。

表3　坪效空间曲面矩阵模型

（右列为 sDNA 权重修正模型）

表3图示	坪效曲线斜率（随着 POS、GFA 增大）		
	>0	=0	<0
	坪效增长 正向开发区	坪效瓶颈 调控失效	坪效下降 负向开发区
SHAP>0 符合现行政策	a1	b1	c1
SHAP=0 无参考意义	a2	b2	c2
SHAP<0 突破/补足原政策	a3	b3	c3

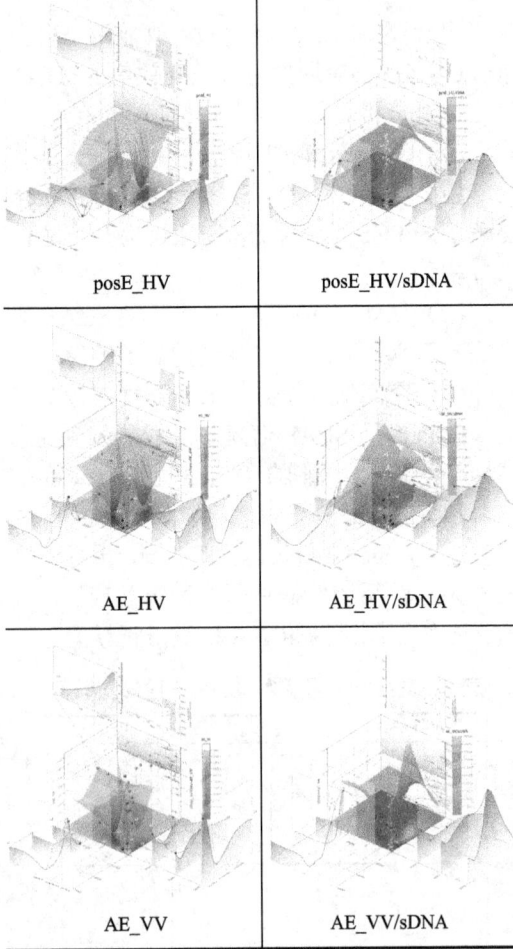

posE_HV　　　　posE_HV/sDNA

AE_HV　　　　AE_HV/sDNA

AE_VV　　　　AE_VV/sDNA

（1）极小规模分析：当 GFA 极低时，小尺度 POS（<10 000 m²）坪效呈"骤降–回升"波动，窄密路网效能优势显著。

（2）规模稀释临界：当 GFA＞200 000 m² 或 POS＞20 000 m² 时坪效趋平，标志大尺度活力调控失效。

（3）开发模式分化：水平开发聚焦中 POS-中 GFA 平衡态，立体开发需高 POS 补偿极小 GFA，凸显体量敏感性。

（4）sDNA 修正与政策协同：

①高整合度基面使活力峰值向小 POS-中 GFA 偏移，验证可达性对冲规模稀释。

②SHAP 高值区（政策耦合带）集中在中尺度开发，与高坪效区（窄密路网）错位，揭示现行政策忽视人居活力阈值。

参考文献

[1] 步茵，黄明华. 城市新建区开发控制初探：以西北地区东部带形城市平凉为例[J]. 现代城市研究，2011，26（5）：29-33.

[2] 古恒宇，孟鑫，沈体雁，等. 基于 sDNA 模型的路网形态对广州市住宅价格的影响研究[J]. 现代城市研究，2018（6）：2-8.

[3] 聂家荣，李贵才，刘青. 基于夏普里值法的城市更新单元规划空间增量分配方法探析：以深圳市岗厦河园片区为例[J]. 人文地理，2015，30（2）：72-77.

[4] PAN H, HUANG Y. TOD typology and station area vibrancy: An interpretable machine learning approach[J]. Transportation Research Part A：Policy and Practice，2024，186：104150.

图片来源

图1～图4均为作者自绘；
表1～表3均为作者自绘。

基于空间句法分析的沿海船厂规划研究

李朝君*（中国船舶集团国际工程有限公司；lizhaojun1027@163.com）

戚欢月（中国船舶集团国际工程有限公司；qihuanyue@csic602.com.cn）

王婷（中国船舶集团国际工程有限公司；wangting@csic602.com.cn）

全胜（中国船舶集团国际工程有限公司；35918938@qq.com）

张津铭（中国船舶集团国际工程有限公司；2901796130@qq.com）

赵瑞峰（中国船舶集团国际工程有限公司；zrf8011@163.com）

摘　要：我国作为全球工业的核心引擎，正处于从"造船大国"向"造船强国"转型的关键阶段。其中，船厂是我国船舶类工业园区中的重要类型。基于此，本文创新性地构建船厂空间句法三维分析模型，对我国沿海船厂的选择度、整合度、连接度和步进深度进行分析，突破传统二维平面分析的局限，建立造船工艺流程与空间渗透度的量化关联矩阵，并为船厂空间规划和工艺流线提出指导性意见。

关键词：空间句法；沿海船厂；规划

1　研究背景

作为国家海洋强国战略的核心载体，船舶工业不仅承载着"中国制造2025"的产业升级使命，更是保障海上丝绸之路建设与国防安全的关键基础设施。据统计，目前世界上约40%的船舶都由中国建造[1]，我国是世界第一造船大国，我国的沿海传统船厂普遍面临"空间–功能"适配性不足的转型阵痛。基于此，我国需不断更新、优化船厂以适应新质生产力的快速发展模式。

2　研究对象及研究方法

根据船舶类工业园区的规划经验，船坞船台的选址与设计是园区规划的重中之重，具有独特性和不可移动性。此外，在园区内工艺生产区是重要支柱，科研办公区是头脑枢纽，部分修船区是业务重区。船舶工艺技术是指在船舶建造过程中所采用的作业方法、操作技艺和流程的集成。对现代造船技术来说，主要分为6个技术阶段：钢材预处理、船体加工、船体装焊、船舶舾装、船舶涂装、船台（船坞）装配（见图1）。船舶类工业园区应合理布局，优化生产工艺流线，秩序性布置工艺车间，使物流距离最短，方便钢材、零件、部件、分段、舾装件等产品运输流线不倒流、迂回和交叉。

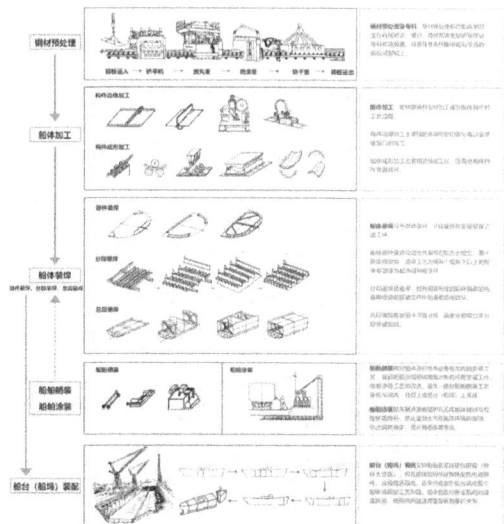

图1　我国现代造船工艺流程

359

2.1 研究对象

本文的研究对象为北方某沿海船厂（见图 2），该园区分为一区、二区，占地面积6 750 亩（450 万 m²），拥有 6 km 海岸线和21.5 万 m² 堆场。在一区的内部布局中，东部为船舶分段制造区，配备了联合加工车间、平面车间、曲面车间和办公区；西部为造船船坞，矗立 4 台门式起重机；北部为修船一区，配备修船坞、门式起重机等；南部为游艇船机区和涂装车间；西南部为科研办公区和管子车间等。此外，二区整体为修船区。

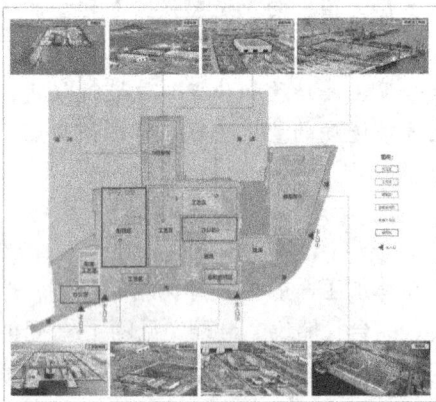

图 2　我国某沿海船厂

2.2 研究方法

Bill Hillier 教授于 20 世纪六七十年代提出了空间句法的概念，他在《空间是机器》一书中重点研究空间结构与建筑形态之间的关系。目前，空间句法已经获得了 70 多个国家的认可和应用[2]。

空间句法在园区研究方面，对于园区规划设计[3]、中式园林、各类公园空间、迪士尼、环球影城等游乐园区[4-5]及园区间空间特征对比[6]等均有探索；针对工业园区，研究集中于工业遗产园区的差异化更新与改造[7-8]、保护与利用[9-11]、空间特征研究[12-13]、街区活化[14]、旅游开发等[15]；也有对于既有工业园区空间形态改造优化策略的研究[16]。空间句法对于既有工业园区的研究主要集中于空间形态改造优化策略，园区类型包括

钢厂、煤场、矿场等[16]。这有力地说明空间句法理论能够有效指导船厂空间规划布局。

本文针对船舶类工业园区的空间网络形态，以真实园区路网图作为空间句法研究的基础，建立空间句法"线段模型"进行分析。通过 Depthmap 计算 4 类空间语法参数：深度、连接度、整合度、选择度。

3　某沿海船厂的空间句法分析与应用

本文中用于计算园区道路空间可达性的空间句法线段模型范围包括园区及周围 3 km 范围以内的所有街道，在参数选择上采用了 800 m、1 000 m、1 200 m、1 500 m、2 000 m 等 5 个计算半径尺度下的 NACH 参数和 NAIN 参数。计算结果显示，该沿海船厂在 1 200 m 尺度下的整体空间可达性较高，该尺度也符合船舶类工业园区的生产规模和工作流线（见图 3）。

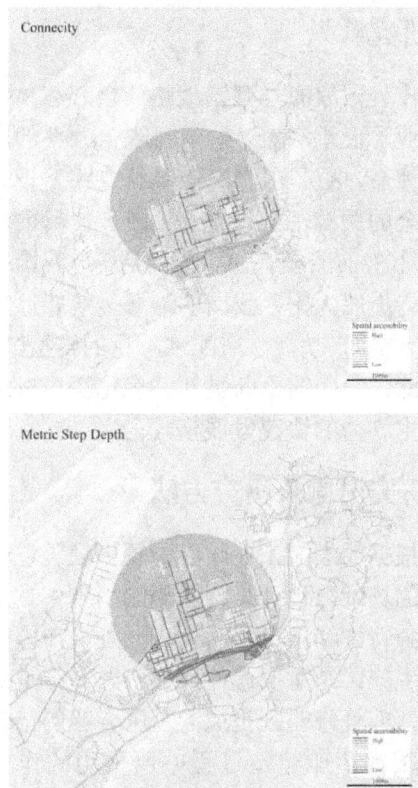

图 3　某沿海船厂空间句法分析

研究结果（见图4）显示，NACH 和 NAIN 在相同的计算半径下，存在显著的相关性（Person 系数＞0.36，Sig.＜0.01）。

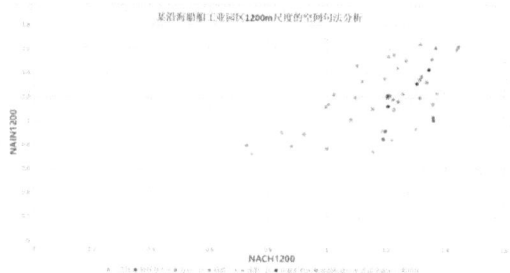

图 4　某沿海船厂 1 200 m 尺度下相关性分析

由沿海船舶工业园区各功能区块的空间可达性分析，得出以下结论。

从空间选择度来看：①办公区内的办公二区整体选择度最高，表明该区域具有最优的交通穿行效率；工艺区同样呈现较高的选择度特征，说明其与园区其他功能区联系紧密。需注意的是，科研办公区域虽然靠近城市道路，但与园区内部其他功能区的联系较为薄弱。②修船区整体交通可达性较弱，反映出该区域与其他功能区之间缺乏高效的空间连接。③游艇船机区相对独立，位于物流出入口处，具有良好的对外交通可达性，但对内功能联系较弱。④船坞区陆上交通可达性差，符合其使用要求。⑤堆场作为一二区的交通连接区，具有极好的交通可达性。

从空间整合度来看：①办公区和工艺区的整合度高，说明二者共同构成园区空间网络的核心枢纽。②游艇船机区整合度较高，因其处于物流出入口"要道"，且功能相对独立。③修船区整合度值全域最低，空间区位处于园区边缘地带，反映出其非核心功能属性。④船坞区整合度高，说明船坞属较为核心区域，占据重要空间。

综上所述，①工艺区作为园区"毛细血管"网络，建议与占据核心区位的办公区进行空间置换，既提升工艺区空间地位、强化

功能衔接，又可整合分散的办公资源，提升效率。②修船区与船坞区受制于地质条件等客观限制，空间布局调整余地有限。③游艇船机区功能独立，可灵活移动空间位置。④现有连接交通区作为必要通行通道，应维持现状。

参考文献

[1] 李彦庆，韩光，张英香. 我国船舶工业竞争力及策略研究[J]. 舰船科学技术，2003（4）：61-63.

[2] 杨滔. 说文解字：空间句法[J]. 北京规划建设，2008（1）：75-81.

[3] 王建璞，徐波，王林. 基于空间句法的既有工业建筑改造空间形态分析[J]. 城市住宅，2017，24（4）：31-34.

[4] 李景卓. 基于空间句法的上海迪士尼乐园空间研究[D]. 厦门：厦门大学，2017.

[5] 韩雅宁，倪凌姗，吴雅轩. 空间句法与大数据视角下环球主题乐园的空间研究与优化[C]//人民城市，规划赋能：2023 中国城市规划年会论文集（07 城市设计），2023：1176-1190.

[6] 盛秀秀. 基于多尺度分析的文化创意产业园空间特征对比研究[D]. 广州：华南理工大学，2018.

[7] 王凌，郑俊禧，叶昌东. 多尺度空间特征思考下的工业遗产差异化更新：以广州市两处食品加工类工业遗产为例[J]. 南方建筑，2024（1）：96-106.

[8] 王冉. 基于空间句法的工业遗产空间再生评价：以青岛国棉五厂为例[D]. 青岛：青岛理工大学，2023.

[9] 孙楷文. 基于空间句法的工业建筑遗产保护与再利用研究：以鞍山工业建筑遗产为例[D]. 鞍山：辽宁科技大学，2023.

[10] 孙贺，李洋，王子豪. 基于空间句法的工业遗存保护区空间解析与重构研究：以沈阳铁西工业遗存保护区为例[J]. 城市建筑，2019，16（19）：28-33.

[11] 李岚，彭可欣，韩继统，等. 价值传承视角下的工业遗产保护更新方法研究[J]. 工业建筑，2023，53（4）：67-74.

[12] 李林杰，韩锐. 基于空间句法的"一五"时期工业遗产空间特征研究：以"长春第一汽车制造厂"为例[J]. 当代建筑，2021（11）：87-89.

[13] 祁子孟. 基于空间句法的工业遗产类创意产业园外部空间形态研究[D]. 天津：天津城建大学，2022.

[14] 杨金龙，宋晓庆. 基于空间句法理论街区活化方案探讨：以洛阳涧西区工业遗产为例[J]. 建材与装饰，2018（36）：63-64.

[15] 李林杰. 基于空间句法的长春市当代工业遗产旅游开发策略研究[D]. 长春，吉林建筑大学，2022.

图片来源

图 1～图 4 均为作者自绘。

基于语义差异法的老旧小区户外空间适老性评价研究

——以杭州桃园新村为例

朱旭光（浙江理工大学；13588860417@163.com）

李天劼（浙江理工大学；litj13@163.com）

陈俊杰*（浙江工业大学；2067100086@qq.com）

摘　要：为解决当前老旧小区改造中面临的问题，需要科学地量化分析老旧小区户外空间适老化更新的需求。本研究以桃园新村、铁路新村和保俶小区为例，探讨了基于语义差异（SD）法的老旧小区户外空间适老化更新设计方法。通过对杭州桃园小区的个案研究，揭示其户外空间规划设计上存在的问题，如空间布局不合理、设施设备老化、缺乏安全防护等。继而，对该小区的现有户外活动空间进行详细分析，并提出相应的改造设计建议，以提高老旧小区户外活动空间的使用效率和舒适度，亦有助于提升老年人的生活质量。

关键词：语义差异法；适老化设计；老旧小区；户外空间

基金号：国家社科基金项目"融合设计思维促进乡村价值链重构提升研究"（23BG145）

1　引言

随着人口老龄化加剧，如何为老年人提供更适宜的生活环境成了当今社会亟待解决的问题。老旧小区作为老年人口密集的地区，其户外活动空间的改造与优化对提高老年人生活质量具有重要意义。

语义差异（semantic differential，SD）法是一种心理测定法，源自数据格栅法，由查尔斯·奥斯古德（Charles E.Osgood）提出，后被引入到行为地理学研究中，多用于空间感知研究，能够通过言语尺度展开心理感受的评定，了解被调查者的内心感受，构建出定量化数据，实现对调研场所心理认知的定量揭示。SD 法通过对各既定尺度的分析，可定量描述研究对象的概念和构造，具有较强的适用性。目前，SD 法还应用于城市规划设计和建筑设计的效能评价，研究主体大多为全年龄段居民、老年人和儿童[1]。本研究将从户外活动空间入手，尝试通过 SD 法直观得出对老旧小区户外活动空间适老化更新设计的针对性更新重点，有针对性地研究老居住区中老年人户外活动空间景观的适老化改造，以期提高老年人群体的生活质量。

2　研究对象与方法

2.1　研究对象

老旧小区一般指建成年代较早、建设标准较低、配套设施不完善及为建立长效管理机制的住宅小区，其空间结构整齐但功能较单一。杭州老旧小区大部分建于 20 世纪 80—90 年代，主要以单位福利房、回迁安置房及房改房为主，周边配套比较完善，但存在居民高度老龄化且居住环境较差等问题，甚至存在一些安全隐患，对老年人群体的日常生活造成了一定影响[2]。

桃园新村坐落于西湖区宝石山东麓，属商品房住宅，占地面积约 36 000 m²，于 1995 年竣工，现共有居民楼 26 栋，总户数 479 户，容积率为 1.7，绿化率为 22%。桃园新村内老年人群体活动空间分布较分散，3 处活动空间受到建筑组团分割明显且彼此相对独立，1、2两块活动空间为后期见缝插针加建，位置较为局促（见图1）。按照类型划分，1号空间被硬质铺装分割为2个条状空间，较为局促，路径存在与设施相距过近的现象；空间功能以健身及休憩活动空间为主，2号空间有部分健身设施，以健身活动空间为主，3号空间内有较大高差，以健身、休憩空间为主。

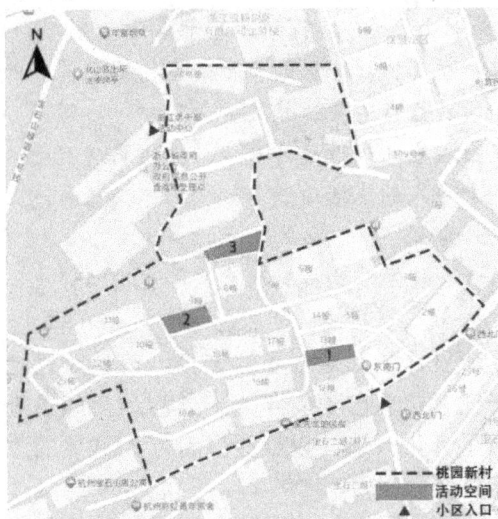

图1　桃园新村内老年人群体户外活动空间分布

2.2　研究方法

研究者在桃园新村、铁路新村及保俶小区通过实地走访和观察，记录下各个小区的户外空间布局、绿化景观、休憩设施等方面的情况，并针对老年人的活动需求进行问卷调查和实地访谈，了解他们对户外活动空间的需求。研究者在桃园新村中具有代表性的户外活动空间中发放问卷。主要调研对象为50岁以上的老年人，由于部分老年人对问卷填写有一定困难，因此，在问卷填写过程中，结合访谈法，获得老年人对不同的项目进行评价，辅助其完成填写。问卷调研于2023年12月13—14日进行，考虑到小区中老年人群体的外出时间，问卷发放时间段为每日10:00—12:00与15:00—18:30。共计发放35份问卷，问卷回收率为85.7%。研究过程可分为两个阶段，前期为语义因子的筛选和调研问卷的准备工作，后期为数据整理与数据分析，运用SD法分析老年人的意愿，并通过数理统计分析，对数据进行定量研究。

3　研究结果

3.1　评价因子与调研流程

调研过程中，分别在物理、心理、生理3方面选取SD评价因子。在活动空间物理环境方面，考虑照明、通风、噪声等方面来满足老年人的舒适感需求；在心理方面，为老年人群营造舒适的开敞空间氛围和易用的活动空间，使环境吸引力能够激发老年人的优势感官，以补偿退化感官，满足老年人群的安全感、归属感等需求；在生理方面，活动空间的尺度、形态、铺装、功能分区及无障碍设计等方面满足中老年人群的感知行为和动态行为。参照既有研究[3]，基于老年人群的特点，综合选取11个因子作为评价小区活动空间的适老化评价因子，分别是A_1宽敞性、A_2安全性、A_3功能多样性、A_4易用性、A_5景观环境吸引力、A_6开敞性、A_7照明与通风、A_8地面铺装、A_9环保卫生、A_{10}噪声环境、A_{11}无障碍性。

目前，运用语义差异法的行为地理学研究[4]采用的评价尺度大多为5级或7级。为避免评价尺度设置过于粗糙导致评价的精度下降，同时，由于研究主体为老年人，需要更有利于被试者更容易理解和辨别，本次SD法问卷采用5级评价尺度表，即分值定为2、1、0、−1、−2，以0为中心轴，以便分析。

3.2　语义差异法评价结果

将获得的30份有效SD问卷数据输入SPSS 26软件。根据KMO检验中的Bartlett值为0.503（＞0.5），在巴特利特球形度检验中p值为0.005（＜0.05），适宜进行因子分析。首先，对数据进行降维，运用因子分析法和方差最大化正交回转法，输入确定因子数为 3，分析过程中发现此小区 A_2、A_{11} 项的 MSA 指标过低（<0.2），意味着其可能对信息浓缩帮助较小，对其进行删除并重新分析。由桃园新村语义差异得分均值曲线（见图 2）可见，居民对于该小区 A_1、A_6、A_9（宽敞性、开敞性、环保卫生）的评价较高，对于 A_3 即功能多样性的评价较低。此外，A_4、A_5 及 A_7 即易用性、景观环境吸引力及照明与通风因子的 SD 值集中于 0 值附近，由此可以得出该小区居民认为小区户外活动空间的宽敞性、开敞性、环保卫生尚可，但是功能多样性不足。而且居民认为该小区的户外活动空间的易用性、吸引力以及照明与通风状况较一般（见图 2）。

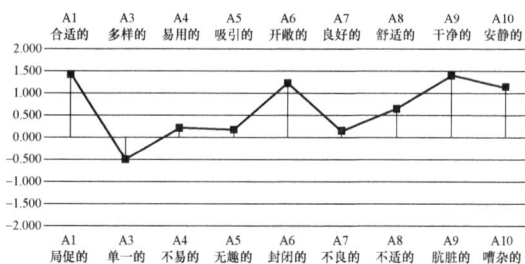

图 2　桃园新村适老化状况的语义差异
得分均值曲线

选择每个载荷系数绝对值大于 0.4 的成分，认为提取最终因子可以作为变量解释因素，总结出影响桃园社区户外空间适老化更新的因子（表 1）。第一因子由易用性、景观环境吸引力、照明与通风这 3 组评价尺度组成，这一类影响居民在户外空间中整体感受的评价因子命名为"环境体验因子"（因子 1）。第二因子由宽敞性、功能多样性、景观环境吸引力、开敞性、地面铺装这 5 组评

价尺度组成，命名为"空间效能因子"（因子 2）。第三因子由 A_9、A_{10}、A_{11} 即环保卫生、噪声环境、无障碍性这 3 组评价尺度组成，命名为"场所健康因子"（因子 3），见表 1。

表 1　影响户外空间适老化更新的因子

名称	因子载荷系数			共同度（公因子方差）
	因子 1	因子 2	因子 3	
A1	−0.096	0.561*	−0.073	0.330
A3	0.235	0.681*	0.008	0.519
A4	0.765*	0.006	0.144	0.605
A5	0.728*	0.468*	−0.223	0.799
A6	−0.219	−0.666*	0.027	0.492
A7	−0.712*	−0.031	0.063	0.512
A8	0.305	−0.517*	−0.480*	0.590
A9	0.269	0.076	0.773*	0.675
A10	−0.248	−0.283	0.768*	0.731

备注：表格中数字若有"*"，表示载荷系数绝对值大于 0.4。旋转方法：最大方法 Varimax。

由表 2 中方差百分比数据可以看出，"环境体验因子"的贡献系数最大，达 21.779%，表明易用性、景观环境吸引力、照明与通风是在户外活动空间适老化更新中需关注的关键指标。其次为"空间效能因子"，贡献值为 19.936%，表明老年人群体对宽敞性、功能多样性、景观环境吸引力、开敞性、地面铺装等重视程度较高。第三为"场所健康因子"，贡献值为 16.642%，表明居民对桃园新村户外活动空间的环保卫生、噪声环境、无障碍性改造重视程度较低，这与桃园新村目前对于活动空间卫生与噪声都有较好的维持与控制有关。

表 2　特征因子的方差解释分析

因子	特征根			旋转前方差解释率			旋转后方差解释率		
编号	特征根	方差解释率/%	累计/%	特征根	方差解释率/%	累计/%	特征根	方差解释率/%	累计/%
1	2.483	27.587	27.587	2.483	27.587	27.587	1.960	21.779	21.779
2	1.498	16.640	44.227	1.498	16.640	44.227	1.794	19.936	41.715
3	1.272	14.129	58.357	1.272	14.129	58.357	1.498	16.642	58.357
4	1.035	11.502	69.858	—	—	—	—	—	—
5	0.980	10.888	80.746	—	—	—	—	—	—
6	0.663	7.366	88.112	—	—	—	—	—	—
7	0.542	6.017	94.130	—	—	—	—	—	—
8	0.319	3.542	97.671	—	—	—	—	—	—
9	0.210	2.329	100.000	—	—	—	—	—	—

4　老旧小区适老性融合设计策略建议

　　根据语义差异法分析结果可以得出小区内的居民对于桃园新村中户外活动空间功能多样性的评价较低。小区内户外活动空间是小区中大部分居民进行休闲行为的主要场所，不同的人群对于小区中的户外活动空间的功能有不同的要求，而小区内的户外活动空间功能相对单一，不能满足居民不同的需求和兴趣爱好，需要进行设计提升。

　　整体而言，桃园新村内户外空间的适老化设计不足，未能充分考虑到老年人的活动行为。老年人群体由于身体机能的退化和其他原因，在户外活动空间中的活动存在一些特殊的需求和挑战。若场地中的适老化设计不足，常常导致老年人在空间中的活动受限，甚至存在安全隐患。老年人的身体机能退化，可能导致他们行动不便，需要更大面积的休息空间，而场地中没有足够的座椅或休息区，或者这些座椅或休息区的位置不合理。因此，在提升设计中，需要考虑提升场地的可达性。此外，老年人的视力和听力可能也会下降，场地中缺乏明显的标识和声音

提示，会让老年人感到困惑和不安。此外，老年人群体对于小区中户外活动空间的环境体验最为重视。因此，在提升设计中，应该着重考虑户外活动空间的环境体验。

参考文献

[1] 张晓东，胡俊成，杨青，等. 老旧住宅区现状分析与更新提升对策研究[J]. 现代城市研究，2017（11）：88-92.

[2] 游悦，潘黎芳. 基于环境行为分析的老旧小区邻里空间更新设计研究：以杭州夕照新村为例[J]. 设计，2022，35（24）：117-121.

[3] 张玉玉. 社区居家养老模式下合肥市老旧住区公共空间适老化更新策略[D]. 合肥：合肥工业大学，2021.

[4] 苟爱萍，王江波. 基于 SD 法的街道空间活力评价研究[J]. 规划师，2011，27（10）：102-106.

图片来源

　　图1作者自绘（底图来源：浙江省地理信息公共服务平台，采样时间：2024年12月）；

　　图2作者自绘。

历史连续性视角下历史街区空间句法解析与更新策略

——以青岛中山路街区为例

郑斯元（University College London；ucbvsz9@ucl.ac.uk）

摘　要：本文以山东省青岛市中山路历史文化街区为研究对象，基于空间句法理论，通过街区线段模型的量化分析，系统梳理其 1897 年至今 6 个历史阶段的街巷网络演变规律。研究发现，中山路街区空间演变呈现"单核垄断—多心离散—文化重塑"的动态轨迹：德日殖民时期形成单核商业中心，国民政府时期形成强区域连接性，改革开放后因城市东扩导致街区边缘化，后转型成为青岛市历史文化的复兴重点。研究认为，当前 6 轮改造计划过度依赖风貌更新与步行化改造，忽视街区的空间结构特征和与城市其他区域的连通性，导致空间活力不足。据此，本研究基于历史脉络连续性原则，提出"历史构形-现状功能"动态响应机制，通过宏观连接性强化、中观路网渗透性优化及微观业态布局调整，实现历史基底保护与空间活力再生的平衡。研究为历史街区更新提供了连续性分析框架与动态干预策略。

关键词：空间句法理论；历史街区更新；青岛中山路；整合度；城市微更新

1　引言

　　城市发展是多重因素交织的动态过程，历史空间策略的复杂性塑造了多向演进[1]。青岛中山路街区作为青岛城市演变典型样本，百年发展历经单核垄断、多心离散与文化重塑：德日占领时期形成商业核心区；国民政府时期延续殖民规划并完善经济体系；战乱时期停滞，新中国成立后维持区域商业中心地位，但改革开放后因城市东扩走向边缘化[2]。1996 年至今，青岛市对中山路街区共进行六次改造，试图用历史建筑修复与文旅融合激活街区文化。本文以青岛市中山路历史文化街区为研究对象，结合空间句法理论，通过对该街区空间演化的历史脉络进行量化分析，再结合街区现状，基于历史连续性提出更为合理的城市微更新策略，在维持历史街区基底的同时，优化中山路街区的空间活力。

2　空间句法理论

2.1　空间句法浅析

　　空间句法理论由 Hillier 与 Hanson 提出，其核心在于将空间视为社会活动的内在属性，强调通过拓扑网络模型揭示空间构形与人类行为的互动机制[3]。

2.2　空间句法理论在历史街区更新中的应用

　　空间句法理论在传统历史街区更新中的应用核心是提供精准干预路径：早期研究聚焦于空间形态的量化解析，如杨滔通过伦敦金丝雀码头案例揭示空间网络与社会的关联性，首次将空间句法引入大规模城市更新领域[4]。随后的研究者通过整合度、选择度和 POI 等多参数结合，揭示历史街区的空间结构特征。例如，郭湘闽和全水通过整合度、选择度和街区穿行度的叠加分析，提出了通过明确街区功能和节点划分[5]，保护和尊重喀什少数民族特色的同时促进旅游业发展；苏州阊门历史文化街区通过轴线模型分析，识别出传统街巷的整合度衰退区域，通过优化街巷空间交通属性，提升节点空间活力[6]。在对广州北京路街区的研究中，POI数据与整合度、选择度和深度值的叠加，证明了当前城市商业布局更新的有效性[7]。

2.3 研究空白

当前空间句法在历史街区更新中的研究多聚焦于现状空间结构的量化解析，普遍缺乏对街区历史演进脉络的动态分析。导致更新方案常以"静态切片"式的空间诊断为基础，忽略街区空间构形作为历史过程产物的本质特征。因此，本文以青岛中山路历史街区为例，建立"历史脉络—现状诊断—更新响应"的连续性分析框架，通过轴线模型追踪街巷网络百年尺度内的拓扑变迁，从而更精准地平衡保护与活化。

3 研究对象与方法

3.1 研究对象

为保证研究数据的准确性，规避边界效应，研究区域以中山路为轴心向外扩展，选取北抵沧口路、南接栈桥、西起青岛火车站、东达江苏路的完整街区单元，其他历史时期由于资料限制在此基础上修改（见图1）。

图1 研究对象区位

根据青岛市中山路街区的历史发展历程，其发展时期可以分为5个阶段（见表1）。在6个时期内各选择一个时间节点进行研究，分别为：1910年、1920年、1936年、1947年、1977年、2023年。

表1 中山路街区发展时期

发展时期	年份	治理权力
发展期	1897—1914年	德国殖民
	1915—1922年	日本殖民
鼎盛期	1923—1937年	国民党
停滞期	1938—1949年	政府
衰退期	1950—1995年	中国政府
复兴期	1996年至今	

3.2 研究方法

本文使用了整合度和选择度的分析方法，整合度表明相较其他部分，给定空间的可访问性如何，选择度表示整个系统中所有区段通过其最短路径到达所有其他区段的运动[8]。

选择半径400和n，分别对应局部尺度和全局尺度。在评估1949年及以前的道路网络时，将优先考虑局部尺度，以代表青岛公共交通便利之前的行人流动性水平。

4 中山路历史街区空间形态量化分析

中山路街区空间结构发展的整体趋势呈现"单核垄断—多心离散—文化重塑"的演变逻辑。本节先宏观分析中山路街区空间演变的历史脉络，再阐述其现状特征，从而为城市更新策略提供理论基础。

4.1 历史演变

1）单核垄断：发展期（1897—1922年）

图2揭示了青岛中山路街区近百年的空间形态演变逻辑。德占时期（1897—1914年）街区作为青岛城市核心，空间形态稳定发展。随着日占时期（1915—1922年）城市东北部网格居住区开发，局部整合度下降7.15%（见表2），反映殖民扩张对原城市核心的稀释，但这一时期中山路的高整合度和选择度（见图2）表明其主干道地位未发生改变。

2）多心离散：鼎盛期与衰退期（1923—1995年）

鼎盛时期（1923—1937年）在国民政府

的规划下，中山路成为金融、商业与文化中心，火车站与总督府建设完善[9]，使街区东西两侧道路选择度提升（见图2）。这一时期高选择度的道路分布在城市的各个区域，表明城市的核心道路开始由单一的商业街向多个连通性主干道转移。随之，伴随城市政治经济中心的东移，中山路街区开始进入衰退期[10]（1950—1995年）。表2显示，1977年较1947年街区的全局整合度下降22.98%，但局部选择度仍保持约 1.100，体现其虽然在进一步的城市扩张中逐渐边缘化，但街区的基础功能仍旧得以延续。此时中山路街区及其周围的放射性道路选择度极高，说明中

山路街区作为局部重要交通枢纽，承担着连接城市新开发区域的职责（见图2）。

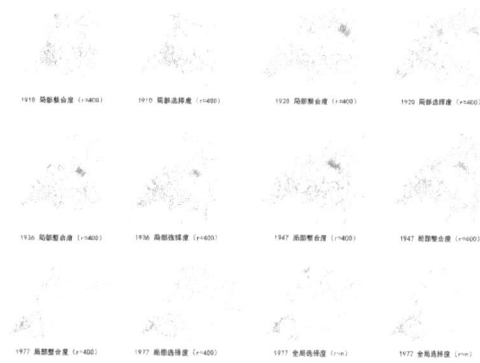

图2 中山路街区空间演变历史时期

表2 中山路街区各时间节点整合度、选择度对比

年份	线段数量（中山路街区/青岛市区）	局部整合度（平均值）		局部选择度（平均值）		全局整合度（平均值）		全局选择度（平均值）	
		数值	较上一时期变化%	数值	较上一时期变化%	数值	较上一时期变化%	数值	较上一时期变化%
1910年	563/1780	1.593678073		1.099842538		0.979943971		1.04446566	
1920年	727/4143	1.479651589	−7.15%	1.089157407	−0.97%	0.997297581	1.77%	1.043652788	−0.08%
1936年	730/5466	1.494001286	0.77%	1.091111792	0.18%	0.999632004	0.23%	1.044166103	0.05%
1947年	730/4996	1.753749526	17.39%	1.129585337	3.53%	1.32427867	32.48%	1.079967867	3.43%
1977年	724/6135	1.770537548	0.96%	1.10021699	−2.60%	1.019946347	−22.98%	1.059030805	−1.94%
2023年	632/12525	1.160667807	−34.45%	0.964776254	−12.31%	0.627724283	−35.46%	0.816505217	−22.90%

4.2 现状特征

1）文化重塑：复兴期（1996年至今）

2023年中山路街区全局整合度首次低于局部值（见表2），标志着中山路彻底从城市交通核心蜕变为文化符号。在局部尺度上，街区表现出高整合度与低选择度（见图3），标志着街区局部范围内的高可达性；而在全

局尺度中，高选择度意味着中山路街区为通往城市沿海区域的长途必经之路。

2）街区城市更新

青岛中山路商圈平衡更新战略一直是青岛城市更新的重点。青岛市政府于1996年开始第一次青岛中山路历史街区的更新计划，迄今共进行六次规划改造（见表3）。

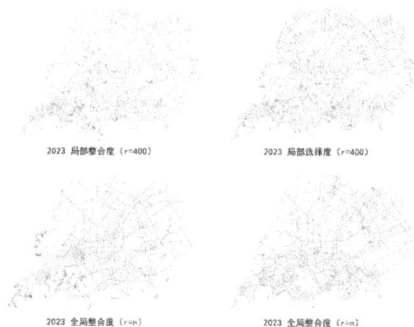

图3 2023年中山路街区空间结构

表3 中山路街区1996—2023改造历程

时间	城市更新规划	取得结果
1996年	中山路被改造成步行街	失败
2003年	几栋旧商业建筑被拆除，居民从圣弥厄尔天主教堂附近迁出	短时间内效果明显，但街区的原始形态遭到破坏
2005年	中山路街区被改造成休闲商业街，一些老建筑得到保留和修缮	街区衰败的根源尚未触及，商业活动的恢复仍不明显
2009年	主要开展街区内劈柴院（旧时商业区）的改造活动	劈柴院重现商业活力
2015年	修旧如旧，打造具有文化旅游特色的休闲区	街区设计趋同化
2023年	中山路被改造成步行街，不允许机动车进入	

由此可得出结论，中山路街区历经的 6 次改造集中于建筑风貌更新与步行化，虽优化局部步行体验，但此举切断长途过境车流，导致驾车经过的潜在游客流失，既有的空间格局限制下未能有效转化交通流量为旅游效益。

5　结论

5.1　历史空间格局演变下的衰退机理

中山路街区在历史发展中产生的衰退现象本质上是城市空间结构与历史地位双重更迭的产物。空间层面，改革开放后青岛城市东扩战略导致城市重心转移，中山路街区从单核商业中心演变为城市边缘区，空间可达性严重弱化。历史层面，街区作为"空间机器"的自组织逻辑被行政主导的跳跃式扩张打破，其历史地位从功能复合型枢纽退化为文化符号性空间。

5.2　基于历史连续性的微更新路径重构

当前更新策略的困境源于对空间演变动态规律的忽视。一味地进行街区风貌提升和步行化改造忽视了空间结构与游人行为的关系。中山路街区发展的鼎盛期即为其全局整合度峰值时期，街区与城市其他区域连通性强，街区参与度高。建议参考其策略，构建"历史构形–现状功能"动态响应机制：

1）宏观连接性

提升街区与城市主干路网的连接性，如增设定向公共交通流线。

2）中观渗透性

通过街区内部路网优化，如拓宽中山路东北向连接道路，将历史街区"再嵌入"现代城市网络，实现"空间缝合"。

3）微观功能性

在整合度热点区域，如中山路北段及火车站区域，布局高活力业态和旅游集散中心，引导长途客流。

5.3　研究局限与展望

本文基于空间句法理论构建历史街区更新框架，但存在两方面局限：一是侧重空间分析，对人口迁移、街区业态转变等社会经济变量探讨不足；二是历史地图数据精度存在一定限制。未来研究将融合空间句法、土地权属和社会因素等多维数据，提升研究精度和历史街区城市更新的系统性。

参考文献

[1] 任政. 城市发展的多维向度与深层转型[C]//"伦理视域下的城市发展"第六届全国学术研讨会，北京：北京建筑大学，2016.

[2] 解旭东，李卉姗. 基于空间句法的传统商业街区更新研究：以青岛市中山路历史街区为例[J]. 青岛理工大学学报，2017，38（5）：46-50.

[3] HILLIER B, HANSON J. The social logic of space [M]. Cambridge: Cambridge university press, 1989.

[4] 杨滔. 城市空间网络与大规模城市更新后的社会整合：伦敦金丝雀码头的启示[J]. 世界建筑，2005（11）：79-83.

[5] 郭湘闽，全水. 基于空间句法的喀什历史文化街区空间及其更新策略分析[J]. 建筑学报，2013（S2）：8-13.

[6] 王新阁，林倍多. 基于空间句法的古城街巷微更新策略研究：以苏州阊门历史文化街区为例[J]. 城市建筑空间，2023，30（12）：53-55.

[7] 何冬琴，周湘华. 多源数据下的历史街区形态与业态相关性研究：以广州市北京路历史文化街区为例[J]. 安徽建筑，2024，31（11）：38-41.

[8] HILLIER W, YANG T, TURNER A. Normalising least angle choice in Depthmap-and how it opens up new perspectives on the global and local analysis of city space [J]. Journal of Space syntax, 2012, 3（2）：155-193.

[9] 姚宫明，金海博. 第一次世界大战前后日本对青岛地区的侵占[J]. 赤峰学院学报（汉文哲学社会科学版），2023，44（10）：35-37.

[10] 王飞. 城市更新与城市扩张：以青岛老城风景区为例[J]. 中国建筑装饰装修，2024（10）：81-84.

图片来源

图1～图3均为作者自绘。

07
规划教学与空间研究

MMOG 游戏场景设计中的虚拟空间环境行为学

——北京交通大学本科四年级专题设计教学实验

盛强（北京交通大学；qsheng@bjtu.edu.cn）

摘　要： 当代的大型多人在线网络游戏以其规模和复杂性可类比于城市与建筑设计，其场景空间设计逻辑也投射了真实世界中的社会文化系，并充分利用任务链、NPC 和建筑的空间配置来实现促进交流和沉浸感的目标。本教学实践依托北京交通大学建筑学本科四年级的专题设计，以空间句法理论和分析技术为基础，通过对初代魔兽世界中各种族主城 NPC 分布和"事—人—地"网络协同规律的挖掘，学生自选游戏案例进行场景空间设计的研究型设计，初步验证了分析方法的有效性和规律的普适性。

关键词： 网络游戏场景设计；虚拟空间环境行为学；空间句法；研究型设计

基金号： 国家自然科学基金面上项目（52278002）

1　网络游戏场景设计的教学研究意义

当代多人在线网络（massive multiplayer online，MMOG）游戏的场景越来越复杂化，为了创造沉浸式的体验，其设计多参考真实建筑与城市空间的风格，在角色布置等方面折射出真实社会文化差异，并充分利用场地之间的连接关系来规划和组织任务链，形成层层深入的游戏体验。在行业下行的大背景下，游戏场景设计成为建筑类宽口径就业方向中一个新可能，而场景设计中多层次的复杂需求为本学科知识提供了新的应用场景。

反之，虚拟世界中的玩家行为也为建筑环境行为学的发展提供了新的研究对象。玩家的空间认知和行为模式与真实空间有何差异，如何有效利用空间促发玩家之间的交流与互助等问题，可以被认为是真实空间中环境行为学的另一个镜像研究领域。这个领域的研究成果除了服务于游戏场景设计自身之外，也能为真实世界的行为实验提供低成本的数据收集平台。如在空间认知领域，Dalton 等学者曾以编制游戏的方式主动收集玩家行为数据，借以明确路径选择各要素的

影响权重[1]。而如魔兽世界等经典的 MMOG 游戏，其网络服务平台也汇集了不同版本游戏玩家对角色、物品、任务、地图等多项内容的反馈评价，这些数据往往成为开发者优化游戏、开发下一个版本的依据。简言之，与真实世界相比，游戏场景空间快速反馈-更新和全过程留痕的特征为深入研究大量玩家行为提供更高的便利性。

基于上述背景，本教学实验依托北京交通大学建筑学本科四年级专题设计课程，以 MMOG 场景设计为题，尝试在 9 周的设计课教学中引入空间句法理论与方法，分析学生自选的游戏场景空间中各功能区和主要 NPC 分布、任务链与任务区规划等相关内容，并将研究成果应用于该游戏的场景空间设计中。

本课程前 3 周主要结合魔兽世界的案例进行分析方法教学，选取可达性与阵营平衡、任务链与场景分区、功能区与 NPC 分布 3 个研究问题。这些内容在其他 MMOG 游戏场景设计中也比较常见，它们分别对应真实世界中国土空间规划、区域规划、城市建筑设计 3 个尺度。篇幅所限，本文仅介绍后两部分内容。

2 "事–人–地"网络协同

游戏场景空间设计的核心是为玩家过程体验服务，本部分抓住网络游戏中任务链（事）、派发任务的NPC（人）和上述两个要素所在的场所（地）三者之间的关系，以初代魔兽世界中6个新手练级区（1～10级）为例，用图解分析展示了各区中玩家打怪升级的行为分布（见图1）。

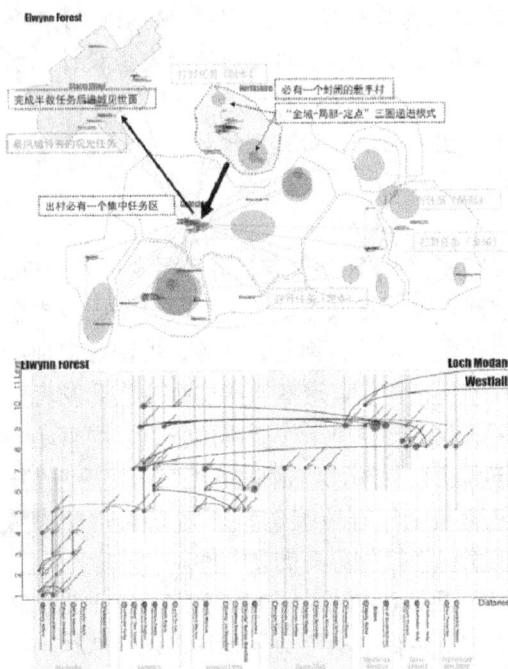

图1 人类新手练级区（埃尔文森林）的任务链及图解分析

图1中可以直观看出新手村和整个练级区中分别存在明显的任务派发中心：任务难度由近及远逐渐递增，任务链往往按全域打野、局部打野和定点击杀3类情节递进。这个空间模式也多见于其他种族的新手区。

此外，基于网站上对任务和NPC的详细评论信息，图1下的分析图显示了从出生点由近到远各派发任务的NPC（横轴）和任务难度级别（纵轴）下各任务形成的链条和网络。其中任务节点的大小展示了该任务在官网上的评论数。应用空间句法的凸空间分析工具，可以将任务、NPC和地图中的场所建立3层的拓扑关联网络，即"事–人–地"网络（见图2），从而对各任务的网络评论数进行量化分析。对比各类数据加总方式，本文发现将任务评论数加总到派发的NPC后，与该拓扑网络的整合度有较强的相关性（r_2值0.43），且地图中集中派发任务的区域（闪金镇）位于整合度中心。简言之，位于核心区域的重要的NPC派发的任务更容易被大家关注。反过来，从设计的视角这个发现也可以用于将游戏重要的故事线任务链派发点布置在地图中重要的位置。

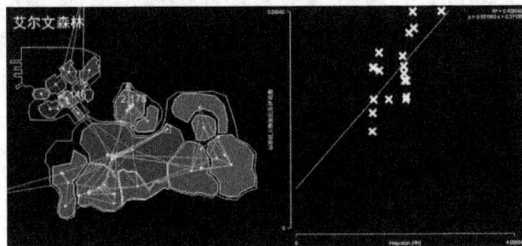

图2 人类新手练级区（埃尔文森林）的任务评论数与"事–人–地"网络的协同性分析

3 NPC的空间社会学

网络游戏的主城设计中，如何进行功能分区和在建筑中布置NPC，往往体现了真实世界建筑与城市设计中功能性和文化性。本部分研究以初代魔兽世界中6个主城为例，参考张东旭等学者近期的研究成果[2]，应用空间句法视域分析工具，建立了基于可防卫性和可见性两项指标的空间等级评价模型。该模型被用于评价各主城的内的功能分区和各职业NPC训练师所的空间等级差异（见图3）。

图3对比了人类与兽人主城的差异，从各功能分区的对比来看，银行、拍卖行、旅馆等高频使用功能均被布置在离城门近（可防卫性低）而可见性高（整合度高）的区域，这体现了城市空间中便利性需求的一般规律。而在高可达高可防卫性的区域，则均布置了政

治中心功能。如人类的教堂和王宫，而对比此二者，甚至可以看出神权的地位高于君权，这个空间布局也参考了中世纪欧洲的城市布局。另外，这个区域也体现了不同文化背景的差异：兽人的军事区被抬升到了与统治中心相近的地位。人类军事区则等级较低。这一点从各职业分布的差异来看更为明显，兽人战士训练师的空间等级很高，而人类则将牧师和圣骑士放在高等级区。而相似的是，两个种族都将术士和潜行者放在非常不可见的位置。

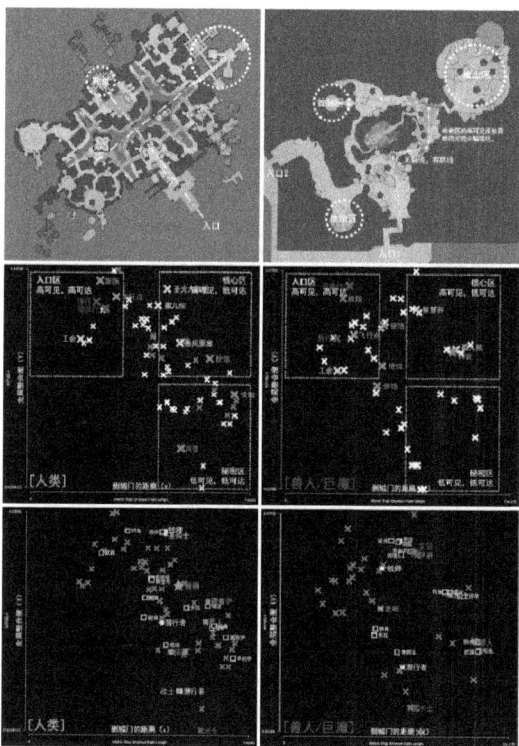

图 3 人类主城（暴风城）与兽人/巨魔主城
（奥格瑞玛）的视域整合度、功能分区与
各职业训练师分布的空间等级分析

由此可见，空间设计中的功能性与文化性诉求是泛在的，无论在虚拟或真实空间中。当然，很多游戏场景空间未必回应真实的社会文化，但为了创造深度沉浸的体验，并让游戏故事具有深厚的文化背景，借鉴真实世界的历史是游戏设计领域常用的策略，即便这些处理很多是无意识或下意识的。

4 作业给未来研究方向的启示

最后，由于本次设计课程采用了开放自由选题的方式，学生选取的游戏各有特点，在完成前述的空间分析–评测–优化等标准动作之外，也为未来展开更深入的虚拟空间环境行为学提供了一些思路。

单芷嫣在对"梦幻西游"的研究中聚焦玩家在街头摆摊交易行为，通过记录不同时间在各个地区摆摊聚集的玩家数量获取行为数据，并将空间句法线段模型计算的可达性、商业功能面积、到最近传送点距离等作为自变量进行多元回归分析（见图4）。该分

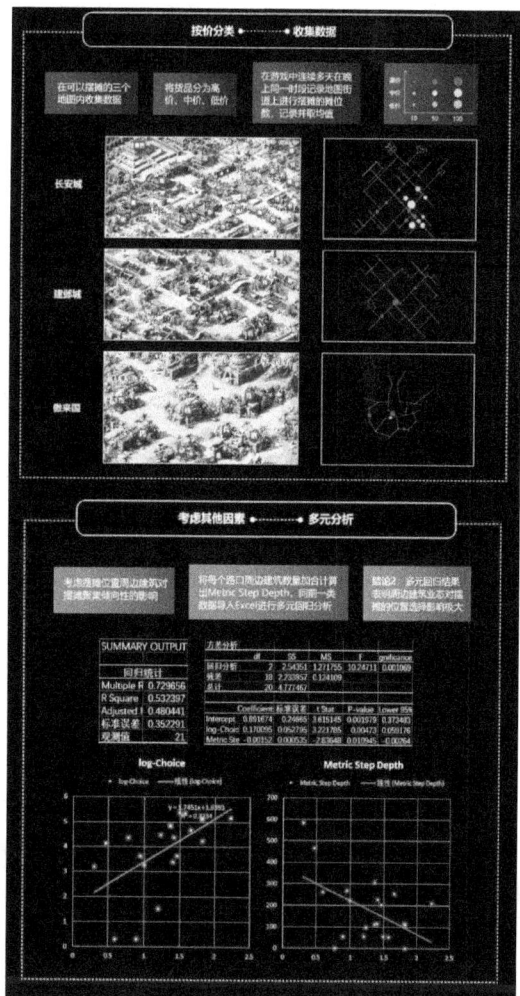

图 4 "梦幻西游"玩家街头摆摊行为空间分析

析过程中发现：当按真实空间中视线可见的原理来加总数据时，分析效果欠佳。但这个方法在真实世界空间句法对商业分布的研究中多次证明是有效的[3]。究其原因，游戏界面采用的是角色上空轴测视角，而非第一人称，修改数据加总方式后规律明显提升。

　　传送门、无人机视角、个人飞行器等相关技术在真实世界尚未实现和普及，但游戏虚拟世界却为人们"预览"这些技术对环境行为的影响提供了机会。从这个角度来说，以虚拟空间环境行为研究为基础的游戏场景设计，或许是我们探索未来真实空间设计的一种方式。希望它能够帮助我们在行业下行的背景下，实现从不务正业到不误正业，甚至开辟新业的转变。

参考文献

[1] YESILTEPE D，OZBIL T A，COUTROT A，et al. Computer models of saliency alone fail to predict subjective visual attention to landmarks during observed navigation[J]. Spatial Cognition & Computation，2021，21（1）：39-66.

[2] ZHANG D，SHAN X，ZHANG X，et al. Spatial feature analysis of the Beijing Forbidden City and the Shenyang Imperial Palace based on space syntax[J]. Buildings，2023，13（10）：2615.

[3] 盛强，杨振盛，路安华，常乐. 网络开放数据在城市商业活力空间句法分析中的应用[J]. 新建筑，2018（6）：9-14.

图片来源

　　图1～图3为作者自绘；

　　图4为单芷嫣设计作业成果。

AIGC 赋能城市设计课程教学

杨林川（西南交通大学建筑学院；yanglc0125@swjtu.edu.cn）

彭迎澳（西南交通大学建筑学院；pya0420@my.swjtu.edu.cn）

陈春谛（西南交通大学建筑学院；chundichen@swjtu.edu.cn）

陈阳（西南交通大学建筑学院；cheny@my.swjtu.edu.cn）

杨钦然*（西南交通大学建筑学院；qinran.yang@swjtu.edu.cn）

摘　要：以 AI 和大数据为核心的数字技术正在深刻重塑城市设计领域，给传统城乡规划学科的教学体系提出了新的挑战。为应对技术革新与学科融合的时代需求，城市设计教学模式的创新与改革已成为必然趋势。本研究聚焦 AIGC（生成式人工智能）技术在城市设计中的应用潜力，分析 AI 时代城乡规划的教学转型，并提出两大创新路径：渐进式的总体教学安排和"多阶段融入 AIGC"的教学内容组织。本研究旨在为培养适应人工智能时代的城乡规划专业人才提供更具效率和前瞻性的学习环境，以应对未来城市设计领域的复杂挑战。

关键词：生成式人工智能；数字技术；城市设计；城乡规划；AI 大模型

基金号：四川省杰出青年科学基金项目（2025NSFJQ0016）

1　引言

人工智能（artificial intelligence，AI）技术正以前所未有的广度和深度重构各行业技术范式。在城乡规划领域，这一技术浪潮驱动着传统规划设计模式向数字化、信息化和智能化方向转型。AI 前沿应用领域 AIGC（AI-generated content，常译作"生成式人工智能"或"人工智能生成内容"）依托自然语言处理、计算机视觉、生成对抗网络（GAN）和深度学习等技术，可自主生成、扩展和创造基于现有数据的新内容，实现了从数据表征到内容创造的范式跃迁。

随着 AIGC 技术的不断进步，其应用范围正在逐步拓展至城市设计领域[1]。如今，以 Sora、Stable Diffusion、Midjourney 为代表的 AIGC 工具正加速融入城市设计实践，它将有效助力规划师解决各类城市设计难题，提升设计效率，并为规划设计决策的智能化提供新的可能性（见图1）。

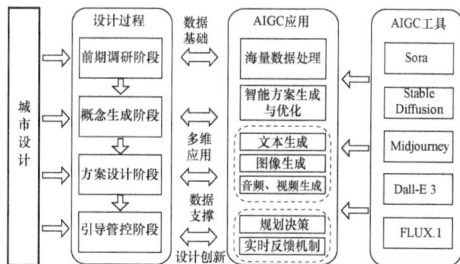

图 1　AIGC 赋能城市设计

2024 年 3 月，教育部发布了 4 项行动助推人工智能赋能教育，明确提出"用人工智能推动教与学融合应用，提高全民数字教育素养与技能，开发教育专用人工智能大模型，同时规范人工智能使用科学伦理"。在此背景下，如何将 AIGC 技术有效融入城市设计教学，使其成为提升学生综合能力与创新意识的重要工具，已成为城乡规划教育领域的关键议题。基于此，本研究尝试在城乡规划专业的城市设计课程中引入 AIGC 技术，通过教学改革培养学生在 AIGC 背景下的城市设计综合能力，并引导他们将数字技术高效运用于实际设计实践中。

2 AI时代城乡规划的教学转型

在 AI 技术迅猛发展的背景下，城乡规划专业的教学模式正加速突破传统框架，通过技术与教育的深度融合，实现创新转型[2,3]。这一转型主要体现在课程体系更新、数据驱动思维培养、智能工具应用及学科交叉创新4个维度（见图2）。

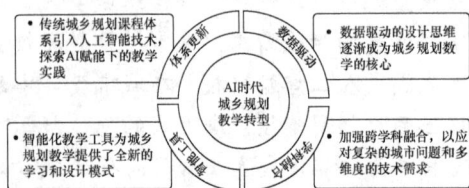

图2　AI时代的城乡规划教学转型

近年来，国内外高校的城乡规划专业纷纷优化课程内容，积极探索 AI 赋能的教学实践[4]。例如，南京大学推出了"数字城市规划与设计"和"城市大数据与智慧规划"等课程，系统讲解大数据与信息技术在城乡规划中的应用；西南交通大学则通过"规划前沿与技术热点"和技术方法系列课程，聚焦城乡规划中的技术应用。在国际上，美国麻省理工学院建立了感知城市实验室（Senseable City Lab）。该实验室利用 AI 生成技术分析城市交通流量与空间使用模式，动态优化城市基础设施布局；英国伦敦大学学院的 PEARL 实验室整合多种 AI 技术，模拟不同参数下的建筑环境，致力于改善环境与人类之间的互动方式。

数据驱动的设计思维正逐步成为城乡规划专业教学的核心内容。这种思维模式显著提升了学生在数据处理和逻辑分析方面的能力，同时增强了规划设计实践的精准性。

智能化教学工具为城乡规划专业教学带来了全新的学习与设计方式。传统的规划设计主要依赖于图纸和二维模型，而智能化、可视化的工具则能够生成三维模型、实时模拟动态场景，帮助学生更直观地理解城市空间布局与设计效果，从而提升其对复杂空间规划设计的把握能力。

在 AI 与大数据时代，城乡规划专业迫切需要加强跨学科的融合，以应对日益复杂的城市问题和多样化的技术需求。城乡规划作为一门本身具有跨学科特性的应用学科，涉及多个领域。AI 的引入进一步促进了学科间的深度结合[5]。

3 AIGC 赋能城市设计课程教学的创新路径之一：渐进式的总体教学安排

城市设计整体采用渐进式教学模式（见图3），通过模块化设置和项目任务的逐步升级，引导学生循序渐进地掌握设计方法与技巧，构建系统的学习路径和能力提升体系。

在低年级阶段，教学侧重于理论、方法和技术的基础学习，引导学生掌握数字化城市设计的基本理论与方法，如借助 AI 技术辅助分析城市空间结构特征、优化城市空间布局，并尝试对城市发展趋势进行初步预测。

进入中期阶段，课程内容引入机器学习技术、AI 模型与可视化教学。结合 Python、Java 等编程语言，引导学生学习构建和训练机器学习与 AI 模型，并利用多源大数据支持城市设计决策。

在高年级阶段，课程重点强化学生对实际项目的参与，以问题为导向，通过实际设计任务和项目实践，引导学生运用数字工具和技术解决真实的城市问题。

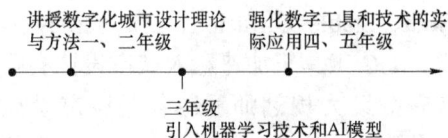

图3　渐进式的总体教学安排

4 AIGC赋能城市设计课程教学的创新路径之二："多阶段融入AIGC"的教学内容组织

城市设计课程团队在理论教学、设计教学和自主研学3个阶段全面融入AIGC相关内容（见图4），旨在帮助学生掌握数字化设计方法，运用数据驱动的思维方式做出科学的设计决策，从而提升其解决复杂城市问题的综合能力。

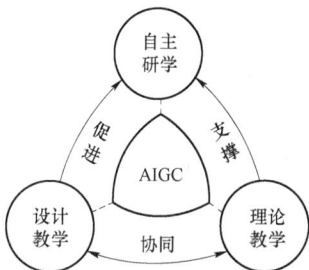

图4 3个教学阶段融入AIGC

4.1 理论教学阶段

在理论教学阶段，课程以城市设计的理论知识为基础，引入数据分析与预测和AIGC工具介绍两大核心环节，并贯穿整个教学过程。在数据分析环节，课程教授学生如何利用AI技术高效收集、处理和分析海量城市数据，并借助数据科学与统计方法揭示城市发展的趋势与模式。在AIGC工具介绍环节，课程系统讲解Midjourney、Stable Diffusion等主流"文生图"和"图生图"工具的基础知识，帮助学生深入了解各工具的基本原理、应用场景、优势与局限（见图5）。学生将学习如何利用特定的AIGC工具辅助城市设计。

图5 常用于城市设计的AIGC工具

4.2 设计教学阶段

设计教学是城市设计教学的核心阶段，其重点在于培养学生的创新实践能力。在这一环节，可通过增加生成设计探索环节，提升学生的综合能力。AIGC技术也帮助学生快速生成多样化设计方案，并帮助学生拓展设计思路和创意空间。以乡村聚落设计课程为例，在场景优化阶段，常常要求学生表达以使用者为中心的聚落空间使用（"故事汇"）。在这一环节，AIGC工具可以有效辅助乡村故事汇图纸的生成，缩短设计周期（见图6）。

在教学设计过程中，应引导学生将从烦琐事务中节省的时间与精力，投入到概念设计、对城市问题的深度剖析等更具创意的方面，以此拓展设计的深度与广度。同时，积极鼓励学生发挥主观能动性，突破既定结论与书本知识的限制，在AIGC工具的辅助下主动探索未知领域，寻找新的学习路径与方法，从而显著提升创新思维与创新意识。

图6 AIGC工具辅助乡村故事汇图纸的生成

4.3 自主研学阶段

在自主研学阶段，AIGC工具能够充当"虚拟导师"，为学生的设计过程提供持续指导。AIGC工具可以分析学生的学习进度、设计思路及遇到的困难，协助完成方案比选，并据此生成个性化、建设性的反馈和建议。然而，AIGC生成的反馈和建议可能存在不准确之处，即所谓的"幻觉"现象。因此，培养学生的分辨、甄别和独立思考能力至关重要。

在传统小组讨论中，话题和观点的提出主要依赖学生自身的知识储备和思考能力，讨论的深度和广度往往受限于学生的准备情况。然而，AIGC 的引入为这一过程带来了显著的优化。通过数据分析，AIGC 能够自动生成针对性问题，引导讨论聚焦于核心议题，并推动学生进行深度探索。

5 总结与展望

基于数字技术飞速发展的现实，本文提出两大创新路径：渐进式的总体教学安排和"多阶段融入 AIGC"的教学内容组织，发现 AIGC 不仅可以丰富城市设计课程内容、创新教学方法，还有望提升教学质量，增强学生对数字化的理解与应用能力。尽管 AIGC 在城市设计教学中展现出巨大潜力，但其在价值判断基准的把握和艺术审美维度的构建等关键领域仍存在不足，必然无法完全替代教师、规划师和建筑师的角色。此外，技术伦理和数据安全等问题也亟待关注。未来，通过多方协作与优势互补，构建完善的伦理规范和技术框架，AIGC 有望推动城市设计课程教学向智能化、个性化和多元化的方向发展，加快城乡规划学科的跨学科协作与融合，培养出能够应对未来城市复杂挑战、兼具创新思维和实践能力的复合型人才。

参考文献

[1] 甘惟，吴志强，王元楷，等. AIGC 辅助城市设计的理论模型建构[J]. 城市规划学刊，2023（2）：12-18.

[2] 陈晨，魏巍. 数智化背景下人工智能融入城乡规划专业本科教学的若干思考[C]//2024 中国高等学校城乡规划教育年会论文集. 北京：北京建筑大学，2024：41-46.

[3] 段德罡，王玉龙，谢留莎. 拥抱 AI：人工智能时代城乡规划专业教育思考与实践[C]//2024 中国高等学校城乡规划教育年会论文集. 北京：北京建筑大学，2024：540-547.

[4] 吴志强，王坚，李德仁，等. 智慧城市热潮下的"冷"思考学术笔谈[J]. 城市规划学刊，2022（2）：1-11.

[5] 赵亮，吴越，刘晨阳，等. 学科交叉融合下的城市设计培养体系架构研究[J]. 城市规划，2019，43（5）：113-120.

图片来源

图1～图4均为作者自绘；

图5为合并网络截图；

图6为西南交通大学 2021 级城乡规划专业学生作业。

AI 技术大爆发时代的反思：空间句法的教学重点该如何调整？

戴晓玲*（浙江工业大学；dai_xiaoling@hotmail.com）

摘　要：随着 DeepSeek 等大语言模型的推出与普及化运用，人工智能技术爆发的时代已经开启。为了更好地驾驭 AI 技术，需要破除黑箱思维，帮助学生理解"向软件输入信息、依靠算法导出结论"的基本原理。从科学认识论视角看，AI 技术与空间句法算法，都是人类借助计算机算力，输入信息、建构模型，而后利用模型获取人脑无法直接推演知识的技术。作者整理了在空间句法教学中发现的 3 个典型认知误区，指出知识点记忆与知识点运用之间的巨大差异。建议把空间句法的教学重点更新为两个平行的目标。其一，理解组构相关的基本原理，掌握城市空间结构的分析技术；其二，把学习组构算法原理与操作，作为理解 AI 技术的起点与支点。这一教学重点的调整，可以帮助学生对人工智能技术祛魅，夯实其科学思维能力。

关键词：科学思维；空间句法；教学；AI；认知误区

1　在新时代反思空间句法教学的价值

当前，新城市科学及大数据分析，已经逐渐成为城市规划学科基础知识的内容构成之一。在这一背景下，诞生于 20 世纪 70 年代的空间句法理论，是否需要反思它的教学意义，调整它的教学重点？

笔者在向本科生与研究生讲述空间句法理论模型时，会解释为什么这种模型只把空间位置及它们之间连接关系的信息输入模型，与 GIS 平台上运算的大数据模型相比较，空间句法模型似乎过于初级。

作者的解释是，这种技术诞生于算力非常有限的年代。当时学者经过不断地实证检验，发现街道网络结构是建成环境中对人类运动乃至空间活力影响最为重要的因素[1]。因此，在算力有限的前提下，只进行轴线的绘制，把轴线进行编码后输入计算机，以图论公式进行运算，再以可视化方法运算结果呈现给设计师。这种结果是人脑无法直接推演的知识，而它可以帮助人们进行理性的空间干预决策。

从科学认识论视角看，空间句法的逻辑与当前 AI 技术有类似性。它们的基本构思是一致的——都是人类借助计算机的算力，在输入信息后，获取人脑无法直接推演知识的技术。只是生成式大语言模型 LLMs 的人工智能算法，把建立模型与运用模型分为两个步骤完成。建模步骤极其昂贵，需要输入大量的语料。DeepSeek-V3 的语料库规模是 14.8 万亿 tokens，并且经过严格筛选和清洗[2]。预训练完成后，确定固定权重，这时再运用模型，就可以得到类似智能的结果了。

当前，生成式预训练模型（如 DeepSeek-V3）的应用日益广泛，但线上社交媒体的讨论显示，多数普通用户并不理解其背后的运行机制。虽然存在大量使用教程，但这些教程往往侧重于提示词等应用技巧的经验分享。这种对模型运行原理的认知缺失，导致用户无法理性地看待模型的输出结果，要么全盘接收，要么持怀疑态度。这样就无法判断什么情况下模型的输出会存在"幻觉"，什么情况下输出的准确性较高。认可新技术的"黑箱化"成为普遍趋势，对培养科学思维能力构成了潜在威胁。

由于空间句法模型与GPT式AI共享基本逻辑"向软件输入信息、依靠算法导出结论"，作者认为可以借鉴数学的学习方法，把空间句法建模原理作为理解AI运作原理的起点与支点。正如高等数学的学习，离不开对初等数学知识的全面理解。通过理解人类利用计算机算力的初阶版本，可以帮助学生破除黑箱思维，理性对待当前更为复杂的AI工具。

空间句法的建模原理相较AI模型，更容易学习。它的核心原理包括"对人类使用空间的简单表征和数学测量"[3]，这是人类把现实世界的信息传递给计算机软件进行计算的基石。如果在教学中，有意识地设计一些环节，澄清常见地思维误区，就可以起到提升学生科学思维能力的效果。这一观点源自独立学者汪涛的启发，他在最近一篇人工智能的科普文章中提出："信息技术虽然变化很快，但如果理解了最一般的科学认识方法，就会发现几乎没什么新技术。一切所谓的创新技术都是原来已经有的技术原理在新的技术条件下的再现。"[4]

2 空间句法教学中发现的认知误区

作者在浙江工业大学本科阶段教授选修课"空间认知与解析"，为建筑学及城乡规划三年级的本科生教授空间句法。教学时发现了学生在计算机建模及分析任务时，存在普遍性的多个认知误区。下面通过学期结束时的测试结果，解释这些误区都是什么。

表1给出了同一项测试的5组学生的成绩分布值。前4列是从2021年到2024年本科学生的成绩，最后一列显示的是2023年在大连理工大学举办的"计算性空间规划"工作坊中，96名学员的考试成绩。可以发现，就得分而言，23级、24级的学生表现明显低于21级、22级的表现。考虑到这4年的

授课教师没有变化，授课方式也具有稳定性，23级、24级的低分并不是教师的教学水平变化所导致的，而反映出本科学生的逻辑思维能力在逐年下降。

表1 历年本科生教学结课小测试分数

	21级	22级	23级	24级	23级空间句法会议
当年均分	70.9	69.6	58.0	59.7	69.3
当年最高分	95	99	67	76	89
当年最低分	45	42	47	43	25
考试人数	74	75	15	32	96

一个值得注意的现象是：工作坊学员的学习时间很短，仅在70 min的大课讲座以及一个晚上的课后操作后，就进行了测试。但他们取得的成绩与经过32学时学习的本科生不相上下。反思这一令人惊讶的发现，作者得出两个结论。其一，学习动机极大地影响了学习效果。工作坊的学员是"我要学"，因此一天的工作量，媲美一个学期的学习效果。其二，真正掌握空间句法的原理，需要破解多个认知误区。

作者还对28道考题的得分率进行了考察。提取其中5道得分率最低的题目，分析其背后隐藏的认知误区。为了帮助建立得分率的整体印象，选择2道得分率较高的题目作为对照组（见图1）。第1、2题考察的是被明确表达的知识点，因此它们的得分率是基本在85%以上。唯一的例外是23级工作坊的学生，他们在第二题的得分率仅有65.6%。考虑到授课时间短、知识点繁杂，这个低值是可以理解的。

第3、4题，考察的是容易混淆的概念，其得分率大多在半数以上。但是在第四题的得分率上，23级、24级学生的表现明显低于其他组别。这体现出学生并没有完全理解3种距离的定义，以及其在算法中的意义。在空间句法模型中，常用米制距离的半径，而学生容易遗忘其核心算法中采用的其实是角度距离这一事实。

题干	2021年	2022年	2023年	2024年	2023年工作坊	5组均分
1	【选择题】为什么说，空间句法能把直觉与科学联系到一起？	无	98.7%	100.0%	100.0%	100.0%	99.7%
2	【判断题】integration 整合度与 choice 选择度是两种表达中心性的度量。	97.3%	85.3%	100.0%	94.0%	65.6%	68.4%
3	【判断题】与平均深度 mean depth 有关的中心性度量是选择度（choice）	75.7%	61.3%	46.7%	70.2%	51.0%	61.0%
4	【选择题】空间句法软件在计算网络属性时，有三种距离的定义。最常用的以下哪一种？	63.5%	34.7%	20.0%	14.7%	47.9%	36.2%
5	【选择题】请仔细阅读这个模型，现在显示的度量是？	68.9%	49.3%	6.7%	61.1%	31.3%	43.5%
6	【选择题】下图表达的是从A开始的 angular step depth，该图建模有错误，请问，在建模正确的情况下，A到D的角度距离应该是多少	29.7%	40.0%	13.3%	26.5%	33.3%	28.6%
7	【多选题】对城市空间进行线段角度模型建模（只考虑单线模型，不考虑high resolution的双线建模），模型里包括了哪些因素？	37.8%	20.0%	20.0%	25.9%	28.1%	26.4%

图 1　6 道考试题的得分率比较

在图 1 中可以发现，第 5、6、7 题的得分率急剧下降。其中，第 5 题的题干配图如图 2 所示，需要学生仔细观察图片，判断图片显示度量的类别。由于图片给出了渐变色彩的图例，尽端路显示为深蓝色，其值为 1。依靠这个信息，很容易判断该图片表达的是最基础的信息 connectivity 的值。在 23 级学生的掌握率仅有 6.7%，因此教师在 24 年教学中，进行了多次巩固性讲解，使 24 年期末的得分率提高到 61.1%。

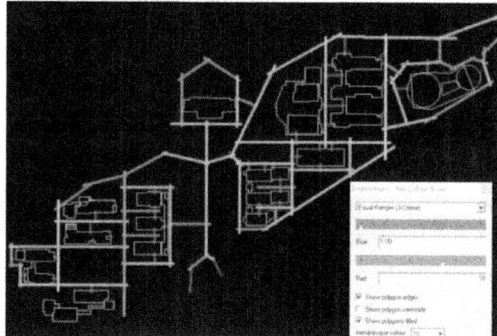

图 2　第 5 题的题干配图

从得分率均值看，能掌握第 6 题与第 7 题所考察知识点学生的比例不到三分之一。其中第 6 题考察的是，学生是否掌握了复查建模准确性的技能。从图 3 可以判断，ABCD

四个元素，基本在一条直线上，它们的角度距离小于 18°（90° 的 1/5），因此其值不可能大于 0.2。而从图片看，ABCD 的角度距离值上升得非常快，因此该模型的建模存在严重问题。低于 1/3 的得分率显示出，极高比例的学生不能理解正确建模这一基础知识点。在无法判断建模准确性的前提下，再多的 GIS、统计学炫技型分析，都是无效的。然而在论文审稿时，并不会检查基础模型的准确性，这一谬误就被掩盖了。作者甚至推断，很多认为空间句法模型无用的观点，其实来源于不准确的建模，以及更深层次的对度量实际意义的误读[5]。

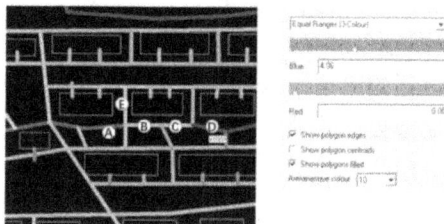

图 3　第 6 题题干的配图

第 6 题来源于作者在检查学生上交草模型时发现的频发错误。这里体现了第一个认知误区是：建筑与规划的学生，还在以画图的方式理解建模。一部分学生并不能真正理解教师反复强调的绘制轴线标准方法，而把自己之前在 CAD 中不严谨的绘图方法带入了建模的过程。他们可能认为，只要图面看来交接关系是对的，模型应该就能成立。于是，把准确空间联系信息告知计算机软件这一步骤就失败了。本题的分析说明，以 step depth 方法复查模型的步骤，需要在今后教学中予以强调。而这一知识点对应的第二个认知误区是：对模型盲目信任，不能真正理解"输入信息的准确性是模型成立的基石"这一观点。

第7题是一道多选题。题干为"对城市空间进行线段角度模型建模（只考虑单线模型，不考虑 high resolution 的双线建模），模型里包括了哪些因素？"，可选项包括：① 街道段的联系关系（正确答案）；② 街道的截面宽度；③ 街道的空间品质；④ 街道的交通等级；⑤ 街道段的几何形态（正确答案）。

该题的平均得分率是所有题目中最低的，仅有 26.4%。分析错误的类型，有非常多的学生多选了 2、3、4 的选择项。它体现出的第三个认知误区在于：对因果逻辑链不敏感。失分的学生，很可能是没有真正理解"模型输入信息，输出信息的原理"，对教学中讲述的原理，以机械方式进行记忆，不能内化成自己的理解力。

教师在课堂中曾多次强调，输入给计算机的信息仅仅是轴线位置（角度）及相互关系（是否连接）。因此模型不可能拥有街道的截面宽度、街道的空间品质及街道的交通等级。为什么学生会错误地把这 3 个因素认为是模型自带的信息呢？很可能是因为在学期结束的阶段，他们已经进入到自己做小研究的度量解读部分。模型运算的结果，与现实中的街道交通等级的确是非常类似的。在高中阶段熟悉了知识点归纳、机械记忆的学生，有可能不重视因果逻辑链，把"果"当作了"因"，或者说把"信息输出"混淆为"信息输入"。

3 结论

作者通过分析空间句法课程考察的学生表现，指出知识点记忆与知识点运用之间的巨大差异，并总结了 3 个典型的认知误区。如果不澄清这些认知误区，就无法真正领会

"向软件输入信息、依靠算法导出结论"的逻辑链，无法在 AI 大爆发的时代陷入思维黑箱。

因此，作者建议把空间句法的教学重点更新为两个平行的目标。其一，理解组构相关的基本原理，掌握城市空间结构的分析技术；其二，把学习组构算法原理与操作，作为理解 AI 技术的起点与支点。

在空间句法模型的实操中，学生能真正逐步理解利用计算机算力的基础逻辑与操作难点，帮助学生对人工智能技术祛魅，夯实其科学思维能力，从而更好地驾驭 AI 技术。而这一学习收益的明确提出，也将能提升本科生选修空间句法相关课程的动机，极大提升他们对这种空间基础理论与分析技术的掌握。

参考文献

[1] 戴晓玲, 于文波. 空间句法自然出行原则在中国语境下的探索[J]. 现代城市研究, 2015（4）: 118-125.

[2] FENG C, KOCH D, LEGEBY A. Accessibility patterns based on steps, direction changes, and angular deviation: Are they consistent?[C]//13th International Space Syntax Symposium. Western Norway University of Applied sciences, 2022, 534: 1-20.

[3] 梅杰, 多尼根, 李秋蒙. 回归本源：面向本科生的通用空间句法准则[J]. 城市设计, 2020（5）: 6-23.

[4] 汪涛. 如何以 DeepSeek 为契机实现信息技术全面超美？[EB/OL]（2025-02-03）[2025-05-20]. https://news.qq.com/rain/a/20250203A05MQ300.

图片来源

图1~3 均为作者自绘。

基于 Cities：Skylines 平台的城市设计方法初探

——以北京市前门地区为例

朱家仪（北京交通大学建筑与艺术学院；727555390@qq.com）
盛强*（北京交通大学建筑与艺术学院；qsheng@bjtu.edu.cn）

摘 要：近年来，以 Cities：Skylines 为代表的游戏平台在提供动态直观的表达方式同时，也从规划设计和管理逻辑上更贴近真实，为其在城市设计教学和实践中的应用带来机会。然而，由于对游戏机制了解不明确及应用方式不完善等多方面因素，如何将其应用于城市设计环节仍待探索。本文通过对比北京前门地区真实空间中的交通流量、商业分布与游戏模拟模型的差异，应用空间句法模型中的角度与距离算法，针对前门地区 40 个交通流量截面及 25 个商业发展点位进行测试，结果显示：Cities：Skylines 平台中交通模拟的空间逻辑仍为"距离最短"，对真实交通流量分布的解释力不及空间句法模型中的"角度最小"逻辑；受限于此，其商业发展速度也未能体现出与真实商业的关联。由此可见，现有模拟游戏中涉及医疗消防等距离逻辑设施的布置可供城市设计教学与实践参考，但在交通和活跃功能分布方面仍需依赖更专业的分析模型。

关键词：城市设计；虚拟游戏引擎；空间句法；前门地区

基金号：北京市社科基金（22GLB027）；北京旧城商业聚散机制研究

1 研究背景

城市是由物质与信息构成的复杂动态系统，传统模拟模型难以完整揭示其运行机制，亟需交互式动态模型支持。以 Cities：Skylines 为代表的城市模拟游戏平台，通过虚拟仿真技术构建可交互的城市场景，为教学提供了动态设计工具。相较于依赖静态图纸的传统教学模式，该平台使学生能够沉浸式体验交通、商业等功能布局的动态效应，突破了对城市复杂性的静态认知局限。

尽管这些游戏平台在城市设计教学和实践中的应用潜力巨大，但由于对游戏机制了解不明确及应用方式不完善等因素，其具体应用方法仍然存在一定的挑战。游戏模型在模拟交通流量，商业分布等方面更加直观、简化，但其模拟真实情况可能存在一定差异，不一定有助于理解真实情况。因此，如何准确地应用这些游戏平台，将其与真实的城市设计相结合，仍然是一个需要探索和研究的问题。为此，本文选取北京市前门地区为研究对象，通过对比游戏模拟与空间句法模型的交通流量、商业分布数据，验证平台对真实城市系统的还原能力，进而界定其在教学与实践中的应用边界。

图 1 逻辑框架

2 研究分析

2.1 研究范围与数据获取

前门地区作为北京市历史文化核心区，

集聚历史文化遗产与城市更新矛盾，是探讨保护与发展平衡的典型样本。研究选取大栅栏片区为对象，片区内部道路尺度相近且实测流量数据较为充足，研究成果可为同类历史城区更新提供实证参考（见图2）。

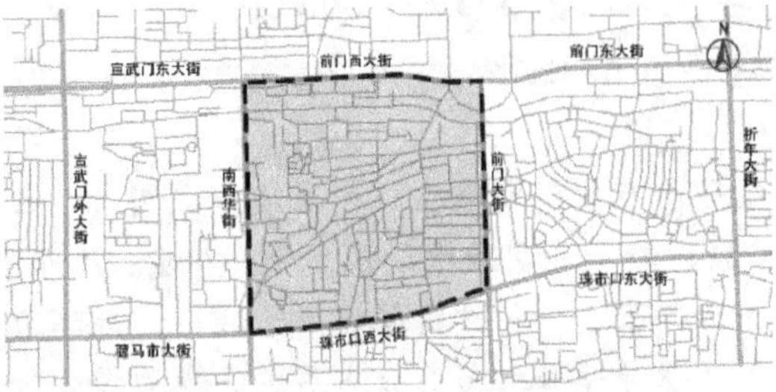

图2　选取研究范围

本文采用空间句法作为量化描述城市道路网络形态的工具，空间句法线段模型范围包括北京六环内所有街道。从参数选择上，研究选择整合度（INT）、选择度对数（Log-CH）、标准化角度选择度（NACH）和标准化角度整合度（NAIN）4种空间句法参数（见图3）。[1]

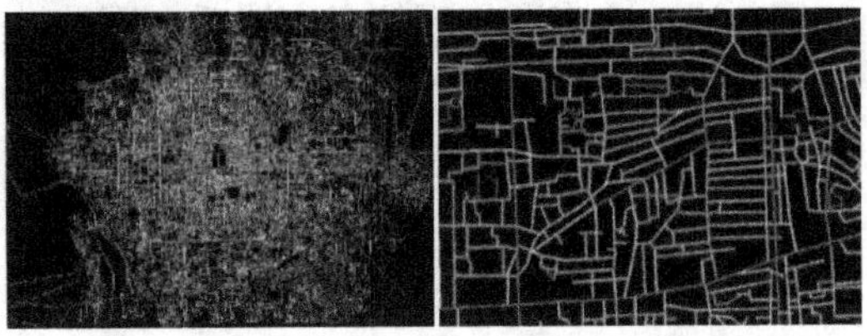

（a）研究模型　　　　（b）数据采集区域

图3　研究模型及数据采集区域

本文通过实地调研获取其道路截面流量数据。人行及车行流量调研方式采用手机拍摄各道路截面5 min视频双向流量视频，调研时间为一个工作日和一个休息日。每天测量时间共4轮，时间段为：8:00—9:00，11:00—12:00，14:00—15:00，17:00—18:00。将获取的人行及车行流量数据录入Depthmap并进行数据处理，得到道路截面流量数据（见图4）。

（a）人行流量数据　　　（b）车行流量数据

图4　Depthmap数据

2.2　模型搭建

本文运用Cities：Skylines平台进行城市环境模拟的搭建，并以此模型为依据进行实验和数据研究。通过调整各项参数来预设模拟规则，并创建场地地形沙盘，以模拟场地条件。基于这个城市模拟模型，可以按照现有道路进行不同等级路网的布置，划分功能区域，并放置建筑模型模块。[2]

根据前门大栅栏片区实际路网及周边环境条件，在Cities：Skylines平台对此区域地形，路网及建筑等进行模拟城市环境搭建（见图5）及实验。

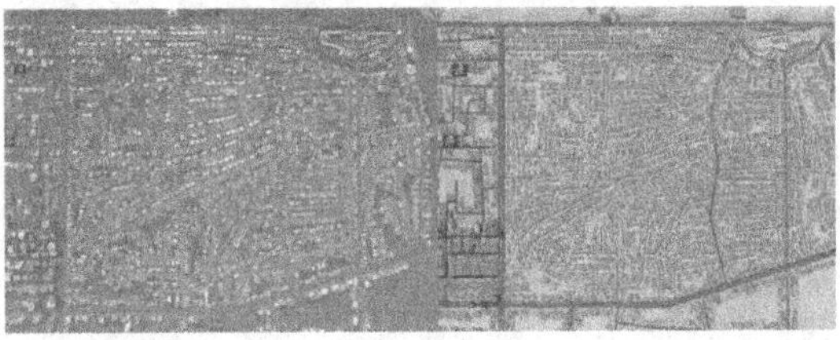

图5　在Cities：Skylines平台模拟实验场景搭建

3　Cities：Skylines游戏平台逻辑探究及应用

3.1　商业发展实验

设计实验探究Cities：Skylines游戏平台商业发展逻辑。将测试片区内全部用地功能设置为居住区，根据道路形态均匀选取25个商业测试点位［见图6（a）］，并将点位改为商业用地。开启游戏时间，录屏记录各点位商业建筑的出现时间及升级时间并统计实验数据，结果如图6（b）所示。将实验数据与真实商业数据及空间句法相关参数进行数据分析，均未发现相关性。

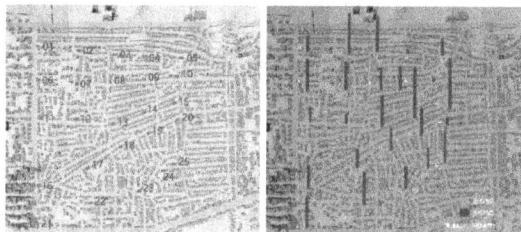

(a) 选取商业发展点位　　(b) 商业实验结果

图 6　选取商业发展点位及商业实验结果

设计进一步的对比实验探究游戏平台商业发展逻辑。在实验区域内分别选取 18 个商业发展点位：真实实验模拟商业沿街聚集分布，对比实验将商业点位散点式分布，在同时间段分别进行发展，录屏记录其商业出现及发展时间（见图 7）。结果再次验证，游戏平台内商业出现及发展也未能体现出与真实商业的关联。由此可见游戏平台内商业逻辑与真实世界的商业逻辑不符。

图 7　商业对比实验选点及结果

3.2　交通流量实验

基于前文商业部分的结果，本部分实验设计将探究 Cities：Skylines 游戏平台内的交通逻辑，试图发现其基本交通逻辑规律。空间句法作为一种以拓扑联系为基础的空间理论，多年来被广泛应用于城市交通量化研究中。经过多年的科研积累，空间句法已在运动流量有较为可观的实证基础研究，可以很好地模拟真实世界的交通。在本文中，实地调研统计获取道路截面流量数据，并以此与各级别的空间句法参数进行相关分析。结果显示，标准化步行及车行流量与 NAIN 参

数的 r^2 值达到 0.58 及 0.69，具有较高的相关性。

设计实验测试 Cities：Skylines 游戏平台的交通逻辑。对应场地实测流量数据道路，在 Cities：Skylines 游戏平台搭建模拟实验场景中选取 40 个测试点位（见图 8），并记录其道路截面交通流量数据。

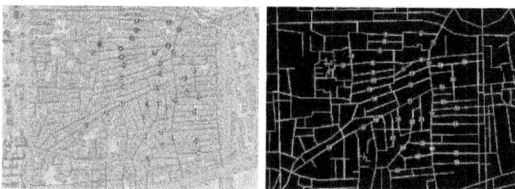

图 8　交通实验选点

选取游戏内一个白昼时间作为计数时间段，开启游戏时间并分区录屏记录，共得到 40 个点位，共 18 段视频数据。为保证实验中每个点位的单一变量及数据结果的准确性，实验录屏采取"发展—录屏—退回原存档"以此循环的方法，记录每个片区的点位数据。根据录屏视频计数，记录每个道路截面点位在时间段内通过的车行流量及人行流量数据，并做数据可视化处理（见图 9）。根据数据结果，初步判断 Cities：Skylines 游戏平台交通流量数据与现实中交通流量数据存在一定相关性。

图 9　交通实验流量

进一步测试游戏交通流量与真实时间实测流量的拟合度。将游戏平台内统计的"标准化车行流量"与"标准化人行流量"

分别与现实实测流量进行回归分析［见图10（a）与（b）］。根据线性回归结果可以看出，游戏车行与人行交通流量和真实交通流量均存在一定相关性，其中游戏平台中的车行流量对真实世界交通流量拟合度更高，其 r^2 为0.46。现有研究表明，相较于短距离交通，空间句法参数对现实世界中长距离交通拟合更高。此结果可以看出，游戏平台的交通对真实世界的交通具有一定的模拟性。

用以上车行流量统计数据测试游戏交通逻辑。在 Depthmap 中，将游戏平台内的"标准化车行流量"与空间句法参数中"标准化距离选择度"和"标准化角度选择度"分别进行回归分析，回归结果如下［见图10（c）与（d）］。对比 R^2 值可知，游戏道路交通选择逻辑为"距离选择"，即"选择到达目的地最近的道路"，与现实世界的交通逻辑为"角度选择"不符。城市交通作为城市空间的一种底层逻辑，对城市业态等均产生一定影响。而 Cities：Skylines 游戏平台对交通的模拟是不准确的，所以平台内对商业的模拟也大大受限。应用在设计时，应注意这个部分的影响，从而确定游戏平台的使用界限。

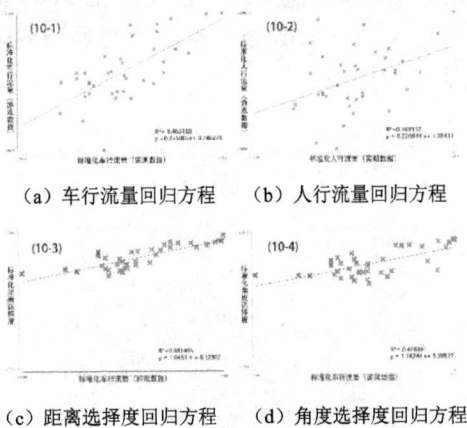

（a）车行流量回归方程　（b）人行流量回归方程

（c）距离选择度回归方程　（d）角度选择度回归方程

图10　回归方程

总体来看，Cities Skylines 平台在交通流量方面和真实流量数据有一定的相似度。

在使用 Cities Skylines 平台进行模拟设计时，在交通流量方面可以进行一定参考，可以作为设计辅助工具使用。

4　讨论与反思

通过以上实验，Cities：Skylines 游戏平台商业发展速度未能体现出与真实商业的关联，其交通逻辑仍为"距离最短"，对真实交通流量分布的解释力不及空间句法模型中的"角度最小"逻辑。

Cities Skylines 游戏平台在交通流量方面和真实流量数据有一定的相似度。利用此特征，学生可以设计及优化交通网络；在环境可持续性和资源管理方面，学生可以利用游戏平台模拟城市面临的挑战：探索涉及可再生能源的利用、废物处理及水资源管理等问题的解决方案，并对这些方案对城市环境和资源的潜在影响进行评估。通过对城市发展过程的模拟，学生得以深入观察不同决策对城市发展的潜在影响，并评估设计方案的可行性和效果，为城市规划和设计教育提供了一种富有活力的教学工具。

参考文献

［1］HILLIER B，YANG T，TURNER A. Advancing depthmap to advance our understanding of cities: Comparing streets and cities and streets with cities[C]//ProceedingsEighth International Space Syntax Symposium. Santiago de Chile：PUC. 2012K001：1-15.

［2］田杰仁. 基于实时分析的城市建筑环境动态模拟研究[D]. 南京：东南大学，2022.

［3］乔彬. 当代建筑学的虚拟特征初探[D]. 南京：东南大学，2023.

图片来源

图1～图10均为作者自绘。